电力工程设计手册

01 火力发电厂总图运输设计
02 火力发电厂热机通用部分设计
03 火力发电厂锅炉及辅助系统设计
04 火力发电厂汽轮机及辅助系统设计
05 火力发电厂烟气治理设计
06 燃气-蒸汽联合循环机组及附属系统设计
07 循环流化床锅炉附属系统设计
08 火力发电厂电气一次设计
09 火力发电厂电气二次设计
10 火力发电厂仪表与控制设计
11 火力发电厂结构设计
12 火力发电厂建筑设计
13 火力发电厂水工设计
14 火力发电厂运煤设计
15 火力发电厂除灰设计
16 火力发电厂化学设计
17 火力发电厂供暖通风与空气调节设计
18 火力发电厂消防设计
19 火力发电厂节能设计

20 架空输电线路设计
21 电缆输电线路设计
22 换流站设计
23 变电站设计

24 电力系统规划设计
25 岩土工程勘察设计
26 工程测绘
27 工程水文气象
28 集中供热设计
29 技术经济
30 环境保护与水土保持
31 职业安全与职业卫生

电力工程设计手册

火力发电厂烟气治理设计

中国电力工程顾问集团有限公司
中国能源建设集团规划设计有限公司 编著

Power Engineering Design Manual

中国电力出版社

内 容 提 要

本书是《电力工程设计手册》系列手册中的一个分册，是按火力发电厂烟气污染物治理系统的设计要求编写的实用性工具书，可以满足火力发电厂各设计阶段烟气污染物治理系统设计内容的深度要求。本书主要内容包括火力发电厂烟气污染物治理系统的设计原则、设计要点、设计计算、系统设计、设备选择与布置、设计内外接口、设计注意事项等，并在相关章节中简要介绍了火力发电厂相关生产工艺过程。

本书是依据最新标准的内容要求编写的，充分吸纳了火力发电厂烟气治理项目建设的先进理念和成熟技术，广泛收集了火力发电厂烟气污染物治理系统设计的成熟案例，全面反映了近年来新建、扩建和改建火力发电厂工程中使用的烟气污染物治理方面的新技术、新设备、新工艺，列入了大量成熟可靠的设计基础资料、技术数据和技术指标。

本书是供火力发电厂烟气污染物治理设计、施工和运行管理人员使用的工具书，可作为其他行业从事烟气污染物治理专业设计人员的参考书，也可供高等院校烟气污染物治理相关专业的师生参考使用。

图书在版编目（CIP）数据

电力工程设计手册. 火力发电厂烟气治理设计 / 中国电力工程顾问集团有限公司，中国能源建设集团规划设计有限公司编著. —北京：中国电力出版社，2019.6

ISBN 978-7-5198-2269-9

Ⅰ. ①电… Ⅱ. ①中… ②中… Ⅲ. ①火电厂－烟尘治理－设计－手册 Ⅳ. ①TM7-62

中国版本图书馆 CIP 数据核字（2018）第 164634 号

出版发行：中国电力出版社
地　　址：北京市东城区北京站西街 19 号（邮政编码 100005）
网　　址：http://www.cepp.sgcc.com.cn
印　　刷：北京盛通印刷股份有限公司
版　　次：2019 年 6 月第一版
印　　次：2019 年 6 月北京第一次印刷
开　　本：787 毫米×1092 毫米　16 开本
印　　张：18.5
字　　数：656 千字
印　　数：0001—1500 册
定　　价：130.00 元

《电力工程设计手册》

编辑委员会

《电力工程设计手册》

秘书组

《火力发电厂烟气治理设计》
编 写 组

主　　编 龙　辉

副 主 编 陈　牧

参编人员 （按姓氏笔画排序）

邓文祥　叶勇健　田庆峰　付焕兴　李吉祥　邹　歆
张　乐　陈　勇　罗　杨　钟明慧　侯明晖　秦　学
贾　燕　顾　欣　陶　叶　黄晶晶

《火力发电厂烟气治理设计》
编辑出版人员

编审人员 郑艳蓉　韩世韬　孙　晨　胡顺增　梁　卉

出版人员 王建华　邹树群　黄　蓓　常燕昆　陈丽梅　郑书娟
王红柳　赵姗姗　单　玲

序言

改革开放以来，我国电力建设开启了新篇章，经过40年的快速发展，电网规模、发电装机容量和发电量均居世界首位，电力工业技术水平跻身世界先进行列，新技术、新方法、新工艺和新材料得到广泛应用，信息化水平显著提升。广大电力工程技术人员在多年的工程实践中，解决了许多关键性的技术难题，积累了大量成功的经验，电力工程设计能力有了质的飞跃。

电力工程设计是电力工程建设的龙头，在响应国家号召，传播节能、环保和可持续发展的电力工程设计理念，推广电力工程领域技术创新成果，促进电力行业结构优化和转型升级等方面，起到了积极的推动作用。为了培养优秀电力勘察设计人才，规范指导电力工程设计，进一步提高电力工程建设水平，助力电力工业又好又快发展，中国电力工程顾问集团有限公司、中国能源建设集团规划设计有限公司编撰了《电力工程设计手册》系列手册。这是一项光荣的事业，也是一项重大的文化工程，彰显了企业的社会责任和公益意识。

作为中国电力工程服务行业的“排头兵”和“国家队”，中国电力工程顾问集团有限公司、中国能源建设集团规划设计有限公司在电力勘察设计技术上处于国际先进和国内领先地位，尤其在百万千瓦级超超临界燃煤机组、核电常规岛、洁净煤发电、空冷机组、特高压交直流输变电、新能源发电等领域的勘察设计方面具有技术领先优势；另外还在中国电力勘察设计行业的科研、标准化工作中发挥着主导作用，承担着电力新技术的研究、推广和国外先进技术的引进、消化和创新等工作。编撰《电力工程设计手册》，不仅系统总结了电力工程设计经验，而且能促进工程设计经验向生产力的有效转化，意义重大。

这套设计手册获得了国家出版基金资助，是一套全面反映我国电力工程设计领域自有知识产权和重大创新成果的出版物，代表了我国电力勘察设计行业的水平和发展方向，希望这套设计手册能为我国电力工业的发展作出贡献，成为电力行业从业人员的良师益友。

汪建平

2019年1月18日

总前言

电力工业是国民经济和社会发展的基础产业和公用事业。电力工程勘察设计是带动电力工业发展的龙头，是电力工程项目建设不可或缺的重要环节，是科学技术转化为生产力的纽带。新中国成立以来，尤其是改革开放以来，我国电力工业发展迅速，电网规模、发电装机容量和发电量已跃居世界首位，电力工程勘察设计能力和水平跻身世界先进行列。

随着科学技术的发展，电力工程勘察设计的理念、技术和手段有了全面的变化和进步，信息化和现代化水平显著提升，极大地提高了工程设计中处理复杂问题的效率和能力，特别是在特高压交直流输变电工程设计、超超临界机组设计、洁净煤发电设计等领域取得了一系列创新成果。“创新、协调、绿色、开放、共享”的发展理念和全面建成小康社会的奋斗目标，对电力工程勘察设计工作提出了新要求。作为电力建设的龙头，电力工程勘察设计应积极践行创新和可持续发展理念，更加关注生态和环境保护问题，更加注重电力工程全寿命周期的综合效益。

作为电力工程服务行业的“排头兵”和“国家队”，中国电力工程顾问集团有限公司、中国能源建设集团规划设计有限公司（以下统称“编著单位”）是我国特高压输变电工程勘察设计的主要承担者，完成了包括世界第一个商业运行的 1000kV 特高压交流输变电工程、世界第一个±800kV 特高压直流输电工程在内的输变电工程勘察设计工作；是我国百万千瓦级超超临界燃煤机组工程建设的主力军，完成了我国 70%以上的百万千瓦级超超临界燃煤机组的勘察设计工作，创造了多项“国内第一”，包括第一台百万千瓦级超超临界燃煤机组、第一台百万千瓦级超超临界空冷燃煤机组、第一台百万千瓦级超超临界二次再热燃煤机组等。

在电力工业发展过程中，电力工程勘察设计工作者攻克了许多关键技术难题，形成了一整套先进设计理念，积累了大量的成熟设计经验，取得了一系列丰硕的设计成果。编撰《电力工程设计手册》系列手册旨在通过全面总结、充实和完善，引导电力工程勘察设计工作规范、健康发展，推动电力工程勘察设计行业技术水平提升，助力电力工程勘察设计从业人员提高业务水平和设计能力，以适应新时期我国电力工业发展的需要。

2014 年 12 月，编著单位正式启动了《电力工程设计手册》系列手册的编撰工作。《电力工程设计手册》的编撰是一项光荣的事业，也是一项艰巨和富有挑战性的任务。为此，编著单位和中国电力出版社抽调专人成立了编辑委员会和秘书组，投入专项资金，为系列手册编撰工作的顺利开展提供强有力的保障。在手册编辑委员会的统一组织和领导下，700 多位电力勘察设计行业的专家学者和技术骨干，以高度的责任心和历史使命感，坚持充分讨论、深入研究、博采众长、集思广益、达成共识的原则，以内容完整实用、资料翔实准确、体例规范合理、表达简明扼要、使用方便快捷、经得起实践检验为目标，参阅大量的国内外资料，归纳和总结了勘察设计经验，经过几年的反复斟酌和锤炼，终于编撰完成《电力工程设计手册》。

《电力工程设计手册》依托大型电力工程设计实践，以国家和行业设计标准、规程规范为准绳，反映了我国在特高压交直流输变电、百万千瓦级超超临界燃煤机组、洁净煤发电、空冷机组等领域的最新设计技术和科研成果。手册分为火力发电工程、输变电工程和通用三类，共 31 个分册，3000 多万字。其中，火力发电工程类包括 19 个分册，内容分别涉及火力发电厂总图运输、热机通用部分、锅炉及辅助系统、汽轮机及辅助系统、燃气-蒸汽联合循环机组及附属系统、循环流化床锅炉附属系统、电气一次、电气二次、仪表与控制、结构、建筑、运煤、除灰、水工、化学、供暖通风与空气调节、消防、节能、烟气治理等领域；输变电工程类包括 4 个分册，内容分别涉及架空输电线路、电缆输电线路、换流站、变电站等领域；通用类包括 8 个分册，内容分别涉及电力系统规划、岩土工程勘察、工程测绘、工程水文气象、集中供热、技术经济、环境保护与水土保持、职业安全与职业卫生等领域。目前新能源发电蓬勃发展，编著单位将适时总结相关勘察设计经验，编撰有关新能源发电方面的系列设计手册。

《电力工程设计手册》全面总结了现代电力工程设计的理论和实践成果，系统介绍了近年来电力工程设计的新理念、新技术、新材料、新方法，充分反映了当前国内外电力工程设计领域的重要科研成果，汇集了相关的基础理论、专业知识、常用算法和设计方法。全套书注重科学性、体现时代性、强调针对性、突出实用性，可供从事电力工程投资、建设、设计、制造、施工、监理、调试、运行、科研等工作的人员使用，也可供电力和能源相关教学及管理工作者参考。

《电力工程设计手册》的编撰和出版，凝聚了电力工程设计工作者的集体智慧，展现了当今我国电力勘察设计行业的先进设计理念和深厚技术底蕴。《电力工程设计手册》是我国第一部全面反映电力工程勘察设计成果的系列手册，且内容浩繁，编撰复杂，其中难免存在疏漏与不足之处，诚恳希望广大读者和专家批评指正，以期再版时修订完善。

在此，向所有关心、支持、参与编撰的领导、专家、学者、编辑出版人员表示衷心的感谢！

《电力工程设计手册》编辑委员会

2019年1月10日

前言

《火力发电厂烟气治理设计》是《电力工程设计手册》系列手册之一。

本书是在总结20世纪90年代末以来，特别是2011年以后火力发电厂烟气污染物治理设计、施工、运行管理经验的基础上，充分吸收了火力发电厂烟气治理项目建设和运行管理的先进理念和成熟技术，广泛收集了火力发电厂烟气治理系统设计的成熟先进案例，全面反映了近年来新建、扩建和改建火力发电厂工程中使用的烟气污染物氮氧化物、烟尘、二氧化硫及其协同治理等方面的新技术、新设备、新工艺，对提高火力发电厂烟气治理设计质量，提升设计水平，实现火力发电厂烟气治理系统设计的标准化、规范化，促进绿色、节能、环保型火力发电厂建设将起到指导作用。

本书以实用性为主，按照现行相关规范、标准的内容规定，结合火力发电厂烟气治理系统的特点，以工艺系统为基本单元，分别论述了各个系统的设计原则、设计要点、设计计算方法、系统确定原则、设备选型及其布置、相关设计图纸内容、设计内外接口等。为使烟气治理专业技术人员了解火力发电厂相关生产工艺，科学合理地确定烟气治理系统设计方案，本书相关章节中简明扼要地介绍了火力发电厂相关生产工艺过程。

本书主编单位为中国电力工程顾问集团有限公司，参加编写的单位有中国电力工程顾问集团东北电力设计院有限公司、中国电力工程顾问集团华东电力设计院有限公司、中国电力工程顾问集团中南电力设计院有限公司、中国电力工程顾问集团西南电力设计院有限公司。本书由龙辉担任主编，负责总体框架设计和校稿，并编写前言、第一章、参考文献等；陈牧担任副主编；顾欣编写第二章；叶勇健、李吉祥、侯明晖、钟明慧、顾欣、黄晶晶编写第三章；秦学、付焕兴、罗杨、张乐、侯明晖编写第四章；陈勇、贾燕、田庆峰、陈牧、侯明晖编写第五章；黄晶晶、陶叶、邓文祥、邹歆编写第六章；黄晶晶整理附录。

本书是供火力发电厂烟气治理设计、施工和运行管理人员使用的工具书，可以满足火力发电厂前期工作、初步设计、施工图设计等阶段的深度要求。本书可作为其他行业从事烟气治理专业设计人员的参考书，也可供高等院校烟气治理相关专业的教师和学生参考使用。

《火力发电厂烟气治理设计》编写组

2018 年 12 月

目录

第一章
综　　述

火力发电厂利用可燃物质作为燃料生产电能，即将燃料的化学能通过燃烧转化为热能，又通过汽轮机转化为机械能，最后驱动发电机输出电能。火力发电厂一般由燃料系统、燃烧系统、汽水系统、电气系统和控制系统组成。燃料在燃烧过程中不可避免地产生烟气，不同类型的燃料产生烟气的成分不同，烟气中的主要污染物成分也有所差别。

本章主要介绍以燃煤机组和燃气-蒸汽联合循环机组为代表的火力发电厂，包括火力发电厂烟气主要污染物、国内外火力发电厂烟气污染物控制法律法规及标准、火力发电厂烟气主要污染物控制流程与控制技术等。

第一节　火力发电厂烟气主要污染物

目前，火力发电厂的主要类型包括燃煤机组、燃气-蒸汽联合循环机组等。燃煤锅炉烟气的主要成分为N_2、O_2、颗粒物、CO_2、SO_2、氮氧化物（NO_x）、水蒸气等，另外还含有较少量的CO、SO_3、H_2、CH_4和其他烃类化合物（C_nH_m）。燃气-蒸汽联合循环电厂烟气的主要成分是N_2、O_2、CO_2、CO、SO_2、SO_3、氮氧化物、硫化氢、氨、少量挥发性有机物和固体颗粒物等。除了氮气、氧气和CO_2，烟气中的其他成分不同程度地对环境造成一定的污染，其中，CO_2作为一种温室气体，影响全球的气候变化。

1. SO_2的来源、特征及危害

化石燃料中的硫元素在燃烧状态下大部分转化为SO_2，少部分转化为SO_3和气态硫酸盐。大气中的SO_2主要来自于煤炭，其次是石油，天然气中含硫较少。

硫氧化物排放主要是由于煤中硫的存在而产生的。硫在煤炭中以无机硫或有机硫的形式存在，燃烧过程中绝大多数硫氧化物以SO_2的形式产生并排放。此外还有极少部分被氧化为SO_3吸附到颗粒物上或以气态排放。

SO_2是一种无色气体，不易燃烧，不易爆。当空气中SO_2的浓度含量低于1μL/L而高于0.1μL/L时，人便能感觉到不同的气味；当SO_2浓度高于3.0μL/L时，空气有辛辣、刺激性气味。SO_2暴露于空气中能部分转化为SO_3和硫酸，其盐类的转化主要依靠光化学氧化或接触催化氧化过程。

硫氧化物对环境的影响主要包括影响空气的能见度，以及以酸雨的形式腐蚀材料、破坏植被和岩石等。目前，单纯的SO_2对于人健康的影响在流行病学方面并不确定，但硫氧化物在高湿环境中作为颗粒物质对人健康的影响较大。

2. SO_3的来源、特征及危害

燃煤锅炉中SO_3的典型转化率低于1%。去除氮氧化物的催化工艺会促进SO_2氧化成SO_3，转化率为0.5%～2%。当烟气温度低于260℃时，SO_3易与烟气中的水蒸气结合形成硫酸。硫酸易创造严重的腐蚀条件。

当烟气经过湿法烟气脱硫系统后，烟气中的硫酸易冷凝形成酸雾。酸雾是烟气中颗粒物的重要贡献者。酸雾直径低于0.5μm，但少量酸雾（低于5μL/L）即导致可见的蓝烟，即使蓝烟中不含固体颗粒物。

3. NO_x的来源、特征及危害

NO_x因氮元素和氧元素的组成不同而存在多种形式，火力发电厂烟气中的NO_x主要来源于空气中的氮气在高温下氧化，NO_x主要由一氧化氮（NO）和二氧化氮（NO_2）组成。煤炭燃烧过程中排放的NO_x是NO、NO_2及氧化亚氮（N_2O）等的总称，其中以NO为主，约占95%。NO_x的形成主要包括热力型NO_x和燃料型NO_x。热力型NO_x的形成与燃烧温度密切相关，燃料型NO_x的形成主要取决于燃料含氮量，电厂燃用煤炭收到基含氮量多在2%以下。

NO在常温常压下为无色气体，在空气中易被O_3和光化学作用氧化成NO_2。NO_2在常温常压下为棕红色气体，能溶于水生成硝酸和亚硝酸，具有腐蚀性。

NO能和人体血红蛋白结合，导致血液输氧能力下降。NO对血红蛋白的亲和性约为CO的1400倍，相

当于 O_2 的 30 万倍。

NO_2 是刺激性气体，毒性很强，对呼吸器官有较强的刺激作用，可引起气管炎、肺炎甚至肺气肿，还可与血红蛋白结合，引起组织缺氧。

此外，大气中的 NO_x 与有机烃反应可形成多种光化学反应产物，导致光化学污染。

4. 烟尘的来源、特征及危害

烟尘是煤燃烧过程中产生，并释放到烟气中的颗粒物，包括固态或液态的有机或无机颗粒物。一般情况下，烟气中颗粒物的粒径为 1～100μm，其中，粒径小于 10μm 和小于 2.5μm 的颗粒物分别称为 PM_{10} 和 $PM_{2.5}$，两者均属于细颗粒。当颗粒物粒径小于 1μm 时，颗粒物易发生凝并作用。细颗粒来源于煤的燃烧，同时也有一部分来自 SO_2、NO_x 和可挥发性有机物等在大气作用下发生的化学转化。烟气中的烟尘排放会影响透光度、加剧 SO_2 对人呼吸道的不良作用等。相比于大颗粒烟尘，$PM_{2.5}$ 对人体更加有害。

燃煤电厂烟气中的烟尘浓度与锅炉炉型、燃煤灰分有关。煤粉炉烟尘排放的初始浓度大多为 10～30g/m^3；循环流化床锅炉由于主要燃用劣质煤或煤矸石，烟尘排放的初始浓度大多为 15～50g/m^3。

5. 汞及其他重金属的来源、特征及危害

重金属排放来源于煤炭中含有的重金属成分，大部分重金属（砷、镉、铬、铜、汞、镍、铅、锌、钒）以化合物形式（如氧化物）和气溶胶形式排放。煤中的重金属含量通常比燃料油和天然气高几个数量级。在众多重金属中，汞在煤炭中经燃烧后多以单质汞的形式存在（部分被氧化成氯化汞），具有易挥发的特点。烟气中汞的浓度为每立方米微克数量级。目前，常规的烟气处理工艺无法去除单质汞。某些化合态的汞具有强毒性。汞进入水体后被微生物转化为甲基汞，易富集在鱼类脂肪中，从而进入食物链。

6. CO 的来源、特征及危害

CO 为无色无臭气体，易燃，在空气中燃烧呈蓝色火焰。烟气中的 CO 多源于煤炭、天然气或其他有机物质的不完全燃烧。常温常压下，CO 在空气中的存在比较稳定，是具有一定累积性的大气污染物。CO 与人体血液中的血红蛋白结合，生成碳氧血红蛋白，引起缺氧症状，接触时间较长则会引起中枢神经系统功能损伤、心肺功能变异等，甚至死亡。

7. CO_2 的来源、特征及危害

CO_2 是温室气体之一，主要来源于化石燃料和碳氢化合物的燃烧。全球大气中 CO_2 浓度的升高被认为是全球气候变化的主要原因之一。提高能源生产和利用效率，用生物质燃料替代化石燃料或进行 CO_2 捕集与封存是 CO_2 减排的重要途径。

第二节　国内外烟气污染物控制法律法规及标准

一、国外烟气污染物控制法律法规与标准

1. 美国

美国污染物排放标准是美国法律的一部分，编入了《联邦法规法典》的第 40 编。与火力发电厂污染物控制关系最为密切、最重要的法案是美国 1970 年颁布的《清洁空气法案》（Clean Air Act，CAA）。该法案是美国首部控制火力发电厂大气污染排放的国家立法。最早与火力发电厂大气污染物排放相关的标准是美国环保部（Enviormental Protection Agency，EPA）制定的于 1971 生效的《新污染源性能标准》，适用于标准颁布后开始建造或改建污染源的电厂，并规定“当某一企业有多个污染源，当某一污染源新建或改建后，则该企业的多油污染源都要按照由 EPA 颁发的污染控制标准《新污染源性能标准》（New Source Performance Standards，NSPS）的要求管理”，后来又经过 1978、1997、2005、2007 年等多次修订或完善。目前，美国燃煤电厂执行的标准和规则是世界上最全面、最细致的标准之一。

根据美国 NSPS 中专门针对电厂大气污染物排放的《电气设备蒸汽发电机性能标准》（Standards of Performance for Electric Utility Steam Generating Units），美国控制的电厂对象是热功率大于 73MW 的发电机组。美国燃煤发电锅炉烟尘、SO_2 和 NO_x 排放质量限值见表 1-1～表 1-3。

表 1-1　美国燃煤发电锅炉烟尘排放质量限值

适用机组投运时间	煤种	排放限值（30 天平均）		折算成 mg/m^3（标准状态）	备注
2005 年 2 月 28 日以前	全部	13ng/J（0.030 lb/MBtu）		36.9	
2005 年 2 月 28 日—2011 年 5 月 3 日	全部	总能量输出	18ng/J［0.14 lb/（MW·h）］	—	不考核除尘效率
		或热量输入	6.4ng/J（0.015 lb/MBtu）	18.5	不考核除尘效率

续表

适用机组投运时间	煤种	排放限值（30 天平均）		折算成 mg/m³（标准状态）	备注
2005 年 2 月 28 日—2011 年 5 月 3 日	全部	或热量输入	13ng/J（0.030 lb/MBtu）	36.9	新建、扩建且 99.9%除尘效率
2011 年 5 月 3 日以后	全部	总能量输出	11ng/J［0.090 lb/（MW•h）］	—	新建、扩建
		或净能量输出	12ng/J［0.097 lb/（MW•h）］	—	新建、扩建
		热量输入	13ng/J（0.015 lb/MBtu）	18.5	改建

注　引自《GB 13223—2011〈火电厂大气污染物排放标准〉分析与解读》。

表 1-2　　美国燃煤发电锅炉 SO_2 排放质量限值

适用机组投运时间	煤种	排放限值（30 天平均）		折算成 mg/m³（标准状态）	备注
2005 年 2 月 28 日以前	全部	热量输入	520ng/J（1.20 lb/MBtu）	1476	且 90%脱硫效率
			<260ng/J（0.60 lb/MBtu）	738	且 70%脱硫效率
		总能量输出	180ng/J［1.4 lb/（MW•h）］	—	不考核脱硫效率
		或热量输入	65ng/J（0.15 lb/MBtu）	184	不考核脱硫效率
2005 年 2 月 28 日—2011 年 5 月 3 日	全部（煤矸石除外）	总能量输出	180ng/J［1.4 lb/（MW•h）］	—	新建或 95%脱硫效率
			180ng/J［1.4 lb/（MW•h）］	—	扩建或 95%脱硫效率
		或热量输入	65ng/J（0.15 lb/MBtu）	184	扩建或 95%脱硫效率
		总能量输出	180ng/J［1.4 lb/（MW•h）］	—	改建或 95%脱硫效率
		或热量输入	65ng/J（0.15 lb/MBtu）	184	改建或 95%脱硫效率
2005 年 2 月 28 日以后	煤矸石（12 个月滚动评价）	总能量输出	180ng/J［1.4 lb/（MW•h）］	—	新建或 94%脱硫效率
			180ng/J［1.4 lb/（MW•h）］	—	扩建或 94%脱硫效率
		或热量输入	65ng/J（0.15 lb/MBtu）	184	扩建或 94%脱硫效率
		总能量输出	180ng/J［1.4 lb/（MW•h）］	—	改建或 90%脱硫效率
		或热量输入	65ng/J（0.15 lb/MBtu）	184	改建或 90%脱硫效率
2011 年 5 月 3 日以后	全部（煤矸石除外）	总能量输出	130ng/J［1.0 lb/（MW•h）］	—	新建、扩建或 97%脱硫效率
		或净能量输出	140ng/J［1.2 lb/（MW•h）］	—	新建、扩建或 97%脱硫效率
		总能量输出	180ng/J［1.4 lb/（MW•h）］	—	改建或 90%脱硫效率

注　引自《GB 13223—2011〈火电厂大气污染物排放标准〉分析与解读》。

表 1-3　　美国燃煤发电锅炉 NO_x 排放质量限值

适用机组投运时间	煤种	排放限值（30 天平均）		折算成 mg/m³（标准状态）	备注
1997 年 7 月 9 日以前	煤制固体燃料	热量输入	210ng/J（0.50 lb/MBtu）	615	
	固体燃料中煤矸石重量比超过 25%		无要求		
	固体燃料中北达科他州、南达科他州和蒙大拿州褐煤重量比超过 25%且由液态排渣炉燃烧		340ng/J（0.80 lb/MBtu）	984	

续表

适用机组投运时间	煤种	排放限值（30 天平均）		折算成 mg/m^3（标准状态）	备注
1997 年 7 月 9 日以前	固体燃料中褐煤重量比超过 25%但不执行 340ng/J 排放限值	热量输入	260ng/J（0.60 lb/MBtu）	738	
	次烟煤		210ng/J（0.50 lb/MBtu）	615	
	烟煤		260ng/J（0.60 lb/MBtu）	738	
	无烟煤		260ng/J（0.60 lb/MBtu）	738	
1997 年 7 月 9 日—2005 年 2 月 28 日	全部	总能量输出	200ng/J［1.60 lb/（MW • h）］	—	新建
		热量输入	65ng/J（0.15 lb/MBtu）	184	扩建
2005 年 2 月 28 日—2011 年 5 月 3 日	全部	总能量输出	130ng/J［1.0 lb/（MW • h）］	—	新建
		总能量输出	130ng/J［1.0 lb/（MW • h）］	—	扩建
		或热量输入	47ng/J（0.11 lb/MBtu）	135	扩建
		总能量输出	180ng/J［1.4 lb/（MW • h）］	—	改建
		或热量输入	65ng/J（0.15 lb/MBtu）	184	改建
2011 年 5 月 23 日以后	全部（除煤矸石外）	总能量输出	88ng/J［0.7 lb/（MW • h）］	—	新建、扩建
		或净能量输出	95ng/J［0.76 lb/（MW • h）］	—	新建、扩建
	煤矸石（12 个月滚动平均）	总能量输出	110ng/J［0.85 lb/（MW • h）］	—	新建、扩建
		或净能量输出	120ng/J［0.92 lb/（MW • h）］	—	新建、扩建
	全部	总能量输出	140ng/J［1.1 lb/（MW • h）］	—	改建

注 引自《GB 13223—2011〈火电厂大气污染物排放标准〉分析与解读》。

美国大气污染物的排放单位从质量限值转化成浓度限值，即折算成“mg/m^3（标准状态）”。假定边界条件为燃煤电厂燃烧 1GJ 热量的煤炭产生 $350m^3$ 的烟气量、燃煤电厂烟气为标准状态下 O_2 量为 6%的干烟气，此时可得到燃煤电厂的换算因子为 1 lb/MBtu=$1230mg/m^3$（标准状态）。

此外，美国环保部针对火力发电厂汞与其他有毒有害污染物排放控制标准［mercury and air toxics standards（proposed），MATS］编制了提案，截至 2018 年底该标准未通过联邦审议。

2. 欧盟

根据欧盟对火力发电厂烟气污染物排放的相关规定（Directive 2010/75/EU），机组容量大于 50MW（包括 50MW）的所有装置在 2013 年 1 月 7 日取得许可或运营商已提交完整许可申请且机组在 2014 年 1 月 7 日前投产的机组烟气主要污染物的排放限值见表 1-4～表 1-7。目前，欧盟对火力发电厂烟气污染物控制主要针对 SO_2、NO_x、烟尘及燃气锅炉排放的 CO，并未对 Hg 排放提出控制指标。

表 1-4　欧盟燃煤电厂 SO_2 排放限值（标准状态）　(mg/m^3)

机组容量（MW）	煤、褐煤和其他固体燃料	生物质	泥煤	液体燃料
50～100	400	200	300	350
100～300	250	200	300	250
>300	200	200	200	200

表 1-5　欧盟燃煤电厂 NO_x 排放限值（标准状态）　(mg/m^3)

机组容量（MW）	煤、褐煤和其他固体燃料	生物质与泥煤	液体燃料
50～100	300 450（褐煤）	300	450
100～300	200	250	200*
>300	200	200	150*

* 原油精炼自用且机组容量不超过 500MW，在 2002 年 11 月 27 日之前取得许可的机组或运营商已提交完整许可申请且机组在 2003 年 11 月 27 日前投产的机组排放限值为 $450mg/m^3$（标准状态）。

表 1-6 欧盟燃煤电厂烟尘排放限值
（标准状态） （mg/m^3）

机组容量（MW）	煤、褐煤和其他固体燃料	生物质与泥煤	液体燃料①
50～100	30	30	30
100～300	25	20	25
>300	20	20	20

① 原油精炼自用的机组且在 2002 年 11 月 27 日之前取得许可的机组或运营商已提交完整许可申请且机组在 2003 年 11 月 27 日前投产的机组排放限值为 $50mg/m^3$（标准状态）。

表 1-7 欧盟燃气锅炉 NO_x 和 CO 排放限值（包括燃气轮机与内燃机，标准状态） （mg/m^3）

燃气锅炉类型	NO_x	CO
天然气锅炉（除了燃气轮机）	100	100
燃高炉煤气、焦炉煤气、低热值煤气锅炉（除了燃气轮机）	200*	—
其他气体锅炉（除了燃气轮机）	200*	—
天然气①燃气轮机	50**	100
其他气体燃气轮机	120	—
内燃机	100	100

① 天然气以甲烷为主要成分，惰性气体与其他成分所占体积比不超过 20%。

* 对机组容量未超过 500MW 且在 2002 年 11 月 27 日之前取得许可的机组或运营商已提交完整许可申请且机组在 2003 年 11 月 27 日前投产的机组排放限值为 $300mg/m^3$（标准状态）。

** 当在 ISO 基准负荷条件下的燃气轮机效率测定时，排放限值为 $75mg/m^3$（标准状态），包括：

（i）整体效率高于 75%用于热力、电力联合生产的燃气轮机；

（ii）整体平均效率高于 55%的联合循环燃气轮机；

（iii）燃气轮机用于机械传动。

对于单循环燃气轮机，当在 ISO 基准负荷条件下效率高于 35%时，NO_x 的排放限值应为 $50\times\eta/35$，其中，η 为 ISO 基准负荷条件下的效率（百分比）。

2015 年末，欧盟对锅炉排放规定进行了补充与修订［Directive（EU）2015/2193］，对大于 1MW（包括 1MW）且低于 50MW 的机组进行了污染物排放限定，大于 50MW（包括 50MW）的机组仍执行 Directive 2010/75/EU。

3. 德国

根据 2009 年 1 月 27 日修订并执行的德国污染物排放控制法中关于针对大型燃烧装置的规定（13.BlmSchV），德国新建燃煤电厂大气污染物排放浓度限值见表 1-8，德国现有燃煤电厂大气污染物排放浓度限值见表 1-9。

表 1-8 德国新建燃煤电厂大气污染物排放浓度限值（标准状态） （mg/m^3）

污染物项目	适用条件		限值	达标考核
烟尘	全部		20	日均值
SO_2	50～100MW	非循环流化床	850	日均值
		循环流化床	350	日均值
	>100MW	全部	200	日均值
NO_x（以 NO_2）	50～100MW	非循环流化床	400	日均值
		循环流化床	300	日均值
	>100MW	全部	200	日均值
汞及其化合物	全部		0.03	日均值

注 引自《GB 13223—2011〈火电厂大气污染物排放标准〉分析与解读》。

表 1-9 德国现有燃煤电厂大气污染物排放浓度限值（标准状态） （mg/m^3）

污染物项目	适用条件			限值	达标考核
烟尘	50～100MW	全部		30	日均值
	>100MW	全部		20	日均值
SO_2	50～300MW	非循环流化床	硬煤	1200	日均值
			褐煤	1000	
	100～300MW	循环流化床		350	日均值
	>300MW	全部		300	日均值
NO_x（以 NO_2 计）	50～100MW	全部		500	日均值
	100～300MW	全部		400	日均值
	>300MW	全部		200	日均值

注 引自《GB 13223—2011〈火电厂大气污染物排放标准〉分析与解读》。

除上述日均值的达标考核方式外，半小时均值、年均值等也是考核方式，达标限值分别是上述限值的不同倍数，或者另设单独的限值。例如，对于新建机组的 NO_x 用年均值考核，则 50～100MW 要求是 $250mg/m^3$（标准状态），大于 100MW 要求是 $100mg/m^3$（标准状态）。另外，德国标准中除对浓度提出要求外，对脱硫效率也提出了要求。

4. 日本

日本火力发电厂烟气污染物排放主要遵循日本固定源一般排放标准、特别排放标准及总量限制标准等。

为保证区域大气环境质量和控制地方特征污染物，日本地方可制定高于国家排放标准的地方排放标准。以东京特别区为例，在该地区内火力发电厂烟气污染物排放烟尘容许值为 8mg/m^3(标准状态)、SO_2 容许值为 111mg/m^3（标准状态）、NO_x 容许值为 70mg/m^3（标准状态）。

二、国内火力发电厂烟气污染物控制标准

GB 13223—2011《火电厂大气污染物排放标准》中规定了单台出力 65t/h 以上除层燃炉、抛煤机炉以外的燃煤发电锅炉，各种容量的煤粉发电锅炉，单台出力 65t/h 以上燃油、燃气发电锅炉，各种容量的燃气轮机组的火力发电厂，单台出力 65t/h 以上采用煤矸石、生物质、油页岩、石油焦等燃料的发电锅炉。其中，整体煤气化联合循环发电的燃气轮机组按燃用天然气的燃气轮机组排放限值执行。根据 GB 13223—2011《火电厂大气污染物排放标准》，我国火力发电锅炉及燃气轮机组大气污染物排放浓度限值见表 1-10，对于重点地区的火力发电锅炉及燃气轮机组执行表 1-11 规定的大气污染物特别排放限值。

表 1-10　我国火力发电锅炉及燃气轮机组大气污染物排放浓度限值（标准状态）　(mg/m^3)

燃料和热能转化设施类型	污染物项目	适用条件	限值
燃煤锅炉	烟尘	全部	30
	SO_2	新建锅炉	100 200*
		现有锅炉	200 400*
	NO_x（以 NO_2 计）	全部	100 200**
	汞及其化合物	全部	0.03
以油为燃料的锅炉或燃气轮机组	烟尘	全部	30
	SO_2	新建锅炉及燃气轮机组	100
		现有锅炉及燃气轮机组	200
	NO_x（以 NO_2 计）	新建锅炉	100
		现有锅炉	200
		燃气轮机组	120
以气体为燃料的锅炉或燃气轮机组	烟尘	天然气锅炉及燃气轮机组	5
		其他气体燃料锅炉及燃气轮机组	10
	SO_2	天然气锅炉及燃气轮机组	35
		其他气体燃料锅炉及燃气轮机组	100
以气体为燃料的锅炉或燃气轮机组	NO_x（以 NO_2 计）	天然气锅炉	100
		其他气体燃料锅炉	200
		天然气燃气轮机组	50
		其他气体燃气轮机组	120

* 位于广西壮族自治区、重庆市、四川省和贵州省的火力发电锅炉执行该限值。

** 采用 W 形火焰炉膛的火力发电锅炉，现有循环流化床火力发电锅炉，以及 2003 年 12 月 31 日前建成或投产或通过建设项目环境影响报告书审批的火力发电锅炉执行该限值。

表 1-11　我国大气污染物特别排放限值（标准状态）　(mg/m^3)

燃料和热能转化设施类型	污染物项目	适用条件	限值
燃煤锅炉	烟尘	全部	20
	SO_2	全部	50
	NO_x（以 NO_2 计）	全部	100
	汞及其化合物	全部	0.03
以油为燃料的锅炉或燃气轮机组	烟尘	全部	20
	SO_2	全部	50
	NO_x（以 NO_2 计）	燃油锅炉	100
		燃气轮机组	120
以气体为燃料的锅炉或燃气轮机组	烟尘	全部	5
	SO_2	全部	35
	NO_x（以 NO_2 计）	燃气锅炉	100
		燃气轮机组	50

三、国内烟气污染物控制法律法规及政策

火力发电厂烟气污染物控制是我国大气污染综合防治的重要组成部分。《中华人民共和国大气污染防治法》第四十一条中明确指出：“燃煤电厂和其他燃煤单位应当采用清洁生产工艺，配套建设除尘、脱硫、脱硝等装置，或者采取技术改造等其他控制大气污染物排放的措施。国家鼓励燃煤单位采用先进的除尘、脱硫、脱硝、脱汞等大气污染物协同控制的技术和装置，减少大气污染物的排放。”各省、自治区、直辖市根据区域情况分别制定了各自的《大气污染防治条例》，对火力发电厂烟气污染物控制提出了更详细的规定。

近年来，随着我国工业化和城市化进程的加快，空气污染问题日益突出，持续发生的大面积雾霾事件

引起了全社会对环境空气质量的关注。从 2011 年环境保护部颁布 GB 13223—2011《火电厂大气污染物排放标准》到 2013 年环境保护部颁布的《关于执行大气污染物特别排放限值的公告》，国家针对燃煤电厂采取了严格的大气环境管理措施，严格控制大气污染物新增量，倒逼产业结构的升级和企业的技术进步，从而推动大气环境质量不断改善。2013 年 9 月，国务院出台了《大气污染防治行动计划》(大气十条)。为了落实此项计划，2014 年 9 月，国家发展和改革委员会、环境保护部、国家能源局联合印发《煤电节能减排升级与改造行动计划（2014—2020 年）》（发改能源〔2014〕2093 号），要求“东部地区新建燃煤发电机组大气污染物排放浓度基本达到燃气轮机组排放限值，中部地区新建机组原则上接近或达到燃气轮机组排放限值，鼓励西部地区新建机组接近或达到燃气轮机组排放限值”。2015 年 3 月，两会通过的政府工作报告中要求“加强煤炭清洁高效利用，推动燃煤电厂超低排放改造”。

为贯彻落实 2015 年第 114 次国务院常务会议精神，环境保护部、国家发展和改革委员会、国家能源局联合发布《全面实施燃煤电厂超低排放和节能改造工作方案》（环发〔2015〕164 号），指出：到 2020 年，全国所有具备改造条件的燃煤电厂力争实现超低排放（即在基准氧含量 6%条件下，烟尘、二氧化硫、氮氧化物排放浓度分别不高于 10、35、50mg/m^3）。全国有条件的新建燃煤发电机组达到超低排放水平。加快现役燃煤发电机组超低排放改造步伐，将东部地区原计划 2020 年前完成的超低排放改造任务提前至 2017 年前总体完成；将对东部地区的要求逐步扩展至全国有条件地区，其中，中部地区力争在 2018 年前基本完成，西部地区在 2020 年前完成。

《大气污染防治行动计划》中规定，京津冀、长三角、珠三角等区域除热电联产外，禁止审批新建燃煤发电项目。燃煤发电企业根据自身发展的需要，提出要使燃煤电厂实现超低排放。从超低排放技术试验示范到全面推动超低排放技术，从技术上讲只有两三年时间，所以从技术指南角度，非常有必要统一火力发电厂污染防治技术。

此外，各地区陆续出台了关于燃煤电厂石膏雨和有色烟羽控制的地方排放标准或要求。上海市出台《上海市燃煤电厂石膏雨和有色烟羽测试技术要求（试行）》（沪环保总〔2017〕203 号）；浙江省发布《燃煤电厂大气污染物排放标准（DB 33/214—2018）》；天津市环境保护局印发了《关于进一步加强我市火电、钢铁等重点行业大气污染深度治理有关工作的通知》。这些文件要求通过采取烟温控制或其他有效技术手段消除石膏雨、有色烟羽等现象。

第三节 火力发电厂烟气主要污染物控制流程

一、燃煤电厂烟气污染物控制流程

燃煤电厂烟气中污染物来源于煤炭的燃烧。目前，烟气中控制的主要污染物包括 NO_x、烟尘、SO_2 等。典型的燃煤电厂烟气污染物控制流程主要包括选择性催化还原（selective catalytic reduction，SCR）或选择性非催化还原（selective non-catalytic reduction，SNCR）工艺、除尘工艺与脱硫工艺，控制流程示意见图 1-1。具体的污染物控制工艺与技术详见本章第四节。烟气中主要污染物的浓度主要取决于所燃煤的煤种情况与锅炉燃烧情况，具体的煤质资料分析见表 1-12，烟气治理设备入口烟气参数及污染物成分分析见表 1-13。

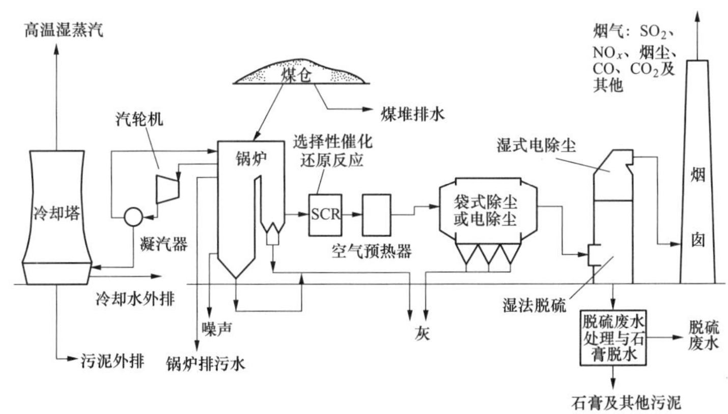

图 1-1 燃煤电厂烟气主要污染物的控制流程示意

（引自 Steam：its generation and use，edition 41，by Babcock & Wilcox Company）

表 1-12　煤质资料分析

序号	项目	符号	单位	测试标准
1	工业分析			
	收到基全水分	M_{ar}	%	GB/T 211《煤中全水分的测定方法》
	空气干燥基水分	M_{ad}	%	GB/T 212《煤的工业分析方法》
	收到基灰分	A_{ar}	%	
	干燥无灰基挥发分	V_{daf}	%	
2	收到基低位发热量	$Q_{net,ar}$	kJ/kg	GB/T 213《煤的发热量测定方法》
3	元素分析			
	收到基碳	C_{ar}	%	DL/T 568《燃料元素的快速分析方法》
	收到基氢	H_{ar}	%	DL/T 568《燃料元素的快速分析方法》
	收到基氧	O_{ar}	%	DL/T 568《燃料元素的快速分析方法》
	收到基氮	N_{ar}	%	DL/T 568《燃料元素的快速分析方法》
	收到基全硫	$S_{t,ar}$	%	GB/T 214《煤中全硫的测定方法》 GB/T 215《煤中各种形态硫的测定方法》
4	哈氏可磨性指数	HGI	—	GB/T 2565《煤的可磨性指数测定方法哈德格罗夫法》
5	冲刷磨损指数	K_e	—	DL/T 465《煤的冲刷磨损指数试验方法》
6	煤灰熔融特征温度			
	变形温度	DT	℃	GB/T 219《煤灰熔融性的测定方法》
	软化温度	ST	℃	
	半球温度	HT	℃	
	流动温度	FT	℃	
7	煤灰成分			
	二氧化硅	SiO_2	%	GB/T 1574《煤灰成分分析方法》
	三氧化二铝	Al_2O_3	%	
	三氧化二铁	Fe_2O_3	%	
	氧化钙	CaO	%	
	氧化镁	MgO	%	
	氧化钠	Na_2O	%	
	氧化钾	K_2O	%	

续表

序号	项目	符号	单位	测试标准
	氧化钛	TiO_2	%	GB/T 1574《煤灰成分分析方法》
	三氧化硫	SO_3	%	
	氧化锰	MnO_2	%	
	五氧化二磷	P_2O_5	%	
8	煤灰比电阻			
	常温	ρ	Ω·cm	DL/T 1287《煤灰比电阻的试验室测定方法》
	80℃	ρ_{80}	Ω·cm	
	100℃	ρ_{100}	Ω·cm	
	120℃	ρ_{120}	Ω·cm	
	150℃	ρ_{150}	Ω·cm	
	180℃	ρ_{180}	Ω·cm	
9	煤中微量元素			
	煤中游离二氧化硅	SiO_2（F）	%	DL/T 258《煤中游离二氧化硅的测定方法》
	煤中汞	Hg_{ar}	μg/g	GB/T 16659《煤中汞的测定方法》
	煤中氯	Cl_{ar}	%	GB/T 3558《煤中氯的测定方法》
	煤中氟	F_{ar}	μg/g	GB/T 4633《煤中氟的测定方法》
	煤中磷	P_{ar}	%	GB/T 216《煤中磷的测定方法》
	煤中砷	As_{ar}	μg/g	GB/T 3058《煤中砷的测定方法》
	煤中钒	V_{ar}	μg/g	GB/T 19226《煤中钒的测定方法》
	煤中铬	Cr_{ar}	μg/g	GB/T 16658《煤中铬、镉、铅的测定方法》
	煤中镉	Cd_{ar}	μg/g	
	煤中铅	Pb_{ar}	μg/g	
	煤中铜	Cu_{ar}	μg/g	GB/T 19225《煤中铜、钴、镍、锌的测定方法》
	煤中镍	Ni_{ar}	μg/g	
	煤中锌	Zn_{ar}	μg/g	

表 1-13　烟气治理设备入口烟气参数及污染物成分分析

序号	项目	符号	单位	数据（BMCR、75%THA、50%THA、最低稳燃负荷）
1	锅炉耗煤量及飞灰流量			
	锅炉实际耗煤量	B_g	t/h	

续表

序号	项目	符号	单位	数据（BMCR、75%THA、50%THA、最低稳燃负荷）
	机械不完全燃烧损失	q_4	%	
	飞灰系数	α_{fh}	—	
	飞灰流量	G_{fh}	t/h	
2	烟气治理设备入口烟气参数			
	过量空气系数	α	—	
	烟气温度	t	℃	
	湿烟气量（标准状态）	V_y	m^3/h	
	干烟气量（标准状态）	V_{gy}	m^3/h	
	二氧化碳（标准状态）	CO_2	m^3/h	
	氧气（标准状态）	O_2	m^3/h	
	氮气（标准状态）	N_2	m^3/h	
	二氧化硫（标准状态）	SO_2	m^3/h	
	水蒸气（标准状态）	H_2O	m^3/h	
3	污染物浓度（标准状态，干烟气，6%氧量）			
	氮氧化物 （以 NO_2 计）	NO_x	mg/m^3	
	氯化氢	HCl	mg/m^3	
	氟化氢	HF	mg/m^3	
	二氧化硫	SO_2	mg/m^3	
	三氧化硫	SO_3	mg/m^3	
	元素态汞	Hg^0	mg/m^3	
	氧化态汞	Hg^{2+}	mg/m^3	

注 BMCR 表示锅炉最大连续出力工况，THA 表示汽轮机热耗保证工况。

二、燃气-蒸汽联合循环电厂烟气污染物控制流程

燃气-蒸汽联合循环电厂利用具有一定压力的天然气和经过压气机压缩后的空气一起进入燃气轮机的燃烧室，形成的高温高压燃气进入透平做功，通过发电机发电；做功后的燃气再进入余热锅炉加热，蒸发锅炉给水，产生的蒸汽推动蒸汽轮机发电，烟气主要污染物的控制流程见图 1-2。燃气电厂基本不产生烟尘、SO_2 和固体废物，主要产生 NO_x 和工业废水，以及噪声影响，其处理工艺与燃煤电厂类似。

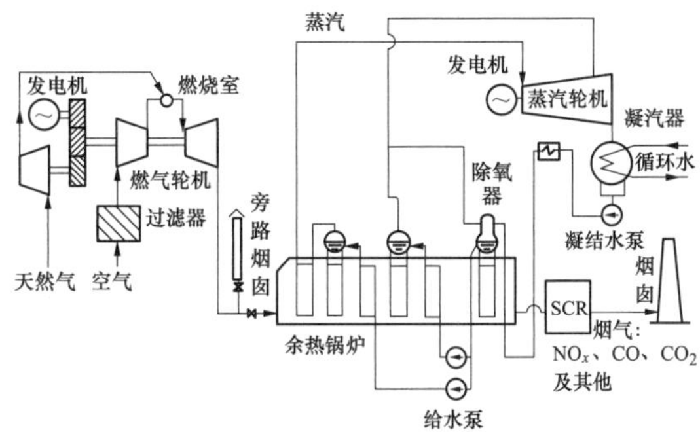

图 1-2 燃气-蒸汽联合循环电厂烟气主要污染物的控制流程

第四节 火力发电厂烟气主要污染物控制技术

一、燃煤电厂烟气污染物控制技术

目前我国燃煤电厂超低排放技术出现重大突破，呈现多元化发展的趋势，并在高灰分煤、高硫煤及煤质变化幅度大的机组上实现了超低排放。现有燃煤电厂超低排放工程应用过程中积累了大量设计与运行经验的同时，也出现部分工程将各种技术简单堆积，造成改造费用过高、能耗过高等问题。设计时不仅需要考虑烟气中烟尘、SO_2、NO_x 满足超低排放要求，也需要重视 SO_3、重金属、$PM_{2.5}$ 的协同治理等诸多问题。

（一）脱硝技术

目前，燃煤电厂 NO_x 排放控制技术主要分为炉内脱硝和炉外烟气脱硝技术两类。炉内脱硝即通过各种技术手段控制燃烧过程中 NO_x 的生成，主要有低氮燃烧技术、空气分级燃烧技术、燃料再燃技术、富氧燃烧技术等。低 NO_x 燃烧技术应用成本较低，应用最广，但小机组的 NO_x 生成率较高，且对锅炉存在一定负面影响。炉外烟气脱硝技术是指对烟气中已经生成的 NO_x 进行治理，主要包括 SCR、SNCR、SNCR/SCR、等离子体法、直接催化还原分解法、生物质活性炭吸附法等。截至 2016 年年底，全国已投运 SCR 脱硝机组容量约 9.1 亿 kW，占全国火电机组容量的 85.8%。

1. 低氮燃烧技术

低氮燃烧技术是指通过优化燃料在炉内的燃烧状况或采用低氮燃烧器来减少 NO_x 生成的控制技术，包括低过量空气燃烧、燃料分级燃烧、空气分级燃烧、烟气再循环技术等。该技术的特点是锅炉改造容易、投资费用相对较低，但对氮氧化物去除效率提升有限，单独使用很难满足较为严格的 NO_x 控制要求。“十二五”期间，低氮燃烧技术在全国范围内得到广泛的推

广与应用，目前我国单机 200MW 以上的燃煤机组已基本完成低氮燃烧技术改造。目前，低氮燃烧技术已成为我国燃煤电厂 NO_x 控制的基本配置技术，在国内新建的大型电站燃煤锅炉的燃烧系统中广泛应用。

在空气分级燃烧技术的改进研究上，美国公司开发了旋转对冲燃尽风技术（rotating opposed fire air，ROFA），从锅炉二次风中抽取 30%左右的风量，通过不对称安放的喷嘴，以高速射流方式射入炉膛上部，形成涡流，改善炉内的物料混合和温度分布，从而大幅降低 NO_x 生成。目前，该技术在欧美发达国家有良好的应用业绩，容量从 50MW 到 600MW 不等。根据其在美国某电站 154MW 机组应用情况，使用 ROFA 后，NO_x 的排放量由 740mg/m^3 降低到 330mg/m^3，减排超过 50%。

在燃料分级燃烧技术方面，目前应用广泛且 NO_x 减排效果较好的是二次燃料再燃技术，即在燃烧器中补入部分二次燃料将已生成的 NO_x 还原成 N_2。常用的二次燃料主要有超细煤粉和天然气，均有工程应用实例，且脱硝效果显著。该技术所需燃料具有易燃、含氮低、热值高等特性，与其在实际应用中存在炉膛易结焦、高温腐蚀严重、电耗较高等问题均限制了该技术的推广应用。

目前，在低氮燃烧器技术开发方面，诸多锅炉制造公司对低氮燃烧器技术进行了大量的优化和改进，取得了显著成效，在实际运行中 NO_x 减排量可达 50%～60%。由于我国煤质复杂多变、灰硫含量较高等问题，国外引进的先进技术并不完全适应我国电厂锅炉运行的实际情况，影响了氮氧化物的脱除效果。近十几年来，我国开展了大量的低氮燃烧技术研究和改进工作。目前，在引进消化吸收及自主创新的基础上，我国已经开发形成了“双尺度”低氮燃烧控制技术、高级复合空气分级低氮燃烧技术、燃料整体分级低氮燃烧技术等一系列先进的自主燃烧技术和低氮燃烧器。

（1）双尺度低氮燃烧控制技术。该技术具有防渣、防腐蚀、高效稳燃、低 NO_x 排放等特点。目前该技术已在国内外超过 130 台锅炉上成功应用，经测试，在燃用烟煤或褐煤的四角切圆锅炉上能够将 NO_x 的排放量降低到 200mg/m^3，实现了环境因素变化情况下锅炉低氮燃烧的智能调风和 NO_x 排放指标的动态向稳。

（2）高级复合空气分级低氮燃烧技术。该技术的特点在于建立了早期的稳定着火和空气分段燃烧技术，在实现 NO_x 排放大幅降低的同时，提高了燃烧效率，减轻了炉膛结渣问题。目前，该技术已在多台 300、600MW 的燃煤发电机组上实现成功应用。

（3）燃料整体分级低氮燃烧技术。该技术采用燃料分级燃烧，以最小污染物（pollution minimum，PM）型燃烧器作为主燃烧器，80%～85%的煤粉通过一次燃料主燃烧器送入炉膛下部的一级燃烧区，在主燃烧区上部火焰中形成过量空气系数接近 1 的燃烧条件，以尽可能地提高燃料的燃尽率。二次燃料也采用煤粉，其中 15%～20%的煤粉用再循环烟气作为输送介质将其喷入炉膛的再燃区，在过量空气系数远小于 1 的条件下将 NO_x 还原，同时抑制了新 NO_x 的生成。

2. 烟气脱硝技术

烟气脱硝技术是指利用氧化或还原反应对烟气中已生成的 NO_x 进行治理和脱除，主要包括 SCR、SNCR、SNCR/SCR、脱硫脱硝一体化、等离子体法、直接催化分解法、生物质活性炭吸附法等。目前，应用在燃煤电站锅炉上成熟的烟气脱硝技术主要有 SCR、SNCR 及 SNCR/SCR 联合技术，其中 SCR 技术应用最广。

（1）SNCR 技术。SNCR 技术是指在不使用催化剂的情况下，在炉膛烟气温度适宜处（850～1150℃）喷入含氨基的还原剂（一般为氨或尿素），利用炉内高温促使氨和 NO 选择性还原，将烟气中的 NO_x 还原为 N_2 和 H_2O。该技术具有建设周期短、投资少、对锅炉改造方便、技术成熟等特点，在欧美发达国家、韩国、日本、中国台湾地区及中国大陆电厂均有一定的应用。据统计，煤粉锅炉脱硝效率范围为 30%～40%，未能达到现阶段 NO_x 的控制需求，需与其他低 NO_x 技术协同应用。但同时 SNCR 脱硝技术在实际应用中受到锅炉设计和运行条件的限制，且存在反应温度范围窄、炉内混合不均匀、工况变化波动影响大，以及氨逃逸和 N_2O 排放等问题。近年来 SNCR 技术的市场应用份额逐年减少，2012 年全国投运火电脱硝项目中 SNCR 技术占比 6.3%，到了 2013 年底该占比下降到 3.3%。

但 SNCR 脱硝技术系统设备简单，造价相对低廉，且循环流化床（circulating fluidized bed，CFB）锅炉温度正好处于 SNCR 最佳反应温度窗，是 CFB 锅炉脱硝改造首选技术，近年来在我国得到迅速发展。工程实践表明，循环流化床锅炉配置 SNCR 效率可达 60%～80%。随着超低排放概念的提出，2014 年我国开始在循环流化床锅炉上试点 SNCR 超低排放控制技术。如广州某热电厂 2 台 465t/h 出力 CFB 锅炉脱硝改造采用选择性 SNCR+催化氧化吸收（COA），工程于 2014 年 6 月进行 SNCR 脱硝系统 72h 试运，改造完成后经地方环保部门检测，两台 CFB 锅炉脱硫除尘装置出口 NO_x 排放量稳定控制在 50mg/m^3 以下，排放指标达到超低排放标准，脱硝效率大于 70%，减排效果明显。

（2）SCR 技术。SCR 技术是指利用 NH_3、CO、H_2、烃类等还原剂，在催化剂作用下选择性地将烟气中的 NO_x 还原成 N_2 和 H_2O 的过程。基于反应器和催化剂的合理选型和优化布置，SCR 脱硝效率可以达到 80%～90%，最高可达 90%以上，是目前世界上商业化应用最广泛、最为成熟的氮氧化物控制技术。“十二五”期间，燃煤火电厂脱硝改造呈全面爆发的增长趋势，其中 SCR 技术占火电机组脱硝项目的 96%以上。催化剂是 SCR 技术的核心，目前国内外采用的催化剂主要为 V_2O_5-TiO_2 体系（添加 WO_3 或 MoO_3 作为助剂），该催化剂效率高、稳定可靠，但仍存在催化剂本身具有一定的毒性、价格昂贵、易受煤质成分影响而失活、低温下活性较低，以及温度窗口受限等问题，最新的研究表明，钒钛系催化剂的使用还会将 SO_2 氧化为 SO_3，造成新的污染。

SCR 技术在中国的应用与研究起步较晚。初期以通过引进国外技术，购买国际知名脱硝公司 SCR 催化剂为主，催化剂配方也主要沿用国外学者研发的 V_2O_5-WO_3/TiO_2 或 V_2O_5-MO_3/TiO_2 催化剂。随着环保要求的提高及国家对 SCR 技术研发的大力支持，“十二五”期间我国 SCR 技术取得了重大突破。我国在 SCR 脱硝技术领域的基础研究和产业化应用方面取得了重要突破和进展，与国外先进技术水平的差距正在逐渐缩小，且有部分技术达到了国际领先水平。

近年来，我国在催化剂改进、低负荷脱硝、减少氨逃逸、吹灰改进、流场优化、催化剂再生与资源化技术等方面均开展了技术研究与重点攻关，取得了很大进步。在催化剂改进方面，包括无毒催化剂、硝汞协同控制催化剂、高灰高钙催化剂等均开展了相应的开发，如硝汞协同控制催化剂、高灰分耐磨催化剂、低温脱硝催化剂、无毒催化剂等新型催化剂技术的研究突破；在低负荷脱硝方面，主要采用省煤器给水旁路、分段省煤器、热水再循环调节等技术以提高机组低负荷段脱硝效率，但尚有许多工作需进一步完善；在减少氨逃逸方面，主要采用喷氨格栅与涡流混合器设计与优化、流场优化设计、SCR 入口增设大颗粒拦截网等技术手段；在吹灰改进方面，针对低灰分煤种采用声波吹灰，针对高灰分煤种采用蒸汽吹灰与声波吹灰匹配组合技术；在流场优化方面，开发了新型导流整流技术，如等压力整流器、新式导流装置等；在催化剂再生与资源化技术方面，开发了适用于构型多样、配方差异大、失活机理复杂的废弃脱硝催化剂再生改性技术，使失活催化剂活性可恢复至新催化剂的 98%，再生催化剂已连续稳定运行超过 5040h。

（3）SNCR/SCR 技术。SNCR/SCR 联合脱硝技术将 SNCR 工艺中还原剂喷入炉膛的技术同 SCR 工艺中利用逸出氨进行催化反应的技术结合起来，从而进一步脱除 NO_x，是一种结合了 SCR 技术高效、SNCR 技术投资少的特点而发展起来的新型联合工艺。利用这种联合技术可实现 SNCR 出口的 NO_x 浓度再降低 50%～60%，氨的逃逸量小于 5mg/m^3。上游 SNCR 技术的应用有效降低了 SCR 入口的 NO_x 负荷，减少了 SCR 催化剂使用量，降低了催化剂投资；SCR 利用 SNCR 系统逃逸的氨，可减少氨逃逸量。

该技术（SNCR/SCR）最早由美国公司提出，以其优势在世界范围内得到了应用。美国南加州的某燃煤锅炉应用该联合技术，NO_x 脱除效率可达到 70%～90%；新泽西州某燃煤锅炉应用此技术，脱硝效率可达 90%，氨逃逸率在 1.52mg/m^3 以下。SNCR/SCR 在我国中小型锅炉中具有广阔的应用前景，但存在运行过程中 SNCR 逃逸氨量控制与后端 SCR 区域脱硝氨量需求匹配控制问题，此外氨气与烟气混合不均匀也影响了后端 SCR 脱硝效率。目前，可采用锅炉尾部烟道布置补氨喷枪解决 SCR 还原剂不足，采用特殊的流场混合器/导流板解决氨气与烟气混合不充分问题。优化后的 SNCR/SCR 联合脱硝技术在实际工程中取得了较好的效果，在陕西某 2×300MW 热电厂 SNCR/SCR 烟气脱硝项目中，SNCR 平均脱硝效率达到 40%，总脱硝效率可达到 80%，氨逃逸浓度小于 0.75mg/m^3。

（二）除尘技术

“十二五”期间，我国燃煤电厂烟尘排放经历了从 50mg/m^3 到 30mg/m^3 再到 10mg/m^3 的限值要求，相应的低低温电除尘、湿式电除尘、超净电袋复合除尘、袋式除尘、高频电源供电等新技术得到应用和快速发展，成为推动我国火力发电厂低排放、超低排放的最重要力量。另外，粉尘凝聚技术、烟气调质、隔离振打、分区断电振打、脉冲电源、三相电源供电等一批新型电除尘技术也已在个别电厂中得到应用。随着火力发电烟气污染物排放标准的日益严格，新环保法的实施及日益严格的监管，长期可靠地保持低排放的先进除尘技术将进入快速规模化应用时期。

对于除尘技术来说，烟尘排放除了与除尘器出口烟尘浓度有关外，还受湿法脱硫协同除尘效果的影响。根据湿法脱硫协同除尘效果的不同，当除尘器出口烟尘浓度为 50～20mg/m^3 和 20mg/m^3 及以下时，可分别实现烟尘达标排放和超低排放。目前，常规的除尘技术主要有电除尘、电袋复合除尘、袋式除尘和湿式电除尘技术。

1. 电除尘技术

电除尘器（Electrostatic precipitator，ESP）运行可靠、维护费用低、设备阻力小、除尘效率高，但除尘效率和出口烟尘浓度易受煤、飞灰等成分变化的影响，也易受气体温度、湿度等操作条件的影响。“十二五”期间，通过优化工况条件，改变除尘工艺路线，解决反电晕和二次扬尘等方面的大量研究，开发出了大批高效新型电除尘技术，使电除尘技术适应范围显著扩大、除尘效率持续提高。高效新型电除尘技术主要包括低低温电除尘技术、移动电极电除尘技术等。

（1）低低温电除尘技术。低低温电除尘技术即在电除尘前增设烟气冷却器，降低除尘器入口烟气温度至酸露点以下，利用烟气体积流量随温度降低而变小和粉尘比电阻随温度降低而下降的特性，提高电除尘的除尘效率。但低低温电除尘二次扬尘现象比常规电除尘器严重，飞灰流动性低于常规电除尘器，除灰系统出力相对减小，灰管的盲端易发生堵灰。一般情况下，该技术中电除尘器入口烟气温度范围为 80～100℃。低低温电除尘技术于 2010 年 12 月在广东某电厂首次应用，2012 年 6 月成功应用于福建某 600MW 大型燃煤机组，并经第三方测试除尘器出口烟尘排放浓度低于 20mg/m^3，且有较强的 SO_3、$PM_{2.5}$、汞等污染物协同脱除能力。此后在江西某 2×700MW 机组、天津某 2×1000MW 机组等一大批大型火力发电机组上应用，不但实现了 20mg/m^3 以下的低排放，还通过烟气余热回收利用，使供电煤耗降低超过 1.5g/(kW·h)，达到了节能减排的双重目的。

以低低温电除尘技术为核心的烟气协同控制也取得了较大突破。由于烟气经低低温电除尘器后，出口粉尘粒径增大，从而大幅提高湿法脱硫的协同除尘效果。通过优化湿法脱硫关键部件结构、布置方式等可提高湿法脱硫协同除尘效率达 70%以上。在超低排放的背景下，该技术已取得较成功的应用，如浙江某电厂 2×660MW 机组，2014 年 12 月中旬投运，经测试，电除尘器出口烟尘浓度约 12mg/m^3，脱硫后烟尘、SO_2、NO_x 排放分别为 3.64、2.91、13.6mg/m^3，湿法脱硫的协同除尘效率约 70%。山西某电厂 300MW 机组，2014 年 8 月上旬投运，经测试，电除尘器（ESP）出口烟尘浓度为 18mg/m^3，经湿法脱硫系统后，烟尘排放浓度为 8mg/m^3。

（2）移动电极电除尘技术。移动电极电除尘技术由常规电场和末级移动电极电场组成，移动电极电场中阳极部分采用回转的阳极板和旋转的清灰刷，阴极部分组成同常规电除尘。在移动电极电除尘器中，附着于移动极板上的粉尘在尚未达到形成反电晕的厚度时，随移动极板运行至非电场区内被布置在非电场区旋转的清灰刷彻底清除。但移动极板电除尘器较常规电除尘器结构复杂，运动部件较多，发生故障的可能性相对较大；旋转电极上的链条、链轮长期在高粉尘环境里运行，存在磨损等问题。该技术在内蒙古某发电厂 330MW 机组应用测试，第三方测试出口烟尘浓度为 29.2mg/m^3。目前，移动电极电除尘技术已在数十套大中型机组应用，截至 2014 年年底已签订的 300MW 及以上机组移动电极电除尘器的合同装机总容量超 50000MW。

（3）电除尘供电电源改造优化技术。电除尘供电电源改造优化主要包括高频电源、脉冲高压电源、三相工频高压电源、中频电源改造与节能优化等。其中，高频电源在提高电除尘器除尘效率的同时降低电除尘器供电能耗，目前，高频电源已作为电除尘供电电源的主流产品在工程中广泛应用，产品容量、电流与电压均已形成系列化设计，并已在大批百万千瓦机组的电除尘器中得到应用。脉冲高压电源同样可以大幅度提高除尘效率，尤其是对于高比电阻粉尘，改善系数可达 1.2 以上。目前，脉冲高压电源已在多个电厂的电除尘器中得到配套应用。

（4）其他电除尘技术。粉尘凝聚、烟气调质、隔离振打、关断气流断电振打等一批新型电除尘技术，已在大型燃煤机组中得到应用，较好地实现了细颗粒物的捕集。这些新型电除尘技术在不同烟气工况条件下的组合应用，也成为了我国应用电除尘实现超低排放控制的重要技术。

2. 电袋复合除尘技术

电袋复合除尘器是指在一个箱体内安装电场区和滤袋区，将电除尘的荷电除尘及袋除尘的过滤拦截有机结合的一种新型高效除尘器。按照结构，电袋复合除尘器可分为整体式电袋复合除尘器、嵌入式电袋复合除尘器和分体式电袋除尘器。目前，只有整体式电袋复合除尘器在工程中得到广泛应用，它具有长期稳定低排放、运行阻力低、滤袋使用寿命长、运行维护费用低、适用范围广及经济性好的优点，并能实现 5mg/m^3（标准状态）以下的超低排放。

整体式电袋复合除尘器采用将电除尘与袋除尘技术有机复合，实现分级、复合除尘。通过前级电区去除 80%以上的烟尘，大大降低后级袋区的负荷，同时电区和袋区紧密复合，强化荷电粉尘的过滤效率，提高烟尘的捕集率，降低运行阻力。

目前，整体式电袋复合除尘器最大应用单机容量为 1000MW 机组，并实现除尘器出口的烟尘排放浓度为 4～30mg/m^3，其中低于 20mg/m^3 的占 50%以上。广东某电厂 2×700MW 机组等工程项目实现了 5mg/m^3 以下的超低排放，运行阻力为 560～1100Pa，平均运行阻力为 852Pa。

3. 袋式除尘技术

袋式除尘技术（Fabric filter，FF）是通过利用纤维编织物制作的袋状过滤元件，来捕集含尘气体中的固体颗粒物，达到气固分离的目的，其过滤机理是惯性效应、拦截效应、扩散效应和静电效应的协同作用。袋式除尘器具有长期稳定的高效率低排放、运行维护简单、煤种适用范围广的优点，并能实现超低排放，但袋式除尘器的运行阻力大、滤袋寿命短、旧滤袋无法达到资源化利用。电力行业最常用的袋式除尘器按清灰方式可分为低压回转脉冲喷吹袋式除尘器和中压脉冲喷吹袋式除尘器。

目前，我国袋式除尘器可实现烟尘稳定排放小于 $30mg/m^3$ 甚至 $10mg/m^3$ 以下，运行阻力小于 1500Pa，滤袋寿命大于 3 年。自 2001 年大型袋式除尘器在内蒙古某电厂 200MW 机组成功应用以来，近十余年，袋式除尘器在我国电力燃煤机组中得到了大量推广应用，最大配套单机容量 600MW。

国内外袋式除尘器技术对比方面，国外袋式除尘技术发展应用较早，技术较成熟；我国总体技术接近国际先进水平，但是在技术创新突破、结构优化、高精制造、工装设备方面，与国外相比尚有一定的距离。

4. 湿式电除尘技术

湿式电除尘器是在克服湿式除尘器和电除尘器弊端的基础上发展起来的，其工作原理与常规电除尘器类似，主要涉及了悬浮粒子荷电、带电粒子在电场里迁移和捕集，以及将捕集物从集尘器表面清除这三个基本过程。湿式电除尘器对酸雾、有毒重金属及 PM_{10}，尤其是 $PM_{2.5}$ 微细粉尘有良好的脱除效果，但湿式电除尘器入口烟气烟尘浓度不能过高，需额外设置废水处理装置和防腐设施。也可解决湿法脱硫带来的石膏雨、蓝烟问题，缓解下游烟道、烟囱的腐蚀，节约防腐成本。其性能稳定可靠、效率高，可有效收集微细颗粒物（$PM_{2.5}$ 粉尘、SO_3 酸雾、气溶胶）、重金属（Hg、As、Pb、Cr）、有机污染物（多环芳烃、二噁英）等，烟尘排放可达 $10mg/m^3$，甚至 $5mg/m^3$ 以下，实现超低排放。我国湿式电除尘器在燃煤电厂 1000MW 机组已得到应用。

（三）脱硫技术

根据 SO_2 控制在煤炭燃烧过程中的位置，可将脱硫技术分为燃烧前、燃烧中和燃烧后三种。燃烧前脱硫主要是选煤、煤气化、液化和水煤浆技术；燃烧中脱硫指的是低污染燃烧、型煤和流化床燃烧技术；燃烧后脱硫即指烟气脱硫技术，烟气脱硫又可分为湿法、半干法和干法工艺。其中，湿法脱硫工艺（wet flue gas desulfurization，WFGD）包括用钙基、钠基、镁基、海水和氨作为吸收剂，石灰石-石膏湿法脱硫是目前使用最广泛的脱硫技术；半干法主要是喷雾干燥技术；干法脱硫工艺主要是喷吸收剂工艺，按所用吸收剂不同可分为钙基和钠基工艺，吸收剂可以干态、湿润态或浆液喷入。截至 2016 年年底，全国已投运烟气脱硫机组容量约 8.8 亿 kW，占全国煤电机组容量的 93%。根据中国电力企业联合会的统计数据，各种脱硫工艺市场占比中，石灰石-石膏法占 92.46%（含电石渣法），海水法占 2.67%，烟气循环流化床法占 1.93%，氨法占 1.94%，其他脱硫工艺占 1.0%。

1. 石灰石-石膏湿法脱硫技术

石灰石-石膏湿法脱硫技术采用吸收塔，以石灰石浆液为吸收剂，雾化洗涤烟气中的 SO_2、HF 和 HCl 等酸性气体，其中，SO_2 与石灰石反应形成亚硫酸钙，再鼓入空气强制氧化，最后生成石膏，从而达到脱除 SO_2 的目的，脱硫净烟气经除雾器除雾后进入烟囱排放。

目前，国外石灰石-石膏湿法脱硫技术已基本形成了逆流喷淋空塔、鼓泡塔、液柱塔、托盘塔等核心塔技术。国内在引进消化吸收的基础上，在传统空塔提效技术方面，又出现了双 pH 值循环脱硫技术（如单塔双循环、双塔双循环等工艺）、半空塔脱硫技术（如旋汇耦合脱硫、沸腾泡沫、旋流鼓泡、湍流管栅等工艺）等。近五年来，随着排放标准趋严及技术发展，逐步形成了系列超低排放技术，主要包括传统脱硫技术提效、双循环脱硫工艺、双托盘技术、单塔双区技术。

（1）传统脱硫技术提效。基于传统石灰石-石膏湿法脱硫技术开发的各类传统石灰石-石膏湿法脱硫的提效技术，如凹凸环技术、分级耦合循环洗涤、组合喷淋技术、深度氧化、超细吸收剂等。这些技术利用流场均化、匹配组合喷淋提高吸收塔有效液气比，并通过分级耦合和强化传质提效、辅助净化脱硫液提效节能等技术集成创新，形成了多维度耦合脱硫提效超低排放集成技术。这些提效技术能够提高对负荷与复杂工况的适应性，以及对突发状态的应急能力，解决脱硫设施可靠、稳定及经济运行问题。在燃用低硫煤条件下，脱硫效率不低于 98%，可实现终端超低排放，SO_2 排放浓度小于 $35mg/m^3$。

（2）双循环脱硫工艺。双循环脱硫工艺通过两级石灰石浆液吸收来实现 SO_2 超低排放。烟气首先进入一级循环，浆液 pH 值控制在 4.5～5.3，脱硫效率一般在 30%～70%。酸性环境外加充足的停留时间，保证了亚硫酸钙的充分氧化，提高了脱硫石膏品质，且脱硫石膏含水率降至 6%，同时烟气中各类杂质如飞灰、HCl 和 HF 等，也在一级循环中予以脱除，为二级循环中实现高效脱硫提供保障。经过一级洗涤的脱硫烟气进入二级循环，由于不用考虑氧化结晶的问题，所以 pH 值可维持在较高水平，可实现在较低液气比条件下的高效脱硫。根据场地条件、新（改）建工程等不同情况，可以采取单塔双循环或双塔双循环形式，应用双循环脱硫技术能够实现一定的颗粒物协同脱除效用。如何充分运用双循环技术达到最大限度的颗粒物脱除效果，从而助力超净排放或近零排放的实现，也日益受到重视。国内部分电厂如江苏某 2×1000MW 机组采用双循环脱硫技术路线，脱硫效率达到 98.5% 以上。

（3）双托盘技术。在原托盘塔基础上，增加一层托盘，并增加喷淋层和循环泵，提高液气比，增强洗涤效果，该技术吸收塔阻力增加较多，运行经济性有待进一步考察。浙江某电厂采用该技术实现了 SO_2 超低排放。

（4）单塔双区技术。通过在吸收塔浆池中设置分区调节器，结合射流搅拌技术控制浆液的无序混合，通过石灰石供浆加入点的合理设置，可以在单一吸收塔的浆池内形成上下部两个不同的 pH 值分区，其中上部低值区有利于氧化、下部高值区有利于喷淋吸收。江苏某 2×630MW 机组脱硫装置，河北某电厂 9 号机组 1×300MW 脱硫装置增容改造都采用了该技术方案，脱硫效率 98%以上。

2. 烟气半干法脱硫技术

烟气半干法脱硫技术是指脱硫剂以湿态加入，利用烟气显热蒸发浆液中的水分。在干燥过程中，脱硫剂与烟气中的 SO_2 发生反应，生成干粉状的产物，包括增湿灰循环脱硫、旋转喷雾干燥法脱硫、循环流化床烟气半干法脱硫技术和气体悬浮吸收法脱硫等技术。

（1）增湿灰循环脱硫技术。增湿灰循环脱硫技术是将消石灰粉与除尘器收集的循环灰在混合增湿器内混合，并加水增湿至 5%的含水量，然后导入烟道反应器内进行脱硫反应，含 5%水分的循环灰有较好的流动性，省去了复杂的制浆系统，克服了喷雾过程中的黏壁问题。

（2）旋转喷雾干燥法脱硫技术。旋转喷雾干燥法脱硫技术是以石灰粉为脱硫剂，经加水消化并制成消石灰乳，用泵打入吸收塔内的雾化装置，被旋转喷雾轮雾化成细小的液滴，在与烟气混合接触的过程中，与烟气中的 SO_2 反应生成亚硫酸钙，烟气中的 SO_2 大部分被脱除，液滴被干燥，烟气温度下降。脱硫反应产物及未被利用的脱硫剂以干燥的颗粒形式部分由烟气带出进入除尘器后被收集下来，部分靠离心作用从烟气中分离，从吸收塔底排出。为了提高脱硫剂的利用率，减少钙硫比，一般将除尘器收集的干燥粉末与飞灰加入制浆系统循环使用。

（3）循环流化床烟气半干法脱硫技术。循环流化床烟气半干法脱硫技术是将从锅炉出来的含有粉尘和 SO_2 的烟气，引入脱硫塔的底部经过文丘里管上升，进入塔内，一定量的消石灰粉和水在文丘里管喉口上端加入，在脱硫塔内与烟气混合流动，并与烟气中的 SO_2 反应，生成亚硫酸钙和硫酸钙，反应产物和煤灰被除尘器处理后，通过空气斜槽返回塔内，再次循环参与脱硫反应。由于消石灰、煤灰和反应产物多次在脱硫塔和除尘器之间循环，增加了反应时间，消石灰的作用得以充分发挥，用量减少，同时脱硫效率得以提高。烟气循环流化床法脱硫效率高，对高硫煤（含硫 3%以上）也能达到 90%以上的脱硫效率，是目前干法、半干法等类脱硫技术中单塔处理能力最大、脱硫综合效益最优越的一种方法。

3. 氨法脱硫技术

氨法空塔脱硫工艺以碱性氨为吸收剂与 SO_2 发生中和反应，实现烟气脱硫。由于氨气碱性强于石灰石，故脱硫系统可在较小液气比（6 左右）下实现 98%以上的脱硫效率，且循环浆液量小、系统能耗低。该技术中副产品硫酸铵是重要的化肥原料，具有较高的利用价值，但氨法对于运行条件要求高，并存在设备腐蚀及伴生废水难以处理的弊端，在一定程度上限制了其资源化的效益。氨法脱硫适用于周围有稳定氨来源，具有合成氨厂或产生废氨水的化工厂的火电机组、高含硫地区机组和脱硫效率要求较高的地区。目前，国内已有数十套氨法脱硫装置成功投运。

4. 海水脱硫技术

海水脱硫是利用海水的天然碱性吸收烟气中 SO_2 的一种脱硫工艺。天然海水含有大量 HCO_3^-、CO_3^{2-} 等离子，碱度为 1.2～2.5mmol/L，pH≈8.0，具有较强的 SO_2 吸收和酸碱缓冲能力。目前，第三代海水脱硫技术通过优化塔内烟气流场分布、液气比，并加装海水均布等装置，提高传质效率，可实现脱硫效率 99%以上，满足 GB 13223—2011《火电厂大气污染物排放标准》排放限值 50mg/m^3 的要求。

海水法烟气脱硫工艺简洁可靠，利用天然碱性海水替代石灰石进行烟气脱硫，既保护了环境，又节约了资源、降低了能耗，其建设与运行成本低，运行维护简便，且能满足 SO_2 超低排放要求，但有地域限制，仅适用于拥有较好海域扩散条件的滨海火力发电厂，平均燃煤含硫率宜不高于 1%。2010 年投运的浙江某电厂 3 号机组（1×300MW）是国内首个海水脱硫的特许经营项目，至今运行状态良好。目前单台机组容量最大的海水烟气脱硫工程为广东某电厂 4×1036MW 机组。2014 年 6 月建成投产的某电厂 4 号机组（1×350MW）海水脱硫工程已满足超低排放要求。

5. 资源化及其他脱硫技术

烟气脱硫资源化技术主要包括有机胺脱硫、活性焦脱硫、镁法脱硫、双碱法脱硫和生物脱硫技术等。

（1）有机胺脱硫。有机胺脱硫技术利用有机胺吸收烟气中的 SO_2，再将 SO_2 解吸出来，形成纯净的气态 SO_2；解吸出的 SO_2 送入常规硫酸生产工艺，进行硫酸的生产。该技术脱硫效率高达 99.8%，工艺流程简单、系统运行可靠、运行维护简便，可回收利用 SO_2，实现循环经济。该工艺目前一次性投资过大，需下游配套硫酸或硫黄回收系统，设备耐腐蚀性要求高，再生蒸汽消耗量较大，能耗较高。目前贵州某电厂 2×600MW 机组已经建立了示范，该工程也是目前世界上最大的有机胺脱硫工程。

（2）活性焦脱硫。活性焦脱硫技术利用活性焦吸附解吸 SO_2，进而回收高纯 SO_2 送至硫酸生产工艺制备硫酸。该技术脱硫效率可达 95%以上，可同时脱除氮氧化物、重金属等多种污染物；但活性焦价格高、运行与维护工作量大、在吸附和解吸过程中防腐尤其是低温区的酸腐蚀需要考虑。在德国、日本等国均有在大型电厂中的应用案例；在国内，该技术目前主要用于化工冶金行业，尚未有在电力行业大型机组上的应用。

（3）镁法脱硫。镁法脱硫技术的脱硫原理和石灰石-石膏湿法脱硫技术一致，其脱硫剂为 MgO 或 $Mg(OH)_2$，其脱硫终产物为 $MgSO_4$ 溶液，可直接排入大海。镁法脱硫塔出口的烟气温度较低，烟气需通过湿烟囱或出口装设升温装置后通过烟囱排放。该技术在日本、欧洲及中国台湾地区的中小型电站应用普遍，中国大陆已有应用。

（4）双碱法脱硫。双碱法是采用钠基脱硫剂进行塔内脱硫，脱硫产物被排入再生池内用氢氧化钙进行还原再生，再生出的钠基脱硫剂循环使用。该工艺因 Na_2SO_3 氧化副反应产物 Na_2SO_4 较难再生，需不断的补充钠基脱硫剂而增加碱的消耗量。另外，Na_2SO_4 的存在也将降低石膏的质量，该技术在大型电站上应用较少，多用于小型锅炉技改。

（四）烟气污染物协同治理技术

烟气污染物协同治理技术是指在同一设备内实现两种及以上烟气污染物的同时脱除，或为下一流程设备的污染物脱除创造有利条件，以及某种烟气污染物在多个设备间高效联合脱除的技术。烟气协同治理技术的最大优势在于强调设备间的协同效应，充分提高设备主、辅污染物的脱除能力，在满足烟气污染物治理的同时，实现经济、稳定运行。

二、燃气-蒸汽联合循环电厂烟气污染物控制技术

燃气-蒸汽联合循环电厂基本不产生烟尘、SO_2 和固体废物，主要产生 NO_x 和工业废水，以及噪声影响。因此，燃气-蒸汽联合循环电厂烟气污染物控制主要围绕 NO_x 控制展开，包括控制合适的过量空气系数与燃烧温度、炉后 SCR 和 SNCR 技术。

第二章

氮氧化物处理工艺

氮氧化物（NO_x）是大气的主要污染物之一。在火力发电厂锅炉燃烧过程中，需要采用低 NO_x 燃烧技术，抑制 NO_x 的生成，同时还需要采用烟气脱硝技术，除去烟气中的 NO_x。发电厂广泛采用的烟气脱硝技术主要有选择性催化还原法（SCR）和选择性非催化还原法（SNCR）两种方式。

本章主要介绍氮氧化物的形成机理及脱硝主要工艺、氮氧化物控制技术、选择性非催化还原烟气脱硝工艺、选择性催化还原烟气脱硝工艺及还原剂制备工艺。

第一节　氮氧化物形成机理及脱硝主要工艺

煤炭在燃煤电站的锅炉中燃烧生成烟气，烟气中的 NO_x 是人为 NO 的主要来源之一。我们需了解燃煤电站 NO_x 的生成现状，掌握生成机理，实现 NO_x 排放的有效控制。

一、NO_x的主要生成途径

煤炭燃烧烟气中的 NO_x 主要包括一氧化氮（NO）、二氧化氮（NO_2），以及少量的 N_2O，其中，NO 约占 95%，NO_2 相对较少，约占 NO_x 生成总量的 5%。燃烧过程中所产生的 NO_x 量与燃料成分、锅炉的燃烧方式、燃烧温度、过量空气系数和烟气在炉内的停留时间等密切相关。NO_x 的生成途径主要有燃料型 NO_x、热力型 NO_x 和快速型 NO_x。

（一）NO_x 生成机理

1. 燃料型 NO_x

燃料型 NO_x 是燃料中氮化合物在燃烧过程中热分解且氧化而生成的。燃料型 NO_x 包括挥发型 NO_x 和焦炭型 NO_x 两种途径。燃料型 NO_x 生成过程的温度在低于 1400℃时，燃料型 NO_x 随温度的提高而增大，当温度高于 1400℃时，燃料型 NO_x 生成区域稳定，几乎不受温度的影响。

燃料氮转化为 NO_x 的转化率 k 的计算式见式（2-1），生成量与火焰附近的氧浓度水平相关。

$$k=\frac{(NO)_R}{N_{ar}}\leqslant 1 \tag{2-1}$$

式中　$(NO)_R$ ——燃料 N 转化为 NO 的值，%；

N_{ar} ——燃料收到基的氮含量，%。

通常，在过量空气系数小于 1.4 的条件下，转化率 k 随着氧浓度的上升呈二次方曲线增大。

燃料型 NO_x 占燃煤锅炉 NO_x 排放总量的 60%～80%。

2. 热力型 NO_x

热力型 NO_x 是由空气中的氮在高温条件下氧化而成，当温度低于 1350℃时，几乎不产生热力型 NO_x，当燃烧温度高于 1350℃时，NO_x 的生成量随温度升高而增大。随着反应温度的升高，NO_x 反应速率呈指数规律增加，当温度高于 1500℃时，燃烧温度每增加 100℃，反应速率增大 6～7 倍，且与介质在炉内停留时间和氧浓度的平方根呈正比。

3. 快速型 NO_x

快速型 NO_x 是由空气中的 N_2 与燃料中的碳氢离子团反应生成的。快速型 NO_x 生成量受温度影响不大，与压力成 0.5 次方比例关系。对于大型锅炉燃料的燃烧，快速型 NO_x 生成很少，微不足道。

（二）影响 NO_x 生成的因素

1. 煤种的影响

燃料型 NO_x 生成量与燃料的成分有关。燃料型 NO_x 的转化过程为首先有机氮化合物随挥发分析出，然后挥发分中氮氧化物燃烧，最后焦炭中的有机氮燃烧。

煤挥发分中氧/氮（O/N）比值越大，NO_x 排放量越高；在相同 O/N 比值条件下，过量空气系数越大，转化率越高，生成的 NO_x 越多；此外，煤种的硫分与氮存在竞争关系，S/N 的比值越大，锅炉中 SO_2 排放量升高，NO_x 排放量会相应降低。

2. 过量空气系数的影响

火焰附近的氧浓度影响燃料型 NO_x 的生成量，在过量空气系数小于 1.4 的条件下，燃料型 NO_x 转化率随 O_2 浓度上升成二次方曲线增大。热力型 NO_x 先随 O_2 浓度增大而生成量增加，随后当 O_2 浓度过高时，过量氧对火焰起到冷却作用，NO_x 生成量又随氧浓度的增大而降低。

3. 锅炉负荷的影响

锅炉负荷的增大，燃烧室烟温的增高，燃料挥发出的 N 生成的 NO_x 增加。

二、烟气脱硝主要工艺

（一）SNCR 脱硝工艺

SNCR 是不采用催化剂的情况下，在炉膛或循环流化床分离器内烟气适宜处喷入含氨基还原剂（一般为氨水或尿素等），利用炉内高温促使氨和 NO_x 反应，将烟气中 NO_x 还原成 N_2 和 H_2O。SNCR 脱硝工艺合适的反应温度区间为 850～1150℃，其化学反应与 SCR 法相同。SNCR 技术应用在煤粉锅炉上一般能达到 30%～40%的 NO_x 脱除率，对于 CFB 锅炉，通过旋风分离器将还原剂和烟气充分混合，脱硝效率可达到 60%～80%。

（二）SCR 脱硝工艺

SCR 于 20 世纪 70 年代后期在日本进入实际应用。在催化剂的作用下，喷入烟气中的氨气（NH_3）在相对较低温度下选择性地将烟气中的 NO_x 还原成 N_2 和 H_2O，从而达到脱除 NO_x 的目的。根据催化剂的不同种类，反应温度在 300～420℃，其最高脱硝率可达到 90%以上。

（三）SNCR/SCR 脱硝工艺

SNCR 脱硝法效率不高，喷氨量准确调节困难；SCR 脱硝法脱硝效率高，但投资大，运行费用高。

SNCR/SCR 联合脱硝法为采用 SNCR 法脱去烟气中部分 NO_x，再利用 SNCR 在炉膛内逃逸的氨在省煤器后 SCR 反应器中与未被氧化还原的 NO_x 进一步反应，获得较高的脱硝效率。SNCR/SCR 联合脱硝法可降低催化剂反应器尺寸，减少 SCR 投资。SNCR/SCR 联合脱硝法示意如图 2-1 所示。

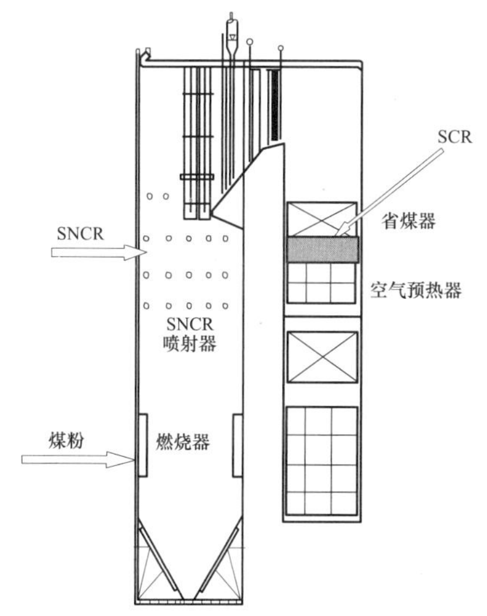

图 2-1　SNCR/SCR 联合脱硝法示意

（四）烟气脱硝工艺比选

烟气脱硝工艺的综合比较见表 2-1。

表 2-1　　烟气脱硝工艺的综合比较

项目	SCR 工艺	SNCR 工艺	SNCR/SCR 联合工艺
反应剂	氨或尿素	可使用氨水、液氨或尿素，尿素为主	可使用氨或尿素，尿素为主
反应温度	300～420℃	850～1050℃（采用氨水为还原剂），950～1150℃（采用尿素为还原剂）	前段：850～1150℃；后段：300～400℃
催化剂	催化剂用量很高	不使用催化剂	后段加装少量催化剂
脱硝效率	50%～90%	煤粉炉：30%～40%，循环流化床：60%～80%	55%～85%
反应剂喷射位置	多选择于省煤器与 SCR 反应器间烟道内	通常在炉膛内喷射，锅炉负荷不同，喷射位置不同，需与锅炉厂家配合	通常在炉膛内喷射，锅炉负荷不同，喷射位置不同，需与锅炉厂家配合
SO_2/SO_3 氧化	SO_2/SO_3 氧化高	不导致 SO_2/SO_3 氧化	SO_2/SO_3 氧化较 SCR 低
氨逃逸	≤2.5 mg/m³	≤8mg/m³	≤3.8mg/m³
对空气预热器的影响	NH_3 与 SO_3 易形成 NH_4HSO_4 造成堵塞或腐蚀	不导致 SO_2/SO_3 的氧化，造成堵塞或腐蚀的机会很低	SO_2/SO_3 氧化率较 SCR 低，造成堵塞或腐蚀的机会较 SCR 低
系统压力损失	催化剂会造成压力损失	没有压力损失	催化剂用量较 SCR 小，系统压力损失低
燃料的影响	高灰分会磨耗催化剂，碱金属氧化物、重金属等会使催化剂钝化或中毒	无影响	催化剂量少，影响比 SCR 低
锅炉的影响	受省煤器出口烟气温度的影响	受炉膛内烟气流速及温度分布的影响	影响与 SNCR 工艺相同
吹灰	需布置多层吹灰器	不需要	最多一层吹灰器
投资及运行费用	很高	低	较高
老厂改造	复杂	易	中

三种脱硝方式的化学反应机理一致，区别在于催化剂的使用与否，影响化学反应的温度和效率。

三、宽负荷脱硝

随着环境保护要求的提高，燃煤电站要求在最低稳燃负荷以上的宽负荷范围内脱硝。脱硝装置宽负荷运行的优点如下：

（1）进一步降低污染物的排放。

（2）延长催化剂的使用寿命。催化剂化学寿命从烟气接触催化剂时起计，烟气中的烟尘、重金属、碱性物质等对催化剂寿命的危害很大。低负荷不投运脱硝装置，催化剂化学寿命会不断减少。宽负荷脱硝相当于变相增加了催化剂的化学寿命。

（3）减少因烟气温度过低导致的脱硝系统停运，有利于脱硝装置的长期稳定运行。

催化剂的活性温度范围为 300～420℃，通常在 50%THA 以下负荷，不能满足脱硝运行所需要的温度。为达到宽负荷脱硝，需提高低负荷省煤器出口的烟气温度。主要措施有以下几种：

1. 高温省煤器旁路

（1）省煤器旁路系统。在机组低负荷时，从省煤器上游烟道抽取较高温度的烟气（不经过省煤器受热面）与省煤器出口烟气混合，提高 SCR 入口烟温。SCR 系统的旁路设置见图 2-2。

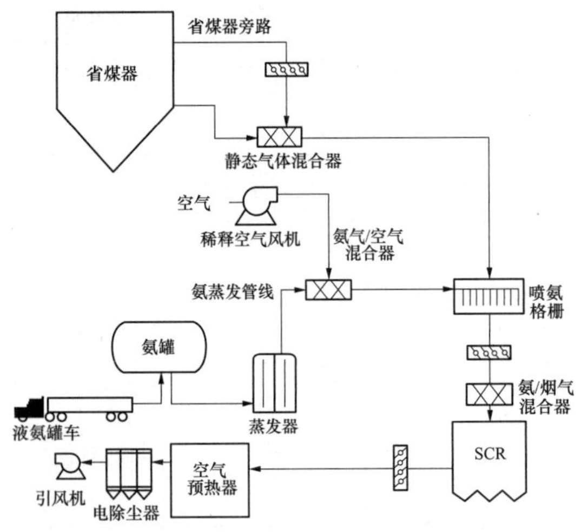

图 2-2　SCR 系统的旁路设置

机组不同负荷下，通过调节旁路烟道上的挡板门及省煤器出口烟道上的挡板门（或原设置的省煤器调温挡板门）开度，以及改变旁路烟气流量，从而调节 SCR 入口烟温。

（2）省煤器旁路布置方式。省煤器旁路的几种布置方式见图 2-3。

（3）特点。省煤器旁路设计时需关注的问题见表 2-2。

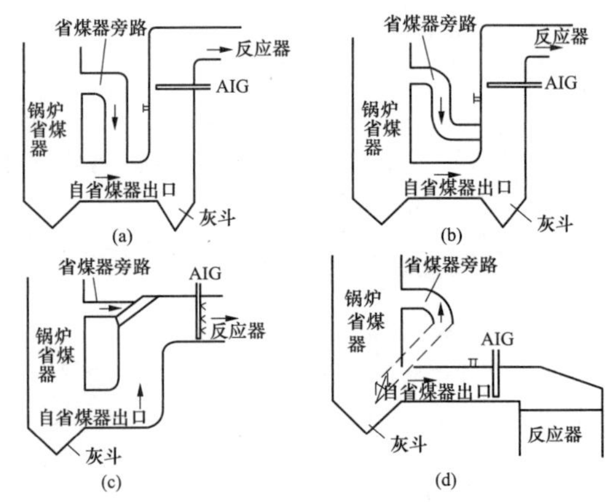

图 2-3　省煤器旁路布置方案

AIG—喷氨格栅

表 2-2　省煤器旁路设计时需关注的问题

序号	需关注的问题
1	减少锅炉给水系统在省煤器的吸热，省煤器的换热可能会出现较大的偏差
2	排烟温度升高，降低锅炉效率
3	老机组 SCR 改造项目，可能还会存在布置困难的问题
4	如流场设计不佳，可能造成 SCR 反应器入口烟温分布出现较大偏差
5	如旁路烟道烟气挡板的密封性能不佳，旁路系统退出时仍有部分高温烟气从旁路烟道泄漏入反应器入口烟道，降低锅炉效率
6	如果机组长期不在低负荷下运行，挡板门处于常闭状态，可能会产生积灰、卡涩，影响挡板门调节性能
7	增加了运行人员工作量，如操作挡板门的开、闭及开度调节等

2. 省煤器分段方案

将省煤器拆分成两段，部分省煤器管排移至 SCR 之后，减少前部省煤器吸热量，提高 SCR 入口的温度，实现宽负荷脱硝。锅炉在 50%THA 甚至更低工况下脱硝进口烟温大于 300℃，且 100%BMCR 工况下脱硝进口烟温小于 420℃。保证空气预热器进、出口烟温基本不变，不影响锅炉热效率性能指标。省煤器分段布置见图 2-4。

省煤器分段的不利因素为：①改造工程受限于 SCR 后烟道空间与荷载，且成本高、周期长，一般不太容易实现；②提温范围受限于满负荷，满负荷时 SCR 入口烟气温度不能高于 400℃；③方案设计时需对省煤器受热面的拆除比例做详细的校核计算；④改造方案现场施工工作量较大，工期较长，改造初投资相对较高，适用于新建工程。

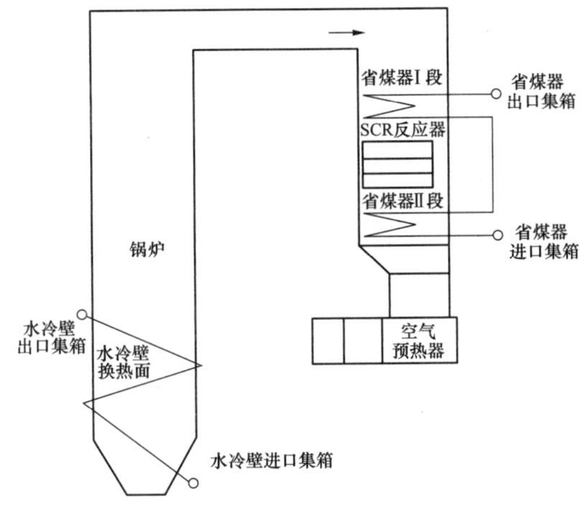

图 2-4 省煤器分段布置

3. 省煤器水旁路

在省煤器进口集箱之前设置调节阀和连接管道，将部分给水短路，直接引至省煤器出口集箱。通过减少流经省煤器的给水量，减少省煤器从烟气中吸收的热量，以达到提高 SCR 装置入口烟温的目的。省煤器水旁路布置示意见图 2-5。

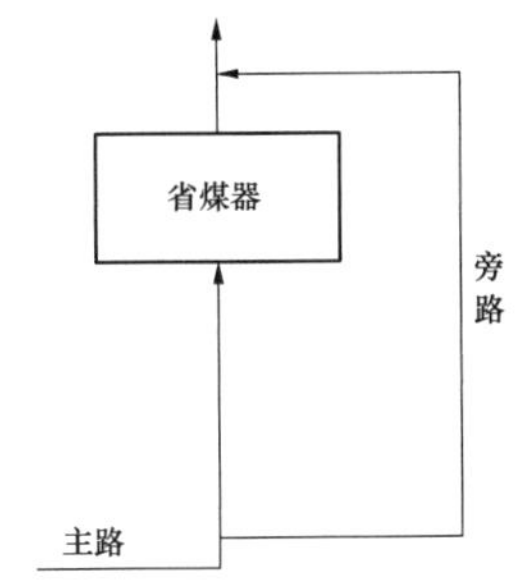

图 2-5 省煤器水旁路布置示意

省煤器水旁路的特点见表 2-3。

表 2-3 省煤器水旁路的特点

序号	特 点
1	系统简单，改造工程工作量小，投资费用低
2	可实现旁路水量随设定温度自动调节
3	高负荷下系统退出时可与锅炉完全隔离，不影响锅炉效率
4	减少了省煤器给水流量，工质没有足够的过冷度，省煤器运行过程可能出现汽蚀，影响省煤器的安全运行
5	低负荷省煤器换热量减少，排烟温度升高，降低了锅炉效率
6	省煤器换热的热阻主要在烟气侧，水侧流量的变化对换热系数影响很小，可以调节的烟气温度范围有限

4. 省煤器热水再循环（带循环泵）

在常规省煤器热水再循环基础上，增加再循环泵，依靠再循环泵加压实现省煤器进出口的热水再循环。通过提高省煤器进口给水温度，降低省煤器换热，从而提高 SCR 入口烟温。图 2-6 所示为加循环泵后省煤器热水再循环系统示意。

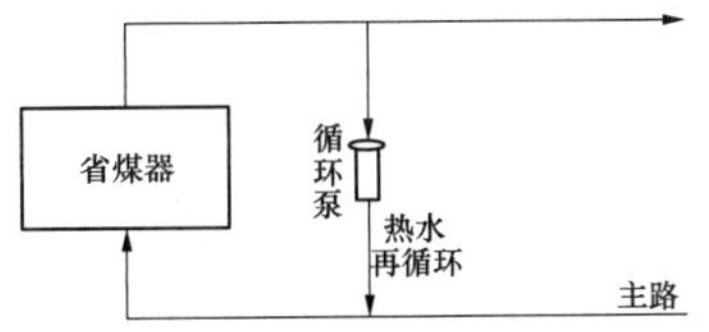

图 2-6 加循环泵后省煤器热水再循环系统示意

介质流程如下：下降管→（分散）引出管→混合集箱→再循环管→给水管道。再循环管上装设再循环泵及阀门、流量计等，同时主管上也应装设相应测点及阀门。

省煤器热水再循环（带循环泵）方案的优点：①再循环水量可通过调节循环泵出力及调节阀开度实现自动控制，灵活性好；②再循环水率可控制较高，理论上低负荷时烟气升温幅度较大。

省煤器热水再循环（带循环泵）方案的缺点：①排烟温度升高，降低了锅炉效率；②由于再循环水量较大，存在改变给水的汽水特性、省煤器可能发生汽蚀等问题；③因包含循环泵及冷却水系统，初投资比单纯省煤器水侧旁路方案高；④随机组负荷变化，再循环水量需精确调节，增加了运行控制难度；⑤主要适用于汽包炉，对于直流炉提温幅度较小。

5. 省煤器水旁路+热水再循环

省煤器水旁路+热水再循环方案是在省煤器水旁路的基础上进一步发展的，见图 2-7。

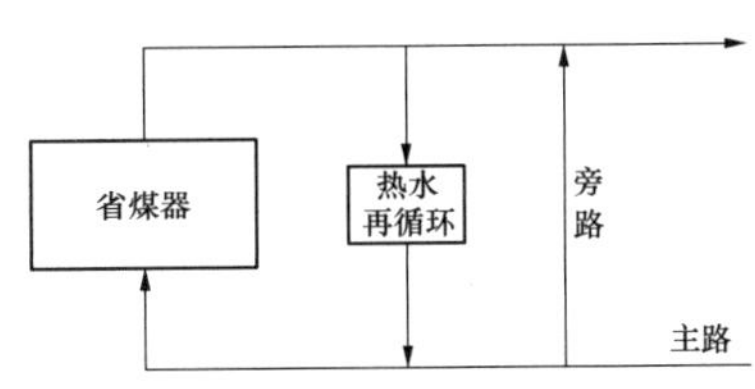

图 2-7 省煤器水旁路+热水再循环方案

该方案分为两部分，第一部分也是设省煤器水旁路，减少流经省煤器的给水量；第二部分通过在炉水循环泵下游设置再循环管路，将接近饱和温度的炉水送入进口集箱。通过合理的调节旁路水量和再循环水量，使进入省煤器的给水温度升高、流量基本不变，与单纯水旁路方案相比可更大程度地减少省煤器水侧的吸热，提高 SCR 装置入口烟温。

采用省煤器水旁路+热水再循环方案的缺点：①在保证省煤器出口烟温满足脱硝投运要求的前提下，省煤器出口水温无法保证足够的欠焓，可能影响省煤器的安全运行；②再循环水依靠炉水循环泵提供压力，再循环水量难以精确调节；③该方案的实施，较省煤器水旁路进一步导致排烟温度升高，降低了锅炉效率；④增加了电厂运行人员的工作量，如旁路水量的调节、再循环水量的调节、疏水系统的切换等。

6. 省煤器水旁路+热水再循环（带循环泵）

省煤器水旁路+热水再循环方案是常规省煤器水旁路与热水再循环（带循环泵）技术的综合，由于增加了再循环泵，再循环水量可调，与一般省煤器水旁路、省煤器水旁路加热水再循环，以及省煤器热水再循环（带循环泵）相比，理论上可以实现低负荷下 SCR 入口更大幅度的烟气温升。图 2-8 所示为省煤器水旁路+热水再循环（带循环泵）系统示意。

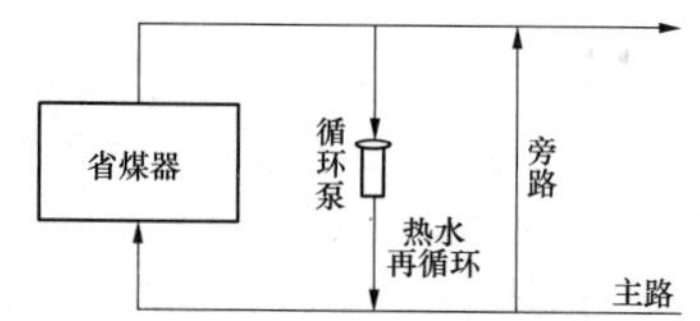

图 2-8 省煤器水旁路+热水再循环（带循环泵）系统示意

介质流程如下：

水旁路：主给水管道→给水旁路管道→省煤器出口到水冷壁进口下降管。旁路主管上装设阀门、流量计及相应测点等。

热水再循环管路：省煤器出口管→再循环管→给水管道。再循环管上装设再循环泵及调节阀、流量计及相应测点等。

省煤器水旁路+热水再循环（带循环泵）方案的优点：旁路水量及再循环水量可实现自动控制，灵活性好；与单纯水旁路及热水再循环技术相比，可实现低负荷下 SCR 入口更大幅度的烟气温升。

省煤器水旁路+热水再循环（带循环泵）方案的缺点：①排烟温度升高，降低了锅炉效率；②对旁路水量及再循环水量的协调控制要求较高，如自动调节性能不佳则难以达到预期效果，甚至影响省煤器安全运行；③因包含循环泵及冷却水系统，初投资较高。

7. 可调式抽汽补充加热锅炉给水

在原末级高压加热器之后增加一级给水加热器，在高压缸原末级高压加热器抽汽点上游更高的压力位置，选择合适的抽汽点抽汽，对机组原末级加热器后的给水进一步加热提温，达到减少省煤器换热从而提高 SCR 入口烟气温度的目的。该方案的原理和流程见图 2-9。

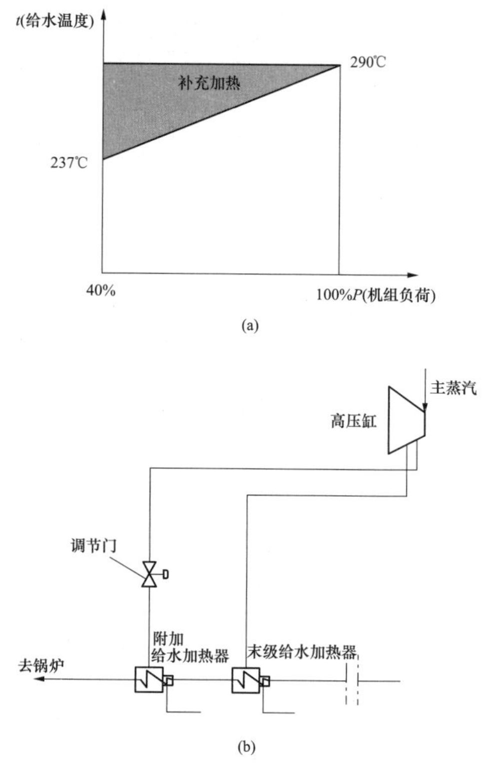

图 2-9 回热抽汽补充加热锅炉给水原理及流程

（a）原理；（b）流程

抽汽补充加热锅炉给水的缺点：①汽轮机补汽口原设计为向汽缸内补汽，改为从汽缸内抽汽，汽轮机厂需评估和确认机组运行和轴系的稳定；②对于未设置低温省煤器的机组，锅炉给水提高后，锅炉排烟温度升高降低了锅炉效率，需详细计算核实整体节能效果；③投资费用高，运行控制水平要求高。

8. 技术方案对比

表 2-4 为宽负荷脱硝几种工艺的对比分析。

表 2-4 宽负荷脱硝几种工艺的对比分析

方案	效果	场地空间	安全可靠性	对锅炉的影响	投运业绩
高温省煤器旁路	烟温提升幅度可超过 30℃	省煤器与 SCR 之间，大	挡板门可能卡涩，旁路烟气量随负荷变化精确调节难度大	排烟温度升高，炉效降低	业绩最多
省煤器分段方案	烟温提升幅度可达 40℃	SCR 与空气预热器之间，大	安全可靠性与改造前基本一致	炉效不降低	业绩多

续表

方案	效果	场地空间	安全可靠性	对锅炉影响	投运业绩
省煤器水旁路	烟温提升幅度一般不大于10℃	省煤器进出口水管道，小	烟温提升幅度在10℃以内的时候可靠性好，如提温幅度较大，可能会导致省煤器内发生汽蚀	排烟温度升高，炉效降低	业绩少
省煤器水旁路+热水再循环	烟温提升幅度一般小于20℃	省煤器进出口水管道，小	可能导致省煤器内发生汽蚀	排烟温度升高，炉效降低	业绩少
省煤器热水再循环（带循环泵）	烟温提升幅度可达20～25℃（汽包炉）	省煤器进出口水管道，小	可能改变汽水特性、导致省煤器内发生汽蚀；再循环水量随负荷变化需精确调节	排烟温度升高，炉效降低	业绩少
省煤器水旁路+热水再循环（带循环泵）	烟温提升幅度可达30℃以上	省煤器进出口水管道，小	可能改变汽水特性、导致省煤器内发生汽蚀；旁路水量与再循环水量需随负荷变化精确协调调节	排烟温度升高，炉效降低	业绩较少
可调试抽汽补充加热锅炉给水	烟温提升幅度一般不超过10℃	异地，高压缸需有补汽阀	提高锅炉水动力安全和低负荷稳燃	汽轮机热循环效率升高，但排烟温度升高，炉效降低	业绩少

第二节 锅炉氮氧化物控制技术

对于NO_x的控制主要从燃料、改进燃烧方式及燃烧后的烟气脱硝几个方面进行。燃烧过程中NO_x控制是根据燃烧过程中NO_x的生成和还原机理，通过改进燃烧技术来降低燃烧过程NO_x的生成与排放，主要途径如下：

（1）降低燃料周围的氧浓度。包括减小炉内过量空气系数，以降低炉内空气总量；减小一次风量及挥发分燃尽前燃料与二次风的掺混，以降低着火区段的氧浓度等。

（2）在氧浓度较低的条件下，维持足够的停留时间，抑制燃料中的氮生成NO_x，同时已生成的NO_x被还原分解。

（3）降低燃烧温度，以减少热力型NO_x的生成。

火力发电厂低NO_x燃烧技术，可分为三类：低NO_x燃烧器、空气分级燃烧技术和燃料分级燃烧技术。

一、低NO_x燃烧器

从NO_x的生成机理看，烟气中的NO_x绝大部分燃料型NO_x来自煤粉的着火阶段。低NO_x燃烧器是通过特殊设计的燃烧器结构，控制燃料和空气的动量及流动方向，使燃烧器出口实现分级送风，并与燃料合理配比，减少NO_x生成的技术。

1. 低NO_x直流燃烧器

低NO_x直流燃烧器包括PM（pollution minimum）燃烧器、宽调节范围（wide range，WR）燃烧器、煤粉水平浓淡分流低NO_x燃烧器等。PM燃烧器是一种将烟气再循环、分级燃烧法和浓淡燃烧法相结合的新型燃烧器；WR燃烧器为宽调节比燃烧器，主要由喷嘴和喷嘴体两部分组成；煤粉水平浓淡分流低NO_x燃烧器类型有多种，为我国自行研发。

多相污染物最小（modify pollution minimum，MPM）燃烧器是在PM燃烧器的基础上开发的一种新型燃烧器。其特点是在主燃区较高的氧量下，具有较高的燃烧效率，达到较低的NO_x排放水平。

MPM燃烧器区域的氧量高于其余传统的燃烧器（见图2-10），在燃尽区，燃尽风量降低，后期煤粉燃尽过程中再氧化产生的NO_x量也随之降低，锅炉整体的NO_x排放水平大幅降低。在MPM燃烧器处设置一定量的辅助偏置风，增加近水冷壁侧的氧量，缓解锅炉运行中因水冷壁处于高温还原性氛围下而出现的高温腐蚀现象。

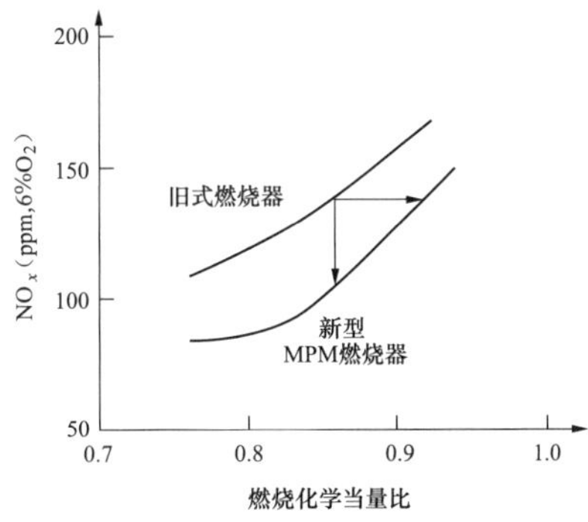

图2-10 燃烧器区域氧量对比

[1ppm=2.0535mg/m³（标准状态）]

2. 低NO_x旋流燃烧器

在燃煤锅炉中，旋流燃烧器的特点是一次风煤粉气流以直流或旋流的方式进入炉膛，二次风从煤粉气流的外侧强烈旋转进入炉膛。在燃烧初期，低NO_x旋流燃烧器能有效控制燃料氮转换成燃料型NO_x。

传统旋流燃烧器燃烧强度很高，局部的火焰峰值区 NO_x 排放量较高。几种典型的低 NO_x 旋流燃烧器，如双调风燃烧器、WS 型低 NO_x 燃烧器、DRB 型燃烧器和 HT-NR 型燃烧器等，主要特点为分级送风，推迟一、二、三次风混合，控制燃烧初期供氧；加装稳焰环，提高火焰稳定性。W 形火焰锅炉上采用的 SM 型燃烧器，NO_x 排放量可比一般燃烧器降低较多，其特点是配有相互可调风比的中心风、二次风和外侧二次风，外侧二次风是在煤粉着火燃烧后才沿火焰外缘分级送入，达到"缓和"和均匀燃烧的目的。

二、空气分级燃烧

空气分级燃烧又称为分级送风燃烧。通过控制空气与煤粉的混合过程，将燃烧所需空气逐级送入燃烧火焰中，使燃料在炉内分级、分段燃烧，减少 NO_x 的生成。见图 2-11，在主燃烧器上部布置燃尽风（OFA）喷口，将燃烧过程分成两个阶段。通过减少供给主燃料区的空气量，使燃料在缺氧的富燃料区燃烧，燃烧在主燃烧区上方补充送入一部分空气以完成燃尽过程。

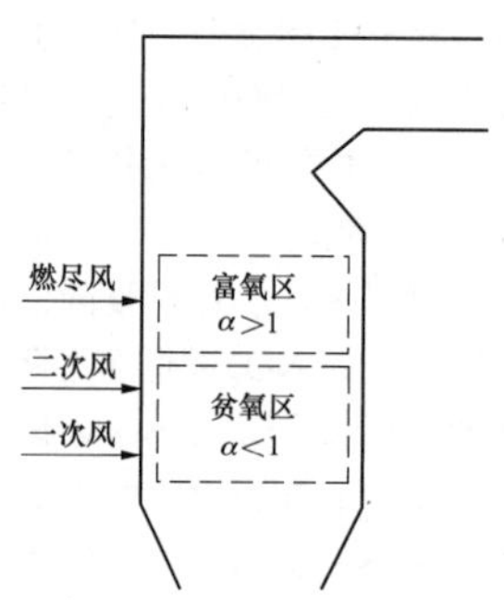

图 2-11　空气分级燃烧

一般来说，燃尽风量约占总燃烧空气量的 15%～20%，为进一步降低 NO_x 的排放，燃尽风量可高达 20%～30%，燃尽风也可分两级。空气分级燃烧能有效降低 NO_x 30%左右。

空气分级燃烧可使锅炉飞灰含碳量增加，燃烧效率降低；炉膛出口烟温升高，影响过热蒸汽和再热蒸汽温度，易引起结渣腐蚀。

三、燃料分级燃烧

燃料分级燃烧技术是在主燃烧器形成初始燃烧区的上方喷入二次燃料，从而形成富燃料燃烧的再燃区，当 NO_x 进入该区域时与还原性组分反应生成 N_2，减少 NO_x 生成。

见图 2-12，炉内燃烧过程沿炉膛高度分为三个燃烧区，将燃烧过程分为三个阶段。

（1）主燃区。大部分燃料在主燃区燃烧，该区域为氧化性或弱还原性气氛，火焰温度较高，形成较多的 NO_x。

（2）再燃区。在再燃区，再燃燃料被送入炉内，使再燃烧区呈还原性气氛。在高温和还原气氛下，燃料热解生成的碳氢原子团与主燃烧区生成的 NO_x 反应，将 NO_x 还原成 N_2。

（3）燃尽区。在燃尽区，其余空气被送入炉内，形成富氧燃烧区，使未完全燃烧的产物燃尽。

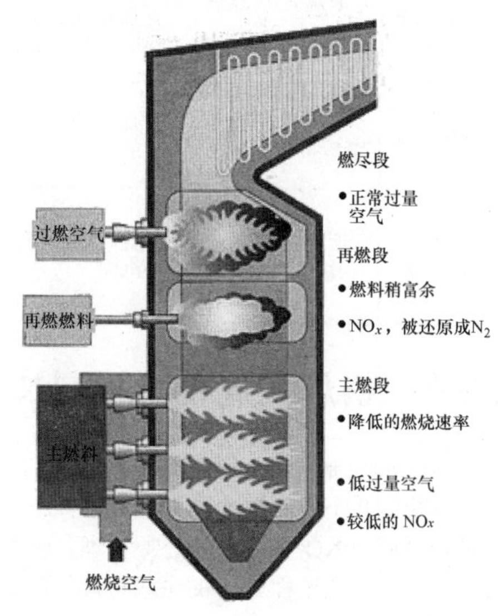

图 2-12　燃料分级燃烧

四、低氮燃烧技术应用效果

低氮燃烧技术能降低 NO_x 的排放。减排效果因煤种、炉型、机组容量和燃烧方式不同而存在差异，主要低 NO_x 燃烧技术及效果见表 2-5。

表 2-5　主要低 NO_x 燃烧技术及效果

技术名称	NO_x 减排率
低 NO_x 燃烧器技术	20%～50%
空气分级燃烧技术	20%～50%
燃料分级燃烧（再燃）技术	30%～50%
低 NO_x 燃烧器与空气分级燃烧组合技术	40%～60%
低 NO_x 燃烧器与燃料分级燃烧组合技术	40%～60%

注　选自 HJ 2301—2017《火电厂污染防治可行技术指南》。

第三节　选择性非催化还原烟气脱硝工艺

选择性非催化还原法（SNCR）不采用催化剂，SNCR 较 SCR 具有系统简单、投资运行费用低等优点，但脱硝效率比 SCR 低。由于不受煤质和灰分的影响，目前在中小型煤粉炉改造中有应用，尤其在循环流化床锅炉上应用较多。

一、系统说明

（一）系统简介

SNCR 技术是在 850～1150℃下，将含有氨基的氮还原剂喷入烟气中，与烟气中的 NO_x 进行还原反应。SNCR 脱硝工艺中，炉膛（或循环流化床分离器）为反应器，还原剂通过计量分配和输送装置精确分配到每个喷枪，然后经过喷枪喷入炉膛，实现 NO_x 的脱除。典型 SNCR 脱硝工艺的装置示意见图 2-13。

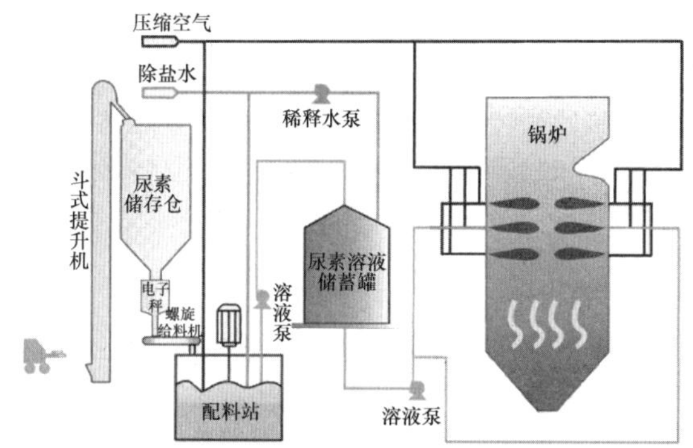

图 2-13　典型 SNCR 脱硝工艺的装置示意

（二）脱硝原理

SNCR 过程不需要催化剂，SNCR 脱硝工艺的还原剂可以是液氨、尿素或氨水。

当采用液氨和氨水为还原剂时，氨还原 NO_x 的化学反应式为

$$4NH_3+4NO+O_2 \longrightarrow 4N_2+6H_2O$$

$$4NH_3+2NO+2O_2 \longrightarrow 3N_2+6H_2O$$

$$8NH_3+6NO_2 \longrightarrow 7N_2+12H_2O$$

上述反应中第一反应是主要的，烟气中 95%的 NO_x 是以 NO 的形式出现的，在没有催化剂的情况下，反应温度窗口为 850～1150℃。SNCR 中温度的控制是至关重要的。当温度低于 800℃时，NO_x 的还原速度会很快下降，反应速度会很低，氨的泄漏损失增加；当反应区温度高于 1150℃时，氨气会氧化成 NO，而且 NO_x 的还原速度也会很快下降。

$$4NH_3+5O_2 \longrightarrow 4NO+6H_2O$$

当还原剂为尿素时，反应温度窗口为 950～1150℃，其化学还原反应为

$$CO(NH_2)_2 \longrightarrow 2NH_2+CO$$

$$NH_2+NO \longrightarrow N_2+H_2O$$

$$2CO+2NO \longrightarrow N_2+2CO_2$$

用尿素作还原剂，尿素可分解为 HNCO，HNCO 进一步分解生成 NCO，NCO 可与 NO 进行反应生成氧化二氮。

$$NCO+NO \longrightarrow N_2O+CO$$

为了提高 SNCR 对 NO_x 的还原效率，降低氨的泄漏量，应在设计阶段重点考虑以下几个关键的工艺参数：燃料类型、锅炉负荷、炉膛结构、受热面布置、过剩空气量、NO 浓度、炉膛温度分布、炉膛气流分布及 CO 浓度等。

（三）系统流程

SNCR 脱硝工艺中常使用的还原剂有尿素、液氨和氨水。

1. 尿素为还原剂的 SNCR 工艺系统

图 2-14 是尿素为还原剂的典型 SNCR 脱硝工艺流程。首先将尿素制成 50%的尿素浓溶液，再被稀释成 5%～10%的尿素稀溶液，经输送泵送至炉前的计量分配系统，经过精确计量分配至每个喷枪，喷入炉膛脱除 NO_x。以尿素为还原剂的 SNCR 工艺喷入炉膛的为尿素溶液，与 SCR 工艺的尿素制氨不同，因此 SNCR 的尿素溶解、储存及输送系统在本节内容中介绍。

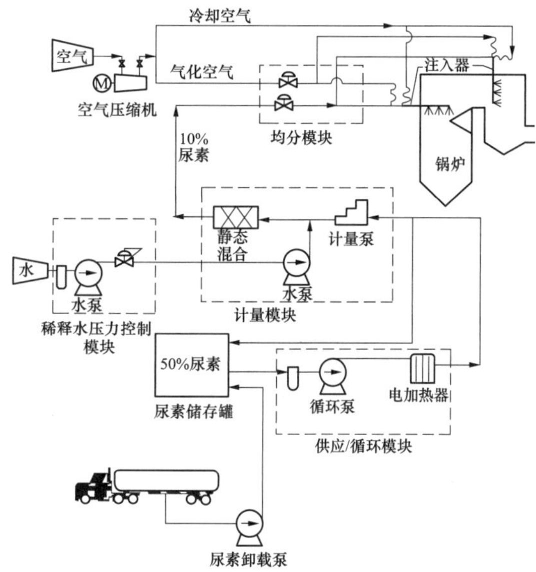

图 2-14　尿素为还原剂的典型 SNCR 脱硝工艺流程

2. 液氨为还原剂的 SNCR 工艺系统

来自液氨区的氨气被空气稀释成 5%～10%左右的混合物，在锅炉合适位置注入炉膛，与烟气混合进行脱硝反应。液氨为还原剂的 SNCR 脱硝工艺流程见图 2-15。

3. 氨水为还原剂的 SNCR 工艺系统

目前，国内氨水采购的浓度为 25%，燃煤锅炉将其适当稀释，满足 SNCR 工艺 20%左右浓度的要求。喷射氨水的 SNCR 脱硝系统由氨水卸载系统、储存系统、氨水输送系统、计量系统、分配系统等构成。氨水的雾化采用压缩空气雾化。氨水为还原剂的 SNCR 脱硝工艺流程见图 2-16。氨水作为还原剂的 SNCR 系统相对较少，这里不做详细介绍。

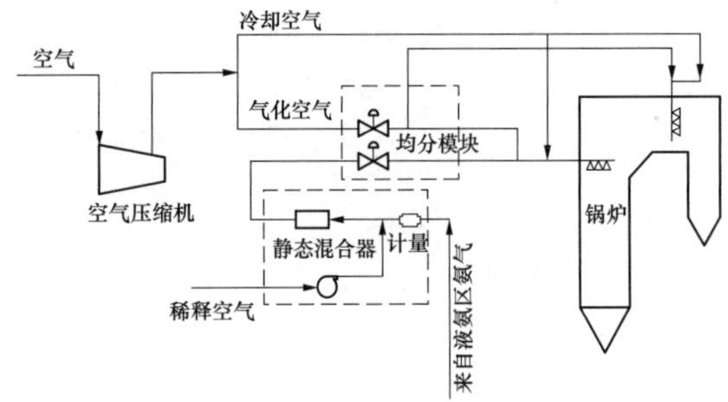

图 2-15　液氨为还原剂的 SNCR 脱硝工艺流程

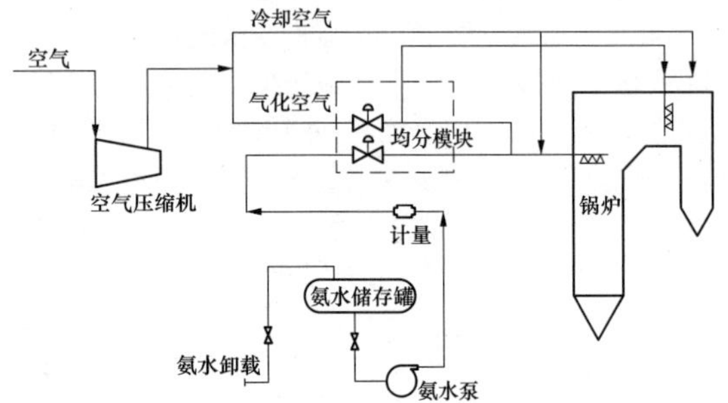

图 2-16　氨水为还原剂的 SNCR 脱硝工艺流程

（四）主要特点

（1）系统简单，不需要改变现有锅炉的设备设置，整个还原过程在锅炉内部进行，不需另设反应器。

（2）SNCR 脱硝系统建设一次性投资费用小，运行成本低。

（3）脱硝过程不使用催化剂，系统不增加阻力。

（4）SNCR 脱硝系统设备占地面积小，需要的氨罐或尿素储槽较小，可放置于锅炉钢架之上而不需要额外的占地。

（5）SNCR 脱硝在锅炉内部进行，脱硝效率受锅炉设计、锅炉负荷等因素影响较大，脱硝效率较低。

（6）不采用催化剂，不受煤质和煤灰的影响，可单独使用或作为 SCR，以及其他低氮燃烧技术的补充。

（五）SNCR 工艺系统还原剂的选择

还原剂的选择应根据厂址周围环境的要求，还原剂来源的可靠性及运输和储存的安全性、还原剂制备系统的投资及运行费用等因素，经技术经济综合比较后确定。三种还原剂的比较见表 2-6。

表 2-6　　三种还原剂的比较

名称		比较结果		
		液氨	氨水	尿素
系统技术性	脱硝效率	最高	中等	稍差
	氨逃逸率	最低	中等	最高
	可靠性	中等	最高	最差
系统安全性		最差	中等	最高
系统经济性		中等	最好	最差
综合使用效果		有毒、可燃、可爆、适合较小锅炉	挥发性、腐蚀性、适合中小锅炉	运输、储存简单安全、穿透性好，适合大型锅炉

目前，以尿素为还原剂的 SNCR 装置在火力发电厂应用较多，这里主要介绍以尿素为还原剂的 SNCR 工艺系统，以氨水为还原剂的 SNCR 工艺系统与尿素为还原剂的 SNCR 工艺系统基本一致，以液氨为还原剂的储存和制备系统与 SCR 系统一致，具体见本章第五节内容。

（六）SNCR 工艺系统的基本概念

1. 氨逃逸

SNCR 系统正常运行时，喷入炉膛内的还原剂不能全部与 NO_x 进行反应，未参与化学反应的还原剂由烟气和飞灰从炉膛带入下游的空气预热器，这种现象称为氨的逃逸。

2. 系统可用率

脱硝系统每年正常运行时间与锅炉每年总运行时间的百分比。按式（2-2）进行计算：

$$Y=\frac{t_A-t_B}{t_A}\times 100\% \tag{2-2}$$

式中　Y——脱硝系统可用率，%；

t_A——锅炉每年总运行时间，h；

t_B——脱硝系统每年总停运时间，h。

3. 温度窗口

SNCR 反应只能在一定的温度区间内才能以合适的速率进行反应，一般称这个温度范围为 SNCR 反应的“温度窗口”。一般以液氨或氨水为还原剂的 SNCR 反应温度窗口为 850～1050℃，以尿素为还原剂的 SNCR 反应温度窗口为 950～1150℃。

4. 停留时间

还原剂必须在合适的温度区间内有足够的停留时间，才能保证与烟气中 NO_x 还原反应达到一定的还原效率。一般还原剂的停留时间需要 0.5s 左右。

5. 理论氨氮当量比

反应体系中氨的摩尔数与烟气中需脱除的 NO_x 摩尔数之比称氨氮摩尔比，也叫氨氮当量比，2mol 的 NO_x 需要 1mol 的尿素或 2mol 的氨。实际中需注入比理论量更多的还原剂。NH_3/NO_x 增大，NO_x 的还原率增大，氨逃逸增大。

理论氨氮当量比（normalized stoichiometric ratio，

NSR）是评价脱硝物料消耗的重要指标。SNCR 脱硝工艺系统理论氨氮当量比的计算式为

$$理论氨氮当量比=\frac{还原剂折算成NH_3的摩尔数}{入口NO_x折算成NO_2的摩尔数} \tag{2-3}$$

6. 还原剂与烟气混合程度

还原剂 NO_x 充分混合是保证反应充分的技术关键，SNCR 工艺系统中，通过喷射系统实现混合。通过喷射器雾化还原剂，调整喷射角、速度和方向。

（七）影响 **SNCR** 脱硝性能的因素

SNCR 还原 NO_x 的化学反应的效率受到一些因素的影响，主要影响因素及产生的影响效果见表 2-7。

表 2-7　影响 SNCR 脱硝性能的因素

序号	影响因素	影响效果
1	温度	温度高于 1150℃，NH_3 会被氧化成 NO_x；温度低于 800℃，反应不完全，氨逃逸高
2	停留时间	SNCR 反应在 0.3s 以上能达到一个较高的水平，一般工程设计要求停留时间达到 0.5s
3	NSR	NSR 的升高导致反应更彻底，还原剂用量一般根据期望达到的脱硝效率，通过设定 NSR 来控制
4	入口 NO_x 浓度	随初始 NO 浓度的下降，脱硝效率下降，当 NO 的初始浓度小于下限临界浓度，不能通过增加反应时间、增大氮还原剂的量进一步降低 NO_x
5	反应剂和烟气混合程度	尿素或氨须与烟气中 NO_x 充分混合，混合时间长或不充分，会降低反应效率
6	烟气氧量	烟气中 O_2 使最佳反应温度下降 150℃左右

（八）**SNCR** 系统对锅炉和辅机的影响

SNCR 的脱硝还原剂直接喷入炉膛，对锅炉设备和辅机将产生一定的影响，具体见表 2-8。

表 2-8　SNCR 系统对锅炉和辅机的影响

序号	影响因素	影响效果
1	N_2O 和 CO 排放	尿素导致 N_2O 产生，氨基脱硝导致 CO 排放升高
2	燃烧效率	喷入低温尿素溶液，飞灰中未燃烧碳提高
3	冷灰斗积渣	炉内湿度增加，SO_2 与 CaO 反应生成 $CaSO_4 \cdot 2H_2O$ 和 $CaSO_4$，工程中发生冷灰斗堵塞现象
4	氨的逃逸	对人体健康不利；与 HCl 生成氯化铵；与 SO_3 生成硫酸氢铵，空气预热器腐蚀；影响飞灰品质
5	锅炉热效率	规定锅炉效率的影响小于 0.5%，对于大容量高参数锅炉，0.5%的损失较大，不建议采用 SNCR 脱硝工艺

二、系统设计

主要对以尿素为还原剂的 SNCR 工艺系统设计做说明。

（一）设计要求

（1）SNCR 脱硝效率对于煤粉炉不宜高于 40%，对于 CFB 锅炉可达到 80%。

（2）SNCR 工艺宜与其他烟气脱硝工艺联合使用，如低 NO_x 燃烧技术等。

（3）脱硝工程设计应由具备相应资质的单位承担，设计文件应按规定的内容和深度完成报批手续，并符合国家有关强制性法规、标准的规定。

（4）脱硝工程总体设计应符合下列规定：

1）工艺流程合理。

2）还原剂使用便捷。

3）方便施工，有利于维护检修。

4）充分利用厂内公用设施。

5）节约用地，工程量小，运行费用低。

6）节约用水、用电和原材料，避免二次污染。

（5）SNCR 系统应能满足锅炉正常运行工况下任何负荷安全连续运行，并能适应机组负荷变化和机组启停次数的要求。

（6）SNCR 脱硝系统负荷响应能力应满足锅炉负荷变化率的要求。

（7）SNCR 脱硝工艺的氨逃逸浓度应根据煤质含硫量确定，控制在 8 mg/m^3 以下。

（8）SNCR 对锅炉效率的影响一般应小于 0.5%。

（9）SNCR 工艺喷入炉膛的还原剂应在最佳烟气温度区间内与烟气中的 NO_x 反应，并通过喷射器的布置获得最佳的烟气-还原剂混合程度以达到最高的脱硝效率。

（10）应在炉内选择若干区域作为还原剂的喷射区，当锅炉负荷变化时，调整喷射区域以获得最佳的反应温度。

（11）SNCR 脱硝系统不对锅炉运行产生干扰，不增加烟气阻力。

（12）还原剂在锅炉最佳温度区间内的停留时间宜大于 0.5s。

（二）典型系统图

1. 尿素的溶解与储存

配置 50%质量浓度的尿素溶液，系统设置一个溶解罐、两个储存罐、两台循环输送泵，尿素溶解需要

的热量由低压蒸汽作为热源提供。尿素的溶解与储存系统流程见图 2-17。

2. 尿素溶液的输送系统

输送系统的作用为将储存罐的尿素溶液经输送泵加压后输送至炉膛附近的计量、分配系统，完成与稀释水的混合，尿素溶液一般需要低压蒸汽伴热，或者输送泵出口一般设置一台电加热器，在溶液温度低时投运。泵出口设置流量计，便于准确计量尿素溶液的流量。尿素溶液的输送系统流程见图 2-18。

3. 尿素溶液的稀释系统

尿素溶液的稀释系统将稀释水加压后输送至尿素溶液的计量系统中，完成与尿素溶液的混合，主要目的是在锅炉负荷和 NO_x 浓度变化时，维持喷枪流量基本稳定，保证雾化喷射效果，达到预期的脱硝效率并控制氨逃逸率。尿素溶液的稀释系统流程见图 2-19。

4. 尿素溶液的计量、分配系统

用于准确计量和独立控制还原剂浓度，尿素溶液分配系统用于分配注入各个区域喷射器的流量，喷枪雾化需要压缩空气并需要冷却风对喷枪冷却。具体见图 2-20。

5. 尿素溶液 SNCR 炉前喷射系统

喷射器用于扩散和混合尿素溶液。可采用墙式喷射器、单喷嘴枪式喷射器和多喷嘴枪式喷射器。在尿素溶液进入喷射系统之前，根据烟气中 NO_x 的浓度、锅炉负荷、燃料量的变化自动分配调节锅炉各个注入区域尿素溶液的流量。具体见图 2-21。

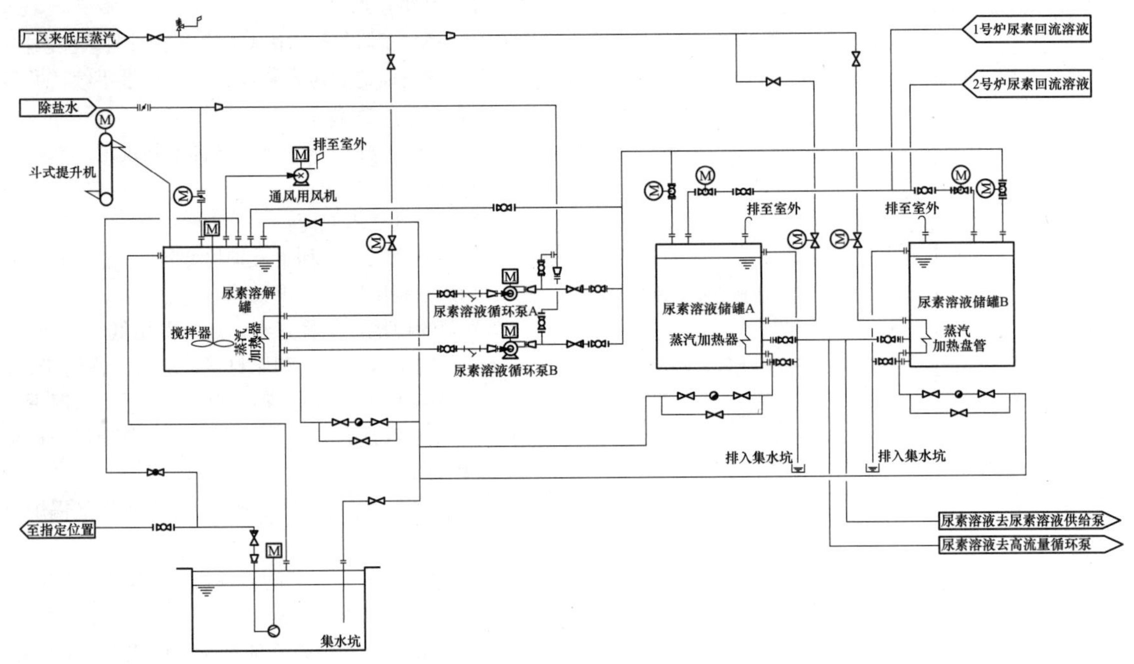

图 2-17　尿素的溶解与储存系统流程

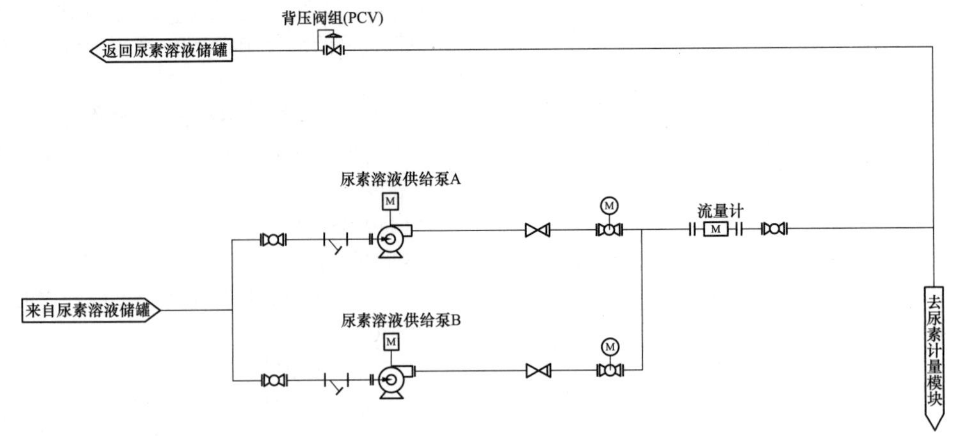

图 2-18　尿素溶液的输送系统流程

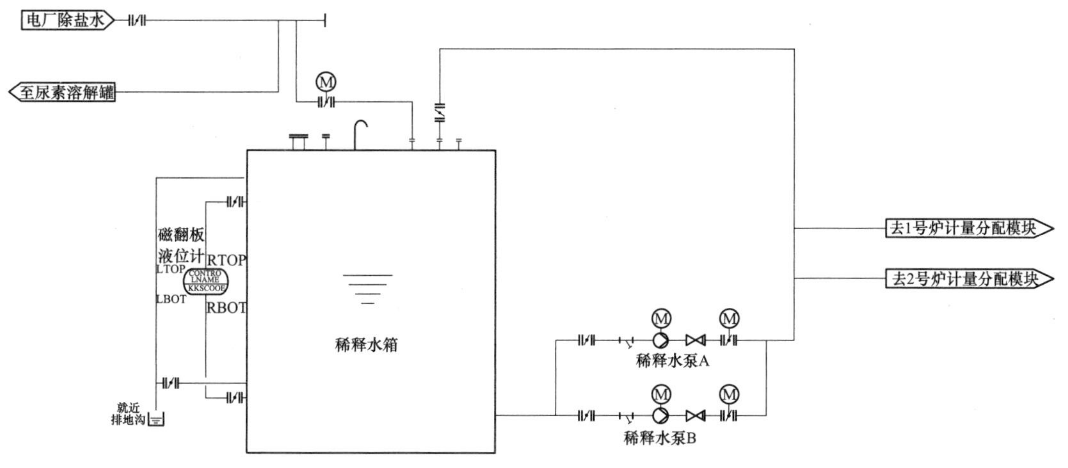

图 2-19　尿素溶液的稀释系统流程

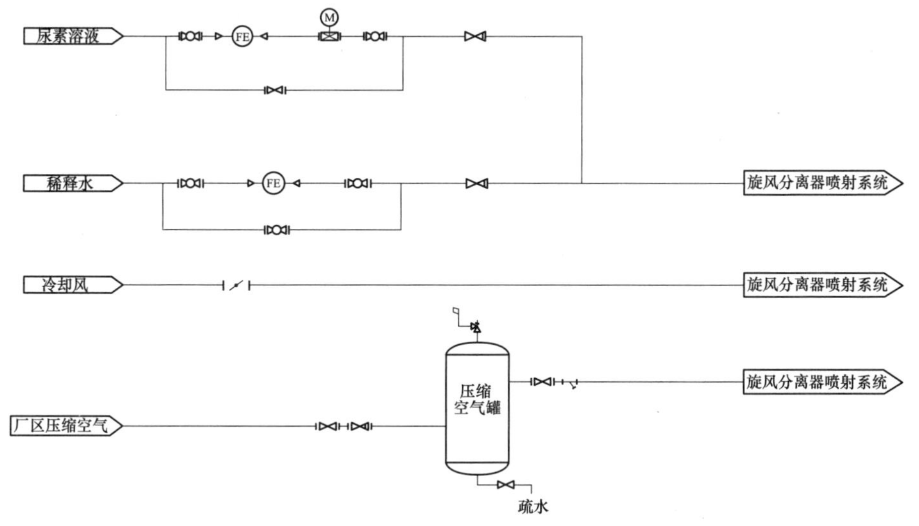

图 2-20　尿素溶液的计量、分配系统

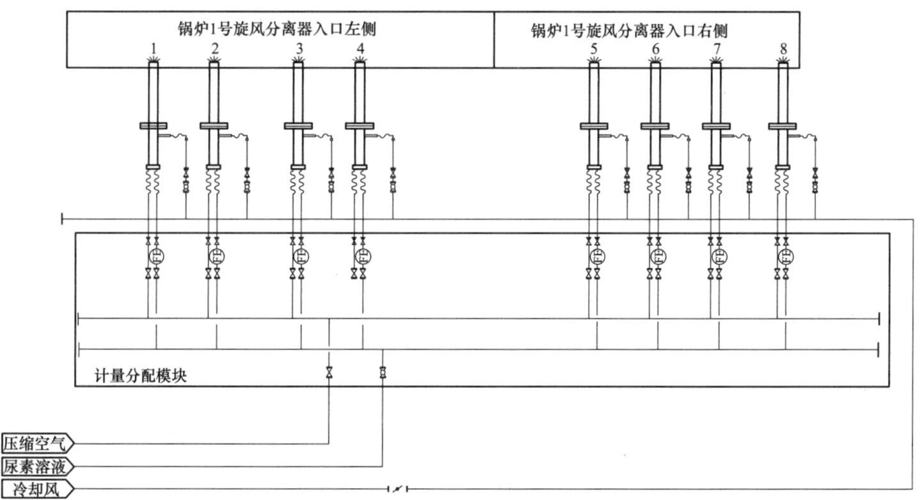

图 2-21　尿素溶液 SNCR 炉前喷射系统

三、设计计算

（一）设计输入数据

一般考虑将锅炉燃用设计煤种，锅炉最大连续工况（BMCR）对应的NO_x浓度为设计值时的烟气参数作为输入数据，具体数据如下：

（1）烟气流量（m^3/h、标准状态、湿基/干基）。

（2）拟采用的还原剂及其纯度。

（3）炉膛出口烟气NO_x排放浓度。

（4）烟气污染物成分及浓度（NO_x、SO_2、SO_3、O_2、H_2O、HCl、灰尘含量、标准状态，干基）。

（5）炉膛出口过量空气系数。

（6）要求的氨氮摩尔比。

（7）炉膛烟气温度范围及温度断面、炉膛烟气压力。

（8）锅炉本体及相关平台布置图。

（9）锅炉负荷变化范围。

（10）飞灰成分及粒径分布。

（11）可允许的用于还原剂喷射空间。

（12）SNCR出口烟气污染物浓度要求（NO_x、NH_3的逃逸率）。

（二）主要性能参数计算

1. 脱硝效率

脱硝装备脱除的NO_x量与未经脱硝前烟气中所含NO_x量的百分比，按式（2-4）计算：

$$\eta_{NO_x}=\left(1-\frac{c_2}{c_1}\right)\times 100\% \tag{2-4}$$

式中 η_{NO_x}——脱硝效率，%；

c_2——脱硝后烟气中NO_x的浓度(标准状态，干基，6%O_2)，以NO_2计，mg/m^3；

c_1——脱硝前烟气中NO_x的浓度（标准状态，干基，6%O_2），以NO_2计，mg/m^3。

2. 炉膛出口烟气中NO和NO_2浓度的计算

根据锅炉排放的NO_x浓度，可推算出锅炉出口烟气中NO和NO_2的浓度。脱硝工艺的计算中应将锅炉排放的NO_x浓度转换为锅炉出口的NO和NO_2浓度，转换公式为式（2-5）和式（2-6）。

$$c_{NO}=0.62c_{NO_x} \tag{2-5}$$

$$c_{NO_2}=0.05c_{NO_x} \tag{2-6}$$

式中 c_{NO}——烟气中NO浓度（标准状态，干烟气，6% O_2），mg/m^3；

c_{NO_x}——烟气中NO_x浓度（标准状态，干烟气，6% O_2），mg/m^3；

c_{NO_2}——烟气中NO_2浓度（标准状态，干烟气，6% O_2），mg/m^3。

3. 标准状态下干烟气转化为6%含氧烟气量计算

$$Q_V=Q_V^0\times\frac{21-c_{O_2}}{21-6} \tag{2-7}$$

式中 Q_V——烟气量（标准状态，干基，6%O_2），m^3/h；

Q_V^0——烟气量（标准状态，干基，实际氧量），m^3/h；

c_{O_2}——实际干烟气中氧气的体积百分比，%。

4. SNCR脱硝工艺的尿素耗量计算

（1）单机尿素小时耗量计算：

$$G_n=\frac{Q_V\times c_{NO}\times 60}{30\times 10^6}\times\frac{r}{2} \tag{2-8}$$

式中 G_n——纯尿素的小时耗量，kg/h；

Q_V——炉膛的烟气流量（标准状态，干基，6% O_2），m^3/h；

c_{NO}——脱硝系统未投入运行时，炉膛烟气中NO浓度（标准状态，干基，6% O_2），mg/m^3；

r——氨氮摩尔比，根据SNCR脱硝效率而定，对于煤粉炉，氨氮摩尔比为1.0～2.0；对于循环流化床锅炉，氨氮摩尔比为1.2～1.5。

（2）全厂尿素耗量计算：

$$G_q=N\times G_n/\chi_n \tag{2-9}$$

式中 G_q——全厂尿素的小时耗量，kg/h；

N——相同型号机组的台数；

χ_n——尿素纯度，%。

5. 全厂还原剂（尿素）储存量计算

$$G_{nz}=20\times G_q\times t_n/1000 \tag{2-10}$$

式中 G_{nz}——还原剂储存量，t；

20——日满负荷工作小时，h/d；

t_n——尿素储存天数，d。

6. 尿素溶液总储存量的计算

$$V_{nz}=G_{nz}/(c_n\cdot\rho_n) \tag{2-11}$$

式中 V_{nz}——尿素溶液总储存量，m^3；

c_n——尿素溶液的浓度，40%～50%；

ρ_n——尿素溶液的密度，t/m^3。

四、主要设备

尿素为还原剂的SNCR工艺的主要设备有尿素溶解罐、尿素溶液循环泵、尿素溶液储罐、输送泵、稀释水泵、背压控制阀、计量分配装置、尿素溶液分配器等。设备的选型和设置需执行HJ 563—2010《火电厂烟气脱硝工程技术规范 选择性非催化还原法》及相关规程规范。

1. 尿素溶液储罐

一般设两台，总储存容量不小于SNCR装置BMCR

工况下 5 天的总消耗量设计。将固体尿素配置成 50% 浓度的溶液。

2. 尿素溶液循环输送泵

尿素溶液循环输送泵作用为将尿素溶解罐中的尿素输送到尿素溶液储罐中，一用一备。尿素溶液输送泵采用离心泵。

3. 尿素溶液输送泵

尿素溶液输送泵的作用为将尿素溶液输送至锅炉区，经稀释水稀释后输送至尿素计量分配系统。

4. 尿素溶液稀释水泵

按照给定的烟气条件和脱硝效率，稀释水泵提供稀释水将尿素溶液浓度稀释至 10%以下。稀释水供应泵宜按 2×100%配置，采用多级离心泵。

5. 尿素溶液喷射器

SNCR 炉前喷射装置主要有墙式喷射器、自动注入式喷枪、多喷嘴枪式喷射器等。喷射器应选用耐磨、耐腐蚀的材料制造，通常应使用不锈钢材料。

（1）墙式喷射器外形类似于锅炉短式吹灰器，分布在锅炉前墙、燃烧器的上方。

（2）多喷嘴式喷射器类似于伸缩式吹灰器，分布在锅炉两侧墙。需要配备冷却水、自动机械回撤、转动除灰、高温测量、断水报警等设备。

（3）自动伸缩注入器在需要时，插入锅炉，还原剂注入喷射器，喷射器可自动缩回，还原剂喷射关闭。

五、设备布置

除还原剂制备外，SNCR 主要考虑 SNCR 区喷射装置的布置。SNCR 喷射装置设备就近布置在锅炉平台上。煤粉锅炉根据各种炉型及受热面的布置，并充分考虑负荷变化，选择炉膛烟气温度适合的区域。CFB 锅炉 SNCR 最佳还原剂注射点为旋风分离器入口，见图 2-22。

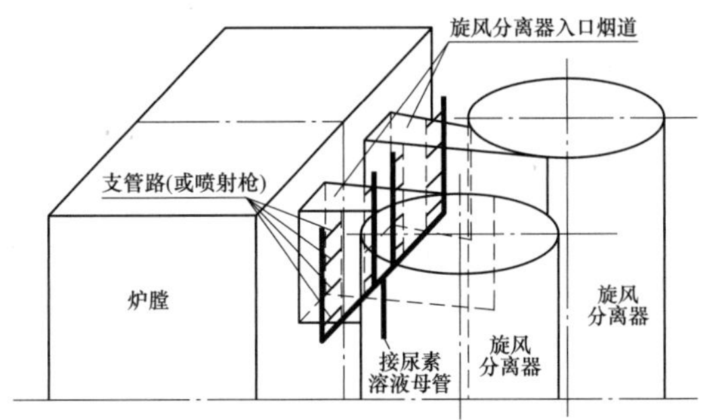

图 2-22　SNCR 技术还原剂的最佳喷射位置

六、SNCR/SCR 联合脱硝工艺

（一）SNCR/SCR 联合脱硝系统说明

典型循环流化床锅炉 SNCR/SCR 联合脱硝系统工艺流程见图 2-23。SNCR/SCR 联合脱硝工艺有 2 个反应区。锅炉对流受热面或循环流化床锅炉旋风分离器为第一个反应区。尿素溶液喷射系统将尿素送入锅炉，在此区域，一部分尿素溶液与烟气中的 NO_x 发生选择还原反应，实现初步脱硝。SCR 反应器是 SNCR/SCR 联合脱硝工艺的第二个反应区。第一反应区的一部分尿素溶液发生热解反应，生成氨气，尿素热解生成的氨气在催化剂的作用下在反应器内进一步脱硝。SNCR/SCR 联合脱硝工艺通过两个反应区最终实现对 NO_x 的排放控制。

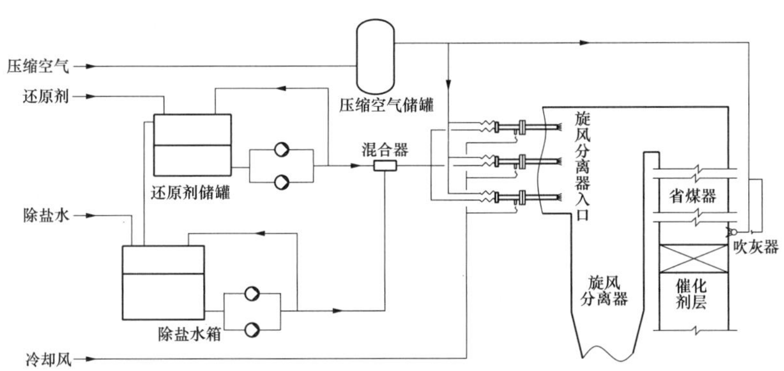

图 2-23　典型循环流化床锅炉 SNCR/SCR 联合脱硝系统工艺流程

（二）SNCR/SCR 联合脱硝系统设计要点

SNCR/SCR 联合脱硝工艺的第一个反应区为 SNCR 反应段，按照 SNCR 的工艺设计要求，主要区别如下：

（1）SNCR/SCR 联合脱硝工艺不设置喷氨格栅和烟气混合器，应根据催化剂对进口烟气流速偏差、烟气流向偏差、烟气温度偏差的要求设置导流装置。

（2）SNCR/SCR 联合脱硝工艺对催化剂、反应器、进出口烟道和催化剂起吊设施的要求与 SCR 工艺相同。

（3）循环流化床锅炉催化剂宜布置于尾部烟道内的高、中省煤器之间，催化剂层数宜为 1～2 层，烟气压降宜不大于 600Pa。

（三）SNCR/SCR 工艺参数及使用效果

SNCR/SCR 联合脱硝技术主要工艺参数及使用效果见表 2-9。

表 2-9　SNCR/SCR 联合脱硝技术主要工艺参数及使用效果

项目	单位	工艺参数及使用效果	
温度区间	℃	SNCR	950～1150℃ （采用尿素还原剂） 850～1050℃ （采用液氨和氨水还原剂）
		SCR	一般 300～420℃
氨氮摩尔比	—	1.2～1.8	
还原剂停留时间	s	>0.5（SNCR 区域）	
催化剂	—	与 SCR 技术催化剂参数一致	
脱硝效率	%	55～85	
阻力	Pa	≤600	
氨逃逸浓度	mg/m^3	≤3.8	
NO_x 排放浓度		可实现达标排放或超低排放	

注　选自 HJ 2301—2017《火电厂污染防治可行技术指南》。

七、工程案例

（一）工程概况

某 2×300MW 循环流化床锅炉，脱硝方案采用 SNCR 脱硝，脱硝装置投运前，锅炉正常负荷范围（50%～100% BMCR 负荷）NO_x 按 $200mg/m^3$（标准状态）考虑，还原剂采用尿素。保证烟气排放小于 $50mg/m^3$（标准状态），脱硝效率要求不小于 75%。

1. 煤质

工程的煤质分析数据见表 2-10。

表 2-10　工程的煤质分析数据

项目	符号	单位	设计煤种	校核煤种
全水分	M_t	%	7.5	5.50
收到基灰分	A_{ar}	%	35.37	52.51
收到基挥发分	V_{ar}	%	19.23	17.28
收到基碳	C_{ar}	%	46.02	32.32
收到基氢	H_{ar}	%	3.26	2.57
收到基氮	N_{ar}	%	0.94	0.60
收到基氧	O_{ar}	%	6.31	5.94
全硫	$S_{t,ar}$	%	0.6	0.56
收到基低位发热量	$Q_{net,ar}$	MJ/kg	17.5	12.52

续表

项目	符号	单位	设计煤种	校核煤种
变形温度	DT	℃	>1400	>1400
软化温度	ST	℃	>1400	>1400
半球温度	HT	℃	>1400	>1400
熔化温度	FT	℃	>1400	>1400

注　入炉煤粒度要求：最大允许粒径小于或等于 10mm，d_{50}=1.5mm，d<200μm 不大于 25%。

2. 脱硝烟气设计数据

烟气数据（单台炉）见表 2-11。

表 2-11　烟气数据（单台炉）

序号	项目名称	单位	数据
1	烟气量（干基，标准状态）	m^3/h	918847
2	脱硝系统未投入运行时锅炉 NO_x 排放浓度（6%O_2，干基，标准状态）	mg/m^3	200
3	脱硝效率	%	>75
4	NSR（理论氨氮当量比）	mol/mol	<1.4
5	NO_x 的排放浓度（6%O_2，干基，标准状态）	mg/m^3	<50
6	氨逃逸（标准状态）	mg/m^3	≤8

3. 尿素品质

尿素的品质参数见表 2-12。

表 2-12　尿素的品质参数

序号	指标名称	单位	合格品	优等品
1	总氮（干基）	%	≥46.3	≥46.5
2	缩二脲	%	≤1.0	≤0.5
3	水分	%	≤0.7	≤0.3
4	铁	%	≤0.005	≤0.001
5	碱度（NH_3 计）	%	≤0.03	≤0.01
6	硫酸盐（以 SO_4^{2-} 计）	%	≤0.02	≤0.005
7	水不溶物	%	≤0.04	≤0.005
8	颗粒（4～8mm）	%	≥90	≥90

（二）案例计算

1. 脱硝效率计算

炉膛出口 NO_x 浓度：$200mg/m^3$（6%O_2，干基，标准状态）

NO_x 的排放浓度：<$50mg/m^3$（6%O_2，干基，标

准状态）

根据式（2-4）：$\eta_{NO_x}=\left(1-\dfrac{50}{200}\right)\times100\%=75\%$

2. 炉膛出口烟气中 NO 和 NO_2 浓度计算

烟气中 NO_x 浓度（标准状态）。

c_{NO_x}=200mg/m^3（标准状态）

根据式（2-5）计算 NO 浓度（标准状态）。

c_{NO}=0.62×200=124mg/m^3（标准状态）

根据式（2-6）计算 NO_2 浓度（标准状态）。

c_{NO_2}=0.05×200=10mg/m^3（标准状态）

3. 6%含氧烟气量计算

实际干烟气量 Q_V^0=918847m^3/h（标准状态）

根据式（2-7）得

$$Q_V=918847\times\frac{21-5.2}{21-6}=967852\text{m}^3/\text{h}$$（标准状态）

4. 还原剂（尿素）消耗量计算

（1）根据式（2-8）计算单台机组尿素消耗量。

$$G_n=\frac{967852\times124\times60}{30\times10^6}\times\frac{1.4}{2}=168\text{g/h}$$

（2）计算全厂尿素耗量。

G_q=2×168/98.6%=341kg/h

5. 全厂还原剂（尿素）储存量

机组日运行 20h，尿素储存天数以 7 天计，根据式（2-10）得

G_{nz}=20×341×7/1000=47.74t

6. 计算尿素溶液储罐的容积

尿素溶液浓度为 50%，储存天数以 7 天计。当溶液温度为 45℃时，ρ_n=1.120t/m^3，根据式（2-11）得

V_{nz}=47.74/(50%×1.120)=85.3m^3

（三）系统选择及设备选型配置

1. 尿素溶液制备系统

（1）尿素溶解罐：尿素储存间内的袋装颗粒尿素经电动葫芦吊装送入尿素溶解罐，配制成 50%浓度的尿素溶液，通过蒸汽加热维持在 40～50℃。溶解罐材质为 316 不锈钢，溶解罐的有效容积设计为 39m^3。

（2）尿素溶液泵设置：2 台（一运一备）尿素溶液泵，将溶解罐中的尿素溶液输送至尿素溶液储罐。尿素溶液泵的流量按照 60m^3/h，扬程为 20m 设计。

（3）尿素溶液储罐：2 个尿素溶液储罐，容积按照 100m^3 设计。

（4）尿素溶液循环泵：设置 2 台多级离心泵（一运一备），流量按照 10m^3/h，扬程 150m 设计。

2. 尿素溶液稀释与计量系统

（1）稀释水箱：尿素溶液制备系统设置一个 9m^3 稀释水箱，收集制备系统冲洗、停运检修时排出的尿素溶液。

（2）稀释水泵：设置 2 台（一运一备）稀释水泵，用于 50%尿素溶液的稀释，流量按照 9m^3/h，扬程 155m 设计。

（3）静态混合器：每台炉设置一个静态混合器，用于稀释水和尿素溶液的充分混合。

（4）计量系统：通过流量控制阀和手动阀门、压力调节阀自动调节进入每个锅炉注入区域的尿素溶液浓度和流量，以响应烟气中 NO_x 的浓度、锅炉负荷、燃料量的变化。

3. 尿素溶液分配系统

（1）喷射系统：还原剂喷射系统设置一系列喷枪，用于扩散和混合尿素雾滴。尿素液滴依靠压缩空气雾化，每个喷枪的尿素溶液管道设置就地压力表和流量计，调试阶段根据需要，对不同控制区域的 SNCR 喷枪分别进行流量分配，每支管道上设置流量调节阀及电动控制阀。

（2）压缩空气系统：1 台空气压缩机，空气压缩机流量 15m^3/min，压力 0.85MPa，设置一个压缩空气储罐，储罐容积 2m^3。

4. SNCR 脱硝设备

表 2-13 为 SNCR 脱硝消耗数据，此数据由设备厂家提供，包含一定裕量，表 2-14 为 SNCR 脱硝工艺系统设备清单。

表 2-13　SNCR 脱硝消耗数据

序号	消　耗	单位	数据
1	还原剂（尿素）	kg/h	370
2	工艺水（规定水质）	m^3/h	4.3
3	电耗（所有连续运行设备轴功率）	kW	30
4	压缩空气（仪表吹扫）	m^3/min	1
5	压缩空气（雾化用）	m^3/min	14.8
6	蒸汽	t/h	1
7	脱硝装置对锅炉效率的影响	%	0.2

表 2-14　SNCR 脱硝工艺系统设备清单

序号	名称	型号规格	主要材质	单位	数量
1	还原剂制备与储存系统				
1.1	行车	2t，房屋尺寸：25m×15m×9.4m（长×宽×高）		套	1
1.2	尿素溶液溶解罐（不含平台）	有效容积 39m^3，ϕ3600，高 4500mm	304 内衬乙烯树脂涂层	套	1

续表

序号	名称	型号规格	主要材质	单位	数量
1.3	尿素溶液储罐	有效容积100m^3，ϕ4000，高7000mm	304内衬乙烯树脂涂层	套	2
1.4	溶解罐搅拌器	功率：9kW	不锈钢	套	1
1.5	溶液储罐搅拌器	功率：11kW	不锈钢	套	2
1.6	尿素溶液泵	流量：60m^3/h；扬程：20m；功率：9kW	不锈钢	台	2
1.7	尿素溶液管道		不锈钢304/碳钢	套	1
1.8	尿素溶液循环泵	多级离心泵，流量：10m^3/h；扬程：150m；功率：11kW	不锈钢	台	2
2	稀释计量系统				
2.1	稀释水泵	流量：9m^3/h；扬程：155m；功率：11kW		台	2
2.2	混合器		不锈钢	套	2
2.3	相应管道及附件		不锈钢	套	1
2.4	稀释水箱	9m^3	CS内衬乙烯树脂涂层	个	1
3	分配系统				
3.1	尿素溶液管道系统		不锈钢	套	2
4	还原剂喷射系统				
4.1	墙式喷枪喷射器	0～0.3m可调		支	12
4.2	尿素溶液管道系统，阀门		不锈钢	套	2
5	压缩空气系统				
5.1	压缩空气管道、阀门		304不锈钢无缝管	套	1
5.2	空气压缩机	15m^3/min（标准状态），出口压力0.8MPa	空冷螺杆式	套	1
5.3	储气罐	2m^3		个	1

（四）SNCR脱硝装置布置

循环流化床锅炉SNCR脱硝工艺的喷氨位置为旋风分离器入口，喷枪布置在入口段，见图2-24。SNCR尿素车间平面布置和立面布置，见图2-25和图2-26。

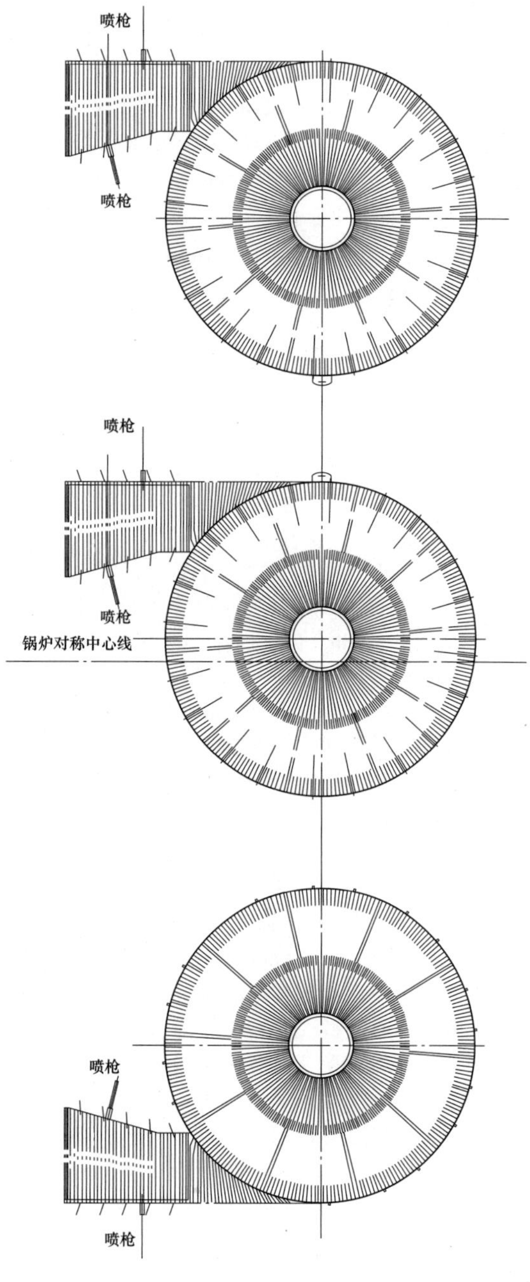

图2-24　SNCR喷枪布置

（五）运行情况

本工程循环流化床锅炉运行时产生的NO_x含量低于200mg/m^3（标准状态），脱硝喷入尿素溶液后能满足锅炉出口小于50mg/m^3（标准状态）的环保要求。

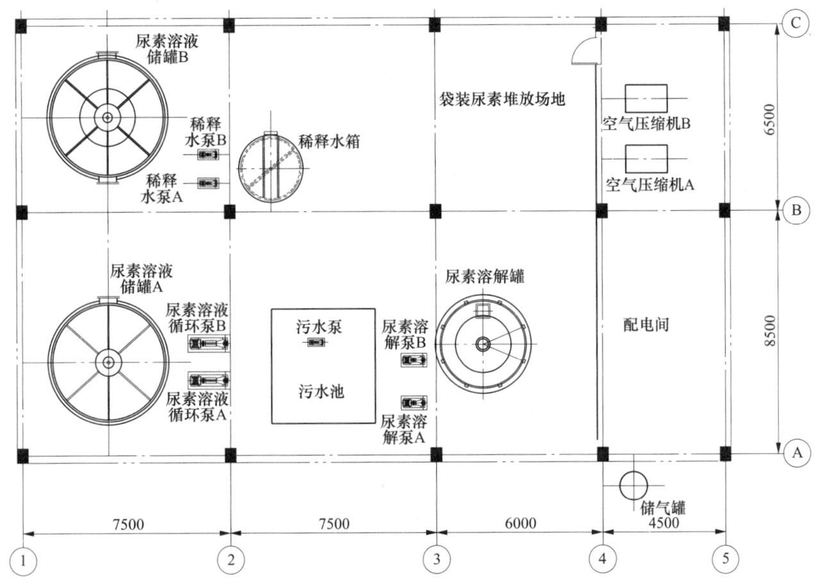

图 2-25　SNCR 尿素区平面布置

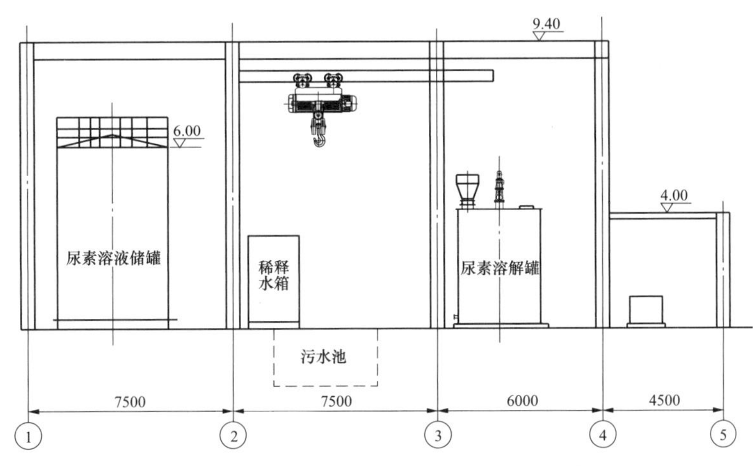

图 2-26　SNCR 尿素区立面布置

第四节　选择性催化还原烟气脱硝工艺

SCR 脱硝工艺适应性强，适合我国燃煤机组煤质多变、机组负荷变动频繁的特点。SCR 脱硝工艺的效率较高，可达 80%～90%，有广泛的运行业绩。

一、系统说明

（一）系统简介

SCR 脱硝工艺是指在催化剂和氧气存在的条件下，在温度为 300～420℃，还原剂有选择地将烟气中的 NO_x 还原成 N_2 和水来脱除 NO_x 的工艺技术。

SCR 脱硝系统一般由还原剂储存和制备系统、还原剂混合系统、还原剂喷射系统、反应器系统及监测控制系统等组成，其中，还原剂储存和制备系统见本章第五节内容。SCR 反应器多为高尘高温布置，即安装在锅炉省煤器与空气预热器之间。

（二）脱硝原理

选择性催化还原脱硝技术是通过在烟气中加入氨气，在催化剂作用下，利用氨气与 NO_x 的有选择性反应，将 NO_x 还原成 N_2 和 H_2O，其主要反应式为

$$4NH_3+4NO+O_2 \longrightarrow 4N_2+6H_2O$$

$$4NH_3+6NO \longrightarrow 5N_2+6H_2O$$

$$4NH_3+2NO_2+O_2 \longrightarrow 3N_2+6H_2O$$

$$8NH_3+6NO_2 \longrightarrow 7N_2+12H_2O$$

上述反应中第一反应是主要的，因为烟气中 95% 的 NO_x 是以 NO 的形式出现的，在没有催化剂的情况

下，上述反应温度在 980℃左右。采用催化剂后，上述反应温度可以在 300～420℃进行，相当于省煤器与空气预热器之间的烟气温度。

（三）系统流程

SCR 脱硝反应系统由 SCR 催化反应器、喷氨系统、稀释空气供应系统及控制系统组成。典型的 SCR 脱硝反应系统工艺流程见图 2-27。锅炉省煤器出口的烟气通过喷氨格栅与氨气充分混合后，进入 SCR 反应器中进行催化还原反应，脱除大部分 NO_x 后进入空气预热器，然后进入除尘器和烟气脱硫（FGD）系统。

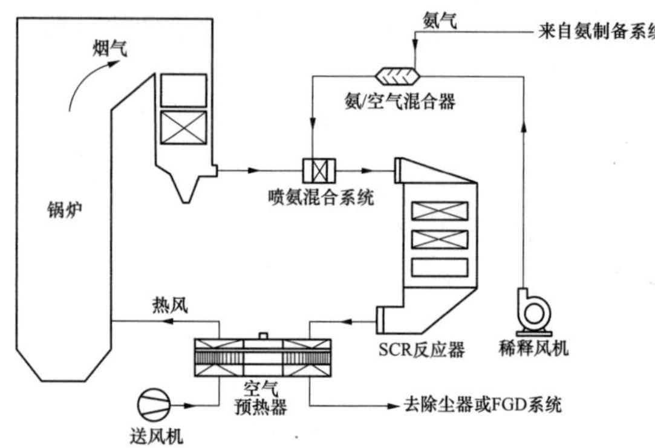

图 2-27 典型的 SCR 脱硝反应系统工艺流程

（四）主要特点

（1）系统复杂，需设置反应器，对锅炉布置及锅炉钢架设计产生影响。

（2）SCR 脱硝系统建设一次性投资费用高，运行成本高。

（3）脱硝过程使用催化剂，燃煤锅炉烟气系统增加 1.0～1.2kPa 阻力，最大不超过 1.4kPa。

（4）需要的氨罐或尿素储槽较大，需专门设置氨区或尿素制氨车间。

（5）SCR 脱硝在反应器内进行，脱硝效率较高，锅炉负荷变化影响主要为低负荷时烟气温度低于催化剂反应温度。

（6）采用催化剂，一般与低氮燃烧技术共同使用，煤质和煤灰会引起催化剂堵塞、中毒和腐蚀。

（五）SCR 工艺系统的基本概念

1. 氨逃逸

SCR 系统正常运行时，喷入反应器的氨不能 100%与 NO_x 进行反应，未参与化学反应的氨气随烟气和飞灰性反应器出口被带入下游的空气预热器，这种现象称为氨的逃逸。

2. 烟气在反应器内的空间速度

烟气流量与催化剂体积之比，烟气体积流量（标准状态，湿烟气）与 SCR 反应塔中催化剂体积的比值，反映烟气在 SCR 反应塔内停留时间的长短。

3. 催化剂运行寿命

催化剂运行寿命指 SCR 系统催化剂的活性自系统投运开始能够满足脱硝设计性能的时间。

4. SO_2/SO_3 转化率

在 SCR 反应过程中，由于催化剂的存在，促使烟气中部分 SO_2 被氧化成 SO_3，气体混合物中转变成 SO_3 的 SO_2 物质的量与起始状态物质的量之比，称为转化率，即

$$K_T = \frac{m_{SO_2,i} - m_{SO_2,o}}{m_{SO_2,i}} \tag{2-12}$$

式中 K_T——SO_2 向 SO_3 转化率，%；

$m_{SO_2,i}$——反应器入口处 SO_2 物质的量，mol；

$m_{SO_2,o}$——反应器出口处 SO_2 物质的量，mol。

SO_2/SO_3 转化率越高，说明催化剂的催化效率越高，但国内要求 SCR 系统催化剂对 SO_2 向 SO_3 的转化率不大于 1%。

5. SCR 压力损失

SCR 系统的压力损失是指烟气由 SCR 系统入口经反应器到反应器后空气预热器入口烟道之间的压力降。SCR 系统压力损失的大小，将直接影响到锅炉主机及引风机的安全运行和厂用电量。

6. 催化剂模块

若干片或块催化剂元件组成一个催化剂单元，若干催化剂单元组合在一起，加上外框构成一个催化剂模块。实际工程催化剂单元的长、宽尺寸保持固定不变。

（六）影响 **SCR** 脱硝效率的因素

SCR 脱硝工艺的脱硝效率与催化剂体积、反应温度等密切相关，影响 SCR 脱硝效率的主要因素及影响效果见表 2-15。

表 2-15 影响 SCR 脱硝效率的主要因素及影响效果

序号	影响因素		影响效果
1	催化剂	活性	活性越大，氨气与 NO_x 反应越剧烈，脱硝效率越高
		体积	体积越大，NO 脱除率越高，氨逃逸率越少
2	反应温度		一般催化剂最佳反应温度为 300～420℃，在反应温度区间内，反应温度越高，脱硝效率也越高
3	空间速度		空间速度大，烟气在反应器内停留时间短，NO_x 转化率低，氨逃逸量大
4	氨气与烟气的混合		速度场和浓度场均匀，NO_x 转化率高，氨逃逸率小，催化剂寿命长

（七）**SCR** 系统对锅炉和辅机的影响

SCR 脱硝工艺需要在省煤器和空气预热器之间烟道上布置催化剂，因此对锅炉设备产生较大的影响，同时也影响其下游设备，如空气预热器、除尘器和引

风机的选型与性能，具体见表 2-16。

表 2-16 SCR 系统对锅炉和辅机的影响

序号	影响因素	影响效果
1	锅炉岛布置	当空气预热器拉出布置时，空气预热器上方布置 SCR 装置，为节约占地，可将一次风机和送风机布置于空气预热器前、省煤器下方
2	锅炉钢结构	SCR 装置的钢架通常与锅炉钢架为联合体系，空气预热器钢构架增加了 SCR 脱硝反应器的承载
3	锅炉炉膛承压设计	烟气阻力增加 1.0～1.2kPa，炉膛承压需核算
4	空气预热器	逃逸的 NH_3 与烟气中 SO_3 和 H_2O 形成硫酸氢铵（NH_4HSO_4），腐蚀空气预热器，并导致阻力增大
5	引风机	SCR 的阻力增加 1.0～1.2kPa，最大不超过 1.4kPa，引风机的风压提高
6	锅炉性能	不加装省煤器旁路，对燃烧无影响；加装省煤器旁路，对锅炉性能、热平衡有影响
7	除尘器	引风机风压提高导致电除尘承压增大，设备选型时按安装 SCR 脱硝装置综合考虑

（八）主要工艺参数及使用效果

SCR 脱硝技术主要工艺参数及使用效果见表 2-17。

表 2-17 SCR 脱硝技术主要工艺参数及使用效果

项目		单位	主要工艺参数及使用效果
入口烟气温度		℃	一般在 300～420
入口 NO_x 浓度		mg/m^3	≤1000（由实际烟气参数确定）
氨氮摩尔比		—	≤1.05（由脱硝效率和逃逸氨浓度确定，一般取 0.8～0.85）
反应器入口烟气参数的偏差数值		—	速度相对偏差：±15%； 温度相对偏差：±15℃； 氨氮摩尔比相对偏差：±5%； 烟气入射角度：±10°
催化剂	种类	—	根据烟气中灰的特性进行确定
	层数（用量）	层	2～5（根据反应器尺寸、脱硝效率、催化剂种类及性能确定）
	空间速度	h^{-1}	2500～3000
	烟气速度	m/s	4～6
催化剂	催化剂节距	—	根据烟气中灰的特性确定
脱硝效率			50%～90%
氨逃逸浓度		mg/m^3	≤2.5
SO_2/SO_3 转化率			燃煤硫分低于 1.5%，宜低于 1.0% 燃煤硫分高于 1.5%，宜低于 0.75%
阻力		Pa	<1400
NO_x 排放浓度		—	达标排放或超低排放

注 选自 HJ 2301—2017《火电厂污染防治可行技术指南》。

二、系统设计

（一）设计要求

1. 总的要求

（1）SCR 脱硝工艺的烟气系统应按单元制设计。

（2）催化剂的选择根据烟气温度、烟气成分、烟气压降、烟气氮氧化物浓度、氮氧化物脱除率、氨的逸出量、催化剂寿命、SO_2/SO_3 转换率、烟气含尘量及其成分组成，以及反应器的布置空间等合理选择催化剂形式和用量。

（3）SCR 烟气反应系统的设计煤种应与锅炉设计煤种相同，燃用锅炉煤种时，SCR 烟气反应系统能长期稳定连续运行。

（4）脱硝装置的烟气排放相关指标应满足当地环保标准。

（5）SCR 烟气反应系统应能适应机组的负荷变化和机组启停次数的要求。

（6）当烟气温度低于最低喷氨温度时，喷氨系统能够自动解除运行。

（7）对于新建机组，SCR 反应器和烟道的支撑结构应当同时兼顾附近布置的其他设备、管道系统，支撑结构宜统一计算、统一设计。

2. 烟气系统

（1）SCR 系统烟道布置的要点是烟道的形状或结构应先依照设计理念进行规划，然后由计算机流体模拟和物理模型进行验证确认。

（2）合理设置膨胀节，避免烟道的膨胀对锅炉本体及 SCR 反应器产生影响。

（3）根据流场分析结果确定导流板的位置、形状和数量。

（4）烟道内采用内撑杆结构，外采用加固肋结构，内、外支撑形式受力好，用材省。

（5）烟气系统的设计必须保证灰尘在烟道的沉积不会对运行产生影响，在必要的地方设置清灰装置，对于烟道中灰尘的聚集，需要根据规程合理选取积灰荷载。

（6）烟道系统的设计应考虑可能发生的运行条件，合理选择设计参数（如温度、压力、风载、雪载、地震荷载）。

（7）根据烟气运行温度，合理选择烟道体材质，保证系统安全运行。

（8）根据烟气流速和灰尘含量，合理考虑系统的防磨耐腐措施。

（9）合理布置 SCR 系统运行和性能试验所需要的测试孔和装置。

3. 氨-烟气混合系统

合理布置喷氨格栅，NO_x/NH_3 分布均匀、烟气速度和浓度分布均匀、能提高脱硝效率，减小氨逃逸，降低 SO_2/SO_3 转化率。氨逃逸过高，会出现副反应，O_2 存在的条件下，催化剂会将 SO_2 转化为 SO_3，SO_3 和多余的 NH_3 与水反应生成硫酸铵或硫酸氢铵。硫酸氢铵会降低催化剂的活性，附着在空气预热器表面，影响空气预热器的效率，空气预热器阻力增大。

（二）典型系统图

1. 烟气系统

典型烟气系统流程见图 2-28。当进入 SCR 反应器前的烟气分布不均匀时，会导致脱硝效率下降。实际工程中需要根据计算流体力学（computational fluid dynamics，CFD）数值模拟计算。在 SCR 反应器入口烟道设置导流板，使烟气均匀进入 SCR 反应器。必要时需建立实体物理模型以确认烟气平稳均匀流动。

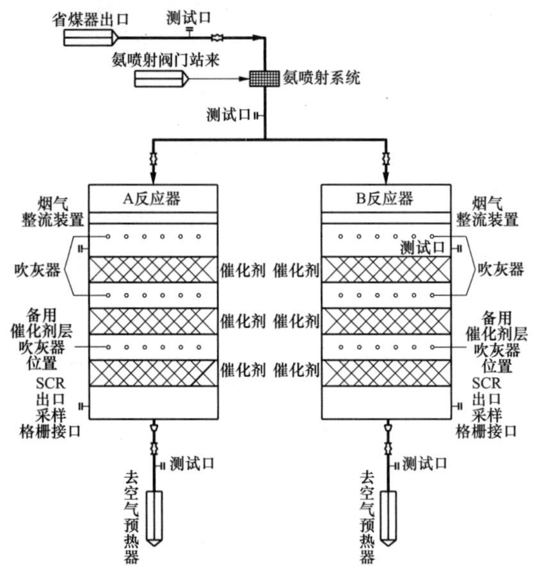

图 2-28 典型烟气系统流程

2. 氨喷射系统

燃煤电站 SCR 烟气脱硝需保证烟气与 NH_3 充分混合，并按进入反应区的 NO_x 浓度及脱除效率严格控制 NH_3 的喷入量。常规 SCR 工艺的氨喷射系统包括稀释风机、静态（氨-空气）混合器、供应支管和喷氨格栅（AIG），系统见图 2-29。

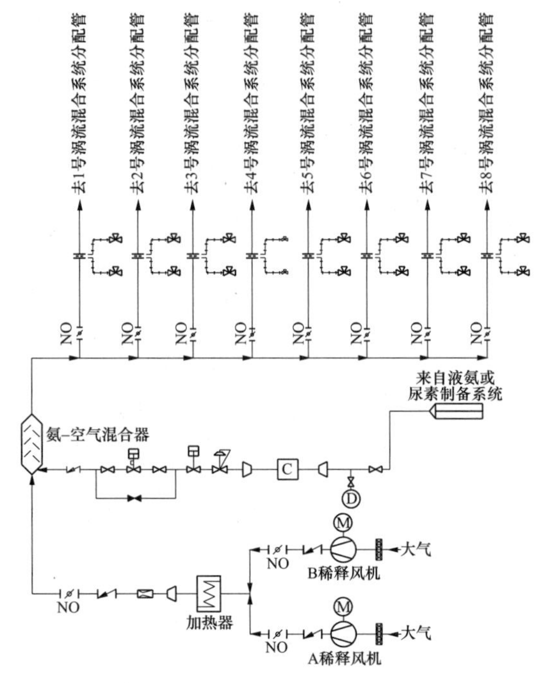

图 2-29 常规的氨喷射系统

3. 吹灰系统

催化剂需及时吹灰，防止催化剂通道被堵塞，影响脱硝反应效果。吹灰系统见图 2-30，为声波吹灰，也可采用蒸汽吹灰。

三、设计计算

（一）设计输入数据

根据目前国内的实际情况，一般考虑将锅炉燃用设计煤种 BMCR 工况下的烟气参数（实际含氧量）及污染物成分作为脱硝系统的输入数据。所需的具体数据如下：

（1）烟气流量（m^3/s，标准状态、湿基）。

（2）烟气温度（安装脱硝反应器接入口）。

（3）烟气压力（安装脱硝反应器接入口）。

（4）工程所在地相关气象参数（温度、大气压或海拔、风速、雪荷载等）。

（5）工程地质条件（地震加速度、地质构造、地下水位等）。

（6）SCR 入口烟气组成成分及浓度（如 NO_x、SO_2、SO_3、O_2、H_2O、HCl、烟尘含量、标准状态、干基、6%O_2）。

（7）SCR 出口烟气污染物浓度要求（主要有 NO_x、氨逃逸率、SO_2/SO_3 转化率）。

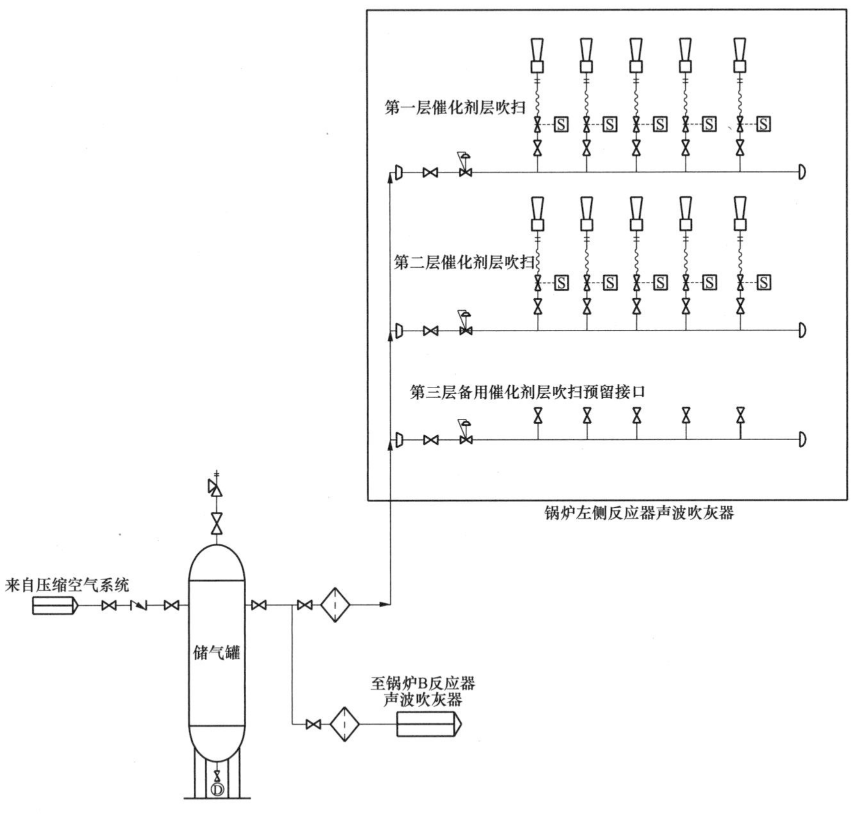

图 2-30　常规声波吹灰系统

（8）飞灰或除尘器灰分析，包括灰成分分析和飞灰浓度，以及粒径分布。

（9）拟采用的还原剂纯度。

（10）SCR 反应器的布置要求。

（11）SCR 吹扫系统的技术要求。

（二）主要性能参数计算

1. 脱硝效率

脱硝效率公式见式（2-13）。

$$\eta_{NO_x}=\left(1-\frac{c_{out}}{c_{in}}\right)\times 100\% \tag{2-13}$$

式中　c_{in}——脱硝系统运行反应器入口处 NO_x 浓度(标准状态，干基，$6\%O_2$)，以 NO_2 计，mg/m^3；

c_{out}——脱硝系统运行反应器出口处 NO_x 浓度（标准状态，干基，$6\%O_2$），以 NO_2 计，mg/m^3。

2. SCR 脱硝工艺的氨小时耗量的计算

脱硝系统 BMCR 工况单机纯氨小时耗量按式（2-14）计算。

$$G_a=\left(\frac{Q_V\times c_{NO}}{1.76\times 10^6}+\frac{Q_V\times c_{NO_2}}{1.35\times 10^6}\right)\times r \tag{2-14}$$

式中　G_a——纯氨的小时耗量，kg/h；

Q_V——BMCR 工况 SCR 反应器进口的烟气流量（标准状态，实际含氧量下的干烟气），m^3/h；

c_{NO}——SCR 反应器进口烟气中 NO 浓度（标准状态，实际含氧量下的干烟气），mg/m^3；

c_{NO_2}——SCR 反应器进口烟气中 NO_2 浓度（标准状态，实际含氧量下的干烟气），mg/m^3；

r——氨氮摩尔比。

r 按式（2-15）计算：

$$r=\frac{\eta_{NO_x}}{100}+\frac{\dfrac{w_a}{22.4}}{\dfrac{c_{NO}}{30}+\dfrac{c_{NO_2}}{23}} \tag{2-15}$$

式中　η_{NO_x}——脱硝效率，%；

w_a——氨逃逸浓度（标准状态，实际含氧量下的干烟气），μL/L。

3. SCR 脱硝工艺的尿素小时耗量的计算

尿素制氨时，1mol 的尿素可生成 2mol 的氨气。

$$G_n=\frac{G_a\times 60\times 100}{34\times \eta_n} \tag{2-16}$$

式中　G_n——纯尿素的小时耗量，kg/h；

η_n——尿素热解或水解制氨的转化率（一般可取 100%），%。

（三）主要设备选型计算

在 NH_3 进入烟道之前，先和一定量的空气进行充分混合，NH_3 稀释空气比在设计时满足锅炉在 BMCR 时 NH_3 含量小于 5%，根据 NH_3 的消耗量估算稀释空气的风量见式（2-17）和式（2-18）。

$$Q_{air}=\frac{95}{5}\times Q_{NH_3}(\text{BMCR}) \tag{2-17}$$

$$Q_{NH_3}=\frac{1}{0.771}\times G_a \tag{2-18}$$

式中 Q_{air} ——标准状态下稀释空气流量，m^3/h；

Q_{NH_3} ——标准状态下 NH_3 体积流量，m^3/h；

G_a ——纯氨的小时耗量，kg/h。

四、主要设备

（一）烟气系统设备

1. 反应器

SCR 反应器一般是一个矩形的容器，见图 2-31，内部装置两层或多层催化剂，并预留备用催化剂的空间。为防止粉尘沉积影响系统正常运行，催化剂装有蒸汽吹灰器或声波吹灰器等吹灰设备，反应器将设置足够大小和数量的人孔门。

反应器设计还将考虑内部催化剂维修及更换所必需的起吊装置。

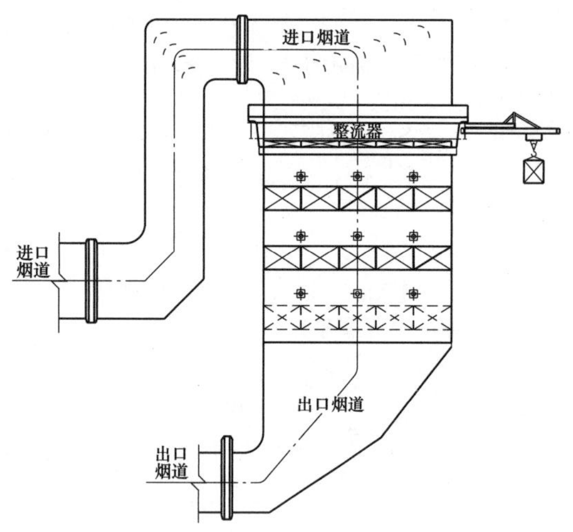

图 2-31　SCR 反应器

2. 催化剂

（1）催化剂的形式。常用的 SCR 脱硝工艺催化剂有三种形式：蜂窝式、平板式和波纹板式（见图 2-32）。

催化剂能满足烟气温度不高于 400℃的情况下长期运行，同时催化剂能承受运行温度 420℃不少于 5h 连续运行的考验，而不产生任何损坏。

（2）催化剂的性能参数。催化剂具有表 2-18 所示的性能参数。催化剂产品的规格、要求等应符合 GB/T 31587《蜂窝式烟气脱硝催化剂》和 GB/T 31584《平板式烟气脱硝催化剂》的相关规定。

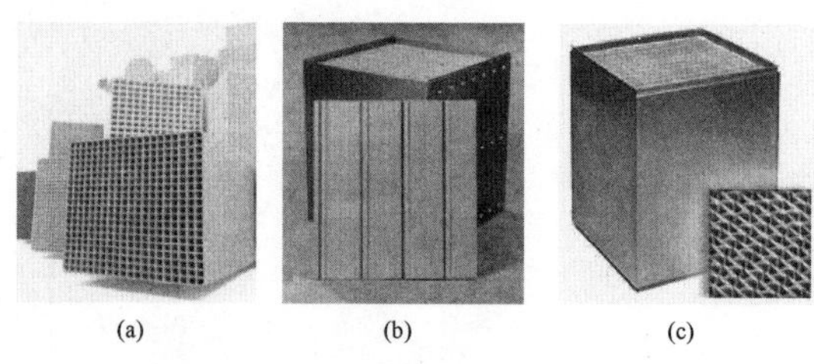

图 2-32　SCR 脱硝催化剂成品

（a）蜂窝式催化剂；（b）平板式催化剂；（c）波纹板式催化剂

表 2-18　催化剂性能参数

名称	单位	定义	影响
催化剂体积（V_{cat}）	m^3	催化剂所占空间的体积	体积大，提高效率
催化剂表面积（A_{cat}）	m^2	几何表面积	空隙多，性能好
催化剂比表面积（A_s）	m^2/m^3	单位体积催化剂的几何表面积	比表面积大，性能好
催化剂壁厚	mm	孔与孔之间的催化剂厚度；波纹板或平板的厚度	
催化剂节距（pitch）	mm	催化剂孔的净宽度加上催化剂孔壁壁厚；催化剂板的净间距加上板的壁厚	取决于烟气中粉尘含量
空间速度（S_V）	h^{-1}	单位体积的催化剂处理的烟气量	
面积速度（A_V）	m/h	单位表面积的催化剂处理的烟气量	面积速度越低，NO_x 的脱除率越高
催化剂活性	m/h	催化剂的催化作用能力	活性越高，反应越快，脱硝率越高
阻力	Pa	烟气通过催化剂后压力下降	与高度形式有关
催化剂寿命	h	开始使用到需要更换的累计运行时间	16000～24000

（3）影响催化剂效率的因素。影响催化剂对 NO_x 脱除效率的因素见表 2-19。

表 2-19　影响催化剂对 NO_x 脱除效率的因素

影响因素名称		影响结果
烟气组分	SO_2	使催化剂活性降低
	水蒸气	NO_x 转化率有一定程度的下降
	NO_2	促进 SCR 反应的进行
	O_2	无氧条件下，NO_x 转化率仅为 10% 左右，随着氧含量增大到 3%，NO_x 转化率增加到 98%左右

续表

影响因素名称		影响结果
烟气组分	NO_x 初始浓度	转化率随 NO_x 进口浓度的增加而减小，幅度逐渐增加
催化剂	空间速度	空间速度增大，烟气与催化剂的接触时间短，反应时间减少，NO_x 转化率降低
还原剂量	NH_3/NO_x（摩尔比）	$NH_3/NO_x<1$ 时，NO_x 转化率呈直线增加；$NH_3/NO_x>1$ 时，NO_x 转化率可接近 100%

（4）催化剂层数。随着脱硝效率的提高，催化剂设置的层数需增加。催化剂层数与脱硝效率的关系见表 2-20，一般在此需要的基本层数基础上，需设置一层备用催化剂层。

表 2-20　催化剂层数与脱硝效率的关系

催化剂层数	脱硝效率
单层	60%
两层	75%～85%
三层	85%～92%

3. 吹灰器

SCR 反应器中每层催化剂均应设置相应的吹灰措施，以除去遮盖催化剂活性表面及堵塞气流通道的颗粒物，降低系统的压降。可采用蒸汽吹灰、声波吹灰或声波和蒸汽联合吹灰方式。

声波吹灰的方法是利用声波使粉尘颗粒产生共振，清除设备积灰，气源为电厂厂用压缩空气。声波吹灰器结构简单、安装方便、占地小，不用直接抽出。每层催化剂设置 4～6 台声波吹灰器，一般每 10min 吹灰 10s。声波吹灰器布置见图 2-33，轴向方向清灰距离 9～12m，径向方向清灰距离 3～4m，安装最佳高度为距离催化剂单元 610mm。

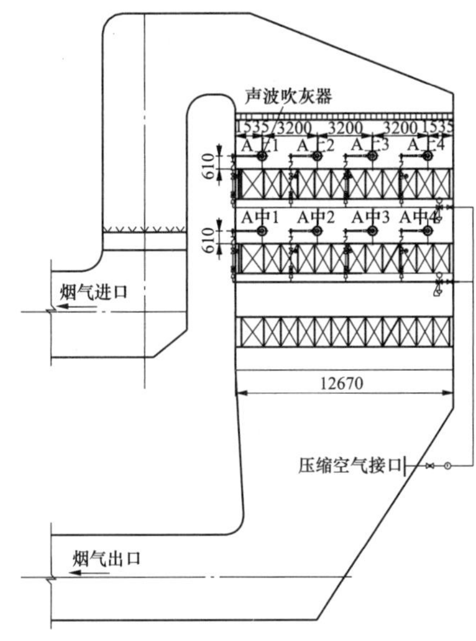

图 2-33　SCR 反应器上声波吹灰器布置

蒸汽吹灰器通常为可伸缩的耙形结构，布置在每层催化剂的上方。蒸汽吹灰器能够高效除去积灰，但吹灰管易发生卡涩、失灵、漏汽等现象，设备故障率相对较高。蒸汽吹灰器径向方向清灰距离 3～3.5m，安装最佳高度为距离催化剂单元 500～550mm，布置见图 2-34。每组耙式结构设置 20 个左右蒸汽喷嘴。

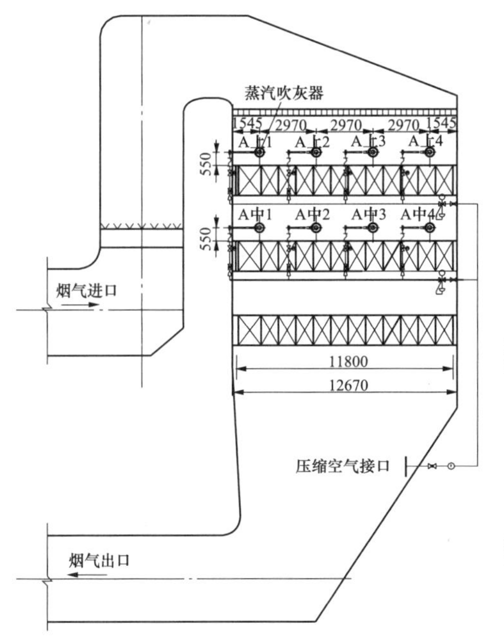

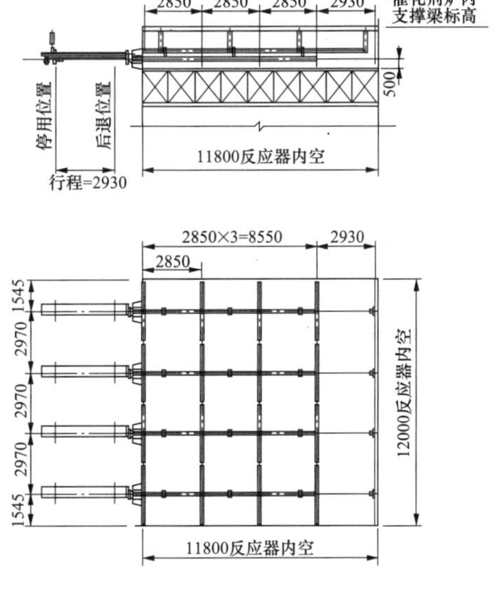

图 2-34　SCR 反应器上蒸汽吹灰器布置

一般当烟气含灰量在 50g/m^3 以上或烟气飞灰黏性较大时，可采用蒸汽吹灰或声波和蒸汽联合吹灰方式。

4. 灰斗

SCR 反应器内烟气流速为 4～6m/s，会产生一定的积灰，考虑在 SCR 后适当位置布置灰斗。SCR 灰斗的设置可以减少进入空气预热器内的灰量，有利于空气预热器的安全运行。

（二）氨喷射系统设备

氨和稀释空气混合比例控制在氨含量 5%，不高于 8%。混合气通过氨分配总管送至喷氨格栅，与烟道内的烟气混合，再通过烟道内导流板、整流板进入反应器，在反应器内催化剂的作用下，与氮氧化物进行反应。

1. 氨气/空气混合器

氨气与来自稀释风机的空气混合成氨气体积含量为 5%的混合气体。氨气和空气在氨气/空气混合器混合（见图 2-35），有助于调节氨的浓度和喷氨格栅中喷氨分布的均匀。

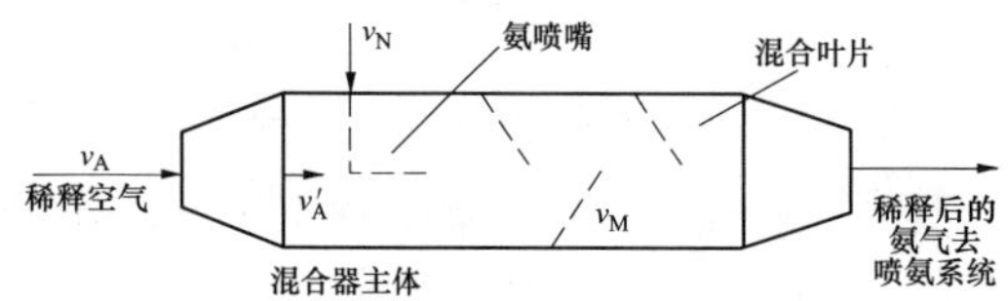

图 2-35　氨气/空气混合器

2. 喷氨格栅

SCR工程设计的关键之一就是要特别注意烟气的流场，烟气中 NO_x 和还原剂 NH_3 充分混合，喷氨格栅（AIG）使还原剂与烟气达到最佳混合，喷氨格栅（AIG）示意见图 2-36。

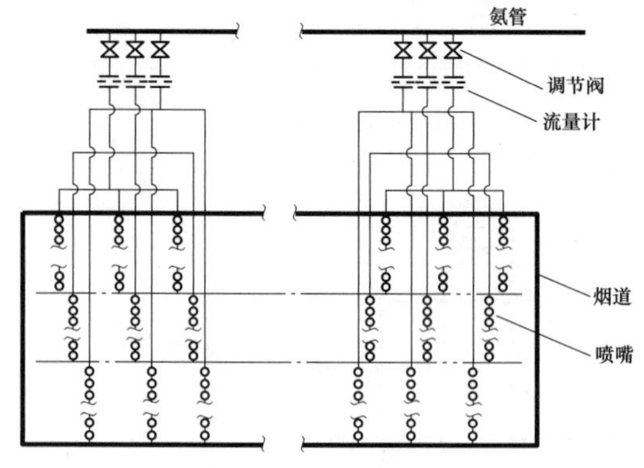

图 2-36　喷氨格栅（AIG）示意

3. 稀释风机

氨气稀释一般采用高压离心风机，氨气需稀释至 5%以内。

五、设备布置

（一）燃煤锅炉 SCR 工艺系统布置方案

SCR 脱硝装置可布置在水平烟道或垂直烟道中，对于燃煤锅炉，因为烟气中含有大量粉尘，布置在水平烟道中易引起 SCR 脱硝装置的堵塞，所以采用垂直布置方式。SCR 首选布置在锅炉省煤器出口，含尘量高的区域，见图 2-37。

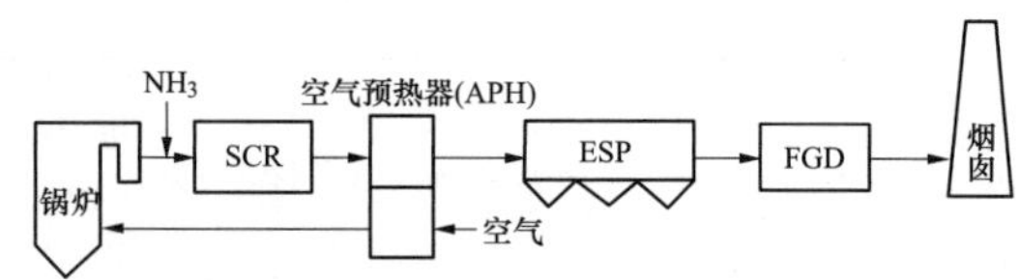

图 2-37　SCR 布置方案

根据锅炉炉型及空气预热器是否拉出，SCR 脱硝反应器在燃煤锅炉上主要有以下几种布置方案：

1. Π 型锅炉空气预热器未拉出

脱硝反应器拉出布置在除尘器前烟道上方的钢架上，即送一次风支架上，见图 2-38。

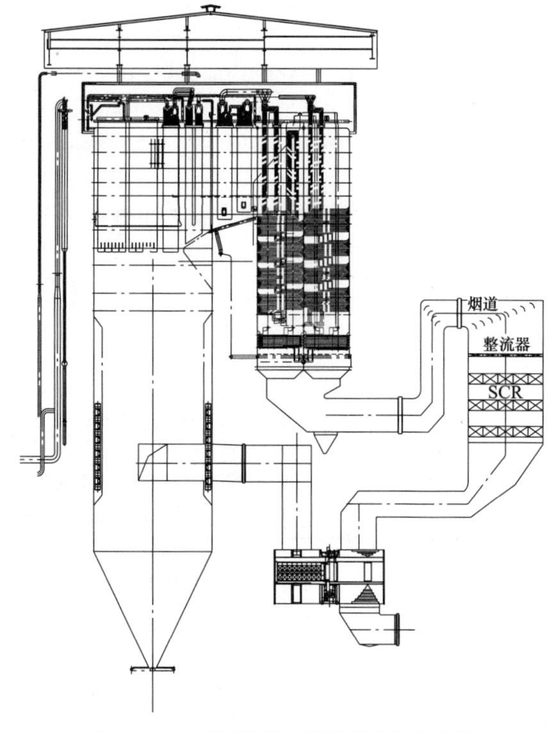

图 2-38　Π 型锅炉空气预热器未拉出布置

2. Π 型锅炉空气预热器拉出

反应器布置在空气预热器上方的锅炉钢架上，见图 2-39。

3. 塔式锅炉单反应器

对于塔式锅炉，省煤器出口为单烟道，可采用单反应器的布置方案，见图 2-40。

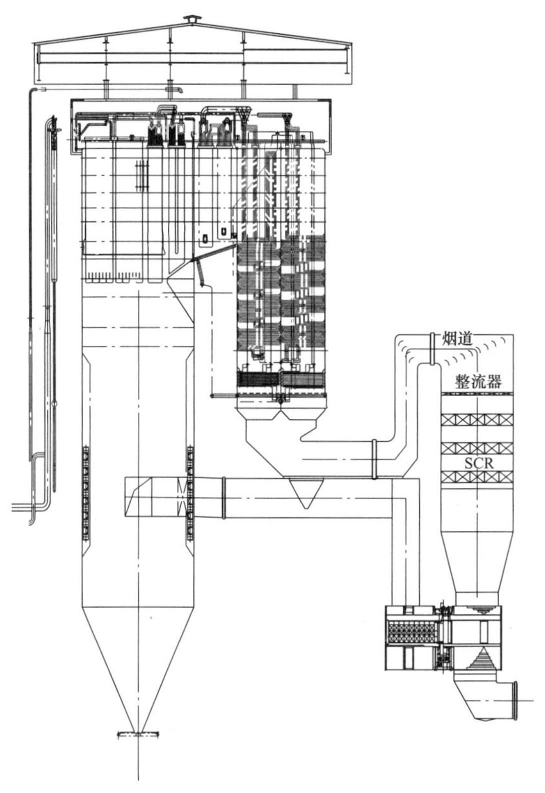

图 2-39　Π 型锅炉空气预热器拉出布置

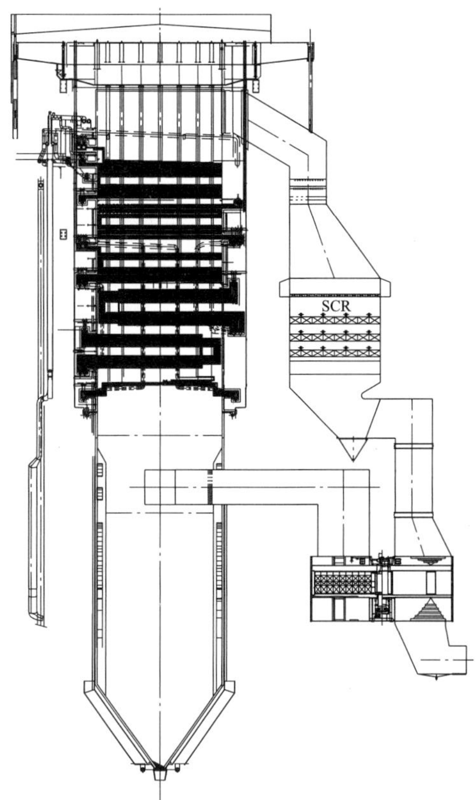

图 2-40　塔式锅炉单反应器布置

4. 塔式锅炉双反应器

塔式锅炉可采用双反应器的布置方案，见图 2-41。

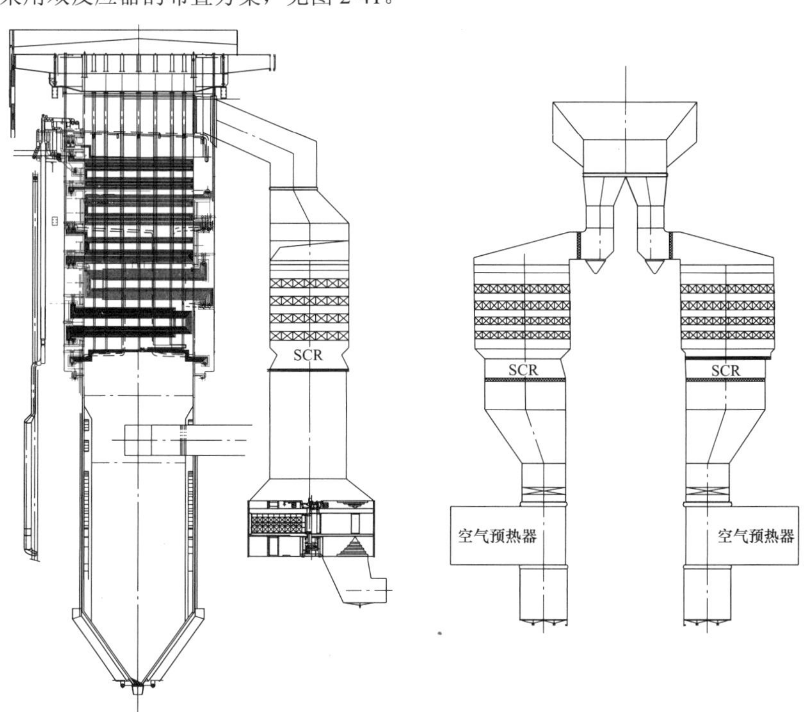

图 2-41　塔式锅炉双反应器布置

（二）燃气轮机 SCR 工艺系统布置方案

典型的燃气-蒸汽联合循环 SCR 工艺系统将反应器布置在发电设备余热锅炉的高温加热器下游。烟气温度正好位于氧化物催化剂的活性温度范围之内，见图 2-42。

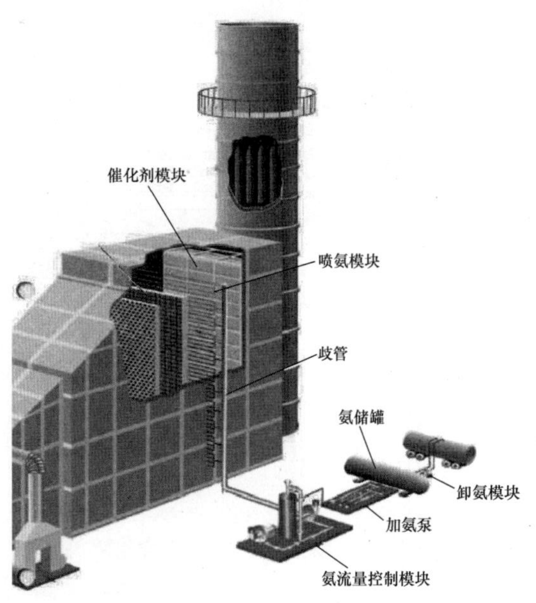

图 2-42　燃气轮机（带余热锅炉）SCR 脱硝布置

六、工程案例

（一）案例一：煤粉锅炉

1. 工程概况

某 2×1000MW 超超临界燃煤机组工程，锅炉采用塔式锅炉，脱硝工艺采用 SCR 法；脱硝系统用的反应剂为液氨；脱硝装置可用率不小于 98%；催化剂采用蜂窝式，每台反应器将装设 2 层催化剂，预留 1 层备用层。炉膛出口 NO_x 浓度为 250mg/m^3（干基，6% O_2，标准状态），实现 NO_x 排放小于等于 40mg/m^3（标准状态），脱硝效率按不小于 84%设计，达到超低排放要求。

（1）煤质资料（见表 2-21）。

表 2-21　　煤　质　资　料

项目		设计煤种（神华煤）	校核煤种 1（满世混）	校核煤种 2（东北煤）
全水分 M_t（%）		15.55	17.5	26
工业分析	水分 M_{ad}（%）	8.43	9.99	11.08
	灰分 A_{ar}（%）	8.8	12.58	14.1
	挥发分 V_{ar}（%）	—	—	—
	固定碳 FC_{ar}（%）	—	—	—
干燥无灰基挥发分 V_{daf}（%）		34.73	33.56	37.68

续表

项目		设计煤种（神华煤）	校核煤种 1（满世混）	校核煤种 2（东北煤）
热量	发热量 $Q_{gr,d}$（MJ/kg）	—	—	—
	发热量 $Q_{net,ar}$（MJ/kg）	23.44	20.7	18.1
元素分析	碳 C_{ar}（%）	61.7	55.24	48.38
	氢 H_{ar}（%）	3.67	3.34	3.01
	氮 N_{ar}（%）	1.12	0.68	0.65
	氧 O_{ar}（%）	8.56	9.46	7.23
	全硫 $S_{t,ar}$（%）	0.6	1.2	0.63
灰熔点	变形温度 DT（℃）	1.15×10^3	1.11×10^3	1.16×10^3
	软化温度 ST（℃）	1.19×10^3	1.14×10^3	1.17×10^3
	流动温度 FT（℃）	1.23×10^3	1.19×10^3	1.2×10^3
哈氏可磨性指数 HGI		55	55	62
冲刷磨损指数 K		0.84	1.0	1.3
灰分分析	二氧化硅 SiO_2（%）	30.57	48.01	51.14
	三氧化二铁 Fe_2O_3（%）	16.24	11.07	10.27
	三氧化二铝 Al_2O_3（%）	13.11	17.02	18.14
	氧化钙 CaO（%）	23.54	10.75	8.17
	氧化镁 MgO（%）	1.01	1.86	2.04
	氧化钛 TiO_2（%）	0.47	0.72	0.72
	氧化钾 K_2O（%）	0.78	1.5	1.46
	氧化钠 Na_2O（%）	0.92	1.1	0.82
	二氧化锰 MnO_2（%）	0.43	0.068	0.051
	煤中游离二氧化硅（%）	1.71	2.62	3.14
	三氧化硫 SO_3（%）	10.31	7.18	6.7

（2）省煤器出口烟气成分（见表 2-22）。

表 2-22　　省煤器出口烟气成分

项目	单位	设计煤种 BMCR	校核煤种 1 BMCR	校核煤种 2 BMCR
1. 烟气成分分析（湿基，实际含氧量，过量空气系数为 1.20，体积百分比）				
CO_2	%	14.385	14.327	13.922
SO_2	%	0.052	0.117	0.068

续表

项目	单位	设计煤种 BMCR	校核煤种 1 BMCR	校核煤种 2 BMCR
N_2	%	73.46	72.821	71.408
O_2	%	3.25	3.223	3.16
H_2O	%	8.853	9.513	11.442
2. 烟气成分分析（干基，6% O_2，体积百分比）				
CO_2	%	13.578	13.619	13.528
SO_2	%	0.138	0.077	0.166
N_2	%	80.373	80.27	80.406
O_2	%	6	6	6

（3）锅炉不同负荷时的省煤器出口烟气量和温度（见表 2-23）。

表 2-23　锅炉不同负荷时的省煤器出口烟气量和温度

项目	单位	BMCR	锅炉额定负荷工况（BRL）	汽轮机热耗保证工况（THA）	75%THA	50%THA	40%THA
一、设计煤种							
1. 脱硝入口烟温	℃	382	381	379	366	341	327
2. 脱硝入口湿烟气量（湿基，实际含氧量，标准状态）	m^3/s	762.5	740.5	715.2	574.5	416.6	353.9
3. 脱硝入口干烟气量（干基，6% O_2，标准状态）	m^3/s	807.8	784.5	757.7	577	394.9	324.1
二、校核煤种 1							
1. 脱硝入口烟温	℃	383	381	380	367	342	328
2. 脱硝入口湿烟气量（湿基，实际含氧量，标准状态）	m^3/s	776.9	754.4	728.7	584.3	421.7	357.9
3. 脱硝入口干烟气量（干基，6% O_2，标准状态）	m^3/s	817.3	793.6	766.5	582.8	397.2	325.7
三、校核煤种 2							
1. 脱硝入口烟温	℃	385	383	382	369	344	330
2. 脱硝入口湿烟气量（湿基，实际含氧量，标准状态）	m^3/s	803.7	780.2	753.8	614.3	441.1	373.6
3. 脱硝入口干烟气量（干基，6% O_2，标准状态）	m^3/s	827.2	803	775.8	600.1	407.3	333.5

（4）锅炉 BMCR 工况脱硝系统入口烟气中污染物成分（见表 2-24）。

表 2-24　锅炉 BMCR 工况脱硝系统入口烟气中污染物成分（标准状态，干基，6% O_2）

项目	单位	设计煤种	校核煤种 1	校核煤种 2
烟尘浓度	g/m^3	9.6	27.3	38.4
最大烟尘浓度	g/m^3	50	50	50
NO_x	mg/m^3	250	250	250
Cl（HCl）	mg/m^3	50	50	50
F（HF）	mg/m^3	20	20	20
SO_2	mg/m^3	1274	2854	3517
SO_3	mg/m^3	39.81	89.19	109.9

2. 案例计算

（1）脱硝效率计算。

SCR 入口 NO_x 浓度：250mg/m^3（6%O_2，干基，标准状态）。

NO_x 的排放浓度：<40mg/m^3（6%O_2，干基，标准状态）。

根据式（2-13）得

$$\eta_{NO_x}=\left(1-\frac{40}{250}\right)\times100\%=84\%$$

（2）炉膛出口烟气中 NO 和 NO_2 浓度计算。

根据式（2-5）计算 NO 浓度

c_{NO}=0.62×250mg/m^3=155mg/m^3（标准状态）

根据式（2-6）计算 NO_2 浓度

c_{NO_2} =0.05×250 mg/m³=12.5mg/m³（标准状态）

（3）NH_3/NO_x摩尔比计算。根据式（2-15），计算NH_3/NO_x摩尔比 r。

氨逃逸浓度 w_a =3μL/L

$$r = 0.84 + \frac{\frac{3}{22.4}}{\frac{155}{30} + \frac{12.5}{23}} = 0.863$$

（4）还原剂（液氨）消耗量计算。BMCR 工况 SCR 反应器进口的烟气流量 Q_V =807.8m³/s，根据式（2-14）计算单机纯氨消耗量：

$$G_a = \left(\frac{807.8 \times 3600 \times 155}{1.76 \times 10^6} + \frac{807.8 \times 3600 \times 12.5}{1.35 \times 10^6}\right) \times 0.863$$
$$= 243.75\text{kg/h}$$

（5）稀释空气风量估算。根据式（2-17）和式（2-18）估算稀释空气风量：

$$Q_{NH_3} = \frac{1}{0.771} \times 243.75\text{m}^3/\text{h} = 316.15\text{m}^3/\text{h}$$

$$Q_{air} = \frac{95}{5} \times 316.15\text{m}^3/\text{h} = 6007\text{m}^3/\text{h}$$

3. 系统选择及设备选型配置

（1）烟道系统。脱硝 SCR 反应器布置在省煤器后、空气预热器前烟道内，烟道最小壁厚至少按 6mm 设计，烟道内烟气流速不超过 12m/s，催化剂区域内流速不宜超过 6m/s。

（2）SCR 反应器。SCR 反应器采用双反应器，反应器入口设气流均布装置和整流装置，反应器入口及出口段设导流板，并通过数值模拟计算和模型试验，确保气流流场均匀，达到设定目标：速度不均匀性小于 15%，温度不均匀性小于 10℃。

（3）催化剂。催化剂采用蜂窝式，蜂窝式催化剂孔径一般应大于 7.0 mm，蜂窝式催化剂壁厚一般应大于 0.7 mm。催化剂能满足烟气温度不高于 420℃的情况下长期运行，同时催化剂能承受运行温度 450℃不少于 5h 的考验，而不产生任何损坏。单层催化剂的最大高度为 1300mm（催化剂单元高度）。

（4）氨喷射系统。稀释风机按 2 台 100%容量（一用一备）设置。完整的氨喷射系统包括涡流混合器，并经数值模拟计算和模型试验，保证氨气和烟气混合均匀，达到设定目标：NH_3/NO_x混合不均匀性小于 5%。喷射系统应设置流量调节阀，能根据烟气不同的工况进行调节。

（5）吹灰及其控制系统。采用声波吹灰方式。

（6）SCR 脱硝系统性能数据见表 2-25。氨喷射系统设备数据见表 2-26。

表 2-25　SCR 脱硝系统性能数据

序号	名　称	单位	数值
一	一般数据		
	总阻力（二层催化剂运行）	Pa	600
	总阻力（三层催化剂运行）	Pa	800
	催化剂阻力（二层催化剂运行）	Pa	450
	催化剂阻力（三层催化剂运行）	Pa	650
	全部烟道阻力	Pa	150
	NH_3/NO_x	mol/mol	0.819
	NO_x脱除率，性能验收期间	%	84
	NO_x脱除率，加装附加催化剂前	%	84
	装置可用率	%	98
二	消耗品		
	纯氨（规定品质）	t/h	2×0.298
	工艺水（规定水质）	m³/h	2×1（仅氨区有）
	电耗（所有连续运行设备轴功率）	kW	148
	声波吹灰压缩空气（仪用气品质，标准状态）	m³/min	2×2.28
	氨区蒸汽（如果有，两台机组总共）	t/h	0.48
三	SCR 出口污染物浓度（6%O_2，标准状态，干基）		
	NO_x	mg/m³	40
	SO_2	mg/m³	3481.8
	SO_3	mg/m³	109.9
	NH_3	mg/m³	2.28
四	噪声等级（最大值）		
	设备(距声源 1m 远处测量)	dB（A）	85
五	脱硝设备		
1	烟道		
	总壁厚	mm	6
	腐蚀余量	mm	1
	烟道材质		Q345
	设计压力	Pa	±5800
	运行温度	℃	385
	最大允许温度	℃	420
	烟气流速	m/s	≤15

续表

序号	名　　称	单位	数值
	保温厚度	mm	约 250
	保温材料		硅酸铝+岩棉复合材料
	保护层材料		0.8mm 彩钢梯形波纹金属板
	膨胀节材料		非金属
	灰尘积累的附加面荷载	kN/m^2	9～21
	烟气阻力	Pa	约 150
	烟气流速	m/s	≤15
2	反应器		
	数量		2×2
	尺寸（长×宽×高）	m×m×m	15.69×14.10×19.80
	壁厚	mm	6
	腐蚀余量	mm	1
	材质		Q345
	设计压力	Pa	±5800
	运行温度	℃	385
	最大允许温度	℃	420
	烟气流速	m/s	≤15
	保温厚度	mm	约 250
	保温材料		硅酸铝+岩棉复合材料
	保护层材料		0.8mm 的彩钢梯形波纹金属板
	膨胀节材料		非金属
	灰尘积累的附加面荷载	kN/m^2	约 10
	烟气阻力	Pa	约 150
3	氨加入系统		
	形式		涡流混合器
	喷嘴数量（如有）		无
	管道材质		碳钢
4	催化剂		
	形式		蜂窝
	层数		2+1
	活性温度范围	℃	300～420
	孔径（pitch）	mm	8.2
	基材		TiO_2

续表

序号	名　　称	单位	数值
	活性物质		V_2O_5、WO_3
	体积	m^3	2×820.109
	质量	t	2×451
	加装附加层年数及催化剂数量	年/m^3	3/2×410.055
	加装附加层所需时间	天	8
	加装附加层到第一次更换催化剂时间	年	2～3
	更换一层催化剂所需时间	天	8
	烟气流速	m/s	6.95
5	吹灰器		
	SCR 反应室配备的吹灰器形式		声波吹灰
	SCR 反应室配备的吹灰器长度	m	约 1.50
	SCR 反应室配备的吹灰器台数	套	2×28（不包括备用层）
6	质量		
	每台机组烟道总重	t	416
	每台机组反应器总重（含催化剂）	t	867
	每台机组催化剂总重（两层）	t	451
	每台机组钢结构总重	t	390
	每台机组整个反应器区域的总重	t	约 2230

表 2-26　　氨喷射系统设备数据

序号	名　　称	单位	数值
1	稀释风机		
	型号		离心
	数量	台	2×2
	流量	m^3/（h・台）	8500
	压头	MPa	0.0045
	功率	kW	30
2	混合器		
	型号		管式
	数量	台	2×2
	材料		碳钢
	设计压力	MPa	0.10

4. SCR 区装置布置

脱硝 SCR 区平面布置见图 2-43。脱硝 SCR 区断面布置见图 2-44。脱硝 SCR 区后视图见图 2-45。

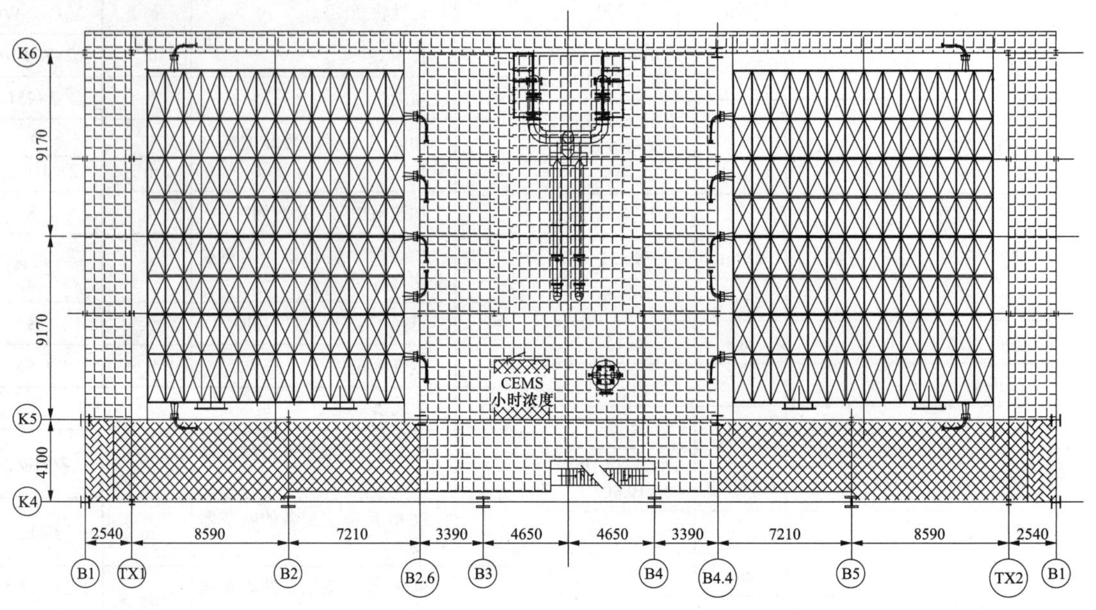

图 2-43　脱硝 SCR 区平面布置

5. 运行情况

从电厂 FGD 出入口的实测数据表明，本工程案例达到 NO_x 小于 40mg/m^3 的设计要求，满足现行环保超低排放要求，具体见表 2-27。

表 2-27　SCR 脱硝污染物排放实测数据

烟气参数	单位	FGD 入口数值	FGD 出口数值
SO_2	mg/m^3（标准状态）	1558	14.21
NO_x	mg/m^3（标准状态）	30.77	27.75
O_2	mg/m^3（标准状态）	5.45	5.51
压力	kPa	2.19	–0.02
烟尘浓度	mg/m^3（标准状态）	19.93	2.67

（二）案例二：燃气轮机余热锅炉

1. 工程概况

某 2×400MW 级，“F”系列、一拖一多轴布置、燃料为天然气的燃气-蒸汽联合循环机组。脱硝工艺采用 SCR 法，脱硝效率按不小于 50%设计，吸收剂为尿素，每台反应器将装设 1 层催化剂，不设备用。余热锅炉烟气参数见表 2-28。

表 2-28　余热锅炉烟气参数

项目	入口处烟气	单位	数值
1	烟气量（湿基，标准状态）	m^3/h	1903165
2	烟气量（干基，标准状态，15%O_2）	m^3/h	2661180
3	CO_2（体积百分比）	%	4.15
4	O_2（体积百分比）	%	11.75
5	N_2（体积百分比）	%	73.93
6	H_2O（体积百分比）	%	9.3
7	NO_x（标准状态）	mg/m^3	48
8	SO_x（标准状态）	mg/m^3	无
9	粉尘浓度（标准状态）	g/m^3	无

2. 案例计算

（1）脱硝效率计算。

1）SCR 入口 NO_x 浓度：48mg/m^3（15% O_2，干基，标准状态）。

2）NO_x 的排放浓度：<25mg/m^3（15%O_2，干基，标准状态）。

根据式（2-13）得

$$\eta_{NO_x}=\left(1-\frac{25}{48}\right)\times100\%=48\%\text{。}$$

（2）炉膛出口烟气中 NO 和 NO_2 浓度计算。

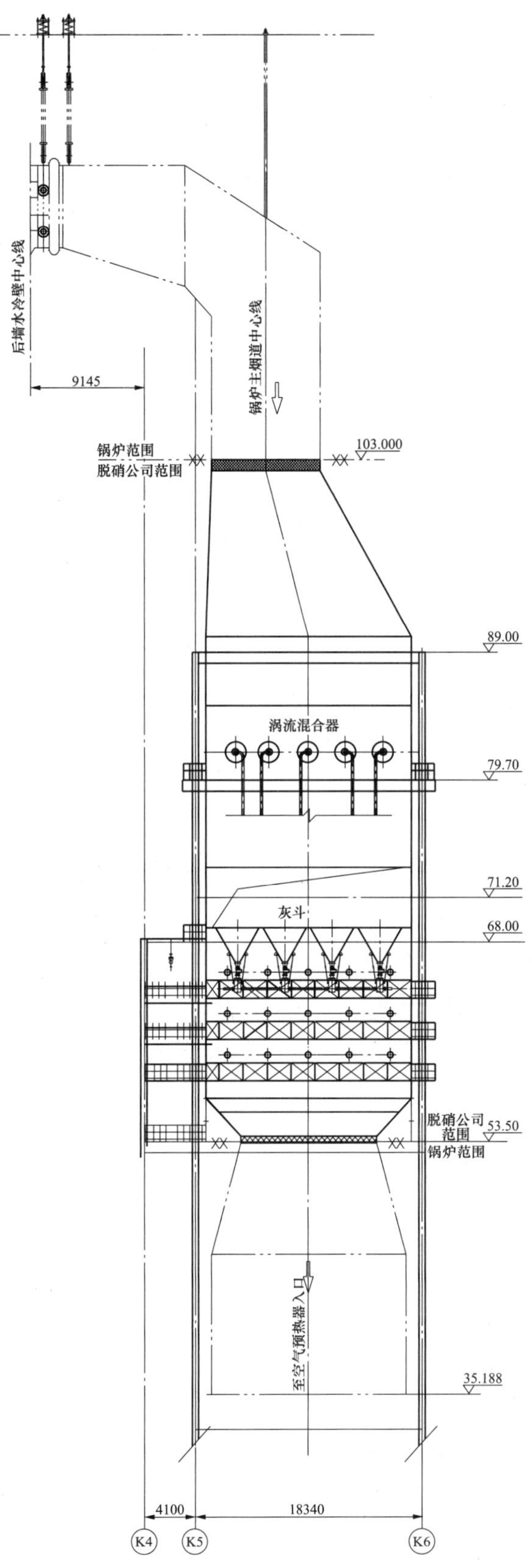

图 2-44 脱硝 SCR 区断面布置

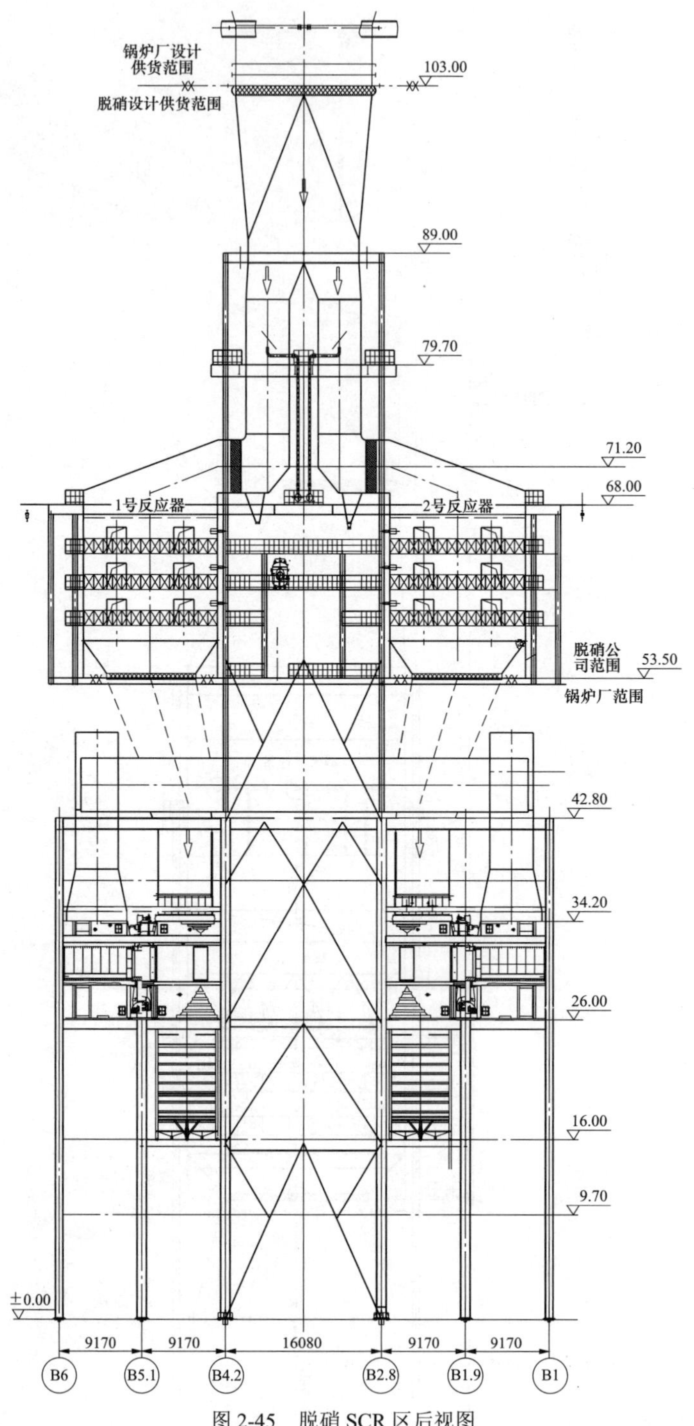

图 2-45　脱硝 SCR 区后视图

1）根据式（2-5）计算 NO 浓度。

$$c_{NO}=0.62c_{NO_x}=0.62\times48\text{mg}/\text{m}^3=29.76\text{mg}/\text{m}^3(\text{标准状态})$$

2）根据式（2-6）计算 NO_2 浓度。

$$c_{NO_2}=0.05c_{NO_x}=0.05\times48\text{mg}/\text{m}^3=2.4\text{mg}/\text{m}^3(\text{标准状态})$$

（3）NH_3/NO_x 计算。根据式（2-15），计算 NH_3/NO_x（脱硝效率为 50%），氨逃逸浓度 w_a=2.28mg/m³，为 3μL/L。

$$r=0.5+\frac{\frac{3}{22.4}}{\frac{29.76}{30}+\frac{2.4}{23}}=0.5+\frac{0.134}{0.993+0.104}=0.622$$

（4）还原剂（尿素）消耗量计算。

1）根据式（2-14）计算单机纯氨消耗量。

$$G_a=\left(\frac{2661180\times29.76}{1.76\times10^6}+\frac{2661180\times2.4}{1.35\times10^6}\right)\times0.622$$
$$=30.93\text{kg/h}$$

2）根据式（2-16）计算尿素耗量。

$$G_n=\frac{30.93\times60\times100}{34\times100}=54.6\text{kg/h}$$

（5）稀释空气风量估算。根据式（2-17）和式（2-18）估算稀释空气风量。

$$Q_{NH_3}=\frac{1}{0.771}\times54.6=70.8\text{m}^3/\text{h}$$

$$Q_{air}=\frac{95}{5}\times70.8=1346\text{m}^3/\text{h}$$

3. 系统选择及设备选型配置

（1）烟道系统。脱硝 SCR 反应器布置在卧室余热锅炉烟气通道内。

（2）催化剂。催化剂采用蜂窝式，催化剂能满足烟气温度不高于 400℃的情况下长期运行，同时催化剂能承受运行温度 450℃每年不超过 3 次，每次 5h 的考验，而不产生任何损坏（根据燃气轮机排烟温度进行核算修改）。允许的烟气流速范围为 0～10m/s。

（3）氨喷射系统。保证氨气和烟气混合均匀，经数值模拟计算，达到设定目标：NH_3/NO_x 混合不均匀性小于 5%。喷射系统设置流量调节阀，能根据烟气不同的工况进行调节。

（4）脱硝性能数据。脱硝性能数据见表 2-29。

表 2-29 脱硝性能数据

序号	名称	单位	数值
一	一般数据		
1	总压损（含尘运行）	Pa	300
2	催化剂	Pa	250
3	全部烟道	Pa	50
4	NH_3/NO_x	mol/mol	0.623
5	NO_x 脱除率，性能验收期间	%	50
6	装置可用率	%	98
二	消耗品		
1	尿素（规定品质）	t/h	0.06
2	工艺水（规定水质）（最大量）	m^3/h	6
3	电耗（所有连续运行设备轴功率）	kW	100
4	压缩空气（如果有）	m^3/h	75
5	蒸汽（如果有）（最大量）	t/h	1
6	烟气（标准状态）	m^3/h	3000
三	SCR 出口污染物浓度（15% O_2，标准状态）		
1	NO_x	mg/m^3	25
2	SO_2（如果有）	mg/m^3	无
3	SO_3（如果有）	mg/m^3	无
4	NH_3	mg/m^3	2.28
四	噪声等级（最大值）		
1	设备（距声源 1m 远处测量）	dB（A）	75
五	SCR 进出口烟气温降	℃	0.1
六	烟道系统		
1	烟道		
	总壁厚	mm	6
	腐蚀余量	mm	0
	烟道材质		Q235B 或等同
	设计压力	Pa	6800
	运行温度	℃	323.8
	最大允许温度	℃	450
	烟气流速	m/s	5.4
	保温厚度	mm	150
	保温材料		陶瓷硅酸铝纤维
	保护层材料		CS
	烟气阻力	Pa	50
	烟气流速	m/s	5.4
2	反应器		
	数量		1
	大小（长×宽×高）	m×m×m	10.8×20.5×0.78
	总壁厚	mm	6
	腐蚀余量	mm	0
	材质		Q235B 或等同
	设计压力	Pa	6800
	运行温度	℃	323
	最大允许温度	℃	427
	烟气流速	m/s	6.8
	保温厚度	mm	150
	保温材料		陶瓷硅酸铝纤维
	保护层材料		CS
	烟气阻力	Pa	250
3	氨加入系统		

续表

序号	名称	单位	数值
	形式		复合式喷嘴
	喷嘴数量		约 6500
	管道材质		碳钢
4	催化剂（见表 2-30）		
5	氨稀释风量	m^3/s	3.2
	氨稀释风压	Pa	6000
6	氨稀释风机		
	数量		2（1 用 1 备）
	风量裕量	%	10
	压头裕量	%	20
	设计流量	m^3/s	3.2
	设计压头	Pa	6500
	轴功率及电动机功率	kW	46/60

（5）脱硝催化剂性能数据见表 2-30。

表 2-30　　脱硝催化剂性能数据

催化剂指标			单位	技术参数
催化剂几何尺寸及重量	催化剂元件	元件尺寸	mm	150
		节距	mm	2.15
		壁厚	mm	0.22
		外壁厚	mm	0.64
		元件高度	mm	80
		元件有效脱硝表面积	m^2	3.02
		元件体积	m^3	0.0018
		催化剂比表面积	m^2/m^3	1668
		元件质量	kg	0.8
		催化剂体积密度	g/cm^3	443
	催化剂模块	模块尺寸（长×宽×高）	mm×mm×mm	3547×2039×615
		模块内催化剂元件数量	个	400
		每个模块催化剂表面积	m^2	1198
		模块内催化剂体积	m^3	0.72
		每个模块催化剂净重量	kg	318
		每个模块的总重量	kg	1300
	催化剂层	每层催化剂模块数	个	30
		烟气流通催化剂面积	m^2	170.5
		催化剂通道内的烟气流速	m/s	6.8
	SCR反应器	催化剂层数	层	1
单个 SCR 结构体催化剂总数		催化剂总面积	m^2	35950
		催化剂总体积	m^3	21.6
		催化剂净重量	kg	9548
本项目催化剂总数（两台炉）		催化剂总体积	m^3	43.2
		催化剂净重量	kg	19096
催化剂活性指标		催化剂初装活性 K_o	m/h	约 70
		24000h 活性 K_E	m/h	约 60
催化剂物理指标	使用温度	设计使用温度	℃	323.8
		允许最高使用温度	℃	427
		允许最低使用温度	℃	280
	其他	热容量	kJ/（kg・℃）	0.92
		耐压强度	kPa	轴向：>981 径向：>392
催化剂测试块		元件尺寸（长×宽×高）	mm×mm×mm	150×150×80
		数量（每层）	个	10
催化剂参数性能值	脱硝效率	初装（4400h）	%	>50
		16000h	%	>50
		24000h	%	50
	氨的逃逸	初装（4400h 内）	mg/m^3	≤2.28
		24000h	mg/m^3	≤2.28
	SO_2/SO_3 转化率	初装（4400h 内）	%	—
		24000h	%	—
	单层催化剂烟气阻力	4400h 烟气阻力	Pa	200
		24000h 烟气阻力	Pa	240
	催化剂寿命	催化剂化学寿命	h	24000
		催化剂机械寿命	年	≥10

4. SCR 脱硝装置布置

脱硝催化剂布置在卧式余热锅炉通道内温度适合位置，催化剂为一层，前方布置喷氨格栅，后方布置测量格栅，见图 2-46。

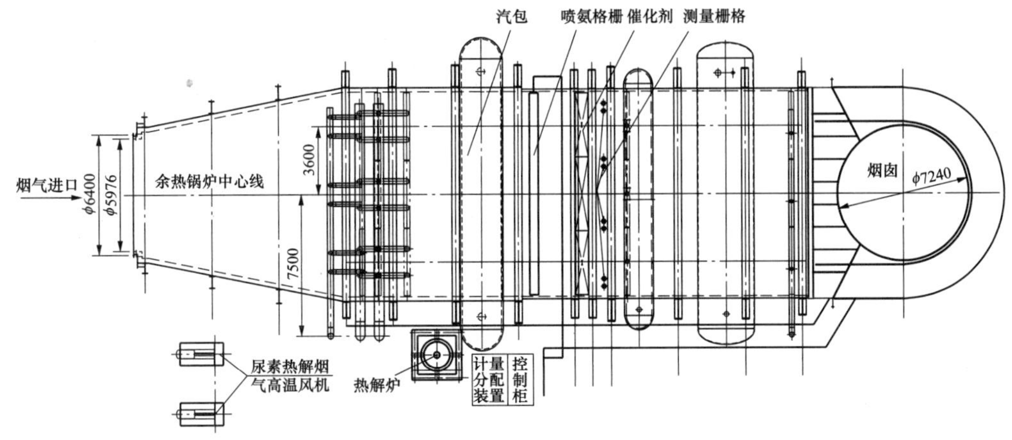

图 2-46　余热锅炉 SCR 区布置

5. 运行情况

工程的实测数据表明，余热锅炉入口 NO_x 含量为 26.26mg/m^3（标准状态），出口 NO_x 含量为 9.72mg/m^3（标准状态），脱硝效率达到 62.9%，达到预期效果。

第五节　还原剂制备工艺

脱硝装置用氨气作为还原剂，一般可由纯氨、尿素、氨水制得。氨水制氨用作 SCR 烟气脱硝系统国内尚不多见，主要由于国内氨水采购浓度仅为 25%，电厂脱硝系统使用量大，运输成本较高，加热汽化氨气能耗大，运行成本高，电厂应用较少。本节只对液氨、尿素作为还原剂的存储、制备系统进行详细的介绍。

一、液氨

（一）物理特性

氨的分子式为 NH_3，标准状态下比空气轻。在常压（一个标准大气压）下，冷却至−33.4℃或在密闭容器中常温加压到 700～800kPa，氨气被液化。

液氨属易燃、易爆、有毒的危险化学品，在运输、卸料、储存、运行、检修等各个环节均存在较大的安全隐患。根据 GB 18218《危险化学品重大危险源辨识》规定，其储运、使用量超过 10t 即被识别为重大危险源，所以国家近几年的环评批复中采用此类技术较为谨慎。

液氨作为还原剂，其品质符合 GB/T 536《液体无水氨》技术指标的要求，液氨品质参数见表 2-31。

表 2-31　　液 氨 品 质 参 数

指标名称	单位	合格品	备注
氨含量	%	99.6	
残留物含量	%	0.4	重量法

（二）燃烧爆炸性

氨连续接触火源可燃烧，在 651℃以上可燃烧，氨气与空气混合物浓度在 15%～28%，遇明火会燃烧爆炸。氨与强酸、卤族元素（溴、碘）接触发生强烈反应，有爆炸、飞溅的危险；氨与氧化银、汞、钙、氯化汞及次氯酸钙接触，会产生爆炸物质。

（三）腐蚀性

混有少量水分（≥0.2%）的液氨或混有湿气的气态氨对铜、银、锡、锌及其合金有激烈侵蚀作用，氨气中不能使用铜和铜锌合金、镍、蒙乃尔、银和银合金，钢和铁合金可以用来存储氨，避免使用橡胶和塑料。

（四）危害性

液氨通过加压液化储存，液氨泄入空气中会与空气中的水形成水滴的氨气，滞留在地面，对现场工作人员及附近居民造成很大危害。

（五）液氨的危险性

GB 12268—2012《危险货物品名表》将液氨划归为第 2.3 类有毒气体，危险物编号为 1005，将氨溶液（含氨量不低于 10%，但不超过 35%）划归为第 8 类腐蚀性液体，具有轻度危险性的物质，危险物编号为 2672。

GB 13690—2009《化学品分类和危险性公示　通则》中氨被列为有毒气体，液氨危险特征及其编号见表 2-32。

表 2-32　　液氨危险特征及其编号

危险特征	编号
与空气混合能形成爆炸性混合物	5.1
遇明火、高热会引起燃烧爆炸	5.13
受热后瓶内压力增大，有爆炸危险	5.20

续表

危险特征	编号
受热后容器内压力增大，泄漏物质可导致中毒	5.75
对眼、黏膜或皮肤有刺激性，有烧伤危险	5.94
有毒，不燃烧	5.107
有特殊的刺激性气味	5.111

HG/T 20660—2017《压力容器中化学介质毒性危害和爆炸危险程度分类标准》中，根据国内外压力容器行业的习惯和 TSG 21—2016《固定式压力容器安全技术监察规程》的规定，氨被列为“中度危害”的化学介质。

GB/Z 230—2010《职业性接触毒物危害程度分级》，氨属于Ⅳ级（轻度危害）的常见毒物。

GB 18218—2009《危险化学品重大危险源辨识》，氨作为有毒物质，其储存区临界储量为 10t。若数量超过上述临界储量，属重大危险源。

GB/Z 2—2007《工作场所有害因素职业接触限值》规定，时间加权平均容许浓度 20mg/m^3，短时间（15min）接触容许浓度 30mg/m^3。

GB 50016—2014《建筑设计防火规范》规定，该可燃气体储存物品的火灾危险性分类属“乙”类。

GB 50058—2014《爆炸危险环境电力装置设计规范》规定，氨为ⅡA 级之 T1 组别类，爆炸气体环境属于 2 区。

二、尿素

（一）物理特性

尿素是一种白色或浅黄色结晶体，吸湿性较强，易溶于水。尿素分子式为 CO（NH_2）$_2$，在高温高压（160～240℃，2.0MPa）或高温常压（300～650℃，0.1MPa）条件下，C—N 键断裂分解成 NH_3 与 CO_2。工业尿素来源于液氨和二氧化碳在合成塔内的反应，尿素含氮 46%。

（二）储存要求

尿素运输、储存方便。固体尿素容易吸湿结块，应储存于阴凉、通风良好的库房。

三、液氨储存和制备

（一）系统说明

1. 系统简介

纯氨作为脱硝还原剂，主要包括 SCR 系统所需的液氨卸料、储存及氨气的制备系统。液氨由槽车运送到液氨储罐，液氨储罐输出的液氨在液氨蒸发器内经 40℃左右的温水蒸发为氨气，并将氨气加热至常温后送到氨气缓冲罐备用。缓冲罐的氨气经调压阀减压后送入机组的氨气/空气混合器中，与来自稀释风机的空气充分混合后通过喷氨格栅（AIG）或其他混合装置喷入烟气中。

2. 系统流程

电厂脱硝系统用氨量大，一般通过火车槽车或汽车槽车运送，若氨源就近，也可通过管道输送。

卸氨压缩机将液氨槽车内的液氨压至液氨储罐储存。液氨储罐内的液氨利用罐内自身的压力或需要时由液氨输送泵送入液氨蒸发器，通过外部热源使液氨转化为气态氨，然后经氨气缓冲罐稳定至一定压力，再经管道送至氨气/空气混合器，配制成浓度为 5%的氨气供脱硝反应用。具体工艺流程（见图 2-47）为液氨槽车→液氨卸料→液氨储存→氨气制备→氨气稀释系统。

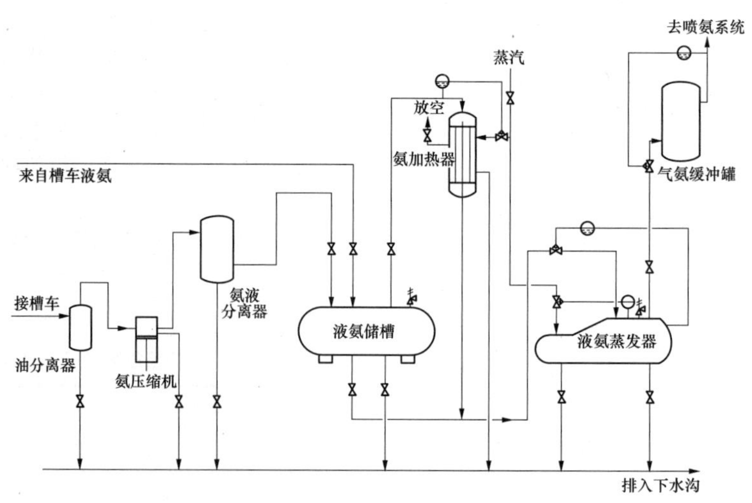

图 2-47　氨储存和供应系统工艺流程

在寒冷地区的电厂，液氨储存和氨气稀释系统之间需增加一个液氨输送泵。

（二）系统设计

1. 总的设计原则

（1）由于液氨属易燃、易爆危险品，液氨的卸料、储存和制备系统及其设备布置应严格执行国家相关的法律、法规和规定，符合现行的国家和行业标准。

（2）液氨的卸料、储存及氨气制备系统应按多台机组共用的母管制系统设计。液氨储运采用槽车运入、加压常温储存，气氨采用管道输送的方式。

（3）设备宜露天或半露天布置，并缩小爆炸危险区域的范围。

2. 液氨储存制备设计原则

（1）液氨储罐。

1）液氨储存应保证在设计温度下容器不被液体充满，根据 TSG 21—2016《固定式压力容器安全技术监察规程》规定，液氨储存罐的设计装量系数一般取 0.9。通常用液位计观察介质的充装量。

2）实际装卸时需考虑温度的影响，根据设计装量系数 0.9，当最高设计温度为 45℃时，不同装料温度时的实际装量系数计算如下：

实际装量系数=设计装量系数×最高设计温度下的饱和液体密度/装料温度下的饱和液体密度

3）液氨储罐应采用常温全压力、卧式钢结构，数量不应少于 2 台，单罐储存容积宜小于 120m^3。储罐的设计压力不应低于 2.16MPa。

（2）液氨蒸发器及氨气缓冲罐。运行液氨蒸发器的总出力宜满足全部机组 BMCR 工况下的氨气需要量，至少留有 5%的设计裕量，并设 1 台备用。液氨蒸发器及附属设施的相关技术要求应满足以下规定。

1）液氨蒸发器的热源可以采用热水、蒸汽或电能，其选择应根据液氨储存系统相对主厂房的距离及脱硝系统年运行时间，经技术经济比较后确定。对于需要连续运行的烟气脱硝系统，若蒸汽源距离液氨蒸发器不远，则应首选蒸汽作热源；对于启停频繁的燃气轮机，则宜以电能作热源，且应考虑电加热装置的防爆要求。当脱硝机组台数较多或疏水量大于 1m^3/h 时，蒸汽疏水宜收集后回用。

2）当厂址极端最低温度达到−20℃及以下时，液氨储罐与液氨蒸发器间应设液氨输送泵。液氨的输送应采用无泄漏防爆泵。液氨输送泵扬程宜按总阻力（包括静压差）的 120%考虑。

3）从安全性考虑，液氨的蒸发宜采用间接加热，间接加热应采用水浴管式加热器，中间加热载体宜设循环泵。液氨的蒸发量受蒸发器的中间加热载体温度的控制，中间加热载体温度一般控制在 40℃。

4）当缓冲罐氨气压力过高时，应切断液氨蒸发器进料阀。自动进料阀应设手动检修旁路。蒸发器出口氨气管道上还应装温度检测器，当温度低于 10℃时，关闭蒸发器液氨进料阀，使缓冲罐的氨气维持适当温度及压力。

5）蒸汽自动进汽阀受蒸发器出口氨气管道的压力控制，自动进汽阀应设手动检修旁路，蒸汽进汽管应设安全阀。

6）蒸发器与氨气缓冲罐的连接宜为单元制串联，缓冲罐的容量应满足蒸发器额定出力的 0.5～1min 的停留时间。

7）氨气缓冲罐出口的氨气通过压力控制阀调整压力后送至锅炉侧脱硝系统的氨气/空气混合器，该压力控制值应根据氨气管道输送的距离及后续系统的背压经计算后确定，一般在 0.18～0.2MPa。

（3）氨气稀释罐。

1）液氨储存区一般设置 1 台氨气稀释罐，碳钢制作。

2）液氨卸完后，软管内剩余的液氨应排入氨气稀释罐。氨气稀释罐还吸收卸氨压缩机、液氨储存罐及氨气缓冲罐等设备安全阀起跳后的排放氨气。液氨系统各排放处所排出的氨气由管线汇集后从稀释罐底部进入，通过分散管将氨气分散送入稀释罐中，利用水来吸收排入罐内的氨气。

3）氨气稀释罐的处理量宜按 1 台液氨蒸发器的最大蒸发量下 3h 的泄漏量来设计。氨气稀释罐中废水的氨浓度一般控制在 19%以下。当氨气稀释罐内的氨水达到一定浓度后，重力排入地下废水池。

4）稀释罐水源来自工业水系统。

（4）废水池及废水输送泵。

1）废水池用于收集氨气稀释罐排出的含氨废水、卸液氨区的地面冲洗水（含雨水）和安全淋浴器的排水，然后用泵送至电厂工业废水处理系统。

2）废水池容量按氨气稀释罐体积的 1.5 倍设计，数量可按 1 个设置。

3）废水池的废水输送泵宜按 2 台配置，正常情况下，1 台运行，1 台备用，总出力应满足排出废水池内最大来水。

4）废水池宜采用地下布置，设在储罐区防火堤外。

（5）氨气泄漏检测器及喷淋冷却水系统。

1）液氨储存区域应装设氨气泄漏检测器，以检测氨气的泄漏，并可显示大气中氨的浓度。一旦发生泄漏，测得大气中氨浓度超限时，即向机组控制室发出报警信号，并启动水喷雾消防系统吸收氨气。

2）氨气泄漏检测器的设置及安装要求可参照 GB 50493《石油化工可燃气体和有毒气体检测报警设计规范》。氨气泄漏检测器的布置位置应充分考虑风向、覆盖区域等因素。

3）氨气泄漏检测器的测定范围及报警限值的设置应满足 GBZ 2.1—2007《工业场所有害因素职业接触

限值 第1部分：化学有害因素》表1中的相关要求：

a．工作场所空气中氨的时间加权平均容许浓度 $20mg/m^3$。

b．短时间（15min）接触容许浓度 $30mg/m^3$。

c．氨气泄漏检测器的检测范围应包括上述限值，报警值一般可设于加权平均允许浓度值。

4）液氨储罐区应设置喷淋冷却水系统。

（6）安全淋浴器及洗眼器。氨储罐区域内应设安全淋浴器及洗眼器，1座安全淋浴器及洗眼器的服务范围为半径15m。安全淋浴器及洗眼器设置的具体要求可参见HG/T 20570.14《人身防护应急系统的设置》。

（7）防火堤内排水设施。

1)液氨储罐区防火堤内积水经由散水坡度排入堤内集水坑内，并通过设置1台专用排水泵送至工业废水处理车间。

2)泵的出力应满足排放事故时水喷雾消防系统所产生的全部水量。

3）排水泵应布置在防火堤外。

3．典型系统图

（1）液氨储存和制备系统：典型液氨储存和制备系统流程见图2-48。

（2）液氨卸料系统：通过卸氨压缩机将液氨由槽车送达液氨储存区的过程，当槽车与液氨储存罐的气、液相压力达成平衡后，卸氨压缩机从液氨储罐抽气，经压缩提升压力后送入液氨槽车气侧，把槽车内的液氨压至液氨储罐储存，至储存罐液位稳定。

卸氨压缩机一般为往复式压缩机，不可采用空气加压。卸氨压缩机可设带有四通阀门的氨气回收管路，以充分地回收液氨运输槽车中的残余氨。每台卸氨压缩机的出口管道上应设超压保护系统的启动旁路（见图2-49）。

当槽车中的液氨为整槽车容积的0.5%时，旋转四通阀，同时关闭槽车液侧出口阀、储罐气侧氨出口阀，打开氨气回收回路的阀门（见图2-50）。液氨槽车中的液氨经减压后自然蒸发，通过卸氨压缩机压缩后送入液氨储存罐的底部，在液氨储存罐中凝结为液氨。当液氨槽车中的压力为环境温度下液氨饱和压力的25%时，停运卸氨压缩机。

（三）设计计算

1．设计输入数据

（1）每台锅炉BMCR工况下纯液氨的耗量(kg/h)。

（2）机组台数。

（3）外购液氨的纯度。

（4）根据厂址条件确定的储存液氨的最低、最高设计温度及设计压力。

2．液氨储存量计算

$$m_a = 20 \times N \times G_a \times t_a / (\chi_a \cdot 1000) \tag{2-19}$$

式中 m_a——BMCR工况液氨储罐的总储存量，t；

20——日满负荷工作小时，h/d；

N——机组台数；

G_a——BMCR工况单机纯氨的小时耗量，kg/h；

t_a——液氨储存天数，d；

χ_a——液氨纯度，%。

3．主要设备选型计算

（1）卸氨压缩机。卸氨压缩机宜设2台，其中1台备用。卸氨压缩机的出力应满足约1.5h内卸完槽车内的液氨。卸氨压缩机的单台出力一般可选 $40 \sim 60m^3/h$，扬程不高于2.0MPa。压缩机的电动机应配防爆型，防爆等级应为dⅡAT1。

（2）液氨储罐。液氨储罐容积选择一般按锅炉BMCR工况下，脱硝装置的脱硝效率条件下的液氨年平均日消耗量的规定储存天数计，并保证储氨罐的上部至少留有全部容量的10%的汽化空间。

BMCR工况下液氨储罐的总几何容积可按式（2-20）计算

$$V_a = \frac{G_a \times 1000}{\rho_a \times \phi} \tag{2-20}$$

式中 V_a——液氨储罐总几何容积，m^3；

ρ_a——最高设计温度下的饱和液氨密度，kg/m^3；

ϕ——设计装量系数。

推荐液氨的储存天数，见表2-33。

表2-33 推荐液氨的储存天数

储存方式	储存天数
管道输送	3～5
铁路输送	5～10
公路运输	5～7

（四）主要设备

液氨储存和制备系统主要设备由卸料压缩机、液氨储罐、液氨蒸发器、氨气缓冲罐、液氨稀释槽（罐）及废水泵、氨气泄漏检测器，报警系统、水喷淋系统、安全系统及相应的管道、管件、支架、阀门及附件组成。

1．卸料压缩机

卸料压缩机把液氨从运输的罐车中转移至液氨储罐中。压缩机输送流量则主要根据槽车允许的卸氨时间确定，一般卸氨时间按1～1.5h考虑，卸料压缩机2台，一用一备。一般为往复式压缩机，一般选择风冷式压缩机。压缩机的扬程选择应综合考虑卸氨环境温度下储存罐内液氨的饱和蒸汽压及气侧和液侧氨管道阻力等。

2．液氨储罐

液氨储罐是脱硝系统液氨储存的设备，材质应为低合金钢，一般选用卧式罐，其设计应满足GB 150（所有部分）《压力容器》的相关要求。

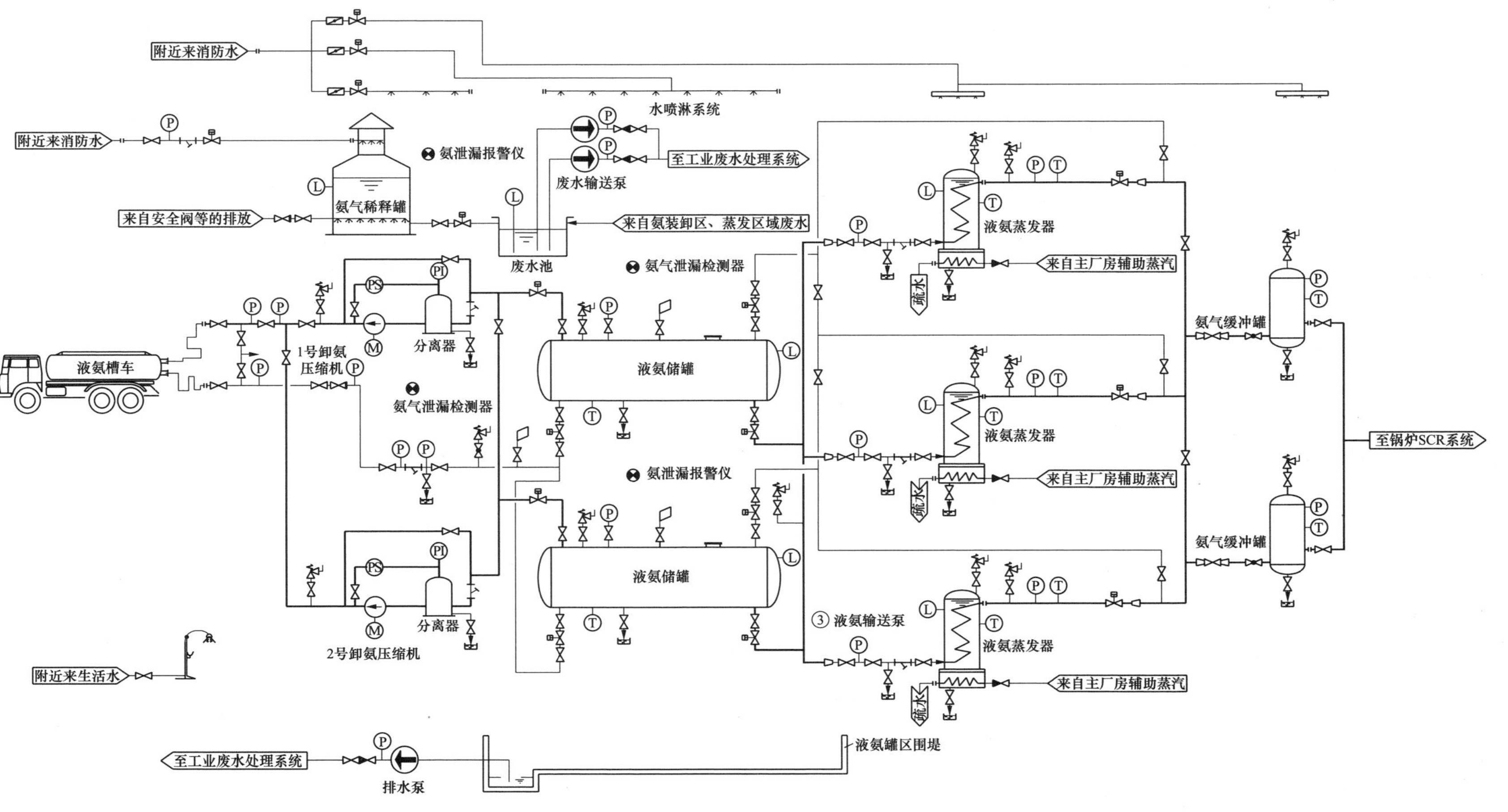

图 2-48　典型液氨储存和制备系统流程

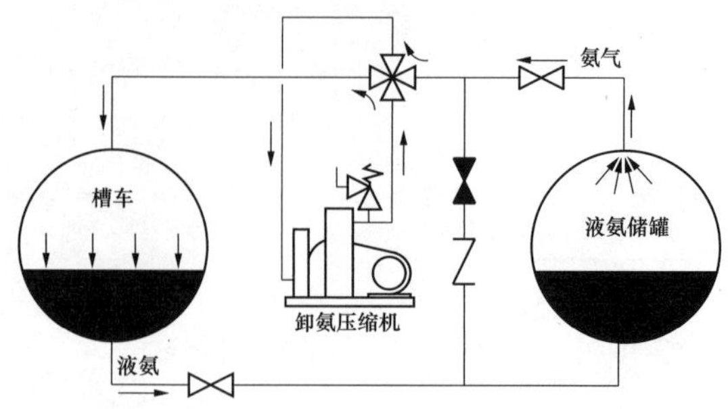

图 2-49 液氨卸料系统

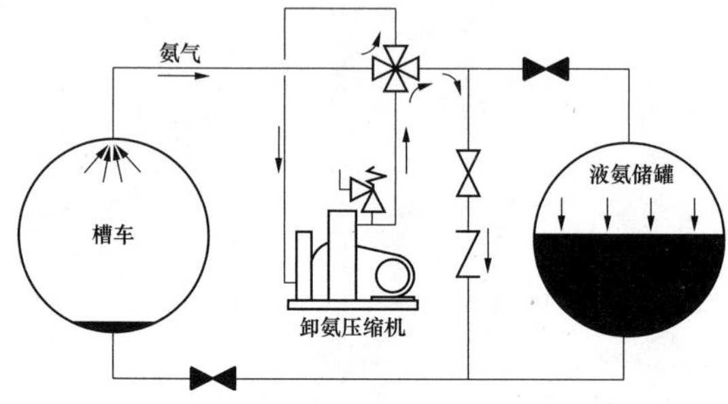

图 2-50 液氨卸料系统（槽车残余卸料）

液氨储罐设人孔、进出料管、气体放空管、气相平衡管、排污管、安全阀。安全阀、压力表及液位计等安全附件的设置，应满足 TSG 21—2016《固定式压力容器安全技术监察规程》的相关要求。液氨储罐需有保温层和遮阳棚等防太阳辐射措施。液氨储罐结构示意见图 2-51。

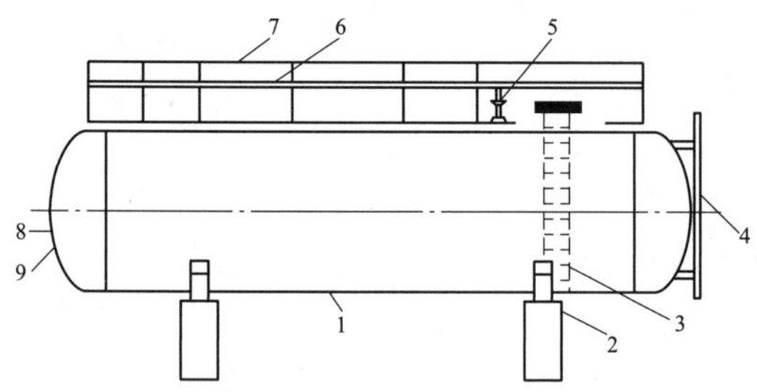

图 2-51 液氨储罐结构示意

1—罐体；2—支架；3—内部梯子；4—液位计；5—安全阀；6—喷淋管线；7—作业台；8—温度计；9—压力计

3. 液氨蒸发器

液氨蒸发所需要的热量可采用蒸汽加热来提供。蒸发器上装有压力控制阀将氨气压力控制在一定范围。在氨气出口管线上将装有温度检测器，当温度过低时切断液氨进料，使氨气至缓冲槽维持适当温度及压力，蒸发槽也将装有安全阀，可防止设备压力异常过高。液氨蒸发器结构示意见图 2-52。

4. 氨气缓冲罐

经液氨蒸发器的氨气进入氨气缓冲罐，保证氨气有稳定的压力，通过氨气输送管线送到锅炉侧的脱硝系统。氨气缓冲罐结构示意见图 2-53。

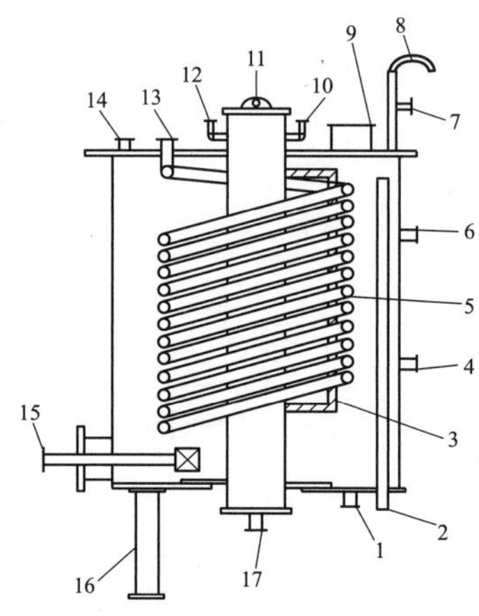

图 2-52 液氨蒸发器结构示意

1—工业水入口；2—溢流口；3—支架；4—温度显示；5—管道；6、7—水平指示；8—通风口；9—观察口；10—NH_3 出口；11—观察口；12—预留口；13—液氨入口；14—电平开关（水位）；15—蒸汽入口；16—支柱；17—排污口

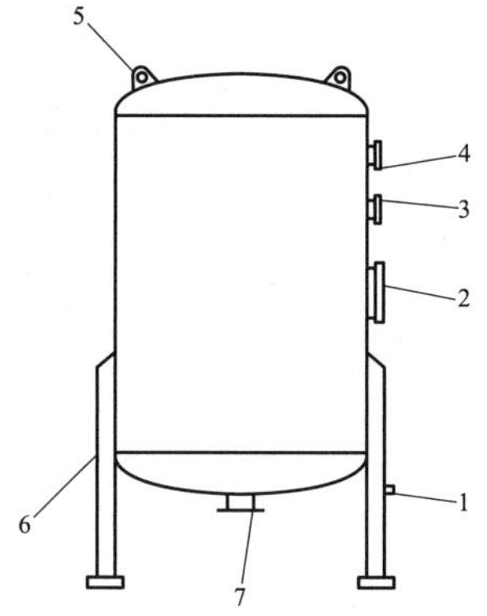

图 2-53 氨气缓冲罐结构示意

1—接地；2—人孔；3—氨气进口、出口，安全阀，压力、温度测点；4—预留；5—吊环；6—支架；7—排污口

5. 液氨稀释槽

液氨稀释槽（见图 2-54）属于可能出现危险情况时处理氨排放的设备。其为一定容积水槽，水槽的液位将由液位控制信号和自动补水阀维持，稀释槽设计连接由槽顶淋水和槽侧进水。液氨系统各排放处所排出的氨气由管线汇集后从稀释槽底部进入，通过分散管将氨气分散入稀释槽水中，利用大量水来吸收安全阀排放的氨气。

6. 排放系统

考虑氨水对人和环境具有危害性，氨储罐区应设置事故收集和排放系统，以便于及时收集泄漏液体和消防喷淋水，防止大范围扩散或流失，通过泵及输送管道输送到废水处理系统进行处理。

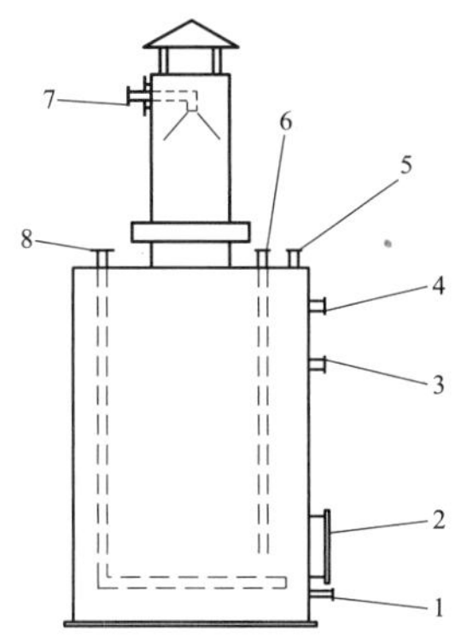

图 2-54　液氨稀释槽结构示意

1—排污口；2—人孔；3—液位测量口；4—溢流口、液位测量口；5—通风口；6—工艺水入口；7—上部喷雾水入口；8—氨入口

氨排放管路将氨区稀释罐的排放水、氨罐喷淋冷却水等排放至废水池，再经由废水泵排到全厂废水处理系统进行处理。废水泵可以选择自吸泵或液下泵。

7. 氨区氮气吹扫

防止气氨泄漏及氨气和空气混合造成爆炸，卸氨压缩机、液氨储罐、氨蒸发器、氨气缓冲罐等备有氮气吹扫管线。

（五）设备布置

液氨储存和制备系统内的设备布置应顺工艺流程合理布置。

1. 总体布置要求

（1）储氨区布置在电厂全年最小频率风向的上风侧。

（2）液氨属易燃、易爆危险品，液氨储存区应与厂区其他建构筑物保持一定的安全距离。

（3）罐区与厂内主要道路及次要道路的防火间距符合有关标准和规定。

（4）压力式液氨储罐应布置在防火堤内，堤内有效容积不应小于最大的一个储罐的容积，与液氨储罐相关的其他设备应布置在防火堤外。

（5）储罐、制氨气区域上面设置遮阳设施。

（6）卸氨、储罐区需要设置冷却喷淋和消防喷淋装置。

（7）罐区须设消防通道。

（8）确定合理的罐区内设备防火间距。

2. 管道布置要求

（1）管道宜采取地上布置，管道布置应满足便于生产操作、安装及维修的要求，规划布局应整齐有序。室外过道路的架空管道净高度不小于 5.0m，室内管道支架梁底部通道处净空高度不小于 2.2m。

（2）氨气输送管线应根据厂址的环境条件确定是否设保温或伴热系统，以防止氨气液化及管道结露。对于环境最低温度低于–20℃的地区，应考虑氨气管道的保温或伴热系统。

（3）氨对铜、铜合金、铝等有腐蚀性，所有接触液氨、氨气的管道、阀门及仪器上不能使用这些材料，宜采用碳钢。

（4）为防止氨气逆流，应设置止回阀。

（5）考虑到氨的毒性，在管和管接头，以及阀门类的连接处，应采用焊接连接；若不能采用焊接连接时，也可采用法兰连接，但应采取相应的加强严密性的措施。

（6）氨输送管道应设置防止静电的接地措施。

（7）液氨管道不应靠近蒸汽等热管道布置，也不应布置在热管道的正上方。

（8）管道穿越防火堤和隔堤处应设钢制套管，套管长度应大于防火堤和隔堤的厚度，套管两端应做防渗漏的密封处理。

（9）当自动阀选用气动阀时，系统应配置 1 台储气罐；电动阀应采用防爆型的电动执行器。氨管道上的阀门不得采用闸阀，宜采用液氨专用阀。阀门的布置除考虑满足功能要求外，还应便于操作及维护。

3. 防火间距要求

液氨系统设备布置的防火间距宜符合表 2-34 的规定。设备间距未做规定时，其布置应满足设备运行、维护及检修的需要，设备之间的净空应确保大于 1.5m。

表 2-34　液氨系统设备布置的防火间距　（m）

项目	控制室、值班室	汽车卸氨鹤管	卸氨压缩机	液氨储罐	液氨输送泵	液氨蒸发器	氨气缓冲罐
控制室、值班室	—						
汽车卸氨鹤管	15.0	—					
卸氨压缩机	9.0	—	—				
液氨储罐	15.0	9.0	7.5				
液氨输送泵	9.0	—	—	—	—		
液氨蒸发器	15.0	9.0	—	—	—	—	
氨气缓冲罐	9.0	9.0	—	—	—	—	—

注　1. 液氨储罐的间距不应小于相邻较大罐的直径，单罐容积不大于 200m^3 的储罐的间距超过 1.5m 时，可取 1.5m。

2. 系统设备的防火间距基于半露天布置，且是指设备外壁。

3. 本表适用的液氨储罐总几何容积小于或等于 1000m^3，当液氨储罐总几何容积大于 1000m^3 时，防火间距按照 GB 50160《石油化工企业设计防火规范》执行。

4. 表中“—”表示无防火间距要求，未做规定部分按照 GB 50160《石油化工企业设计防火规范》执行。

防火堤内液氨储存罐的布置间距要求参照图 2-54。液氨储罐不应超过 2 排，两排卧罐间的净距不应小于 3.0m，组内液氨储罐数量不应多于 12 个。防火堤内堤脚线距储罐不应小于 3m，防火堤外堤脚线距卸氨鹤管不应小于 5m。

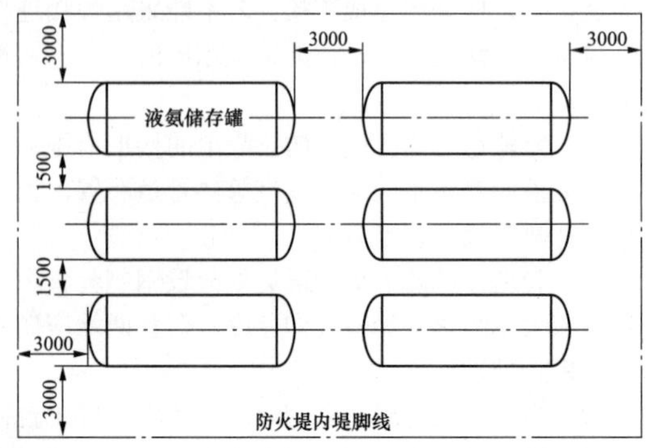

图 2-55　防火堤内液氨储存罐的布置间距要求（单位：mm）

卸氨压缩机可露天或半露天布置，压缩机的上方不得布置与氨相关的设备。若卸氨压缩机室内布置时，压缩机机组间的净距不宜小于 1.5m，压缩机操作侧与内墙的净距不宜小于 2.0m，其余各侧与内墙的净距不宜小于 1.2m。

液氨储罐区、装卸区周边道路应根据交通、消防和分区要求合理布置，力求畅通。罐区消防道路路边至平行防火堤外侧基脚线的距离不应小于 3m。相邻罐组防火堤的外侧基脚线之间，应留有宽度不小于 7m 的消防空地。储罐区、装卸区宜设置环形消防车道，环形消防车道至少应有两处与其他车道连通。环形消防车道之间宜设置连通的消防车道。当受地形条件限制时，也可设回车场的尽头式消防车道。尽头式消防车道应设置回车道或回车场，回车场的面积不应小于 12.0m×12.0m；供大型消防车使用时，不宜小于 18.0m×18.0m。消防道路的路面宽度不应小于 4m，路面内缘转弯半径不宜小于 12m，路面上净空高度不应低于 4m。供消防车停留的空地，其坡度不宜大于 3%。当道路路面高出附近地面 2.5m 以上，且在距离道路边缘 15m 范围内有液氨储罐或管道时，应在该段道路的边缘设护墩、矮墙等防护设施。储罐的中心至不同方向的两条消防车道的距离，不应大于 120m。当仅一侧有消防车道时，车道至任何储罐的中心，不应大于 80m。

（六）消防、防爆与火灾报警系统

消防与火灾报警系统主要涉及水消防系统、气体消防系统、火灾报警与消防控制系统、氨气泄漏监测系统。应委托有相关资质的单位进行设计，执行现行消防规范、规程及地方性法规，并通过有关安全及消防部门的检查和验收。

1. 氨气泄漏检测报警及控制系统

液氨储存及供应系统周边将设有氨气检测器，以检测氨气的泄漏，并显示大气中氨的浓度。当测得大气中氨浓度超限时，即向机组控制室发出报警信号，提醒操作人员采取必要的措施。脱硝系统氨泄漏及消防控制系统纳入全厂火灾报警和消防控制系统，监测器的数量及其布置位置根据工程实际情况，按照规程规范的要求设置。氨气检测器用来检测氨的泄漏量，当大气中氨气超过一定浓度时，检测器自动报警并启动氨吸收喷淋系统进行吸收。

2. 防火措施与消防给水系统

氨区主要设备及箱罐、管道均应设置防火设施。在液氨储罐、液氨蒸发器和液氨卸料压缩机等设备区域，应设置喷淋设施，且应有温度、压力警报系统。为防止液氨泄漏，在液氨储存及供应系统的周边设置足够的氨气检测器和氨气吸收喷淋系统，并安装水喷淋管线及喷嘴，当夏季液氨储存罐的罐体温度超过设计限值时，紧急水喷淋系统可自动启动，对罐体自动喷淋，以降低液氨储存罐的温度及压力，防止火灾发生。当液氨大量外泄或周围有明火时，可用大量雾状水吸收氨，防止人员中毒和发生火灾。

灭火器的配置设计应符合 GB 50140—2005《建筑灭火器配置设计规范》的有关规定。灭火器应设置在位置明显和便于取用的地点，且不得影响安全疏散。操作室配有防毒面具和灭火器。

消防系统应符合 GB 50229《火力发电厂与变电站设计防火规范》、GB 50016《建筑设计防火规范》的要求，氨区消防系统应纳入电厂主体工程消防系统，消防水系统的设置应覆盖所有设备。应保证有足够的消防水量，火灾延续供水时间不宜小于 4h，并保证消防系统随时正常使用。

需要喷水降温或阻绝氨气大量外泄时，可自动或以手动启动阀门引入消防用水，开始喷水系统。消火栓应根据需要沿道路设置，并宜靠近路口。供氨和储存系统按其保护半径及被保护对象的消防用水量，根据管道内的水压及消防栓出口要求的水压计算后确定，消防给水管道的直径不应小于 DN100。

消火栓布置应符合下列规定：

（1）消火栓应沿道路设置。当道路宽度大于 60.0m 时，应在道路两边设置消火栓。

（2）液氨储罐区的消火栓应设置在防火堤外。距罐壁 15m 范围内的消火栓，不应计算在该罐可使用的数量内。

（3）消火栓的间距不应大于 120.0m。

（4）消火栓的保护半径不应大于 150.0m。

（5）消火栓的数量应按其保护半径和消防用水量

等综合计算确定，每个消火栓的用水量应按 10～15L/s 计算；与保护对象的距离在 5～40m 的其他消火栓，可计入消火栓的数量内。

（6）消火栓宜采用地上式消火栓。每个消火栓应有不少于 2 个 DN65 的栓口。消火栓应有防冻措施。

（7）消火栓距路边不应大于 2.0m，距房屋外墙不宜小于 5.0m。

3. 防爆措施

脱硝系统的氨气防爆报警系统应设计成具有可独立完成监测与控制的功能，并与主厂房报警系统通信连接在一起。液氨储存及供应系统布置必须符合安全要求，保持系统的严密性。液氨卸料压缩机、液氨储罐、液氨蒸发器、氨气缓冲罐等处应设有氮气吹扫管线。在液氨卸料前应对各相关设备及管线分别进行严格的系统严密性检查和氮气吹扫，防止氨气泄漏和与系统中残余的空气混合造成危险。

液氨储罐、液氨卸料压缩机、液氨蒸发器及氨气缓冲罐等处都设有安全泄压设施；根据 GB 50058《爆炸危险环境电力装置设计规范》（液氨爆炸等级）分为ⅡA 级，电气装置的设计和设备选型及安装应满足规范的相关规定。在实际操作过程中，必须严禁烟火，防止空气侵入液氨储罐、液氨和气氨管道等设备中形成具有燃烧爆炸性的氨/空气混合气体。在必要场合应设置警告牌，指出危险源，并采用适当的红白带标志。

4. 安全淋浴及洗眼器

为保证运行操作人员在受到意外氨污染时，可得到及时的冲淋，储氨区域内应设置安全淋浴及洗眼器。一座安全淋浴及洗眼器的服务宜在半径 15m 范围内。安全淋浴及洗眼器设置的具体要求可参见 HG/T 20570.14《人身防护应急系统的设置》。

5. 逃生风向标

逃生风向标用以发生氨气泄漏事故后，如果现场人员无法控制泄漏，则迅速报警后指导正确的安全逃生方向，帮助人员快速撤离现场。逃生风向标应该安装在氨区最高处。

（七）典型案例

1. 工程概况

某 2×660MW 机组工程，采用烟气脱硝装置，采用选择性催化还原法（SCR）。SCR 装置将装设 2 层催化剂，预留 1 层，在锅炉燃用设计煤种 BMCR 工况下处理全烟气量时的保证脱硝效率不小于 85%，炉膛出口 NO_x 浓度脱硝装置出口 300mg/m^3（干基，标准状态，6%O_2），NO_x 浓度不高于 45mg/m^3（干基，标准状态，6%O_2），吸收剂采用液氨。当地最低气温为 –20℃，最高气温为 41.2℃。

（1）液氨品质参数（见表 2-35）。

表 2-35　液氨品质参数

指标名称	单位	合格品	备注
氨含量	%	99.6	
残留物含量	%	0.4	重量法
水分	%	—	
油含量	mg/kg	—	重量法
铁含量	mg/kg	—	
密度	kg/L	25℃时	
沸点	℃	标准大气压	

（2）每台机组 BMCR 纯氨耗量为 213kg/h。

2. 案例计算

（1）BMCR 工况下液氨储罐总储存量的计算。

1）计算原始资料。

日满负荷工作小时 N：20h/d；

机组台数：2 台；

单机液氨小时耗量 G_a：213kg/h；

液氨储存天数 t_a：7；

液氨纯度 p_a：99.6%。

2）液氨储罐总储存量的计算。

根据式（2-19）得

$$m_a=20\times2\times213\times7/(0.996\times1000)=60\text{t}$$

（2）液氨储罐总水容积的计算。

1）计算原始资料。

液氨储罐的总储存量 m_a：60t；

饱和液氨密度 ρ_a：576kg/m^3；

设计装量系数 ϕ：0.9。

2）液氨储罐总水容积的计算。

根据式（2-20）得

$$V_a=\frac{60\times1000}{576\times0.9}=116\text{m}^3$$

3. 系统选择及设备选型配置

液氨的卸料、储存及氨气制备系统应按多台机组共用的母管制系统设计。液氨储运采用槽车运入、加压常温储存、气氨采用管道输送的方式。脱硝设备商提供的液氨法脱硝氨区的主要设备参数见表 2-36。

表 2-36　液氨法脱硝氨区的主要设备参数

序号	脱硝还原剂制备及供应系统（纯氨）	单位	数值
1	卸料压缩机		
	型号		往复式
	数量	台	2
	排气压力	MPa	2.4

续表

序号	脱硝还原剂制备及供应系统（纯氨）	单位	数值
	排气量（标准状态）	m^3/h	48
	轴功率及电动机功率	kW	15
2	氨储罐		
	型号		罐式
	数量	台	2
	容积	m^3/罐	120
	设计压力	MPa	2.2
	设计温度	℃	50
	工作压力	MPa	1.9
	工作温度	℃	常温
	材料		Q345R
3	液氨供应泵		
	型号		屏蔽式
	数量	台	2
	出口压力	MPa	0.6
	轴功率及电动机功率	kW	2.2
	流量	m^3/（h·台）	2.0
4	液氨蒸发器		
	型号		蒸汽式
	数量	台	2
	蒸汽耗量	kg/h	260
	热量消耗	kJ/（h·台）	643015
	加热器功率（或耗汽量）	kg/h	—
	蒸发能力	kg/（h·台）	490
	蒸汽盘管材质		316L
5	氨气稀释罐		
	型号		罐式
	数量	台	1
	设计温度	℃	常温
	设计压力	MPa	常压
	容积	m^3	8
	材料		碳钢

续表

序号	脱硝还原剂制备及供应系统（纯氨）	单位	数值
6	氨气缓冲罐		
	型号		罐式
	数量	台	2
	容积	m^3	4
	运行压力	MPa	0.35
	运行温度	℃	50
7	氨气泄漏检测器		
	数量	只	14
8	废水泵		
	型号		自吸
	数量	台	2
	扬程	MPa	0.3
	轴功率及电动机功率	kW	7.5
	流量	m^3/（h·台）	50

4. 设备布置

图 2-56 为液氨区平面布置，需严格执行防火、防爆规定。

四、尿素储存及氨气制备系统

液氨是 SCR 系统最早采用的脱硝还原剂，但液氨是重大危险源，存在着安全隐患，储存、运输及日常的运行维护成本较高。另外，液氨储存地的防火间距很大，使其占地较大。相比而言，尿素属完全无害物，是安全可靠的 SCR 脱硝还原剂。虽然以尿素作为原料制取氨气能耗较高，相对于氨水蒸发及液氨蒸发技术具有较高的安全性，随着近几年国家对安全运行要求的提高，越来越多的电厂采用尿素作为 SCR 脱硝还原剂。

（一）系统说明

1. 系统简介

为尿素提供装卸、储存、溶解及氨气制备设施，以满足 SCR 脱硝系统对还原剂的要求。尿素制氨有两种成熟工艺：尿素水解和尿素热解工艺。对于两种不同的制氨工艺，尿素装卸、储存、溶解及输送工艺基本相似，区别在于尿素分解的条件不一样，导致两种不同的分解方式。

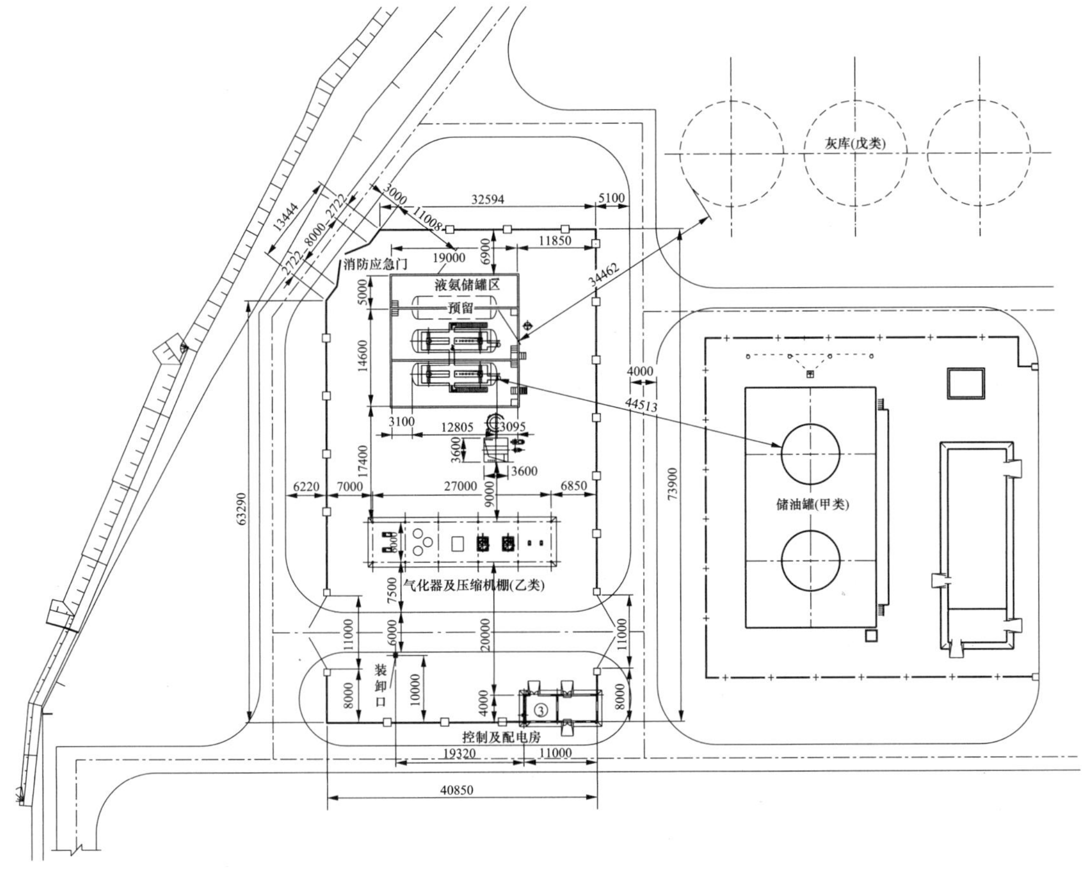

图 2-56 液氨区平面布置

2. 系统原理

（1）尿素水解原理。尿素水解工艺是将配置成50%（或 40%）的尿素溶液通过计量泵送往水解反应器，通过辅助蒸汽系统来的蒸汽对尿素溶液进行预热，蒸汽通过装设在水解反应器底部的喷嘴直接喷射到尿素溶液中，使之达到 130～180℃的反应温度，加压到 0.28～0.83MPa。尿素水解法的化学反应式为

$$CO(NH_2)_2+H_2O \longrightarrow NH_2COONH_4$$

尿素+水⟶氨基甲酸铵

$$NH_2COONH_4 \longrightarrow 2NH_3+CO_2$$

氨基甲酸铵⟶氨+二氧化碳

不同尿素发生水解时，其产物比例不同，典型的尿素溶液浓度与分解气体成分比例见表 2-37。

表 2-37 典型的尿素溶液浓度与分解气体成分比例

尿素溶液浓度（质量分数，%）		40	50
分解产物（体积分数，%）	NH_3	28.5	37.5
	CO_2	14.3	18.7
	H_2O	57.2	43.8

（2）尿素热解原理。尿素热解制氨的原理是利用辅助能源（燃油、热风或电加热等）在 350～650℃的热解炉内，液滴蒸发，得到固态或熔化态的尿素，纯尿素在加热条件下分解和水解，最终生成 NH_3 和 CO_2，其反应方程式为

$$CO(NH_2)_2 \longrightarrow NH_3+HNCO$$

$$HNCO+H_2O \longrightarrow NH_3+CO_2$$

3. 系统流程

（1）尿素水解制氨系统。尿素水解制氨系统由尿素颗粒储存和溶解系统、尿素溶液储存和输送系统及尿素水解系统组成。

尿素储藏间的袋装尿素落入斗式提升机的受料口，散料经斗式提升机送至溶解罐里。除盐水在尿素溶解罐将尿素颗粒配置成 40%～60%浓度的尿素溶液，随后尿素溶液储存在尿素溶液储罐中。通过计量后泵入水解反应器中，蒸汽进入水解反应器盘管对水解反应器进行供热。尿素溶液在水解反应器中水解产生氨气，通过水解反应器顶部排出，并经过再热、计量、检测、调节后输送至 SCR 反应器入口烟道用作烟气脱硝的还原剂。

水解法氨气装置的工作流程为溶解尿素→水解尿素→按需供给氨气，系统的工艺流程参见图 2-57。

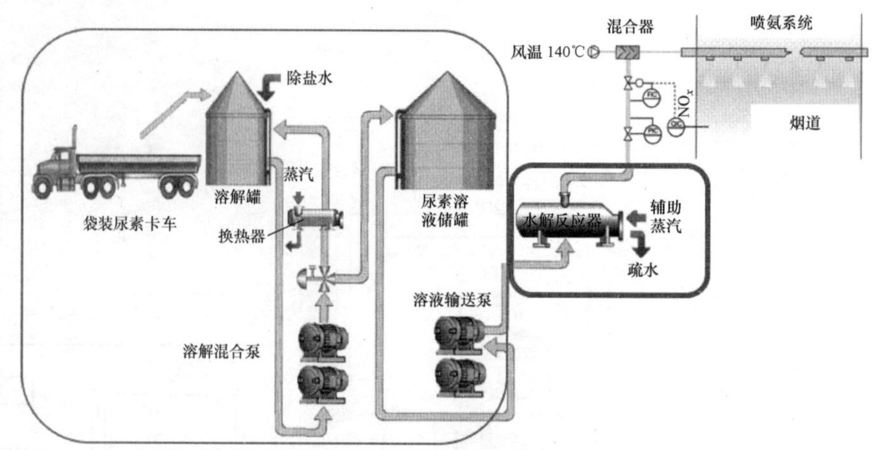

图 2-57　典型的尿素水解制氨系统流程

（2）尿素热解制氨系统。尿素热解制氨系统由尿素颗粒储存和溶解系统、尿素溶液储存和输送系统及尿素热解系统组成。

储存于储仓的尿素颗粒输送到溶解罐，用除盐水溶解成质量浓度为 40%～60%的尿素溶液，通过泵输送到储罐进行储存；之后尿素溶液经给料泵、计量与分配装置、雾化喷嘴等进入高温分解室，在 350～650℃分解生成 NH_3、H_2O 和 CO_2，分解产物经氨喷射系统进入 SCR 系统。

尿素热解制氨系统采用单元制布置（一台热解炉供一台机组）。尿素绝热分解的工艺流程为溶解尿素→绝热分解反应→按需供给氨气，尿素热解制氨系统工艺流程见图 2-58。

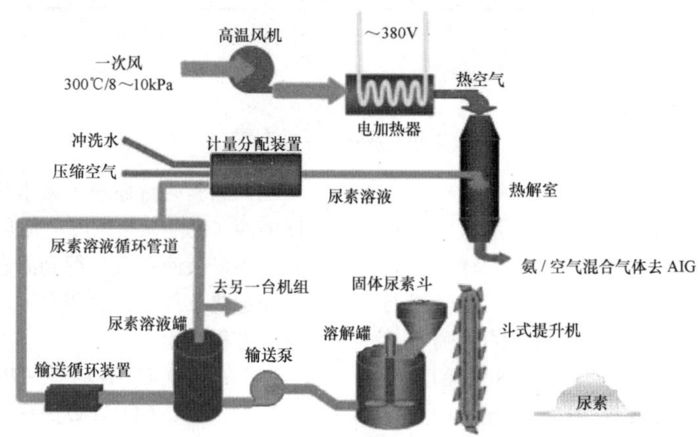

图 2-58　尿素热解制氨系统工艺流程

4. 影响反应的因素

（1）尿素水解反应。尿素水解反应受温度、停留时间、尿素浓度及反应溶液中氨浓度的影响，影响尿素水解反应的因素见表 2-38。

（2）尿素热解反应。热解炉内流场、温度分布不均导致热解炉内尿素转化率低，副反应复杂，尿素消耗量大，尿素热解反应会生成一些中间产物，它们在特定的条件下会发生聚合，影响尿素热解反应的因素见表 2-39。

表 2-38　影响尿素水解反应的因素

序号	影响因素	影　响　效　果	序号	影响因素	影　响　效　果
1	温度	100℃左右，水解速度开始提高；140℃以上，水解速度急剧加速；160～170℃时，达到较高水平	3	尿素浓度	尿素浓度低，水解率大
2	停留时间	水解率随停留时间的增大而增大	4	反应溶液中氨浓度	氨含量高，水解率低，需有效地将水解生成的 NH_3 和 CO_2 从水溶液中解析出来

表 2-39 影响尿素热解反应的因素

序号	影响因素	影响效果
1	温度	温度越高，反应速度越快，分解越完全。600℃左右，热解率可达 100%
2	流场分布	尿素溶液与高温空气充分混合，增加湍流
3	雾化系统	雾化空气品质要求尽量采用仪用压缩空气，尿素雾化直径、喷射速率、喷射温度、蒸发时间及热解时间均影响热解率

（二）系统设计

1. 主要设计原则

（1）尿素储存、溶液配制系统按多台机组公用一套系统设计，尿素溶液稀释系统、计量、分配及绝热分解制氨系统按单元机组设计。

（2）尿素水解装置宜为公用系统，并设有 1 台备用的水解装置，即为 N+1。除备用装置外的水解装置总容量应满足锅炉 BMCR 负荷下最大的制氨需要。

（3）每台炉应设置一套 100%容量的尿素热解装置，尿素热解装置应满足锅炉 BMCR 负荷下最大的制氨需要，并有 10%的裕量。

2. 尿素装卸、溶解及储存系统图

（1）尿素溶解系统。尿素溶解罐用以配制所需浓度的尿素溶液，自动称重给料机用于实现溶解罐颗粒尿素给料的计量。配制好的溶液通过尿素溶液输送泵送入尿素溶液储存罐，见图 2-59。

（2）尿素储存及输送系统。尿素溶解罐中配置好的溶液进入尿素储存罐中，然后由溶液输送泵输送至尿素水解反应器中（见图 2-60）。循环输送泵进口应设在线过滤器，泵出口应设加热器。

3. 尿素水解反应器及水解制氨系统图

尿素水解反应器利用辅助蒸汽来加热，氨气由水解反应器顶部排出，并经过再热、计量、检测、调节后输送到 SCR 区，尿素水解系统见图 2-61。该反应器还设有冷却水系统、气体回收系统、溶液返回和安全泄放系统等，在尿素水解系统超压后实现对水解系统的自动调节。

水解反应器来氨气将与来自风机的空气混合后稀释成含氨气 5%左右的混合气体。

与空气混合后的成品氨气输送管道应考虑伴热保温措施，维持管内氨气温度在 175℃以上，以避免 NH_3 与 CO_2 在低温下逆向反应，生成氨基甲酸铵。

4. 尿素热解系统图

尿素热解将一定温度的空气送入专门设计的热解室（又称混合燃烧室），使喷入热解室的高浓度尿素溶液转化成氨气。

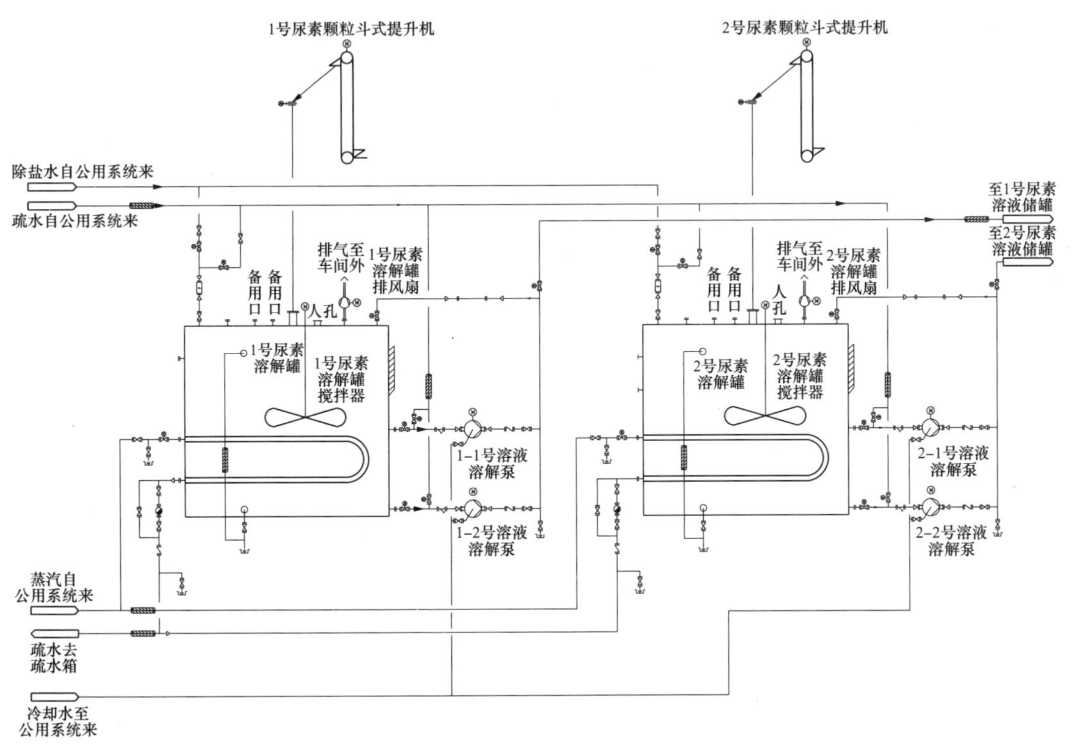

图 2-59 尿素溶解系统图

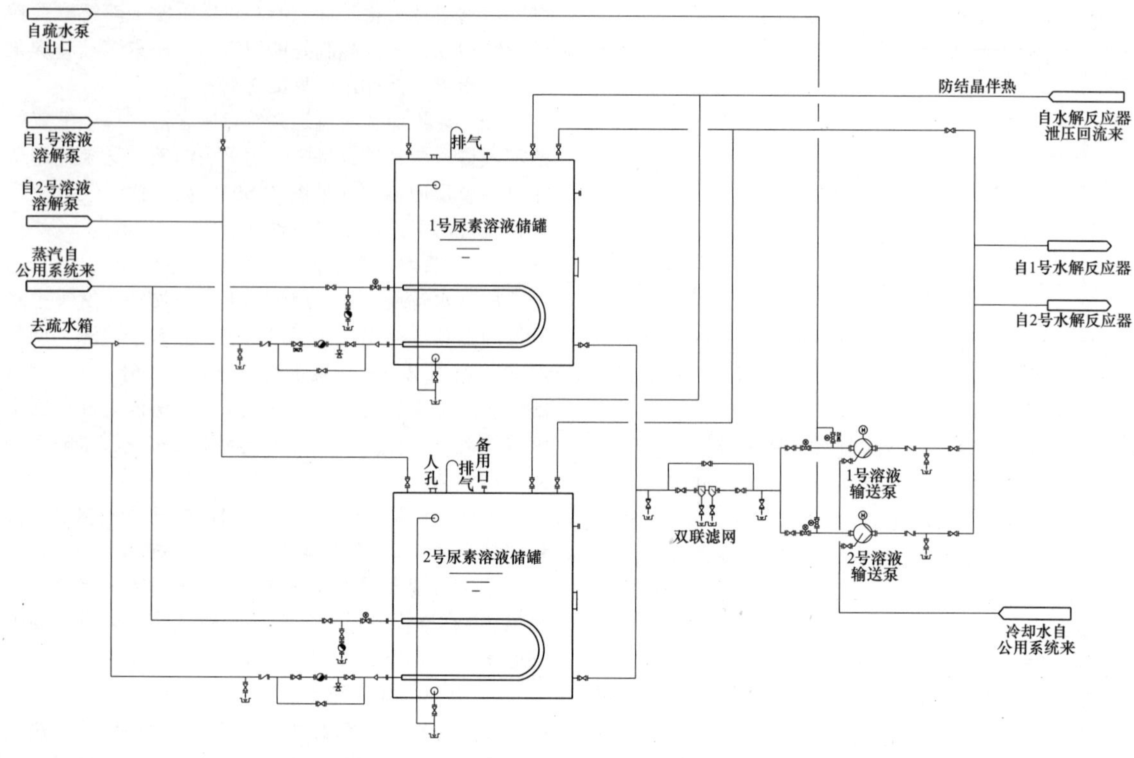

图 2-60 尿素储存及输送系统

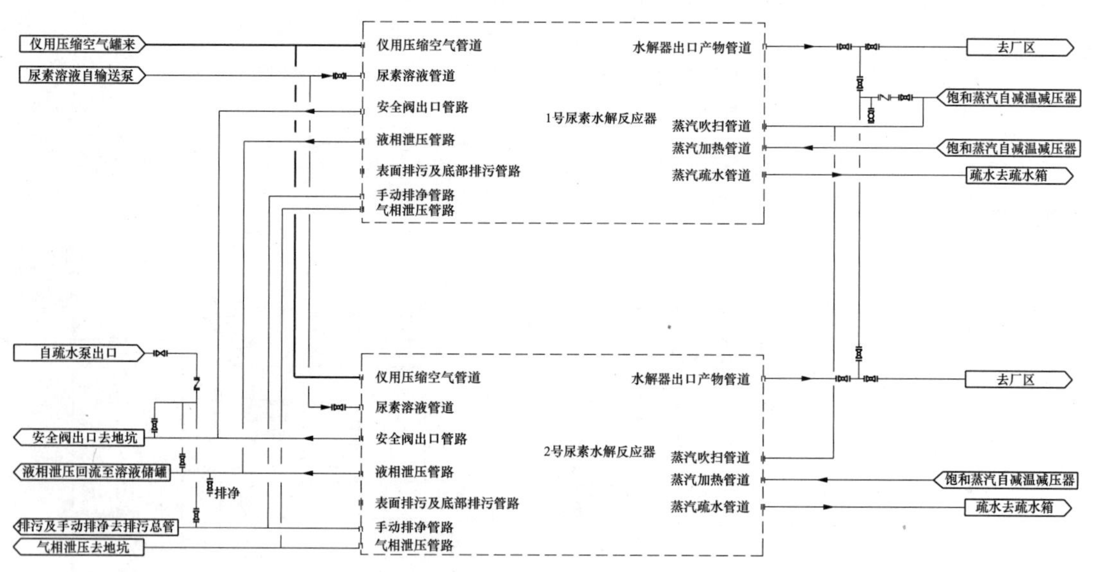

图 2-61 尿素水解系统

尿素绝热分解室是尿素热解制氨的核心设备。热解室利用从锅炉来的一次热风作为热源来分解尿素溶液，分解产生的氨气被输送至氨喷射系统。一次热风温度达不到热解温度要求，一般需再经过烟气或电加热器加热。典型的尿素热解制氨系统见图 2-62。热解室出来的 5%的氨/空气混合气经 AIG 作为锅炉的烟气脱硝还原剂。

分解室安装喷射器。喷射器沿着分解室的侧壁面入口的周边布置成一排。喷射器应根据在分解室内获得合适的尿素雾化和分布所需要的流量和压力来确定其大小和特性。

5. 尿素制氨工艺选择

尿素热解与水解制氨工艺技术比较见表 2-40。

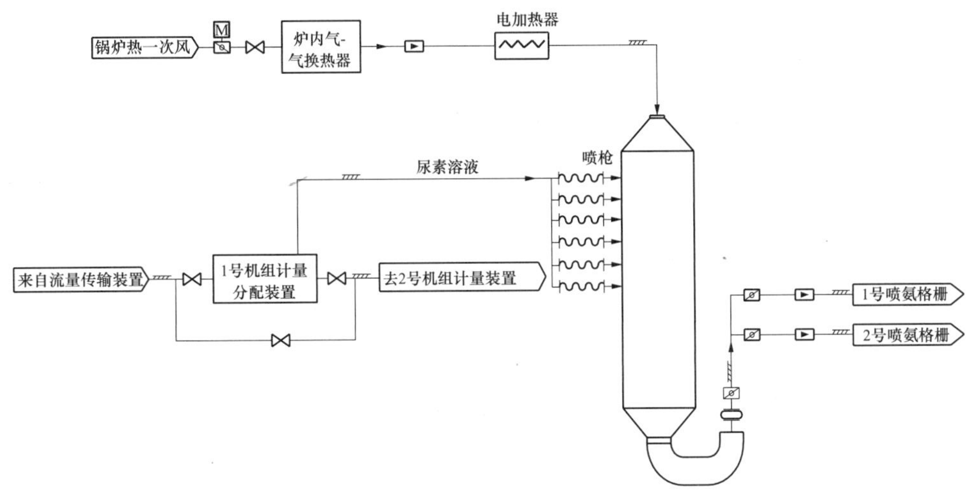

图 2-62　典型的尿素热解制氨系统

表 2-40　　尿素热解与水解制氨工艺技术比较

项目	水解		热解
有区别的关键设备	水解器、热交换器、凝结器		热解炉、蒸汽加热器
设备材料	316L 及以上		碳钢
运行温度（℃）	140～160		350～650
运行压力	0.56MPa		<10kPa
分解方式	盘管间接加热尿素溶液分解， 用热空气带走产品气，直接送至 AIG		用燃油或气燃烧直接加热雾化尿素， 用热空气带走产品气，直接送至 AIG
尿素溶液质量分数（%）	40	50	50～60
产品气中 NH_3（%）	28.5	37.5	3～5
产品气中 CO_2（%）	14.3	18.7	5～7
产品气中 H_2O（%）	57.2	43.8	6～8
设置模式	单元制或公用制		单元制
初投资	高（单元制） 注：3 台炉及以上采用公用制时较低		低
运行成本	低		高

（三）设计计算

1. 设计输入数据

（1）对于 SNCR 和 SCR 脱硝系统：BMCR 工况下纯尿素的耗量（kg/h）。

（2）外购尿素的纯度。

（3）机组台数。

2. 尿素溶液体积耗量计算

BMCR 工况下尿素制氨时单机尿素溶液体积耗量计算式为

$$Q_n=\frac{G_n}{c_n\rho_n\times 1000} \tag{2-21}$$

式中　Q_n——BMCR 工况下尿素制氨时单机尿素溶液的小时耗量，m^3/h；

G_n——BMCR 工况下，尿素制氨时单机纯尿素的小时耗量，kg/h；

c_n——尿素溶液的浓度，%；

ρ_n——配制的尿素溶液密度，t/m^3。

3. 日需尿素溶液总体积的计算

$$V_n=20\times N\times Q_n \tag{2-22}$$

式中　V_n——日需尿素溶液体积，m^3/d；

20——日满负荷工作小时，h/d；

N——相同型号机组的台数。

4. 尿素溶液总储存量的计算

$$V_{nz}=V_n\times t_n \tag{2-23}$$

式中　V_{nz}——尿素溶液总储存量，m^3；

t_n——尿素溶液储存天数，d。

（四）主要设备

无论是尿素水解系统还是尿素热解系统，尿素的装卸、储存、溶解及输送设备相同，不同之处为尿素分解的设备。

1. 尿素储仓

尿素卸车方法有三种：袋装尿素人工卸车、散装颗粒尿素利用槽车的车载风机卸入尿素储仓或尿素溶解系统、尿素溶液利用罐车自带输送泵直接卸入尿素溶液储存罐。尿素储仓的容积大小应至少满足全厂所有机组1～3天脱硝所需的尿素用量。

尿素储仓主要用以储存散装的颗粒尿素，储仓宜设计成锥形底的立式罐，尿素储仓应配置电加热热风流化装置，将加热后的空气注入仓底，以防止固体尿素吸潮、架桥及结块堵塞。单元尿素制氨车间一般设置1个尿素储仓，碳钢制作。

2. 尿素溶解罐

在溶解罐中，用去离子水（也可使用反渗透水和冷凝水，不使用软化水）制成40%～60%的尿素溶液。当尿素溶液温度过低时，蒸汽加热系统启动使溶液的温度高于38℃（确保不结晶）。罐体材料采用304不锈钢。尿素溶解罐根据工程需要可各设1～2个，其总体积大小应满足所承担SCR装置在BMCR工况下1天的尿素溶液用量。

3. 尿素溶液溶解泵

尿素溶液溶解泵为不锈钢本体，碳化硅机械密封的离心泵，按2×100%配置。此外，溶液混合给料泵还利用溶解罐所配置的循环管道，将尿素溶液从溶解罐底部向顶部进行循环，以获得更好地混合。机械密封耐温不小于70℃。

4. 尿素溶液储存罐

尿素溶液储存罐用以储存配制好的尿素溶液。一般设置两只尿素溶液储罐。储罐材质可采用S30408不锈钢或玻璃钢材质。储罐为立式平底结构，顶部四周应有隔离防护栏，并设有梯子及平台等安全防护设施。罐体外应实施保温。尿素溶液储存罐应设人孔、尿素溶液进出口、循环回流口、呼吸管、溢流管、排污管、蒸汽管、液位、温度测量等设施。

尿素溶液储存罐通常设置2台，其总储存容量宜为全厂所有SCR装置BMCR工况下5～7天的平均总消耗量。

5. 尿素溶液输送泵

通常配置一套尿素溶液供应装置，为所服务机组的脱硝系统供应尿素溶液。该装置包括两台多级离心泵（一运一备）、过滤器及所有用于尿素溶液循环及储存系统本地/远程控制和监测的压力、温度等仪表。装置主要部件为不锈钢。

对于尿素热解系统，该装置用以向计量和分配装置输送一定压力和流量的尿素溶液，与尿素溶液储存罐之间形成自循环的回路。

6. 尿素水解反应系统

水解反应器为压力容器，采用S31603不锈钢材料制造，内置多层隔板，并设有蒸汽预热器。

在尿素制氨的水解法工艺中，氨基甲酸铵作为一种中间产物具有较强的腐蚀性，同样，二氧化碳也具有一定的腐蚀性。所以尿素分解系统中，除固体尿素仓库外，其余设备和管道均为不锈钢制，并且应将尿素溶液加热温度控制在氨基甲酸铵的形成温度之上。

尿素溶液管道应采用电热伴热。

7. 尿素热解反应系统

（1）计量和分配装置。尿素溶液的计量和分配装置用以精确地测量和控制输送到热分解室的尿素溶液，该装置包括计量和分配两个部分。

计量部分精确地计量和单独控制输送到每个喷射器的尿素流量；分配部分为喷射器的合适性能提供保障。引入热分解室的雾化和冷却空气将通过该套装置。

（2）绝热分解室。绝热分解室是一个反应器，布置在SCR反应器区域，每台锅炉设置1台绝热分解室。

以绝热分解室尿素分解所需的体积来确定其容积的大小。如果采用一次风热源，一次风将通过电加热装置维持尿素分解温度。尿素喷射器注入热空气中。

绝热分解室应包括尿素喷射器、过滤网、热源控制管理系统和温度控制，烟气压力控制，烟道内混合器及氨/空气混合物的流量、压力及温度的控制和过程指示等。

（五）设备布置

尿素储仓、尿素溶解、储存及输送系统是服务于电厂多台机组的公用系统，相对集中布置。

1. 尿素水解区布置

尿素水解反应器可与尿素存储和溶解区域统一布置，见图2-63，便于管理。

图2-63　尿素水解反应器布置

2. 尿素热解区布置

一般尿素热解炉布置在锅炉钢架或钢架附件，图2-64为典型尿素热解炉区域布置。

图 2-64　典型尿素热解炉区域布置

（六）工程案例

1. 尿素水解制氨工艺

（1）工程概况。某 2×660MW 机组工程，采用烟气脱硝装置，采用选择性催化还原法（SCR）。SCR装置装设3层催化剂，预留1层，在锅炉燃用设计煤种 BMCR 工况下处理全烟气量时保证脱硝效率不小于90%，脱硝装置入口 NO_x 浓度为 300mg/m^3（标准状态），出口 NO_x 浓度不高于 30mg/m^3（干基，标准状态，6%O_2），吸收剂采用尿素，采用尿素水解方案。

1）尿素耗量为单台炉 378kg/h。

2）共两台机组。

3）尿素（工业用）品质参数见表 2-41。

表 2-41　尿素（工业用）品质参数

序号	指标名称	单位	合格品
1	总氮（干基）	%	≥46.3
2	缩二脲	%	≤1.0
3	水分	%	≤0.7
4	铁	%	≤0.001
5	碱度（NH_3 计）	%	≤0.03
6	硫酸盐（以 SO_4^{2-} 计）	%	≤0.02
7	水不溶物	%	≤0.04
8	亚甲基二脲（以 HCHO 计）	%	无
9	颗粒（0.85～2.80mm）； 颗粒（1.18～3.35mm）； 颗粒（2.00～4.75mm）； 颗粒（4.00～8.00mm） （指标中只要符合四档中任一档即可）	%	≥90

（2）案例计算。

1）尿素溶液体积耗量计算。

尿素制氨时单机纯尿素的小时耗量 G_n：378kg/h。

配制的尿素溶液重量百分比浓度 c_n：50%。

配制的尿素溶液密度 ρ_n：1.120t/m^3。

根据式（2-21）计算单机尿素溶液体积耗量为

$$Q_n = \frac{378}{0.5 \times 1.120 \times 1000} = 0.675\text{m}^3/\text{h}$$

2）日需尿素溶液总体积的计算。

日满负荷工作小时：20；

相同型号机组的台数 N：2。

根据式（2-22）计算日需尿素溶液总体积为

$$V_n = 20 \times 2 \times 0.675 = 27\text{m}^3$$

3）尿素溶液总储存量的计算。

尿素溶液储存天数：7。

根据式（2-23）得

$$V_{nz} = 27 \times 7 = 189\text{m}^3$$

（3）系统选择及设备选型配置。尿素水解系统采用两台炉公用，尿素水解反应器布置在尿素储存区，水解反应器设置两台，一台备用。

1）斗式提升机：尿素车间设置两台斗式提升机，室内布置，对应两台尿素溶解罐。人工拆袋后的尿素经过斗式提升机进行提升，输送尿素颗粒进入溶解罐。

2）尿素溶解罐：设置两只尿素溶解罐，采用两套斗式提升机将尿素输送到溶解罐。尿素溶解罐采用蒸汽加热，设置加热盘管。

3）尿素溶液混合泵：尿素溶液混合泵为不锈钢本体、碳化硅机械密封的离心泵，每只尿素溶解罐设两台泵（一运一备），并列布置，尿素车间共设置4台。此外，溶液混合泵还利用溶解罐所配置的循环管道将尿素溶液进行循环。

4）尿素溶液储罐：设置两只尿素溶液储罐，满足2台机组7天的系统用量（50%尿素溶液）要求。设置尿素溶液伴热管道系统。

5）尿素溶液输送装置：设置2台全流量的离心式输送泵，一用一备，为水解反应器输送尿素溶液，输送泵本体为不锈钢。溶液输送采用母管制，设置回流管，通过出口背压调节母管压力，实现尿素溶液流量的稳定输送。

6）尿素水解制氨系统：尿素水解制氨系统包括尿素水解反应器模块、水解产物计量模块（水解产物计量模块布置在脱硝钢架）。尿素水解装置布置在尿素车间，两台水解反应器集中布置，采用公用制，单台水解反应器最大制氨出力为 500kg/h，可满足两台锅炉 BMCR 工况负荷下的制氨量需求，同时考虑了一定的裕度。饱和蒸汽通过盘管的方式进入水解反应器。水解反应器内的尿素溶液浓度可达到 40%～50%，气液两相平衡体系的压力为 0.6～0.8MPa，温度为 150～180℃。疏水系统：尿素车间设一台疏水箱，两台疏水泵，疏水泵为一用一备。在运行工况下，水解反应器、溶解罐、溶液储罐的蒸发疏水回收至疏水箱。疏水箱收集疏水可用作尿素颗粒溶解用水、冲洗水。在正常运行工况下，多余的疏水通过疏水泵输送至业主指定区域回收。

7）地坑及废水系统：尿素车间设地坑，用作收集水解反应器定期排污水、地面沟道冲洗水、溢流水等。地坑设两台废水泵，一用一备。尿素车间废水主要成分为稀尿素溶液和稀氨水，可用作厂区绿化、煤场喷淋、灰库加湿或利用厂区生活废水处理站统一处理。

8）尿素水解制氨工艺设备参数见表 2-42。

表 2-42　尿素水解制氨工艺设备参数

序号	名称	参数	单位	数量
1	斗式提升机	Q=20t/h，N=7.5kW	台	2
2	电动插板阀	尺寸 400mm×400mm	台	2
3	尿素溶液溶解罐	V=20m^3，V_{val}=15m^3，直径 3m，高 3.0m	台	2
4	溶解罐盘管式加热器	加工制作，304 不锈钢盘管	台	2
5	尿素溶解罐搅拌器	N=4.0kW，轴及桨叶材质 316L 不锈钢	台	2
6	溶解罐排风扇	玻璃钢轴流风机，Q=800m^3/h，p=285Pa	台	2
7	尿素溶液混合泵	Q=30m^3/h，H=20m，N=7.5kW，304 不锈钢材质	台	4
8	溶解车间地坑泵	Q=15m^3/h，H=40m，N=7.5kW，304 不锈钢材质	台	2
9	疏水泵	Q=10m^3/h，H=40m　N=11kW，碳钢材质	台	2
10	疏水箱	V=10m^3，加工制作	台	1
11	尿素溶液储罐	V_{val}=130m^3，本体 304 不锈钢	台	2
12	储罐盘管式加热器	加工制作，304 不锈钢盘管	台	2
13	尿素溶液输送泵	Q=3.0m^3/h，H=130m，电功率 N=18.5kW	台	2
14	双联滤网	管道式双联滤网	台	1
15	蒸汽减温减压装置	蒸汽量：2.0t/h；出口参数：190℃、0.9MPa	套	1
16	尿素水解反应器	氨生成量 500kg/h	台	2
17	氨气计量模块	配供调节阀、流量计，供单台反应器用	列	4
18	电动葫芦	起重量 1.5t，起吊高度 6.0m	台	2

（4）尿素水解工艺设备布置。尿素水解区域平面布置见图 2-65。尿素水解区域立面布置见图 2-66。

2. 尿素热解制氨工艺

（1）工程概况。某 2×1000MW 机组工程采用烟气脱硝装置，采用选择性催化还原法（SCR）。SCR 装置将装设 3 层催化剂，预留 1 层，在锅炉燃用设计煤种 BMCR 工况下处理全烟气量时的保证脱硝效率不小于 90%，炉膛出口 NO_x 浓度脱硝装置出口 350mg/m^3（标准状态），NO_x 浓度不高于 35mg/m^3（标准状态），吸收剂采用尿素热解方案。

1）尿素耗量为单台炉 636kg/h。

2）尿素（工业用）品质参数见表 2-43。

表 2-43　尿素（工业用）品质参数

序号	指标名称	单位	合格品	优等品
1	总氮（干基）	%	≥46.3	≥46.5
2	缩二脲	%	≤1.0	≤0.5
3	水分	%	≤0.7	≤0.3
4	铁	%	≤0.001	≤0.005
5	碱度（NH_3 计）	%	≤0.03	≤0.01
6	硫酸盐（以 SO_4^{2-} 计）	%	≤0.02	≤0.005
7	水不溶物	%	≤0.04	≤0.005
8	颗粒（0.8～2.5mm）	%	≥90	≥90

（2）案例计算。

1）尿素溶液体积耗量计算。

尿素制氨时单机纯尿素的小时耗量 G_n：636kg/h。

配制的尿素溶液重量百分比浓度 c_n：50%。

配制的尿素溶液密度 ρ_n：1.120t/m^3。

根据式（2-21）计算单机尿素溶液体积耗量为

$$Q_n = \frac{636}{0.5 \times 1.120 \times 1000} = 1.14\text{m}^3/\text{h}$$

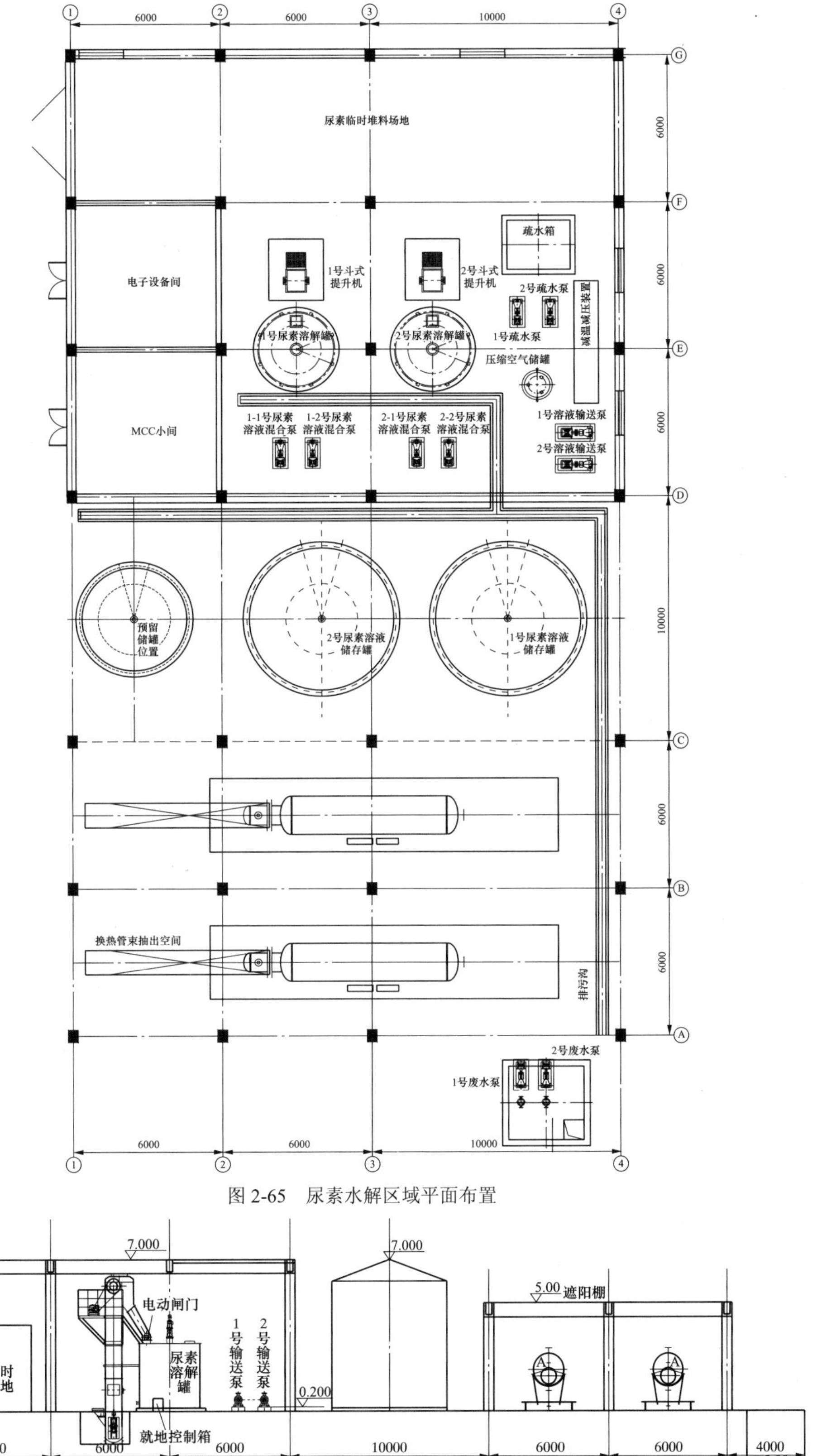

图 2-65　尿素水解区域平面布置

图 2-66　尿素水解区域立面布置

2）日需尿素溶液总体积的计算。

日满负荷工作小时：20。

相同型号机组的台数：2。

根据式（2-22）计算日需尿素溶液总体积为

$$V_n=20\times2\times1.14=45.6m^3/d$$

3）尿素溶液总储存量的计算。

尿素溶液储存天数：7。

根据式（2-23）得

$$V_{nz}=45.6\times7=319m^3$$

（3）系统选择及设备选型配置。尿素热解卸料溶解系统采用两台炉公用。尿素热解炉布置在锅炉钢架上，采用单元制。采用电加热器加热一次风，然后到热解炉中热解尿素。

1）尿素筒仓：设置1套锥形底立式尿素筒仓，有效容积要满足两台机组3天用量要求。

2）尿素溶解罐：设置1只尿素溶解罐，有效容积大于或等于63m³，采用一套螺旋变频自动称重给料机将尿素输送到溶解罐。

3）尿素溶液储罐：设置两只各225m³尿素溶液储罐，有效容积满足7天的系统用量（50%尿素溶液）要求。

4）尿素溶液循环装置：设置一套尿素溶液供应与循环装置，为两台锅炉的脱硝装置供应尿素溶液。设置2台全流量的多级SS碳化硅机械密封的离心泵（带变频器，一用一备）。

5）计量分配装置：每台炉设置1套计量分配装置，用于精确测量和控制输送到分解室的尿素溶液流量。

6）绝热分解室：每台锅炉设一套尿素溶液分解室，尿素热解采用锅炉热一次风，热解炉内设置电加热器，将高温空气加热到600℃左右。

7）伴热系统：对尿素溶液输送管道，应配置热水伴热系统。热解炉后的氨气输送管道合理保温，保证氨喷射系统前的温度不低于300℃。

8）设备清单：表2-44为尿素热解制氨工艺的主要设备清单。

表2-44　尿素热解制氨工艺的主要设备清单

序号	设备名称	规格型号	材质	单位	数量
1	仪用压缩空气储罐	设计压力：1.05MPa；设计温度：常温，3m³	不锈钢	台	1
2	斗式提升机	20m³/h	内衬不锈钢	台	1
3	尿素颗粒储仓	设计压力：常压；设计温度：常温，130m³/h	CS+304	台	1
4	袋式除尘器	过滤面积10m²		台	1
5	仓壁振动器	电动，0.2kW，980振次	CS+304	块	3
6	冷干机	5m³/min		台	1
7	流化风加热器	10kW		台	1
8	气化板	150mm×300mm，0.8m³/（min·m²）（标准状态）	不锈钢	台	3
9	称重给料机	24r/min，20t/h	不锈钢	台	1
10	尿素溶液溶解罐	63m³，ϕ4500×4000	SS	台	1
11	尿素溶解罐搅拌器	46r/min，7.5kW，折桨式	SS	台	1
12	尿素溶解罐排风扇	流量1500m³/h，150Pa，轴流风机	不锈钢	台	1
13	尿素溶液混合泵	80m³/h，扬程32m，11kW	316	台	2
14	废水泵	自吸泵，流量25m³/h，扬程25m	不锈钢	台	1
15	疏水箱	10m³	碳钢	台	1
16	疏水泵	离心泵流量3m³/h，扬程100m，热水	壳体：碳钢；叶片：304	台	2
17	尿素溶液储罐	225m³，ϕ6500×6800	SS	台	2
18	尿素溶液循环泵	流量11.3m³/h，扬程133m	316	台	2
19	计量分配装置		不锈钢	台	2
20	绝热分解室	内径ϕ2600，高度约13m	不锈钢	件	2

续表

序号	设备名称	规　格　型　号	材质	单位	数量
21	尿素溶液喷射器		316L	件	18
22	电加热器	1100K，风量 9900m^3/h（标准状态），I 型	不锈钢	台	2
23	管道补偿器	DN700，15kPa	不锈钢	套	16
24	电动起吊设施				
25	流化风机	罗茨风机，流量 3m^3/min，压力 70kPa，配套风机进出口阀门过滤器、消声器等	碳钢	台	2
26	喷枪用压缩空气冷干机	5m^3/min（标准状态），压力 0.7MPa，配进出口及旁路检修阀门	不锈钢	台	2
27	气力输送用冷干机	10m^3/min（标准状态），压力 0.7MPa，配进出口及旁路检修阀门	不锈钢	台	1

9）用量数据表。表 2-45 为尿素热解制氨系统数据。

（4）尿素热解工艺设备布置。尿素溶解区平面布置见图 2-67，尿素溶解区断面布置见图 2-68，尿素溶液储罐室外布置。

表 2-45　　尿素热解制氨系统数据

序号	项目名称	单位	设计煤种	备注	序号	项目名称	单位	设计煤种	备注
1	尿素（规定品质）	t/h	1.272		8	SCR 区			
2	工艺水（规定水质）	m^3/h	1.272	除盐水	9	蒸汽	t/h	1.5	共用
3	电耗（所有连续运行设备轴功率）	kW	2400		10	尿素反应区	t/h		
4	压缩空气（标准状态）	m^3/h	450	雾化用	11	热一次风（单台炉，标准状态）	m^3/h	9900	
5	压缩空气（标准状态）	m^3/h	100	喷枪检修用	12	冷二次风（单台炉，标准状态）	m^3/h	9900	检修冷却用，不连续
6	压缩空气（标准状态）	m^3/h	90	料仓除湿用	13	电加热器功率	kW	1100	装机功率
7	尿素反应区（标准状态）	m^3/h							

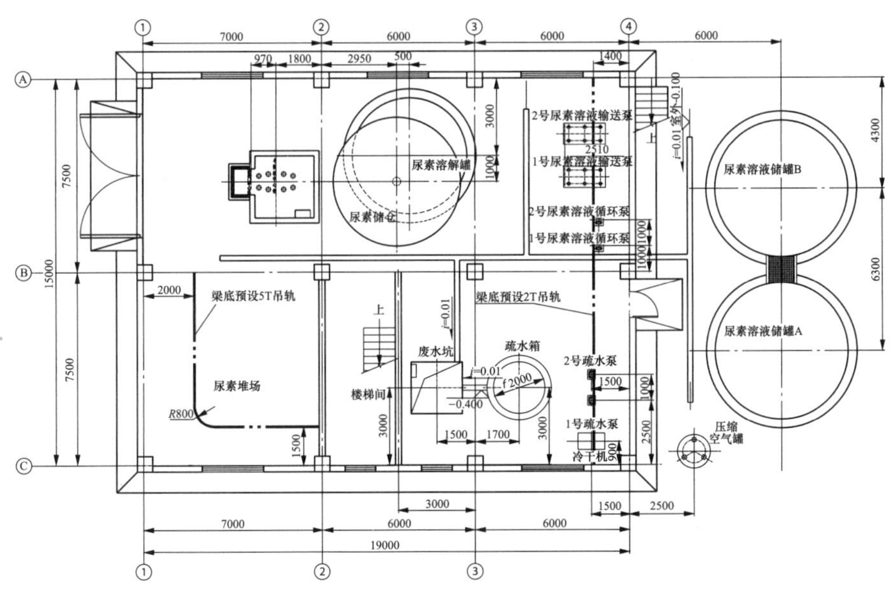

图 2-67　尿素溶解区平面布置

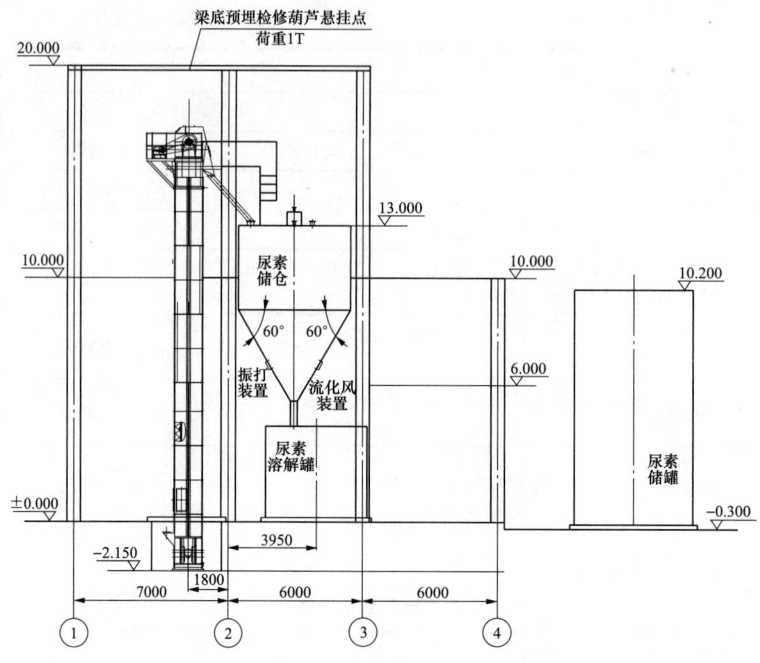

图 2-68　尿素溶解区断面布置

尿素热解制氨区热解炉布置在锅炉钢架上，具体布置见图 2-69 和图 2-70。

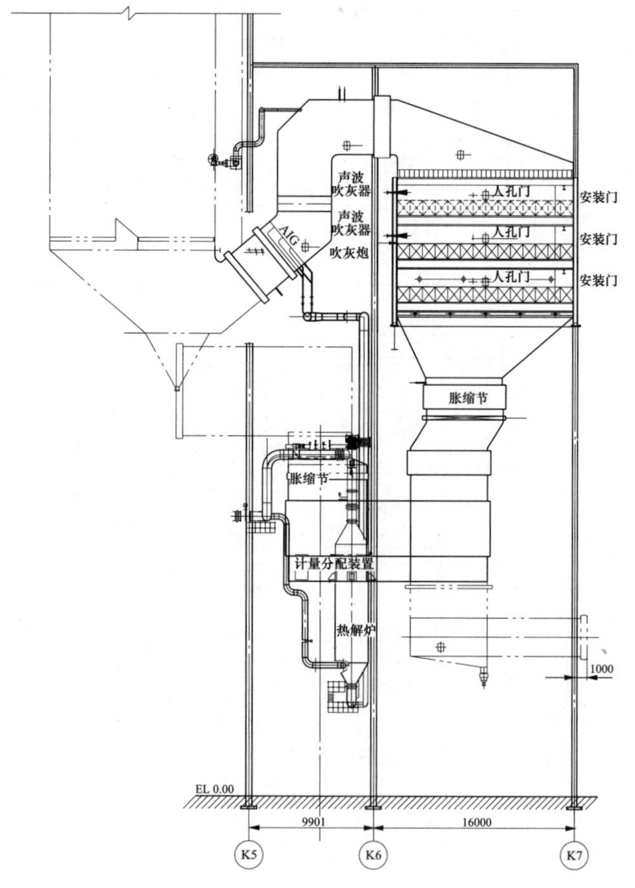

图 2-69　尿素热解炉立面布置（一）

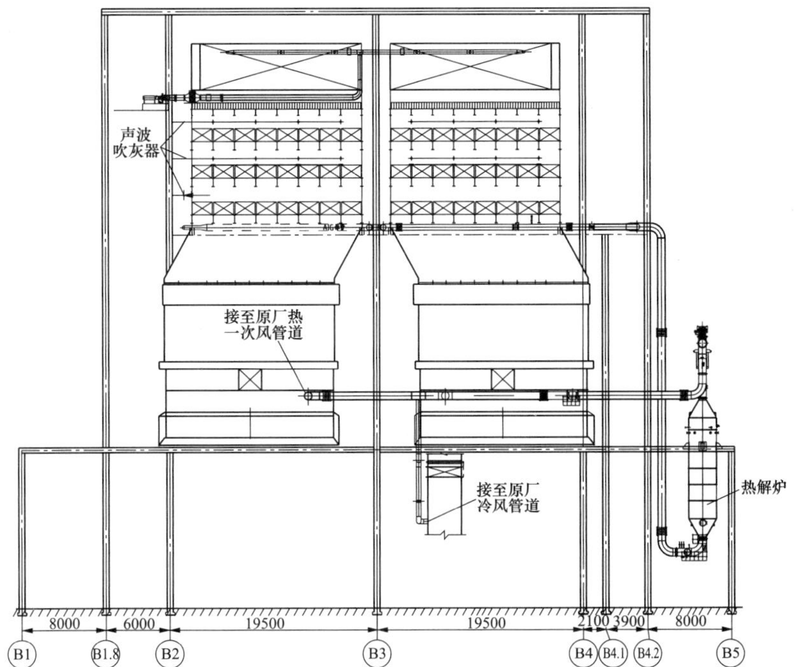

图 2-70　尿素热解炉立面布置（二）

第三章

烟尘处理工艺

烟尘处理工艺是指通过一个或多个处理设备捕集脱除烟气中颗粒物的处理工艺。该工艺用于燃煤火电机组烟气烟尘的去除，实现火力发电厂烟气中烟尘的达标排放和超低排放。

本章主要介绍烟气处理工艺及主体设备除尘器的分类及特性，电除尘器、袋式除尘器、电袋复合除尘器和湿式电除尘器的工作原理与特点、设备本体与布置、主要技术参数与计算、主要技术规范及工程应用案例。

第一节　除尘器分类及特性

根据除尘机理不同，除尘器可分为机械除尘器、电除尘器和机械-电混合除尘器三大类。根据除尘过程中是否采用液体进行除尘，又可分为干式除尘器和湿式除尘器。燃煤电厂中常用的除尘器主要有电除尘器、袋式除尘器、电袋复合除尘器和湿式电除尘器。

一、粉尘捕集机理

1. 重力沉降

重力沉降是指含尘气体中的粉尘在重力作用下自然沉降而得以分离的过程。重力沉降捕集最简单，效果也最差。粉尘重力分离机理主要适用于直径大于100～500μm的粉尘粒子。

2. 离心沉降

当含尘气体做曲线运行时，粉尘就受到离心力的作用，粉尘在离心力和流体阻力的作用下，沿着离心力方向沉降，称为离心沉降。在直径约1～2m的旋风除尘器内，可有效地捕集10μm以上大小的粉尘粒子。对某些需要分离微细粒子的场合通常用更小直径的旋风除尘器。

3. 惯性沉降

当含尘气体在运动过程中遇到障碍物（如液滴和纤维）时，气体则产生扰流，而气体中的粉尘因具有一定的质量而存在一定的惯性，在惯性的作用下，粉尘有保持原来运动方向的倾向，这种倾向随粉尘惯性的增大而增加。一般认为，粉尘的粒径越大，运动速度越大。这就使惯性大的粉尘因保持原来的运动方向而撞到障碍物（即捕集体）上，为惯性沉降。利用气流横断面方向上的小尺寸沉降体，就能有效地实现粉尘的惯性分离。

4. 扩散沉降

微粒的粉尘随气流运动过程中常伴随有布朗运动。由于布朗运动而使微细粉尘撞到捕集体上而被捕集，称为扩散沉降。粉尘粒径越小，含尘气体的温度越高，则发生扩散沉降的概率越大。

5. 静电沉降

在电厂中流动的含尘气体中粉尘若带有一定极性的静电量时，便会受到静电力的作用，在静电力和气流阻力的综合作用下，粉尘产生的沉降过程称为静电沉降。当颗粒受到的静电力和流体阻力达到平衡时，颗粒的静电沉降速度便达到最大值，习惯上称此速度为驱进速度。

6. 筛分作用

当含尘气体流经网孔或缝隙时，粒径大于网孔和缝隙的粉尘被截留，并使网孔和缝隙进一步变小，更小粒径的粉尘也会因此而被截留，以上捕尘机理可称为筛分作用。

7. 凝并作用

粉尘的凝并，是指微细粉尘通过不同途径相互接触而结合成较大颗粒的过程。凝并作用本身并不是一种除尘机理，但它可使微小的粉尘凝聚增大，有利于采用各种除尘方法去除。

工程上常用的各种除尘装置往往不是简单地依靠某一种除尘机理，而是几种除尘机理的综合运用。

二、除尘器性能指标

除尘器性能指标见表3-1。

表3-1　除尘器性能指标

序号	性能指标	含　义
1	除尘器效率	由除尘装置除下的粉尘量与未经除尘前含尘气体中所含粉尘量的百分比，可按浓度法或重量法计算，具体计算方法参见GB/T 13931—2017《电除尘器性能测试方法》

续表

序号	性能指标	含 义
2	出口粉尘浓度	标准状态下除尘器装置出口的粉尘浓度
3	出口粉尘量	标准状态下除尘器装置出口的粉尘总量

除尘装置出口的粉尘浓度和出口粉尘量是除尘装置的重要性能指标之一。经除尘装置净化后最终通过烟囱外排的气体，其含尘浓度不得大于国家和地方政府所规定的最大允许排放浓度，排出的粉尘量也应小于国家和地方政府指定的标准值。

三、除尘器的特性

针对不同的排放要求，除尘器的选择侧重点不同。工程实际选择时需要结合工程实际情况，综合比较各除尘设备技术经济性，各类除尘器特点比较见表 3-2。

表 3-2 各类除尘器的特点比较

序号	除尘器类型		技术特点及安全可靠性	经济性	占地面积
1	电除尘器	五电场	优点：除尘效率高、压力损失小、适用范围广、使用方便且无二次污染；设备安全可靠性好。 缺点：除尘效率受煤、飞灰成分的影响	设备费用低；年运行费用低；经济性好	占地面积大
		六电场			
2	袋式除尘器		优点：不受煤、飞灰成分的影响，出口烟气含尘浓度低且稳定；采用分室结构的能在 100%负荷下在线检修。 缺点：系统压力损失最大；对烟气温度、成分较敏感；若使用不当，滤袋容易破损并导致排放超标；目前旧滤袋资源化利用率较小	设备费用低；年运行费用高；经济性差	占地面积小
3	电袋复合除尘器		优点：不受煤、飞灰成分的影响，出口烟气含尘浓度低且稳定；破袋对排放的影响小于袋式除尘器。 缺点：系统压力损失较大；对烟气温度、成分较敏感；一般不能在 100%负荷下在线检修；目前旧滤袋资源化利用率较小	设备费用较高；年运行费用较高；经济性较差	占地面积小

针对烟尘达标排放（执行 30mg/m^3 或 20mg/m^3 排放标准限值），电除尘、袋式除尘、电袋复合除尘是达标排放可行技术。当电除尘器对煤种的除尘难易性为“较易”或“一般”时，宜选用电除尘技术；当煤种除尘难易性为“较难”时，600MW 级及以上机组宜优先选用电袋复合除尘技术，300MW 级及以下机组可选用电袋复合除尘技术或袋式除尘技术。针对烟尘超低排放（执行 10mg/m^3 或 5mg/m^3 排放标准限值），排放烟气中不仅包括烟尘，而且包括湿法脱硫过程中产生的次生颗粒物，可适当考虑采用湿式电除尘技术。

第二节 电除尘器

电除尘器的主要作用是将锅炉燃烧后烟气中的粉尘除掉，以净化排放到大气中的烟气，同时去除了烟气中的绝大多数粉尘后，可大大降低烟气中的粉尘对下游设备部件（如引风机叶片）的磨损，大大减少了对脱硫系统的不利影响，提高湿法脱硫副产品石膏的品质。近年来，电除尘器技术在常规技术基础上衍生出很多新技术，这些新技术从电除尘器的原理入手，通过优化工况条件、改变除尘工艺路线、克服常规电除尘器存在高比电阻粉尘引起的反电晕和振打引起的二次扬尘及细微粉尘荷电不充分的技术瓶颈，从而改善除尘器性能，提高除尘效率。目前，主要的新技术有旋转电极电除尘器技术与低低温电除尘器技术。

一、工作原理

（一）电除尘器的工作原理和特点

烟气中含有粉尘颗粒的气体，在接有高压直流电源的阴极线（又称电晕极）和接地的阳极板之间所形成的高压电场通过时，由于阴极发生电晕放电、气体被电离，此时，带负电的气体离子在电场力的作用下，向阳板运动，在运动中与粉尘颗粒相碰，则使尘粒荷以负电，荷电后的尘粒在电场力的作用下，也向阳极运动，到达阳极后，放出所带的电子，尘粒则沉积于阳极板上，从而得到净化的气体排出除尘器外。极板和极线上的飞灰颗粒通过振打等清灰方式被收集后输送到灰库。电除尘器工作原理示意见图 3-1。电除尘器的特点见表 3-3。

表 3-3 电除尘器的特点

项目	特 点
除尘效率	除尘效率高，对于煤种合适、设计合理的普通电除尘器的除尘效率可达到 99.8%以上；烟气量及入口烟尘浓度变化对除尘效率影响较大
适应烟气温度范围	烟气温度范围广，普通的电除尘器能处理 95～250℃的烟气，低低温电除尘器能处理 85～95℃的烟气

续表

项目	特　　点
适应烟气流量范围	处理烟气量大，电除尘器具有满足 4000000m^3/h（标准状态），甚至更多烟气量的处理能力
适应飞灰范围	应用范围受飞灰比电阻限制，电除尘器适合的比电阻范围为 $1\times10^4\sim5\times10^{11}\Omega\cdot cm$，对一些高比电阻的粉尘（如准格尔、新密、宣威等地区煤系），即使采用五电场电除尘器也很难确保排放浓度在 50mg/m^3（标准状态）以下
初投资成本	电除尘器用钢量大，占地面积大，初投资成本相对其他形式除尘器较大
运行成本	运行费用低，电除尘器本体烟气阻力较低（一般阻力小于 250Pa），因此引风机电耗较低；电除尘器结构简单，主要部件使用寿命长，检修间隔周期长，正常维护工作量和维护费用较低
烟气污染物协同治理效果	具有烟气污染物协同处理能力。电除尘器除能捕捉收集烟气中的灰尘外，还能捕捉烟气中的颗粒汞等大气污染物
二次污染	无二次污染

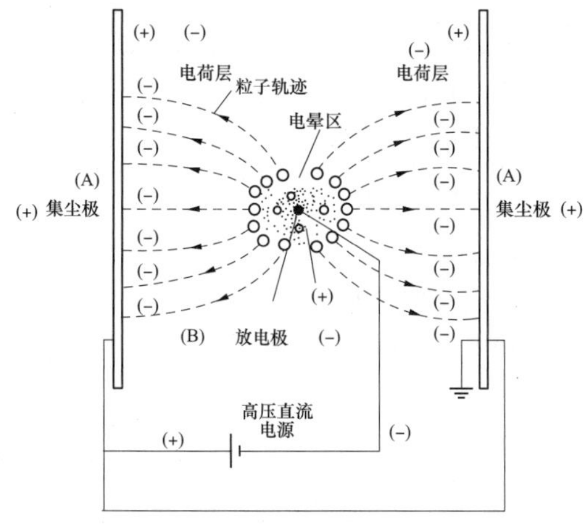

图 3-1　电除尘器工作原理示意

（二）旋转电极电除尘器的工作原理及特点

旋转电极电除尘器的除尘原理与常规电除尘器完全相同，主要区别在于清灰方式。常规电除尘器采用振打、声波等方式来达到清灰的目的；而旋转电极电除尘器的转动阳极板在驱动轮的带动下缓慢地上下移动，附着在极板上的粉尘在尚未达到形成反电晕的厚度时就随极板转移到非收尘区域，被正反转动的清灰刷刷除，粉尘直接刷落于灰斗中，最大限度地减少二次扬尘，旋转极板示意见图 3-2。由于集尘极能保持清洁状态且灰斗中的粉尘及时被除灰系统清除，有效克服了困扰常规电除尘器对高比电阻粉尘的反电晕及振打二次扬尘等问题，大幅度提高了除尘效率，同时降低了对煤种变化的敏感性。表 3-4 为旋转电极电除尘器的优缺点。

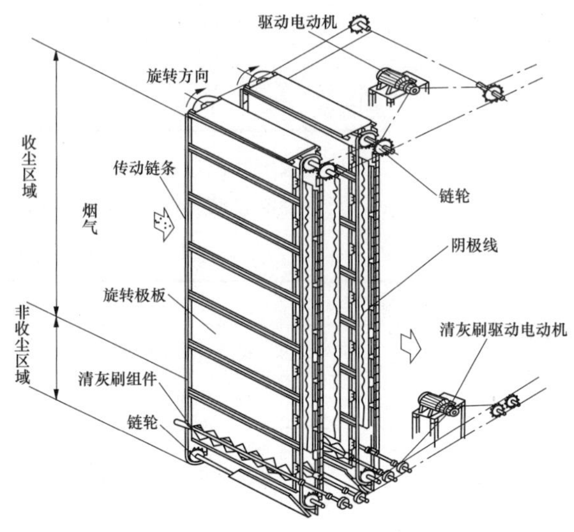

图 3-2　旋转极板示意

表 3-4　　旋转电极电除尘器的优缺点

优点	（1）保留了常规除尘器压力损失小、维护费用低、允许运行烟气温度高的优点 （2）能最大限度地减少二次扬尘，显著降低电除尘器粉尘排放浓度 （3）避免反电晕效应，有效解决了高比电阻粉尘的收尘问题 （4）能保持阳极板的长期清洁，电除尘器长期运行性能不会下降 （5）可使电除尘器小型化，节约场地 （6）特别适合于老机组改造，很多情况下，只需将末电场改造成旋转电极电场
缺点	（1）结构比较复杂，对设备的制造、安装工艺和运行可靠性要求高 （2）旋转电极相比常规电除尘器运动部件较多，发生故障的可能性相对较大；旋转电极上的链条、链轮长期在高粉尘环境里运行，存在磨损问题；极板在清灰过程中与清灰刷摩擦较大，清灰刷与极板间的间隙容易变大，需要及时调整 （3）与常规电除尘相比，极板和清灰刷驱动电动机消耗额外的电功率

（三）低低温电除尘器的工作原理及特点

通过烟气换热器（又称烟气冷却器、锅炉余热回收装置）降低电除尘器入口烟气温度至酸露点以下，使烟气中的大部分 SO_3 在烟气换热器中冷凝成硫酸雾并黏附在粉尘表面，使粉尘性质发生了很大的变化，降低了粉尘比电阻，避免了反电晕现象；同时，烟气温度的降低使烟气流量减小，并有效提高电场运行时的击穿电压，从而大幅度提高电除尘器的效率，并除去大部分 SO_3。表 3-5 为低低温电除尘器的优缺点。

表 3-5　　低低温电除尘器的优缺点

优点	(1) 相比常规的电除尘器，提高了除尘效率。 (2)低低温电除尘系统对 SO_3 的去除率一般在 80% 以上，最高可达 95% (3) 可有效提高湿法脱硫塔的除尘效率
缺点	(1) 飞灰比电阻降低会削弱捕集到阳极板上粉尘的静电黏附力，从而导致二次扬尘现象比常规电除尘器严重，需采取相应措施抑制二次扬尘 (2) 由于低低温电除尘器进口烟气温度降低了，相应灰斗中的飞灰温度也有所降低，飞灰流动性低于常规电除尘器，因此，除灰系统设计时应适当提高出力，避免灰管布置出现盲端

低低温电除尘器抑制二次扬尘可采取的措施包括：①降低烟气流速；②采用旋转电极；③采用离线振打；④设置合理的振打周期；⑤设置合理的振打制度，如末电场各室不同时振打，最后 2 个电场不同时振打等；⑥采取较小的电场长度或划分较小的振打区域；⑦在除尘器出口封头内设置槽型板，将二次扬尘再次捕集。

(四) 影响电除尘器效率的因素

影响电除尘器性能的因素很复杂，但大体上可分为三大类，见图 3-3。

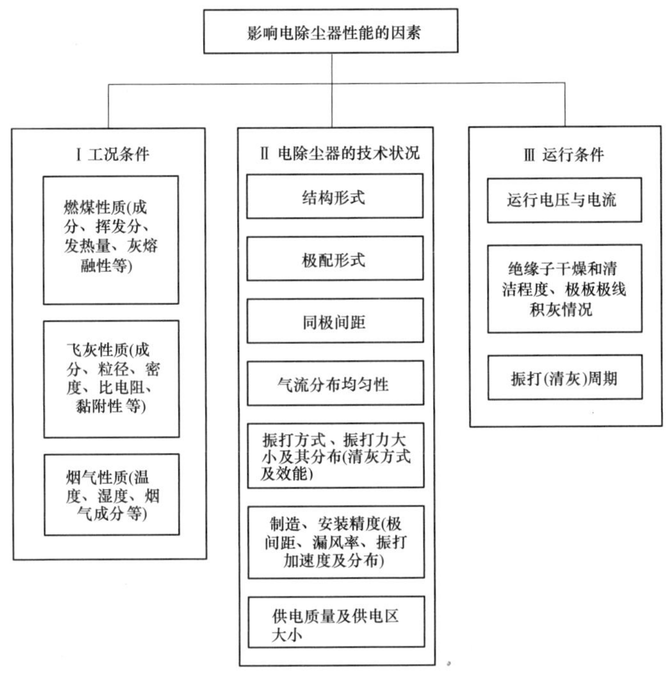

图 3-3　影响电除尘器性能的因素

1. 煤成分的影响

在煤的成分中，对电除尘器性能产生影响的主要因素有 S_{ar}、水分和灰分，其中 S_{ar} 对电除尘器性能的影响最大。

(1) S_{ar} 对电除尘器性能的影响。含 S_{ar} 量较高的煤燃烧后，烟气中含较多的 SO_2，在一定条件下，SO_2 以一定的比率转化为 SO_3。SO_3 易吸附在尘粒的表面，改善粉尘的表面导电性。S_{ar} 含量越高，工况条件下的粉尘比电阻也就越低，越有利于粉尘的收集，对电除尘器的性能起着有利的影响。燃煤中 S_{ar} 对比电阻的影响见图 3-4。

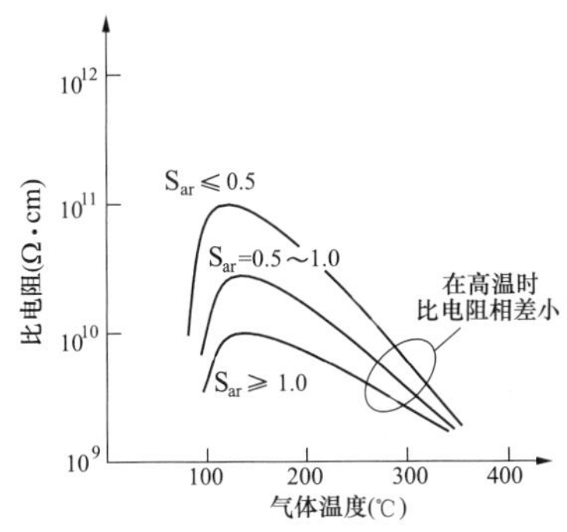

图 3-4　燃煤中 S_{ar} 对比电阻的影响

(2) 烟气中水分含量对电除尘器性能的影响。炉前煤水分高，烟气的湿度也就大，有利于飞灰吸附而降低粉尘表面电阻，粉尘的表面导电性也就好。另外，水分可以抓住电子形成重离子，使电子的迁移速度迅速下降，从而提高间隙的击穿电压。总之，水分高，则击穿电压高，粉尘比电阻下降，除尘效率提高。在燃煤含水量很高的锅炉烟气中，尤其是烟温不是很高时，水分对电除尘器的性能起着十分重要的作用。

(3) 煤的灰分对电除尘器性能的影响。灰分高低直接决定了烟气中的含尘浓度。对于特定的工艺过程来说，电除尘效率将随着烟尘浓度的增加而增加。但电除尘器对烟尘浓度有一定的适应范围，超过这个范围，会产生电晕封闭现象而使除尘效率下降。烟气含尘浓度高，所消耗表面导电物质的量大，对高硫、高水分的有利作用折减幅度大，综合来讲，高灰分对电除尘是不利的。

2. 烟气温度的影响

飞灰比电阻随着温度的变化而变化。一般粉尘的比电阻在烟气温度130～150℃时最高，因煤种而异。温度超过150℃左右时，比电阻随温度的升高而降低，温度从150℃下降至100℃时，飞灰比电阻的降幅可达一个数量级。温度降低，击穿电压提高，有利于提高运行电压；同时，减少烟气量，从而增大了比集尘面积，增加了烟气在电场中的停留时间，有利于提高除尘效率。图3-5显示了不同煤种的飞灰比电阻与温度的关系，可见对于低低温电除尘器在不同煤质条件下，其进口烟气的飞灰比电阻与常规电除尘器的进口烟气飞灰比电阻相比，都有不同程度的下降，而且都低于反电晕临界比电阻。

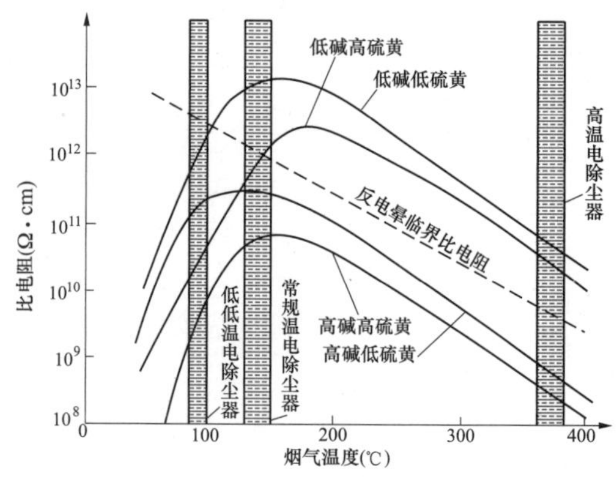

图3-5 不同煤种的飞灰比电阻与温度的关系

3. 飞灰成分的影响

Na_2O、Fe_2O_3对除尘效率有着有利的影响，Al_2O_3和SiO_2对除尘效率有着不利的影响。总体而言，当在一种煤质中低硫、低铁、低钠、低钾及高灰、超高铝、高硅等不利因素同时出现时，将导致烟尘密度轻、粒度细、比电阻高、电除尘器的收尘特性将非常差，属于特别困难的烟尘条件。

（1）Na_2O对电除尘器性能的影响。Na_2O可增加飞灰体积导电，也有利于增大表面导电离子浓度，使比电阻下降，有利于除尘。有的低硫煤，若Na_2O在2%以上时，不但不发生反电晕，除尘效率仍很高。

（2）Fe_2O_3对电除尘器性能的影响。此处Fe_2O_3是铁的氧化物的总称，包括FeO、Fe_2O_3、Fe_3O_4等，铁的氧化物容易转换成液相，使飞灰粒度变粗，有利于将SO_2转化SO_3；而且它可使灰熔融温度降低，K_2O通过它使飞灰体积导电增加，为有利因素。

（3）K_2O对电除尘器性能的影响。K_2O和Na_2O作用一样，对除尘是有利的，但K离子较大且转变为玻璃相，并需通过Fe_2O_3起作用，因此它比Na_2O的作用小。有关研究表明，其对除尘性能的贡献率约为Na_2O的20%。

（4）SO_3对电除尘器性能的影响。飞灰中的SO_3是将飞灰中不同种类硫化物分子中的硫，统一折合为SO_3分子式来表示的，所以它并不是单一的SO_3，并且它是以固态形式存在，其活性或大部分活性已失去，因而其对除尘性能的影响较小。

（5）Al_2O_3对电除尘器性能的影响。Al_2O_3熔融温度高、导电性差是飞灰高比电阻的主要因素之一，其含量越高，飞灰比电阻越高，粒子也偏细，不利于除尘。

（6）SiO_2对电除尘器性能的影响。SiO_2熔融温度高、导电性差是飞灰高比电阻的主要因素之一，其含量越高，飞灰比电阻越高，粒子也偏细，不利于除尘。

（7）CaO对电除尘器性能的影响。CaO易和SO_3生成$CaSO_4$，从而削弱SO_3的作用，并导致飞灰粒度减小，因此是不利因素。

（8）MgO对电除尘器性能的影响。MgO易和SO_3生成$MgSO_4$，从而削弱SO_3的作用，并导致飞灰粒度减小，因此是不利因素。

（9）飞灰可燃物对电除尘器性能的影响。飞灰可燃物C_{fh}可使飞灰比电阻下降，但在其被收集到极板后很容易返回。$C_{fh}\leq5\%$时，可视为有利因素；当$5\%<C_{fh}\leq8\%$时，有时有不利影响；$C_{fh}>8\%$时，易造成二次飞扬，对除尘不利。

二、设备本体及布置

电除尘器主要由两大部分组成，一部分是电除尘器本体部分，烟气在其中完成净化过程，是电除尘器的主体设备；另一部分是用于高压直流电的供电和低压控制装置的电气系统，也是电除尘器的重要组成部分。本体系统和电气系统共同实现电除尘器安全、稳定、高效运行。电除尘器部件组成示意见图3-6。

（一）电除尘器本体

电除尘器本体也称机械部分，可划分为内部构件、外壳部件和附属部件。内部构件主要包括阴极系统、阳极系统、槽型板系统、振打装置；外壳部件主要包括进出口喇叭、灰斗、壳体和屋顶；附属部件包括保温结构、支承、接地装置和平台扶梯等。电除尘器结构见图3-7。

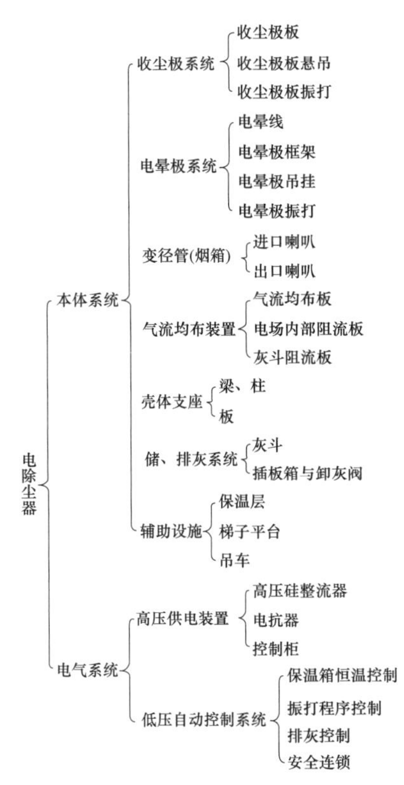

图 3-6　电除尘器部件组成示意

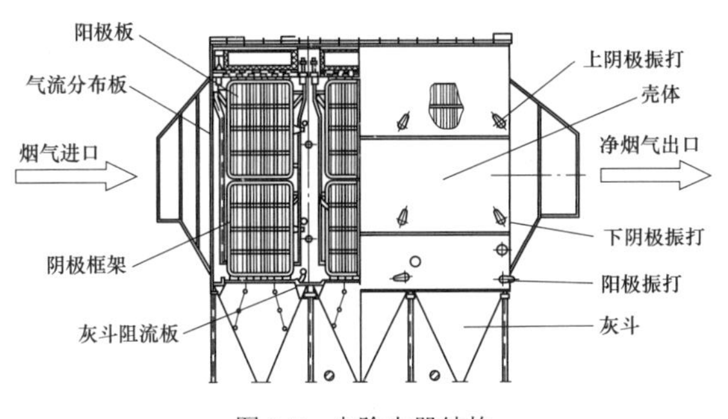

图 3-7　电除尘器结构

1. 阴极系统（电晕极系统）

阴极系统又称电晕极系统，包括阴极线、阴极线框架、框架吊杆及支持套管、电晕极振打装置等部分。常见的电晕线类型可分为芒刺线和非芒刺线两大类，具体分类见表 3-6。阴极系统是产生电晕、建立电场的最主要构件，它决定了放电的强弱，影响烟气中粉尘荷电的性能，直接关系着除尘效率。阴极系统的强度和可靠性也直接关系着除尘器的安全运行。

表 3-6　　芒刺线和非芒刺线分类

芒刺线	非芒刺线
管状芒刺线（二刺、四刺、多刺）	星型线

续表

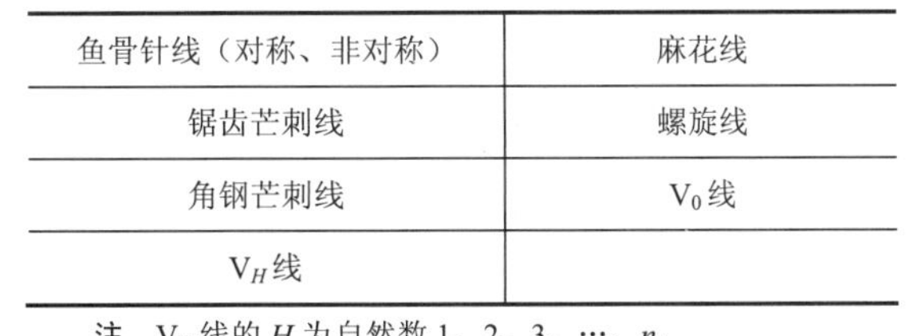

芒刺线	非芒刺线
鱼骨针线（对称、非对称）	麻花线
锯齿芒刺线	螺旋线
角钢芒刺线	V_0 线
V_H 线	

注　V_H 线的 H 为自然数 1、2、3、…、n。

2. 阳极系统（收尘极系统）

阳极系统又称收尘极系统，由若干阳排极板与电晕极相间排列组成电场，它是使粉尘沉积的重要部件，直接影响电除尘器的效率。阳极系统由阳极悬挂装置、阳极板和撞击杆等零部件组成。电除尘器阳极板的基本结构类型按断面形状分为 C 型、W 型、Z 型三类。湿式电除尘器阳极板按材料分为金属板式极板、导电非金属极板和柔性极板三大类；按截面类型分为 C 型、818 型等金属极板、六边蜂窝型截面导电非金属极板、方型截面柔性极板四大类。C 型极板具有良好的收尘性能，并且刚度大、振打性能好。由于极板的正反面都能起到收尘作用，所以两面的面积均应计入收尘面积。

3. 清灰装置（振打装置）

振打装置是除尘器的清灰机构，通过振打装置将除尘极板上沉积的粉尘振落到灰斗中，这一过程称为清灰。尘粒沉积在阳极板上达到一定厚度就需要振打清灰，以恢复收尘能力。如阳极板清灰效果不佳，阳极板上剩余的粉尘厚度较厚，就会形成较大的电压降，减少烟气中的电场强度，影响收尘效果，并且还会产生返电晕，使阳极板上的粉尘又返回到烟气中。烟气中的粉尘有一部分带上正电荷，会沉积在阴极线上，同样需要通过振打清灰，恢复阴极线的放电能力。如阴极线清灰效果不佳，就不能有效地放出电子使烟气中的粉尘充分荷电，严重时会产生电晕封闭，导致二次电流很小，降低收尘效率。清灰方式按驱动来源有电磁振打和机械振打两种，按振打位置有顶部振打和侧部振打两种。

4. 进口喇叭

进口喇叭是进口烟道和电场外壳之间的连接过渡段。进口喇叭内部装有气流均布板，使烟道中来的烟气尽可能均匀地进入全电场截面。为实现上述目标，制造厂还应根据设计院设计的进出口烟道布置，用计算机建立数值模型，以提供在进口烟道设置导流板的设计方案，在特殊情况下也可搭建物理模型进行模拟试验。

5. 灰斗

灰斗是收集震落的灰尘的容器。灰斗与除灰系统连接，一般定时排灰。为防止灰斗中积灰过多造成电晕极接地，或者积灰过少造成空气泄入引起二次飞扬，电除尘器的灰斗设置灰斗料位计来显示料位信号和高低料位报警。为防止灰斗中积灰温度过低至露点以下使飞灰板结，通常在灰斗下部设置加热装置，加热装置有电加热和蒸汽加热两种类型。对于低低温电除尘器，由于飞灰温度更低，灰斗加热高度不低于灰斗高度的 2/3。

（二）电除尘器电气系统

电除尘器高压电源类型有很多，具体分类见表 3-7。

表 3-7　　电除尘器高压电源类型

按工作频率分类	高频高压电源
	工频高压电源
	中频高压电源
按电源输入类型分类	单相输入的高压电源
	三相输入的高压电源
按输出类型分类	直流高压电源
	脉冲高压电源
按输出特性分类	电压源
	电流源

1. 单相工频高压直流电源

单相工频高压直流电源（简称“工频电源”）是电除尘器目前最为成熟和应用最多的电源。现代工频高压直流电源均采用了先进的智能型控制器，比传统的模拟控制具有更强的智能控制性能和更高的可靠性，确保电除尘器高效运行；它内置了自动分析电除尘器的电场工况特性、降功率振打和反电晕控制等技术，具备了独立的控制和优化能力，拥有更加完善的火花跟踪和处理功能。经过长期的使用和完善，已形成稳定可靠的控制技术和成熟的生产工艺，具有灵活多变的控制方式，根据不同的工况状态，选择不同的工作方式。一般具有以下几种工作方式：火花跟踪控制方式、最高平均电压控制方式、间歇脉冲控制方式、反电晕检测控制方式、临界火花控制方式等。

工频电源是一种经典的电除尘器供电设备，技术成熟、运行可靠、维护简便，适用于绝大多数电除尘工况应用条件。与高频高压直流电源等新型电源相比，在克服高浓度粉尘电晕封闭和高比电阻反电晕等方面略显不足，功率因数和设备效率也较低。

2. 高频高压直流电源

高频高压直流电源（简称“高频电源”）是新一代的电除尘器供电电源，其工作频率为几十千赫兹。它不仅具有重量轻、体积小、结构紧凑、三相负载对称、功率因数和效率高的特点，更具有优越的供电性能。大量的工程实例证明，高频电源在提高除尘效率、节约能耗方面，具有非常显著的效果。该种电源适合的应用场合如下：

（1）高频电源适用于各种除尘工况。

（2）高频电源特别适用于高粉尘浓度的电场，可提高电场的工作电压和电流，特别是在电除尘器入口粉尘浓度高于 $30g/m^3$ 和高电场风速（大于 1.1m/s）时。

（3）当粉尘比电阻比较高时，后级电场的高频电源可选用间歇脉冲供电工作方式以克服反电晕，可提高除尘效率并节能。

3. 脉冲高压电源

脉冲高压电源是电除尘配套使用的新型高压电源。目前常见的主要为一个直流高压电源和一个脉冲高压电源叠加而成，直流高压电源可采用工频电源、高频电源等。它有两种结构形式，一种是一体化设计的电源，另一种是基础直流高压单元利用原有直流电源（利旧）改造。该种电源适合的应用场合如下：

（1）脉冲高压电源可适用于各种除尘工况。

（2）脉冲高压电源尤其适用于高比电阻粉尘和微细粉尘的后级电场改造，改善效果特别显著。

4. 高频恒流高压电源

高频恒流高压电源（简称“高频恒流电源”）具有电流源输出特性、功率因数高、转换效率高、在允许的工作频率范围内可实现无级调频（调整电流）、工作电压高、电流大等优点。该种电源适合的应用场合如下：

（1）湿式电除尘、电除雾、电捕焦和电场工作条件恶劣、放电条件不利、电场存在瞬态/稳态短路的场合。

（2）本体材质不能承受经常性击穿的场合。

5. 三相高压直流电源

三相高压直流电源（简称“三相电源”）是采用三相 380V、50Hz 交流输入，各相电压、电流、磁通的大小相等，相位上依次相差 120°，通过三路六只可控硅反并联调压，经三相变压器升压整流，对电除尘器供电。三相电源电网供电平衡，无缺相损耗，功率因数高，可减少初级电流，设备效率较常规电源高，容易实现超大功率。该种电源适合的应用场合如下：

（1）三相电源应用于高浓度粉尘的电场，可提高电场的工作电压和荷电电流。

（2）适合应用于电除尘器比较稳定的工况条件。

（3）对于中、低比电阻粉尘，需要提高运行电流的场合，可显著提高除尘效率。

6. 恒流高压直流电源

恒流高压直流电源（简称“恒流电源”）具有电流源输出特性、电晕功率高、功率因数高等优点。该种电源适合的应用场合如下：

（1）广泛应用于导电玻璃钢湿式电除尘。

（2）电除尘器升级改造、电除雾和电捕焦场合。

三、主要技术参数及计算

（一）与电除尘器结构相关的主要技术参数

1. 电场

沿气流运动方向将除尘器分成若干区域，每一区域有完整的收尘极板和放电极，并配置有高压电源装置，形成一个独立的收尘区域称为收尘电场。通常电除尘器有3～6个电场。

2. 停留时间

烟气流过电场长度（通常指全部电场的长度）所需时间，即电场长度与烟气流速之比，单位：秒（s）。

3. 集尘面积

收尘极的有效投影面积，单位：m^2。由于极板的两个侧面都起收尘作用，因此两面均应计入集尘面积。

4. 电场有效通流面积

电场有效通流面积计算公式为

$$A_e=H\times B \tag{3-1}$$

式中 A_e——电场有效通流面积，m^2；

H——电场有效高度（有电场效应的阳极板高度），m；

B——电场有效宽度（电除尘器同性电极中心距与烟气通道数的乘积），m。

5. 极板有效面积

极板有效面积计算公式为

$$A_j=2N\times H\times L \tag{3-2}$$

式中 A_j——极板有效面积，m^2；

N——通道数，个；

L——电场有效长度，m。

（二）与电除尘器效率相关的主要技术参数

1. 除尘效率

进行电除尘性能试验时，除尘效率的计算公式为

$$\eta=\frac{G'-G''}{G'}\times 100\% \tag{3-3}$$

式中 η——除尘效率，%；

G'、G''——单位时间电除尘器进、出口的烟尘质量，kg/h。

电除尘器设计时，电除尘器效率计算公式可采用Deutsch公式，为

$$\eta=1-e^{-\omega\cdot A/Q} \tag{3-4}$$

式中 ω——驱进速度，cm/s；

A——总集尘面积，m^2；

Q——电除尘器进口的烟气流量，m^3/s。

2. 比集尘面积

比集尘面积是单位烟气流量所分配到的收尘面积，即收尘面积与烟气流量之比，单位 $m^2/(m^3\cdot s^{-1})$。比集尘面积的大小对除尘器效率影响很大，是除尘器的重要参数之一。计算公式为

$$D=A_j/Q \tag{3-5}$$

式中 D——比集尘面积，$m^2/(m^3\cdot s^{-1})$；

A_j——极板有效面积，m^2；

Q——电除尘器进口的烟气流量，m^3/s。

（三）收尘难易性表征技术参数

根据飞灰成分评价电除尘器的除尘难易性可根据表3-8。煤、飞灰主要成分重量百分比含量满足表3-8中的一个条件即可评判该煤种的除尘难易程度。

表3-8 电除尘器对煤种的除尘难易性评判

较易	（1）Na_2O>0.3%，且 S_{ar}≥1%，且（$Al_2O_3+SiO_2$）≤80%，同时 Al_2O_3≤40%； （2）Na_2O>1%，且 S_{ar}>0.3%，且（$Al_2O_3+SiO_2$）≤80%，同时 Al_2O_3≤40%； （3）Na_2O>0.4%，且 S_{ar}>0.4%，且（$Al_2O_3+SiO_2$）≤80%，同时 Al_2O_3≤40%； （4）Na_2O≥0.4%，且 S_{ar}>1%，且（$Al_2O_3+SiO_2$）≤90%，同时 Al_2O_3≤40%； （5）Na_2O>1%，且 S_{ar}>0.4%，且（$Al_2O_3+SiO_2$）≤90%，同时 Al_2O_3≤40%
一般	（1）Na_2O≥1%，且 S_{ar}≤0.45%，且 85%≤（$Al_2O_3+SiO_2$）≤90%，同时 Al_2O_3≤40%； （2）0.1%<Na_2O<0.4%，且 S_{ar}≥1%，且 85%≤（$Al_2O_3+SiO_2$）≤90%，同时 Al_2O_3≤40%； （3）0.4%<Na_2O<0.8%，且 0.45%<S_{ar}<0.9%，且 80%≤（$Al_2O_3+SiO_2$）≤90%，同时 Al_2O_3≤40%； （4）0.3%<Na_2O<0.7%，且 0.1%<S_{ar}<0.3%，且 80%≤（$Al_2O_3+SiO_2$）≤90%，同时 Al_2O_3≤40%
较难	（1）Na_2O≤0.2%，且 S_{ar}≤1.4%，同时（$Al_2O_3+SiO_2$）≥75%； （2）Na_2O≤0.4%，且 S_{ar}≤1%，同时（$Al_2O_3+SiO_2$）≥90%； （3）Na_2O<0.4%，且 S_{ar}<0.6%，同时（$Al_2O_3+SiO_2$）≥80%

注 S_{ar} 指煤收到基中含硫量，氧化物指飞灰（烟尘）中的成分。

国内常用煤种的除尘难易性评价可参考表3-9。

表3-9 国内常用煤种的除尘难易性评价

除尘难易性评价	煤种名称	产地
容易	筠连无烟煤	四川
	重庆松藻矿贫煤	重庆
	神府东胜煤	陕西、内蒙古

续表

除尘难易性评价	煤种名称	产地
容易	神华煤	陕西、内蒙古
	神木烟煤	陕西
	锡林浩特胜利煤田褐煤	内蒙古
较容易	陕西黄陵煤	陕西
	陕西烟煤	陕西
	龙堌矿烟煤	山东
	珲春褐煤	吉林
	平庄褐煤	内蒙古
	晋北煤	山西
	纳雍无烟煤	贵州
	水城烟煤	贵州
	铁法矿煤	辽宁
	永城煤种	河南
	江西丰城煤	江西
	俄霍布拉克煤	新疆
	大同地区煤	山西
	乌兰木伦煤	内蒙古
	古叙煤田的无烟煤	四川
	山西平朔2号煤	山西
	活鸡兔煤	陕西
一般	陕西彬长矿区烟煤	陕西
	山西平朔煤	山西
	宝日希勒煤	内蒙古
	金竹山无烟煤	湖南
	水城贫瘦煤	贵州
	滇东烟煤	云南
	山西无烟煤	山西
	龙岩无烟煤	福建

续表

除尘难易性评价	煤种名称	产地
一般	鸡西烟煤	黑龙江
	新集烟煤	河北
	淮南煤	安徽
	平朔安太堡煤	山西
	神华株罗纪煤	陕西
	山西贫瘦煤	山西
	鹤岗煤	黑龙江
	山西汾西煤	山西
较难	霍林河露天矿褐煤	内蒙古
	淮北烟煤	安徽
	大同塔山煤	山西
	同忻煤	山西
	伊泰4号煤	内蒙古
	兖州煤	山东
	山西晋城赵庄矿贫煤	山西
	郑州贫煤（告成矿）	河南
	来宾国煤	广西
难	平顶山烟煤	河南
	准格尔煤	内蒙古

注 1. 西南地区的高硫煤除尘难易性评价多为“容易”。
2. 山西煤种除大同塔山煤、同忻煤等以外，除尘难易性评价多为“较容易”或“一般”。
3. 河南、河北及东北地区煤种除尘难易性评价多为“一般”。
4. 内蒙古的准格尔煤和陕西神府东胜煤是两种典型煤种，其他煤种除尘难易性也参差不齐。

（四）电除尘器主要工艺参数与排放浓度的关系

电除尘器的主要工艺参数与排放浓度的关系见表3-10，表中仅对有要求的主要工艺参数进行了界定。

表3-10　电除尘器的主要工艺参数与排放浓度的关系

序号	项目	单位	要求			备注
1	入口烟气温度	℃	—			当采用常规电除尘器时
			90±5			当采用低低温电除尘器时
2	漏风率	%	≤3（电除尘器、300 MW级及以下的低低温电除尘器）			
			≤2（300 MW级以上的低低温电除尘器）			
3	常规电除尘器比集尘面积	$m^2/(m^3\cdot s^{-1})$	$D_1\geqslant100$	$D_2\geqslant120$	$D_3\geqslant140$	c_{out}限值为50 mg/m³时
			$D_1\geqslant110$	$D_2\geqslant140$	—	c_{out}限值为30 mg/m³时
			$D_1\geqslant130$	—	—	c_{out}限值为20 mg/m³时

续表

序号	项目	单位	要求			备注
4	低低温电除尘器比集尘面积	$m^2/(m^3·s^{-1})$	D_1≥80	D_2≥90	D_3≥100	c_{out}限值为 50mg/m³ 时
			D_1≥95	D_2≥105	D_3≥115	c_{out}限值为 30mg/m³ 时
			D_1≥110	D_2≥120	D_3≥130	c_{out}限值为 20mg/m³ 时
5	同极间距	mm	300～500			
6	烟气流速	m/s	0.8～1.2			
7	气流分布均匀性相对均方根差	—	≤0.25			
8	灰硫比	—	>100			当采用低低温电除尘器时

注 “c_{out}”为电除尘器出口烟尘浓度，“D_1”“D_2”“D_3”依次为入口含尘浓度不大于 30g/m³（标准状态），电除尘器对煤种的除尘难易性对应上文“电除尘器对煤种的除尘难易性评判”中“较易、一般、较难”时的比集尘面积值。当入口含尘浓度大于30g/m³（标准状态）时，表中比集尘面积酌情分别增加 5～15$m^2/(m^3·s^{-1})$。

（五）灰硫比

1. 灰硫比定义

灰硫比（D/S），即粉尘浓度（mg/m³）与 SO_3 浓度（mg/m³）之比。

2. 灰硫比估算公式

根据硫元素在锅炉、脱硝等系统中的转化规律、物料平衡法和元素守恒定律推导了燃煤电厂烟气灰硫比估算公式为

$$C_{D/S}=\frac{c_D}{c_{SO_3}} \tag{3-6}$$

式中 $C_{D/S}$ ——灰硫比值；

c_D ——低低温除尘器上游的烟气冷却器入口粉尘浓度，mg/m³；

c_{SO_3} ——低低温除尘器上游的烟气冷却器入口 SO_3 浓度，mg/m³，可按式（3-7）进行计算。

$$c_{SO_3}=\frac{80\times k_1\times k_2\times B_g\times\left(1-\frac{q_4}{100}\right)\times\frac{S_{ar}}{100}\times10^9}{3600\times32\times Q} \tag{3-7}$$

式中 k_1——燃煤中收到基硫转化为 SO_2 的转化率（煤粉炉取 0.9，循环流化床锅炉取 1）；

k_2——SO_2 向 SO_3 的转换率（包括锅炉燃烧中的氧化和 SCR 脱硝催化氧化，一般取 1.8%～2.2%，煤的含硫量高时取下限，含硫量低时取上限），%；

B_g——锅炉燃煤量，t/h；

q_4——锅炉机械未完全燃烧的热损失（在灰硫比估算时可取 0）；

S_{ar} ——煤中收到基硫分，%；

Q ——电除尘器进口的烟气流量，m³/s。

当灰硫比大于 100 时，低低温电除尘器一般不存在低温腐蚀风险。通过对国外燃煤电厂低低温电除尘器灰硫比的综合分析，并结合国内部分典型燃煤电厂灰硫比计算结果认为，低低温电除尘器对我国煤种的适应性较好。

四、主要技术规范

（一）电除尘器性能保证

以下指标为电除尘器性能保证值：

（1）保证效率（烟道烟气流量及含尘量分布不均匀造成的除尘器效率下降不允许修正）。

（2）本体阻力。

（3）本体漏风率。

（4）气流均布系数。

（5）噪声。

达到上述性能保证值的条件如下：

（1）每台电除尘器一个供电区不工作，但是单室电除尘器的除外。

（2）入口烟气量按锅炉 BMCR 工况下的烟气量加10%，且该工况下的烟气温度加 10℃的条件下。不能以烟气调质剂作为性能保证的条件。

（3）高海拔地区，需要对烟气流量进行修正。

（二）电除尘器机械设计要求

对于常规的电除尘器，机械设计的主要技术要求应符合 DL/T 514《电除尘器》的有关规定和如下要求：

（1）电除尘器的钢结构设计温度为 300℃，当锅炉尾部燃烧时，除尘器应允许在 350℃正压条件下运行 30 分钟而无损坏。

（2）电除尘器的设计正（负）压同锅炉炉膛的设计正（负）压。

（3）灰斗及排灰口的设计应保证灰尘能自由流动排出灰斗。灰斗的容积应按除尘器进口最大含尘量（设计煤种或校核煤种）至少满足锅炉 16h 满负荷运

行设计，但灰斗荷载应按灰斗最大可能的储灰量设计。灰斗的设计应考虑防止在恶劣情况下灰斗脱落造成事故。

（4）每台除尘器的进口都应配备多孔板或其他形式的均流装置，以便烟气均匀地流过电场。

（5）绝缘子应设有加热装置。

（6）为避免烟气短路，灰斗内应装有阻流板，它的下部尽量距排灰口远些。灰斗斜壁与水平面的夹角不应小于 65°。相邻壁交角的内侧应做成圆弧形，圆角半径大于 200mm，以保证灰尘自由流动。除尘器本体、烟道、灰斗包括相邻壁的交线应设计成双面满焊，确保不漏灰。

（7）灰斗应有良好的保温措施，灰斗的加热采用板式电加热方式或电阻加热方式。

（8）灰斗应设有防止灰斗内灰结拱的气化装置，每只灰斗设一组气化装置，气化装置由除尘器气化风机供气。

（9）阳极板的厚度不小于 1.5mm。所有阳极板和阴极线框架均应铅垂安装，应有防止其摆动的措施。振打装置应有防止反转的措施。

（10）除尘器钢结构应能承受下列荷载：

1）除尘器荷载（自重、保温层重、附属设备、最大存灰重等）。

2）地震荷载。

3）风载。

4）雪载。

5）检修荷载。

6）正、负压。

7）部分烟道和除灰系统管道及设备荷重。

8）除尘器前综合管架传递过来的荷载。

（11）除尘器支承结构应是自撑式的，能把所有垂直和水平负荷转移到柱子基础上，任何水平荷载都不能转移到别的结构上。

（12）除尘器壳体及灰斗壁厚度不小于 5mm，并设有防止变形的支撑管，支撑管两端加覆不小于 10mm 厚的钢板。

对于低低温电除尘器，还应满足如下技术要求：

（1）绝缘子应设有加热装置。为防止高压绝缘瓷件表面结露爬电产生断路现象，对绝缘子有效加热的同时，应设置热风吹扫系统。阳极振打轴穿过电除尘器壳体周围 1m 钢板内衬 ND 钢。

（2）灰斗的加热面积不小于灰斗高度的 2/3，使灰斗壁温不低于 120℃，且高于烟气露点温度 5～10℃。选用的电加热器性能可靠、寿命长，并设置恒温装置，以保持电加热器安全、稳定运行。第一电场灰斗板内壁加衬 316L 不锈钢板，厚 3mm；在所有人孔门周围 1m 内壳体钢板采用 ND 钢，同时，内侧人孔门内板采用 316L 不锈钢，以防局部腐蚀。低低温电除尘器的气流分布均匀性相对均方根差应不大于 0.25，流量分配极限偏差应不大于±5%。

（3）低低温电除尘器的同极间距宜为 300～500mm。低低温电除尘器的电场烟气流速宜为 0.8～1.0m/s，采用离线振打技术时，关闭振打通道挡板门后，电场烟气流速宜不大于 1.2 m/s。当场地受限时，可采用旋转电极式电除尘技术或离线振打技术。

（4）阳极板应符合 JB/T 5906《电除尘器　阳极板》的规定；阴极线应采用不易受烟尘黏附影响的形式，并应符合 JB/T 5913《电除尘器　阴极线》的规定，当采用芒刺型极线时，芒刺宜采用不锈钢材料。

五、典型应用案例

（一）技术路线

某 2×660MW 机组采用以低低温电除尘技术为核心的烟气协同治理技术路线，系统中不设置湿式电除尘器，每台锅炉配套 2 台双室五电场低低温电除尘器，采用的技术路线为 SCR 脱硝装置+烟气换热器+低低温电除尘器+高效湿法脱硫（WFGD）装置，见图 3-8。

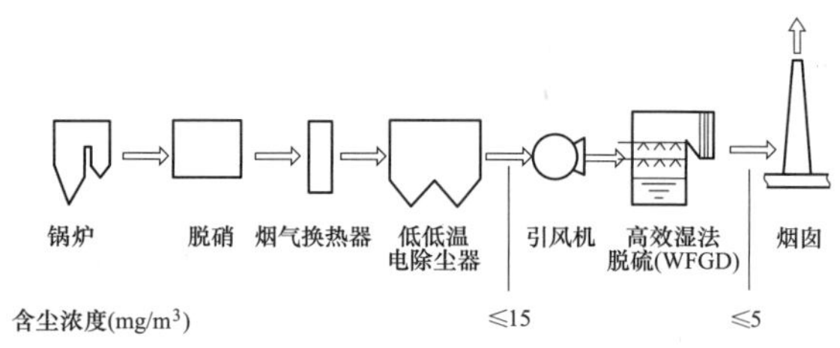

图 3-8　烟气治理技术路线

（二）设计条件

机组煤质、灰成分分析分别见表 3-11 和表 3-12。低低温电除尘器入口烟气参数及性能要求见表 3-13。

表 3-11　　煤 质 分 析

名称及符号		单位	设计煤种	校核煤种
			神华混煤	混煤
工业分析	全水分 M_t	%	21.1	13.5
	收到基灰分 A_{ar}	%	6.6	18.04
	干燥无灰基挥发分 V_{daf}	%	36.51	38
收到基低位发热量 $Q_{net,ar}$		MJ/kg	21.71	20.92
哈氏可磨系数　HGI			58	68
变形温度 DT		℃	1100	1230
软化温度 ST		℃	1110	1250

续表

名称及符号		单位	设计煤种	校核煤种
			神华混煤	混煤
流动温度 FT		℃	1130	1310
元素分析	收到基碳 C_{ar}	%	58	54.1
	收到基氢 H_{ar}	%	2.99	3.63
	收到基氧 O_{ar}	%	10.13	9.11
	收到基氮 N_{ar}	%	0.61	0.95
	全硫 $S_{t,ar}$	%	0.57	0.67

表 3-12　灰成分分析

名称及符号		单位	设计煤种	校核煤种
			神华混煤	混煤
灰分分析	二氧化硅 SiO_2	%	42.98	45.8
	三氧化二铝 Al_2O_3	%	27.92	37.17
	三氧化二铁 Fe_2O_3	%	8.61	7.09
	氧化钙 CaO	%	11.75	4.98
	氧化镁 MgO	%	2.05	0.7
	五氧化二磷 P_2O_5	%	0.12	0.1
	三氧化硫 SO_3	%	2.7	1.5
	氧化钠 Na_2O	%	2.98	0.38
	氧化钾 K_2O	%	0.94	0.39
	二氧化钛 TiO_2	%	0.78	1.18

表 3-13　低低温电除尘器入口烟气参数及性能要求

序号	参数名称	单位	技术参数
1	入口烟气量（设计煤种、考虑裕量）	m^3/h	1453320
2	入口含尘浓度（设计煤种）	g/m^3	9.17
3	入口烟气温度	℃	90
4	除尘效率（设计煤种）	%	≥99.84
5	出口烟尘浓度	mg/m^3	≤15

（三）技术方案

对低低温电除尘器进口烟气的酸露点进行了计算，设计煤种与校核煤种的酸露点值分别为 98.87℃和 96.82℃。计算设计煤种灰硫比为 218，校核煤种灰硫比为 484，可以认为不存在低温腐蚀风险，适合采用低低温电除尘技术。低低温电除尘器的主要技术参数（为一台除尘器的数据）见表 3-14。

表 3-14　低低温电除尘器的主要技术参数

序号	项目			单位	参数
1	烟气换热器正常投运时	设计煤种	烟气量（考虑裕量）	m^3/h	1453320
			烟气温度（考虑裕量）	℃	90
			保证效率	%	≥99.84
		校核煤种	烟气量（考虑裕量）	m^3/h	1460088
			烟气温度（考虑裕量）	℃	90
			保证效率	%	≥99.94
2	本体阻力			Pa	≤200
3	本体漏风率			%	≤1.5
4	噪声			dB（A）	<80
5	有效断面积			m^2	483.6
6	长高比				1.55
7	室数/电场数				2/5
8	通道数			个	2×39
9	比集尘面积/一个供电区不工作时的比集尘面积			$m^2/(m^3 \cdot s^{-1})$	设计煤种：162.1/146.9；校核煤种：161.33/146.21
10	驱进速度/一个供电区不工作时的驱进速度			cm/s	设计煤种：3.78/4.17；校核煤种：4.51/4.87
11	烟气流速			m/s	设计煤种：0.74；校核煤种：0.744
12	高压电源装置类型、规格、数量				高频电源、2.0A/72kV、10 台

（四）防止二次扬尘措施

针对气流冲刷引起的二次扬尘，采取了以下防治措施：适当减小烟气流速；严格要求流场均匀性，减少局部气流冲刷；设置合理的电场电压，在不振打时，加大电场电压，增大极板对粉尘的静电吸附力，减少气流冲刷带走的二次扬尘，在振打时，降低电场电压，使粉尘能被稳定地成块打下；出口封头内设置槽形板，使部分逃逸或二次飞扬的粉尘进行再次捕集。

针对振打引起的二次扬尘，采取了以下防治措施：适当增加电场，再次收集前电场振打引起的二次扬尘；振打制度的改进，调整振打电动机转速，末电场阳极振打电动机转速由 60r/s 调整为 247r/s，调整振打周期，振打周期设置为每 8h 振打 250s（可根据工况调整）；振打逻辑的优化，末电场各室不同时振打，见图 3-9，同电场阴、阳极不同时振打，前、后级电场不同时振打，振打程序、间隔均可调。

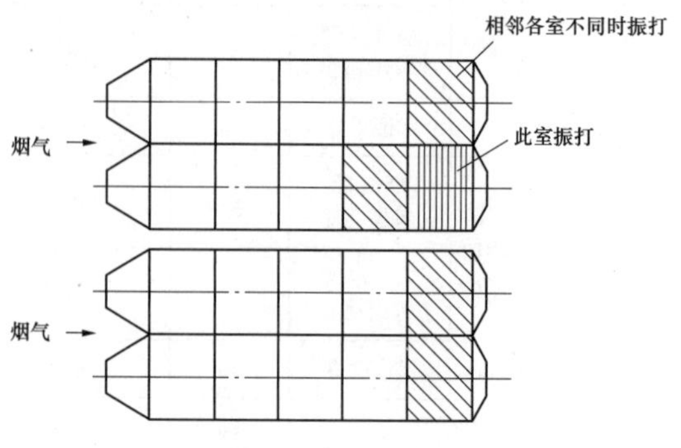

图 3-9　振打配置

（五）投运效果

本项目投产后，经第三方测试，结果显示：满负荷工况，1 号机组出口烟尘、SO_2、NO_x 排放分别为 3.64、2.91、13.6mg/m^3（标准状态）；2 号机组出口烟尘、SO_2、NO_x 排放分别为 3.32、5.91、15.8mg/m^3（标准状态）。1 号机组电除尘器出口烟尘浓度值约为 12 mg/m^3（标准状态），湿法脱硫装置的协同除尘效率约 70%。

第三节　袋式除尘器

袋式除尘技术是通过利用纤维编织物制作的袋状过滤元件，来捕集含尘气体中的固体颗粒物，达到气固分离的目的，其过滤机理是惯性效应、拦截效应、扩散效应和静电效应的协同作用。随着火力发电污染物排放标准的日趋严格，袋式除尘器在滤料、清灰方式等方面均有改进，尤其是滤料在强度、耐温、耐磨及耐腐蚀等方面的综合性能大幅度提高，通过不断地结构改进、技术创新和工程实践总结，逐步改善了运行阻力大、滤袋寿命短的问题，可实现出口烟尘浓度在 10mg/m^3（标准状态）以下，运行阻力小于 1500Pa，滤袋寿命大于 3 年。袋式除尘器已有配套单机容量 600MW 的业绩。电力行业最常用的袋式除尘器主要是脉冲喷吹袋式除尘器，分为固定行喷吹和旋转脉冲喷吹的袋式除尘器。

一、工作原理及特点

（一）工作原理

当含尘气体通过洁净的滤袋时，由于滤袋本身的网孔较大，一般为 20～50μm，除尘效率并不高，大部分微细粉尘会随气流从滤袋的网孔中通过，粗大的尘粒靠惯性碰撞和拦截被阻留。随着滤袋上截留粉尘的增加，细小的颗粒靠扩散、静电等作用也被纤维捕获，并在网孔中产生“架桥”现象。随着含尘气体不断通过滤袋的纤维间隙，纤维间粉尘“架桥”现象不断加强，一段时间后，滤袋表面积聚成一层粉尘，称为“一次粉尘层”。在以后的除尘过程中，“一次粉尘层”便成了滤袋的主要过滤层，它允许气体通过而截留粉尘颗粒，此时滤布主要起着支撑骨架作用。随着滤袋上捕集的粉尘量不断增加，粉尘层不断增厚，过滤效率随之提高，但除尘器的阻力也逐渐增加，通过滤袋的风量则逐渐减少，此时需要对滤袋进行清灰处理，既要及时、均匀地除去滤袋上的积灰，又要避免过度清灰，使其能保留“一次粉尘层”，保证工作稳定且高效运行，这对于孔隙率较大的或易于清灰的滤料更为重要。袋式除尘器滤袋捕集粉尘过程见图 3-10。

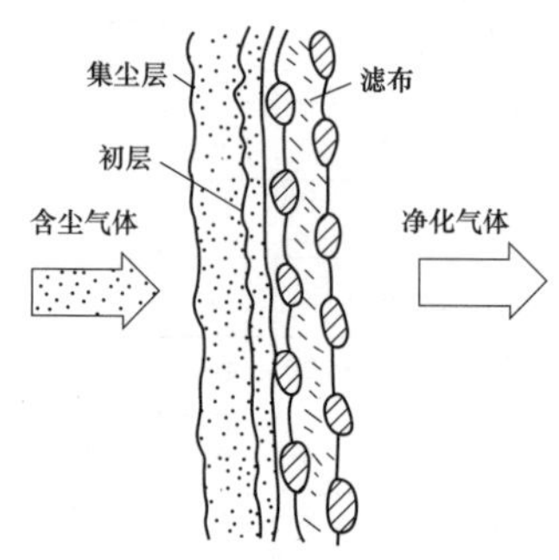

图 3-10　袋式除尘器滤袋捕集粉尘过程

（二）特点

袋式除尘器的特点见表 3-15。

表 3-15　袋式除尘器的特点

序号	项目	特　点
1	除尘效率	袋式除尘器的除尘效率为 99.5%～99.99%，出口烟尘浓度可控制在 10mg/m^3 以下
2	运行温度	运行工况温度应高于烟气露点温度 10～20℃，采用耐高温滤料时，可在 200℃以上的高温条件下运行
3	设备阻力	阻力较大，一般压力损失为初期 800～1000Pa，末期达到 1500Pa
4	收集特性	含尘气体浓度在相当大的范围内变化对袋式除尘器的除尘效率和阻力影响不大，对负荷变化适应性好。可以捕集多种干性质的粉尘，特别是对于高比电阻粉尘，采用袋式除尘器净化要比电除尘器净化效率高很多。但不适用于净化含黏结和吸湿性强的粉尘气体，布袋除尘器烟气温度不能低于零点温度，否则会产生结露，堵塞滤袋滤料的孔隙。收集湿度高的含尘气体时，应采取保湿措施，以免因结露而造成“糊袋”，因此，布袋除尘器对气体的湿度有一定的要求

续表

序号	项目	特　　点
5	适用范围	袋式除尘器可设计制造出适应不同气量的含尘气体要求的型号，除尘器的处理烟气量可从每小时几立方米到几百万立方米。 袋式除尘器也可以做小型的，安装在散尘设备上或散尘设备的附近，也可安装在车上做成移动式除尘器，这种除尘器小巧灵活，比较适用于散尘源的除尘
6	运行费用	袋式除尘器能耗的主要来源为引风机克服阻力的电耗、空气压缩机系统电耗。 当接收粒径大的含尘气体时，布袋较易磨损。滤料受到耐温和耐腐蚀性能的影响，滤袋寿命降低，尤其是在高温下的滤袋，烟气腐蚀性强的工况条件下，要经常更换滤袋，增加了运行费用和维护工作量
7	二次污染	废旧滤袋很难处理，需要资源化利用，否则易引起二次污染

二、设备本体及布置

（一）本体结构

1. 基本结构

袋式除尘器的基本结构见图 3-11。

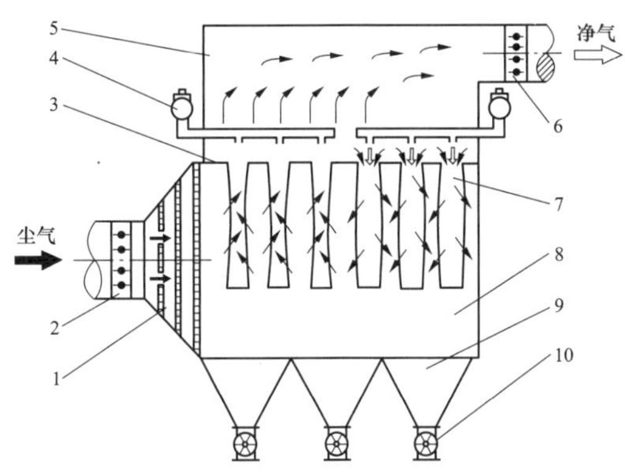

图 3-11　袋式除尘器的基本结构

1—气流分布装置；2—进口烟道阀；3—花板；4—喷吹装置；5—上箱体；6—出口烟道阀；7—滤袋及框架；8—中箱体；9—灰斗；10—卸灰装置

2. 除尘过程

工作时，含尘气体由进风道进入灰斗，粗尘粒直接落入灰斗底部，细尘粒随气流转折向上进入中、下箱体，粉尘积附在滤袋外表面，过滤后的气体进入上箱体至净气集合管排风道，经排风机排至大气。清灰过程是先切断该室的净气出口风道，使该室的布袋处于无气流通过的状态。然后开启脉冲阀用压缩空气进行脉冲喷吹清灰，切断阀关闭时间足以保证在喷吹后从滤袋上剥离的粉尘沉降至灰斗，避免了粉尘在脱离滤袋表面后又随气流附集到相邻滤袋表面的现象，使滤袋清灰彻底，并由可编程序控制仪对排气阀、脉冲阀及卸灰阀等进行全自动控制。

3. 主要部件

（1）滤料：用于进行气固分离的过滤材料，主要包括过滤布、过滤网、滤芯、滤纸，以及最新的膜材料。

（2）滤袋：由滤料编织而成，在袋式除尘器中起滤尘作用的过滤元件。

（3）滤袋框架（龙骨）：用碳钢丝或不锈钢丝焊接而成，用于支撑滤袋，使滤袋在过滤或清灰状态下保持滤袋一定形状的部件。

（4）花板：悬吊滤袋的孔板。

（5）喷吹管：连接各喷嘴与脉冲阀，并将脉冲清灰用压缩气体合理分配至各喷吹口的装置。

（6）脉冲阀：受电磁阀或气动阀等先导阀控制，可在瞬间启、闭压缩气源产生气脉冲的膜片或活塞阀。

（二）设备特点

1. 清灰方式

清灰是使袋式除尘器能长期持续工作的决定性因素，清灰的基本要求是从滤袋上迅速而均匀地剥落沉积的粉尘，同时又要求能保持一定的一次粉尘层，并且不损伤滤袋和消耗较少的动力。清灰方式的特征是袋式除尘器分类的主要依据。

袋式除尘器按清灰方式的不同分为四类，分别是机械振打清灰、反吹风类清灰、脉冲喷吹清灰、复合清灰。

（1）常用的清灰方式。目前，燃煤锅炉袋式除尘器常用的清灰方式主要为两种：固定行脉冲喷吹和低压旋转脉冲喷吹，也有个别工程采用低压反吹风喷吹的清灰方式。

两种清灰方式对比见表 3-16。

表 3-16　两种清灰方式对比

序号	比较内容	固定行脉冲喷吹	低压旋转脉冲喷吹
1	清灰压力	0.2～0.4MPa	0.085～0.12MPa
2	清灰模式	滤袋按行排列设计，每行滤袋出口上方配置一根喷吹管和一个与气包连接的脉冲阀，喷吹管下方对应每个滤袋中心开一个喷吹孔，压缩空气是通过喷吹孔进入滤袋清灰的。逐行逐个喷吹，每个滤袋均有对应喷吹孔	模糊清灰，每个脉冲阀喷吹约上千条滤袋。每个过滤单元只配制一个大口径［8～12in（203.2～304.8mm）］的脉冲阀，每个脉冲阀喷吹约上千条滤袋，清灰结构为多臂旋转机构
3	滤袋布置方式	行列矩阵布置	滤袋为椭圆形，同心圆方式布置
4	可靠性	无机械运动部件	设置转动部件，需定期检修
5	脉冲阀	数量多，尺寸小	数量少，尺寸大

续表

序号	比较内容	固定行脉冲喷吹	低压旋转脉冲喷吹
6	日常检修	检查喷吹管是否移位，脉冲阀是否漏气，无需专用工具	定期对齿轮结构、转动电动机进行加油，需要采用多种专用工具
7	清灰气源	可用厂内空气压缩机系统，布置于空气压缩机房内	自带风机，一般布置于除尘器底部

（2）按清灰方式分类。

目前，电厂常用的袋式除尘器主要分为固定式行喷吹脉冲袋式除尘器、旋转式低压脉冲袋式除尘器。还有少数工程采用气箱式脉冲袋式除尘器和机械回转式反吹袋式除尘器。各种类型的袋式除尘器的技术特点如下：

1）固定式行喷吹脉冲袋式除尘器。

a．滤袋布置采用直线型布置方式，滤袋间距根据设计要求可采用均匀布置或变间距布置。滤袋形状一般为圆形。

b．在滤袋上方设有固定的脉冲喷吹风管，风管上设有孔眼，每个孔眼的正下方是安装的滤袋。喷吹风管的孔眼与滤袋的中心在同一条垂直线上。

c．脉冲阀大多采用小脉冲阀，一个脉冲阀固定喷吹 12～16 条滤袋。

d．脉冲清灰压力相对于旋转式低压脉冲较高，约为 0.2～0.4MPa。

e．滤袋布置一般采用小仓室结构，可根据占地面积灵活布置。

固定式行喷吹脉冲袋式除尘器结构示意见图 3-12。

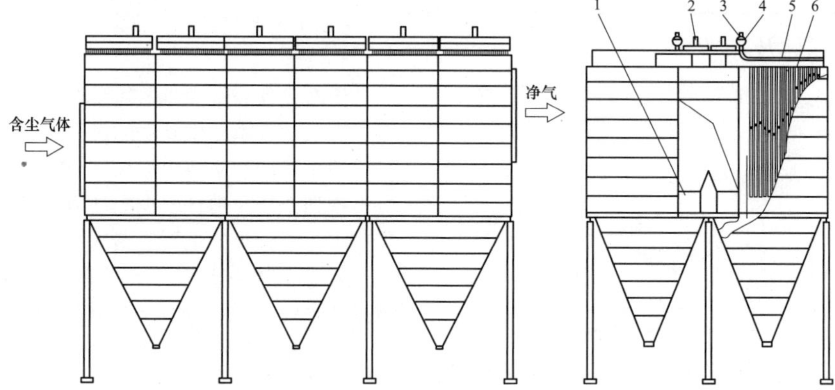

图 3-12　固定式行喷吹脉冲袋式除尘器结构示意

1—进气阀；2—离线阀；3—脉冲阀；4—气包；5—喷吹管；6—滤袋及框架

2）旋转式低压脉冲袋式除尘器。

a．采用大仓室结构，滤袋以同心圆状布置，安装后的滤袋外形呈椭圆形。在相同的空间内，采用同心圆状的布置方式，过滤面积可增加 20%～30%。

b．每个大仓室为一个单元，每个单元只需设置一组花板及一套旋转清灰机构。旋转清灰机构由驱动电动机驱动，带动清灰臂旋转对滤袋进行脉冲清灰。

c．采用大型的脉冲阀，脉冲阀数量少。

d．脉冲阀的清灰压力较低，在 0.085～0.12MPa。这样喷射清灰瞬间对滤袋的张力及剪切力也非常小，因此对滤袋的磨损也非常小，可以有效延长滤袋的使用寿命。

e．旋转风管能灵活转动，在建成、更换滤袋或袋笼时，只需旋转风管即可。

旋转式低压脉冲袋式除尘器结构示意见图 3-13。上部机构及喷吹装置见图 3-14。

3）气箱式脉冲袋式除尘器。

气箱式脉冲袋式除尘器不设置压缩空气喷吹管。喷吹时，压缩空气通过文氏管与其引射的空气直接射入连滤袋的箱室，实行分室脉冲喷吹清灰。因为没有喷吹管，更换滤袋和维护工作都比较方便。

4）机械回转式反吹袋式除尘器。

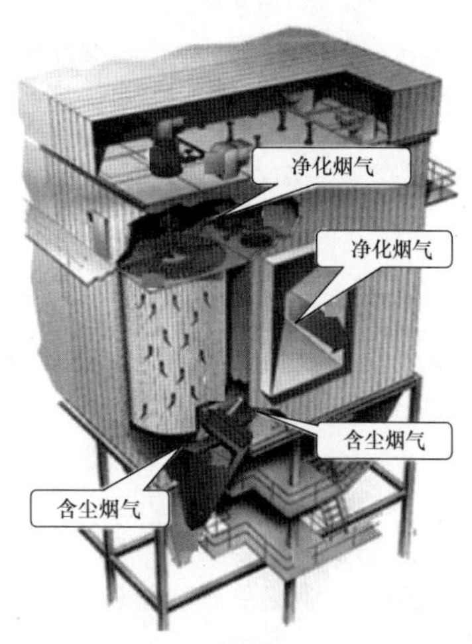

图 3-13　机械回转式反吹袋式除尘器结构示意

机械回转式反吹袋式除尘器通常为圆筒形，含尘气体由切向进入除尘器箱体，在离心力的作用下，大颗粒粉尘沿筒壁分离，微细颗粒粉尘被滤袋捕集。当滤袋阻力达到规定值时，控制仪表启动反吹风机，通过循环管将净化后的气力吸入，再经中心管或脉动阀进入回转臂上的喷吹管，依次进行喷吹，滤袋在抖动与微振中，使粉尘脱落。

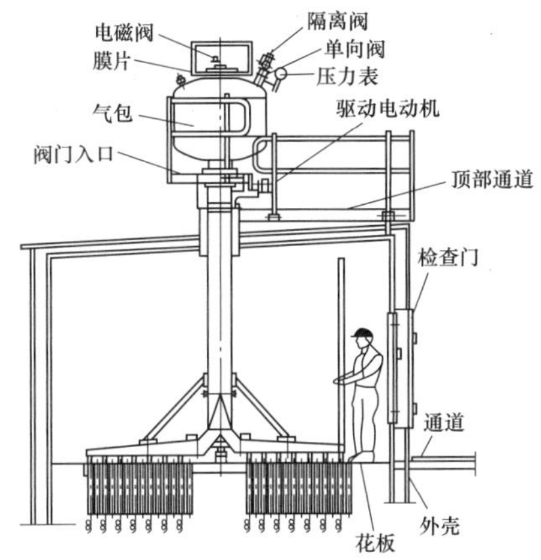

图 3-14 旋转式低压脉冲袋式除尘器上部机构及喷吹装置

2. 滤袋和滤料

（1）滤袋。

1）按滤袋的形状分为扁形袋（梯形及平板形）和圆形袋（圆筒形）。

2)按进出风方式分为下进风上出风及上进风下出风和直流式（只限于板状扁袋）。

3）按袋的过滤方式分为外滤式及内滤式。

a. 含尘气体经过滤袋的内表面过滤后，粉尘被阻隔在滤袋的内表面上，这种过滤方式叫内滤式。

b. 含尘气体经过滤袋的外表面过滤后，粉尘被阻隔在滤袋的外表面上，这种过滤方式叫外滤式。

（2）滤料的性能。袋式除尘器的滤料是袋式除尘器的核心部分。滤料的性能和质量直接影响除尘器的性能和运行。滤料材质的选取应根据烟气条件确定，充分考虑煤质变化造成的影响，保证在设计条件下滤袋的长期可靠使用。必须考虑含尘气体和粉尘的理化性质，如气体的成分、温度、湿度，粉尘的大小、浓度、黏结性、磨琢性等，滤料的选择还与除尘器的清灰方式有关。选用时应遵循以下基本原则。

1)所选滤料的连续使用温度应高于除尘器入口烟气温度及粉尘温度。

2）根据烟气和粉尘的化学成分、腐蚀性和毒性选择适宜的滤料材质和结构。

3）选择滤料时应考虑除尘器的清灰方式。

4）对于烟气含湿量大，粉尘易潮解和板结、粉尘黏性大的场合，宜选用表面光洁度高的滤料。

5）对微细粒子高效捕集、车间内空气净化回用、高浓度含尘气体净化等场合，可采用覆膜滤料或其他表面过滤滤料；对爆炸性粉尘净化，应采用抗静电滤料；对含有火星的气体净化，应选用阻燃滤料。

6）高温滤料应进行充分热定型；净化腐蚀性烟气的滤料应进行防腐后处理；对含湿量大、含油雾的气体净化，所选滤料应进行疏油疏水后处理。

7）当滤料有耐酸、耐氧化、耐水解和长寿命等组合要求时，可采用复合滤料。

8）当烟气温度小于 130℃时，可选用常温滤料；当烟气温度高于 130℃时，可选用高温滤料；当烟气温度高于 260℃时，应对烟气冷却后方可使用高温滤料或常温滤料。在正常工况和操作条件下，滤袋设计使用寿命不小于 2 年。

考虑滤袋使用寿命因素，选择时则以抵御烟气化学成分的破坏为重点，根据烟气成分与温度，通过滤材的搭配来满足滤料的抗化学性能。常用的滤料性能和使用工况见表 3-17。滤料的选用见表 3-18。

表 3-17 常用的滤料性能和使用工况

纤维	简称	使用温度（℃）	抗水解性	抗酸性	抗碱性	抗氧化性
聚苯硫醚	PPS	<160	很好	很好	很好	一般
聚酰亚胺	PI	<240	较好	较好	较好	较好
聚四氟乙烯	PTFE	<240	很好	很好	很好	很好

表 3-18 滤料的选用

序号	煤含硫量 S	烟气温度 t（℃）	滤料		
			纤维	基布	克重（g/m^2）
1	S<1.0%	120≤t≤160	PPS	PTFE 或 PPS	≥550
2	1.0%≤S<1.5%	120≤t≤160	70%PPS+30%PTFE	PTFE	≥600
3	1.5%≤S<2.0%	120≤t≤160	50%PPS+50%PTFE	PTFE	≥620
4	1.0%≤S<2.0%	170≤t≤240	15%PI+85%PTFE	PTFE	≥650
5	S≥2.0%	120≤t≤160	30%PPS+70%PTFE	PTFE	≥640
6	S≥2.0%	170≤t≤240	PTFE	PTFE	≥750

注 1. 以 PPS 纤维为主的滤料，烟气中含氧量应不大于 8%、NO_2 的含量应不大于 $15mg/m^3$。

2. 当除尘器的出口气体含尘浓度低于 $30mg/m^3$（标准状态，干基）时，克重应适当相应增大。

（3）滤料加工工艺和结构类型。滤料加工工艺和结构类型，往往影响其过滤精度和残余阻力，如覆膜、梯结构等。滤料表层孔隙越小，则过滤精度越高，除尘的排放越低，阻力也相对较低。一般这些处理对滤袋使用寿命无直接关系。

无纺布在工艺中通常有两种方式：针刺和水刺。

1）针刺优点是刚性针完全穿透纤维，双向刺钩使纤维之间的缠绕充分、厚实，在清灰过程中纤维不会发生松散现象，其不足是对基布、纤维损伤而降低其强度，且残余的针眼使滤料的孔隙较大和不均匀。

2）水刺则是利用高压水柱替代传统的针刺，具有不损伤基布和纤维，以及无残余针眼等优点，但由于水刺属于柔性穿刺，穿透力低，纤维之间缠绕松散，因此，加工滤料的厚度局限性极大，一般只限于较薄厚度的巾类织物加工，加工工业滤料存在问题较多，因此慎重选用单一水刺加工的滤料。当然，一些滤料厂商为提高水刺设备的加工能力，采用水刺和针刺混合加工。

3）针刺、水刺复合滤料是应用针刺与水刺相结合的工艺生产的三维毡滤料，先针刺再进行水刺，既克服了针刺工艺的刺伤纤维和留有针孔两大弊端，延长了滤袋寿命和提高了过滤精度，又可降低生产成本，提高经济性。该滤料已广泛应用于袋式除尘器。

针对不同排放要求，达标排放时对滤料的结构与后处理无特殊要求。当满足特别排放和超低排放时，一般选用高精过滤的滤料，其中，普遍采用超细纤维形成的梯度滤料。当然，选用滤料时，无论排放要求如何，根据烟气条件采取合理的材质搭配是保证滤袋使用寿命不可少的原则。

（三）设备布置

火力发电厂处理烟气中粉尘的袋式除尘器布置在炉后，空气预热器和引风机之间的区域。本体外形尺寸主要通过烟气量、清灰方式、过滤风速、滤袋规格、脉冲阀尺寸等参数确定，不同设备厂家尺寸不同，无具体计算公式。

1. 固定式行喷吹脉冲袋式除尘器设备布置

（1）300MW 机组平、断面外形图见图 3-15～图 3-17。

（2）600MW 机组平、断面外形图见图 3-18～图 3-20。

2. 旋转式低压脉冲袋式除尘器设备布置

（1）350MW 机组平断面外形图见本节案例二。

（2）660MW 机组平断面外形图见本节案例一。

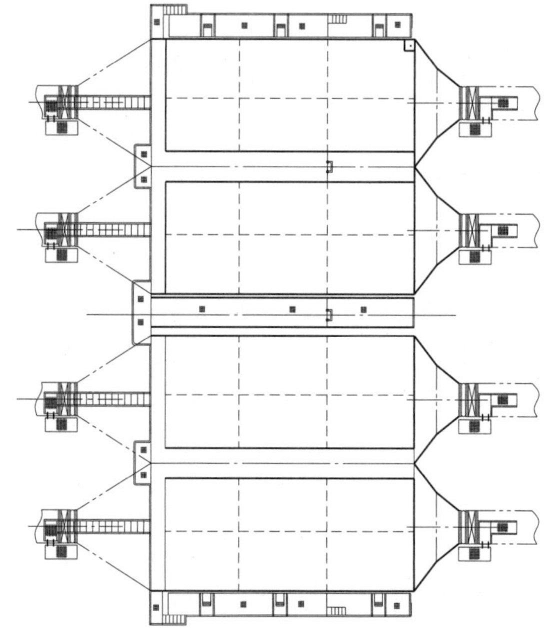

图 3-15　300MW 机组平面外形图

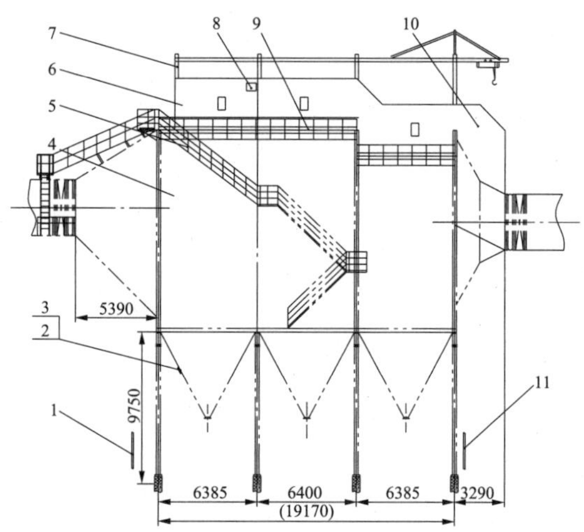

图 3-16　300MW 机组断面外形图（一）

1—预涂灰装置；2—保温层；3—灰斗；4—壳体；5—楼梯走道；6—净气室；7—起吊系统；8—检测装置；9—清灰系统；10—烟道系统；11—压缩空气系统

三、主要技术参数及计算

1. 除尘效率

见本章第二节。

影响袋式除尘器效率的因素包括粉尘特质、过滤风速、压力损失、清灰方式、滤料性能、运行维护管理等。

2. 过滤面积

滤袋总过滤面积按式（3-8）计算：

$$A_S=\pi \times d \times h \times n \tag{3-8}$$

式中　A_S ——滤袋总过滤面积，m^2；

d ——袋直径（或当量直径），m；

h ——滤袋有效长度，m；

n ——滤袋总数量，条。

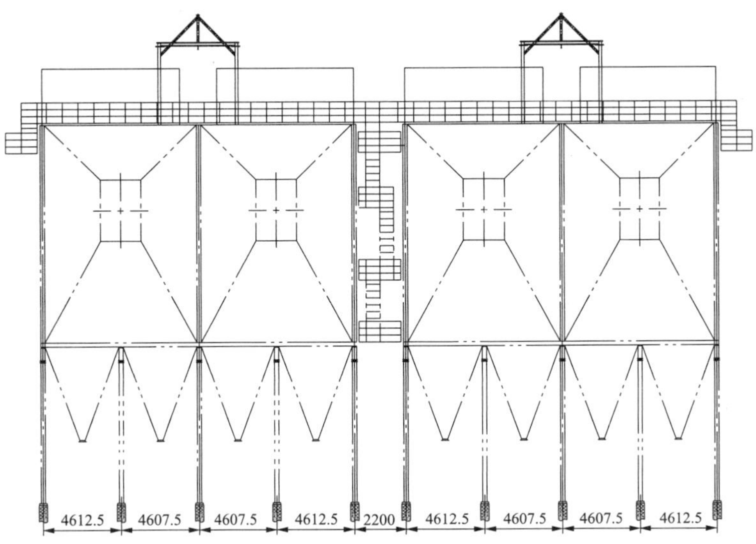

图 3-17　300MW 机组断面外形图（二）

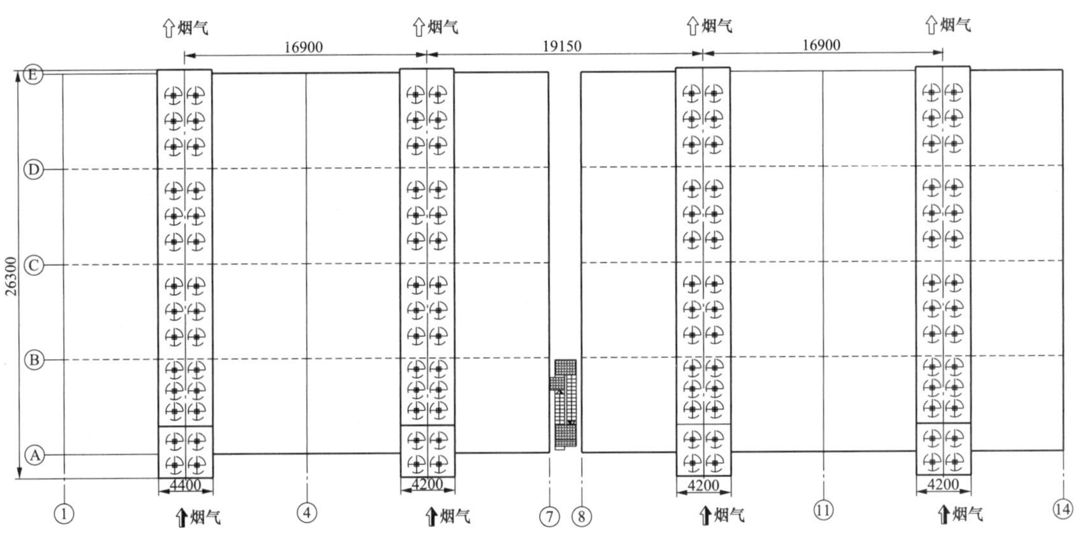

图 3-18　600MW 机组平面外形图

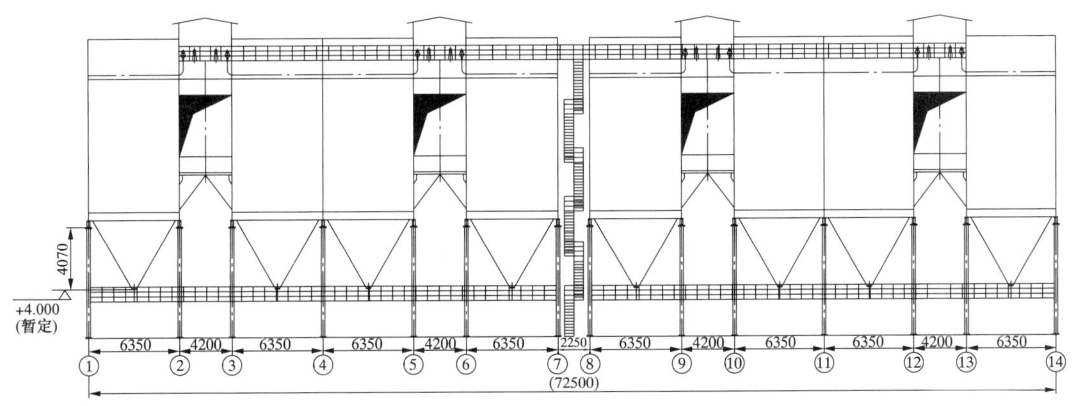

图 3-19　600MW 机组断面外形图（一）

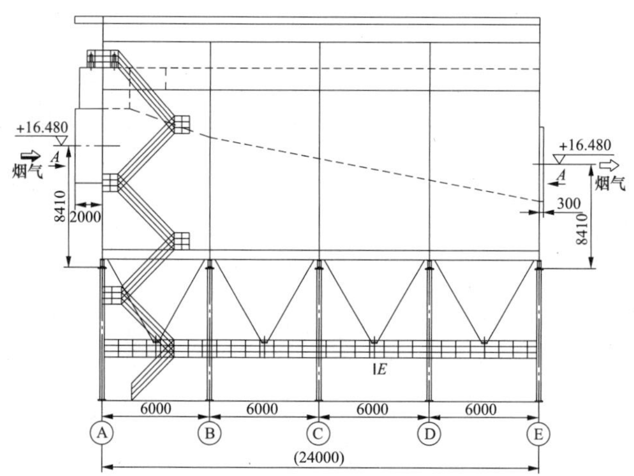

图 3-20　600MW 机组断面外形图（二）

3. 过滤风速

过滤风速指气体通过滤布时的平均速度，即单位时间内通过单位面积滤布的含尘气体的流量。它表示的是袋式除尘器处理气体的能力，其计算公式为

$$v=60\times Q_s/A \tag{3-9}$$

式中　v——过滤风速（气布比），m/s；

Q_s——除尘器入口实际含尘烟气量，m^3/s；

A——滤袋总过滤面积，m^2。

过滤风速的选择与粉尘性质、含尘浓度、滤料特性、除尘效率、清灰方式和运行阻力的要求等因素有关。过滤风速越高，净化效率越低，运行阻力越高，但过滤面积越小，设备费用和占地面积越小。因此，过滤风速的选择要综合考虑各种因素。过滤风速是一个工程经验数据。

在下列条件下可采用较高的过滤风速：

（1）粉尘颗粒较大，黏性小。

（2）处理常温气体。

（3）进口含尘浓度较低。

（4）采用针刺毡滤料或表面过滤材料。

（5）采用强力清灰方式。

（6）清灰周期较短。

一般来说，小于 1μm 的粉尘，适当降低过滤风速有利于提高除尘效率；在 5～15μm 内的粉尘，适当提高过滤风速可以提高除尘效率。而提高过滤风速，可提高滤袋的处理能力，减少滤料面积；但风速过大，会把已沉积在滤料上的粉尘重新吹起，使阻力增加，降低除尘效率。实验表明，对于绒布和呢料滤料，过滤风速增加，对除尘效率影响不大；但对于玻璃纤维和平绸滤料，其除尘效率随过滤风速的增加而显著下降。为保证袋式除尘器良好的除尘效率和较小的阻力，过滤风速应分别按不同的滤料和清灰方式确定。

4. 设备阻力

设备阻力无具体计算公式，主要与除尘器整体设计、气流分布设计、清灰形式、滤袋使用寿命、运行时间等有关。

在设备运行过程中，袋式除尘器的阻力不是定值，而是随着时间变化的。随着过滤的进行，滤料上附着的粉尘层逐渐增厚，阻力便相应增加。此时便需清灰，以便将阻力控制在一定范围之内，确保除尘器正常工作。一般来讲，脉冲袋式除尘器阻力为 800～1500Pa。

袋式除尘器的阻力主要由三部分组成。

（1）设备本体结构的阻力，指除尘器进、出口阀门及其分布管道引起的局部阻力和沿程阻力，这部分可通过数值模拟试验得出，此部分阻力不可避免，但可通过采用合理结构和优化气流分布减少。

（2）滤袋的阻力，指未滤粉尘时滤料的阻力，约 50～200Pa。滤料性能对除尘效率有较大的影响，包括滤料原料、纤维和纱线的粗细，织造和毡合方式，滤料后处理工艺，滤料厚度、质量，空隙率等。一般情况下，针刺毡滤料优于机织滤料，针刺毡滤料单位面积重量越大、滤料越厚，净化效率越高；缎纹和斜纹滤料优于平纹滤料；表面起绒滤料优于表面光滑滤料，容易形成稳定的一次粉尘层；表面覆膜滤料优于常规滤料；容尘滤料优于清洁滤料，对针刺毡滤料影响较小。

（3）滤袋表面粉尘层的阻力，粉尘层的阻力约为干净滤料阻力的 5～10 倍。实际上，滤料清灰后的阻力只能降低，不能恢复到新滤料状态，这是因为滤料上含残存初次粉尘层。而且残存初次粉尘层的量会随使用时间的推移而增加。一般情况时，袋式除尘器的压力损失在刚使用时增加较快，但经 1～2 个月便趋稳定，以后虽有增加但比较缓慢，多数趋于定值。

袋式除尘器允许的阻力范围内，进口气体含尘浓度、过滤风速和过滤持续时间三方面因素是相互影响的。如处理含尘浓度较低的气体时，过滤的持续时间就可适当的延长，处理含尘浓度较高的气体时，过滤持续时间就应尽量缩短。进口含尘浓度低、过滤持续时间短、清灰效果好的除尘器可选用较高的过滤风速；反之，则应选用较低的过滤风速。

5. 袋式除尘器的主要工艺参数及使用效果

袋式除尘器的主要工艺参数及使用效果见表3-19。

表 3-19 袋式除尘器的主要工艺参数及使用效果

名称	单位	主要工艺参数及使用效果		
处理烟气量	m^3/h	≤4.0×10^6		
运行烟气温度	℃	高于烟气酸露点 15℃以上，且小于或等于 250℃		
设备漏风率	%	≤2		
过滤风速	m/min	≤1.0	≤0.9	≤0.8
设备阻力	Pa	<1500	<1500	<1400
滤袋整体使用寿命	年	≥4	≥4	≥4
滤料类型		常规针刺毡	常规针刺毡	高精过滤滤料
出口烟尘浓度	mg/m^3	≤30	≤20	≤10

注 1. 过滤风速的选取与浓度、特性、除尘器结构类型有关。
2. 处理干法、半干法脱硫后的高粉尘浓度烟气时，过滤风速宜不大于 0.7 m/min。

四、主要技术规范

1. 袋式除尘器性能保证

以下指标为袋式除尘器性能保证值。

（1）保证效率。

（2）本体阻力。

（3）本体漏风率。

（4）气流均布系数。

（5）噪声。

达到上述性能保证值的条件如下：

（1）满足工程提供的设计条件和气象、地理条件。

（2）烟气温度为设计温度±10℃。

（3）烟气量应保证在锅炉 BMCR 工况下，锅炉出口烟气量增加 10%。

2. 袋式除尘器滤料的选择原则

袋式除尘器滤料的选择充分考虑机组正常运行时入口烟气温度±10℃的波动情况及除尘器入口烟气量增加 10%的工况；同时还应满足一个仓室或通道离线检修时，不影响除尘器效率及本体阻力。

3. 袋式除尘器设计需适应的条件

袋式除尘器的设计应能适应本工程的煤质特点，充分考虑烟气中的灰分、水分及烟气露点温度等因素，并应根据煤质特点，充分考虑烟气超温运行工况（机组启动、燃油助燃、一次风机或送风机事故等特殊情况），快速采取必要而有效的措施，确保袋式除尘器安全稳定运行。

4. 袋式除尘器应采用定阻力清灰程序自动控制

1 年验收期除尘器运行阻力不得超过 1000Pa；滤袋运行 30000h 时，除尘器运行阻力不得超过 1200Pa。

5. 本体漏风率

除尘器本体漏风率：≤2%。

6. 过滤风速

袋式除尘器滤袋过滤风速：≤1m/min。

7. 噪声级

距壳体 1m 处最大噪声级不应超过 80dB（A）。

8. 分室结构

袋式除尘器应有独立的分室结构，可在运行时实现不停炉分室检修，即可以在线进行更换布袋操作。

9. 结构要求

（1）袋式除尘器的结构应能实现离线检修，在线或离线清灰功能；当离线检修时，应满足更换单个滤袋所需时间；当某一仓室离线检修时，应具有与系统的隔离手段，还要求隔离严密不漏烟。

（2）应有合理技术措施确保烟气均匀流过各箱室，并均匀流过所有布袋，同时要有大颗粒粉尘预分离措施。如为大仓室袋式除尘器，仓室内应设置检修起吊设施。

（3）袋式除尘器除满足地震强度外，还应按下列载荷和危险组合进行强度设计：

1）设计工作压力及瞬间最大压力。

2）除尘器重载（自重，保温层重，附属设备，存灰重等）。

3）地震载荷。

4）风载和雪载。

5）检修载荷。

6）除尘器前后排钢支架考虑气力除灰及相关管道的支撑荷载。

（4）袋式除尘器的钢结构。

1）袋式除尘器的钢结构设计温度为 300℃。

2）当锅炉尾部燃烧时，袋式除尘器的钢结构部分应允许在 350℃正压条件下运行 30min 而无损坏。

3）除尘器结构的耐压强度宜按引风机铭牌全压计算，一般在-20.0～+20.0kPa 范围内。

4）就除尘器的钢结构而言，支承结构应是自撑式的，任何水平荷载都不能转移到别的结构上，如有膨胀位移，提供位移尺寸和方向，并提供自身荷载分布图。

5）钢结构的设计应简化现场安装步骤，尽量减少现场焊接工序。

10. 烟道导流板的设计

根据设计院进出口烟道布置，设备厂家应在厂内做模拟试验，并提供烟道导流板的设计。

11. 滤袋的技术要求

（1）滤袋使用寿命应不小于机组 1 个大修期 4 年的运行小时为 30000h。

（2）滤料选用适合于各运行工况的产品，并结合工程煤质及烟气情况确定滤料材质与形式。

（3）布袋在保证期内失效率小于 0.5%，寿命期内失效率小于 0.5%。

（4）当锅炉尾部燃烧时，布袋除尘器应允许在 210℃正压条件下运行 30min 而无损坏。

12. 袋笼的技术要求

（1）袋笼的纵筋和反撑环分布均匀，并有足够的强度和刚度，防止损坏和变形，并提供纵筋的规格数量和反撑环的间距。

（2）袋笼框架的所有焊点应均匀牢固，不允许出现脱焊、虚焊和漏焊现象，不允许表面有毛刺。

（3）对多节袋笼的安装要求必须保证同心。

13. 清灰系统的技术要求

（1）清灰系统设计合理，脉冲阀动作灵活可靠。

（2）清灰系统能够实现离线清灰，清灰力度和清灰气量能满足各种运行工况下的清灰需求。

（3）脉冲阀要求采用进口产品，提供脉冲阀的规格、型号、技术参数，提供脉冲阀的原产地证明和质量保证证明，并给出脉冲阀的保证使用寿命。

（4）提供易损件的供货渠道及易损件的消耗量。

14. 花板的技术要求

（1）花板的开孔须采用特殊工艺加工，并清理各孔的锋利边角和毛刺，孔径公差满足国家标准，形成良好的密封，花盘孔中心偏差小于 1mm。

（2）花板表面要求平整光洁，不得出现挠曲、凹凸不平等缺陷，其平面度偏差不大于 1‰。

15. 灰斗的技术要求

（1）除尘器每只灰斗只设一个排灰口，为防止灰斗内灰结露，灰斗设置电加热器。

（2）为避免烟气短路，灰斗内应装有阻流板，它的下部尽量距排灰口远些。灰斗斜壁与水平面的夹角不应小于 60º。相邻壁交角的内侧应做成圆弧形，圆角半径大于 200mm，以保证灰尘自由流动。

（3）灰斗及排灰口的设计应保证灰尘能自由流动排出灰斗。灰斗容积除尘器进口最大含尘量至少满足锅炉 BMCR 工况下 8h 的储灰量，灰斗荷载应按灰斗最大可能的储灰量设计。

（4）除承受保温等结构荷载外，灰斗应与布袋除尘部分共同考虑承受 BMCR 工况条件下设计煤种和校核煤种 8h 灰量，并在灰斗满灰条件下不应出现垮塌事故。

（5）每只灰斗应有一个密封性能好的捅灰孔和检修用人孔，并便于操作。

（6）灰斗应设有防止灰斗内灰结拱的设施。不设振打装置，采用气化装置，每只灰斗装设两个灰斗气化板，对称布置；布置时应躲开捅灰孔。

（7）灰斗应留有高料位指示装置的安装位置及接口。

（8）每只灰斗应考虑承载除灰系统设备荷重。

（9）灰斗有良好的保温措施，灰斗的加热采用板式电加热方式，使灰斗壁温保持不低于 120℃，且要高于烟气露点温度 5～10℃。

16. 袋式除尘器的保护

（1）预除灰。在机组启动或低负荷稳燃时需要使用燃油，因此，为避免不完全燃烧的油烟黏袋造成滤袋堵塞，故在袋式除尘器投入使用前，应对新布袋进行预除尘（喷粉煤灰）或设置旁通，而对老布袋则不用清灰，以保证其具有一定的灰尘层。

（2）烟气旁路。当入口烟气温度严重超温，且无法在短时间内有效降温时，开启旁路系统，可使高温烟气直接由旁路系统排入除尘器出口烟箱，以保证滤袋不被烧坏，保护滤布的安全。也可在点炉初期保护滤袋不受油污污染。

烟气旁路系统一般由旁路阀及旁路烟道组成。根据布置形式分为内置式和外置式。其中，旁路阀安装在旁路烟道内，主要用于控制烟气的流通路径。当旁路阀开启时，含尘烟气经过旁路烟道汇总至除尘器出口烟箱。

17. 停机注意事项

（1）当生产工艺或生产设备停机或锅炉停炉后，袋式除尘器需继续运行 5～10min 后再停机。

（2）除尘器短期停运（不超过 4 天），停机时可不进行清灰；除尘器长期停运、停机时应彻底清灰；对于吸潮性板结类的粉尘，停机时应彻底清灰；袋式除尘器停运期间应关闭所有挡板门和人孔门。

（3）无论短期停运或长期停运，袋式除尘器灰斗内的存灰都应彻底排出。

（4）若设有喷雾降温系统，停机时应将喷嘴卸下，并密封保存。

（5）灰斗设有加热装置的袋式除尘器，停运期间视情况可对灰斗实施加热保温，防止结露和粉尘板结导致的危害。

（6）袋式除尘系统长期停运时，各机械活动部件应敷涂防锈黄油。电气和自动控制系统应处于断电状态。

五、典型应用案例

（一）案例一：某 2×660MW 机组发电厂袋式除尘器

1. 设计参数和技术条件

煤质分析及灰成分分析见表 3-20。主要技术参数见表 3-21。

表 3-20 煤质分析及灰成分分析

项目	指标	设计煤种	设计煤种变化范围
煤质分析	全水分	13.1%	12.3%～14.0%
	水分（空气干燥基）	8%	—
	挥发分	29.0%	22.0%～36.0%
	灰	10.8%	10.0%～15.0 %
	硫	1.5%	0.3%～1.5%
	碳	62.6%	58.0%～67.0%
	氢	3.9%	3.6%～5.1%
	氧	6.3%	4.9%～10.0%
	氮	1.8%	1.0%～2.0%
	氯	—	0.5%（最大）
	氟	—	0.01%（最大）
	低位发热量（kcal/kg）	6000	5500～6500
	哈氏可磨性指数	43	40～65
	冲刷磨损指数	—	—
灰成分分析	二氧化硅	58.6	46.9～52.66
	三氧化二铝	26.1	22.26～36.99
	三氧化二铁	6.3	3.57～8.56
	氧化钙	2.1	1.53～8.64
	氧化镁	1.2	0.8～2.01
	二氧化锰	0.08	0.08
	二氧化钛	0.9	0.88～3.25
	氧化钠	0.3	0.1～1.3
	氧化钾	1.9	0.27～2.07
	五氧化二磷	1.9	0.186～1.9
	三氧化硫	0.3	0.3～2.64
灰熔点（还原性气氛）	初始变形温度（℃）	1220	1184～1600
	半球温度（℃）	1450	1348～1600
	流动温度（℃）	1470	1397～1600

表 3-21 主 要 技 术 参 数

序号	名称	单位	设计煤种	最低发热量煤
1	除尘器入口烟气露点温度	℃	40.5	41.2
2	除尘器入口烟气含湿量	g/kg	50.56	52.39
3	除尘器入口过量空气系数	—	1.356	1.356
4	除尘器入口烟气温度	℃	120.2	120.2
5	除尘器入口烟气量	m^3/h	1431963	1442816
6	除尘器入口含尘浓度（实际含氧量，标准状态）	g/m^3	12.67	18.73
7	保证效率	%	99.92	99.95
8	保证出口含尘浓度（标准状态）	mg/m^3	10	10

2. 设备选型

除尘器技术性能参数见表 3-22。

表 3-22 除尘器技术性能参数

序号	项目	单位	参数
1	每台炉配置的除尘器数目	套	2
2	设备名称	—	布袋除尘器
3	除尘器类型	—	脉冲喷吹
4	除尘器型号	—	—
5	处理烟风量	m^3/h	2863926
6	处理干烟气量（标准状态）	m^3/h	1988432.9
7	入口烟气温度	℃	120.2
8	出口烟尘最高排放浓度（6% O_2，干态，标准状态）	mg/m^3	≤10
9	出口烟尘保证排放浓度（6% O_2，干态，标准状态）	mg/m^3	≤10
10	本体平均运行阻力（1 年内）	Pa	1200
11	本体平均运行阻力（4 年内）	Pa	1300
12	本体漏风率	%	≤2
13	气流分布均匀性		—
14	过滤面积	m^2	49557
15	过滤风速	m/min	0.96
16	过滤风速（单仓检修及单仓离线清灰时）	m/min	1
17	袋室数	个	24
18	滤袋数量	条	14448
19	滤袋规格	mm	ϕ135×8100
20	滤袋材质	—	PPS（PTFE 浸渍处理）/ PTFE 基布

续表

序号	项目	单位	参数
21	滤袋间距	mm	180
22	滤袋滤料单位质量	g/m^2	550
23	滤袋滤料厚度	mm	1.8
24	滤袋产地	—	进口纤维
25	滤袋允许连续正常使用温度	℃	160
26	滤袋瞬时最高工作温度	℃	190
27	除尘器的气布比	m/min	0.96
28	每炉除尘器灰斗数	个	24
29	灰斗接口尺寸	mm×mm	400×400
30	灰斗电加热器数量	—	24只（管式电加热）
31	脉冲阀规格	—	—
32	脉冲阀数量	只	672
33	喷吹气源压力	MPa	0.25～0.35
34	气源品质	—	无油、无水、洁净空气
35	耗气量（标准状态）	m^3/阀次	0.6

续表

序号	项目	单位	参数
36	清灰气源装置数量（2台炉）	台	5（四用一备）
37	清灰气源装置出力，冷却方式	—	$25m^3$/min，空冷
38	清灰气源装置运行方式	—	间断运行
39	清灰气源装置风量（标准状态）	m^3/台	25
40	清灰气源装置风压	MPa	0.7
41	清灰气源装置电动机功率	kW/台	132

3. 性能保证值

（1）保证效率：≥99.92%，且除尘器出口含尘浓度：≤$10mg/m^3$（标准状态）。

（2）本体压差：≤1500Pa（滤袋寿命终期）。

（3）本体漏风率：≤2%。

（4）滤袋寿命：≥32000h。

4. 设备外形图

本工程每台炉布袋除尘器（两台）共长61.27m，宽16.74m，24个单元。其平面图见图3-21，断面图见图3-22。

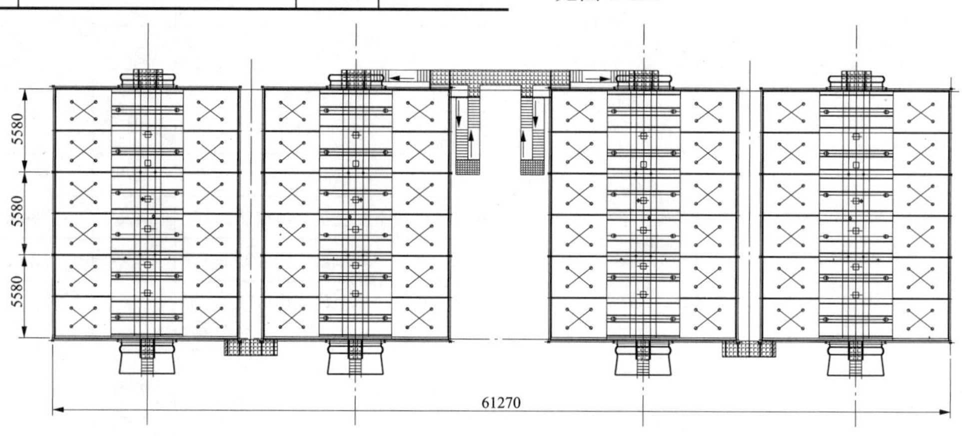

图3-21 平面图

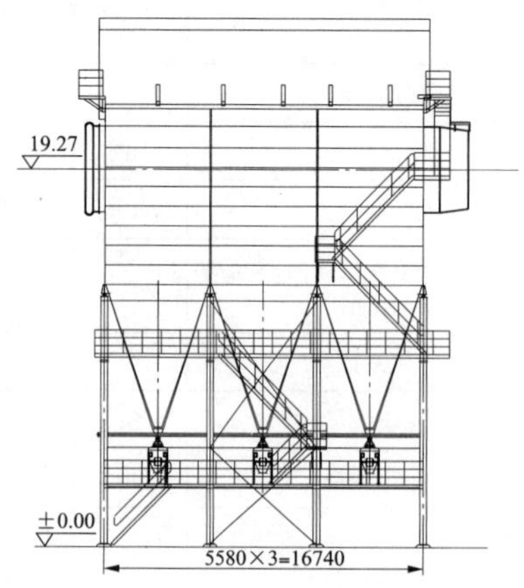

图3-22 断面图

5. 运行效果

本工程成功投运后，出口排放稳定，各项指标良好，2014年11月，进行了测试，结果为机组袋式除尘器出口烟尘质量浓度$3.9mg/m^3$（标准状态，干基）；除尘效率为99.96%。烟尘排放浓度满足项目及合同协议要求的排放限值。

（二）案例二：某2×350MW机组热电厂袋式除尘器

本工程烟气治理技术路线为袋式除尘器+石灰石湿法脱硫系统+湿式除尘器，出口含尘浓度分别为不小于20、10、$5mg/m^3$（标准状态），即袋式除尘器出口烟尘质量浓度小于$20mg/m^3$。

1. 设计参数和技术条件

煤质分析见表3-23。飞灰比电阻见表3-24。主要技术参数见表3-25。

表3-23 煤质分析

项目	指标	符号	单位	设计煤种	校核煤种1	校核煤种2
工业分析	全水分	$M_{t,ar}$	%	13.16	14.40	3.78
	空气干燥基水分	M_{ad}	%	3.54	5.27	1.89
	干燥无灰基挥发分	V_{daf}	%	38.67	41.46	33.37
	收到基灰分	A_{ar}	%	22.01	25.61	33.16
元素分析	收到基碳	C_{ar}	%	50.10	44.92	50.32
	收到基氢	H_{ar}	%	3.27	2.99	2.84
	收到基氧	O_{ar}	%	10.20	10.76	8.03
	收到基氮	N_{ar}	%	0.60	0.55	0.81
	收到基硫	S_{ar}	%	0.66	0.77	1.06
灰成分分析	二氧化硅	SiO_2	%	54.35	54.41	50.07
	三氧化二铝	Al_2O_3	%	27.54	27.49	30.14
	三氧化二铁	Fe_2O_3	%	6.10	6.48	8.08
	氧化钙	CaO	%	3.63	3.87	4.26
	氧化镁	MgO	%	1.02	1.08	1.02
	二氧化钛	TiO_2	%	1.24	1.26	1.40
	三氧化硫	SO_3	%	2.62	2.66	1.70
	氧化钾	K_2O	%	1.82	1.84	0.80
	二氧化锰	MnO_2	%	0.090	0.091	0.02
	氧化钠	Na_2O	%	0.46	0.42	0.53
收到基低位发热量		$Q_{net,ar}$	kJ/kg	18702	16660	19532
			kcal/kg	4473	3984	4665
哈氏可磨性指数		HGI		56	52	70
冲刷磨损指数		K_e		1.94	2.45	1.5
游离二氧化硅		SiO_2	%	—	—	—
灰熔性	变形温度	DT	℃	1390	1390	>1500
	软化温度	ST	℃	1420	1410	>1500
	半球温度	HT	℃	1440	1430	>1500
	流动温度	FT	℃	1460	1450	>1500

表3-24 飞灰比电阻

测试温度（℃）	比电阻值（Ω·cm）		
	设计煤种	设计煤种1	校核煤种2
28	3.90×10^{10}	6.90×10^{10}	—
80	8.50×10^{11}	9.20×10^{11}	—
100	2.30×10^{12}	3.10×10^{12}	—
120	3.10×10^{12}	3.90×10^{12}	—
150	3.90×10^{11}	4.40×10^{11}	—
180	5.10×10^{11}	5.30×10^{11}	—

表3-25 主要技术参数

项目名称	单位	设计煤种	校核煤种1	校核煤种2
每台除尘器入口湿烟气量	m^3/s	271.06	274.14	254.93
每台除尘器入口干烟气量	m^3/s	246.70	247.88	237.56
每台除尘器入口烟气温度	℃	131.4	135.4	134.4
每台除尘器入口含尘量（标准状态）	g/m^3	37.1	46.5	54.2
烟气中水蒸气体积百分比	%	9.1	9.7	6.9
除尘器入口烟气露点温度（清华公式）	℃	58.6	57.4	50.3
除尘器入口烟气露点温度（原公式）	℃	95.2	97.9	92.8
除尘器入口烟气 NO_x 含量（干基，6% O_2，标准状态）	mg/m^3	≤400	≤400	≤400
除尘器入口烟气 SO_2 含量（湿基，实际氧，标准状态）	mg/m^3	3000	3000	3000

2. 设备选型

除尘器技术性能参数见表3-26。

表3-26 除尘器技术性能参数

序号	项目	单位	设备参数
1	处理烟气量	m^3/h	1973808
2	设计效率	%	99.95
3	入口温度	℃	135
4	入口粉尘浓度（标准状态）	g/m^3	54.2
5	保证效率	%	99.95
6	出口粉尘浓度（标准状态）	mg/m^3	≤20
7	正常运行时本体总阻力	Pa	<1300
8	一个通道离线检修时本体总阻力	Pa	<1500
9	新袋子时本体总阻力	Pa	<900
10	本体漏风率	%	<2.0
11	壳体设计压力	kPa	+8.7，−9.98

续表

序号	项目	单位	设备参数
12	每台炉除尘器室数/单元数	个/个	4/8
13	过滤面积	m^2/炉	36495
14	过滤速度	m/min	0.9
15	滤袋材质		PPS+PPS 超细纤维，PTFE浸渍，L=8.13m
16	滤袋规格	mm	ϕ127，L=8130
17	滤袋数量		11264
18	滤袋允许连续使用温度	℃	≤160
19	滤袋允许最高使用温度	℃/h	180
20	滤笼材质		20 号
21	滤笼规格		ϕ127，L=8.05m
22	滤布纺织工艺		预针刺；单板主刺；双板主刺；双板修面刺
23	滤布（如为混纺）配方、工艺		拉幅热定性；烧毛；热压
24	滤布缝制工艺		纵缝采用热熔或三针缝纫，横线采用双针缝纫
25	滤笼防腐处理工艺		有机硅表面防腐处理
26	滤袋固定及密封方式		弹性卡环，双层自密封结构
27	清灰方式		低压脉冲
28	清灰气源		罗茨风机
29	气源品质		无油无水洁净空气
30	气源压力	MPa	0.085～0.10
31	耗气量（标准状态）	m^3/min	47
32	电磁脉冲阀类型及规格		ϕ16
33	电磁脉冲阀数量		8
34	机械开阀时间	s	0.023
35	回转机构数量		8
36	进口风门数量		4
37	进口风门规格	mm×mm	3600×2800
38	进口风门形式		叶片百叶窗式
39	出口风门数量		4
40	出口风门规格	mm×mm	2800×3600
41	出口风门形式		叶片百叶窗式

续表

序号	项目	单位	设备参数
42	旁路风门数量	个	8
43	旁路风门形式		气动、提升阀
44	减温水水质		锅炉冷凝水或除盐水
45	减温水压力	MPa	～0.35
46	减温水温度	℃	室温
47	减温水耗量	t/h	17.96
48	减温气源		清洁空气
49	减温气源压力	MPa	～0.8
50	减温气源温度	℃	室温
51	减温气耗量（标准状态）	m^3/min	9
52	每台炉除尘器灰斗数		8
53	灰斗电加热板形式/单台炉功率		贴面式/64kW
54	垂直于气流方向灰斗积灰不均匀系数		袋式除尘器灰斗积灰量基本相同
55	平行于气流方向灰斗积灰不均匀系数		袋式除尘器灰斗积灰量基本相同
56	灰斗料位计形式/数量		射频导纳/16
57	灰斗接口尺寸	mm×mm	400×400
58	本体保温层和保护层材料		岩棉/彩钢板
59	本体保温层和保护层厚度	mm/mm	100/0.75
60	本体保温量（每台炉）	m^3	550
61	电气总负荷（每台炉）	kW	116
62	最大运行负荷（每台炉）	kW	86
63	每台除尘器灰斗数量	个	4
64	壳体材料		Q235A/Q235B
65	噪声	dB	≤75

3．性能保证值

（1）保证效率：≥99.95%，且除尘器出口含尘浓度：≤20mg/m^3（标准状态）。

（2）本体漏风率：≤2.5%。

（3）本体阻力：≤1300Pa。

（4）气流分布均匀性：≤0.2。

（5）过滤风速：正常运行时 0.9m/min。

（6）滤袋寿命：≥30000h。

4．设备外形图

本工程布袋除尘器长 40.8m，宽 17m，4 通道，8 个单元。其平、断面图见图 3-23～图 3-25。

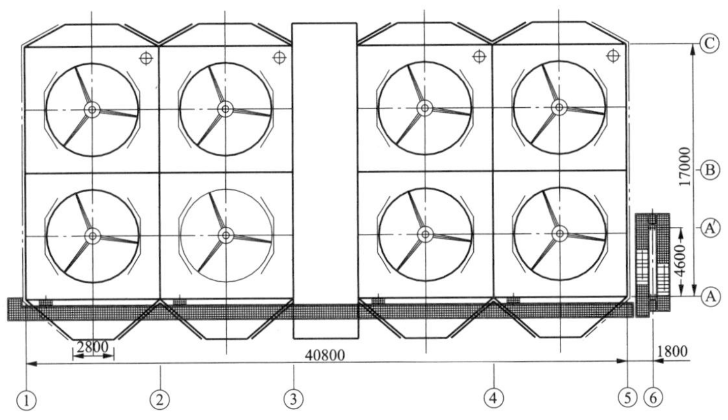

图 3-23　平面图

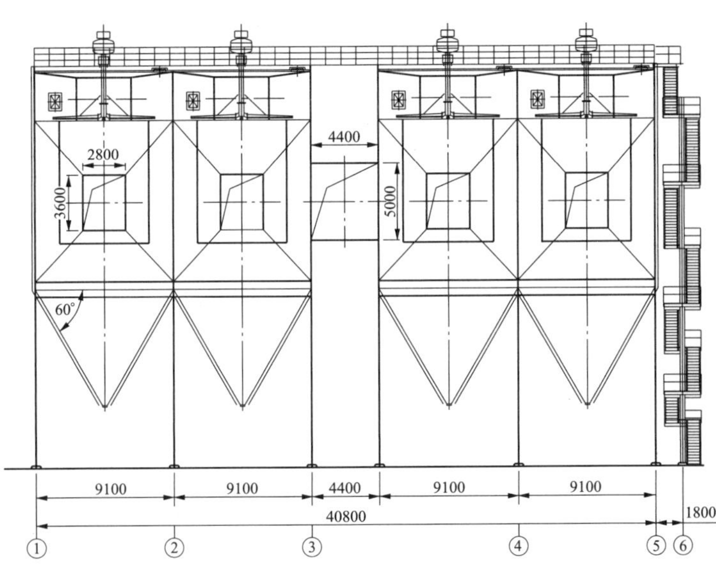

图 3-24　断面图（一）

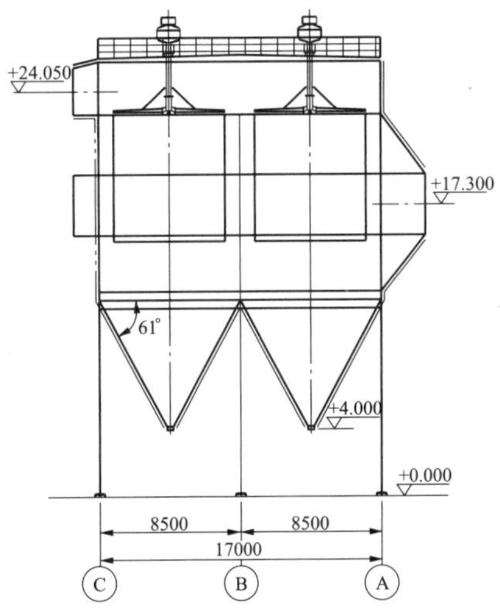

图 3-25　断面图（二）

5. 运行效果

本工程成功投运后，出口排放稳定，各项指标良好，2014 年 9 月，进行了测试，结果为机组袋式除尘器出口烟尘质量浓度为 11.35mg/m^3（标准状态，干基），折算烟尘质量浓度为 10.52mg/m^3（标准状态，干基，6% O_2）；除尘效率为 99.96%；本体漏风率为 2.08%；本体阻力为 1003.8Pa。

试验期间，汽轮机平均负荷为 350MW。除尘器处于正常运行状态，自动控制装置正常运行，除尘系统处于正常排灰状态。烟尘排放浓度满足国家标准及合同协议要求的排放限值。该项目滤袋使用寿命及阻力均达到设计值要求。

第四节　电袋复合除尘器

20 世纪 90 年代中期，中国的一些环保企业在总结了电除尘器和袋式除尘器的特点后，对两种除尘器的复合机理进行了研究，研发了电袋复合除尘器技术，2003 年我国首台电袋复合除尘器应用在水泥行业，2005 年在电力行业得到应用，最先应用在 50MW 机组上，随后推广到 100～1000MW 等级的机组。

电袋复合除尘器顾名思义是复合型的除尘器，结构上是将电除尘器、袋式除尘器两种除尘器有机结合在一起，技术上融合了电除尘器、袋式除尘器两种除尘器的特点。

电袋复合除尘器分为分区式复合和嵌入式复合两种结构形式，目前常用的是分区式复合除尘器，分区式复合除尘器是把电区和袋区有机结合在同一个箱体的结构形式。

一、电袋复合除尘器的工作原理及特点

（一）电袋复合除尘器的工作原理

电袋复合除尘器由电场区和滤袋区组成，其中，在电场区安装阳极系统和阴极系统，应用静电除尘原理，对含尘气体中的粉尘进行荷电和脱除，滤袋区安装滤袋和清灰装置，用于过滤未被电场捕集的粉尘。

电袋复合除尘器的工作过程是高速含尘烟气从烟道经进口喇叭扩散、缓冲、整流，水平进入电场区。烟气中部分粗颗粒粉尘在扩散、缓冲过程中沉降落入灰斗，大部分粉尘（80%以上）在电场区的高压静电作用下在阳极板捕集，剩余部分细粒径荷电尘随气流进入滤袋区被滤袋过滤净化后，从袋口流出，经净气室、提升阀、出口烟箱、烟囱排放，从而完成烟气的净化过程。

（二）电袋复合除尘器的特点

电袋复合除尘器的特点，见表 3-27。

表 3-27　　电袋复合除尘器的特点

序号	项目	特　　点
1	除尘效率	除尘性能受粉尘特性影响较小，捕集细颗粒物的效率更高，排放稳定。电袋复合除尘器的除尘过程由电场区和滤袋区协同完成，出口最终排放浓度由滤袋区掌控，滤袋的特点是对粉尘成分、比电阻等特性不敏感，同时由于荷电作用使微细粉尘颗粒发生电凝并，滤袋表面形成粉尘的尘饼对微细颗粒物起到了捕集作用，对微细粉尘有更好的捕集效果。因此，电袋复合除尘器的粉尘适应性更为广泛，能长期稳定的实现达标排放，除尘效率可达 99.99%，除尘器可实现 10mg/m^3（标准状态）以下的排放
2	运行温度	对烟气的温度控制要求高。进入除尘器的烟气温度不能超过布袋本身的耐受高温，同时也要高于酸露点温度，并且要有最小 5℃的温度预量，主要由于温度和酸对滤袋的物理性能有较大影响。所以要将进入电袋复合除尘器的烟气温度控制在合理的范围内
3	烟气湿度	对进入除尘器的烟气湿度有要求，进入除尘器的烟气湿度过大，在除尘器内形成结露现象，会使电场、滤袋表面黏结，导致清灰困难、电场功率下降、滤袋压损增大。所以进入除尘器的烟气温度应控制在高于水露点10℃以上
4	运行阻力	在相同过滤速度下，其运行阻力低于布袋除尘器。由于电袋复合除尘器前段电场区的除尘作用，进入滤袋区的粉尘总量大幅度减少，滤袋单位面积处理的粉尘负荷量减少，荷电的粉尘饼结构相对疏松，透气性好，容易清灰。在相同的工况条件下，与布袋除尘器相比，电袋复合除尘器的运行阻力上升速率更为平缓，平均的运行阻力更低
5	破袋率	降低滤袋的破损率，延长滤袋的使用寿命。在电袋复合除尘器中，由于电除尘器的除尘作用，进入袋区的粉尘浓度较低，使袋区的清灰频率也得到降低，从而减少了滤袋的冲刷，延长了滤袋的使用寿命
6	运行能耗	运行稳定，能耗较低。由于电袋复合除尘器的特殊结构，其前端的电区能大幅度去除粉尘，降低了后段袋区的粉尘浓度。一般来说，前端电区都属于高压区，能耗低，而进入袋区的粉尘浓度低，有效降低运行的平均阻力，清灰能耗也同时降低

二、设备本体及布置

（一）电袋复合除尘器本体

电袋复合除尘器主要由两大部分组成，一部分是电袋复合除尘器本体，另一部分是电袋复合除尘器电控设备，包括高压供电装置、低压控制系统装置和上位机监控系统，图 3-26 和图 3-27 是典型电袋复合除尘器的结构和结构透视图。

1. 壳体

壳体是支撑电袋复合除尘器内部构件重量及壳体外部附加的荷载，将烟气与外界环境隔绝，引导烟气通过电场区和滤袋区形成一个独立的收尘空间。壳体的材料根据被处理烟气的性质而定，一般用钢材制作。壳体的结构不仅要有足够的强度、刚度和气密性，而且还要考虑工作环境下的耐腐蚀性和稳定性，同时要结合制作、运输和安装等，使壳体结构既能满足电袋复合除尘器的工艺要求，又具有良好的经济性。

2. 阳极系统和阴极系统

阳极系统由阳极板、上部悬吊装置和下部阳极振打杆（或上部振打砧梁）等零部件组成。

阴极又称为放电极或电晕极，其作用是与阳极一起形成均匀电场，产生电晕电流。阴极系统包括阴极线、阴极框架和阴极吊挂等部分。

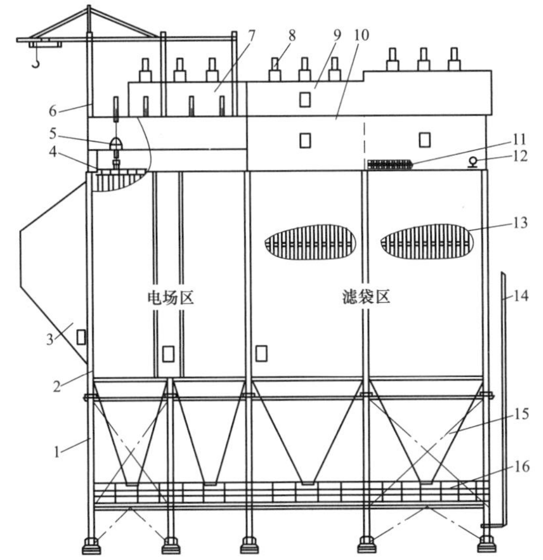

图 3-26 典型电袋复合除尘器结构

1—钢支架；2—壳体；3—进气烟箱；4—阳极系统；5—阴极系统；6—起吊装置；7—旁路烟道；8—提升阀装置；9—出气烟箱；10—净气室；11—清灰系统；12—检测装置；13—滤袋袋笼；14—压缩空气系统；15—灰斗；16—楼梯平台

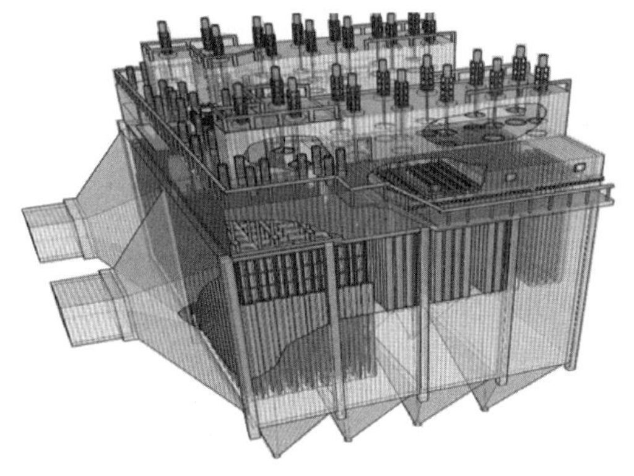

图 3-27 典型电袋复合除尘器结构透视图

3. 振打清灰装置

阳极振打和阴极振打的原理基本相同，主要区别在于阴极振打轴和振打锤带有高压电，所以设计中必须与壳体及驱动装置绝缘。此外，阴极线和阳极板所需振打力不同。

电袋复合除尘器阴、阳极系统的振打清灰装置根据其使用振打设备分为电磁锤振打和机械锤振打。电磁锤振打仅应用于顶部振打，机械锤振打根据其振打位置可分为侧部机械振打和顶部机械振打。

4. 绝缘件

电袋复合除尘器电场区绝缘件包括瓷套、绝缘子、绝缘轴和穿墙套管及其他绝缘材料。

5. 进气烟箱及气流均布装置

进气烟箱用于除尘器前烟道和除尘器电场区之间的过渡，起到扩散和缓冲气流的作用。进气烟箱设计的基本要求是满足扩散烟气的要求，防止内部积灰，满足结构强度、刚度及气密性要求。

气流均布装置是为了使气流通过进气烟箱后能均匀进入电场区，在进气烟箱内设置的装置。气流均布装置由分布板、导流板组成。

6. 净气室及提升阀装置

当含尘烟气经过滤袋的过滤，从滤袋口流出进入上箱体，该箱体内的气体均已经过过滤，该箱体称为净气室。

净气室根据结构组成的不同可分为顶开盖式、高箱体式。

7. 滤袋区的滤袋及滤袋框架

滤袋、袋笼及脉冲阀合称为电袋复合除尘器的三大件。安装好后的滤袋一般悬挂于花板之上，当烟气流穿过滤袋表面时，由于滤袋的过滤作用，粉尘颗粒被滤袋阻挡、过滤、沉积在滤袋表面，而干净烟气则穿过滤袋进入净气室，完成烟气净化工作。袋笼在整个过滤过程中起支撑及防护作用。滤袋对除尘器性能又起着决定性的作用，是除尘器运行的核心部件。滤袋的选取在电袋复合除尘器中起着至关重要的作用，直接影响着除尘效果、设备阻力等。

8. 灰斗系统

灰斗安装在除尘器下部，用作除尘器收集下来的粉煤灰的临时储存容器。

9. 烟气旁路系统

烟气旁路系统一般由旁路阀及旁路烟道组成。根据布置形式分为内置式和外置式。其中，旁路阀安装在旁路烟道内，主要用于控制烟气的流通路径。当旁路阀开启时，含尘烟气经过旁路烟道汇总至电袋复合除尘器出口烟箱。烟气旁路系统是电袋复合除尘器的保护装置之一。其主要作用是点炉初期保护滤袋不受油污污染，同时在入口烟气温度过高时在一定程度上保护滤袋不被烧坏。

目前，国内的电站执行非常严格的排放标准，在这种标准下，电袋复合除尘器的旁路烟道系统是不允许运行的，但在一些国外工程中，还是允许保留旁路烟道。是否设置旁路烟道系统，应满足电厂所在国家或地区的环保要求。

（二）典型的电袋设备外形图

电袋复合除尘器作为烟气粉尘的主要处理设备，布置在炉后，空气预热器和引风机之间的区域。

典型的 300MW 机组电袋复合除尘器布置方式见本节案例一（图 3-28 和图 3-29）。

典型的 600MW 机组电袋复合除尘器布置方式见本节案例二（图 3-30 和图 3-31）。

典型的 1000MW 机组电袋复合除尘器布置方式

见本节案例三（图 3-32 和图 3-33）。

三、主要技术参数及计算

1. 设计条件

（1）工况条件下除尘器进口含尘气体量，单位为 m^3/h。

（2）标准状态下除尘器进口气体含尘浓度，单位为 g/m^3。

（3）除尘器进口含尘气体温度，单位为℃。

（4）除尘器工作压力，单位为 Pa。

（5）除尘器压降，单位为 Pa。

（6）标准状态下除尘器出口气体含尘浓度，单位为 mg/m^3。

（7）除尘器漏风率，单位为%。

（8）滤袋使用寿命。

2. 技术参数

电袋复合除尘器的电区配置有多种方式，可采用一个电场区和两个电场区，根据工程实际进行选择，但一般保证电区部分除尘效率大于或等于 80%，具体参数计算情况见电除尘器和布袋除尘器章节，需要强调的是对电袋复合除尘器来说，其过滤风速（气布比）一般控制在 0.95～1.2 m/min，工程设计中将袋区烟气流速控制在 1m/min，与布袋除尘器有所不同。

四、主要技术规范

1. 电袋复合除尘器达标排放条件

电袋复合除尘器采用设计煤质的下列条件下和采用校核煤质时均能达到保证效率及出口含尘浓度：

（1）满足工程提供的设计条件和气象、地理条件。

（2）烟气温度为设计温度±10℃。

（3）烟气量应保证在锅炉 BMCR 工况下，锅炉出口烟气量增加 10%。

（4）电除尘器区域一个供电分区不投入工作。

2. 电袋复合除尘器的钢结构设计温度

（1）电袋复合除尘器的钢结构设计温度为 300℃。

（2）当锅炉尾部燃烧时，电袋复合除尘器应允许在 350℃正压条件下运行 30min 而无损坏。

3. 设计压力

除尘器结构的耐压强度宜按引风机铭牌全压来计算，一般在−20.0～+20.0kPa 范围内。

4. 电袋复合除尘器运行要求

电袋复合除尘器应允许在锅炉最低稳燃（不投油助燃）负荷时运行正常不发生堵塞。在锅炉点炉时，当烟气温度高于露点温度时，允许投煤，此时可投除尘器。

5. 电袋复合除尘器灰斗设计要求

电袋复合除尘器灰斗及排灰口的设计应保证飞灰能自由流动，并排出灰斗，所有灰斗的容积应至少满足在燃烧设计校核煤种时 8h 的储灰量进行设计；灰斗荷载应按灰斗最大可能的储灰量及灰斗下部设备的荷载之和设计，计算荷重时灰密度按 1000kg/m^3 考虑。灰斗的设计应考虑防止在恶劣情况下灰斗脱落造成事故。

6. 电袋复合除尘器滤袋噪声控制要求

距设备壳体 1m 处最大噪声级不应超过 80dB（A）。

7. 电袋复合除尘器滤袋设计要求

滤袋材质要求为防水、防油、防腐、抗氧化，耐温 190℃以上材料，同时满足以下条件正常运行使用时，滤袋的使用寿命大于或等于 4 年。

（1）除尘器入口烟气温度小于 160℃下长期使用，瞬间（每次少于 10min）温度允许 190℃，一年累计达到 190℃的时间不可超过 30h。

（2）除尘器入口烟气温度至少高于烟气酸露点 15℃。

（3）除尘器入口烟气 O_2 含量小于或等于 6%（烟气温度小于或等于 160℃时）/小于或等于 8%（烟气温度小于或等于 150℃时）。

8. 除尘器本体

（1）每台除尘器的进口都配备多孔板或其他形式的均流装置（采用耐磨材质），提供入口烟道导流板设计，以便烟气均匀地流过电场。

（2）壳体有密封、防风、防雨措施，壳体设计尽量避免死角或灰尘积聚区。

（3）除尘器的每个电场前后均设有人孔和通道。在除尘器顶部设有检修孔，以便对电极悬吊系统进行检修。圆形人孔门直径不小于 600mm，矩形人孔门不小于 600mm×800mm。

（4）通向每一高压部分的入口门与该高压部分供电的整流变压器控制装置相连锁，以免发生高压触电事故。

（5）绝缘子设有加热装置。

（6）所有平台均设栏杆和护沿，平台、栏杆和护沿采用热镀锌钢格栅板。平台载荷为 4kN/m^2，栏杆高度为 1.2m。平台扶梯的栏杆按《火力发电厂钢制平台扶梯设计技术规定》执行。除尘器顶部设跨越电缆桥架的走道。

（7）扶梯能满足到各层需检修和操作的作业面，扶梯载荷为 2kN/m^2，扶梯宽度为 800mm。

（8）除尘器设有至每个灰斗下口附近的贯通式平台，具体位置根据飞灰输送器的安装情况做相应调整；由零米到本体的第一层平台的扶梯由买、卖双方共同协商布置位置，由卖方设计供货。除尘器进、出口测点操作平台及扶梯，包括由除尘器顶部至测点操作平台的扶梯由卖方设计供货。

（9）设备支撑件的底座考虑到地震力加速度对它的作用。

（10）外壳充分考虑到膨胀要求。

（11）每台除尘器都具有结构上独立的壳体。

（12）电袋复合除尘器不设置旁路系统，不设在线检修功能。

（13）布袋除尘部分滤袋方便拆装、密封性好，安装可靠性高，滤袋合理剪裁，尽量减少拼缝。拼接处，重叠搭接宽度为 10mm。

（14）布袋笼骨采用低碳钢材质，上端口采用法兰且有滤袋口防护装置；自动流水线制作，竖筋之间间距不大于 30mm，圆环间隔不大于 200mm，垂直度、直线度满足规范要求；所有焊接点熔透牢固，表面防腐采用有机硅喷涂烘烤工艺，且表面光滑、无毛刺。袋笼到货后有整体钢结构框架整箱件包装。

（15）布袋除尘部分清灰系统的清灰是可控的。清灰程序、间隔、强度均可在控制柜上方便可调。清灰系统主要部件须进行预组装试验。清灰阀门选择进口，保证使用寿命五年（100 万次）；安装脉冲阀的容器必须采用直径 370mm 以上无缝不锈钢钢管进行加工，以保证脉冲瞬间工作需要的容积。

（16）花板厚度大于或等于 6mm，采用激光加工，严禁使用冲床加工，充分保证孔径、孔位、平面度要求，安装后确保花板平整，花板平面度小于 1/1000，对角线长度误差小于 3mm，孔距±1mm 内孔加工表面粗糙度 Ra=3.2。滤袋与花板的配合合理，滤袋安装后必须严密、牢固不掉袋、装拆方便。

（17）滤袋花板上方采用高净气室结构，高度满足滤袋袋笼内部装拆。在除尘器顶部、净气室设有检修孔，以便对电极悬吊系统、滤袋等内部件进行检修。卖方提供快开、双层铰接的人孔门，每个门都采用隔热的双层设计，并带有一个铰接的、坚固的外层门。圆形人孔门直径不小于 600mm。

（18）每台电袋复合除尘器配套简易、可靠预涂灰系统。在除尘器入口烟道留有接口。喷粉管路布置在除尘器进风总管附近，尽量靠近上游烟道总管。整套预涂灰系统的管道、阀门及其他部件等均由卖方供货。预涂灰粉料及装载粉料的运输车由买方提供。

预涂灰系统的技术参数如下：

1）输粉量，单位为 t/h。

2）输粉时间，单位为 h。

3）粉料：粉煤灰。

4）粉料粒度，单位为 μm。

5）输送管径。

（19）除尘器本体钢结构设计寿命不小于 30 年。

9. 除尘器灰斗

（1）每台除尘器设 8 只灰斗，每只灰斗只设一个排灰口。

（2）灰斗斜壁与水平面的夹角不小于 60°。灰斗相邻壁的交线与水平面的夹角不小于 55°。相邻壁交角的内侧应做成圆弧形，圆角半径大于 200mm，以保证灰尘自由流动。

（3）灰斗设有防止灰斗内灰结拱的气化装置，每只灰斗设一组气化装置，布置在灰斗相对两侧，安装时应躲开捅灰孔，灰斗气化装置由卖方提供。气化装置用气源由买方提供，卖方提供气化装置用气相关参数要求。每只灰斗有一个密封性能好的捅灰孔并便于操作，捅灰孔露出保温层外表面 150mm。每只灰斗出口处设置检修口。

（4）灰斗应设有高料位指示，并采用质量可靠、性能优良的料位计。料位计应提供两组灰位信号，一组供给电袋复合除尘控制系统，一组供给除灰控制系统。

10. 阳极板和阴极线

（1）阳极板的厚度为 1.5mm，其弯曲、扭转等变形应符合国家相关标准的要求。

（2）所有阳极板和阴极线框架均铅垂安装，具有防止其摆动的措施。

（3）阳极板和阴极框架的电磁锤振打程序、间隔均应根据煤种自动可调，正常振打时不产生二次飞扬。阳、阴极振打框架应有足够的刚度，振打装置应使电极整体产生足够强的法向加速度，阳极振打加速度最低值不小于 150g，阴极振打加速度最低值不小于 50g，并设有防止振打器脱落的安全措施，振打装置转轴同轴度公差小于或等于 1mm，振打器在正常维护下无故障工作时间为 10 年。

五、工程案例

（一）案例一：300MW 机组配电袋复合除尘器

1. 工程概况

某项目机组容量为 300MW，原配套除尘器为 2 台双室四电场电除尘器，设计除尘效率为 99.75%。从 2006 年 10 月运行至 2013 年。原除尘器的收尘面积较小，振打效果偏低，实际除尘效率偏低、烟尘排放浓度高，随着运行年限的增加，已无法满足国家标准规定的排放限值要求。在 2013 年 5 月进行改造，改造为电袋复合除尘器。

2. 设计参数及技术指标

锅炉燃煤为山西煤与济北混煤，采用 0 号轻柴油点火。实际燃用煤质资料见表 3-28，燃煤灰分特性见表 3-29。每台炉最大耗煤量 144.2t/h（设计煤种），161.1t/h（校核煤种）。

表 3-28 锅炉设计煤种与校核煤种资料

序号	名称	符号	单位	改造设计煤种
1	煤种			
2	元素分析			
	收到基碳	C_{ar}	%	43.65

续表

序号	名称	符号	单位	改造设计煤种
2	收到基氢	H_{ar}	%	2.73
	收到基氧	O_{ar}	%	7.15
	收到基氮	N_{ar}	%	0.71
	收到基全硫	$S_{t,ar}$	%	2.5
3	工业分析			
	收到基全水分	$M_{t,ar}$	%	10.0
	空气干燥基水分	M_{ad}	%	2.60
	收到基灰分	A_{ar}	%	33.26
	干燥无灰基挥发分	V_{daf}	%	44.01
4	收到基低位发热量	$Q_{net,ar}$	MJ/kg	17.90
5	哈氏可磨性指数	HGI		54
6	灰熔点			
	变形温度	DT	℃	1350
	软化温度	ST	℃	>1400
	半球温度	HT	℃	>1400
	流动温度	FT	℃	>1500
7	灰成分			
	二氧化硅	SiO_2	%	53.51
	三氧化二铝	Al_2O_3	%	31.22
	三氧化二铁	Fe_2O_3	%	7.16
	氧化钙	CaO	%	3.44
	氧化镁	MgO	%	0.69
	氧化钠	Na_2O	%	0.43
	氧化钾	K_2O	%	0.76
	二氧化钛	TiO_2	%	1.30
	三氧化硫	SO_3	%	0.85
	二氧化锰	MnO_2	%	0.009
8	煤灰比电阻			
	测量电压 500V，测试温度 20℃		Ω·cm	4.40×10^{9}
	测量电压 500V，测试温度 80℃		Ω·cm	7.90×10^{10}
	测量电压 500V，测试温度 100℃		Ω·cm	4.30×10^{11}
	测量电压 500V，测试温度 120℃		Ω·cm	1.20×10^{12}
	测量电压 500V，测试温度 150℃		Ω·cm	6.50×10^{11}
	测量电压 500V，测试温度 180℃		Ω·cm	1.35×10^{11}
9	冲刷磨损指数	K_e		—
10	煤中游离二氧化硅含量	SiO_2（F）	%	—

表 3-29　燃煤灰分特性

项目	符号	单位	数值
二氧化硅	SiO_2	%	54.65
三氧化二铝	Al_2O_3	%	28.62
三氧化二铁	Fe_2O_3	%	7.76
氧化钙	CaO	%	3.76
氧化镁	MgO	%	0.93
氧化钠	Na_2O	%	0.22
氧化钾	K_2O	%	1.14
二氧化钛	TiO_2	%	0.75
三氧化硫	SO_3	%	1.30
二氧化锰	MnO_2	%	0.020

其中，二氧化硅和三氧化铝的含量之和大于 80%，氧化钙含量小于 5.0%，表明飞灰的硬度较高。

飞灰粒度分布较粗，峰值粒径为 153.8μm，平均粒径为 137.1μm，小于 10μm 的颗粒低于 5%，小于 100μm 的颗粒约占 40%，大于 100μm 的颗粒约占 60%。

本改造方案是采用电袋复合除尘技术对原有电除尘器进行改造，不改变原进出口烟道，保留原支架、壳体、灰斗、进口喇叭等。第一电场阴阳极系统、振打系统利旧检修，原整流变利旧。第二、三、四电场空间改造为长袋低压脉冲行喷吹袋式除尘区，并采用阶梯式布置滤袋优化烟气流场。

改造后：每台炉配套 2 台电袋复合除尘器，每台除尘器设 2 个进口烟道和 2 个出口烟道。电场区沿烟气方向设 1 个电场，垂直烟气方向分 2 个分区，共计 2 个供电区；滤袋区垂直烟气方向共设置 2 个烟气通道。主要技术参数见表 3-30。

表 3-30　主要技术参数

序号	项目	单位	参数
1	入口烟气量	m^3/h	1875240
2	烟气温度	℃	≤150
3	除尘器入口烟尘浓度（标准状态）	g/m^3	≤35
4	除尘器出口烟尘浓度（标准状态）	mg/m^3	≤10
5	除尘效率	%	≥99.97
6	本体总阻力（正常/最大）	Pa	800/1200
7	本体漏风率	%	≤2
8	比集尘面积	$m^2/(m^3\cdot s^{-1})$	23.84
9	过滤速度	m/min	1.0
10	滤袋材质		PTFE+P84/PTFE 基布
11	电磁脉冲阀规格型号		活塞式/3in

3. 设备外形

本工程每台炉配两台电袋除尘器，每台电袋除尘器长25.84m，宽21m，两个电场。除尘器平面外形见图3-28。除尘器断面外形见图3-29。

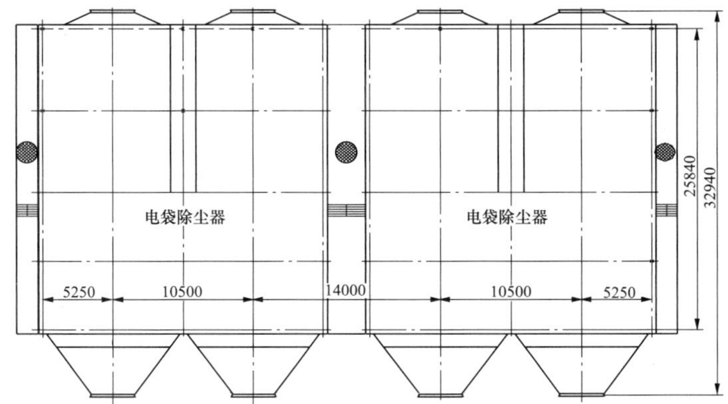

图3-28 除尘器平面外形

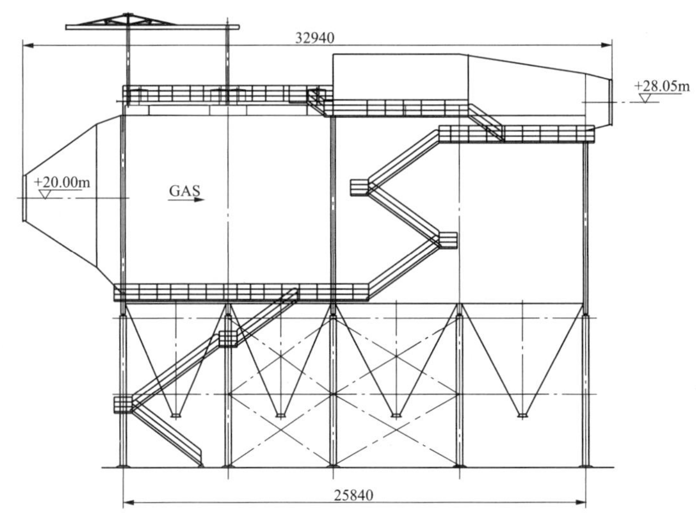

图3-29 除尘器断面外形

4. 运行效果

2013年7月，该电厂4号机组电袋复合除尘器改造项目成功投运。2013年9月经第三方测试，除尘器出口烟尘排放为6.04～6.5mg/m^3（标准状态），各项指标良好，达到环保排放的要求。

（二）案例二：**660MW**机组配电袋复合除尘器

1. 工程概况

南方沿海某项目660MW机组原配套除尘器为一台四电场卧式电除尘器，设计除尘效率为99.3%。从1994年运行至2014年，其中，2008年10月对第一、二电场内部极线、极板进行了局部更换。原除尘器的比集尘面积较小，除尘效率过低、烟尘排放浓度高，随着运行年限的增加，已无法满足国家标准规定的排放限值要求。2013年，将2号机组改造为电袋复合除尘器。

2. 设计参数及技术指标

本工程设计煤种为神府东胜烟煤，近几年燃用的煤种主要有四种，包括国产神华煤（产地：山西）、平煤（产地：山西），进口印尼煤和澳大利亚煤。常用四种入厂煤的比例平均为82.15%，煤种基本可控。燃煤成分与特性见表3-31。

本改造方案是采用超净电袋复合除尘技术对原有电除尘器进行改造，不加长柱距，不加宽跨距。保留原支架、壳体、灰斗、进口喇叭等。第一电场阴阳极系统、振打系统全部更换。阴极系统采用前后分区供电方式，原整流变利旧。第二、三、四电场空间改造为长袋中压脉冲行喷吹袋式除尘区。

改造后：每台炉配套一台电袋复合除尘器，每台除尘器设4个进口烟道和4个出口烟道。电场区沿烟气方向设1个电场3个供电区，垂直烟气方向分2个分区，共计6个供电区；滤袋区沿烟气方向共设置4个烟气通道。主要技术参数见表3-32。

表 3-31　燃煤成分与特性

序号	名称	符号	单位	设计煤种
1	煤种			神府东胜烟煤
2	工业分析			
	收到基水分	M_{ar}	%	12.00
	收到基灰分	A_{ar}	%	13.00
3	元素分析			
	收到基碳	C_{ar}	%	60.51
	收到基氢	H_{ar}	%	3.62
	收到基氧	O_{ar}	%	9.94
	收到基氮	N_{ar}	%	0.70
	收到基硫	$S_{t,ar}$	%	0.43
4	灰成分分析			
	二氧化硅	SiO_2	%	36.71
	三氧化二铝	Al_2O_3	%	13.99
	三氧化二铁	Fe_2O_3	%	11.36
	氧化钙	CaO	%	22.92
	氧化钠	Na_2O	%	1.23
	氧化钾	K_2O	%	0.73

表 3-32　主要技术参数

序号	项目	单位	参数
1	入口烟气量	m^3/h	3787901
2	烟气温度	℃	≤150
3	除尘器入口烟尘浓度（标准状态）	g/m^3	≤25
4	除尘器出口烟尘浓度（标准状态）	mg/m^3	≤5
5	除尘效率	%	≥99.98
6	本体总阻力（正常/最大）	Pa	800/1150
7	本体漏风率	%	≤1.9
8	比集尘面积	$m^2/(m^3 \cdot s^{-1})$	23.95
9	过滤速度	m/min	约.0
10	滤袋材质		PPS+PTFEF复合
11	电磁脉冲阀规格型号		淹没式/4in

3. 设备外形

本工程每台炉配两台电袋除尘器，每台电袋除尘器长 25.6m，宽 29.14m，一个电场。除尘器平面外形见图 3-30。除尘器断面外形见图 3-31。

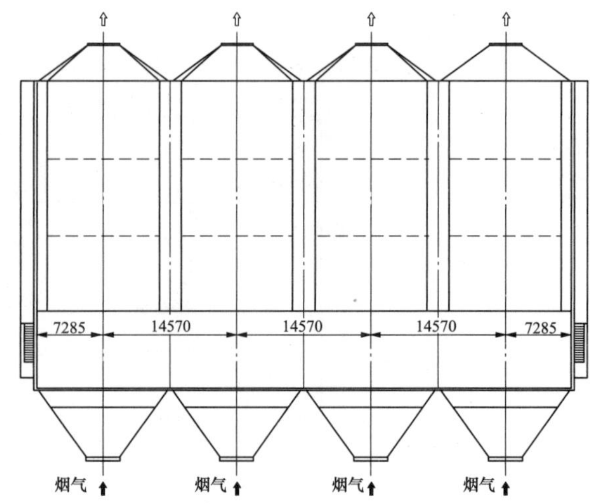

图 3-30　除尘器平面外形

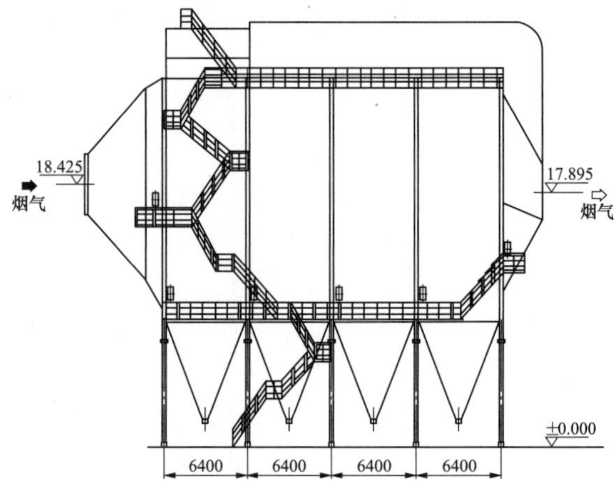

图 3-31　除尘器断面外形

4. 运行效果

2015 年 1 月，该电厂 2 号机组电袋复合除尘器项目成功投运。经第三方测试，除尘器出口烟尘排放为 3.7mg/m³（标准状态），烟囱出口排放为 2.66mg/m³（标准状态），各项指标良好，达到超低排放的要求。

（三）案例三：**1000MW** 等级机组配电袋复合除尘器

1. 工程概况

中部地区某项目一期工程建设 2×1030MW 超超临界燃煤机组，原烟尘控制措施为三室五电场电除尘器，设计比集尘面积 $104.6m^2/(m^3 \cdot s^{-1})$，保证除尘效率为 99.8%，投运后除尘器出口烟尘浓度长期在 100mg/m³（标准状态）以上。因不满足超低排放要求，后改造为电袋复合除尘器方案。

2. 设计参数及技术指标

本项目燃用煤种为山西长治贫煤，灰分较大，高达 39.78%，并且飞灰中 SiO_2 和 Al_2O_3 含量较高，比电阻较大，是典型的劣质煤，其燃煤成分与特性见表3-33。针对本工程燃用劣质煤灰分大、入口烟尘浓度高的特点，结合超低排放的要求，采用超净电袋复合除尘技术对原有电除尘器进行改造，采用两电三袋方案。主要技术参数见表3-34。

表3-33 燃煤成分与特性

序号	名称	符号	单位	设计煤种
1	煤种			山西长治贫煤
2	工业分析			
	收到基全水分	M_t	%	7.50
	收到基灰分	A_{ar}	%	39.78
3	元素分析			
	收到基碳	C_{ar}	%	42.36
	收到基氢	H_{ar}	%	3.43
	收到基氧	O_{ar}	%	5.84
	收到基氮	N_{ar}	%	0.83
	收到基硫	$S_{t,ar}$	%	0.26
4	灰成分分析			
	二氧化硅	SiO_2	%	64.08
	三氧化二铝	Al_2O_3	%	27.15
	三氧化二铁	Fe_2O_3	%	3.57
	氧化钙	CaO	%	1.06
	氧化钠	Na_2O	%	0.41
	氧化钾	K_2O	%	0.76

表3-34 主要技术参数

序号	项目	单位	参数
1	入口烟气量（最大工况）	m^3/h	5889400
2	烟气温度	℃	≤165
3	除尘器入口烟尘浓度（标准状态）	g/m^3	53.8
4	除尘器出口烟尘浓度（标准状态）	mg/m^3	≤10
5	除尘器效率	%	≥99.98
6	本体总阻力（最大）	Pa	≤1050（滤袋寿命终期）
7	本体漏风率	%	≤1.8
8	比集尘面积	$m^2/(m^3 \cdot s^{-1})$	36.85
9	过滤速度	m/min	约1.0
10	滤袋材质		PPS+PTFEF复合
11	电磁脉冲阀规格型号		淹没式/4in

3. 设备外形

本工程每台炉配两台电袋除尘器，每台电袋除尘器长32m，宽48.42m，两个电场。除尘器平面外形见图3-32。除尘器断面外形见图3-33。

4. 运行效果

该发电分公司1号机组电袋复合除尘器于2015年6月改造完工成功投运，设备运行良好稳定，清灰周期长达18h，性能优越。第三方测试单位对1号机组在1010MW负荷下（98%满负荷）进行了热态性能测试。结果表明，电袋复合除尘器A、B两列的除尘效率分别为99.980%、99.979%，除尘器出口烟尘排放浓度为8.39、8.76mg/m^3（标准状态），满足设计要求，烟囱出口烟尘排放浓度为4.36mg/m^3（标准状态），均满足超低排放要求。

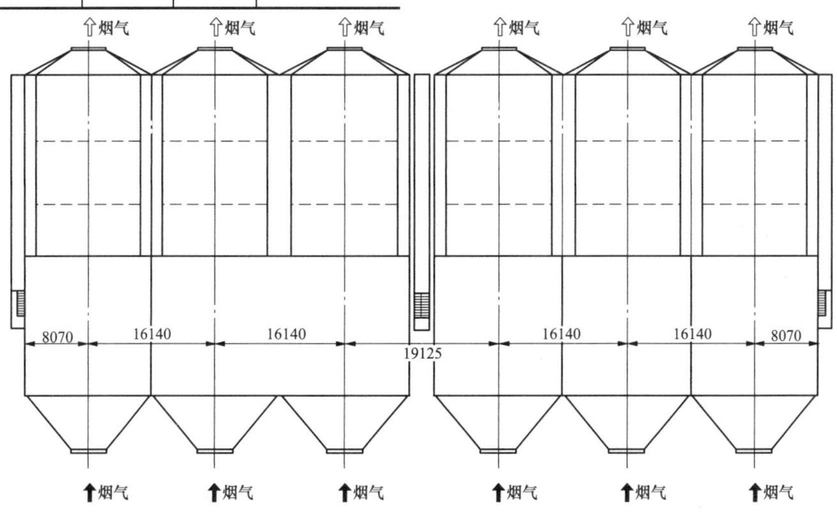

图3-32 除尘器平面外形

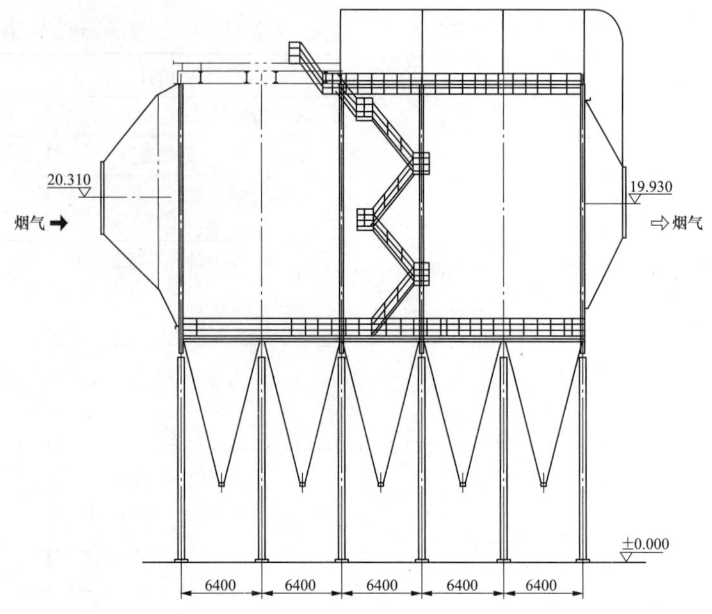

图 3-33 除尘器断面外形

第五节 湿式电除尘器

湿式电除尘器是一种用来处理含湿气体的除尘设备，主要作用是处理燃煤电厂锅炉脱硫吸收塔之后的湿烟气，高效、稳定地去除湿烟气中微颗粒粉尘、酸雾等污染物，使烟气达到超净排放。

湿式电除尘器根据阳极类型的不同主要分为三大类：金属极板湿式电除尘器、导电玻璃钢管式湿式电除尘器、柔性极板湿式电除尘器。其中，金属极板湿式电除尘器和导电玻璃钢管式湿式电除尘器是燃煤电站里常用的两类。

一、工艺原理

（一）金属极板湿式电除尘器

1. 工作原理

金属极板湿式电除尘器工作原理与干式电除尘器基本相同（见图 3-34），包括电离、荷电、收集和清灰四个阶段。烟气中的粉尘颗粒吸附负离子而带电，在电场力的作用下，被吸附到集尘极上。湿式电除尘器脱除的对象有粉尘和雾滴，电极表面带水，能捕获微小颗粒。由于水的电阻相对较小，水滴与粉尘结合后，使高比电阻的粉尘比电阻下降，湿式电除尘器的工作状态会更加稳定。静电除尘器通过振打将极板上的灰振落至灰斗，而湿式电除尘器通过喷水到极板上冲刷粉尘至灰斗，并随水排出。另外，湿式电除尘器采用水流冲洗，不设振打装置，因而不会产生二次扬尘。同时喷入烟道中的水雾，既能捕获微小烟尘，又能降低其电阻率，利于微尘向极板移动。因而采用喷雾冲刷方式对收尘极和放电极同时进行连续喷淋，不需要断电，除尘性能稳定。

2. 技术特点

金属极板湿式电除尘器的特点见表 3-35。

表 3-35 金属极板湿式电除尘器的特点

项目	特　点
结构	进入湿式电除尘器电场的烟气温度需降低到饱和温度以下，结构上必须采用良好的抗结露措施
材料	各主要部件选用的结构材料，均需有一定的抗腐蚀特性，尤其是阴、阳电极和芒刺线、喷嘴等，均采用抗腐蚀的不锈钢材料
布置	以水平布置为主，除尘器内的电场气流速度较高及灰斗的倾斜角减小，设备布置可以更紧凑
冲洗水	SO_3 液滴被捕获后进入水中，冲洗水中必须加入碱液（NaOH）以中和水中酸性
废水	需要设置废水处理设备，需采用很好的防腐措施
处理污染物能力	采用水冲洗集尘极表面，能处理多种类的污染物和烟气工况
处理烟气的特性	烟气中的水分含量高；烟气中含有黏性颗粒；需要收集亚微米颗粒；烟气中含有酸性液滴或 H_2SO_4；烟气温度低于露点
粉尘特性	不宜处理高粉尘浓度的烟气；收尘性能与粉尘特性无关，对黏性大或高比电阻粉尘能有效收集
协同治理	对微细粉尘，SO_3 酸雾和重金属等都能有效收集
技术特点和可靠性	没有二次扬尘，出口粉尘浓度可以达到很低，没有如锤击设备的运动部件，可靠性较高
运行成本	冲洗水中添加的 NaOH 溶液也将提高运行成本，辅助的循环水泵等还将消耗部分电量

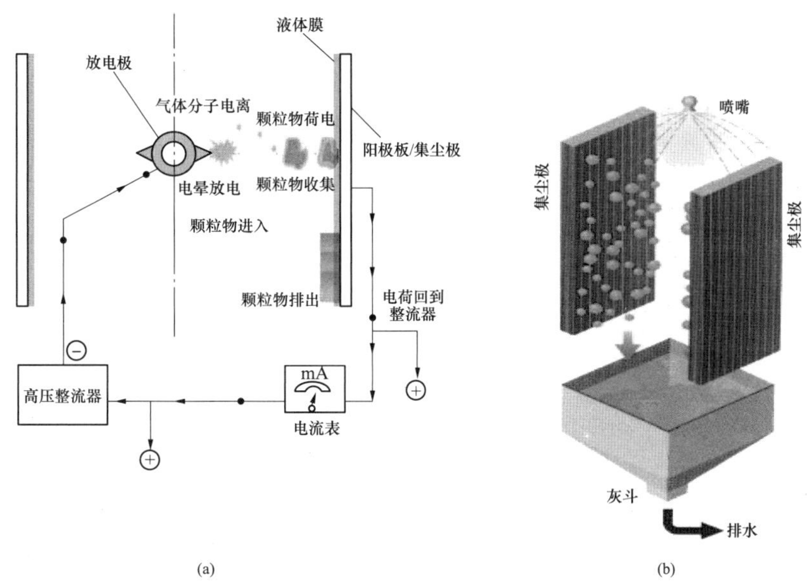

图 3-34 金属极板湿式电除尘器工作原理

（a）湿式电除尘器电离、荷电原理；（b）湿式电除尘器收集和清灰原理

3. 工艺流程

湿式电除尘器布置在湿法脱硫后，脱硫后的饱和烟气中携带部分水滴，在通过高压电场时也可捕获并被水冲洗走，这样可降低烟气中总的携带水量，减小石膏雨形成的概率。脱硫吸收塔出口所有的喷淋水在湿式电除尘器下部的灰斗收集后，自流至循环水箱用于喷淋。在灰斗中收集的喷淋水不仅含有灰尘，还溶解了烟气中的 SO_3 和从湿法脱硫系统中携带的水滴，因此 pH 值呈酸性。为降低该水的腐蚀性，需加入氢氧化钠以提高 pH 值。氢氧化钠的加入量将根据循环水箱中的 pH 值调节，具体系统见图 3-35。

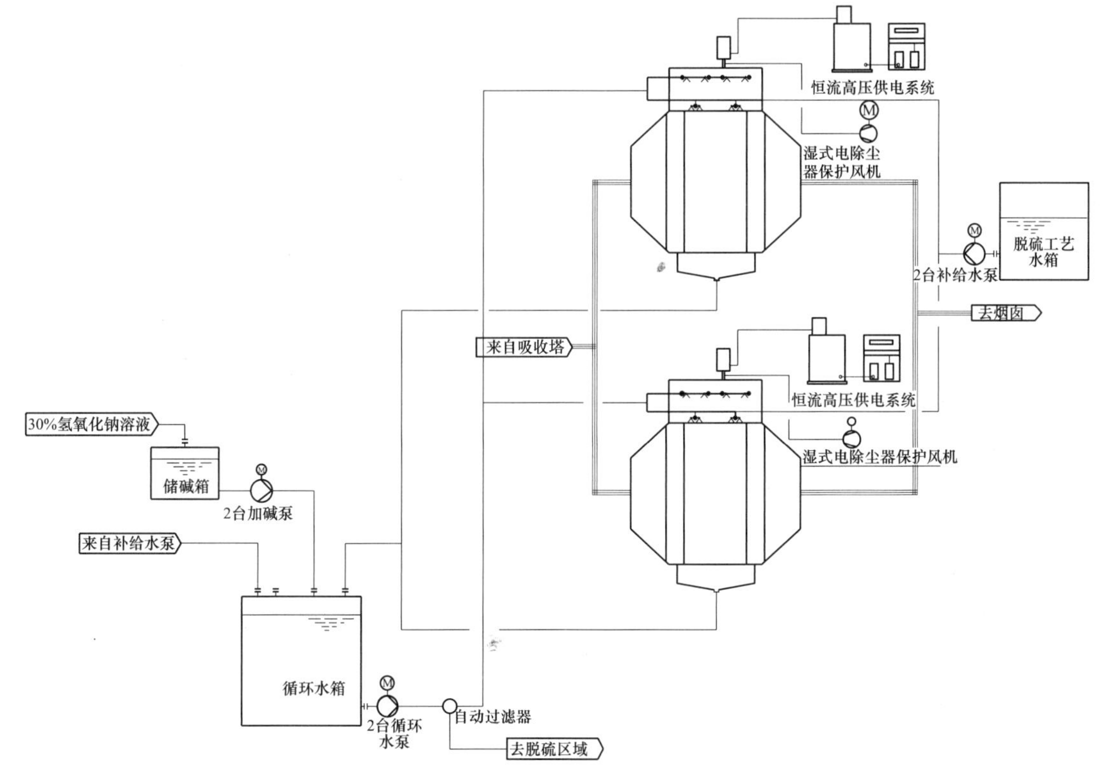

图 3-35 金属极板湿式电除尘器的工艺系统

（二）导电玻璃钢管式湿式电除尘器

1. 工作原理

导电玻璃钢管式湿式电除尘器采用导电玻璃钢材质作为收尘极，放电极采用金属合金材质，每个放电极均置于收尘极的中心。导电玻璃钢管式湿式电除尘器工作时，通过高压直流电源产生的强电场使气体电离，产生电晕放电，使湿烟气中的粉尘和雾滴荷电，在电场力的作用下迁移，将荷电粉尘及雾滴收集在导电玻璃钢收尘极上。同时利用在收尘极表面形成的连续水膜将粉尘颗粒冲洗去除。图 3-36 为导电玻璃钢管式湿式电除尘器。

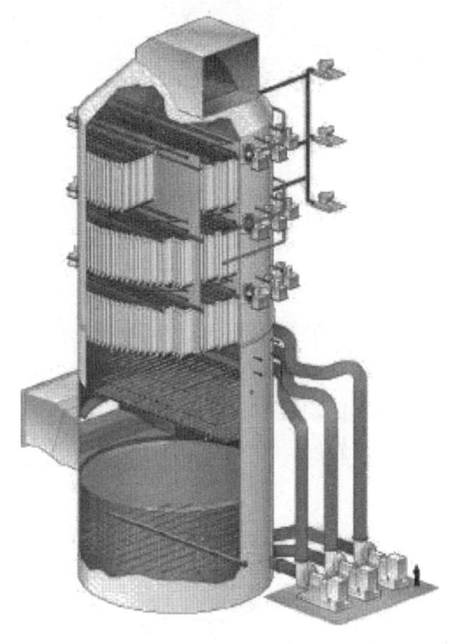

图 3-36　导电玻璃钢管式湿式电除尘器

导电玻璃钢管式湿式电除尘器与金属极板湿式电除尘器的主要差别在于导电玻璃钢管式湿式电除尘器采用液膜自流清灰，金属极板湿式电除尘器需要连续喷淋形成水膜。

2. 技术特点

导电玻璃钢管式湿式电除尘器的特点见表 3-36。

表 3-36　导电玻璃钢管式湿式电除尘器的特点

项目	特　点
结构	收尘极管为蜂窝状或圆形结构，空间利用率高，可有效增大比集尘面积。阳极模块组件可采用工厂成型，可实现整体模块化安装，有利于保证制作安装质量，安装简便，施工工期短
材料	阳极模块采用特殊导电玻璃钢，具有极强的抗酸和氯离子腐蚀性能，强度高、硬度高、耐腐蚀性强。耐高温性能不如金属材质，通常环境温度要求小于90℃
布置	以立式为主，也可卧式方式布置在脱硫塔外，节省场地空间，特别适用于场地有限的改造项目
冲洗水	定期间断冲洗方式，排入脱硫塔，不需水处理设备
废水	无需连续喷淋，水耗小。导电玻璃钢管式湿式电除尘器为节水节能型深度烟气净化设备
处理污染物能力	采用定期间断冲洗方式，能处理多种类的污染物和烟气工况
处理烟气的特性	烟气中的水分含量高；烟气中含有黏性颗粒；需要收集亚微米颗粒；烟气中含有酸性液滴或 H_2SO_4；烟气温度低于露点
粉尘特性	不宜处理高粉尘浓度的烟气；收尘性能与粉尘特性无关，对黏性大或高比电阻粉尘能有效收集
协同治理	对微细粉尘，SO_3 酸雾和重金属等都能有效收集
技术特点和可靠性	没有二次扬尘，出口粉尘浓度可以达到很低，没有如锤击设备的运动部件，可靠性较高
运行成本	冲洗水量小，电耗相对小

3. 工艺流程

图 3-37 为导电玻璃钢管式湿式电除尘器工艺系统，烟气可自上而下或自下而上通过湿式电除尘器。

二、设备本体及附属系统布置

（一）金属极板湿式电除尘器

1. 典型结构形式

金属极板湿式电除尘器主要由阴阳极系统、喷淋系统、外壳结构件、气流分布装置、除雾装置、灰斗装置、高压绝缘装置等组成。湿式电除尘器的主要结构与干式电除尘器基本相同，包括进口喇叭、出口喇叭、壳体、放电极及框架、集电极绝缘子、喷嘴和管道，以及灰斗等。其本体结构见图 3-38。

湿式电除尘器的壳体为普通碳钢加内壁涂鳞片树脂。

金属收尘极采用液体冲洗集尘极表面的方式进行清灰，材料必须能够耐烟气中酸雾及腐蚀性气体的腐蚀，各种不锈钢、各种高端合金等其他新型材料都可供选择。放电极与收尘极的选取相同，阴极线和支撑件均采用不锈钢，一般选用 316L 或性能更优的不锈钢材质。加碱中和后的循环水在合理的喷淋冲洗系统配备下，保证不锈钢阴阳极得到有效的冲洗保护，从而长期稳定运行。

2. 清灰方式

金属极板湿式电除尘器一般通过供水箱提供原水对后端喷淋装置进行喷淋，通过循环水箱提供循环水对前端喷淋装置进行喷淋，使极板形成稳定均匀的水

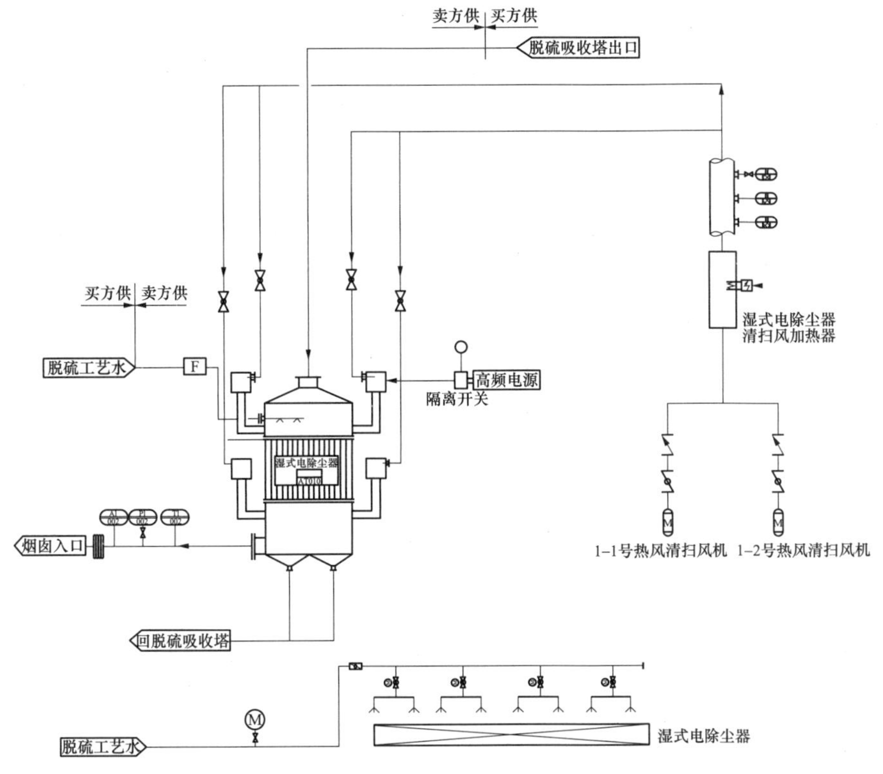

图 3-37　导电玻璃钢管式湿式电除尘器工艺系统

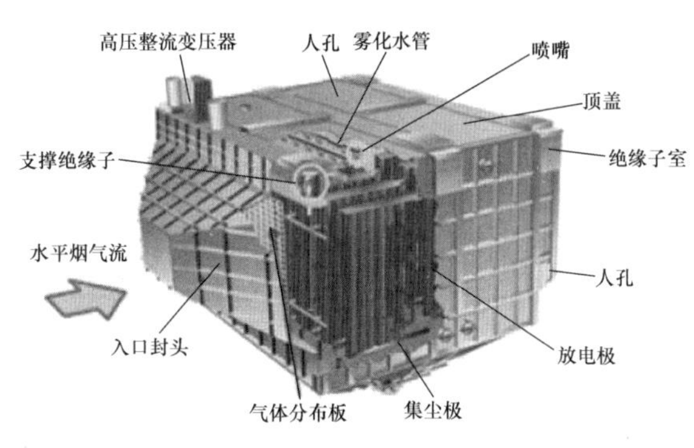

图 3-38　金属极板湿式电除尘器的本体结构

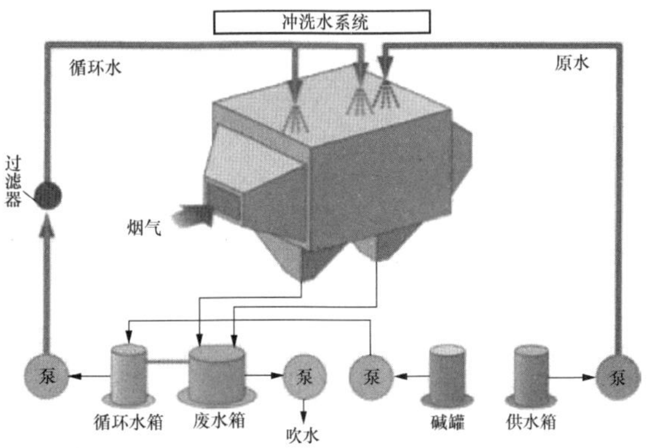

图 3-39　金属极板湿式电除尘器工艺水系统

膜，并将吸附在极板上的粉尘冲走。湿式电除尘器顶端喷淋装置的喷淋水在完成内部清洗后回到废水箱，分成两路水进行循环利用。废水箱中的大部分水进入循环水箱，循环水箱中的水加入 NaOH 中和后，通过循环水泵抽送，被用于前端喷淋装置冲洗电极，输水管路上安装有过滤器以清除杂质防止喷嘴堵塞，喷淋水在完成湿式电除尘器内部清洗后再次回到废水箱，如此循环使用；而废水箱的一小部分水外排到脱硫系统，以将工艺水系统中的悬浮物维持在一定的水平，其工艺水系统见图 3-39，湿式电除尘器工艺水系统设循环水箱、循环水泵、循环水过滤器、补充水箱、冲洗水泵、氢氧化钠加药系统，以及相应的管道和电气、控制设备。

水系统箱罐要用防腐材料保护。选择水系统箱罐内衬材料的基本要求是耐磨、耐腐蚀、便于施工及性价比高，水箱一般采用碳钢涂覆玻璃鳞片层进行防腐。喷淋系统中管道、阀门及内部配管和喷嘴的选择也应充分考虑接触介质的性质和防腐性能。凡直接接触酸性液体的管道及阀门均采用不锈钢材质。

3. 典型布置

金属极板湿式电除尘器一般采用水平烟气流布置，湿式电除尘器采用烟气水平流入、水平流出的布置方式，在电除尘器的布置方式上与常规电除尘器类似。布置方式见图 3-40。

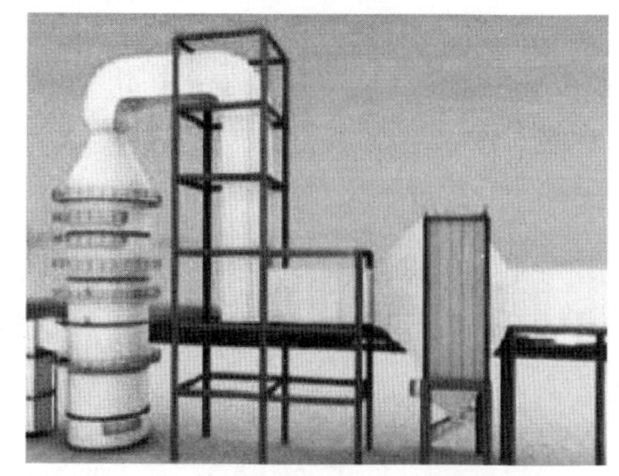

图 3-40　湿式电除尘器水平布置在吸收塔

水平独立布置相比立式独立布置有以下特点。

（1）沿气流方向可布置多个电场，可根据不同电场的烟气特性变化进行结构优化设计。

（2）安装更为简便。

（3）占地面积较大，但通过紧凑式设计可适当增加电场高度或采用双层复式结构，从而适当降低其占地面积。

金属极板湿式电除尘器也可采用立式布置，因建筑不宜太高不能随意设计电场高度。因此，金属极板湿式电除尘器布置原则是在场地极其受限时，采用立式独立布置；一般情况优先选用水平卧式独立布置。

（二）导电玻璃钢管式湿式电除尘器

1. 典型结构形式

导电玻璃钢管式湿式电除尘器主要由壳体、收尘极、放电极、工艺水系统、热风加热系统绝缘子室、阴极系统及内部冲洗装置和电气热控系统等部分组成，见图 3-41。

图 3-41　导电玻璃钢管式湿式电除尘器结构

除尘器壳体受力构件采用金属结构，阳极模块的支撑结构选用矩形钢，材质不低于 Q235B，采用玻璃鳞片防腐。导电玻璃钢管式湿式电除尘器的阳极模块具有密封性，阳极模块部分可不设壁板，可采用彩钢板等一般材料进行外部密封。阳极模块以外部分壁板一般采用普通碳钢，并且内表面需涂有薄层防腐材料（玻璃钢、玻璃鳞片、衬胶等），也可采用全玻璃钢结构。

导电玻璃钢阳极板，由六边形蜂窝状或圆柱体状导电玻璃钢材料组合而成。导电玻璃钢主要由树脂、玻璃纤维和碳纤维、碳纤维增强复合塑料（C-FRP）等组成，材料密度小、强度高，具有良好的导电性和极强耐腐蚀性。长度一般设计为 4.5～6m，内切圆直径为 300～400mm。

阴极系统由上部框架、下部框架、阴极线、吊杆等组成。放电线的材质主要为钛合金及双相不锈钢 2205 等材料。

该技术具有以下特点。

（1）阳极采用六面体蜂窝或圆柱体管式方案，管材质采用耐酸碱腐蚀性优良的碳纤维增强复合塑料材料。

（2）技术上属于无水流派，即正常运行时不需要进行连续的水喷淋以在阳极管上形成均匀的水膜，仅在短期内对极管进行喷淋以达到清灰作用。正常运行时不需要补充水，同时外排水量极小，不需要化学加碱的中和系统，系统方案相对简单。

（3）烟气流向上多采用自上而下的顺流布置或自下而上的错流布置方案。

2. 清灰方式

导电玻璃钢管式湿式电除尘器的工艺水系统比较简单，喷淋技术上为无水技术。供水系统为清洗装置提供冲洗水，水源一般来自电厂脱硫工艺水或厂工业用水。喷淋系统喷嘴的规格、排列要保证集尘极表面能充分润湿和冲洗。导电玻璃钢管式湿式电除尘器收集的废水较少，300MW 机组满负荷运行时每小时约 1～2t，收集废液可通过排水系统直接引至脱硫地坑或制浆池，不需要额外设置废水处理和水循环系统。排水管道材料选用玻璃管或衬胶管。

清洗系统的设计与除尘器的供电区相匹配，通常一个供电区设置一套清洗系统，清洗系统与高压供电装置连锁控制，清洗过程中能自动降低和提高运行电压，避免电场闪络击穿。

清洗喷嘴材料采用非金属防腐材料或2205双相不锈钢及同等耐腐蚀性能的金属材料，除尘器内部的清洗管道采用与收尘极同等级的耐腐蚀材料，法兰连接螺栓采用2205双相不锈钢或同等耐腐蚀性能的材料。

3. 典型布置

导电玻璃钢管式湿式电除尘器的典型布置方案有布置在脱硫吸收塔顶部或在吸收塔侧独立设置两种方案。

湿式电除尘器布置在脱硫吸收塔顶部时，经脱硫后的烟气直接进入湿式电除尘器，经除尘除雾后进入烟囱，见图3-42。

图3-42 湿式电除尘器布置在吸收塔顶部

湿式电除尘器布置在吸收塔侧面时，湿式电除尘器作为一个独立装置布置于吸收塔出口竖直净烟道处，与吸收塔相互独立，烟气自上而下流过湿式电除尘装置后水平流出，见图3-43。

图3-43 湿式电除尘器布置在吸收塔侧面

（三）湿式电除尘器电源配置

1. 湿式电除尘器电源特征

湿式电除尘器的电场，其放电与除尘工作环境有以下特征。

（1）湿饱和烟气、高浓度、高流速，决定了电场起晕电压高。

（2）高流速、高浓度又决定了沿电场方向浓度梯度大，电场放电极易出现火花，并发展成为贯穿性流柱放电。

（3）微尘、细雾决定了尘雾比表面积大，进而决定了电场内的离子密度越大，尘雾捕获离子的机会越多，除尘效率越高。因此，除尘效率在很大程度上取决于供电电源向电场输出的有效电晕功率（取决于电源输出电流）的大小。

（4）水冲洗清灰决定了清灰时段，电场极易出现瞬态短路和持续短路。

（5）阳极材料耐温低，决定了电极对贯穿性放电或瞬态短路时的能量极为敏感、极易遭受损伤，应加以有效的控制。

2. 湿式电除尘器电源功能

湿式电除尘器一般采用高频恒流电源，能够满足供电及控制需要，确保电场工作长期安全、高效运行。用于湿式电除尘器供电的高压直流电源必须具备以下功能。

（1）平均电流和电晕功率高，并能持续保持。

（2）电源应能自行抑制火花放电向击穿放电发展、迅速熄灭已形成弧光的火花放电随即恢复供电。

（3）一旦发生贯穿性流柱放电，电源应能即时消减供电功率以保护电极，随后迅速恢复正常供电。

（4）能够承受瞬态及稳态短路。

（5）清灰时段，电源能自动消减供电功率或切断电源，清灰结束，自动恢复运行。湿式电除尘器启动水冲洗清灰时，电场会出现瞬态或稳态短路。电流源自身能够经受瞬态和稳态短路，短路时的电流值保持不变，输出电压为零。由于这种短路会降低电气元器件的使用寿命，控制系统采取了降挡运行的措施，既不影响电场工作，又能避免元器件受损。清灰结束，自动恢复正常供电。电压源不能经受瞬态和稳态短路，水冲洗过程中必须彻底关断供电才能保证安全，冲洗完毕，需要延时启动。

（四）两种类型湿式电除尘器对比

两种类型湿式电除尘器对比，见表3-37。

表3-37 两种类型湿式电除尘器对比

项目	极板	管式
布置方式	一般卧式，可实现立式	一般采用立式，也可实现卧式
气流方向	一般水平，可实现垂直	一般垂直，可实现水平
阳极	316L	导电玻璃钢
阴极	316L 或带芒刺片的不锈钢管	2205、钛合金
本体框架防腐	玻璃鳞片	玻璃鳞片

续表

项目	极板	管式
阴极水冲洗	连续冲洗	可停机冲洗，建议一天冲洗一次
阳极水冲洗	连续冲洗	
收集液处理	NaOH 中和	进入脱硫塔
技术来源	在美国、日本有电厂应用案例。美国巴威、西门子，日本三菱、日立等公司采用金属极板湿式电除尘器。国内有多个制造厂家引进了日本三菱、日立技术。目前，国内已制定 JB/T 11638《湿式电除尘器》、JB/T 12532《顶置湿式电除尘器》、JB/T 12593《燃煤烟气湿法脱硫后湿式电除尘器》	在化工行业、冶金行业应用较多。世界第一台电除雾器 1907 年投入运行，用于制硫酸工艺中 SO_3 酸雾的去除，目前，国内已制定 HJ/T 323《环境保护产品技术要求　电除雾器》
特点	采用不锈钢刚性极板时，抗腐蚀能力相对较差	采用玻璃钢极板，抗腐蚀能力相对较好
	采用不间断水冲洗，落尘效果好	运行中无水冲洗，浆液浓度高，沿玻璃钢顺流而下
	极板不易受污染	极板易受污染
	落尘底部排出，不污染净烟气	落尘底部排出，易二次进入烟气中，下进上出布置会提高原烟气的含尘；上进下出液滴会进入净烟气，影响除尘效果
	设备本体和进出口烟道占地大	设备本体和进出口烟道占地相对较小，设备高度较高
	已有较多应用业绩	已有较多应用业绩

三、主要技术参数及计算

（一）与湿式电除尘器结构相关的主要技术参数

湿式电除尘器与普通干式电除尘器相同，技术参数包括电场、停留时间、集尘面积、电场有效通流面积、极板有效面积等。

（二）与湿式电除尘器效率相关的主要技术参数

1. 湿式电除尘器的效率

合理的参数选型是保证湿式电除尘器设备除尘性能的前提条件。湿式电除尘器和常规电除尘器相同，计算公式见式（3-4）。

2. 驱进速度

粒子驱进速度是湿式电除尘器的重要参数之一，它直接影响到粉尘的荷电性能，进而影响到设备的除尘效率。驱进速度的选取只能根据工程经验公式，由入口粉尘浓度、入口 SO_3 浓度等参数决定。

湿式电除尘器中由于“水”的介入而产生质的差异，湿式电除尘器的粉尘在电场中的驱进速度会比干式电除尘器高得多。细颗粒在单位时间内荷电量较小，为保证其荷电并吸附在集尘极上，必须保证细颗粒在电场内有足够的时间荷电，因此驱进速度应相应选小。

3. 比集尘面积

根据入口烟气条件和出口性能保证值的要求，选取合理的比集尘面积，以达到最佳排放效果。极板湿式电除尘器的比集尘面积一般选择在 7～20m²/（m³ • s⁻¹），其中，1 个电场的比集尘面积宜为 7～10m²/（m³ • s⁻¹）。除尘效率为 70%～90%，除尘效率大于 80%时宜为 2 个电场。管式湿式电除尘器供电分区数一般为 2～6 个，比集尘面积宜为 12～25m²/（m³ • s⁻¹）。除尘效率为 70%～90%。

某导电玻璃钢管式湿式电除尘器比集尘面积与粉尘排放的关系曲线见图 3-44，当比集尘面积超过 25m²/（m³ • s⁻¹）时，曲线趋于平缓，比集尘面积的增加对除尘效率的提高效果很小。

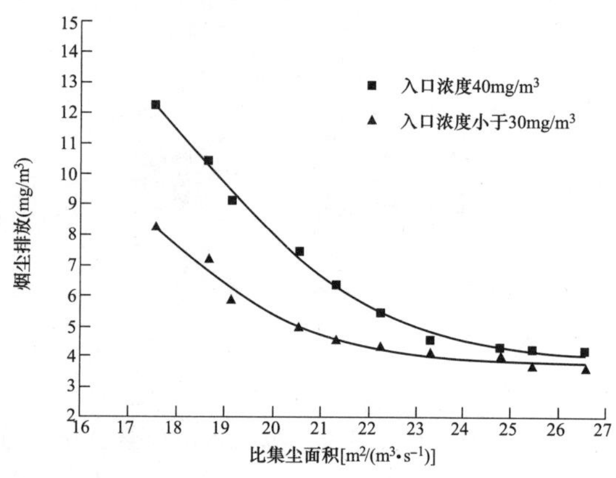

图 3-44　某导电玻璃钢管式湿式电除尘器比集尘面积与粉尘排放的关系曲线

4. 烟气流速

烟气流速也是影响湿式电除尘器除尘效率的重要因素。在湿式电除尘器的流通面积确定后，处理烟气量增加，流速增大，流速太高会影响去除效率和设备的整体性能，湿式电除尘器的除尘效率相应降低。

选用经济合理的电场风速范围，达到最佳除尘效果。金属极板湿式电除尘器选用的烟气流速一般保持在 3.0m/s 左右，最高不大于 3.5m/s。

管式湿式电除尘器在烟尘排放浓度小于 10mg/m³ 时，电场风速不宜大于 3m/s，烟气停留时间不宜小于 2s。湿式电除尘器在烟尘排放浓度小于 5mg/m³ 时，电场风速不宜大于 2.5m/s。

5. 工艺技术参数及使用效果

湿式电除尘器的主要工艺参数及使用效果见表 3-38。湿式电除尘器出口颗粒物浓度取决于入口的颗粒物浓度及湿式电除尘器的具体参数。

表 3-38 湿式电除尘器的主要工艺参数及使用效果

项目	单位	主要工艺参数	使用效果
入口烟气温度	℃	<60（饱和烟气）	
比集尘面积	$m^2/(m^3 \cdot s^{-1})$	≥7～20（板式）	
		≥12～25（蜂窝式）	
同极间距	mm	250～400	
烟气流速	m/s	≤3.5（板式）	
		≤3.0（蜂窝式）	
气流分布均匀性相对均方根差	—	≤0.2	
压力降	Pa	≤250（板式）	
		≤300（蜂窝式）	
漏风率	%	≤1（板式）	
		≤2（蜂窝式）	
出口颗粒物浓度	mg/m^3		≤10 或 ≤5
除尘效率	%		70～85

四、主要技术规范

（一）性能保证

以下指标为电除尘器性能保证值。

（1）保证效率（烟道烟气流量及含尘量分布不均匀造成的除尘器效率下降不允许修正）。

1）粉尘去除率（含石膏）。

2）$PM_{2.5}$ 去除率。

3）雾滴去除率。

4）SO_3 去除率。

（2）本体阻力。

（3）本体漏风率。

（4）气流均布系数。

（5）NaOH 耗量（针对金属极板湿式电除尘器）。

（6）废水量。

（7）噪声。

达到上述性能保证值的条件如下：

（1）入口烟气量按 BMCR 工况的烟气量加 10% 的条件。

（2）1 个供电分区的极管进行停电冲洗时，单室湿式电除尘器除外。

湿式电除尘器除尘性能的参考值见表 3-39。

表 3-39 湿式电除尘器除尘性能的参考值

项目	单位	极板湿式电除尘器要求	管式湿式电除尘器要求
除尘效率	%	70～90	70～90
出口颗粒物浓度	mg/m^3	≤10（最低可达 5 以下）	≤10（最低可达 5 以下）
本体压力降（不含除雾器及烟道）	Pa	≤250（改造项目≤350）	≤300
漏风率	%	≤1	≤2
气流分布均匀性相对均方根差	—	≤0.2	≤0.2

（二）湿式电除尘器的结构和系统配置要求

（1）极板湿式电除尘器电场内烟气流速应不大于 3.5m/s；管式湿式电除尘器电场内烟气流速应不大于 3.0m/s。

（2）湿式电除尘器同极间距宜为 250～400mm。

（3）金属极板湿式电除尘器出口封头（烟箱）内宜设置除雾装置。

（4）壳体壁板宜采用普通碳钢衬玻璃鳞片防腐，壁板母材厚度应不小于 5 mm。

（5）导电玻璃钢管式湿式电除尘器阳极管截面宜采用内切圆为 $\phi300$～$\phi400$ 的正六边形，单侧厚度不小于 3 mm。

（6）阴极线宜采用起晕电压低、易冲洗的极线形式，性能要求及检验应符合 JB/T 5913《电除尘器 阴极线》的规定。

（7）高压供电装置设计应满足以下要求。

1）高压供电装置宜选择电压为 45～72kV。

2）板电流密度宜设置为 0.6～1.0 mA/m^2，电源裕度系数可为 5%。管式湿式电除尘器也可设置线电流密度为 0.5～1.0mA/m（极线长度）。

3）供电装置宜选用节能控制功能型，可根据实际排放粉尘手动调整电源的输出。

4）导电玻璃钢管式湿式电除尘器宜采用恒流电源。

（8）绝缘子应符合 JB/T 5909《电除尘器用瓷绝缘子》的规定，绝缘子应有防结露的措施，宜采用防露型高铝瓷绝缘子或设置热风吹扫装置。每个绝缘子宜设置一只电加热器，加热温度最低不小于 70℃。绝缘子箱内的绝缘子加热器应选用耐热电缆，耐热温度不小于 200℃。

（9）接地系统电阻值应小于 2Ω。对于工频电源或分体式布置的供电装置，其控制柜和电源装置之间接地排应使用截面积不小于 $50mm^2$ 的铜芯接地电缆相连。

（10）喷淋系统设计应满足以下要求。

1）喷淋系统管路应根据环境温度设置保温层及伴热，电场内部应合理设置相应排水措施，防止积液。喷嘴喷淋覆盖率应不小于 120%，喷嘴应便于检查和更换。

2）金属极板湿式电除尘器喷淋系统可采用单、双线两种冲洗方式。宜采用高效雾化喷嘴，应使阳极板表面产生连续水膜。

3）管式湿式电除尘器喷淋系统可采用定期间断冲洗方式。导电玻璃钢管式湿式电除尘器宜每天冲洗一次，每次冲洗时间宜为 5～20min，实际运行可根据锅炉负荷、入口浓度、脱硫运行等情况调整、优化清洗周期。喷淋时，宜自动降低电场的运行强度或关闭电场。

4）湿式电除尘器喷淋系统产生的废水预处理后可作为湿法脱硫工艺补水回用。

（11）湿式电除尘器的喷淋水应根据水质要求取自厂区的工艺水管网。

（12）水系统工艺流程配置合理，要求运行安全、可靠简单易行；设备选型的计算应合理、准确、可靠。水系统平面布置应考虑运行、维修人员操作条件的便利性。喷嘴的布置要合理，不存在冲洗死角。

（13）灰斗壁板宜采用普通碳钢衬玻璃鳞片防腐，壁板母材厚度应不小于 5 mm。

（14）整流变压器的起吊设施为电动，电动机防护等级为 IP56（户外）。

（15）除尘器钢结构应能承受下列荷载：

1）除尘器荷载（自重、附属设备及其输送管道荷载）。

2）地震荷载。

3）风载。

4）雪载。

5）检修荷载。

6）正、负压。

7）进出口连接烟道的部分荷重。

（16）所有设备、管道工具应根据工艺布置的要求采取相应的防腐措施，设备、箱罐、管道的外表面按常规燃煤电厂设计有关要求涂刷油漆。

（17）湿式电除尘器露天布置的设备采取防雨、防风措施，如设置防雨、防风罩。

（18）湿式电除尘器上人孔、阀门、仪表等经常有人操作的部位，均应设置固定平台。

（19）其他要求应符合 JB/T 12593《燃煤烟气湿法脱硫后湿式电除尘器》的规定。

（三）主要部件材料选择

（1）外壳体材料宜以碳钢材料为主。对于接触腐蚀性介质的部位，应采用防腐材料或做防腐处理。

（2）金属极板湿式电除尘器阳极板应采用防腐性能不低于 S31603 的不锈钢。

（3）导电玻璃钢管式湿式电除尘器阳极管基体材料选用环氧乙烯基酯树脂，增强材料选用无碱玻璃纤维，内表层（导电层）选用碳纤维表面毡。阳极模块每个接地端与任意一根阳极管内表面之间的电阻值应小于 100Ω。

（4）金属极板湿式电除尘器阴极线应采用防腐性能不低于 S31603 的不锈钢。

（5）导电玻璃钢管式湿式电除尘器阴极线、阴极框架宜采用 SS2205 及以上防腐等级不锈钢或其他导电、防腐蚀材质。

（6）柔性极板管式湿式电除尘器阴极线、阴极框架宜采用 SS2205 及以上防腐等级不锈钢或其他导电、防腐蚀材质。

（7）本体内部冲洗管道宜采用不锈钢或非金属防腐材质，喷嘴宜采用不锈钢或非金属防腐材质。

（8）湿式电除尘器宜采用高铝瓷绝缘子。湿式电除尘器烟气含湿量大且为正压运行，更容易引起爬电，产生瞬间高电压。在湿式电除尘器中，需防止在绝缘子表面形成连续的水膜，使其绝缘失效。

（9）其他零部件技术要求应符合 DL/T 1589《湿式电除尘技术规范》、JB/T 12593《燃煤烟气湿法脱硫后湿式电除尘器》、HJ/T 323《环境保护产品技术要求 电除雾器》的规定。

（四）气流分布技术

湿式电除尘器为烟气的精处理设备，气流分布对湿式电除尘器的性能有显著影响，对实现烟气污染物超低排放具有很大影响。首先，良好的气流分布可以保证除尘效果，由于电场的收尘效果受电场风速的影响较大，若气流分布不均，电场风速过高将降低收尘效率，电场风速过低又会使所携带的烟尘不足，导致收尘效率无法达到设计指标。其次，良好的气流分布可降低设备阻力。若气流分布不均，很容易产生涡流和局部高流速区域，因此，气流分布是湿式电除尘器设计中十分重要的一环。

一般来说，烟气从吸收塔进入湿法电除尘装置前需进行初次气流分配，使其相对均匀地进入装置入口喇叭；烟气进入喇叭后再次进行气流分布，使其均匀进入除尘通道。出口烟箱对流场分布也有影响，在设计时要引起足够的重视。可通过以下措施解决气流分配问题：①对湿式电除尘器系统进行实体建模，进行气流分布数值模拟，解决理论设计问题；②物理模型实验，修正理论偏差；③现场调整，实现气流分配与分布达到设计指标要求，有效保证湿式电除尘器性能。

五、工程案例

（一）案例一

1. 技术路线

某 1000MW 超超临界燃煤机组，锅炉空气预热器出口采用低低温电除尘器，使除尘器出口含尘量控制在 25mg/m^3（标准状态）以下，脱硫系统采用单塔双循环工艺，经脱硫除雾器后，粉尘浓度小于或等于 17mg/m^3（标准状态），为满足粉尘浓度达到超净排放，烟尘排放浓度小于或等于 5mg/m^3（标准状态），脱硫吸收塔后设置湿式电除尘器（WESP）。

本工程的烟气治理超净排放技术路线见图 3-45。

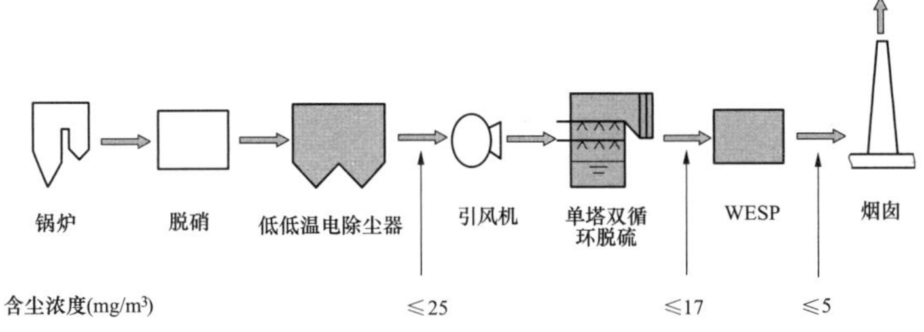

图 3-45　某 1000MW 机组烟气治理超净排放技术路线

2. 设计条件

湿式电除尘器入口烟气参数及性能要求见表 3-40。

表 3-40　湿式电除尘器入口烟气参数及性能要求

序号	参数名称	单位	设计煤种	校核煤种
1	入口烟气量（标准状态）	m^3/s	885.3	901.1
2	入口含尘浓度（干态，标准状态）	mg/m^3	17	17
3	入口 SO_3 浓度（标准状态）	mg/m^3	≤40	≤50
4	入口烟气温度	℃	50	50
5	出口粉尘浓度（标准状态）	mg/m^3	≤5	≤5
6	粉尘去除率（含石膏）	%	≥70.6	≥70.6
7	$PM_{2.5}$ 去除率	%	≥70.6	≥70.6
8	SO_3 去除率	%	≥60	≥60
9	本体阻力	Pa	≤250	≤250
10	气流均布系统		<0.2	<0.2

3. 技术方案

每台炉采用 2 台 1 电场金属极板湿式电除尘器，烟气水平流经湿式电除尘器。每台湿式电除尘器的进口配备均流装置，均流装置采用耐腐蚀材质 SUS316L，厚度为 3mm；阳极板的厚度为 1.2mm，材质为 SUS316L；阴极线材质为 SUS316L。

湿式电除尘器工艺用水取自脱硫工艺水箱，排放的废水进入脱硫系统回用。湿式电除尘器水处理系统内的排水泵、循环水泵、补充水泵、卸碱泵等均按一运一备配置，碱计量泵为机械式隔膜泵，按二运二备配置。

湿式电除尘器的技术参数见 3-41。

表 3-41　湿式电除尘器的技术参数

湿式电除尘器设计值（1 台锅炉）	单位	设计煤种	校核煤种 2
入口处理烟气量（湿态，标准状态）	m^3/s	885.3	901.1
入口烟气温度	℃	50	50
入口粉尘浓度（干基，标准状态）	mg/m^3	17	17
入口雾滴浓度（干基，标准状态）	mg/m^3	≤50	≤50
入口 SO_3 浓度（干基，标准状态）	mg/m^3	≤40	≤50
出口保证值（粉尘包括石膏在内）（干基，标准状态）	mg/m^3	<5	<5
出口烟气温度	℃	50	50
每台锅炉湿式电除尘器台数		2	
每台湿式电除尘器室数		2	
电场数		1	
阳极板形式及材质		CN，SUS316L	
板宽	m	0.818	
板长	m	8.125	
板厚	mm	1.2	
阴极线形式及材质		DS，SUS316L	
沿气流方向阴极线间距	mm	150	
通道	个	2×78	
极间间距	m	300	
每台湿式电除尘器的截面积	m^2	190	
烟气速度	m/s	3.0	
气均布系数			
除尘器进口		<0.13	
除尘器出口		<0.3	
每台锅炉的集尘面积	m^2	10459	
EP 外形尺寸（1 台锅炉）			
宽	m	50.2	
纵深	m	6.52	
高度	m	17	
壳体设计压力	kPa	5	
电源台数（1 台锅炉）		4	
水膜水量（连续使用）（1 台锅炉）	t/h	21	
压损	Pa	≤230	
变压器数量（单台炉）	台	8 台高频	
外排废水量（单台炉）	t/h	19	
NaOH（32%）耗量（单台炉）	t/h	0.234	
工业补充水量（单台炉）	t/h	19	

4. 布置方案

烟气自吸收塔顶部流出后，经出口弯头将烟气流动转为水平，进入金属极板湿式电除尘器中，烟气水平流出进入烟囱，具体见图 3-46 和图 3-47。

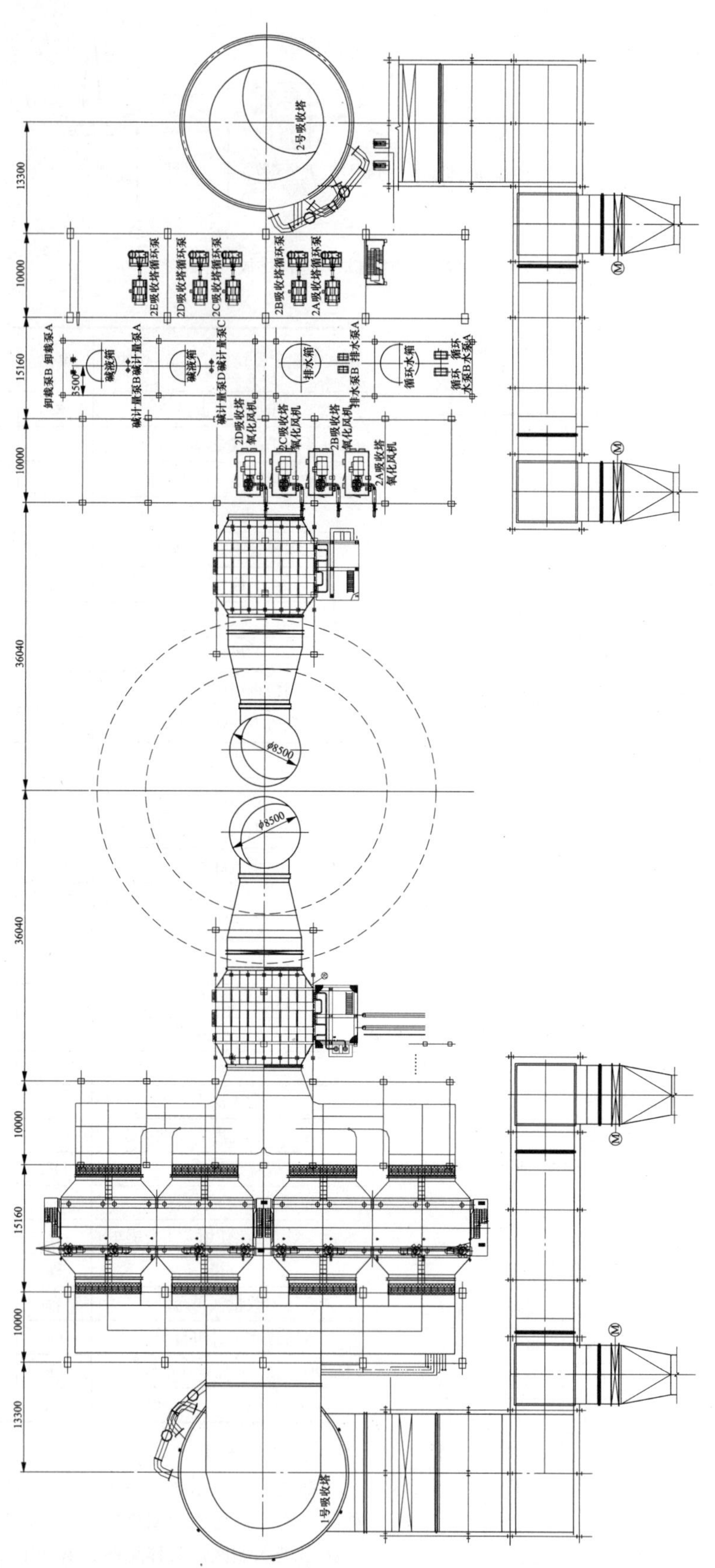

图 3-46　金属极板湿式电除尘器平面布置

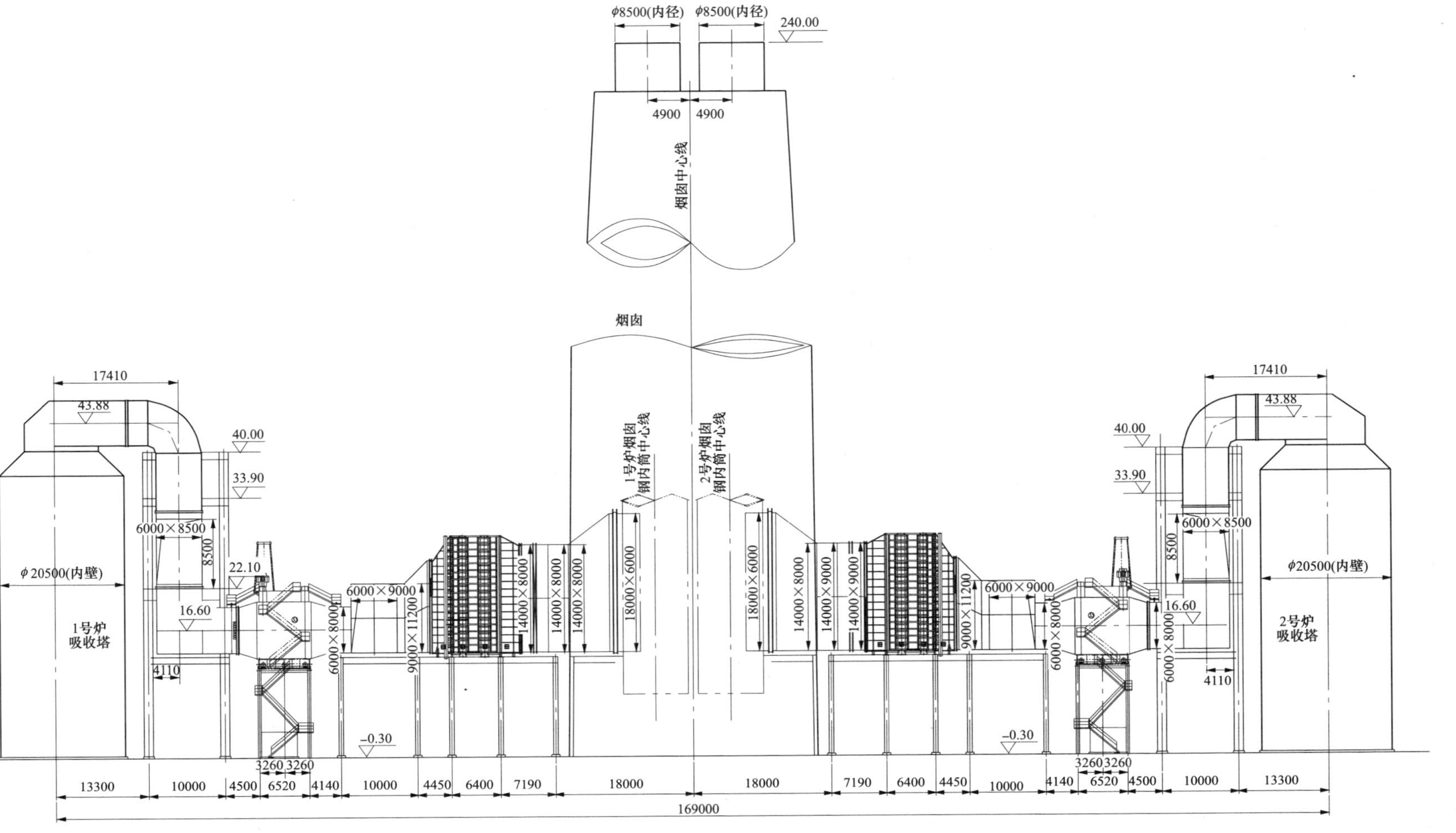

图 3-47 金属板板湿式电除尘器立面布置

5. 投运效果

1 号机组湿式电除尘器性能测试结果汇总见表 3-42，结果表明湿式电除尘器出口烟尘浓度分别为 2.72、2.39mg/m^3（标准状态），除尘效率分别为 79.31%、82.93%；湿式电除尘器 SO_3 平均去除率分别为 64.14%、64.41%，均大于 60%，达到预定要求；1 号机组满负荷时段，湿式电除尘器 NaOH 耗量为 0.064t/h，小于设计耗量 0.234t/h，符合性能保证值要求。

（二）案例二

1. 技术路线

某 1000MW 超超临界燃煤机组，为达到超净排放，在原脱硫吸收塔的基础上，又增加一级脱硫吸收塔，吸收塔后加装湿式电除尘器，满足烟尘排放浓度小于 5mg/m^3（标准状态）。工程属于超净排放改造，因此引风机出口烟道做较大改动，具体技术路线见图 3-48。

表 3-42　　1 号机组湿式电除尘器性能测试结果汇总

序号	项目	反应器	单位	保证值	测试和统计结果	结论
1	本体阻力	A	Pa	≤230	174.0	合格
		B	Pa		173.5	合格
2	湿式电除尘器出口烟尘浓度	A	mg/m^3（干基，6% O_2，标准状态）	≤5	2.72	合格
		B			2.39	合格
3	除尘效率	A	%	≥70.6	79.31	合格
		B	%	≥70.6	82.93	合格
4	SO_3 去除率	A	%	≥60	64.14	合格
		B	%	≥60	64.41	合格
5	NaOH 耗量	A 和 B	t/h	≤0.234	0.064	合格
6	功耗	A 和 B	kW	≤590	458.8	合格
7	废水量	A 和 B	t/h	≤19	8.69	合格
8	噪声	A 和 B	dB（A）	≤80	75.8～83.3	部分合格

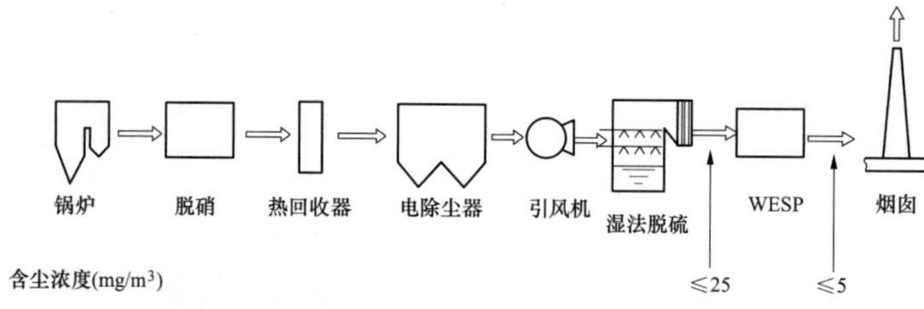

图 3-48　某 1000MW 机组烟气治理改造技术路线

2. 设计条件

湿式电除尘器入口烟气参数及性能要求见表 3-43。

3. 技术方案

采用一台 8 电场导电玻璃钢管式极板湿式电除尘器，立式结构。湿式电除尘器均流装置均采用 FRP 材质，阳极管采用 SDD-CF 材质，阴极线采用钛合金材质，形式为高效芒刺形线。集尘面积为 19255m^2。湿式电除尘器的技术参数见表 3-44。

表 3-43　　湿式电除尘器入口烟气参数及性能要求

序号	参数名称	单位	设计煤种	序号	参数名称	单位	设计煤种
1	入口烟气量（湿基，实际含氧）	m^3/h	4124989	6	粉尘去除率（含石膏）	%	≥70
	入口烟气量（标准状态，干基，6%O_2）	m^3/h	3000728	7	$PM_{2.5}$ 去除率	%	≥75
2	入口含尘浓度（标准状态，干基，6%O_2）	mg/m^3	15，最大 30	8	SO_3 去除率	%	≥75
3	入口 SO_3 浓度（标准状态）	mg/m^3	54	9	本体阻力	Pa	≤350
4	入口烟气温度	℃	53	10	气流均布系统		<0.2
5	出口粉尘浓度	mg/m^3	≤5				

表 3-44　湿式电除尘器的技术参数

编号	湿式 ESP 设计值（1 台锅炉）		单位	设计煤种
1	入口处理烟气量（湿基）		m^3/s	1260.4
2	入口烟气温度		℃	57
3	出口烟气温度		℃	约 57
4	O_2 浓度		%	约 6
5	入口粉尘浓度（干基，粉尘+石膏，标准状态）		mg/m^3	30
6	设计除尘效率（含石膏）		%	80
7	保证除尘效率（含石膏）		%	70
8	入口雾滴浓度（干基，标准状态）		mg/m^3	75
9	保证除雾滴效率		%	75
10	出口水雾浓度（干基，标准状态）		mg/m^3	≤19
11	入口 SO_3 浓度（干基，标准状态）		mg/m^3	54
12	脱除 SO_3 效率（保证值）		%	75
13	除尘器台数			1
14	室数			1
15	电场数			8
16	阳极管形式及材质			管式，CF 材料
17	阳极管对边宽		m	0.3
18	极管有效长度		m	4.0
19	板厚		mm	约 6
20	阳极管数量		个	4752
21	阴极线形式及材质			高效芒刺型，钛合金
22	沿气流方向阴极线间距		mm	—
23	阴极线安装方式			垂直
24	通道		个	1
25	极间间距		m	0.3
26	截面积		m^2	370
27	烟气速度		m/s	3.41
28	集尘面积		m^2	19255
29	绝缘箱数		个	32
30	绝缘方式			清扫风+绝缘碍子
31	EP 外形尺寸	宽	m	27.2
		纵深	m	20.35
		高度	m	32.2
32	壳体设计压力		kPa	+5/−2
33	电源台数			8
34	水膜水量（连续使用）		t/h	无

续表

编号	湿式 ESP 设计值（1 台锅炉）	单位	设计煤种
35	间歇冲洗水量	t/h	200
36	间歇冲洗频率（每 24h）		一次
37	除尘器本体阻力	Pa	≤350
38	整流变压器数量	台	8
39	外排废水量	t/h	0.865
40	NaOH（32%）耗量	t/h	无
41	工业补充水量	t/h	5
42	运行电耗	kW	744
43	设备总重量（不包括进出口烟道及支架）	kg	640000
44	粉尘浓度（粉尘+石膏+$PM_{2.5}$）（干基）入口含尘浓度 $15mg/m^3$ 时（标准状态）		$≤5mg/m^3$
45	入口含尘浓度 $30mg/m^3$ 时（标准状态）		效率大于 70%

4. 布置方案

烟气自吸收塔顶部流出后，经出口弯头将烟气流动转为自上而下，进入管式湿式电除尘器中，在湿式电除尘器下部转弯水平进入烟囱，湿式电除尘器布置具体见图 3-49 和图 3-50。

5. 投运效果

2 号机组污染物排放浓度测试结果汇总见表 3-45，结果表明测试期间两天湿式电除尘器出口烟尘浓度分别为 3、$1mg/m^3$（标准状态），小于 $5mg/m^3$（标准状态）的超低排放标准。

表 3-45　2 号机组污染物排放浓度测试结果汇总

序号	测试项目	单位	电除尘器前	17 日电除尘器后	18 日电除尘器后
1	锅（窑）炉负荷	t/h	2980		
2	出力影响系数	—	1		
3	烟道截面积	m^2	—	40.7	40.7
4	烟气温度	℃	—	50	52
5	烟气含湿量	%	—	9.2	9.2
6	烟气流速	m/s	—	24.3	22.2
7	烟气流量	m^3/h（标准状态）	—	2757017	2517756
8	折算系数	—	—	1.08	1.03
9	实测烟尘浓度	mg/m^3（标准状态）	—	3	1
10	动压	Pa	—	487	445
	静压	kPa	—	−0.22	−0.18

续表

序号	测试项目	单位	电除尘器前	17 日电除尘器后	18 日电除尘器后
11	燃煤量	kg/h	—	—	—
12	除尘器阻力	Pa	—	—	—
13	除尘器漏风率	%	—	—	—
14	O_2	%	—	6.8	6.5

续表

序号	测试项目	单位	电除尘器前	17 日电除尘器后	18 日电除尘器后
15	CO_2	%	—	—	—
16	实测 NO_x 浓度	mg/m^3（标准状态）	—	41	42
17	实测 SO_2 浓度	mg/m^3（标准状态）	—	9	5

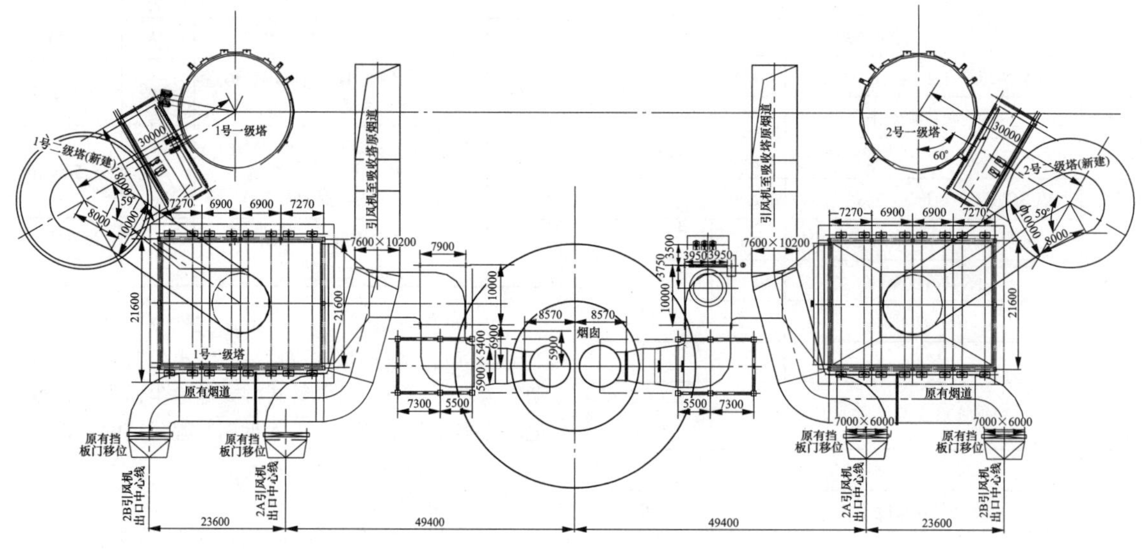

图 3-49　湿式电除尘器平面布置

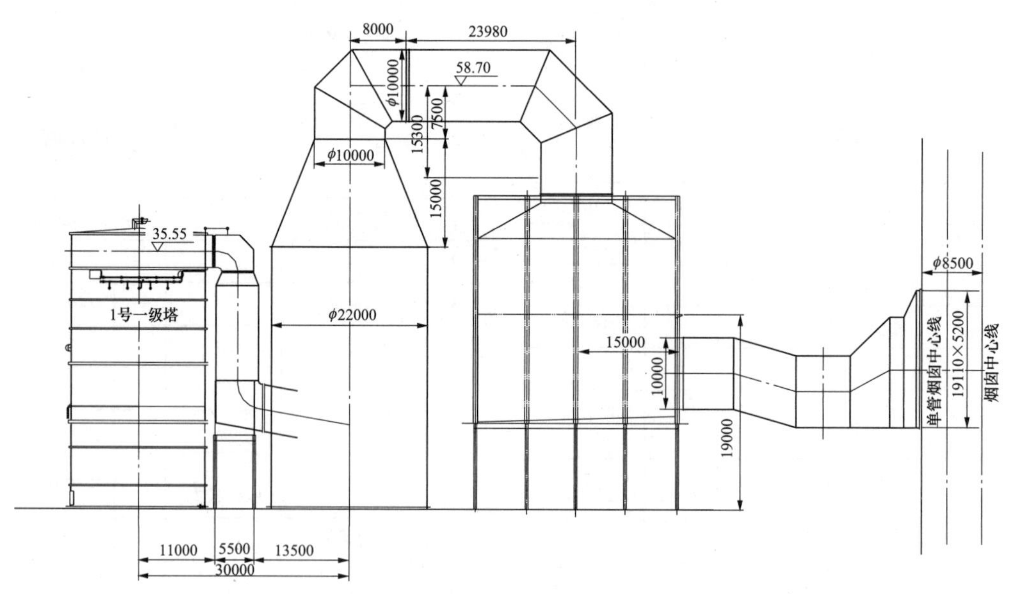

图 3-50　湿式电除尘器立面布置

第四章

二氧化硫处理工艺

二氧化硫处理工艺是指采用合适的化学工艺脱除锅炉烟气中的二氧化硫（SO_2），也称为烟气脱硫技术或工艺。烟气脱硫是燃煤火力发电厂控制 SO_2 排放最有效和应用最广的工艺，其主要优势是技术成熟、运行可靠、经济性好。

本章主要介绍在火力发电厂应用较为广泛的石灰石-石膏湿法、海水法、氨法和烟气循环流化床半干法脱硫工艺，对于目前应用较少的镁法、炉内喷钙、活性焦干法、旋转喷雾干燥法等脱硫技术不做介绍。

第一节　脱硫技术路线

世界上最早的烟气脱硫（FGD）技术始于20世纪20年代；国内脱硫技术的研究起步于20世纪70年代，并在80年代中期加大了科研力度，取得了旋转喷雾干法脱硫等一些研究成果；90年代初国内电厂在300MW等级机组上引进了几套石灰石-石膏湿法烟气脱硫系统。2000年以后，随着《中华人民共和国大气污染防治法》的实施和全面开征二氧化硫排污费，国内开始大规模采用国外引进和国内自主开发的烟气脱硫技术，如石灰石-石膏湿法、海水法、氨法和烟气循环流化床法脱硫等。截至2016年年底，我国火力发电厂脱硫装机容量约为9.3亿kW，其中，92%以上采用石灰石-石膏湿法脱硫技术。

本节主要介绍已经实际应用的烟气脱硫工艺形式和主要选择原则。

1. 烟气脱硫工艺形式

烟气脱硫是燃煤火力发电厂控制 SO_2 排放最有效和应用最广的技术，目前已经投入应用的烟气脱硫工艺有十多种。烟气脱硫工艺按吸收剂在反应过程中的干、湿状态分为以下三类。

（1）湿法脱硫。湿法脱硫是指采用含有吸收剂的浆液在湿态下完成脱硫和副产物处理的系统，主要有石灰石-石膏湿法脱硫、海水脱硫和氨法脱硫等。

（2）干法脱硫。干法脱硫是指脱硫工艺均在干态下完成的系统，主要有炉内喷钙、活性焦干法脱硫等工艺。

（3）半干法脱硫。半干法脱硫是指在湿态下完成脱硫反应，在干态下处理副产物的系统，主要有烟气循环流化床法、旋转喷雾干燥法和炉内喷钙加尾部增湿活化法脱硫等。

目前，在众多的烟气脱硫技术中，石灰石-石膏湿法脱硫、海水脱硫、烟气循环流化床半干法脱硫和氨法脱硫是火力发电厂主流的脱硫工艺。其中，石灰石-石膏湿法脱硫最为常见，其脱硫效率高，技术最为成熟、可靠，广泛应用于国内外大中型机组，市场占有率在90%以上；海水脱硫适用于海滨电厂，脱硫效率较高，技术成熟，在大中型机组中的应用也较为广泛。而烟气循环流化床半干法脱硫、氨法脱硫等主要应用于中小型机组，目前技术发展也较快。

2. 烟气脱硫工艺的选择原则

烟气脱硫工艺应根据国家和地方的环保排放标准、工程环境影响评价批复意见、锅炉特性、燃煤煤质资料、脱硫工艺成熟程度及国内应用水平、脱硫剂的供应条件、脱硫副产物的综合利用条件、废水排放条件、场地布置条件等因素，经全面技术经济比较后确定。

脱硫工艺的主要选择原则参见GB 50660《大中型火力发电厂设计规范》。

第二节　石灰石-石膏湿法烟气脱硫工艺

石灰石-石膏湿法烟气脱硫是指采用石灰石作为吸收剂，反应后生成石膏的湿法脱硫工艺，是火力发电厂应用最为广泛的脱硫工艺。其主要优势是技术成熟可靠、脱硫效率高、投资适中、运行经济性好，能适应不同容量机组和各种燃煤种类等。

本节主要介绍石灰石-石膏湿法烟气脱硫工艺的脱硫原理、系统说明、设计要求、系统流程和典型系统图、系统及设备选型计算、主要设备、典型布置和工程案例等。

一、系统说明

（一）系统简介

石灰石-石膏湿法烟气脱硫采用碱性的石灰石浆液作为脱硫吸收剂，从烟气中脱除 SO_2，脱硫反应产生硫酸钙和亚硫酸钙，经强制氧化生成石膏（二水硫酸钙），经过浓缩及脱水处理后的脱硫石膏具有综合利用价值。该工艺具有技术成熟、煤种适用范围广、脱硫效率高、吸收剂易获得、副产物可综合利用等特点，脱硫效率可达95%以上。石灰石-石膏湿法烟气脱硫装置全景见图4-1。

图4-1　石灰石-石膏湿法烟气脱硫装置全景

（二）脱硫原理

烟气进入吸收塔内与吸收剂浆液逆向强烈接触，浆液完成对烟气中 SO_2 气体的洗涤和吸收，并产生化学反应，生成亚硫酸钙、硫酸钙等。SO_2 脱除过程在气、液、固三相中进行，发生气-液和液-固反应。主要的化学反应方程式如下：

$$SO_2(g)+H_2O \longrightarrow H_2SO_3(l) \longrightarrow H^++HSO_3^-$$

$$H^++HSO_3^-+1/2O_2 \longrightarrow 2H^++SO_4^{2-}$$

$$CaCO_3(s)+2H^++H_2O \longrightarrow Ca^{2+}+2H_2O+CO_2(g)$$

$$Ca^{2+}+SO_4^{2-}+2H_2O \longrightarrow CaSO_4 \cdot 2H_2O(s)$$

（三）系统流程

石灰石-石膏湿法烟气脱硫工艺主要由吸收剂制备系统、烟气系统、二氧化硫吸收系统、副产物处置及废水排放系统、脱硫工艺用水系统、浆液排放与回收系统等组成，典型的系统流程见图4-2。

1. 吸收剂制备系统

脱硫吸收剂采用合格的石灰石浆液，其制备方式一般有以下三种。

（1）外购石灰石湿磨制浆方式：石灰石块由汽车运输至电厂脱硫制浆车间，并卸入料斗，经除铁器、破碎机（如果需要）等处理后，由斗式提升机或其他提升设备输送至石灰石仓。粒径小于或等于20mm的石灰石块由储仓经称重给料机计量给入球磨机，研磨制浆，并经旋流器再循环系统处理后得到合格的成品浆液，进入石灰石浆液箱储存，最后由石灰石浆液泵输送至吸收塔。

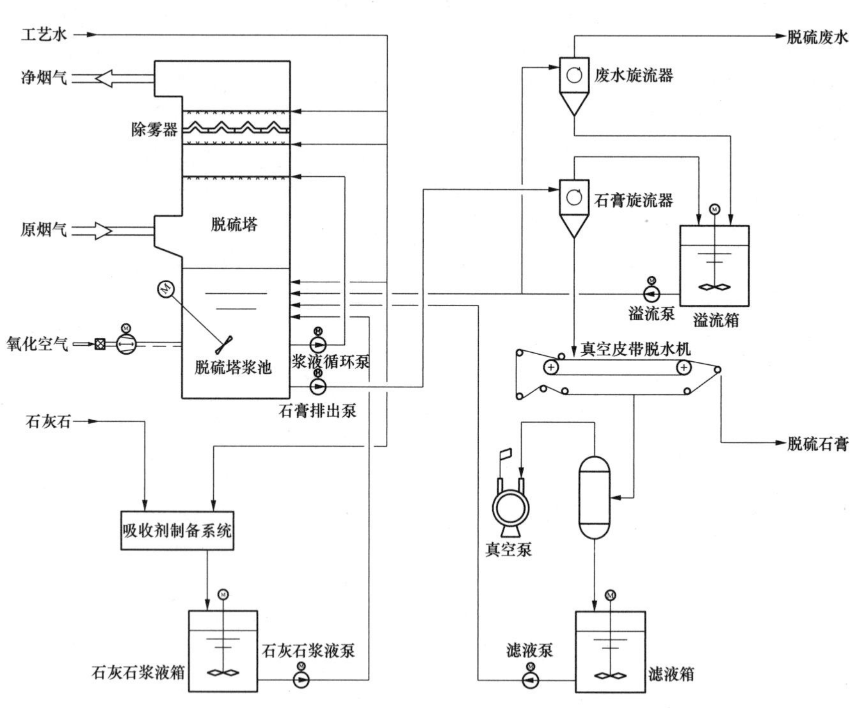

图4-2　典型石灰石-石膏湿法烟气脱硫工艺流程

（2）石灰石干磨制粉和配浆方式：电厂设石灰石干磨制粉厂（车间），石灰石块由汽车或皮带输送机等运输至粉厂，并卸入石灰石仓。粒径小于或等于30mm 的石灰石块由储仓经称重给料机计量给入立式干磨机，研磨制粉，并经分离器循环风系统（如果需要）处理后得到合格的成品粉，送入石灰石粉仓储存。粉仓中的石灰石粉经给料机定量给入石灰石浆液箱，与工艺水混合后，由立式搅拌机搅拌制成合格的石灰石浆液，最后由石灰石浆液泵输送至吸收塔。

（3）外购石灰石粉制浆方式：合格的石灰石粉由密封罐车运输进厂，并卸入粉仓储存。粉仓中的石灰石粉经给料机定量给入石灰石浆液箱搅拌制浆，最后由石灰石浆液泵输送至吸收塔。

2. 烟气系统

由于环保要求脱硫取消旁路烟道，目前国内项目的脱硫烟气系统均不设置旁路烟道，且一般增压风机与引风机合并设置（引增合一）。锅炉引风机后的原烟气经原烟道、烟气换热器降温段（如有）送入吸收塔，吸收塔出口的净烟气经净烟道、烟气换热器升温段（如有）送入烟囱，脱硫系统的阻力由锅炉引风机克服。

目前，部分国外项目的脱硫烟气系统设置了旁路烟道和增压风机。脱硫系统解列时，原烟气通过旁路烟道排入烟囱，系统阻力由脱硫增压风机克服。

3. 二氧化硫吸收系统

吸收塔是该系统的核心，常规喷淋塔内部一般分为三部分：上部为除尘除雾区，中部为喷淋吸收区，下部为浆液池和氧化区。烟气从吸收塔浆池上方进入，转向后往上流动，在吸收区与喷淋向下的循环浆液逆流接触，发生化学反应生成亚硫酸钙，然后浆液进入吸收塔下部的浆池，与鼓入的空气进行强制氧化反应，并结晶生成石膏。吸收塔浆池中含有石灰石的循环浆液由循环泵送至对应的喷淋层；氧化空气由氧化风机吸入自然空气，升压后通过氧化空气管送至浆池。

吸收塔浆池设有搅拌系统，一般采用侧进式搅拌器。浆池下部的石膏浆液由石膏排出泵排至副产物处置系统或排至事故浆液箱储存。

4. 副产物处置及废水排放系统

副产物处置一般采用真空皮带脱水机系统，吸收塔排出的石膏浆液泵送至旋流器，浓缩后的浓浆排至脱水机，脱水处理后生成石膏，石膏送至石膏库或石膏仓储存。石膏旋流器的溢流液进入溢流箱，其部分浆液返回脱硫系统，部分送至废水旋流器，处理后形成脱硫废水排至废水箱，由废水输送泵输送至脱硫废水处理系统进一步处理。脱硫废水处理系统的设计详见《电力工程设计手册　火力发电厂化学设计》分册第十二章第三节。

5. 脱硫工艺用水系统

脱硫装置用水主要有工艺用水和机械设备的冷却、密封水，均由主体工程提供。

系统设置工艺水箱，工艺用水由工艺水泵及除雾器冲洗水泵送至脱硫系统各用水点。用水点主要包括除雾器冲洗水，脱硫塔补给水，吸收剂制备系统和石膏脱水系统用水，所有浆液输送设备、输送管路的冲洗水或密封水，吸收塔事故减温水等。

6. 浆液排放与回收系统

系统设置事故浆液箱，脱硫装置故障或检修工况下用于储存吸收塔内的浆液；吸收塔重新启动前，通过返回泵将事故浆液箱内的浆液送回吸收塔。

脱硫装置的浆液箱、浆液管道和浆液泵等，在停运时需要进行冲洗，其冲洗水就近收集在各个区域的集水坑内，然后用泵送至吸收塔或事故浆液箱。

（四）主要特点

石灰石-石膏湿法脱硫是火力发电厂应用最为广泛的烟气脱硫工艺，其主要特点见表 4-1。

表 4-1　石灰石-石膏湿法脱硫工艺系统主要特点

项目	特　点
脱硫效率	脱硫效率高，传统工艺可达 95%以上，高效脱硫工艺可达 99%以上
技术成熟程度	非常成熟
适用煤种	不受煤种限制，高、中、低硫煤均可应用
适用机组	不受机组规模、类型限制
占地情况	系统较复杂，占地面积大
吸收剂种类	石灰石
吸收剂品质要求	$CaCO_3$ 纯度宜大于 90%，细度一般为 250～325 目（90%通过）
钙硫比	约 1.03
耗电量	相对较高
耗水量	较高，采用烟气余热利用装置后可适当降低水耗
SO_3 的脱除率	几乎无法脱除
出口烟气温度	约 50℃
除尘器配置	脱硫前可采用静电除尘器、电袋除尘器或布袋除尘器；为适应超低排放，脱硫后可采用高效除尘除雾装置或湿式电除尘器
腐蚀方面	腐蚀严重，需考虑防腐措施
对烟囱要求	烟囱内部需进行防腐处理
废水处理	产生少量废水，需进行废水处理
副产物成分	脱水石膏，以 $CaSO_4 \cdot 2H_2O$ 为主，纯度在 90%以上
副产物利用	用途广泛，可作水泥缓凝剂或石膏制品，综合利用效益较好

（五）适应超低排放的石灰石-石膏湿法脱硫工艺

为满足 SO_2≤35mg/m^3（标准状态）的超低排放要求，传统石灰石-石膏喷淋空塔脱硫工艺通过调整塔内喷淋布置、烟气流场优化、加装提效组件等方法提高脱硫效率，形成多种新型高效脱硫工艺，主要分为复合塔技术和空塔 pH 分区技术。复合塔技术主要有旋汇耦合、多孔托盘、管栅等；空塔 pH 分区技术主要有单塔双循环、双塔双循环、单塔双区等。

（六）湿烟囱及防腐设计

对于新建项目湿法烟气脱硫装置不设置净烟气加热装置时，约 50℃饱和温度的湿烟气进入“湿烟囱”排放，烟囱需按强腐蚀性湿烟气采取防腐措施。

对于新建项目湿法烟气脱硫装置设置净烟气加热装置时，70～80℃的不饱和潮湿烟气进入“半湿烟囱”排放，烟囱需按强腐蚀性潮湿烟气采取防腐措施。

对于加装湿法烟气脱硫装置的项目，结构专业需对原有烟囱按“湿烟囱”进行安全性评估，必要时，可采用净烟气加热等措施改善烟囱工作环境。

二、系统设计

（一）设计要求

1. 总的部分

（1）石灰石-石膏湿法烟气脱硫系统方案的设计根据燃煤含硫量、吸收剂供应条件、副产物综合利用条件及二氧化硫排放指标等要求，结合吸收塔技术特点及场地条件等因素比较后确定。

（2）脱硫系统设计应符合下列要求：

1）二氧化硫吸收系统设计工况应选用锅炉燃用设计煤种或校核煤种，在 BMCR 工况下对脱硫装置烟气处理能力最不利的烟气条件，对应的煤种为脱硫最不利煤种；此时，吸收塔设计效率应满足二氧化硫排放指标的要求，该工况为脱硫装置/吸收塔设计工况。

2）脱硫装置入口烟气设计参数应采用脱硫装置与主机烟道接口处的数据。设计烟温宜采用锅炉在 BMCR 工况下的正常运行烟气温度加 15℃；短时运行温度可加 50℃，但叠加后不超过 180℃。吸收塔上游设置烟气余热回收装置时，还应对烟气余热回收装置停运工况时的设计参数进行校核。

3）对于改造项目，脱硫系统设计工况和校核工况宜根据运行实测烟气参数确定，并考虑煤源变化趋势。

（3）石灰石-石膏湿法烟气脱硫系统应采用强制氧化工艺技术。

（4）烟气脱硫装置应能与机组同步进行调试、试运行、安全启停运行，其负荷变化速度应与锅炉负荷变化率相适应，并应能在锅炉任何负荷工况下连续安全运行。

（5）脱硫系统防腐设计应满足脱硫装置可靠性、使用寿命和经济性等要求，根据工作环境和介质特性选择防腐材料。设备和材料的防腐要求满足 DL/T 5196《火力发电厂石灰石-石膏湿法烟气脱硫系统设计规程》的规定。

（6）脱硫系统对相关专业的设计要求满足 DL/T 5196《火力发电厂石灰石-石膏湿法烟气脱硫系统设计规程》的规定。

（7）脱硫系统应根据工程气象条件及工艺要求进行管道及设备的保温设计，设计要求满足 DL/T 5072《火力发电厂保温油漆设计规程》的规定。

2. 吸收剂制备系统

（1）脱硫吸收剂可采用外购石灰石粉厂内配浆、外购石灰石块厂内湿磨制浆或外购石灰石块厂内干磨制粉并配浆等方式制备，应根据石灰石来源、运输条件、初投资及运行成本等因素综合确定。

（2）石灰石卸料系统的设计出力应满足 6～8h 内卸完石灰石日耗量的要求，其中，斗式提升机总出力宜为卸料系统设计出力的 1.2～1.5 倍。

（3）石灰石块/粉仓的总有效容量根据市场供应情况和运输条件确定，一般不小于设计工况下 3 天的石灰石耗量；当采用石灰石干磨制备系统时，设在电厂厂区的石灰石粉日用仓容量一般不小于 1 天的石灰石耗量。当石灰石块采用水路、铁路运输或陆路运距较远时，可设置 7 天及以上储量的石灰石堆场或储仓，并设置防雨设施。

（4）厂内吸收剂制备系统宜多台机组合用 1 套，但每套系统不宜超过 4 台机组，并满足下列要求：

1）1 台机组设置 1 套湿磨制浆系统且不设置脱硫旁路烟道时，系统宜设置 2 台湿式球磨机，设备总出力不宜小于锅炉燃用设计煤种在 BMCR 工况下石灰石耗量的 200%，且不应小于锅炉燃用脱硫最不利煤种在 BMCR 工况下石灰石耗量的 100%；当设置旁路烟道时，系统可设置 1 台湿式球磨机，设备出力不宜小于锅炉燃用设计煤种在 BMCR 工况下石灰石耗量的 150%，且不应小于锅炉燃用脱硫最不利煤种在 BMCR 工况下石灰石耗量的 100%。

2）当 2～4 台机组设置 1 套公用的湿磨制浆系统时，湿式球磨机台数不应少于 2 台。

a. 当设置 2 台湿式球磨机时，设备总出力不宜小于锅炉燃用设计煤种在 BMCR 工况下石灰石耗量的 150%～200%，且不应小于锅炉燃用脱硫最不利煤种在 BMCR 工况下石灰石耗量的 100%。不设置脱硫旁路烟道时，出力裕量宜取上限。

b. 当设置 3 台及以上湿式球磨机时，系统应设置不少于 1 台的备用设备，运行设备的总出力不应小于锅炉燃用设计煤种在 BMCR 工况下石灰石耗量的 100%，设备总出力不宜小于锅炉燃用设计煤种在

BMCR 工况下石灰石耗量的 130%～150%，且不应小于锅炉燃用脱硫最不利煤种在 BMCR 工况下石灰石耗量的 100%。磨煤机台数少于 4 台时，出力裕量应取上限。

（5）石灰石浆液供应系统的设计出力应满足吸收塔设计工况下石灰石浆液供应的要求，并能在锅炉各种运行工况下调节石灰石浆液供应量。

（6）干磨制粉系统设计应符合下列要求：

1）干磨制粉系统宜全厂集中设置，其系统总出力不宜小于锅炉燃用设计煤种在 BMCR 工况下石灰石耗量的 120%～150%，同时不应小于锅炉燃用脱硫最不利煤种在 BMCR 工况下石灰石耗量的 100%，磨煤机数量和单台磨煤机的出力经综合技术经济比较后确定。

2)石灰石干磨制粉及石灰石粉输送系统应按单元制设置，干磨机一般采用立式中速磨，变频驱动。

3）石灰石粉仓数量和容量根据总储存量要求、占地面积和初投资等因素确定。单个石灰石粉仓有效容积不宜超过 2000m^3。

4)干磨制备车间的石灰石粉仓至脱硫区域石灰石粉仓的输送方式，可采用散装机装车运输、气力输送等方式。

（7)进入吸收塔的石灰石粒径应根据石灰石成分、脱硫效率、吸收塔技术特点等因素确定，石灰石粒径宜在 325 目（95%通过）～250 目（90%通过），采用双回路脱硫工艺时，石灰石粒径可放大至 200 目(90%通过)。

（8）脱硫石灰石品质应满足表 4-2 的要求。

表 4-2　　脱硫石灰石品质要求

序号	项目	符号	含量
1	碳酸钙	$CaCO_3$	不应低于 85%，不宜低于 90%
2	碳酸镁	$MgCO_3$	不应超过 5.0%，不宜超过 3.0%
3	含白云石石灰石	$CaCO_3 \cdot MgCO_3$	不应超过 10.0%，不宜超过 5.0%
4	二氧化硅	SiO_2	不应超过 5.0%，不宜超过 3.0%
5	三氧化二铁	Fe_2O_3	不宜超过 1.50%
6	三氧化二铝	Al_2O_3	不应超过 1.5%，不宜超过 1.0%
7	水分	H_2O	不应超过 5.0%，不宜超过 3.0%
8	可磨指数	BWI	实际测定，参考范围 11～14kW・h/t
9	石灰石反应活性	—	可按 DL/T 943《烟气湿法脱硫用石灰石粉反应速率的测定》的要求实际测定

注　数据来源于 DL/T 5196—2016《火力发电厂石灰石-石膏湿法烟气脱硫系统设计规程》。

（9）外购石灰石块粒径不宜超过 20mm，最大不宜超过 100mm；对于干磨制粉系统，外购石灰石块粒径不宜超过 30mm。

3. 烟气系统

（1）不设置脱硫旁路烟道时，脱硫增压风机宜与锅炉引风机合并设置。

（2）是否设置烟气换热器应根据项目环境影响评价批复意见要求等因素确定。

（3）设置旁路烟道时，旁路挡板门应有快开功能，其事故开启时间应能满足脱硫装置故障不引起锅炉跳闸（MFT 动作）的要求。

（4）吸收塔入口烟道应设置事故高温烟气降温系统。

（5)对于无旁路烟道但设置脱硫增压风机的系统，相关系统设计应满足锅炉启、停、运行期间，脱硫增压风机与锅炉引风机之间的协调运行。

（6）当 2 台炉及以上合用 1 座烟囱内筒时，烟囱入口净烟道上的检修隔离挡板门应采取防止运行期间自动关闭的技术措施，并设置闭锁装置。

（7）旁路烟道挡板门应采取防止脱硫装置旁路运行工况自动关闭的技术措施。

4. 二氧化硫吸收系统

（1）吸收塔形式根据吸收塔技术特点、脱硫效率要求、运行能耗、场地布置条件和长期稳定运行性能等因素确定。

（2）吸收塔的数量根据锅炉容量、吸收塔的处理能力和可靠性要求等因素确定，宜 1 炉配 1 塔。当设置脱硫旁路烟道时，200MW 等级以下机组可 2 炉或多炉配 1 塔。

（3）二氧化硫吸收系统方案的拟定应满足吸收塔技术设计要求。

（4）喷淋塔的浆液循环系统采用单元制，喷淋层不少于 3 层，可不设备用，每台浆液循环泵入口应设置关断蝶阀，通过停运吸收塔喷淋层及其相应的循环浆液泵调整脱硫负荷。

（5）单塔双回路喷淋塔的浆液循环系统采用单元制，下回路喷淋层不少于 2 层，可不设备用；上回路喷淋层数根据脱硫装置性能要求确定，可不设置备用；每台浆液循环泵入口应设置关断蝶阀；通过停运吸收塔上回路喷淋层及其相应的循环浆液泵调整脱硫负荷。

（6）液柱塔的浆液循环系统采用母管制，即相同扬程的所有浆液循环泵出口浆液通过母管汇流后再向唯一的一层喷淋层供浆，可设置 1 台备用泵，每台浆液循环泵的入口及出口均应设置关断蝶阀，通过停运吸收塔循环泵台数控制进入喷淋层的循环浆液量调整脱硫负荷。

（7）除雾器宜设置在吸收塔内，宜采用屋脊式，不应少于两级，也可采用屋脊式+管式、管束式等高效除雾器。除雾器也可采用烟道除雾器，如平板式水平烟道除雾器等。

（8）喷淋塔浆池浆液搅拌一般采用机械搅拌装置，也可采用脉冲悬浮扰动系统，液柱塔浆池浆液搅拌一般采用机械搅拌装置。

（9）吸收塔一般采用矛式喷枪或管网分配氧化空气，当采用管网分配时，应设置喷水降温装置，使氧化空气降温后进入吸收塔。

（10）每座吸收塔宜设置1套氧化空气供应系统，也可2座吸收塔设置1套公用的氧化空气供应系统。当氧化风机选用离心风机时，每座吸收塔宜设置2台100%容量的氧化风机，或2座吸收塔设置3台100%容量的氧化风机，其中1台备用；当选用罗茨风机时，每座吸收塔可设置2台100%或3台50%容量的氧化风机，或2座吸收塔设置3台100%容量的氧化风机，其中1台备用。

（11）采用单塔双回路技术时，每座吸收塔和加料槽应分别设置氧化空气供应系统。

（12）喷淋塔浆液循环泵出口管道宜设置在线检修隔离措施。

5. 副产物处置及废水排放系统

系统设计应为脱硫石膏的综合利用创造条件，并满足以下要求。

（1）湿法脱硫宜设置石膏脱水系统，通常采用石膏浆液旋流器浓缩和真空脱水的两级处置方式制备脱硫石膏，液柱塔可采用一级真空脱水系统制备脱硫石膏。真空脱水设备宜选用真空皮带脱水机，若考虑采用真空圆盘脱水机等其他设备，应通过技术经济比选后确定。

（2）每座吸收塔宜设置1套石膏浆液旋流器。

（3）喷淋塔的脱硫废水宜从废水旋流器溢流液排出，液柱塔的脱硫废水可从滤液排出。每座吸收塔可设置一套废水旋流器及废水箱、输送泵；也可多座吸收塔设置一套废水旋流器及废水箱、输送泵。

（4）真空皮带脱水系统主要配置应满足下列要求：

1）1台机组单独设置1套真空皮带脱水系统且不设置脱硫旁路烟道时，系统宜设置2台脱水机，设备总出力不宜小于锅炉燃用设计煤种在BMCR工况下石膏产量的200%，且不应小于锅炉燃用脱硫最不利煤种在BMCR工况下石膏产量的100%；当设置脱硫旁路烟道时，系统宜设置1台真空皮带脱水机，设备出力不宜小于锅炉燃用设计煤种在BMCR工况下石膏产量的150%，且不应小于锅炉燃用脱硫最不利煤种在BMCR工况下石膏产量的100%。

2）当2～4台机组设置1套公用的真空皮带脱水系统时，真空皮带脱水机台数不应少于2台。

a. 当设置2台真空皮带脱水机时，设备总出力不宜小于锅炉燃用设计煤种在BMCR工况下石膏产量的150%～200%，且不应小于锅炉燃用脱硫最不利煤种在BMCR工况下石膏产量的100%。当不设置脱硫旁路烟道时，出力裕量宜取上限。

b. 当设置3台及以上真空皮带脱水机时，应设置不少于1台的备用设备，运行设备总出力不应小于锅炉燃用设计煤种在BMCR工况下石膏产量的100%，且设备总出力不宜小于锅炉燃用设计煤种在BMCR工况下石膏产量的130%～150%，且不应小于锅炉燃用脱硫最不利煤种在BMCR工况下石膏产量的100%。脱水机台数为3台时，出力裕量应取上限。

（5）真空泵应与皮带脱水机单元制配置，一般采用水环式真空泵。

（6）石膏仓的总有效容积不宜小于锅炉燃用设计煤种在BMCR工况下12h的石膏总产量；石膏库的总有效容积不宜小于锅炉燃用设计煤种在BMCR工况下2天（48h）的石膏总产量。

（7）石膏库宜采用直接落料及铲车装车的外运方式，场地条件受限时也可采用经播撒皮带多点落料及铲车装车的外运方式。

（8）石膏仓应设置刮刀自动卸料装置，并应设计防腐和防堵措施。

（9）石膏浆液抛弃处置时，至水灰场的抛浆泵组及抛浆管道的设计应符合DL/T 5142《火力发电厂除灰设计技术规程》的相关规定。

（10）脱硫石膏品质：符合JC/T 2074《烟气脱硫石膏》的有关规定，主要指标如下：

1）附着水含量（湿基）小于或等于10%。

2）$CaSO_4 \cdot 2H_2O$含量（干基）大于或等于90%。

3）$CaSO_3 \cdot 1/2H_2O$含量（干基）小于或等于0.5%。

4）Cl^-含量（干基）小于或等于100mg/kg。

6. 脱硫工艺用水系统

（1）脱硫工艺水水质应符合下列规定：

1）除雾器冲洗水水质应满足表4-3的要求。

表4-3　　除雾器冲洗水水质要求

序号	项目	含量
1	pH	7～8
2	Ca^{2+}	不宜超过200mg/L
3	SO_4^{2-}	不宜超过400mg/L
4	SO_3^{2-}	不宜超过10mg/L
5	总悬浮固形物	不宜超过1000mg/L

注　数据来源于DL/T 5196—2016《火力发电厂石灰石-石膏湿法烟气脱硫系统设计规程》。

2）直接进入脱硫系统的工艺水水质应满足表4-4的要求。

表4-4 直接进入脱硫系统的工艺水水质要求

序号	项目	含量
1	pH	宜6.5～9.0
2	总硬度（以$CaCO_3$计）	不宜超过450mg/L
3	Cl^-	不得超过600mg/L，不宜超过300mg/L
4	COD_{Cr}	不宜超过30mg/L
5	氨氮（以N计）	不宜超过10mg/L
6	总磷（以P计）	不宜超过5mg/L
7	阴离子表面活性剂	不宜超过0.5mg/L
8	油类	宜为0.00mg/L

注 数据来源于DL/T 5196—2016《火力发电厂石灰石-石膏湿法烟气脱硫系统设计规程》。

（2）2～4台机组可设置1个公用的工艺水箱，也可每2台机组设置1个公用的工艺水箱。

（3）对于2～4台机组，除雾器冲洗水泵与工艺水泵宜分开设置；2台及以下机组，除雾器冲洗水泵与工艺水泵可合并设置。

（4）当除雾器冲洗水泵与工艺水泵分开设置时，每座吸收塔宜设置1台除雾器冲洗水泵，并至少设置1台公用备用泵。对于2～4台机组，每2台机组可设置1台工艺水泵，并设置1台公用备用泵。

（5）当除雾器冲洗水泵与工艺水泵合并设置时，应每台机组设置1台工艺水泵，并设置1台公用备用泵。

（6）不设置脱硫旁路烟道时，除雾器冲洗水及吸收塔事故降温系统减温水的供应水泵应配保安电源。

（7）脱硫装置进口设置烟气降温装置时，工艺水箱容量和工艺水泵流量设计应满足烟气降温装置切除运行工况时吸收塔补水量的要求。

（8）脱硫设备冷却水、密封水和石膏冲洗水采用机组工业水或工艺水，其水质应符合DL/T 5339《火力发电厂水工设计规范》的有关规定。

（9）工艺水箱的有效容量宜为锅炉燃用脱硫最不利煤种在BMCR工况下脱硫系统工艺水总耗量的0.5～1h。

7. 浆液排放与回收系统

（1）不设置脱硫旁路烟道时，宜2台机组的吸收塔设置1座事故浆液箱，当机组启动阶段煤油混烧持续时间较长时，可每台机组的吸收塔设置1座事故浆液箱。

（2）设置脱硫旁路烟道时，可多台机组的吸收塔设置1座事故浆液箱。

（3）事故浆液箱应设置搅拌装置。

（4）每座吸收塔应设置1个排水坑，吸收剂制备区域和石膏脱水区域应分别设置1个排水坑。

（5）排水坑应设置搅拌器。

（二）典型系统图

1. 吸收剂制备系统

当吸收剂采用石灰石块、由汽车运输进厂且采用湿磨制浆方式制备吸收剂时，系统包括石灰石块卸料及储存系统、湿磨制浆系统、石灰石浆液供应系统；当吸收剂采用石灰石块、由汽车运输进厂且采用干磨制粉和配浆方式制备吸收剂时，系统包括石灰石块卸料及储存系统、干磨制粉系统、石灰石粉配浆系统、石灰石浆液供应系统；当吸收剂采用石灰石粉、由密封罐式汽车运输进厂时，系统包括石灰石粉卸料及储存系统、石灰石粉配浆系统、石灰石浆液供应系统。

（1）石灰石块/粉卸料及储存系统。石灰石块卸料及储存系统见图4-3。石灰石粉卸料及储存系统（锥底仓）见图4-4。

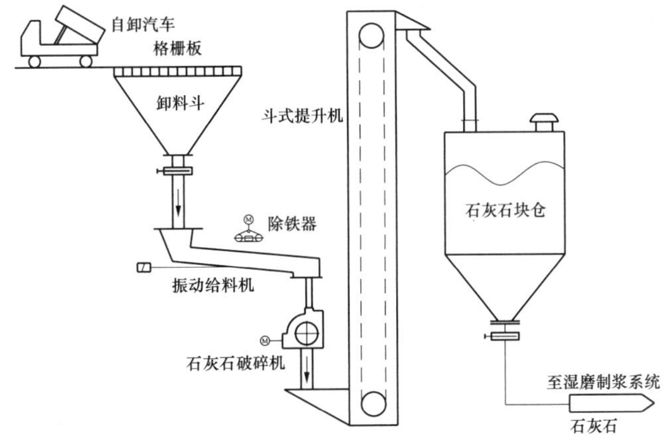

图4-3 石灰石块卸料及储存系统

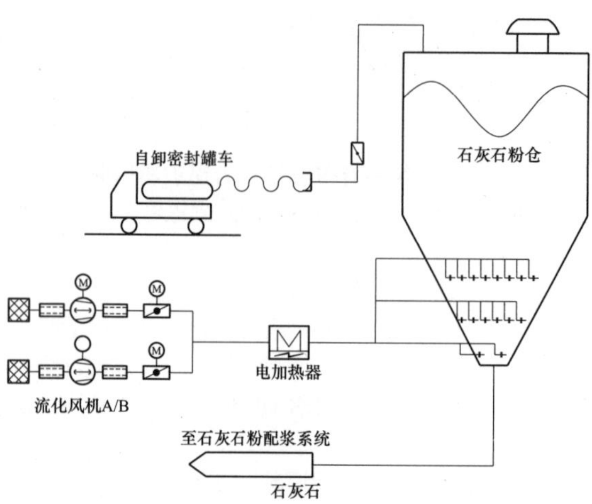

图 4-4　石灰石粉卸料及储存系统（锥底仓）

（2）湿磨制浆系统。设置 2 台湿式球磨机的典型系统见图 4-5；设置 3 台湿式球磨机的典型系统见图 4-6。

（3）石灰石粉配浆系统。石灰石粉配浆系统见图 4-7。

（4）石灰石浆液供应系统。可调节连续供浆的石灰石浆液供应系统见图 4-8。不可调节间断供浆的石灰石浆液供应系统见图 4-9。

（5）干磨制粉系统。石灰石干磨制粉系统（石灰石粉采用气力输送）见图 4-10。石灰石干磨制粉系统（石灰石粉采用机械输送）见图 4-11。

2. 烟气系统

不设置脱硫旁路烟道时，系统设计范围包括从锅炉引风机后或低温省煤器后原烟道接口至烟囱入口处的净烟气接口，不包含湿式静电除尘器；设置脱硫旁路烟道时，系统设计范围包括从锅炉引风机下游原烟道接口至烟囱入口处的净烟气接口，包括旁路烟道、挡板门及密封风系统。

（1）每台炉配 1 座吸收塔且不设置脱硫旁路烟道和增压风机时的烟气系统，见图 4-12。

（2）每台炉配 1 套串联吸收塔且不设置脱硫旁路烟道和增压风机的烟气系统，见图 4-13。

（3）每台炉配 1 座吸收塔且设置脱硫旁路烟道和增压风机的烟气系统，见图 4-14。

（4）2 台炉配 1 座吸收塔且设置脱硫旁路烟道和增压风机的烟气系统，见图 4-15。

3. 二氧化硫吸收系统

二氧化硫吸收系统包括吸收塔浆液循环系统、氧化空气供应系统、浆池搅拌系统和石膏排出系统。

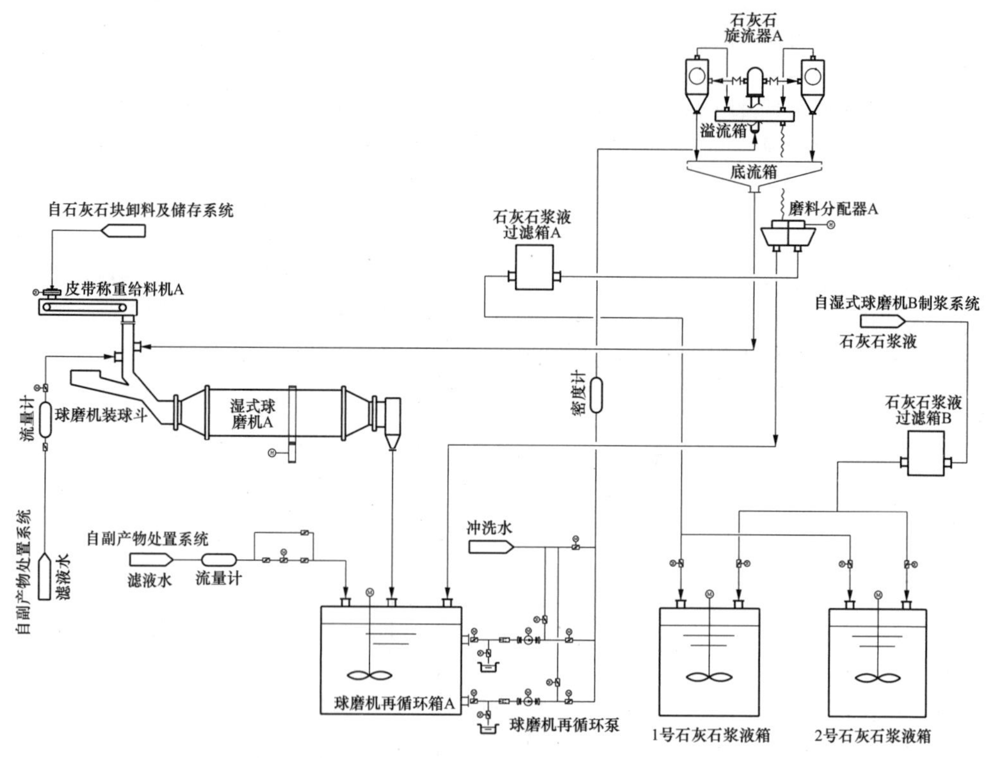

图 4-5　设置 2 台湿式球磨机的典型系统

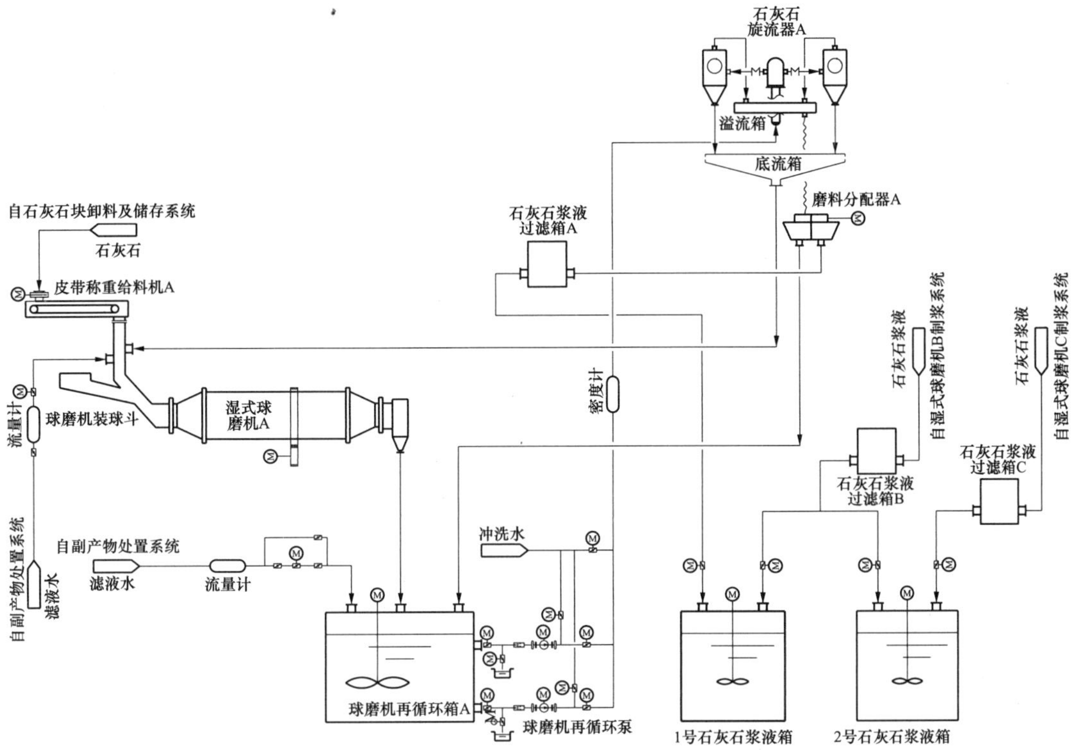

图 4-6 设置 3 台湿式球磨机的典型系统

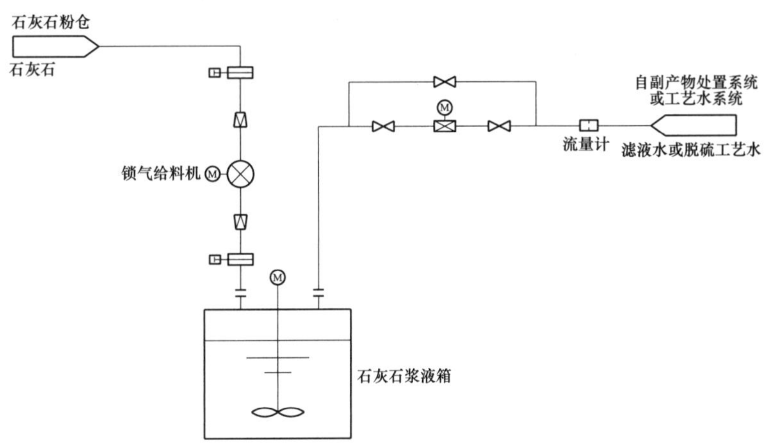

图 4-7 石灰石粉配浆系统

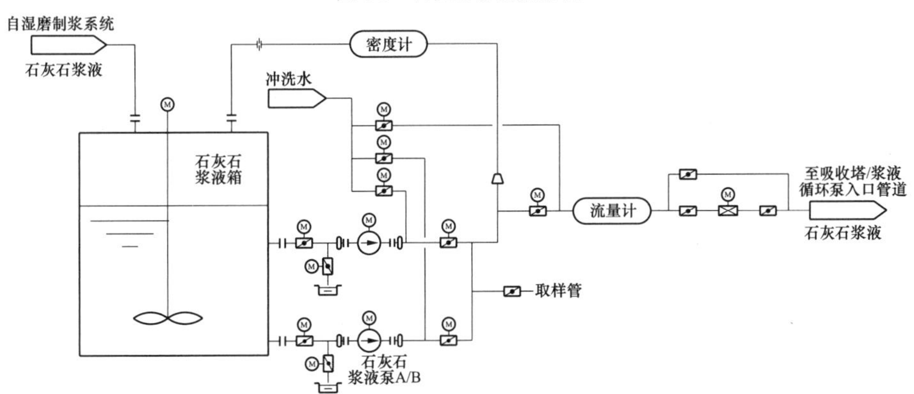

图 4-8 可调节连续供浆的石灰石浆液供应系统

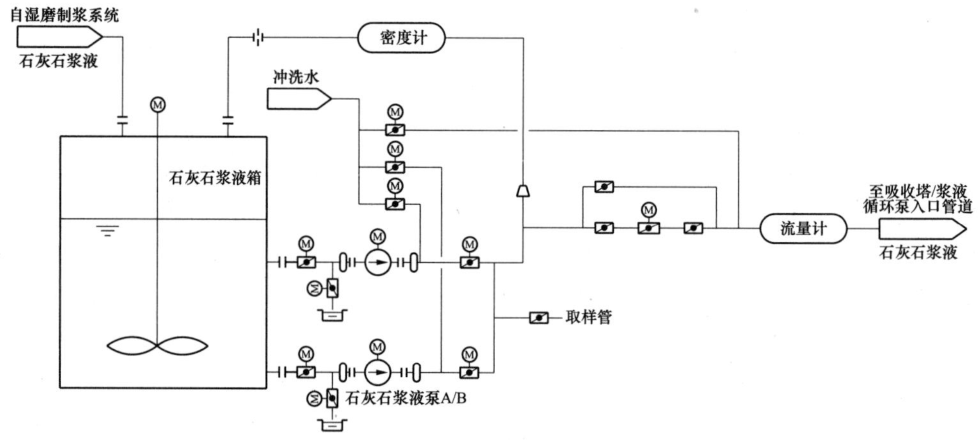

图 4-9　不可调节间断供浆的石灰石浆液供应系统

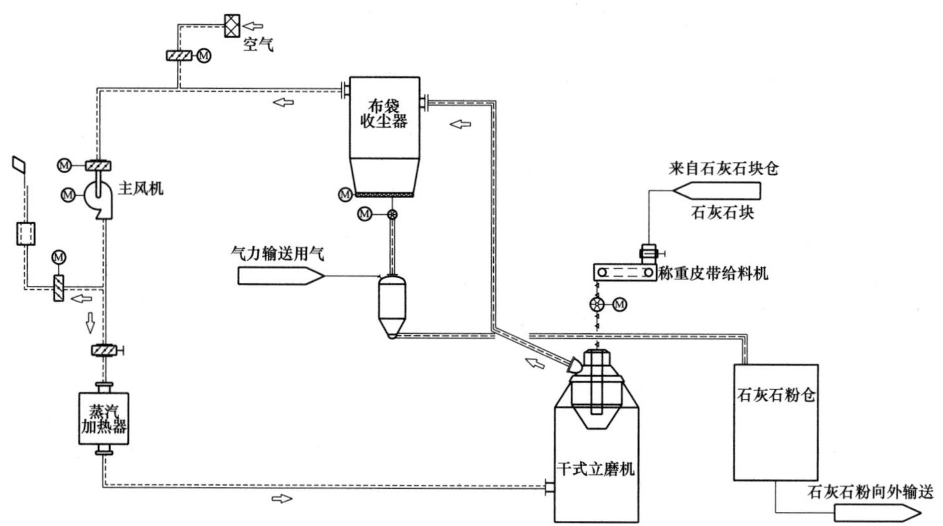

图 4-10　石灰石干磨制粉系统（石灰石粉采用气力输送）

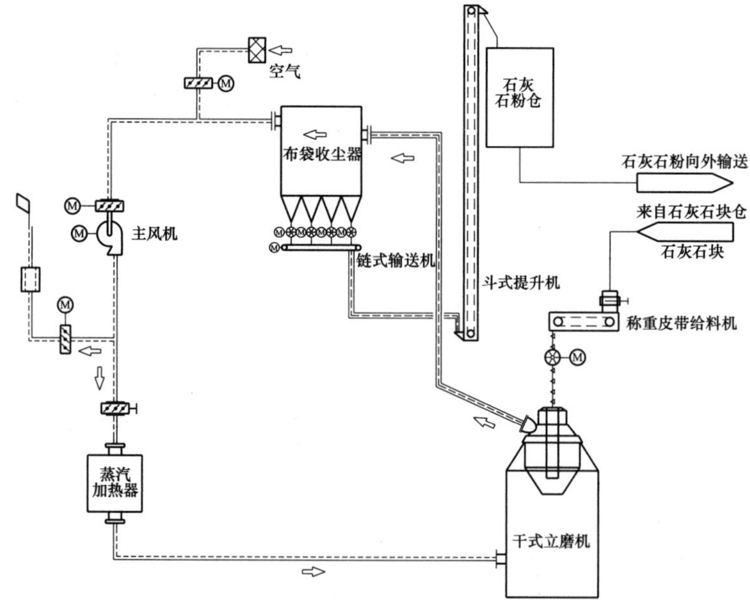

图 4-11　石灰石干磨制粉系统（石灰石粉采用机械输送）

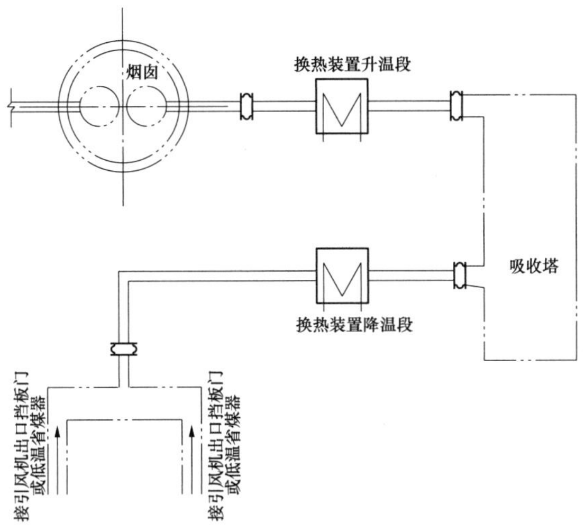

图 4-12　不设置脱硫旁路烟道和增压风机的烟气系统（1 炉 1 塔）

（1）吸收塔浆液循环系统。喷淋塔（包括旋汇耦合、托盘、单塔双区等高效脱硫塔）浆液循环系统，见图 4-16。

单塔双回路喷淋塔浆液循环系统，见图 4-17。

串联喷淋塔浆液循环系统，见图 4-18。

（2）氧化空气供应系统。吸收塔采用矛式喷枪喷入氧化空气时，氧化空气供应系统，见图 4-19。

采用管网式喷入氧化空气时，氧化空气供应系统，见图 4-20。

（3）浆池搅拌系统。吸收塔浆池搅拌一般采用侧进式搅拌器，也可采用脉冲悬浮扰动系统。采用脉冲悬浮扰动系统时，每座吸收塔设置 2 台 100%容量的扰动泵，其中 1 台备用。应分别设置正常运行和启动工况的扰动泵吸入管道，吸收塔的扰动泵正常运行吸入管道标高应高于启动工况吸入管道标高。

浆池脉冲悬浮扰动搅拌系统，见图 4-21。

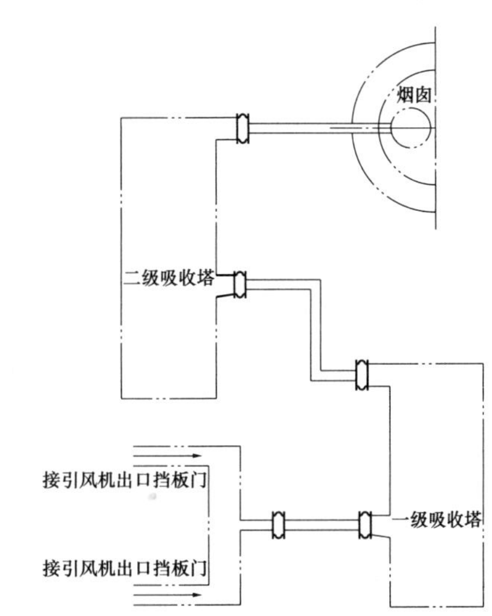

图 4-13　不设置脱硫旁路烟道和增压风机的烟气系统（1 炉 1 套串联吸收塔）

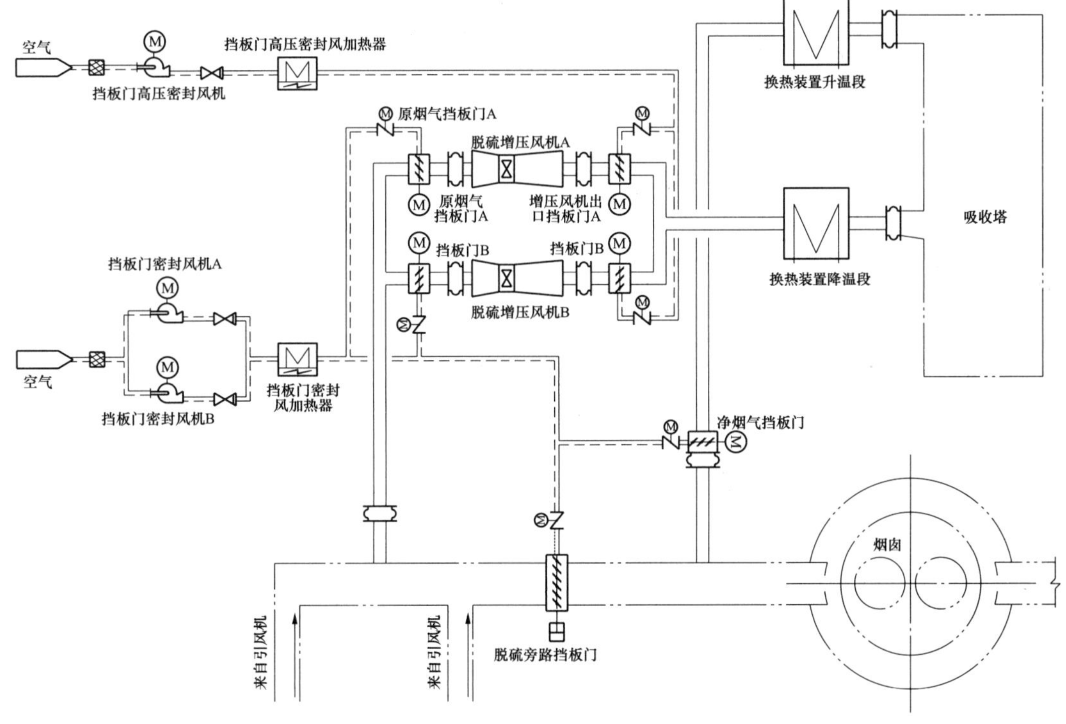

图 4-14　设置脱硫旁路烟道和增压风机的烟气系统（1 炉 1 塔）

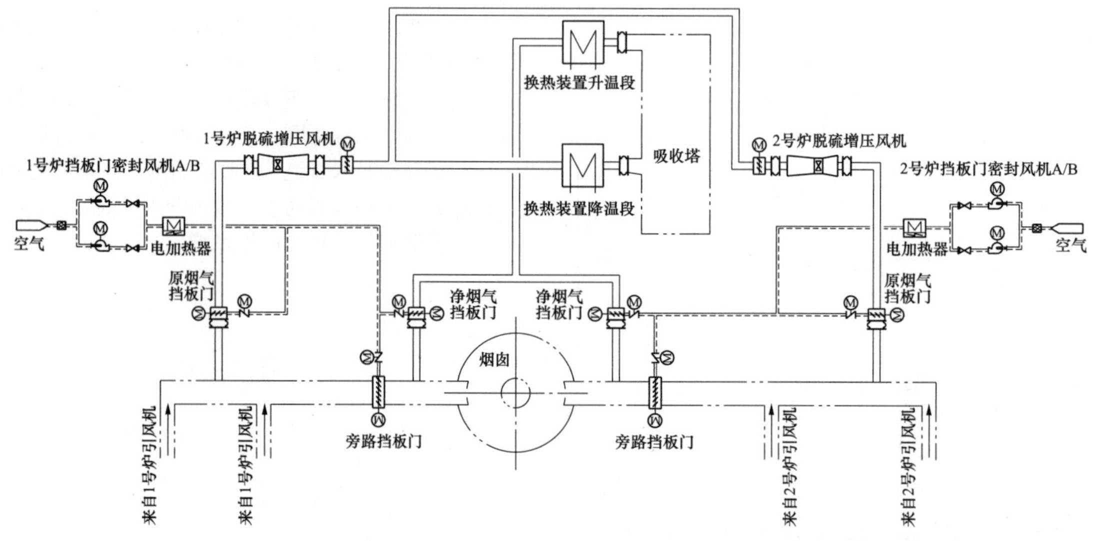

图 4-15　设置脱硫旁路烟道和增压风机的烟气系统（2 炉 1 塔）

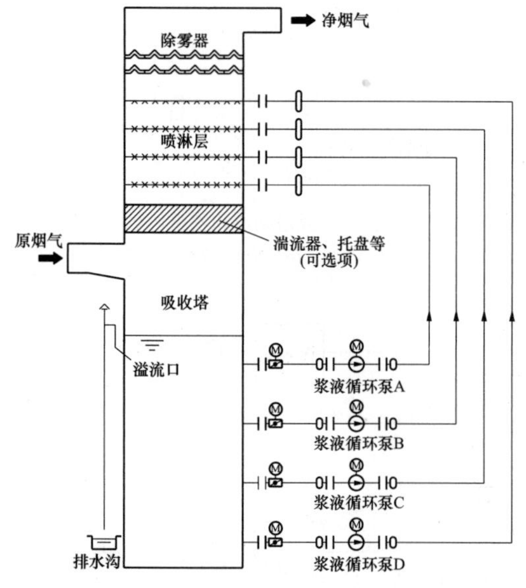

图 4-16　喷淋塔（包括旋汇耦合、托盘、单塔双区等高效脱硫塔）浆液循环系统

（4）石膏排出系统。设置石膏排出泵将吸收塔浆池的石膏浆液排至石膏旋流器进行浓缩分离，或者排至事故浆液箱储存。石膏浆液密度计和 pH 计可设置在吸收塔浆池壁，也可设置在石膏排出管道上。当设置在石膏排出管道时，宜单独设置在支管上，也可设置在回流管道上。

石膏排出系统（带浆液测量管道），见图 4-22。

4. 副产物处置及废水排放系统

脱硫石膏综合利用时，系统包括旋流系统、废水排放系统、真空皮带脱水系统和脱硫石膏卸料储存系统；石膏浆液抛弃处置时，系统包括旋流系统、石膏抛浆系统。

（1）石膏旋流及真空皮带脱水系统。常见系统配置 2 台真空皮带脱水机，其系统见图 4-23。

真空皮带脱水机本体系统，见图 4-24。

（2）脱硫石膏储存系统。采用石膏库且直接落料时，真空皮带脱水机卸料槽的脱硫石膏直接落到石膏库地面，由铲车整理并装入外运车辆内。

石膏经播撒皮带卸入石膏库时，真空皮带脱水机卸料槽的脱硫石膏落到对应的石膏播撒皮带后，经播撒装置落到石膏库地面，由铲车装入外运石膏车辆内。石膏播撒皮带与脱水机一一对应设置。

采用石膏仓时，真空皮带脱水机卸料槽的脱硫石膏直接落入石膏仓内，由石膏刮刀卸料装置卸入外运石膏车辆内。石膏仓宜与脱水机一一对应设置，也可 2 台脱水机对应 1 座石膏仓。

脱硫石膏储存系统（石膏库、直接落料），见图 4-25。

脱硫石膏储存系统（石膏库、多点落料），见图 4-26。

脱硫石膏储存系统（石膏仓），见图 4-27。

（3）石膏抛浆系统。石膏抛弃浆液可直接由泵送至水灰场，也可由泵先送至灰水前池与灰水混合后再送至水灰场。当石膏抛弃浆液经抛浆泵直接送至水灰场时，石膏抛弃浆液收集在石膏抛浆箱内，再由泵送至水灰场。

当石膏抛弃浆液经石膏输送泵送至灰水前池时，石膏抛弃浆液先收集在石膏缓冲箱内，再由泵送至灰水前池。可多台炉设置 1 座公用的石膏缓冲箱。

石膏抛浆至水灰场系统，见图 4-28。

石膏抛浆至灰水前池系统，见图 4-29。

5. 脱硫工艺用水系统

脱硫工艺用水系统是指从工艺水箱至脱硫工艺系统各用水点的供水系统，包括除雾器冲洗水系统、吸收塔事故降温减温水供应系统、工艺水供水系统等。

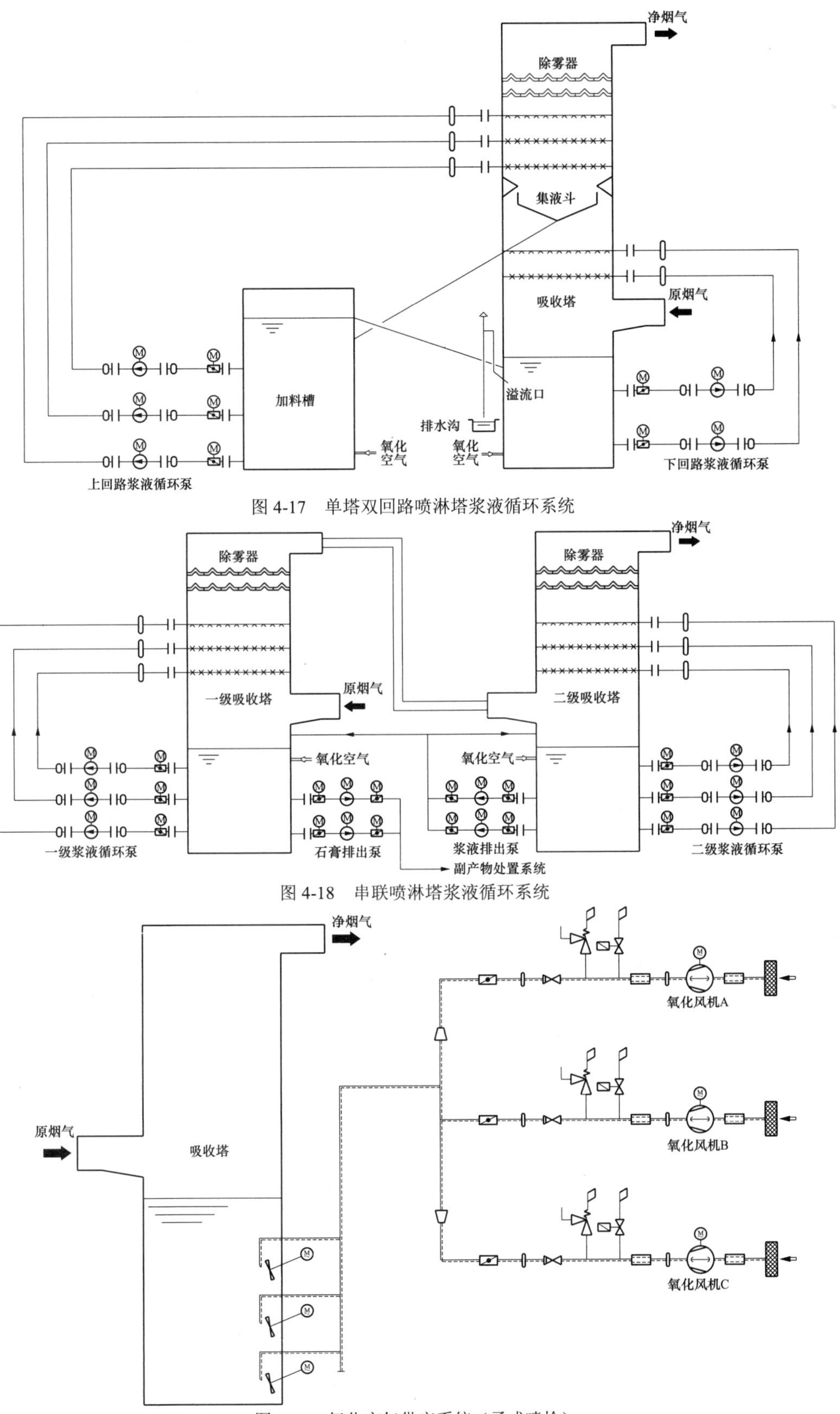

图 4-17　单塔双回路喷淋塔浆液循环系统

图 4-18　串联喷淋塔浆液循环系统

图 4-19　氧化空气供应系统（矛式喷枪）

单独设置除雾器冲洗水泵的典型冲洗水系统见图 4-30 和图 4-31。

单独设置工艺水泵的典型工艺水系统见图 4-32。

除雾器冲洗水泵与工艺水泵合并设置的典型工艺水系统见图 4-33。

6. 浆液排放与回收系统

浆液排放与回收系统包括吸收塔区域、吸收剂制备区域、石膏脱水区域的浆液排放及回收系统。其设计范围包括从石膏排出泵出口至事故浆液箱；从吸收塔及脱硫系统所有浆液箱及浆液管道的浆液排放口至地沟及排水坑；从所有排水泵的吸入口至吸收塔及浆液箱的返回浆液入口；从烟道及烟囱冷凝液的排出口至吸收塔排水坑。

典型的浆液排放及回收系统见图 4-34。

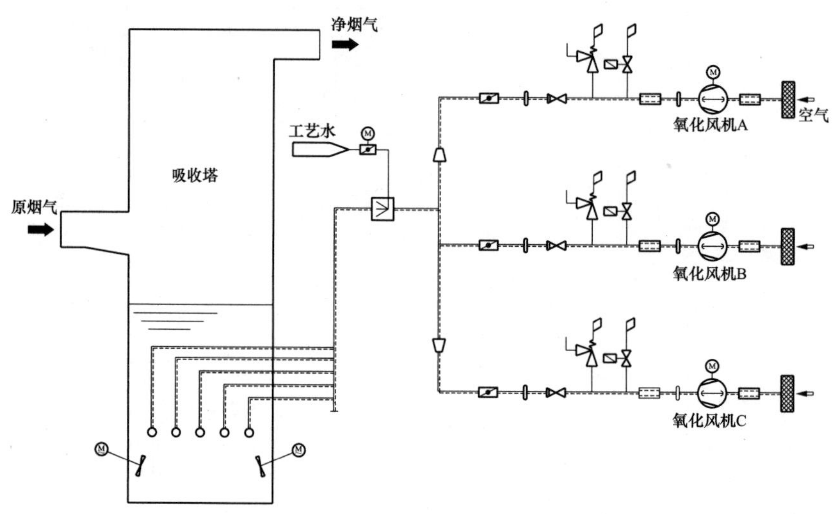

图 4-20 氧化空气供应系统（管网式）

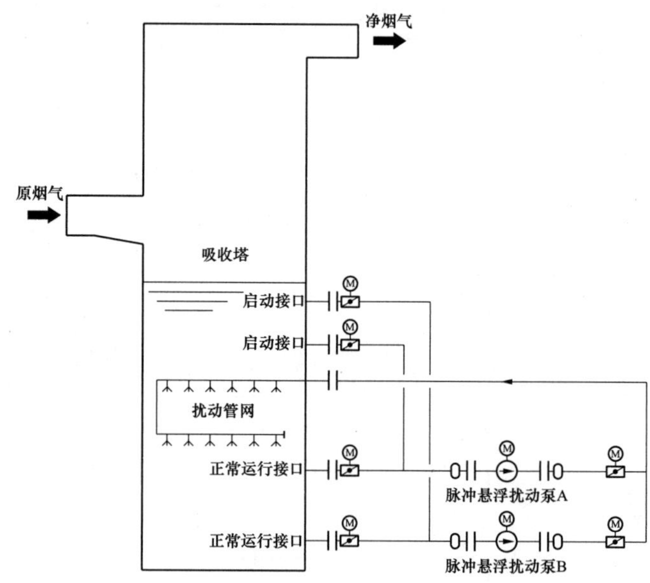

图 4-21 浆池脉冲悬浮扰动搅拌系统

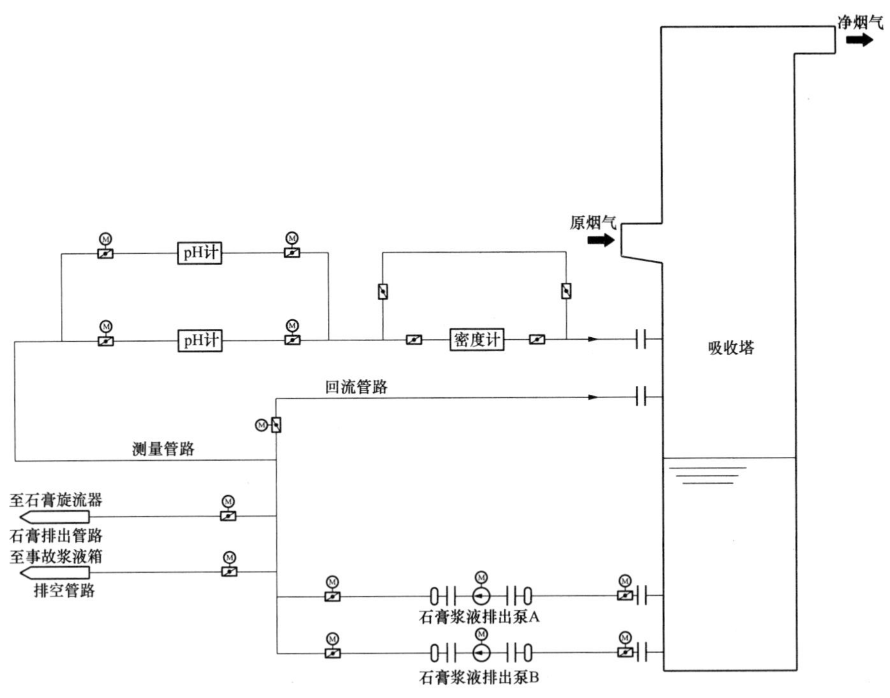

图 4-22 石膏排出系统（带浆液测量管道）

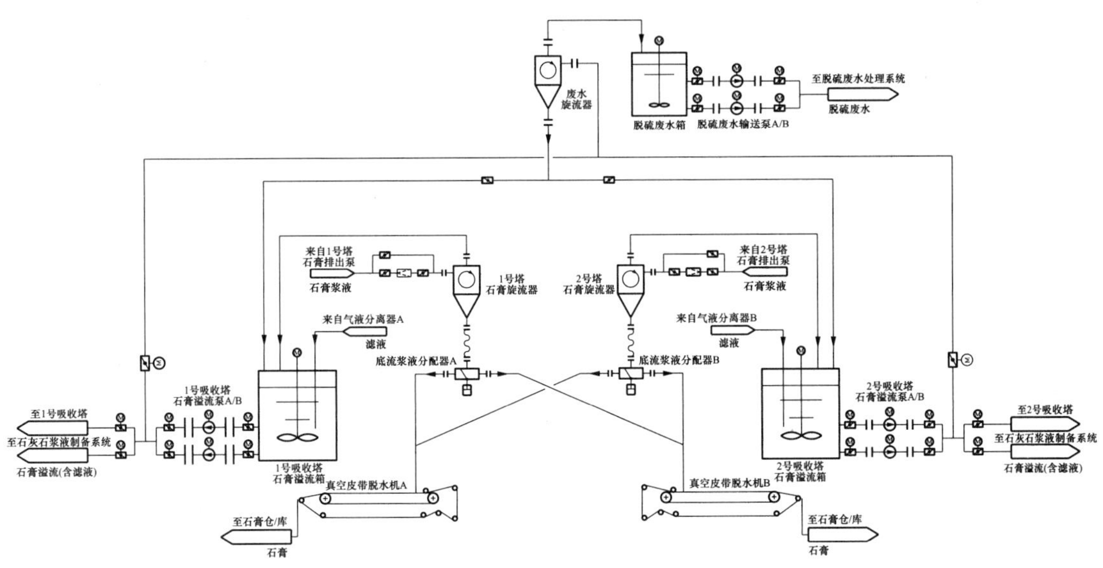

图 4-23 石膏旋流及真空皮带脱水系统（配置 2 台真空皮带脱水机）

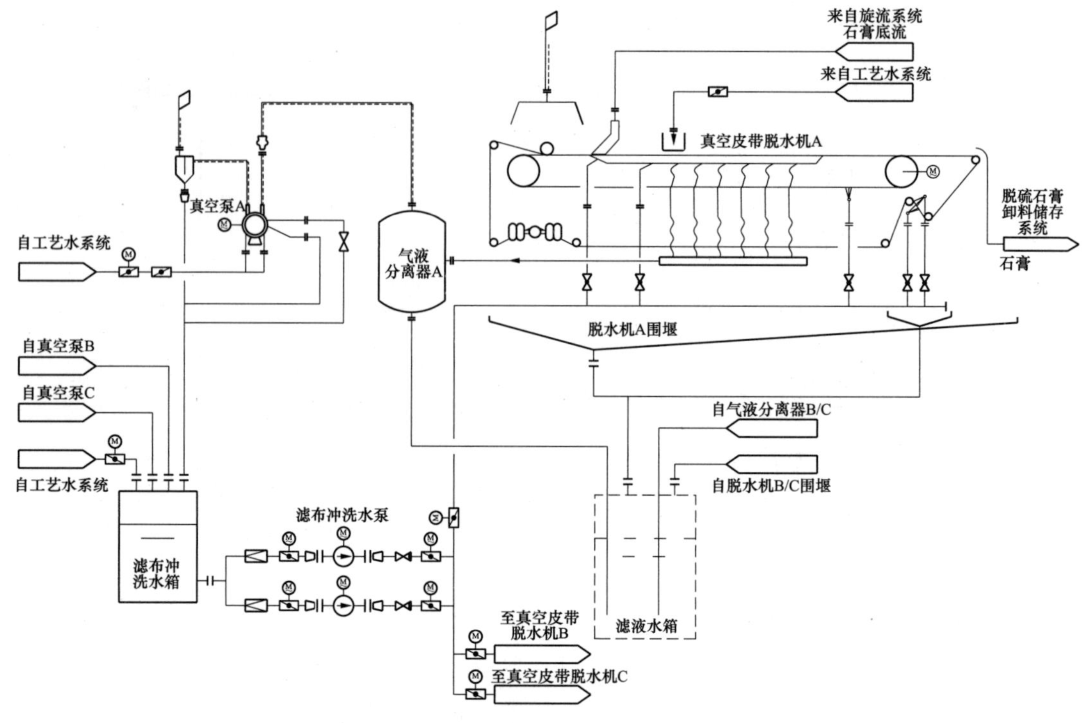

图 4-24　真空皮带脱水机本体系统

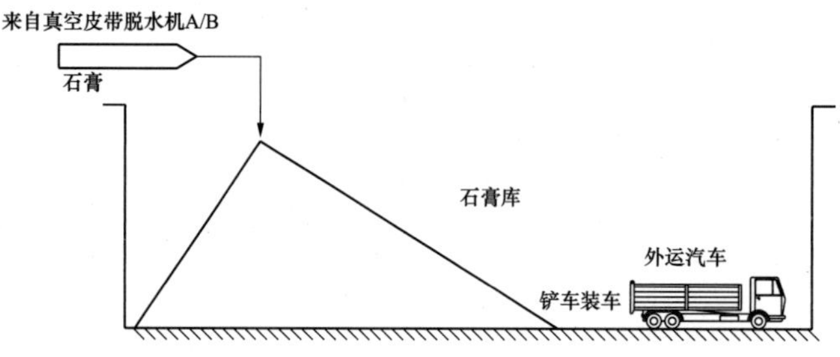

图 4-25　脱硫石膏储存系统（石膏库、直接落料）

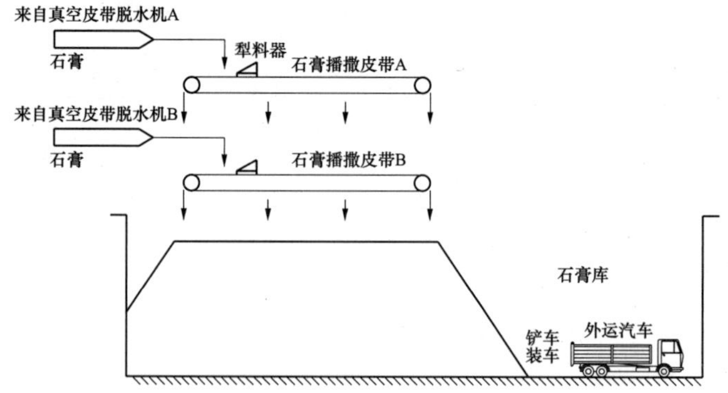

图 4-26　脱硫石膏储存系统（石膏库、多点落料）

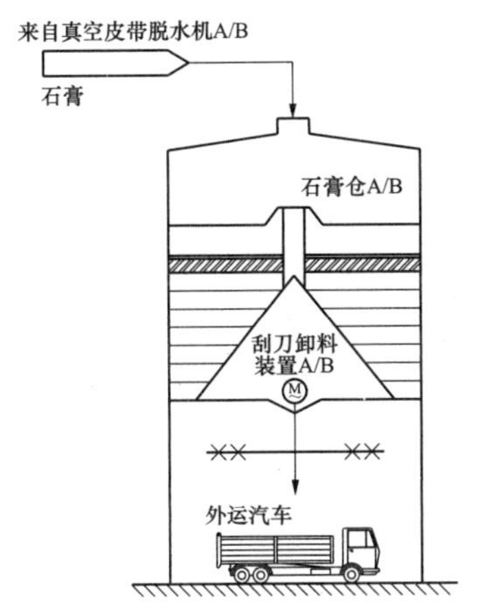

图 4-27　脱硫石膏储存系统（石膏仓）

三、设计计算

（一）设计输入数据

（1）锅炉 BMCR 工况时的燃煤量和煤质（设计和校核）。

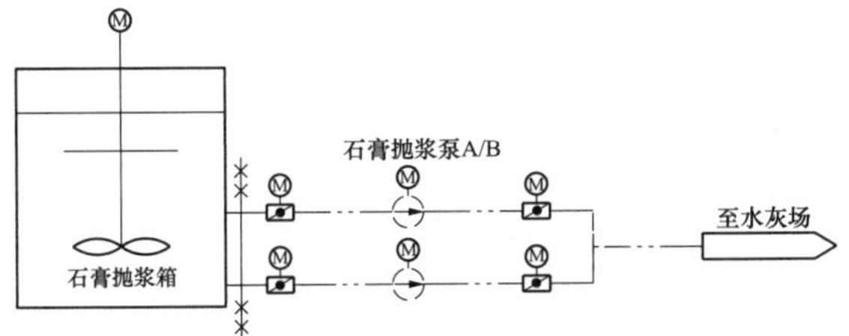

图 4-28　石膏抛浆至水灰场系统

（2）烟气量和烟气温度。

（3）要求的脱硫效率和脱硫出口 SO_2 浓度排放标准。

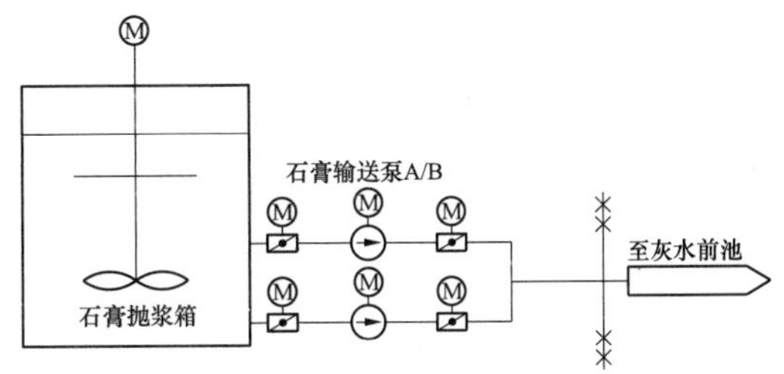

图 4-29　石膏抛浆至灰水前池系统

（二）基本参数计算

1. 脱硫前二氧化硫含量

原烟气中的二氧化硫含量是整个脱硫工艺系统设计的基础，按式（4-1）计算：

$$M_{SO_2}=2\times K\times B_g\times\left(1-\frac{q_4}{100}\right)\times\left(\frac{S_{ar}}{100}\right)\times\left(1-\frac{\eta'_{SO_2}}{100}\right) \tag{4-1}$$

式中　M_{SO_2}——脱硫前烟气中的二氧化硫含量，t/h；

K——燃煤中的含硫量燃烧后氧化成二氧化硫的份额，煤粉炉 K 取 0.9，CFB 锅炉 K 取 1；

B_g——锅炉 BMCR 工况时的燃煤量，t/h；

q_4——锅炉机械未完全燃烧的热损失，%；

S_{ar}——燃煤的收到基硫分，%；

η'_{SO_2}——CFB 锅炉炉内脱硫效率，煤粉炉时取值为零，%。

2. 石灰石耗量

石灰石耗量应根据脱硫工艺物料平衡计算，在工程前期设计时可按式（4-2）计算：

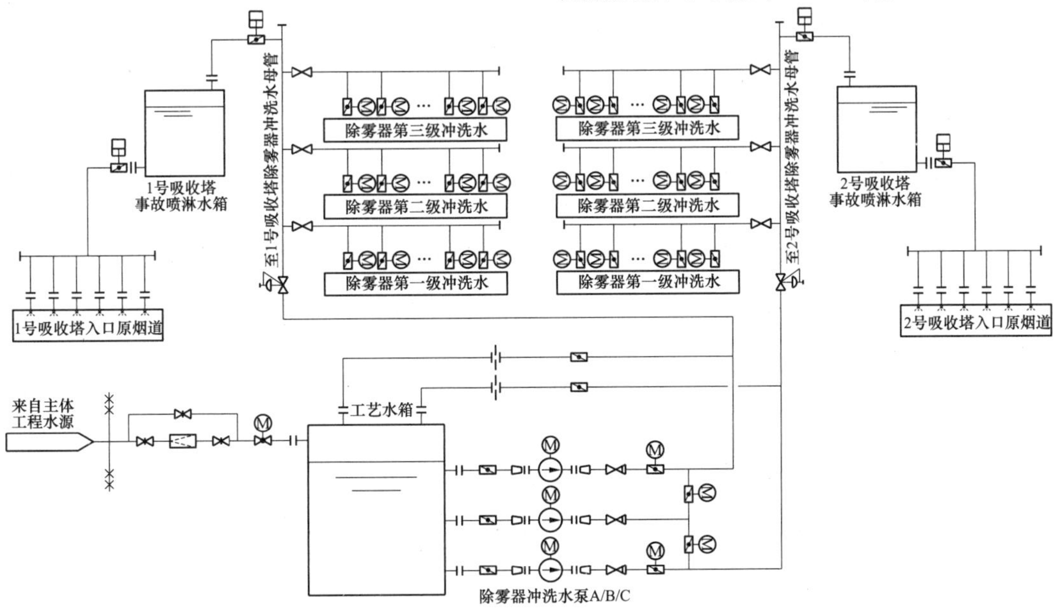

图 4-30　除雾器冲洗水系统（事故降温喷淋水系统由事故喷淋高位水箱供水）

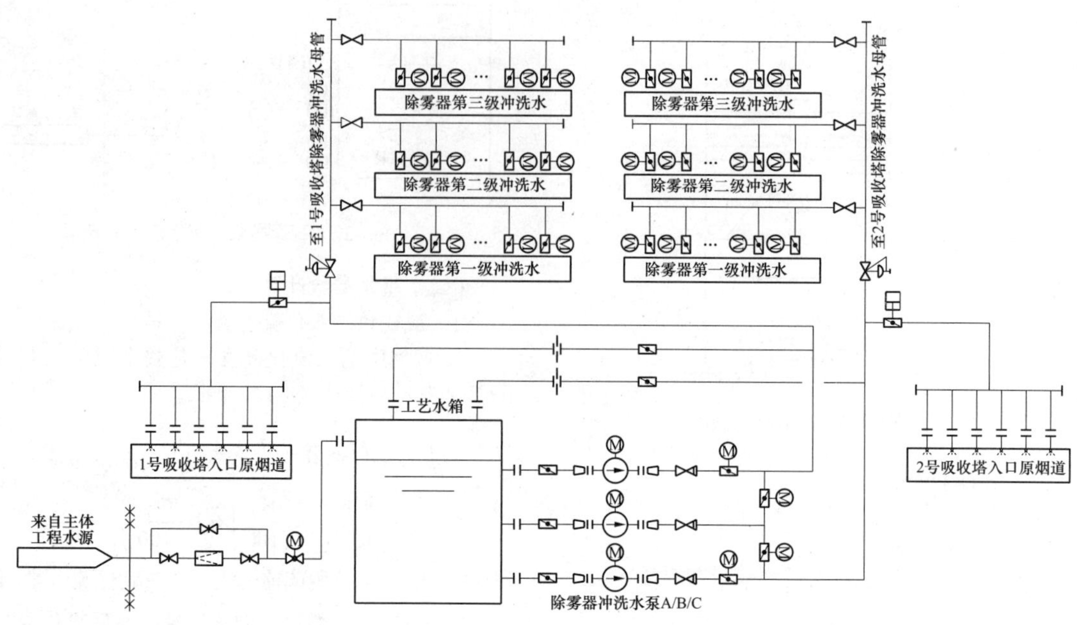

图 4-31　除雾器冲洗水系统（事故降温喷水系统由除雾器冲洗水泵供水）

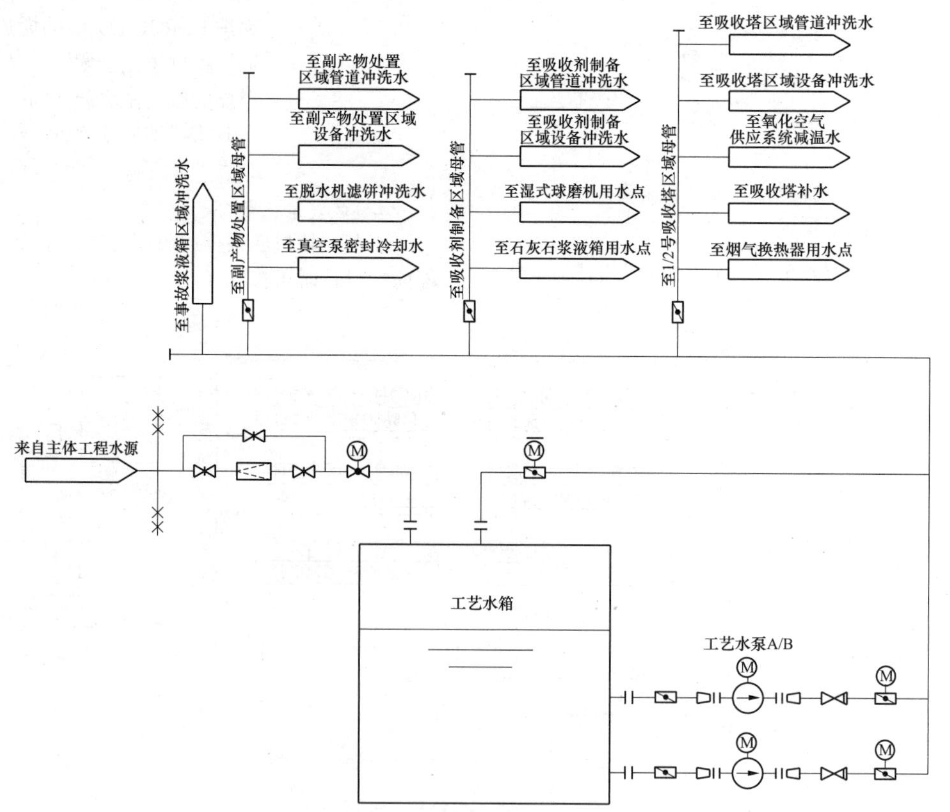

图 4-32　典型工艺水系统（工艺水泵分开设置）

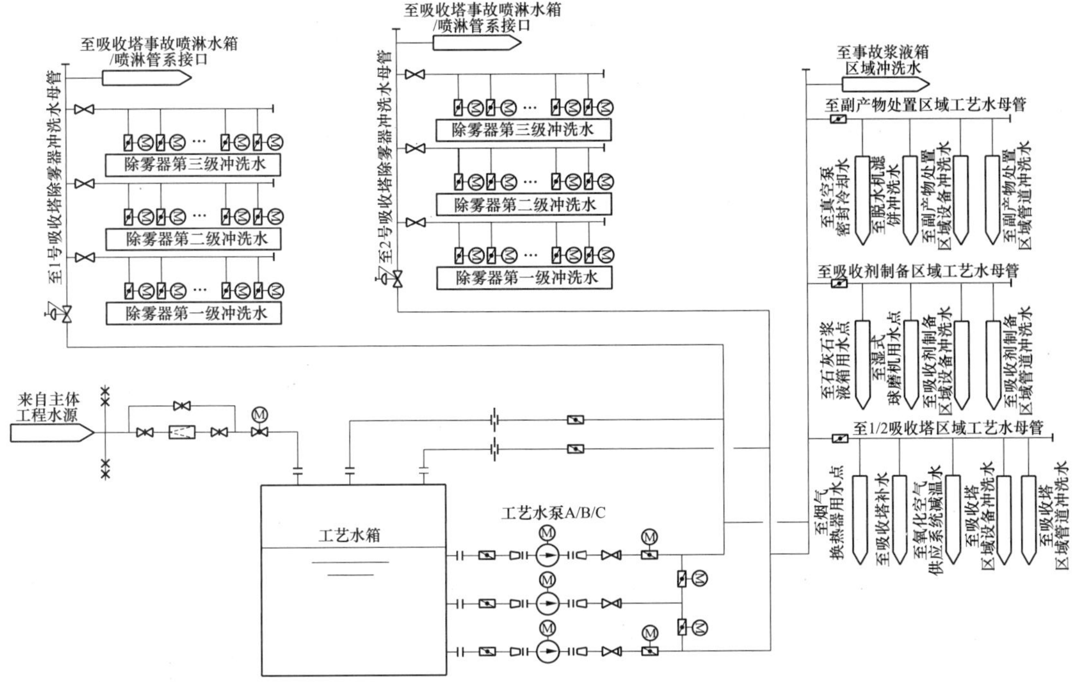

图 4-33　除雾器冲洗水泵与工艺水泵合并设置的典型工艺水系统

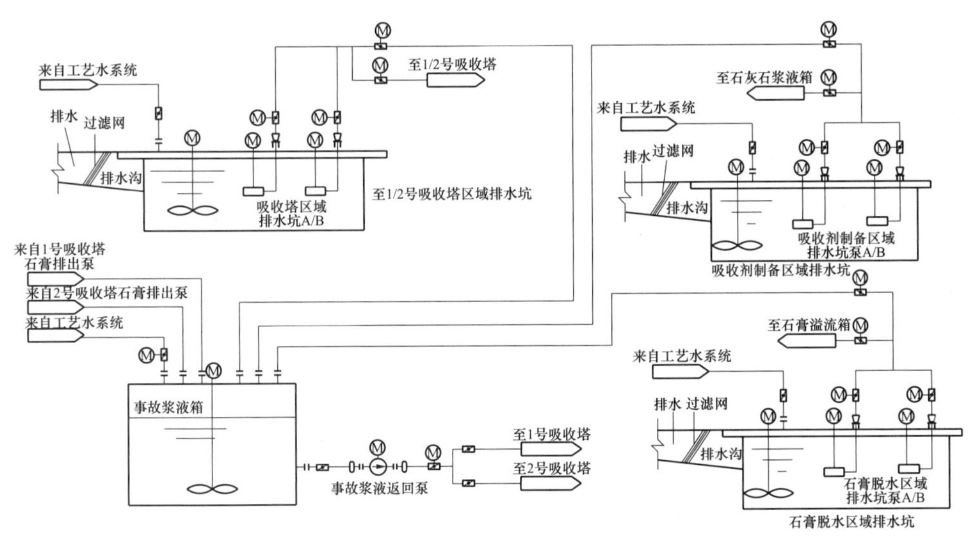

图 4-34　典型的浆液排放及回收系统

$$G_{CaCO_3}=M_{SO_2}\times\eta_{SO_2}\times\frac{Ca}{S}\times\frac{100}{64}\times\frac{1}{K_{CaCO_3}} \quad (4\text{-}2)$$

式中　G_{CaCO_3}——石灰石耗量，t/h；

M_{SO_2}——脱硫前烟气中的二氧化硫含量，t/h；

η_{SO_2}——脱硫效率，%；

$\frac{Ca}{S}$——钙硫摩尔比，一般约为 1.03；

K_{CaCO_3}——石灰石中 $CaCO_3$ 纯度，%。

3. 脱硫石膏产量

脱硫石膏产量应根据脱硫工艺物料平衡计算，在工程前期设计时可按式（4-3）计算：

$$G_{gypsum}=\left[M_{SO_2}\times\eta_{SO_2}\times\frac{172}{64}+M_{SO_2}\times\eta_{SO_2}\times\frac{100}{64}\times\left(\frac{Ca}{S}-1\right)+M_{SO_2}\times\eta_{SO_2}\times\frac{100}{64}\times\frac{Ca}{S}\times\left(\frac{100-K_{CaCO_3}}{K_{CaCO_3}}\right)+M_{dust}\times\eta_{dust}\right]/90 \quad (4\text{-}3)$$

式中 G_{gypsum}——脱硫石膏产量，t/h；

M_{dust}——脱硫前烟气中的粉尘含量，t/h；

η_{dust}——吸收塔的除尘效率，%。

（三）吸收剂制备及供应系统

湿式钢球磨煤机、干式磨煤机的设计出力可按式（4-4）计算：

$$G_m = K \times G_{CaCO_3} \times \frac{1}{N} \tag{4-4}$$

式中 G_m——磨煤机设计出力，t/h；

K——磨煤机系统出力选型系数，一般为150%～200%；

G_{CaCO_3}——脱硫装置总的石灰石耗量，t/h；

N——磨煤机设置台数。

（四）烟气系统

1．烟道设计计算原则

（1）烟道设计压力应符合DL/T 5240《火力发电厂燃烧系统设计计算技术规程》的有关规定，烟道设计温度应符合DL/T 5121《火力发电厂烟风煤粉管道设计技术规程》的有关规定。

（2）原烟道流速应符合DL/T 5121《火力发电厂烟风煤粉管道设计技术规程》的有关规定。净烟气由烟囱排放时，烟道流速可取15～18m/s；净烟气由烟塔排放时，玻璃钢烟道流速范围可取15～22m/s，应技术经济比较后确定烟气流速。

（3）净烟道积灰荷载应符合DL/T 5121《火力发电厂烟风煤粉管道设计技术规程》的有关规定。

（4）烟道加固肋选型计算应符合DL/T 5121《火力发电厂烟风煤粉管道设计技术规程》的有关规定。

2．烟气系统阻力计算

脱硫烟气系统阻力计算应符合DL/T 5240《火力发电厂燃烧系统设计计算技术规程》的有关规定。不设置脱硫旁路烟道时，阻力计算范围从引风机后原烟气接口至烟囱入口；设置脱硫旁路烟道时，计算范围从原烟气接口至净烟气接口。

常见喷淋吸收塔各区域的烟气阻力见表4-5，供设计计算时参考。

表4-5 常见喷淋吸收塔各区域的烟气阻力参考值

序号	项目		阻力值（Pa）	备注
1	塔体烟气入口		50～100	
2	单层喷淋层		150～200	
3	单塔双循环塔的收集碗		约500	如有
4	旋汇耦合器		550～700	如有
5	单层托盘		550～700	如有
	单层管栅		600～800	如有
	薄膜持液层		1000～1500	如有
6	除雾器	两级屋脊式	200～300	如有
		三级高效屋脊式	300～450	如有
		管束式除尘除雾器	300～650	如有
7	塔体烟气出口		50～100	

3．脱硫增压风机选型计算

增压风机T.B点流量与压头分别按式（4-5）和式（4-6）确定：

$$Q_{bf}=K_q \cdot Q_{cal} \tag{4-5}$$

$$H_{bf}=K_h \cdot H_{cal} \tag{4-6}$$

式中 Q_{bf}——风机设计工况点（TB）流量，m^3/h；

H_{bf}——TB点压头，Pa；

Q_{cal}——BMCR工况下增压风机入口的基本风量，m^3/h；

H_{cal}——BMCR工况下脱硫烟气系统的基本压头，Pa；

K_q、K_h——流量与压头选型系数，按GB 50660《大中型火力发电厂设计规范》中的相关规定选用。

（五）二氧化硫吸收系统

1．吸收塔浆液循环泵选型计算

吸收塔浆液循环泵选型流量可按式（4-7）计算：

$$Q_{rp} = \frac{K_q \cdot Q_a \cdot L/G}{1000N} \tag{4-7}$$

式中 Q_{rp}——吸收塔浆液循环泵选型流量，m^3/h；

Q_a——吸收塔内饱和实际烟气流量，m^3/h；

L/G——吸收塔设计工况时的液气比，L/m^3；

N——吸收塔设计工况时的浆液循环泵运行台数；

K_q——流量选型系数，一般取1～1.05。

浆液循环泵的扬程可按式（4-8）计算：

$$H_{rp} = K_h \cdot \frac{p+\Delta p_{rp}+\Delta p_{h,rp}}{9.8} \tag{4-8}$$

式中 H_{rp}——吸收塔浆液循环泵选型扬程，mH_2O；

p——吸收塔喷淋层喷嘴入口压力，kPa；

Δp_{rp}——吸收塔浆液循环管道总阻力压降，kPa；

$\Delta p_{h,rp}$——吸收塔浆池最低运行液位与循环泵对应喷淋层之间的静压差，kPa；

K_h——扬程选型系数，一般取1.05～1.10。

2．氧化风机选型计算

氧化风机选型流量可按式（4-9）计算：

$$Q_{ob} = \frac{0.25 \cdot K \cdot M_{SO_2} \cdot \eta_{SO_2} \cdot 1000}{N \cdot \rho_{oa} \cdot C_{O_2}} \tag{4-9}$$

式中　Q_{ob}——氧化风机选型流量（标准状态），m^3/h；
K——氧化空气过量系数，一般取 2～3；
M_{SO_2}——吸收塔入口烟气中的二氧化硫含量，t/h；
η_{SO_2}——脱硫效率，%；
N——吸收塔设计工况时的氧化风机运行台数；
ρ_{oa}——标准状态下空气密度，按 $1.285kg/m^3$ 取值；
C_{O_2}——氧气在空气中的质量百分比，按 23% 取值。

氧化风机选型压头可按式（4-10）计算：

$$p_{ob} = K_p \cdot (\Delta p_{ob} + \Delta p_{h,ob}) \tag{4-10}$$

式中　p_{ob}——氧化风机选型压头，kPa；
K_p——压头选型系数，一般取 1.05～1.10；
Δp_{ob}——氧化空气管道总阻力压降，kPa；
$\Delta p_{h,ob}$——吸收塔浆池最高运行液位与浆池内氧化空气管网之间的液面静压差，kPa。

（六）副产物处置系统

石膏真空皮带脱水机的设计出力可按式（4-11）计算：

$$G_T = K \times G_{gypsum} \times \frac{1}{N} \tag{4-11}$$

式中　G_T——脱水机的设计出力，t/h；
K——脱水机系统出力选型系数，一般为 150%～200%；
G_{gypsum}——脱硫装置总的石膏产量，t/h；
N——脱水机设置台数。

四、主要设备

（一）吸收塔

湿法脱硫的吸收塔类型主要有喷淋塔、液柱塔、鼓泡塔、填料塔和托盘塔等，国内火力发电厂已建脱硫装置大部分采用喷淋空塔，提效后其最高脱硫效率可达 97%；近年来，随着环保排放标准的提高，在传统喷淋塔基础上开发了复合塔技术和空塔 pH 分区等高效脱硫技术，脱硫效率可达到 98%甚至 99%以上，以满足超低排放的要求。

1. 传统喷淋塔

喷淋塔的结构示意，见图 4-35。

喷淋塔具有下列特点：

（1）装置经济的脱硫效率为 95%，对于高硫煤项目，脱硫效率可达到约 97%的水平。

（2）单塔烟气处理量大，可处理 1000MW 等级机组的全部烟气量。

（3）吸收塔结构简单、烟气阻力小；内部件少，便于检修维护。

（4）设置单元制喷淋层，吸收塔可随脱硫负荷的变化调整喷淋层投运数量，运行经济性较好。

（5）塔内除雾器一般采用二级屋脊式。

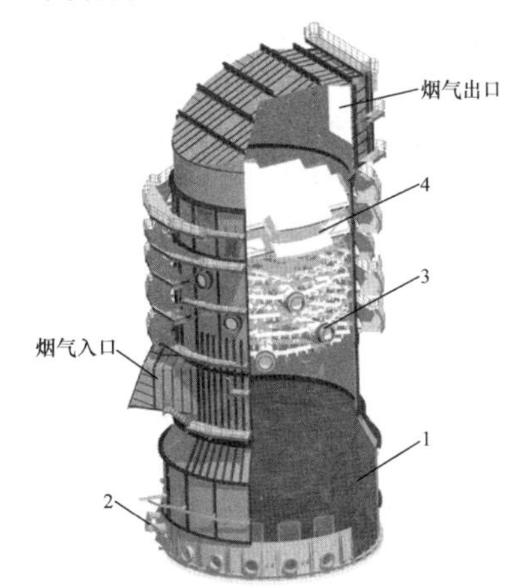

图 4-35　喷淋塔的结构示意

1—吸收塔浆池；2—搅拌器；3—喷淋层；4—除雾器

2. 复合塔技术的吸收塔

在吸收塔浆液池和上部喷淋层之间，或者喷淋层之间设置气液强化传质装置。一方面，提高气液间传质速率；另一方面，使进入吸收区的烟气分布更加均匀。与此同时，通过调整喷淋密度及雾化效果，最终实现 SO_2 达标或超低排放。该技术的典型代表包括旋汇耦合、多孔托盘和管栅等。其中，旋汇耦合脱硫塔在超低排放工程中应用最为广泛，多孔托盘塔也应用较多。

（1）配置旋汇耦合器的喷淋塔。旋汇耦合器技术基于多相紊流掺混的强传质机理，利用气体动力学原理，通过特制的旋汇耦合装置产生气液旋转翻覆湍流空间，气液固三相充分接触，迅速完成传质过程，从而达到气体净化的目的，脱硫效率可达 98%以上。该技术的关键部件是塔内的旋汇耦合器。配置旋汇耦合器的喷淋塔结构示意，见图 4-36。

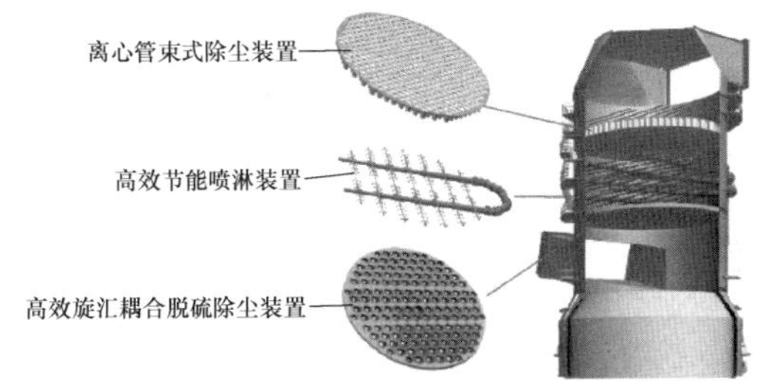

图 4-36　配置旋汇耦合器的喷淋塔结构示意

配置旋汇耦合器的喷淋塔具有下列特点：

1）均气效果好。吸收塔内气体分布不均匀是造成脱硫效率低和运行成本高的重要原因，安装旋汇耦合器的脱硫塔，均气效果比一般空塔有较大提高，脱硫装置能在比较经济、稳定的状态下运行。旋汇耦合器同时可避免因烟气爬塔壁造成的短路现象。

2）传质效率高、降温速度快。从旋汇耦合器端面进入的烟气，通过旋流和汇流的耦合，旋转、翻覆形成湍流都很大的气液传质体系，烟气温度迅速下降，有利于塔内气液充分反应，各种运行参数趋于最佳状态。

3）入口二氧化硫含量适应范围宽、能耗较低。与常规喷淋塔技术相比，同等条件下实现同一脱硫效率时，液气比更小，浆液循环泵电耗较低。

4）塔内除雾器采用管束式除尘除雾装置。

（2）配置多孔托盘的喷淋塔。配置多孔托盘的喷淋塔结构示意，见图 4-37。

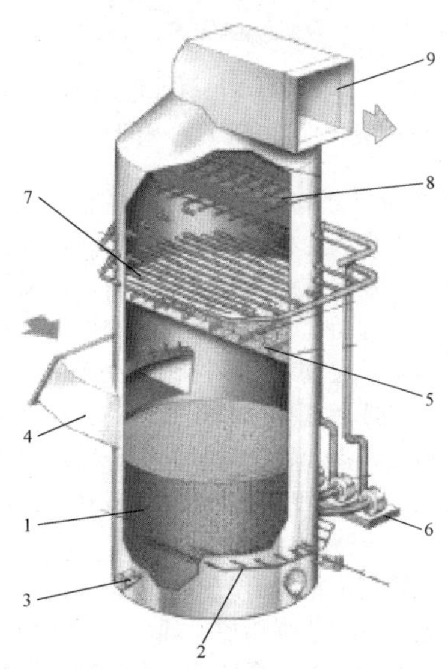

图 4-37　配置多孔托盘的喷淋塔结构示意

1—吸收塔浆池；2—氧化空气管网；3—搅拌器；4—入口烟道；5—多孔托盘；6—浆液循环泵；7—喷淋层；8—除雾器；9—出口烟道

该技术在吸收塔内的底部喷淋层与烟气入口或喷淋层之间安装 1 个或多个多孔合金托盘，托盘上表面被高约 300mm 的隔板分隔成若干块，托盘上的持液高度随着吸收塔入口烟气压力自动调节，同时，托盘表面液膜可使塔内烟气分布均匀。运行时，烟气穿过一些孔向上流动，同时，循环浆液通过另外一些孔向下流动。托盘上是连续液相，烟气通过喷射或鼓泡的方式通过托盘上的孔洞。多孔托盘技术喷淋塔具有传质效果和均气效果好、液气比低、烟气阻力较高等特点，此外，在锅炉低负荷工况下，由于烟气流速降低使托盘表面浆液湍动强度减弱，使脱硫效率有所降低，整体脱硫效率可达 98%以上。多孔托盘技术喷淋塔的托盘数量主要根据脱硫装置入口 SO_2 浓度和脱硫效率确定，当燃煤含硫量和脱硫效率要求较高时，需选用双托盘。

塔内除雾器一般采用三级屋脊式或一级管式+二级屋脊式除雾器。

3. pH 分区技术的吸收塔

pH 分区技术的目的是使一部分吸收塔浆液 pH 值维持在较低区间，促进石灰石溶解和保证脱硫石膏品质；另一部分吸收塔浆液 pH 值维持在较高区间，进一步提高浆液的 SO_2 吸收能力。与此同时，通过调整喷淋密度及雾化效果，最终实现 SO_2 达标或超低排放。

空塔 pH 分区技术主要分为 pH 物理分区和 pH 自然分区两种，前者指单塔双循环、双塔双循环等脱硫工艺，吸收塔喷淋浆液以物理分区方式分别储存在两个 pH 值不同的浆池中；后者指单塔双区等脱硫工艺，在吸收塔浆池中部设置隔离器，隔离器上部和下部浆液 pH 值不同。单塔双循环、单塔双区脱硫工艺在超低排放工程中应用较为广泛。

（1）单塔双循环喷淋塔的结构示意，见图 4-38。

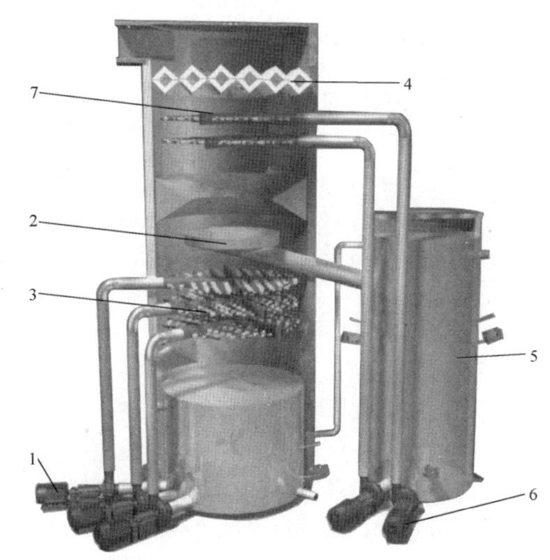

图 4-38　单塔双循环喷淋塔的结构示意

1—下回路循环泵；2—集液斗；3—下循环喷淋层；4—除雾器；5—AFT 浆液箱；6—上回路循环泵；7—上循环喷淋层

设置两级浆液循环回路，两级循环回路分别设有独立的循环浆池和喷淋层，根据不同的功能，每一回路具有不同的运行参数。烟气首先经过下回路循环浆液洗涤，此级脱硫效率一般在 30%～70%，循环浆液 pH 值控制在 4.5～5.3，浆液停留时间约 5min，其主要功能是保证优异的亚硫酸钙氧化效果和石灰石颗粒的快速溶解。特别是对于高硫煤，可降低氧化空气系数，从而降低氧化风机电耗，同时提高石膏品质。经过下回路循环浆液洗涤的烟气进入上回路循环浆液继续洗涤，此回路主要功能是保证高脱硫效率，由于不用侧重考虑石膏氧化结晶，pH 值可控制在较高水平，达到 5.8～6.5，保证循环浆液的 SO_2 吸收能力。双回路技术喷淋塔具有下列特点：

1）系统浆液性质分开后，可满足不同工艺阶段对不同浆液性质的要求，更加精细地控制了工艺反应过程，适用于高含硫量的机组或对脱硫效率要求高的机组。

2）两个循环过程的控制是独立的，避免了参数之间的相互制约，可使反应过程更加优化，以便快速适应煤种变化和负荷变化。

3）高 pH 值的二级循环在较低的液气比和电耗条件下，脱硫效率可达 98%以上。

4）低 pH 值的一级循环可保证吸收剂的完全溶解及石膏品质，并提高氧化空气利用率，降低氧化风机电耗。

5）石灰石在工艺中的流向为先进入二级循环，再进入一级循环，两级工艺延长了石灰石的停留时间，首先在 pH 值较低的一级循环浆液中完成颗粒的快速溶解，允许使用品质较差和粒径较大的石灰石颗粒，利于降低吸收剂制备系统电耗。

6）塔内除雾器一般采用三级屋脊式或一级管式+二级屋脊式除雾器。

（2）单塔双区喷淋塔。单塔双区喷淋塔通常与多孔托盘组合配置，其结构示意见图 4-39。

浆池隔离器所占横断面积较大，上部 pH 值较低的浆液流经浆池隔离器时流速增加，使下方的浆液不会因为搅拌作用进入浆池隔离器上部，从而中和 pH 值。浆池隔离器能稳定浆池区的不同 pH 值，使石膏氧化和 SO_2 吸收同时高效进行。浆池隔离器上部浆液 pH 值为 4.9～5.5、下部浆液 pH 值为 5.1～6.3。

塔内除雾器一般采用三级屋脊式或一级管式+二级屋脊式除雾器。

4. 常见吸收塔主要工艺参数

超低排放项目常见吸收塔主要工艺参数，见表 4-6。

(二) 湿式球磨机

1. 湿式球磨机的功能

湿式球磨机将市场购买的一定粒径的石灰石块加水研磨制成石灰石浓浆，经再循环浆液箱及泵、石灰石旋流器等一系列辅助设备处理后，最终制成粒径均匀且符合工艺要求的石灰石浆液。

2. 基本结构

湿式球磨机由进料装置、出料装置、回转部分、支撑装置、传动装置、高低压润滑油站、喷射润滑装置组成，平、断面结构示意见图 4-40。

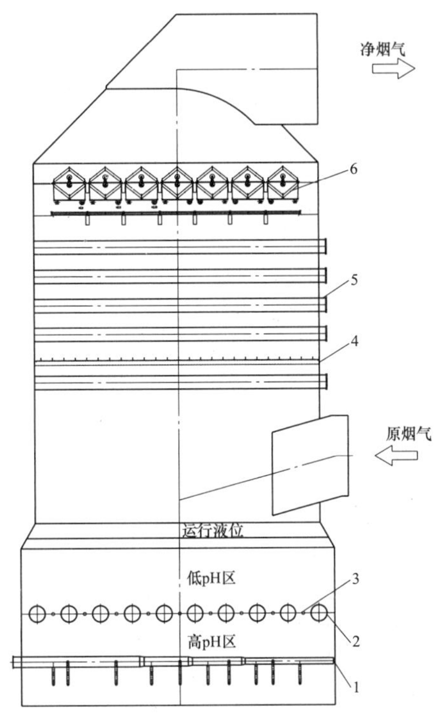

图 4-39　单塔双区（配置多孔托盘）喷淋塔结构示意

1—扰动喷嘴管网；2—浆池隔离器；3—氧化空气管网；4—多孔托盘；5—喷淋层；6—除雾器

3. 主要技术参数

常见湿式球磨机主要技术参数（参考），见表 4-7。

湿式球磨机产量和出磨细度是主要性能指标，若入磨粒径较大，使研磨体的冲击和研磨作用较难适应，会造成研磨体级配不合理、产量不足及功耗加大，因此，若石灰石来料粒径过大，需要进行预破碎至 20mm 以下，再喂入湿式球磨机。

(三) 增压风机

1. 增压风机的功能

增压风机用于克服从引风机出口至脱硫装置出口（或烟囱出口）之间的烟气系统压降，使烟气顺利排入大气。风机特点是低压头、大流量、低转速。

2. 类型和基本结构

对于大容量机组的脱硫装置，增压风机宜选用轴流式风机，轴流式风机沿叶轮转轴方向加速烟气；轴流式风机可分为动叶可调式、静叶可调式。

（1）动叶可调轴流式风机。动叶可调轴流式风机由进气箱、带导叶机壳、扩压器和转子组成，机壳具有水平中分面，便于安装和检修；转子由叶轮、轴承箱、中间轴、液压调节机构等组成。动叶可调轴流式风机结构示意，见图 4-41。

表 4-6　　超低排放项目常见吸收塔主要工艺参数

项目	单位	喷淋空塔（增效）	旋汇耦合喷淋塔	单塔双区+多孔托盘喷淋塔	双循环喷淋单塔	双循环喷淋双塔
适应超低排放要求的入口 SO_2 浓度（标准状态）	mg/m³	≤2000	≤10000	≤6000	≤6000	≤10000
最大脱硫效率	%	约 98.3	约 99.7	约 99.5	约 99.5	约 99.7
空塔烟气流速	m/s	3～4	约 3.5	约 3.5	约 3.5	约 3.5
喷淋层数	—	3～6	3～7	3～7	5～7	5～7
液气比	L/m³	12～25	10～25	10～25	6～18	6～18
浆液 pH 值	—	5.3～5.8	5.3～5.8	池隔离器上方：4.9～5.5；池隔离器下方：5.1～6.3	上回路：5.8～6.5；下回路：4.5～5.3	上回路：5.8～6.5；下回路：4.5～5.3
脱硫提效装置	—	提效环	旋汇耦合器	1～2 个多孔分布器	—	—
石灰石细度（90%通过）	目	250～325	250～325	250～325	250～325	250～325
石灰石纯度	%	≥90	≥90	≥90	≥90	≥90
塔内除雾器形式	—	一级管式+二级屋脊式除雾器	管束式除尘除雾装置	三级屋脊式或一级管式+二级屋脊式除雾器	三级屋脊式或一级管式+二级屋脊式除雾器	三级屋脊式或一级管式+二级屋脊式除雾器

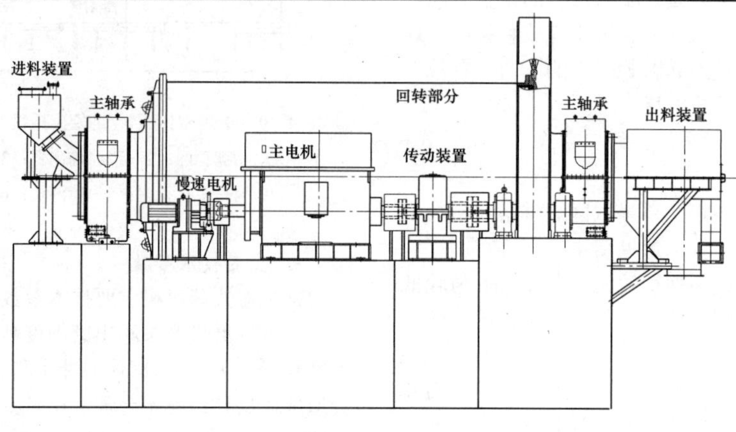

(a)

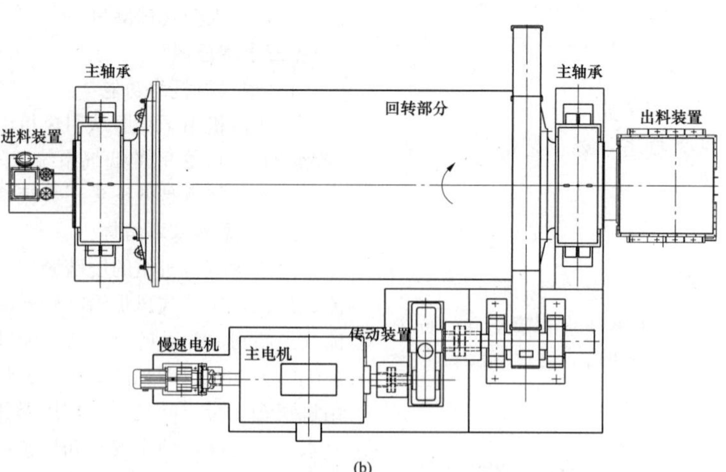

(b)

图 4-40　湿式球磨机平、断面结构示意

（a）平面；（b）断面

表 4-7　　常见湿式球磨机主要技术参数（参考）

项目	数值									
入口石灰石粒度（mm）	0～20									
设计出力（t/h）	1～3	3.5～6.5	7～8	9～11	11～13	14～16	15～18	18～21	27～30	40～42
石灰石旋流器底流粒径（μm）	≤44（90%通过）									
筒体直径（mm）	1800	2100	2200	2400	2500	2700	2700	2900	3200	3600
筒体长度（mm）	4200	5000	5400	5800	5800	6000	6500	6500	7000	7500
传动方式	边缘传动									
电机额定功率（kW）	110	200	280	380	400	500	560	630	900	1400

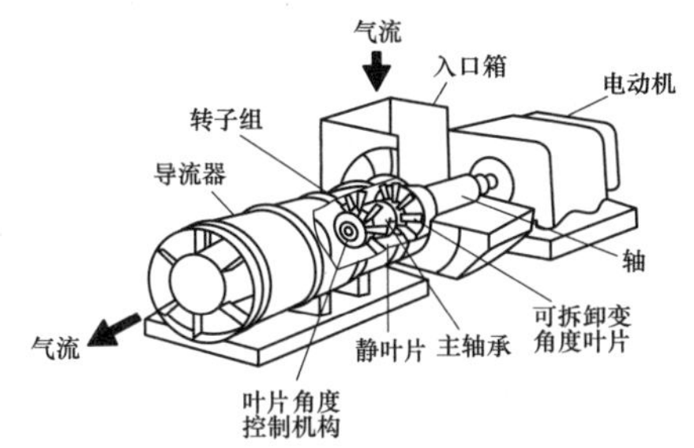

图 4-41　动叶可调轴流式风机结构示意

动叶可调轴流式风机在运行中通过调节动叶片角度，达到调节风量和风压的目的。该风机效率较高，一般约为 88%，等效率曲线近似椭圆形的长轴几乎与阻力特性曲线平行，在向低负荷调节时效率缓慢下降。

与静叶可调风机相比，动叶可调风机达到相同风压需要的转子速度高，不宜在烟气含尘量大的环境下运行，否则磨损严重。

（2）静叶可调轴流式风机。静叶可调轴流式风机由进气箱、进口导叶、导叶环机壳、扩压器和转子组成。机壳具有水平中分面，便于安装和检修。静叶可调轴流式风机结构示意，见图 4-42。

静叶可调轴流式风机在运行中通过调节进口导叶角度，达到调节风量和风压的目的。该风机效率较高，一般约为 85%，在向低负荷调节时，效率下降比动叶可调风机快；结构相对简单，调节系统采用电动或气动执行机构，可靠性高、系统简单、维护方便。

3. 主要技术参数

典型 1000MW 机组增压风机选型参数，见表 4-8。动叶/静叶可调轴流式增压风机主要技术参数（参考），见表 4-9。

（四）烟气换热器

1. 烟气换热器的功能

烟气换热器的作用是利用原烟气的热量直接或间接地加热脱硫后的净烟气，使排放烟温达到项目环评批复意见的要求，增强烟气的扩散能力，降低污染物稀释后的落地浓度，同时，可减轻烟囱“湿烟羽”造成的视觉污染。

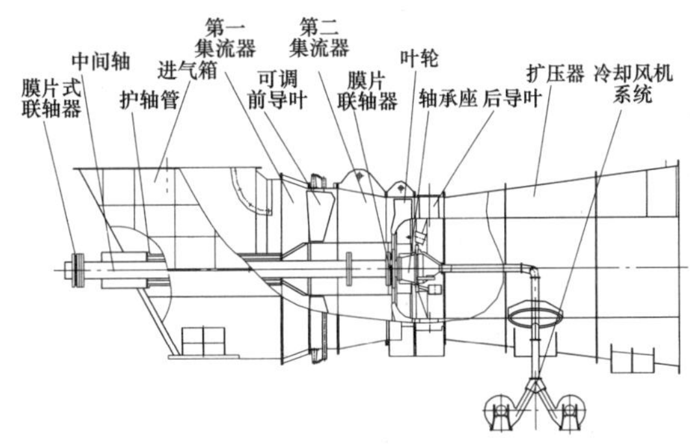

图 4-42　静叶可调轴流式风机结构示意

表 4-8　典型 1000MW 机组增压风机选型参数

序号	项目	TB 工况	BMCR 工况
1	平均气压（mbar）	1013.4	
2	风机入口静压（Pa）	0	0
3	风机入口烟气温度（℃）	132	122
4	风机入口流量（m^3/h）	2699380	2393836
5	风量裕量（%）	10	
6	风机静压升（Pa）	2670	2225
7	压力裕量（%）	20	

表 4-9　动叶/静叶可调轴流式增压风机主要技术参数（参考）

序号	项目	单位	动叶可调	静叶可调
1	台数	台	2	2
2	调节方式		液压装置调节动叶片角度	电动机构调节静叶片角度
3	风机效率（TB/BMCR）	%	86/88	85.3/85.4
4	轴功率	kW	1668	1934

续表

序号	项目	单位	动叶可调	静叶可调
5	风机转速	r/min	580	420
6	叶轮直径	mm	4218	4500
7	叶轮级数	级	1	1
8	每级叶片数	片	16	13
9	叶片调节范围	(°)	−40～+10	−75～+30
10	转子质量	kg	约 8000	约 9000
11	转子转动惯量	kg·m^2	约 3422	约 13300
12	风机的第一临界转速	r/min	>767	640
13	电机功率	kW	2500	2800
14	风机总质量	kg	约 75000	约 115000
15	轴的材质		42CrMo-5	35CrMo
16	轮毂材质		15MnV	16MnR
17	叶片材质		15MnV	16MnR
18	叶片使用寿命	h	60000	60000

脱硫装置烟气换热器通常采用蓄热式换热器，主要有回转式 GGH、热媒水管式 GGH 和列管式 GGH。列管式蒸汽热交换式加热器消耗蒸汽量较大，经济性差，一般不采用。目前在国内，由于回转式 GGH 的漏风率导致脱硫装置整体脱硫效率难以达到日益严格的环保要求，已基本不再应用，现在开始使用热媒水管式 GGH。回转式 GGH 目前多用于国外项目。

2. 基本结构

（1）回转式 GGH。回转式 GGH 本体设备主要由换热元件、转子、转子外壳、顶部结构、端柱、转子中心驱动装置、密封风机、密封空气管道、底梁、吹灰器等组成，外壳的顶部和底部把转子通流部分分隔为两部分，使转子的一边通过原烟气，另一边的净烟气以逆流方式通过。每当转子转动一圈即完成一次热量交换。回转式 GGH 结构示意，见图 4-43。

1）换热元件：采用特殊的表面涂双层耐热搪瓷的薄钢板制成，所镀搪瓷是脱硫装置回转式 GGH 专用防腐材料。

2）转子：连在圆形钢制中心筒上的考登钢板构成转子的基本框架。转子的中心盘与中心筒连为一体，从中心筒延伸至转子外缘的径向隔板分为多个扇区，每个扇形隔仓包含若干个换热元件盒。

3）转子外壳：转子外壳包围转子并构成再热器的一部分，由预加工的钢板制成，内衬玻璃鳞片。

4）端柱：由低碳钢板加工而成，内衬玻璃鳞片。端柱支撑含转子导向轴承的顶部结构。

5）转子驱动装置：转子通过减速箱由电机驱动，驱动装置直接与转子驱动轴相连。驱动装置通过减速箱提供两种驱动方式，即主电机驱动和备用电机驱动。

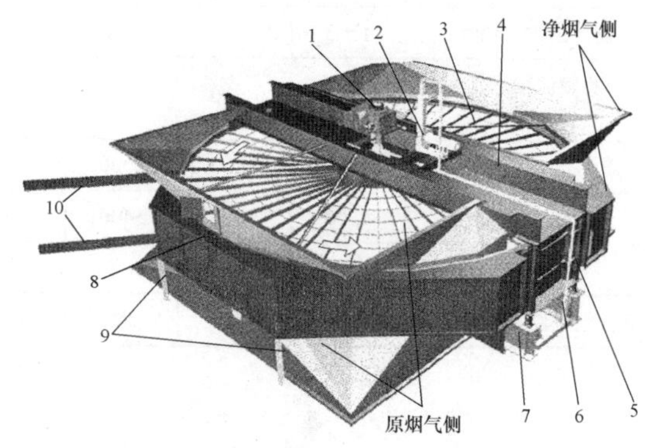

图 4-43　回转式 GGH 结构示意

1—中心驱动装置；2—密封风机；3—转子；4—顶部结构；5—端柱；6—密封空气管道；7—底梁；8—转子外壳；9—侧柱；10—吹灰器

6）吹灰装置：采用全伸缩式吹灰器，对 GGH 换热元件进行吹扫和清洗，防止堵灰。回转式 GGH 吹灰通常同时采用蒸汽吹灰、在线高压水清洗和离线低压水清洗，这三种方式在同一喷枪上实现。吹灰用过饱和蒸汽参数要求：0.8～1.0MPa（g）、过热度应大于 100℃；吹灰用高压水压力要求：8.0～12.0MPa。

7）密封装置：采用密封板、密封风机减少烟气向转子、外壳等部件的泄漏。

8）低泄漏系统：低泄漏系统减少原烟气向净烟气的泄漏，它由隔离风和清扫风组成。低泄漏风机采用 GGH 出口处净烟气作为介质，在原烟气和净烟气之间制造高气压区，减少原烟气向净烟道的直接泄漏，称为“隔离风”；低泄漏风机采用 GGH 出口处净烟气作为介质，在转子由原烟气侧转入净烟气侧前将转子中夹带的原烟气置换掉，减少原烟气向净烟道的间接泄漏，称为“清扫风”。

（2）热媒水管式 GGH。热媒水管式 GGH 主要由烟气降温侧换热器、烟气升温侧换热器、循环水泵、辅助蒸汽加热器及疏水箱、热媒膨胀水箱（定压装置）、补水系统、加药系统及吹灰系统组成。原烟气先进入降温侧换热器，将热量传递给热媒水，热媒水通过强制循环将热量传递给净烟气。管内侧是热媒水、管外侧是烟气，管内流体的传热系数远高于管外流体，为强化传热，广泛采用高频焊接翅片管。降温侧换热器和升温侧换热器都会遇到酸腐蚀，换热管材质可选用 ND 钢、镍基合金钢、氟塑料管等。热媒水管式 GGH 的换热器部分由换热模块组成，换热模块结构示意，见图 4-44。

图 4-44 热媒水管式 GGH 换热模块结构示意

1—氟塑料换热管；2—壳体

吹灰装置是保障换热器安全、长期稳定运行的重要因素，一般采用蒸汽吹扫与高压水冲洗相结合的方式。压缩空气因温度和吹扫强度较低，不适宜做吹灰介质。

吹灰蒸汽一般为 1.0MPa、温度为 250℃的过热蒸汽。

热媒水管式 GGH 入口烟气烟尘浓度不应高于 200mg/m^3（标准状态）。

(3) 列管式 GGH。列管式 GGH 为整体式烟气-烟气管式换热器。原烟气进入管式换热器的管内侧，并将热量传递给管外侧的净烟气，原烟气与净烟气在换热器内的流动方向为垂直关系。换热管材质可选用氟塑料管等。列管式 GGH 由换热模块组成，换热模块结构示意，见图 4-45。

图 4-45　列管式 GGH 换热模块结构示意

1—氟塑料换热管；2—支撑框架

3. 三种形式 GGH 的比较

回转式、热媒水管式和列管式 GGH 工作原理及技术特点的比较，见表 4-10。

表 4-10　回转式、热媒水管式和列管式 GGH 工作原理及技术特点比较

项目	回转式 GGH	热媒水管式 GGH	列管式 GGH
加热方式	气-气直接换热	气-气间接换热	气-气直接换热
加热方式及原理	蓄热传热部分由高温侧烟气旋转至低温侧烟气加热，高温和低温部分都有漏风	强制使管内热媒循环，在高温及低温侧各自进行排烟的热回收再加热	直接利用高温烟气、低温烟气进行气-气热交换来提升净烟气温度
技术特点	(1) 漏风量小于 1.0%，占地面积大，维护量大，需提高脱硫装置系统脱硫效率和除尘效率。 (2) 本体结构紧凑。 (3) 在传热面为防腐蚀涂上搪瓷。 (4) 气体通道随着回转。 (5) 净烟气可加热到的温度值受原烟气温度的限制	(1) 无泄漏型。 (2) 换热管材质可选用 ND 钢、镍基合金钢、氟塑料管等。 (3) 没有温度及干、湿的反复变换，不会因此造成堵塞。 (4) 通过控制蒸汽量及热媒水流量来控制烟气加热温度。 (5) 布置较为灵活	(1) 无泄漏型。 (2) 换热管材质可选用氟塑料管等。 (3) 没有温度及干、湿的反复变换，不会因此造成堵塞。 (4) 无机械设备。 (5) 有一定的布置要求

4. 主要技术参数

典型 1000MW 机组回转式 GGH 和热媒水管式 GGH 主要技术参数（参考），见表 4-11 和表 4-12。

表 4-11　典型 1000MW 机组回转式 GGH 主要技术参数（参考）

序号	项目	单位	数据
1	形式		回转式
2	数量	台	1
3	转速（运行/清洗）	r/min	1.3
4	总泄漏量（未处理烟气→处理后烟气）	%	<1.0
5	有效防泄漏系统形式		有
6	压降	Pa	900
7	换热元件		
	换热元件材质		低碳钢镀搪瓷
	换热面积	m^2	27691（单侧）
	换热元件总高	mm	725
	换热元件厚度	mm	1.0
	驱动电机功率	kW	22
8	吹灰器		
	运行方式		半伸缩式
	安装数量	台	2

续表

序号	项目	单位	数据
8	安装位置		高温端/低温端
	吹扫介质		蒸汽
	耗汽量	t/h	2×4.2
	蒸汽压力	MPa	0.8～1.2
	蒸汽温度	℃	310～350
9	密封风机		
	形式		离心式
	数量	台	1
	介质		空气
	流量（标准状态）	m^3/h	4000
	压力	Pa	6000
	电机功率	kW	22
10	低泄漏风机		
	形式		离心式
	数量	台	1
	介质		净烟气
	流量（标准状态）	m^3/h	58500
	压力	Pa	4400
	外壳材质/叶轮		316L
	电动机功率	kW	160
11	高压冲洗水泵		
	形式		柱塞式
	数量	台	1
	流量	kg/h	13000
	压力	MPa	10
	电动机功率	kW	55
12	低压冲洗系统		
	水量	kg/h	87500
	压力	MPa	0.6

表 4-12　典型 1000MW 机组热媒水管式 GGH 主要技术参数（参考）

序号	项目	单位	数据	
1	形式		金属	氟塑料
2	数量	台	1	1
3	总泄漏量（未处理烟气→处理后烟气）	%	0	0
4	设置位置			
	降温段换热器		机组静电除尘器入口	机组静电除尘器出口
	升温段换热器		吸收塔出口	吸收塔出口
5	压降	Pa	1000	1500
6	换热元件			
	降温段换热器		20 钢+ND 钢	氟塑料管
	升温段换热器	m^2	ND 钢	第一级：氟塑料管；第二级：镍基不锈钢
7	热媒水循环量	m^3/h	约 900	约 1200
8	吹灰方式		蒸汽吹灰	在线水冲洗
9	本体设备电负荷	kW	180	150
10	外形尺寸			
	降温段换热器	m×m×m	7.5×6.5×7.2（共 6 个）	15.5×27×3.6（共 1 个）
	升温段换热器	m×m×m	18×14.5×9.5（共 1 个）	15.5×24×7.2（共 1 个）

（五）浆液循环泵

1. 浆液循环泵的功能

浆液循环泵用来将吸收塔浆池的浆液升压且连续送至吸收塔喷淋层，通过喷嘴充分雾化，在塔中部的吸收区形成较强的雾滴环境，落下的雾滴与垂直向上的烟气充分接触脱除 SO_2 等污染物。浆液循环泵采用离心式。

2. 基本结构

浆液循环泵由泵壳、叶轮、减速箱（或联轴器）和电动机等组成。泵壳通常采用垂直中分卧式结构，泵壳材质可采用内衬橡胶，也可采用耐磨陶瓷；叶轮采用耐磨耐腐蚀材料（合金、陶瓷）；泵体采用后拆式结构，可在不拆卸进出口管路的前提下完成对叶轮、轴封、轴承等部件的检修和更换；在叶轮的前后盖板上都设计有副叶片，以减少通过叶轮与前护板间隙中的循环浆液流量，降低叶轮和前护板之间的磨损，平衡轴封区的轴向推力。浆液循环泵本体结构，见图 4-46。

根据泵叶轮材质，浆液循环泵可分为合金泵和陶瓷泵。

合金泵可通过叶轮和前护板几何形状的改变进

行泵水力效率的最优化设计，通常采用较大直径的叶轮，降低泵转速，提高使用寿命。合金材料一般采用双相不锈钢（CD4MCU）或高铬马氏体白口铸铁（A49）。A49 应用更为广泛，其成本低于双相不锈钢，且耐磨性能优于双相不锈钢。陶瓷泵已应用于少量项目，保证使用寿命为 55000h。

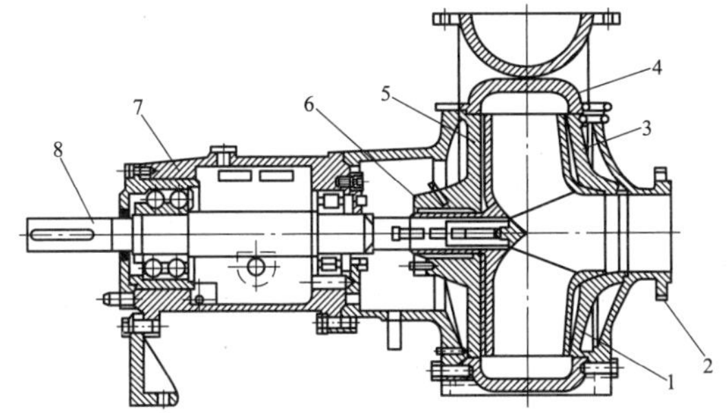

图 4-46　浆液循环泵本体结构

1—叶轮；2—入口；3—前护板；4—蜗壳；
5—后护板；6—机械密封；7—托架；8—轴

浆液循环泵轴封采用机械密封形式，同时用机封冲洗冷却水降温，提高使用寿命。

泵与电动机连接方式有直联驱动和减速机驱动两种，减速机驱动较为常用。

3. 浆液循环泵主要技术参数

典型 1000MW 机组的浆液循环泵（陶瓷泵）和浆液循环泵（合金泵）主要技术参数（参考）分别见表 4-13 和表 4-14。

表 4-13　浆液循环泵（陶瓷泵）主要技术参数（参考）

序号	项目	单位	浆液循环泵 A	浆液循环泵 B	浆液循环泵 C	浆液循环泵 D	浆液循环泵 E
1	流量	m^3/h	11500				
2	扬程	m	20.5	23.5	25.5	27.5	29.5
3	效率	%	89	89	89	88	88
4	介质密度	kg/m^3	1165				
5	介质氯离子浓度	mg/L	40000				
6	转速	r/min	435	450	470	486	500
7	首级叶轮中心线处需要吸入净正压头（NPSHr）	m	8.5	8.5	8.5	8.5	8.5
8	叶轮直径	mm	1070	1070	1070	1070	1070
9	轴功率	kW	840	965	1045	1140	1220

续表

序号	项目	单位	浆液循环泵 A	浆液循环泵 B	浆液循环泵 C	浆液循环泵 D	浆液循环泵 E
10	电动机功率	kW	1000	1250	1250	1400	1600
11	驱动方式		电动机+减速箱				
12	密封形式/密封水流量	m^3/h	机械密封/0.7				
13	叶轮材质		耐磨耐腐陶瓷				
14	叶轮使用寿命	h	55000				
15	泵壳材质		耐磨陶瓷				
16	泵壳使用寿命	h	55000				
17	机械密封材质		SiC				
18	机械密封使用寿命	h	8000				

表 4-14　浆液循环泵（合金泵）主要技术参数（参考）

序号	项目	单位	浆液循环泵 A	浆液循环泵 B	浆液循环泵 C	浆液循环泵 D
1	流量	m^3/h	10500			
2	扬程	m	21.3	23.3	25.3	27.3
3	效率	%	86.5	87	87.5	88
4	介质密度	kg/m^3	1130			
5	介质氯离子浓度	mg/L	60000			
6	转速	r/min	590	590	590	590
7	NPSHr	m	9.8	9.7	9.5	9.1
8	轴功率	kW	852	926	1000	1073
9	电动机功率	kW	1000	1120	1120	1250
10	驱动方式		电动机+减速箱			
11	密封形式/密封水流量	m^3/h	机械密封/0.5			
12	叶轮材质		双相不锈钢 1.4593 Noridur DAS（KSB 专利耐磨耐腐双相钢）			
13	叶轮使用寿命	h	30000			

续表

序号	项目	单位	浆液循环泵 A	浆液循环泵 B	浆液循环泵 C	浆液循环泵 D
14	泵壳材质		球墨铸铁加冷铸陶瓷（JS1025+POLYSiC）			
15	泵壳使用寿命	h	50000			
16	机械密封材质		SiC			
17	机械密封使用寿命	h	8000			

（六）氧化风机

1. 氧化风机的作用

氧化风机为吸收塔浆池提供足够的氧化空气。

2. 氧化风机工作原理和基本结构

脱硫装置氧化风机常用类型有罗茨式和离心式。

（1）罗茨式风机。罗茨式风机属于容积式风机，由两个相同转子形成的压缩机械，转子的轴线互相平行，转子中的叶轮与叶轮、叶轮与机壳、叶轮与壳体之间留有微小间隙，避免相互接触，构成进气腔与排气腔互相隔绝，借助两转子反向旋转，将壳体内气体由进气腔送至排气腔，达到鼓风作用。风机输送风量与转子转速成正比。

应用于脱硫装置的罗茨式氧化风机，可选用单级三叶罗茨风机或双级三叶罗茨风机。单级三叶罗茨风机基本结构，见图 4-47。

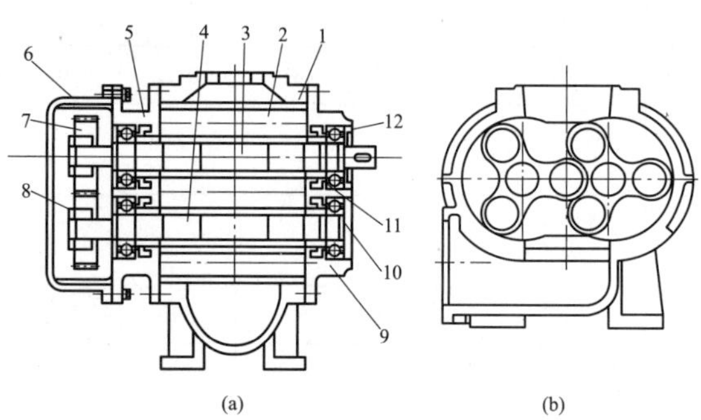

图 4-47 单级三叶罗茨风机基本结构

（a）主视图；（b）侧视图

1—壳体；2—三叶型叶片；3—主动轴；4—从动轴；5—齿轮端墙板；6—齿轮箱；7—齿轮；8—齿轮毂；9—轴深端墙板；10—闷盖；11—轴承；12—轴深油封盖

双级三叶罗茨风机为两台主机串联压缩，可获得更高的压力，两台主机之间设有中间冷却器，降低二级风机的进气温度。双级三叶罗茨风机基本结构，见图 4-48。

（2）离心式风机。离心式风机的结构和工作原理与离心式水泵类似，风机外壳具有沿半径方向由小渐大的蜗壳形特点，使壳体内的气流通道也由小渐大，空气的流速则由快变慢，压力由低变高，使风机出口处风压达到最高值。

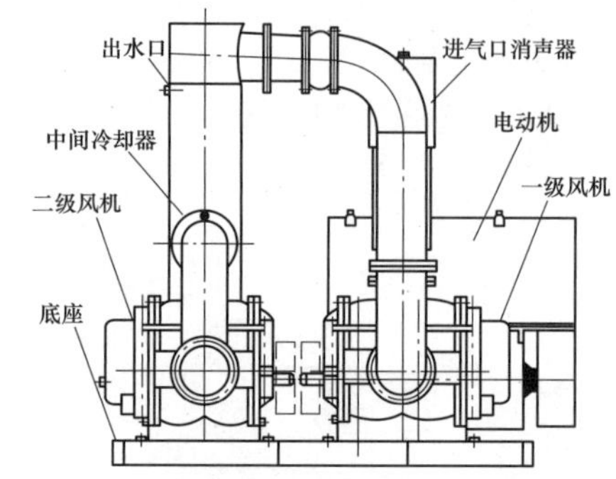

图 4-48 双级三叶罗茨风机基本结构

应用于脱硫装置的离心式氧化风机，选用多级离心风机。多级离心风机外形，见图 4-49。

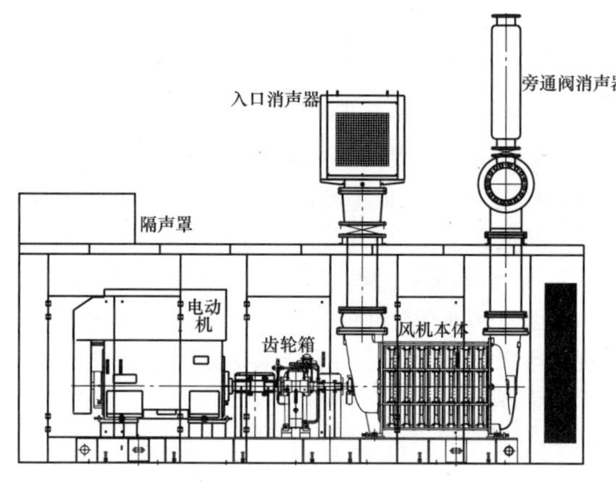

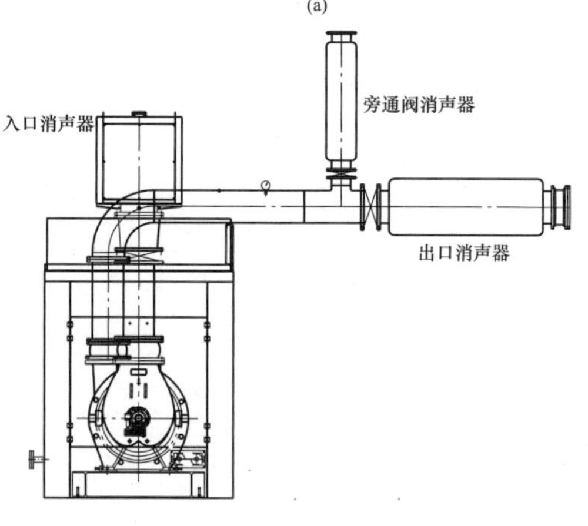

图 4-49 多级离心风机外形

（a）主视图；（b）侧视图

3. 氧化风机主要技术参数

典型 1000MW 机组的罗茨式氧化风机和离心式

氧化风机主要技术参数（参考）见表4-15和表4-16。

表4-15　罗茨式氧化风机主要技术参数（参考）

序号	项目	单位	数据
1	形式		三叶罗茨式风机
2	数量	台	2
3	风机出口标准湿态流量	m^3/h	6000
4	风机入口实际状态流量	m^3/h	6870
5	风机出口质量流量	kg/h	7701.8
6	进口温度	℃	39
7	出口温度	℃	110
8	入口大气压力	mbar	1013
9	静压升	mbar	875
10	风机容积效率（全效率）	%	82.5
11	风机转速	r/min	1480
12	风机轴功率	kW	201.5
13	电动机功率	kW	250
14	传动方式	—	直联
15	壳体材质	—	GG20 灰口铸铁
	壳体寿命	年	30
16	转子类型	—	三叶渐开线
	转子材质	—	GS400 球墨铸铁
	转子寿命	年	30
	转子直径	mm	405.4

表4-16　离心式氧化风机主要技术参数（参考）

序号	项目	单位	数据
1	形式		多级离心式风机
2	数量	台	2
3	风机出口标准湿态流量	m^3/h	14500
4	风机出口质量流量	kg/h	18741
5	进口温度	℃	40
6	出口温度	℃	140
7	入口大气压力	mbar	1013
8	静压升	mbar	900
9	风机容积效率（全效率）	%	72
10	风机转速	r/min	2986
11	风机轴功率	kW	465
12	电动机功率	kW	560
13	传动方式	—	直联
14	壳体材质	—	HT250
	壳体寿命	年	30
15	叶片材质	—	铸铝合金
	叶片寿命	年	20
	叶片直径	mm	900

（七）旋流器

1. 旋流器的作用

旋流器有两个作用：对固体颗粒物进行分级和浓缩浆液，应用于脱硫装置的旋流器有石灰石旋流器、石膏旋流器和废水旋流器。

石灰石旋流器用于控制湿磨制浆系统生产的成品石灰石浆液固体颗粒尺寸。

石膏旋流器用于浓缩吸收塔排出的石膏浆液。

废水旋流器用于从石膏溢流液中分选出含有微细飞灰颗粒、惰性物质和石灰石杂质的脱硫废水。

2. 旋流器的工作原理和结构

旋流器利用离心力加速沉淀分离原理进行工作，带压浆液从旋流子入口切向进入旋流腔，在旋流腔内产生高速旋转流场，受离心力的作用，重量大的颗粒还同时受到沿轴向向下动力的作用，沿径向向外运行，形成主漩涡流场，浓相浆液由底流口排出，形成底流液；重量小的颗粒向轴线方向运动，并在轴线中心形成向上运行的二次漩涡流场，于是，稀相浆液由溢流口排出，形成溢流液。

旋流器由一组旋流子、给料分配器、溢流和底流箱、旋流子碳钢支撑和管道、必要的阀门等组成；每个旋流子的入口连接到一个公用的给料分配器上，每个旋流子入口安装一个隔离阀，以便在不影响其他旋流器运行的情况下切断某个旋流器进行维修。旋流器外形，见图4-50。

影响旋流器性能的因素有旋流子直径和长度、锥体角度、溢流和底流口直径。对于定型的旋流器，只有在设定的流量、压力、给料浓度和颗粒分布等设计条件下，才能实现最佳的运行效果。旋流器通过调节旋流子的投运数量，使旋流器达到最佳运行性能。此外，旋流子可根据实际运行情况，调整更换不同直径的沉砂嘴以满足运行工况的少量偏差。

旋流器内输送的介质具有较强的腐蚀性，同时旋流器内介质做强烈旋转，微小的颗粒会对旋流器的冲刷产生严重的磨损。旋流器材质选用既要考虑腐蚀，又要考虑磨损。旋流子材质可选用聚氨酯或碳钢衬胶；旋流子沉砂嘴采用碳化硅材料；给料分配器、溢流和底流箱通常采用碳钢衬胶；聚氨酯使用寿命不应低于 20000h，橡胶衬里使用寿命不应低于 40000h。

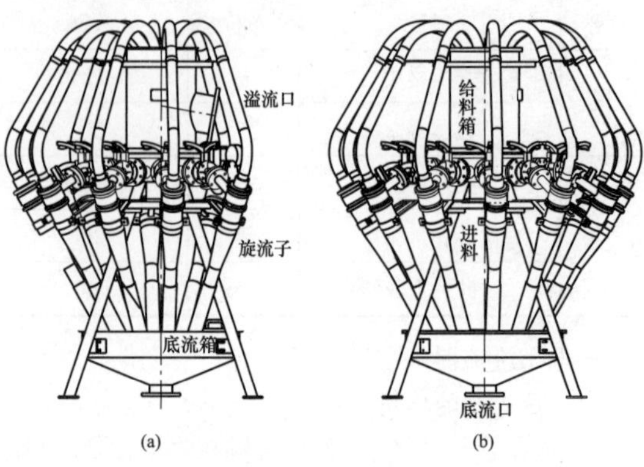

图 4-50 旋流器外形

（a）主视图；（b）侧视图

3. 旋流器主要技术参数

典型 1000MW 机组石膏旋流器和废水旋流器技术参数（参考），见表 4-17。

表 4-17 典型 1000MW 机组石膏旋流器和废水旋流器技术参数（参考）

序号	名称	单位	石膏旋流器	废水旋流器
1	数量	套	2	1
2	直径×高（净尺寸）	mm×mm	2400×2300	438×1500
3	旋流子尺寸：内径×高/材质	mm×mm	100×1600/聚氨酯	40×1000/聚氨酯
4	旋流子总数（每台）	个	8	5
5	旋流子备用数（每台）	个	1	1
6	运行方式		连续运行	连续运行
7	入口浆液体积流量	m^3/h	160（±10%）	16.8（±10%）
8	底流体积流量	m^3/h	22.47	1.6
9	溢流体积流量	m^3/h	137.53	15.2
10	入口浆液质量流量	kg/h	181120	18089
11	底流质量流量	kg/h	32173	1778
12	溢流质量流量	kg/h	148947	16311
13	入口浆液含固量（质量百分比）	%	13.52	4.9
14	底流含固量（质量百分比）	%	48.9	8.57
15	溢流含固量（质量百分比）	%	5.9	4.5
16	旋流站入口前压力	MPa	0.14	0.285
17	总质量	kg	1700	200

（八）真空皮带脱水机

1. 真空皮带脱水机的作用

真空皮带脱水机用于脱硫副产物处置的第二级处理，对石膏旋流器浓缩后的底流进行真空脱水处理，形成表面含水率不超过 10%的脱硫石膏。

2. 真空皮带脱水机工作原理

石膏旋流器底流浓浆流入真空皮带脱水机，在真空泵形成的真空条件下，浆液中的溶液从滤布中透过被抽走，固体留在滤布表面得以分离。

3. 真空皮带脱水机基本结构

真空皮带脱水机机架为焊接钢结构，整台机架分段组成，包括前机架、后机架和中间机架。加料槽采用尾形加料槽，槽内设有若干条导向筋条，使石膏浆液均布在滤布上；真空盘下部由导向滚轮支撑，真空盘上部有易于更换的滤板（滤板上均布滤孔）；集液管收集真空盘中滤液，并送至气液分离器，通常采用 FRP 管；滤布清洗槽内固定两根带有喷嘴的喷管，从正、反两面冲洗滤布，冲洗后的水经清洗槽出口流出；滤布连续运行，拉紧并保持适当宽度，避免滤布起皱。真空盘和集液管之间由数根真空胶管连接。

驱动装置由电动机、摆线针轮减速器组成，通过驱动装置带动滤布驱动辊来带动滤布的连续运转。

钢框架采用高品质低碳钢外衬防腐材料；滤带采用带鳞状裙边的橡胶带，使用寿命不低于 38000h；滤布采用聚酯材料，使用寿命不低于 8000h。

真空皮带脱水机结构示意，见图 4-51。

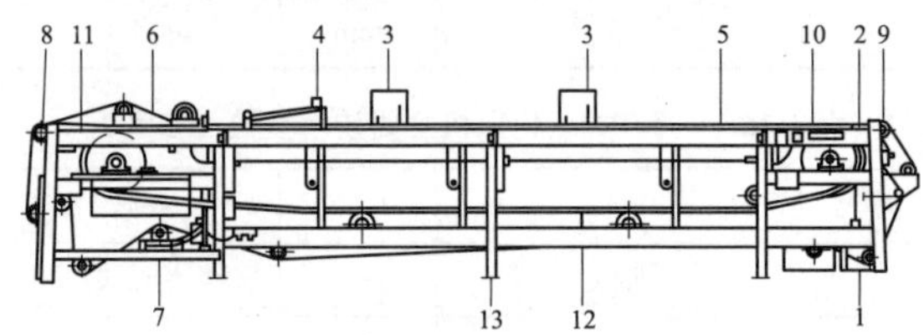

图 4-51 真空皮带脱水机结构示意

1—滤布洗涤；2—橡胶脱水带洗涤；3—滤饼洗涤箱；4—给料箱；5—橡胶脱水带；6—滤布；7—滤布纠偏机构；8—滤布张紧；9—卸料辊；10—驱动滚筒；11—从动滚筒；12—真空盘；13—框架

4. 真空皮带脱水机主要技术参数

真空皮带脱水机主要技术参数（参考），见表 4-18。

表 4-18 真空皮带脱水机主要技术参数（参考）

项目	数值			
设计出力（t/h）	25	28	37	42
有效过滤面积（m^2）	26.9	32	42	48

续表

项目	数值			
滤饼厚度（mm）	30	20	30	23.5
有效过滤宽度（mm）	2400	2200	3000	2500
正常/最大/最小滤带速度（m/min）	约 6/7/2	约 5/6/2	约 6/9/1	7.51/10/6.4
外形尺寸长×宽（mm×mm）	17000×4600	18870×5000	19300×6300	22670×5200
皮带驱动电动机功率（kW）	15	7.5	15	11
真空泵最大吸气能力（m^3/h）	8200	6100	9960	9000
真空度（kPa）	−30～−70	−80	−40～−60	−40～−60
真空泵密封水流量（m^3/h）	约 18.5	约 16.5	12.1～16.6	约 18.5
真空泵电动机功率（kW）	185	160	185	200

真空皮带脱水机脱水面积（参考），见表 4-19。

表 4-19　真空皮带脱水机脱水面积（参考）　（m^2）

真空槽长度（m）	皮带宽度（m）				
	1.2	1.6	2.0	2.4	3.2
3	3.12	—	—	—	—
6	6.24	8.64	—	—	—
9	9.36	12.96	16.56	—	—
12	12.48	17.28	22.08	26.88	—
15	—	21.6	27.6	33.6	45.15
18	—	—	33.12	40.32	54.18
21	—	—	—	47.04	63.21
24	—	—	—	53.76	72.24
27	—	—	—	—	81.27
30	—	—	—	—	90.3

注　真空皮带脱水机设计出力数值（t/h）等于脱水面积（m^2）乘以 0.85。

（九）真空圆盘脱水机

1. 真空圆盘脱水机的作用

真空圆盘脱水机的作用与真空皮带脱水机相同。

2. 真空圆盘脱水机的结构

真空圆盘脱水机由主机部分（机架和矿浆槽，主驱动轴，分配阀，卸料装置，脱水圆盘）、搅拌系统、清洗系统（自动清洗装置，反冲洗装置，化学清洗装置）、真空系统等组成。其中，脱水圆盘是圆盘真空脱水机的核心部件，属于多孔功能圆盘新型材料，其上布满纵横交错、互相贯通的毛细微孔，由于毛细作用，脱水圆盘接触石膏浆液时，液体无需外力作用，自动进入微孔通道中，固体被阻隔在圆盘表面。

真空圆盘脱水机结构示意，见图 4-52。

3. 真空圆盘脱水机的技术特点

（1）滤料过滤面为竖立面，可有效降低设备占地面积。

（2）真空泵抽气量小，能耗少。

（3）水耗低，只在盘片清洗时使用少量的水可达到清洗效果，且滤液含固量小于 50mg/L，有效避免电厂滤液管道因石膏沉淀堆积而堵塞的现象。

（4）设备结构紧凑，设备周围环境干净、卫生，避免了真空皮带脱水机周围溅水和石膏堆积的现象。

（5）无法连续运行，需定期停机清洗圆盘，恢复脱水功能；以某电厂为例，每运行 8h，需要进行 1h 的离线化学清洗；每次冲洗需要 150kg 的硝酸溶液（浓度 40%）；圆盘使用 3 个月后，需要重新更换。

4. 真空圆盘脱水机的技术参数

真空圆盘脱水机主要技术参数（参考），见表 4-20。

表 4-20　真空圆盘脱水机主要技术参数（参考）

过滤面积（m^2）	盘数/每盘滤板数（个）	滤板直径（mm）	主要尺寸（长×宽）（mm×mm）	电动机功率（kW）	槽体体积（m^3）
1	1/12	1520	1250×2480	约 10	0.21
4	4/12	1520	2900×1800	约 10	1
6	3/12	1520	2900×2450	约 15	1.2
12	6/12	1520	3850×2450	约 15	2.2
15	5/12	1920	4000×2900	约 15	2.7
21	7/12	1920	4600×2900	约 20	4
24	8/12	1920	4900×2900	约 20	4.5
30	10/12	1920	5400×2900	约 20	5.5
36	12/12	1920	6000×2900	约 25	7
45	15/12	1920	6900×2900	约 25	8.5
60	15/12	2060	7440×3260	约 37.5	12.5
80	16/12	2100	7600×3260	约 55	16.2
120	24/12	2100	10000×3260	约 55	20
150	30/12	2100	11800×3260	约 55	24

注　真空圆盘脱水机设计出力数值（t/h）等于脱水面积（m^2）乘以 0.70。

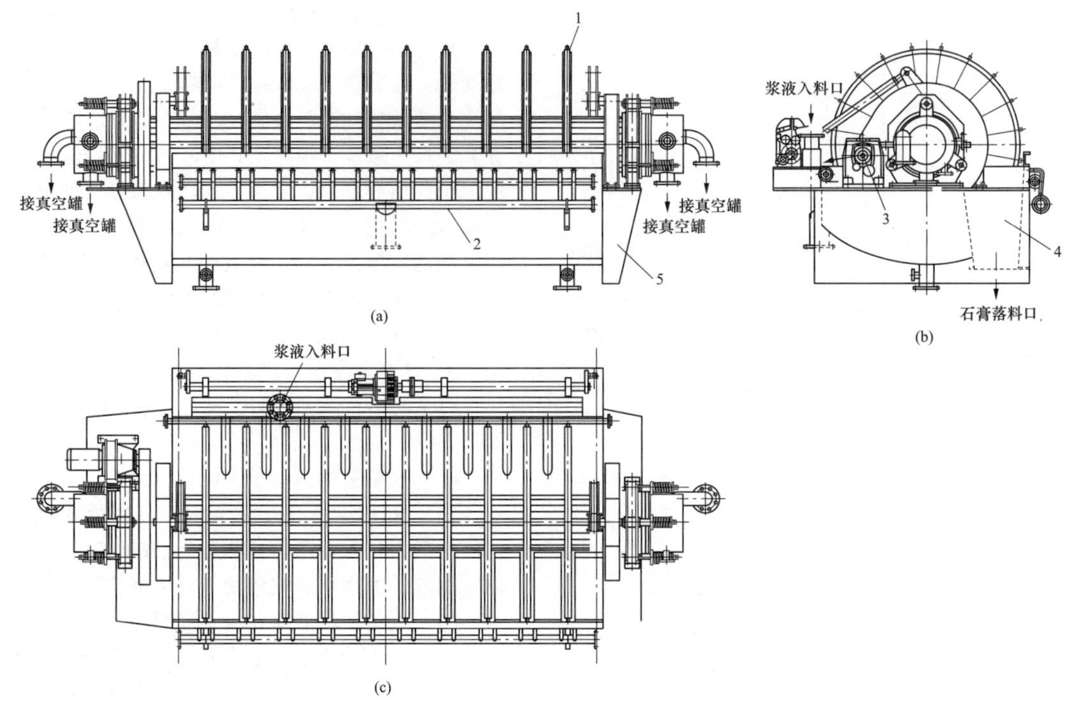

图 4-52　真空圆盘脱水机结构示意

（a）主视图；（b）侧视图；（c）俯视图

1—脱水圆盘；2—冲洗水管路；3—驱动电动机；4—卸料槽；5—框架

五、设备布置

（一）吸收剂制备及供应系统

1. 布置要求

（1）湿式球磨机应室内布置，宜布置在地面 0.0m 层；严寒地区石灰石浆液箱及浆液泵宜室内布置。

（2）湿式球磨机制浆车间宜布置在吸收塔附近，主要设备宜集中在同一建筑物内多层布置，也可结合工艺流程和场地条件因地制宜布置。

（3）石灰石粉配浆系统的石灰石粉仓宜布置在吸收塔附近，其石灰石浆液箱宜布置在石灰石粉仓下方地面 0.0m。

（4）石灰石块破碎设备宜布置在卸料间地下室内。

（5）石灰石卸料设施与湿式球磨机制浆车间宜分隔布置。

（6）石灰石浆液箱宜紧邻湿式球磨机布置。

（7）石灰石浆液旋流器宜高位布置，布置高度应满足溢流液自流至相应的石灰石浆液箱及底流液自流至湿式球磨机回流口。

（8）石灰石仓及湿式球磨机的落料管与水平面夹角不宜小于 60°。

（9）干磨制粉车间宜独立布置。

（10）干式磨煤机及成品粉收集设备应室内布置，干式磨煤机宜布置在地面，其油站可半地下或地面布置。

（11）石灰石粉收集系统布袋除尘器宜高位布置，并应结合成品粉输送方式综合考虑布置位置。

（12）石灰石粉仓紧邻石灰石干磨制粉车间布置。

2. 典型布置

2 台设计出力 20t/h 湿式球磨机制浆车间平、断面布置，见图 4-53 和图 4-54。

3 台设计出力 27t/h 干式立磨机制粉车间平、断面布置，见图 4-55 和图 4-56。

2 座石灰石粉仓和 2 座石灰石浆液箱组合配置的石灰石粉配浆系统平、断面布置，见图 4-57 和图 4-58。

（二）烟气及二氧化硫吸收系统

1. 布置要求

（1）烟气系统。

1）增压风机宜布置在锅炉引风机与吸收塔之间。

2）回转式烟气换热装置宜紧邻吸收塔和烟囱布置。

3）脱硫挡板门宜布置在水平烟道上，且叶片轴水平设置；挡板门的布置位置应合理，避免冷凝液淤积、积灰等现象发生。

4）吸收塔入口烟道的水平投影长度不应小于 5m。

10000
10000
11000
10000
10000
吊物孔
下
卸料斗B
▽0.00
吊物区
卸料斗A
下
上
上
湿式球磨机B
▽4.00
湿式球磨机A
▽4.00
上
▽0.00
▽11.40
石灰石浆液箱
ϕ9000

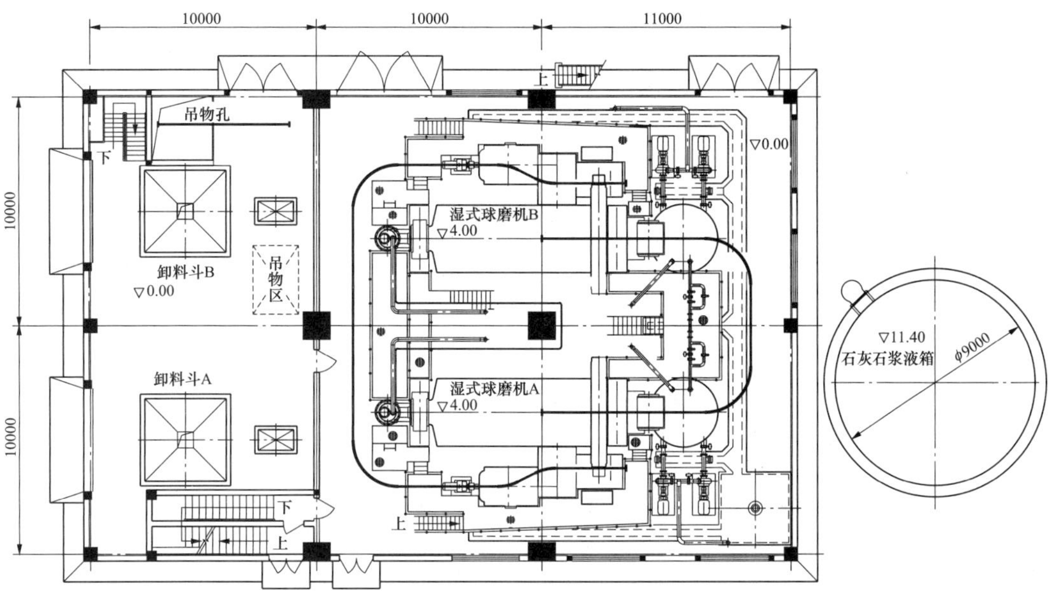

图 4-53　2×20t/h 湿式球磨机制浆车间平面布置

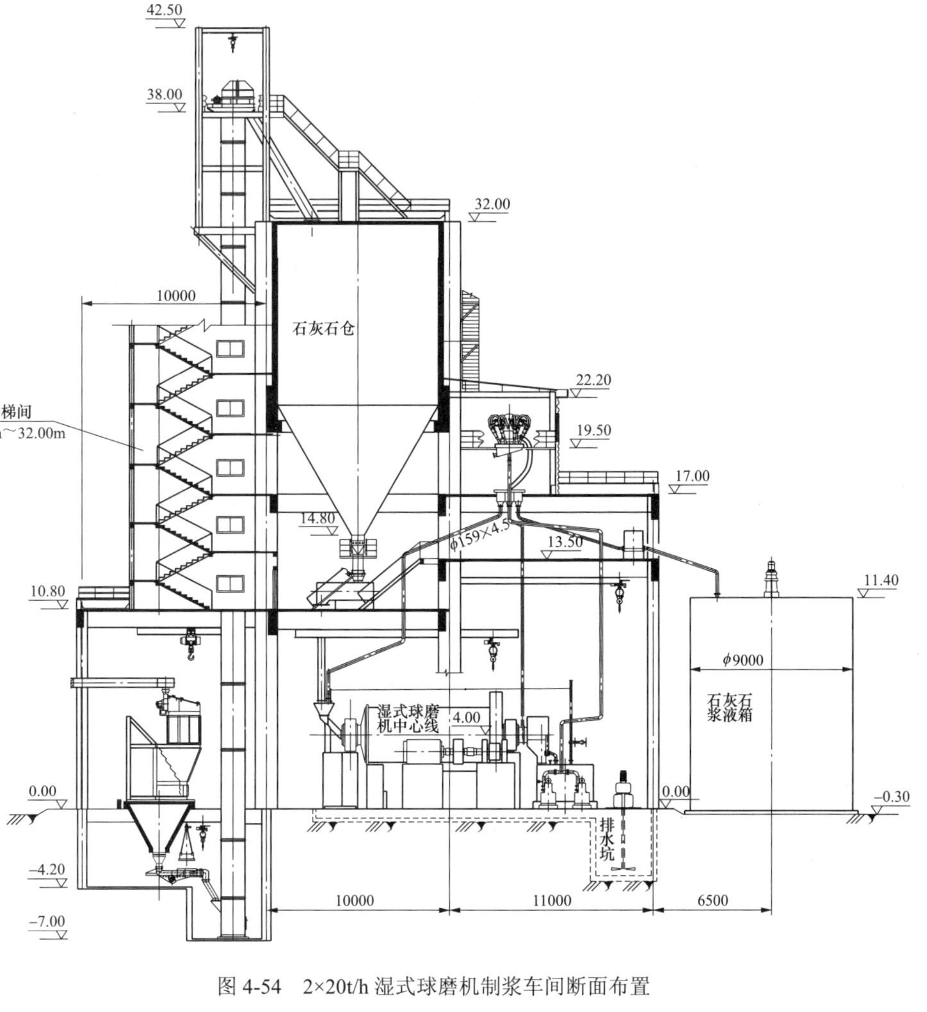

42.50
38.00
32.00
10000
石灰石仓
楼梯间
−7.00m～32.00m
22.20
19.50
17.00
14.80
ϕ159×4.5
13.50
11.40
10.80
ϕ9000
石灰石浆液箱
湿式球磨机中心线
4.00
0.00
0.00
−0.30
排水坑
−4.20
−7.00
10000
11000
6500

图 4-54　2×20t/h 湿式球磨机制浆车间断面布置

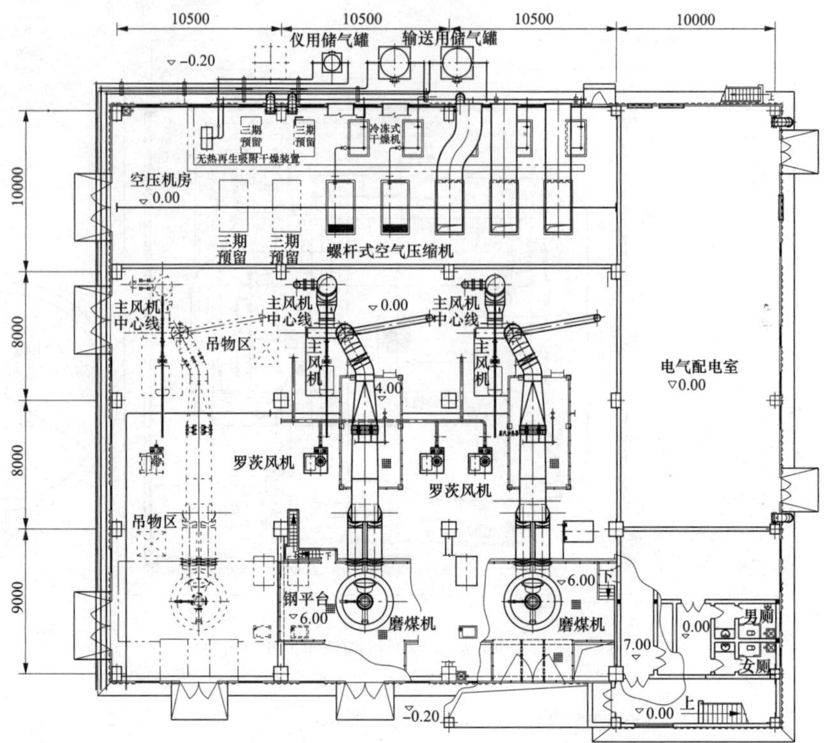

图 4-55　3×27t/h 干式立磨机制粉车间平面布置

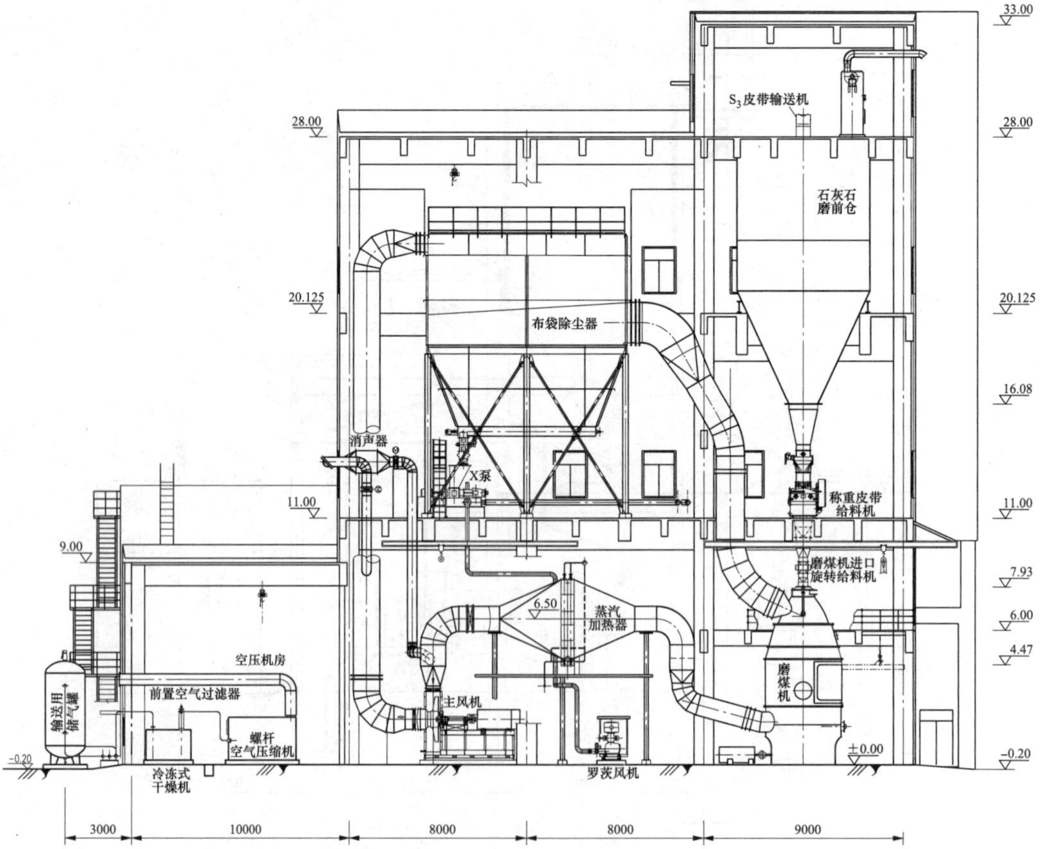

图 4-56　3×27t/h 干式立磨机制粉车间断面布置

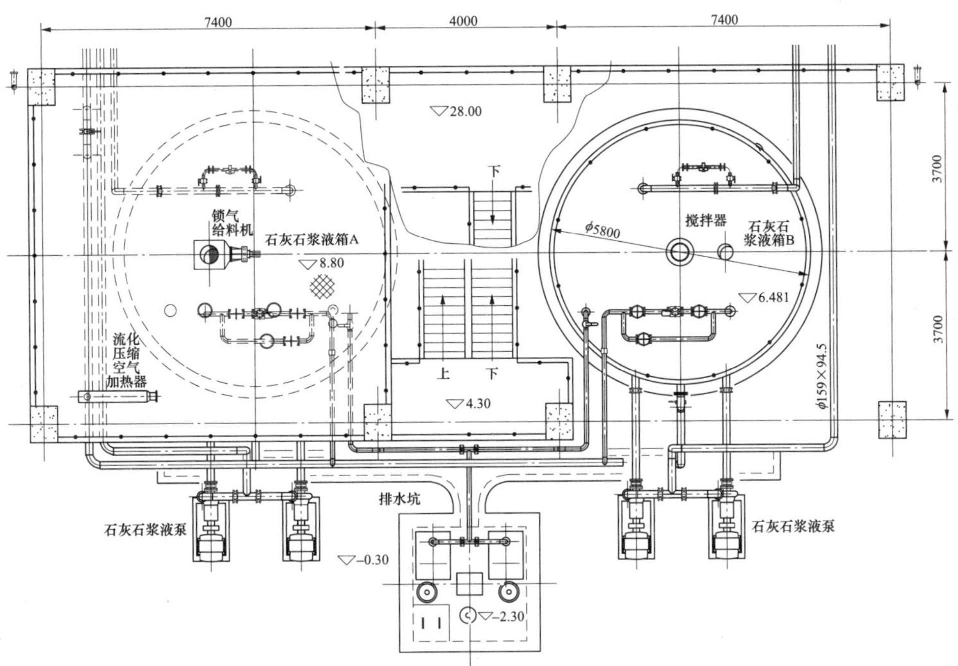

图 4-57　2 座石灰石粉仓和 2 座石灰石浆液箱组合配置的石灰石粉配浆系统平面布置

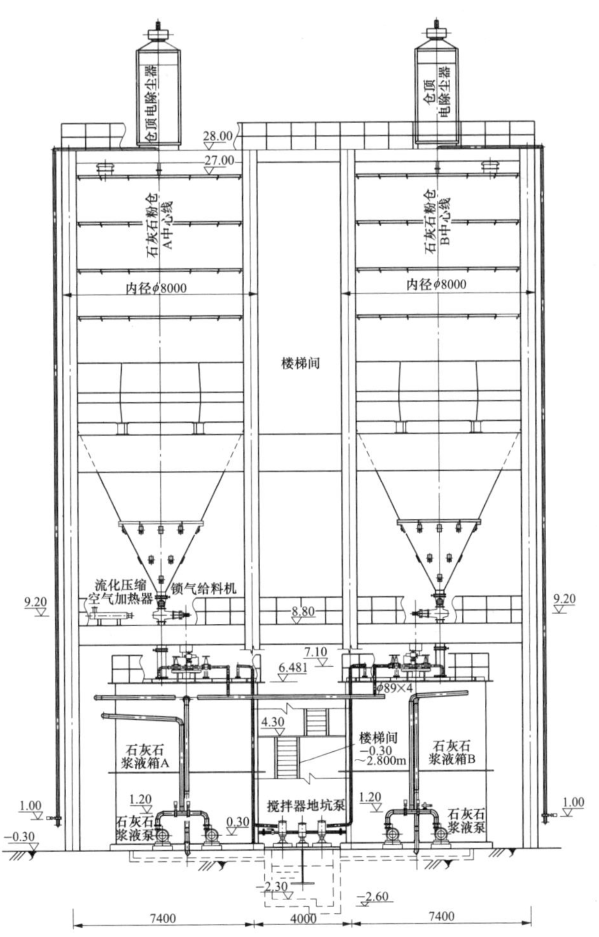

图 4-58　2 座石灰石粉仓和 2 座石灰石浆液箱组合配置的石灰石粉配浆系统断面布置

5）喷淋吸收塔烟道进入方式宜向下倾斜布置，接口处倾斜面与水平面夹角不应大于15°。

6）低于吸收塔浆池液位布置的吸收塔入口原烟道、设置回转式烟气换热器的原烟道、吸收塔出口净烟道等低位积水处应设计排水管道。

7）吸收塔出口至烟囱的净烟道上不设置净烟气升温换热装置等设备时，吸收塔出口烟道底面标高应比烟囱接口底面烟道标高低。

8）烟道与设备、零部件连接方式的设计应保证烟气通道的气密性。

9）挡板门密封风管道的布置应防止冷凝液倒灌入管路和风机，密封风管道应从烟道挡板顶部接入密封室。

（2）二氧化硫吸收系统。

1）吸收塔宜布置在锅炉引风机后区域且靠近烟囱布置。

2）浆液循环泵、石膏排出泵应紧邻吸收塔布置。

3）氧化风机宜紧邻吸收塔布置，且应室内布置。

4）吸收塔排水坑应靠近吸收塔及浆液循环泵布置。

5）在严寒地区，吸收塔及其排水坑应采取防冻措施或室内布置，浆液循环泵、氧化风机等设备应室内布置。

6）围绕吸收塔水平布置的氧化空气母管应高出吸收塔浆池最高运行液位1.5m以上。

7）浆液pH计设置在石膏排出管道上时宜垂直布置，布置方式和测量管径应满足pH计测量要求，并应设置自动冲洗水管道系统。

8）密度计设置在石膏排出管道上时，布置方式和测量管径应满足密度计测量要求，并宜设置自动冲洗水管道系统。

2. 典型布置

1000MW机组设置脱硫旁路烟道及增压风机的烟气及二氧化硫吸收系统平、断面布置见图4-59～图4-61。

1000MW机组不设置脱硫旁路烟道的烟气及二氧化硫吸收系统平、断面布置（引增合一）见图4-62和图4-63。

1000MW等级机组不设置脱硫旁路烟道的烟气及二氧化硫吸收系统（串联塔）平面布置见图4-64。

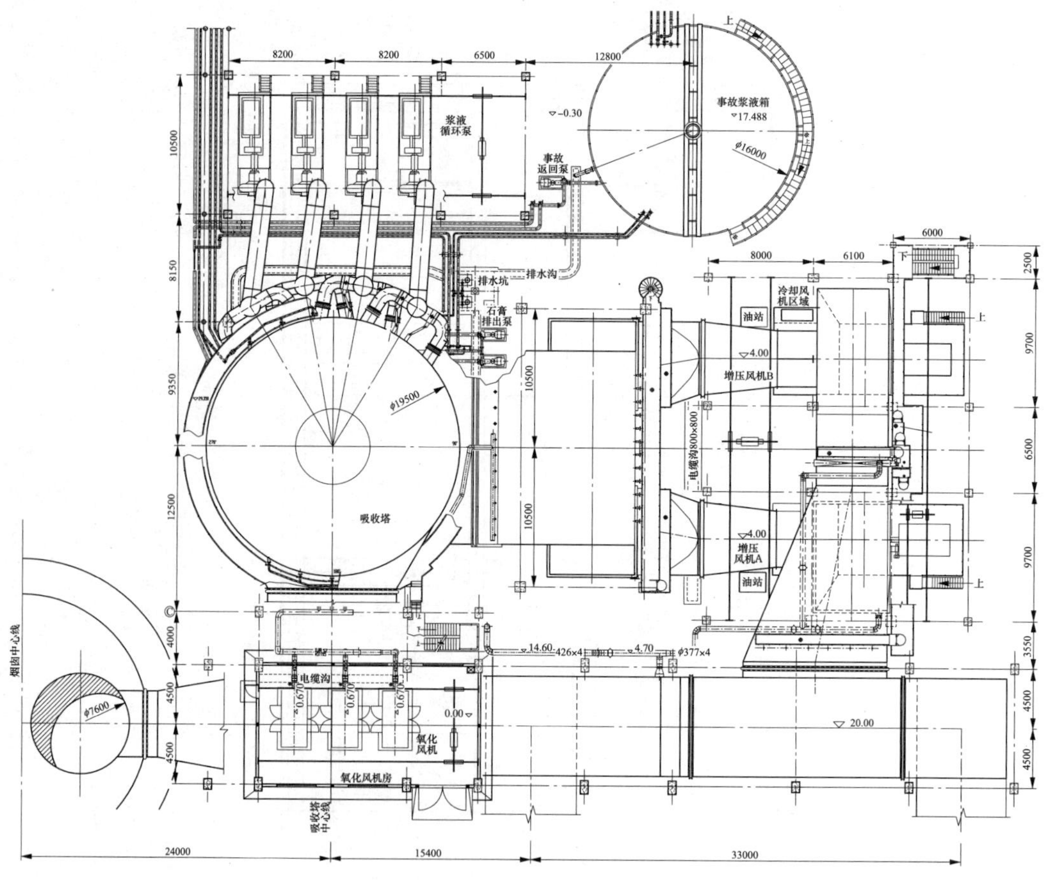

图4-59　1000MW机组设置脱硫旁路烟道及增压风机的烟气及二氧化硫吸收系统平面布置

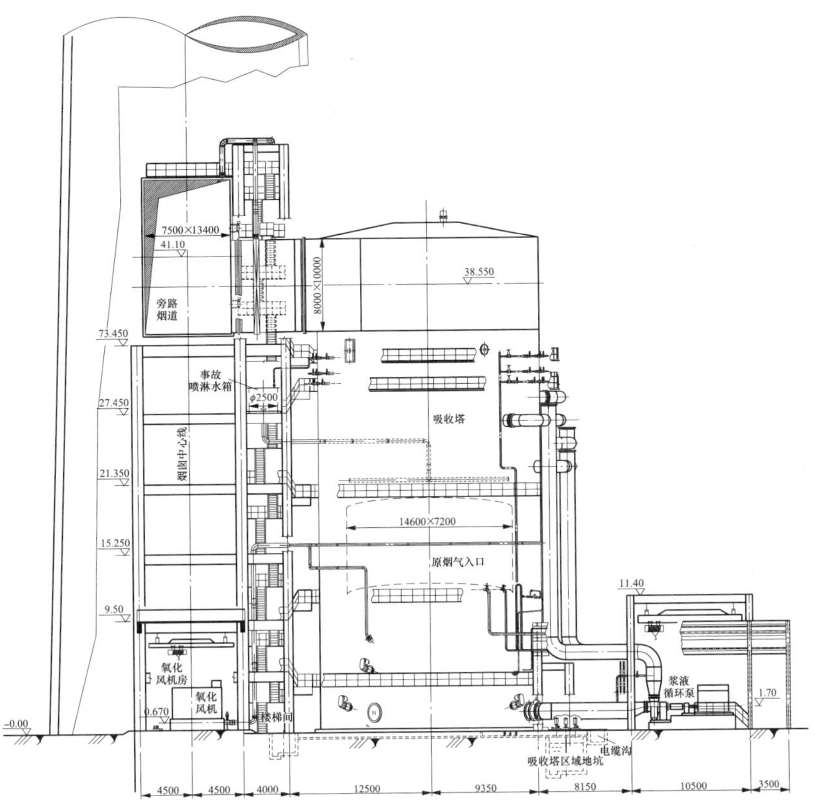

图 4-60　1000MW 机组设置脱硫旁路烟道及增压风机的烟气及二氧化硫吸收系统断面布置（一）

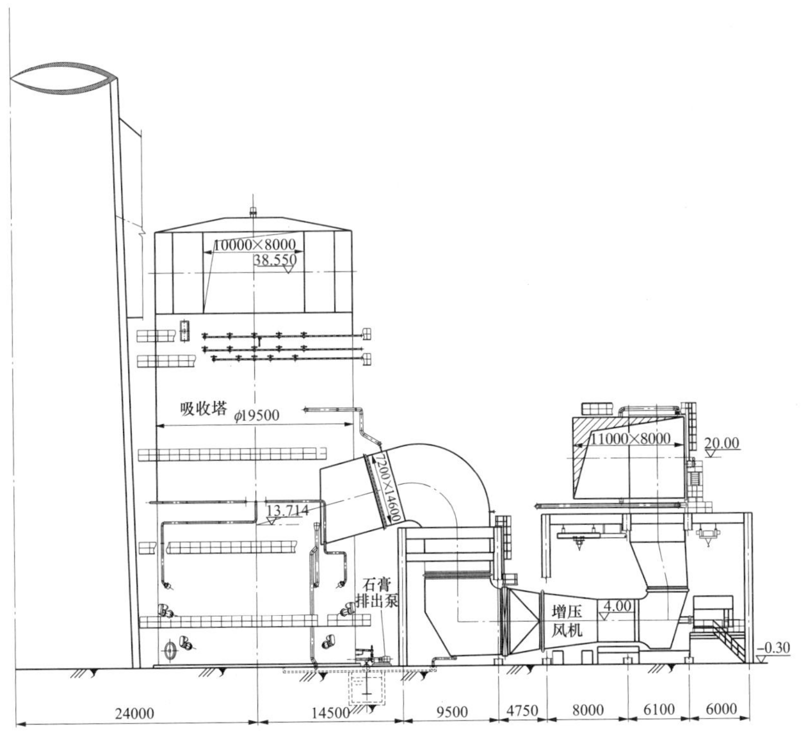

图 4-61　1000MW 机组设置脱硫旁路烟道及增压风机的烟气及二氧化硫吸收系统断面布置（二）

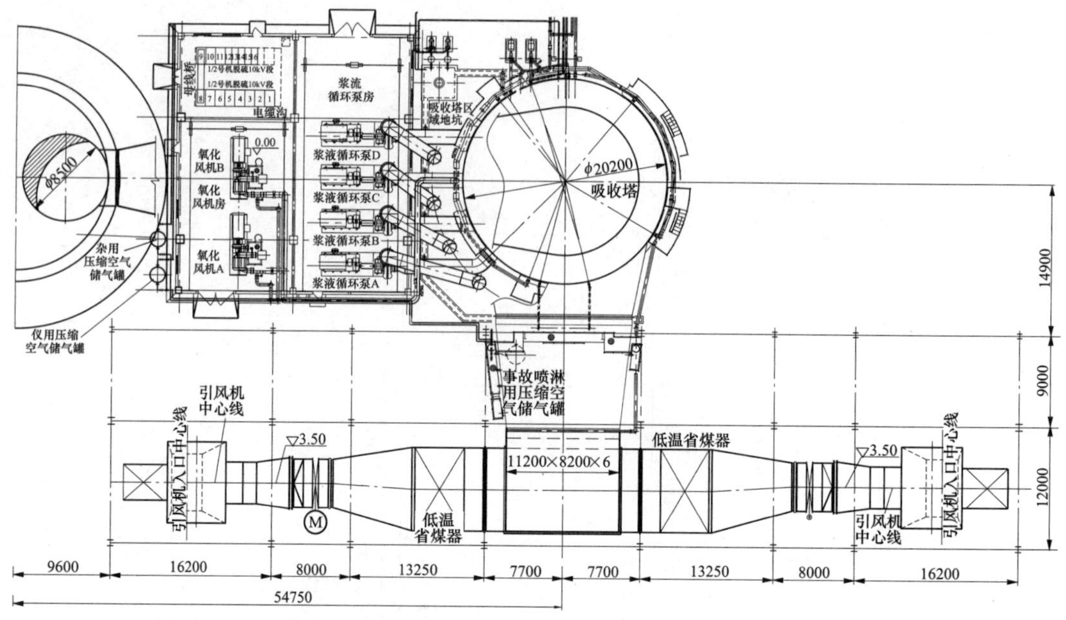

图 4-62　1000MW 机组不设置脱硫旁路烟道的烟气及二氧化硫吸收系统平面布置（引增合一）

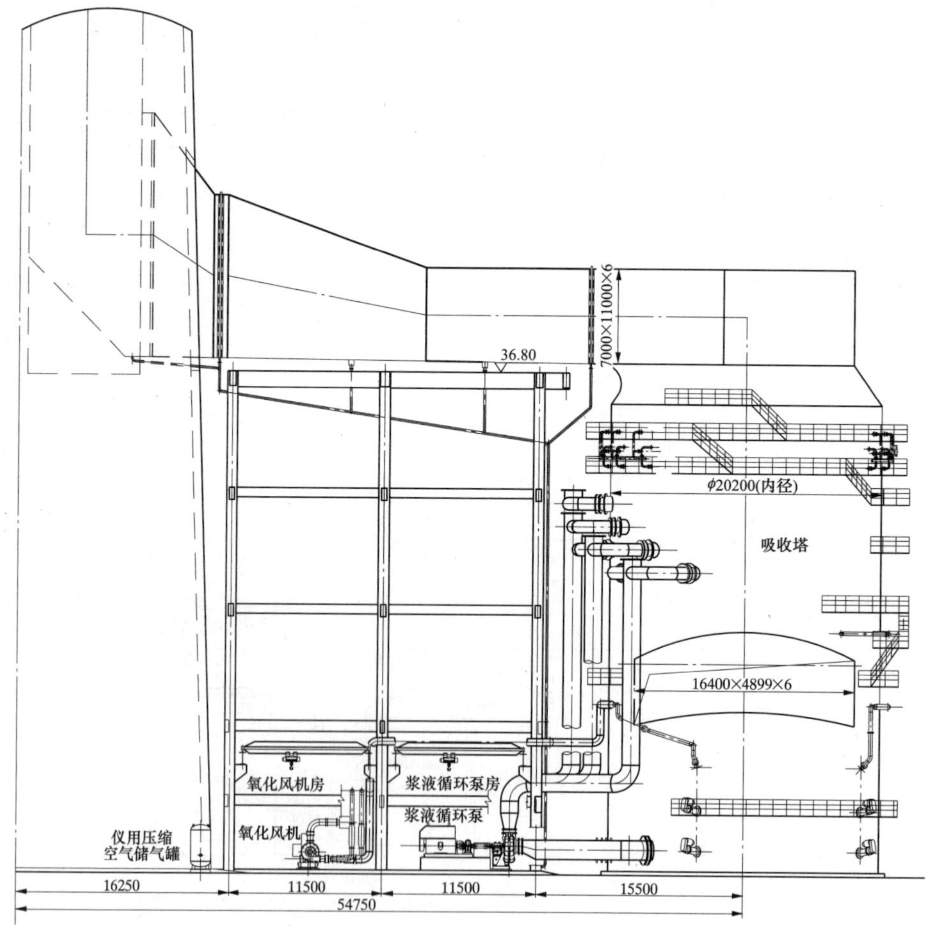

图 4-63　1000MW 机组不设置脱硫旁路烟道的烟气及二氧化硫吸收系统断面布置（引增合一）

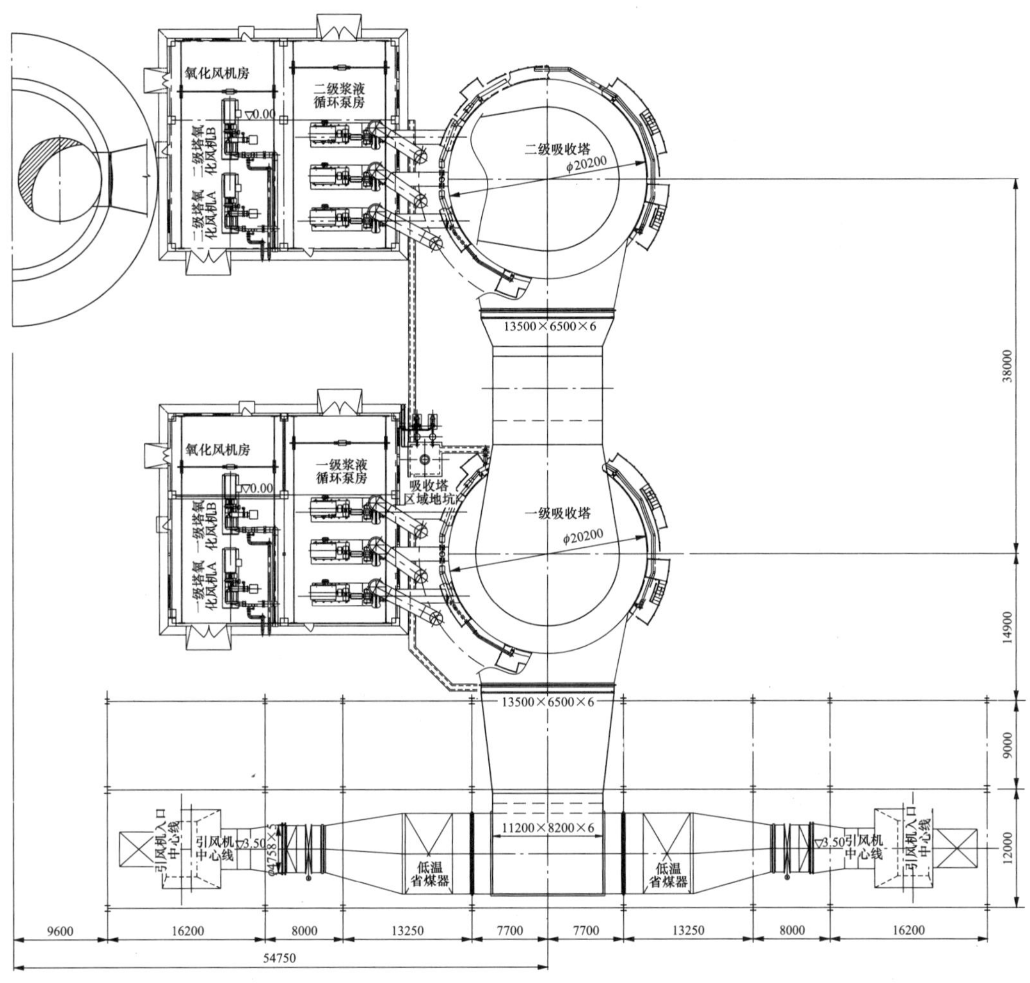

图 4-64　1000MW 等级机组不设置脱硫旁路烟道的烟气及二氧化硫吸收系统（串联塔）平面布置

（三）副产物处置及废水排放系统

1. 布置要求

（1）石膏脱水车间宜布置在吸收塔附近，主要设备宜集中在同一建筑物内多层布置，也可结合工艺流程和场地条件因地制宜布置。

（2）石膏脱水机宜高位布置，并应结合石膏储存设施综合考虑布置位置。

（3）采用石膏仓储存石膏时，石膏脱水系统设备宜与脱硫废水处理系统设备集中布置。

（4）在严寒地区，石膏脱水系统的浆液泵和水泵、浆液箱和水箱、石膏仓、排水坑等设备设施应室内布置，并采取防冻措施。

（5）气液分离器与滤液水箱之间的布置高差应满足真空泵运行要求。

2. 典型布置

（1）典型石膏脱水车间布置（石膏库）。2 台设计出力 25t/h 真空皮带脱水机和石膏库组合配置的典型石膏脱水车间平、断面布置见图 4-65～图 4-67。

（2）典型石膏脱水车间布置（石膏仓）。2 台设计出力 25t/h 真空皮带脱水机和石膏仓组合配置的典型石膏脱水车间平、断面布置见图 4-68 和图 4-69。

（四）脱硫工艺用水系统

布置要求如下：

（1）在严寒地区，工艺水箱、工艺水泵和除雾器冲洗水泵应室内布置，并采取防冻措施。

（2）事故喷淋水箱宜高位布置在吸收塔附近，可布置在吸收塔顶部，也可布置在紧邻吸收塔的烟道框架上。

（3）吸收塔事故降温喷嘴布置在吸收塔入口烟道内。

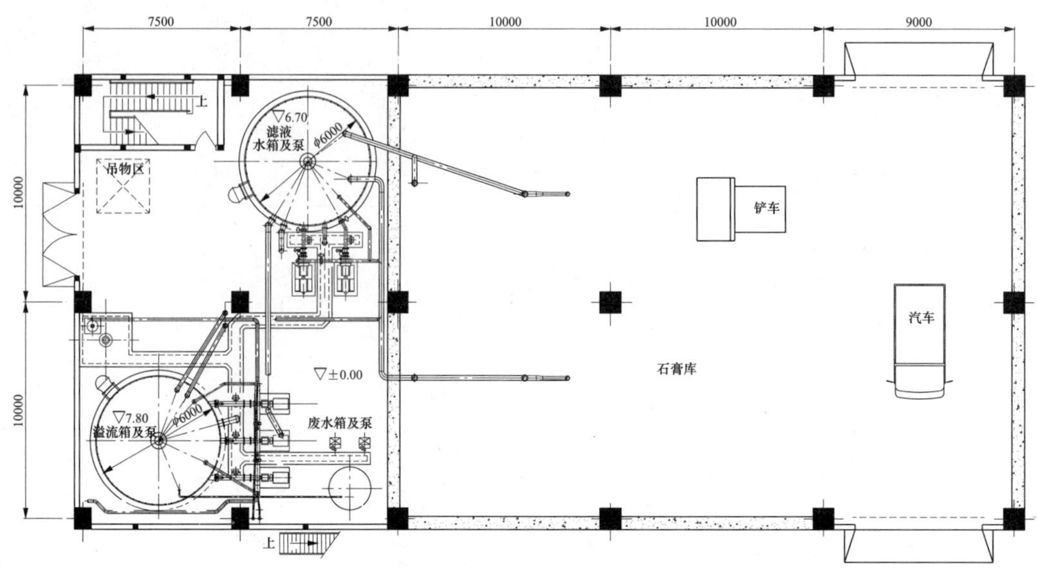

图 4-65 2×25t/h 真空皮带脱水机和石膏库组合配置的典型石膏脱水车间 0.00m 平面布置

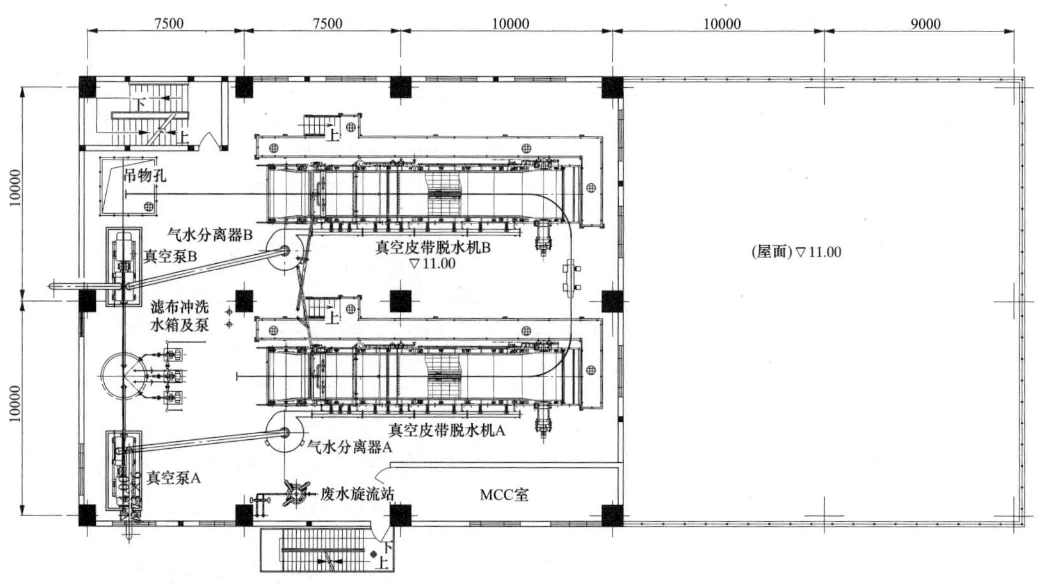

图 4-66 2×25t/h 真空皮带脱水机和石膏库组合配置的典型石膏脱水车间 11.0m 平面布置

（五）浆液排放与回收系统

布置要求如下：

（1）事故浆液箱的布置位置宜靠近吸收塔，同时满足吸收塔排放的需要。

（2）在严寒地区，排水坑及其泵、事故浆液箱及其泵应室内布置，并采取防冻措施。

（3）吸收塔排水沟、坑宜靠近吸收塔、浆液循环泵布置。

（4）吸收剂制备区域排水沟、坑宜靠近湿式磨煤机再循环浆液箱及石灰石浆液箱布置。

（5）石膏脱水区域排水沟、坑宜靠近石膏脱水系统的箱罐布置。

六、工程案例

（一）工程概况

某电厂规划容量 4×1050MW，一期建设 2×1050MW 超超临界燃煤发电机组，同步建设烟气脱硫、脱硝装置，根据环评批复意见要求，脱硫装置采用石灰石-石膏湿法烟气脱硫工艺，脱硫效率不低于 96%。脱硫装置性能保证由脱硫技术承包方负责，系统拟定、设备选型和整体布置由脱硫技术承包方完成。

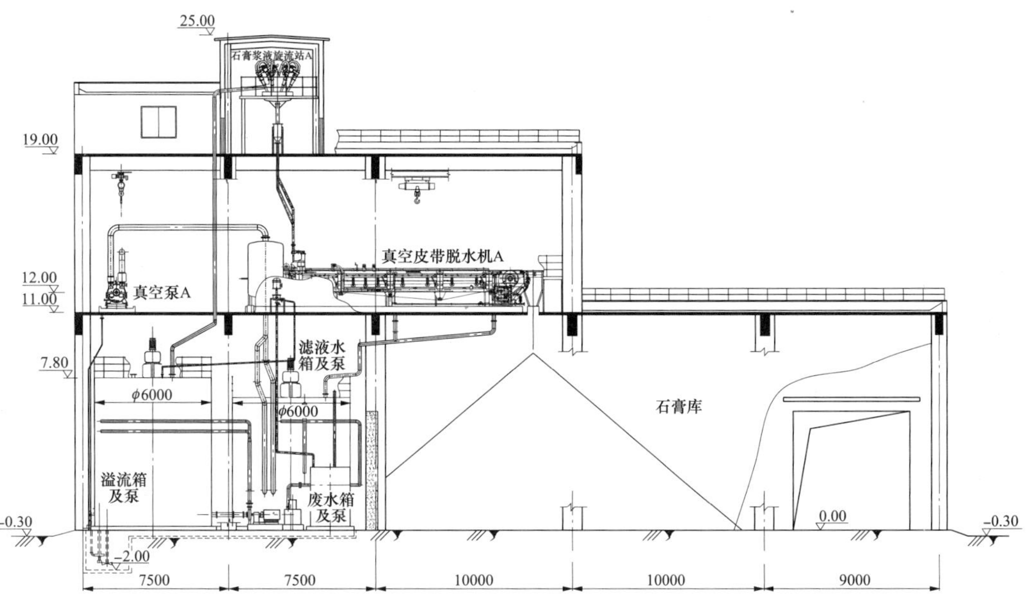

图 4-67　2×25t/h 真空皮带脱水机和石膏库组合配置的典型石膏脱水车间断面布置

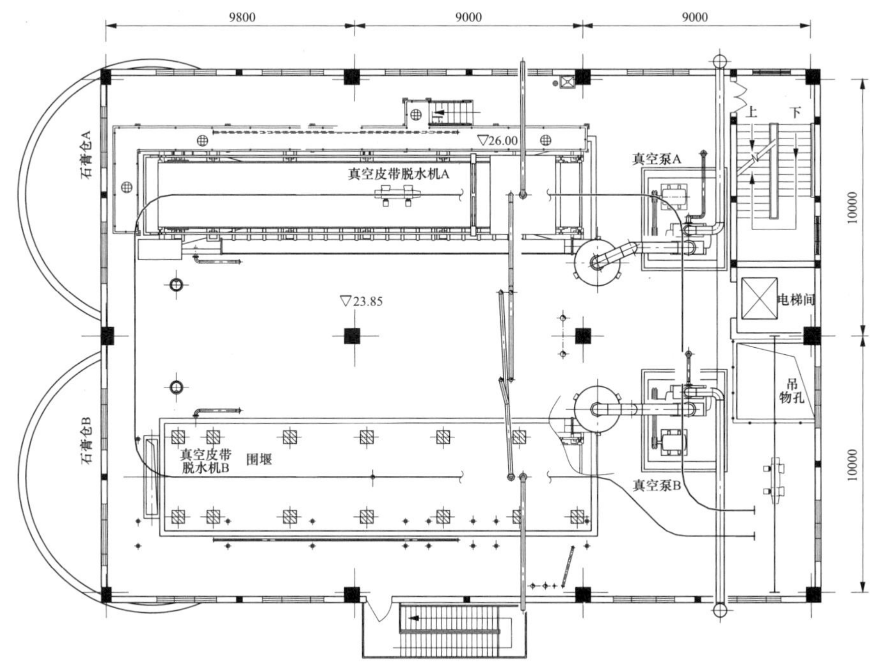

图 4-68　2×25t/h 真空皮带脱水机和石膏仓组合配置的典型石膏脱水车间 23.85m 平面布置

煤质分析资料，见表 4-21。

表 4-21　　煤 质 分 析 资 料

项目	符号	单位	设计煤种	校核煤种
全水分	M_t	%	20.3	10.5
空气干燥基水分	M_{ad}	%	13.90	7.19
收到基灰分	A_{ar}	%	8.28	16.97
干燥无灰基挥发分	V_{daf}	%	28.60	38.51

续表

项目	符号	单位	设计煤种	校核煤种
收到基碳	C_{ar}	%	58.12	58.99
收到基氢	H_{ar}	%	2.27	3.57
收到基氮	N_{ar}	%	0.54	0.80
收到基氧	O_{ar}	%	9.69	8.64
全硫	$S_{t,ar}$	%	0.80	0.53
收到基低位发热量	$Q_{net,ar}$	MJ/kg	20.63	22.21

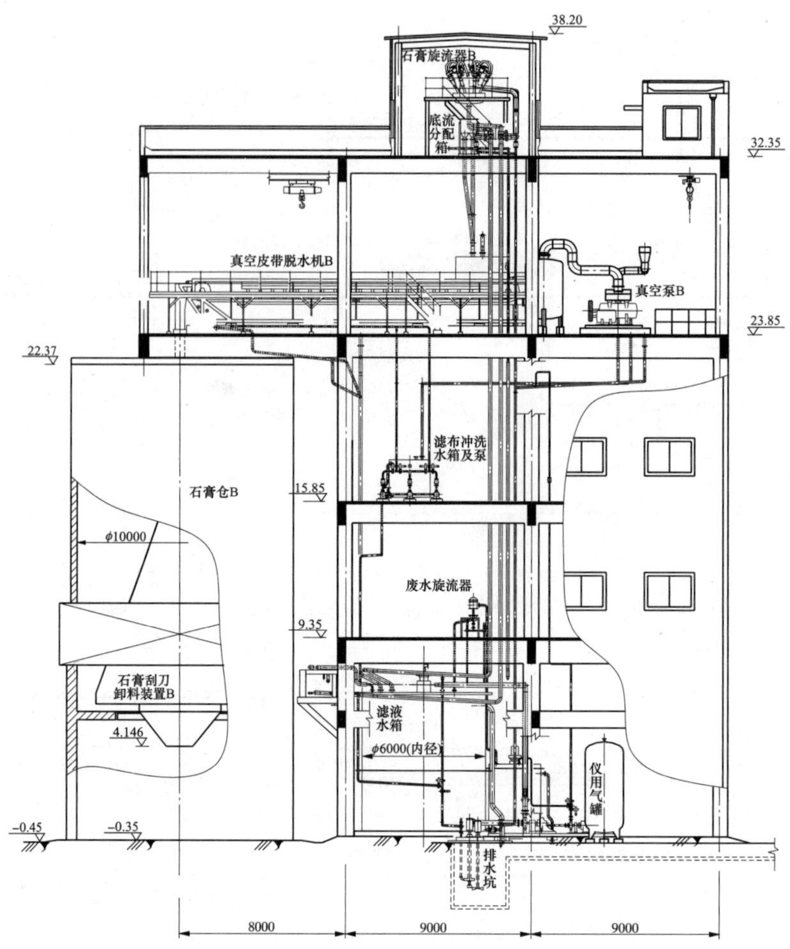

图 4-69 2×25t/h 真空皮带脱水机和石膏仓组合配置的典型石膏脱水车间断面布置

脱硫吸收剂采购粒径符合工艺要求的石灰石粉，由密封罐车运输至厂内并卸入石灰石粉仓。石灰石品质，见表 4-22。

表 4-22 石灰石品质

名称	单位（质量百分比）	数据
CaO	%	54.77
MgO	%	0.55
SiO_2	%	0.85
Fe_2O_3	%	0.13
Na_2O+K_2O	%	0.068
Al_2O_3	%	0.29
SO_3	%	0.052

脱硫副产物经处置后生成具有综合利用价值的脱硫石膏，储存在石膏仓内，待汽车外运综合利用或干灰场分区堆放。

脱硫装置入口烟气资料（BMCR 工况、设计煤种/校核煤种）见表 4-23。

表 4-23 脱硫装置入口烟气资料（BMCR 工况、设计煤种/校核煤种）

项目	单位	数据	备注
烟气量及烟温			
FGD 入口烟气量	m^3/s	897.16/891.8	标准状态，湿基，实际含氧量
	m^3/s	864.89/862	标准状态，干基，6%O_2
FGD 入口烟气温度	℃	85	
污染物浓度			
SO_2	mg/m^3	1894/1170	标准状态，干基，6%O_2
烟尘	mg/m^3	≤20	

（二）系统选择及设备选型配置

每台炉设 1 套脱硫装置，包含 1 套烟气系统和二氧化硫吸收系统。2 套脱硫装置设置 1 套公用的吸收剂制备及供应系统、副产物处置系统、浆液排放及回收系统、脱硫工艺用水系统。

1. 烟气系统

不单独设置脱硫增压风机，脱硫增压风机与锅炉引风机合并设置。

不设置脱硫旁路烟道，不设置 GGH。

吸收塔入口烟道设置事故高温烟气降温系统，由配置保安电源的除雾器冲洗水泵提供降温水。

2. 二氧化硫吸收系统

每台炉设置 1 座吸收塔，塔型为逆流喷淋塔，采用配置旋汇耦合器和管束式除尘除雾器的吸收塔技术。

每座吸收塔配置 2 台氧化风机（1 运 1 备），吸收塔浆池配置 4 根矛式喷枪，与浆池上层搅拌器共同完成氧化空气的分配。

每座吸收塔配置 2 台石膏排出泵（1 运 1 备），采用变流量排浆方式；石膏排出泵出口不设置浆液测量管路，石膏浆液密度计和 pH 计设置在吸收塔浆池壁。

石膏排出泵采用离心式变频泵，满足不同负荷下吸收塔排浆量要求。

二氧化硫吸收系统主要设备技术参数，见表 4-24。

表 4-24　二氧化硫吸收系统主要设备技术参数

编号	名称	规格及技术要求	单位	数量
1	吸收塔	喷淋塔，内径 20.2m，高 44.5m，碳钢+鳞片树脂，内设一层旋汇耦合器。 出口 SO_2 浓度为 75mg/m^3（标准状态），烟尘浓度为 5mg/m^3（标准状态）	座	1
	管束式除尘除雾器	两级、材料：PP，出口液滴浓度为 25mg/m^3（标准状态）	套	1
	浆液喷嘴	空心锥型，材料：SiC	套	1
	喷淋层	材料：FRP	层	4
	吸收塔事故喷淋喷嘴	螺旋锥型，材料：316L	套	1
2	吸收塔搅拌器	侧进式，共两层，上层 4 个，下层 4 个	台	8
3	吸收塔浆液循环泵 A	离心式，流量：10500m^3/h，扬程：24.5m，电动机功率：1120kW	台	1
4	吸收塔浆液循环泵 B	离心式，流量：10500m^3/h，扬程：25.8m，电动机功率：1250kW	台	1
5	吸收塔浆液循环泵 C	离心式，流量：10500m^3/h，扬程：28.1m，电动机功率：1400kW	台	1

续表

编号	名称	规格及技术要求	单位	数量
6	吸收塔浆液循环泵 D	离心式，流量：10500m^3/h，扬程：28.4m，电动机功率：1400kW	台	1
7	氧化风机	离心式，风量：18100m^3/h（标准状态），压升：88kPa，电动机功率：710kW	台	2
8	石膏浆液排出泵	离心式，流量：230m^3/h，扬程：75m，配变频控制柜	台	2

3. 吸收剂制备及供应系统

烟气脱硫装置吸收剂耗量（2 台炉），见表 4-25。

表 4-25　烟气脱硫装置吸收剂耗量（2 台炉）

煤种	小时耗量（t/h）
设计煤种	20.0

电厂附近有可靠的石灰石粉供应源，品质满足脱硫工艺要求（325 目，90%通过），价格适中，因此本工程脱硫吸收剂采用外购石灰石粉、厂内配浆的制备方式。

两台炉共设置 2 座石灰石粉仓，每座仓有效容积按单台锅炉燃用设计煤种在 BMCR 工况下 3 天的石灰石耗量考虑；每座石灰石粉仓设置 1 根出料管，并配置 1 个可调节给料量的锁气给料机；石灰石粉仓锥斗部分设置气化板，气源来自主体工程压缩空气系统，压缩空气在进入气化板之前，被电加热器加热至 65℃。

两台炉共设置 2 个石灰石浆液箱，与石灰石粉仓一一对应，每个箱有效容积按单台锅炉燃用设计煤种在 BMCR 工况下 6h 的石灰石浆液需求量考虑。

每个石灰石浆液箱设置 2 台石灰石浆液泵（1 运 1 备），为对应的吸收塔供应石灰石浆液；采用回流管道配调节阀控制至吸收塔的石灰石浆液供给量，流量计设置在供浆管道调节阀支管上；石灰石浆液密度计宜设置在供浆回流管道上。

吸收剂制备及供应系统主要设备技术参数，见表 4-26。

表 4-26　吸收剂制备及供应系统主要设备技术参数

编号	名称	规格及技术要求	单位	数量（2 台炉）
1	流化压缩空气加热器	电加热型	台	2
2	石灰石浆液箱	内径 6m，高 7m，碳钢+鳞片树脂	座	2
3	石灰石浆液泵	离心式，流量：130m^3/h 扬程：35m	台	4
4	锁气给料机	出力：0～35t/h，配变频控制柜	台	2

4．副产物处置及废水排放系统

烟气脱硫装置副产物产量（2 台炉），见表 4-27。

表 4-27　烟气脱硫装置副产物产量（2 台炉）

煤种	小时产量（t/h）
设计煤种	36.5

吸收塔排出的石膏浆液经旋流器浓缩和真空脱水两级处置方式制备脱硫石膏，脱硫石膏可经汽车外运综合利用或干灰场分区堆放。

每台炉设置 1 座石膏旋流器；两台炉共设置 2 台真空皮带脱水机，总的出力按不小于单台锅炉燃用设计煤种在 BMCR 工况下石膏产量的 200%考虑。

每套真空皮带脱水系统单独设置 1 个滤液水箱，与石膏溢流箱合并设置，有效容积可容纳 1h 收集的总水量。脱硫废水从废水旋流器溢流液排出。

设置 2 座石膏仓，混凝土结构，总的有效容积按 2 台锅炉燃用设计煤种在 BMCR 工况下 2 天的石膏总产量考虑。石膏仓设置旋转刮刀式自动卸料装置。

石膏旋流器数量与吸收塔对应；两台炉设置 1 座公用的废水旋流器。

副产物处置系统主要设备技术参数，见表 4-28。

表 4-28　副产物处置系统主要设备技术参数

编号	名称	规格及技术要求	单位	数量（2 台炉）
1	石膏浆液旋流器	进料：230 m^3/h	台	2
2	真空皮带脱水机	出力：42t/h；脱水面积：48m^2	台	2
3	真空泵	水环式，流量：9000m^3/h，真空度：−60～−30kPa，电动机功率：200kW	台	2
4	石膏浆液溢流箱	内径 6m，高 7m，碳钢+鳞片树脂，配搅拌器	座	2
5	石膏浆液溢流泵	离心式，流量：210m^3/h，扬程：30m	台	4
6	废水旋流器	进料：26 m^3/h	台	1
7	石膏仓卸料装置	刮刀式，ϕ10m，卸料出力：150t/h	台	2

5．脱硫工艺用水系统

两台炉共设置 1 个工艺水箱，有效容积按 2 台锅炉燃用设计煤种在 BMCR 工况下脱硫系统工艺水总耗量的约 1h 考虑（低温省煤器切除运行）。工艺水泵和除雾器冲洗水泵分开设置，两台炉设置 2 台工艺水泵（1 运 1 备）和 3 台除雾器冲洗水泵（2 运 1 备），水泵出口均设置回流管道，适应用水负荷变化。

除雾器冲洗水泵配置保安电源，为吸收塔事故降温系统提供可靠的减温水。

脱硫工艺水取自主体工程循环水排水。

脱硫装置设备密封水，由工艺水泵提供，分别用于浆液循环泵、浆液小泵等轴承的密封。

脱硫设备冷却水来自主体工程工业水系统，冷却水回水再回至全厂工业水系统。

脱硫工艺用水系统主要设备技术参数，见表 4-29。

表 4-29　脱硫工艺用水系统主要设备技术参数

编号	名称	规格及技术要求	单位	数量（2 台炉）
1	工艺水箱	内径 6.5m，高 8.2m	座	1
2	除雾器冲洗水泵	离心式，流量：250m^3/h，扬程：75m	台	2
3	工艺水泵	离心式，流量：250m^3/h，扬程：55m	台	3

6．浆液排放及回收系统

两台炉共设置 1 个事故浆液箱；每座吸收塔设 1 个排水坑，石灰石浆液配制区域和石膏脱水及废水处理车间各设 1 个排水坑。每个排水坑设 2 台排水坑泵（1 运 1 备）。

事故浆液箱容量按 1 座吸收塔浆池最高运行液位时的 1.5 倍容积考虑，采用碳钢内衬防腐材料，配置 4 台侧进式搅拌器；设置 1 个离心式的事故浆液返回泵，流量满足 10h 内将事故浆液箱内全部浆液送回吸收塔。

浆液排放及回收系统主要设备技术参数，见表 4-30。

表 4-30　浆液排放及回收系统主要设备技术参数

编号	名称	规格及技术要求	单位	数量（2 台炉）
1	事故浆液箱	内径 18.5m，高 20.50m，碳钢+鳞片树脂	座	1
2	事故浆液箱搅拌器	侧进式	台	4
3	事故浆液返回泵	离心式，流量：200m^3/h，扬程：30m	台	1
4	吸收塔区域排水坑泵	离心式，流量：50m^3/h，扬程：35m	台	4
5	脱水区域排水坑泵	离心式，流量：30m^3/h，扬程：20m	台	2
6	制浆区域排水坑泵	离心式，流量：30m^3/h，扬程：20m	台	2

（三）脱硫装置布置

脱硫装置及其公用设施布置在烟囱及其附近的脱硫场地上。

两台炉的脱硫烟道、吸收塔、浆液循环泵房及氧化风机房等以烟囱中心线对称布置。石膏排出泵靠近吸收塔布置。石灰石粉仓、石灰石浆液箱、工艺水箱、事故浆液箱等布置在1号吸收塔西北侧。石膏脱水车间布置在1号吸收塔西侧。

脱硫装置采用室内与露天布置结合的方式。浆液循环泵、氧化风机、石膏脱水系统设备布置在室内，其余设备和箱罐为室外布置。

（四）案例计算

1. 脱硫前烟气中的二氧化硫含量计算

（1）计算原始资料。

1）K：煤粉炉取0.9。

2）锅炉BMCR工况时的实际耗煤量：B_g=411t/h。

3）锅炉机械未完全燃烧的热损失：q_4=0.4%。

4）燃煤含硫量：0.80%。

5）η'_{SO_2}：煤粉炉取0。

（2）脱硫前烟气中的二氧化硫含量。脱硫前烟气中的二氧化硫含量按式（4-1）计算：

$$M_{SO_2}=2\times0.9\times411\times(1-0.4/100)\times(0.8/100)\times(1-0/100)=5.89(t/h)$$

2. 石灰石耗量计算

（1）计算原始资料。

1）M_{SO_2}：5.89t/h。

2）脱硫效率：η_{SO_2}=96%。

3）钙硫比：Ca/S=1.02。

4）燃煤含硫量：0.80%。

5）脱硫效率：96%。

6）石灰石中$CaCO_3$纯度：K_{CaCO_3}=90%。

（2）石灰石耗量。石灰石耗量按式（4-2）计算：

$$G_{CaCO_3}=5.89\times96\times1.02\times(100/64)\times(1/90)=10.0\ (t/h)$$

3. 石膏产量计算

（1）计算原始资料。

1）M_{SO_2}：5.89t/h。

2）脱硫效率：η_{SO_2}=96%。

3）钙硫比：Ca/S=1.02。

4）燃煤含硫量：0.80%。

5）脱硫效率：96%。

6）石灰石中$CaCO_3$纯度：K_{CaCO_3}=90%。

7）脱硫前烟气中的粉尘含量：M_{dust}=0.062t/h。

8）吸收塔的除尘效率：η_{dust}=75%。

（2）石膏产量。石膏产量按式（4-3）计算：

$$G_{gypsum}=[5.89\times96\times(172/64)+5.89\times96\times(100/64)\times(1.02-1)+5.89\times96\times(100/64)\times1.02\times(100/90-1)+0.062\times75]/90=18.25\ (t/h)$$

（五）运行情况

电厂脱硫装置正式投运后，能够正常稳定运行，运行情况良好，各项技术指标均能达到或优于设计值。脱硫装置性能试验结论，见表4-31。

七、典型工程脱硫装置主要配置及厂用电率

燃用高、中、低硫煤的国内典型工程（电厂）石灰石-石膏湿法脱硫装置的主要配置及厂用电率汇总，见表4-32。

表4-31　脱硫装置性能试验结论

运行方式	单位	2台浆液循环泵	
测试日期		2015年11月25日	2015年11月26日
测试时间		11:00～19:30	10:00～18:00
主机负荷	MW	1034	1048
原烟气量（标准状态、干基、实际含氧量）（实测）	km^3/h	2726.3	2763.2
原烟气量（标准状态、干基、6%O_2）（折算）	km^3/h	2980.8	3021.2
表盘原烟气SO_2浓度（平均值、标准状态、干基）	mg/m^3	952	1040
表盘原烟气O_2浓度（平均值、干基）	%	4.19	4.35
表盘净烟气SO_2浓度（平均值、标准状态、干基）	mg/m^3	19.9	23.3
表盘净烟气O_2浓度（平均值、干基）	%	4.54	4.69
表盘原烟气SO_2浓度修正系数	—	1.197	1.197
表盘原烟气O_2浓度修正系数	—	1.034	1.034

续表

运行方式	单位	2 台浆液循环泵	
测试日期		2015 年 11 月 25 日	2015 年 11 月 26 日
测试时间		11:00～19:30	10:00～18:00
表盘净烟气 SO_2 浓度修正系数	—	1.114	1.114
表盘净烟气 O_2 浓度修正系数	—	0.967	0.967
修正后原烟气 SO_2 浓度（标准状态、干基）	mg/m^3	1139	1245
修正后原烟气 O_2 浓度（标准状态、干基）	%	4.34	4.5
修正后净烟气 SO_2 浓度（标准状态、干基）	mg/m^3	22.1	26
修正后净烟气 O_2 浓度（标准状态、干基）	%	4.39	4.54
原烟气 SO_2 浓度（标准状态、干基、6%O_2）	mg/m^3	1026	1131
原烟气 SO_2 浓度均值（标准状态、干基、6%O_2）	mg/m^3	1078	
净烟气 SO_2 浓度（标准状态、干基、6%O_2）	mg/m^3	20	23.7
SO_2 脱除效率（6%O_2）	%	98.1	97.9
SO_2 平均脱除效率（6%O_2）	%	98	

表 4-32　燃用高、中、低硫煤的国内典型工程（电厂）石灰石-石膏湿法脱硫装置的主要配置及厂用电率汇总

项目＼工程	A 厂	B 厂	C 厂	D 厂	E 厂	F 厂	G 厂	H 厂
机组规模	2×1000MW	2×1000MW	3×350MW	2×660MW	2×660MW	2×600MW	1×600MW	2×600MW
燃煤煤种	神混烟煤、低硫煤	不连混煤、中硫煤	本地煤与印尼褐煤混煤、中硫煤	无烟煤、高硫煤	无烟煤、高硫煤	神府煤、低硫煤	霍林河褐煤、低硫煤	松藻煤、高硫煤
燃煤含硫量 S_{ar}	0.9%	1.2%	1.46%	2.5%	2.75%	0.7%	0.75%	4.02%
脱硫效率	99%	98.9%	99.3%	99.5%	99.52%	95%	95%	97%
脱硫装置入口 SO_2 排放浓度（标准状态，mg/m^3）	2000	2960	4650	6649	6865	1571	2700	10010
脱硫装置出口 SO_2 排放浓度（标准状态，mg/m^3）	20	35	35	35	35	<100	<150	<400
吸收塔技术及形式	pH 分区技术，配置托盘的单塔双区喷淋塔	pH 分区技术，配置托盘的单塔双区喷淋塔	复合塔技术，配置湍流管栅的喷淋塔	串联喷淋塔	串联喷淋塔	传统喷淋塔	传统喷淋塔	液柱塔
烟气系统配置	（1）引风机与增压风机合并设置；（2）设置湿式静电除尘器；（3）不设置 GGH	（1）引风机与增压风机合并设置；（2）不设置 GGH	（1）引风机与增压风机合并设置；（2）不设置 GGH	（1）引风机与增压风机合并设置；（2）不设置 GGH	（1）引风机与增压风机合并设置；（2）不设置 GGH	（1）增压风机单独设置；（2）不设置 GGH	（1）增压风机单独设置；（2）设置回转式 GGH	（1）增压风机单独设置；（2）设置管式 GGH
吸收剂制备方式	外购石灰石块，湿磨制浆	外购石灰石块，湿磨制浆	外购石灰石粉，配水制浆	外购石灰石粉，配水制浆	外购石灰石块，湿磨制浆	外购石灰石块，湿磨制浆	外购石灰石块，湿磨制浆	外购石灰石块，湿磨制浆
厂用电率	约 0.68（不含湿电）	约 0.75%	约 0.91%	约 0.93%	约 1.10 %	约 1.01%	约 1.778%	约 1.98%

第三节　海水法烟气脱硫工艺

海水法烟气脱硫是指采用海水作为吸收剂，反应后海水进行水质恢复并排至大海的湿法脱硫工艺，是海滨火力发电厂应用较为广泛的一种脱硫工艺。其主要优势是技术成熟可靠、脱硫效率较高、投资适中、运行经济性好，能适应不同容量机组和中、低含硫量的燃煤种类等。

本节主要介绍海水法烟气脱硫工艺的脱硫原理、系统说明、设计要求、系统流程和典型系统图、系统及设备选型计算、主要设备、典型布置和工程案例等。

一、系统说明

（一）系统简介

海水法烟气脱硫工艺是利用天然海水所固有的碱度来作为 SO_2 的吸收剂，达到脱除烟气中 SO_2 的一种湿法脱硫方法。与石灰石湿法脱硫工艺相比，它不需要吸收剂制备和副产品处理系统，也不产生任何废物，系统和设备不结垢，具有技术成熟、工艺简单、系统可靠、投资和运行费用低、运行稳定等优点。

天然海水呈碱性，pH 值一般为 7.2～8.3，碱度为 2.0～3.0mmol/L，其主要成分是氯化物、硫酸盐和一部分可溶性碳酸盐，其固有的天然碱度和盐分具有很强的酸碱缓冲和吸收 SO_2 的能力。

海水法烟气脱硫工艺按是否添加其他化学物质分为两类：一类是直接用海水作为吸收剂，不添加任何化学物质，是目前多选用的海水脱硫方式；另一类是向海水中添加一定量的石灰石以调节吸收液的碱度。海水脱硫装置全景，见图 4-70。

图 4-70　海水脱硫装置全景

（二）脱硫原理

海水在吸收塔内洗涤烟气吸收 SO_2 生成亚硫酸根离子（SO_3^{2-}）和氢离子（H^+）。由于海水中氢离子（H^+）浓度增加，导致海水 pH 值下降成为酸性海水，最终自流进入海水恢复系统的曝气池。在曝气池中氢离子（H^+）与碳酸根离子（CO_3^{2-}）和碳酸氢根离子（HCO_3^-）进行中和反应，以提高海水 pH 值，实现达标排放。同时，通过向曝气池中鼓入大量的空气，使亚硫酸根离子（SO_3^{2-}）氧化成更稳定的硫酸根离子（SO_4^{2-}），并且加速释放中和反应所生成的 CO_2 气体，恢复海水中的 pH 值和含氧量，同时降低化学需氧量（COD），使海水恢复后排入大海。其主要的化学反应方程式如下：

吸收塔内：

$$SO_2(g) = SO_2(l)$$

$$SO_2(l) + H_2O = SO_3^{2-} + 2H^+$$

曝气池内：

$$SO_3^{2-} + 1/2O_2(g) = SO_4^{2-}$$

$$CO_3^{2-} + H^+ = HCO_3^-$$

$$HCO_3^- + H^+ = CO_2(g+l) + H_2O$$

总的化学反应式：

$$SO_2(g) + H_2O + 1/2O_2(g) = SO_4^{2-} + 2H^+$$

$$HCO_3^- + H^+ = CO_2(g+l) + H_2O$$

（三）系统流程

海水法烟气脱硫工艺系统主要由烟气系统、二氧化硫吸收系统、海水供应系统、海水水质恢复系统组成，典型的系统流程见图 4-71。系统脱硫效率主要受海水碱度和液气比的限制。一般来说，二氧化硫吸收系统的能力较大，整个系统的脱硫能力主要受海水恢复系统中的 SO_3^{2-} 被氧化成 SO_4^{2-} 的能力和 pH 值恢复能力的限制。

1. 烟气系统

锅炉除尘器后烟气经锅炉引风机升压后自下而上流经吸收塔，净化后的烟气经吸收塔顶部的除雾器除去雾滴后排至烟囱。

2. 二氧化硫吸收系统

脱硫反应主要是在逆流式吸收塔内完成。新鲜海水自塔的上部喷入，经除尘处理和降温后的烟气自塔底向上与海水进行逆流接触，烟气中的 SO_2 迅速被海水吸收，洗涤后的酸性海水在吸收塔底部收集并排出吸收塔。

3. 海水供应系统

火力发电厂的海水烟气脱硫系统采用将汽轮机组冷却用海水中的少部分由凝汽器下部的水井吸出打入吸收塔洗涤烟气，然后脱硫洗涤水自流至曝气池与其余大部分的机组冷却水混合。

4. 海水水质恢复系统

海水水质恢复系统的主体结构是曝气池。吸收塔排出的含有 SO_3^{2-} 的酸性海水排入曝气池，并与排入曝气池中的大量海水混合。同时，向曝气池中鼓入大量压缩空气，使海水中溶解氧维持在接近饱和状态，在溶解氧的作用下，使海水中的 SO_3^{2-} 全部氧化成 SO_4^{2-}。因此，将易分解的亚硫酸盐氧化成稳定的硫酸盐，并使 COD 降低。同时，海水中的 CO_3^{2-} 与吸收塔排出的 H^+ 发生反应释放出 CO_2，恢复 pH 值，处理后的海水 pH 值、COD 值等达到排放标准后排入大海。

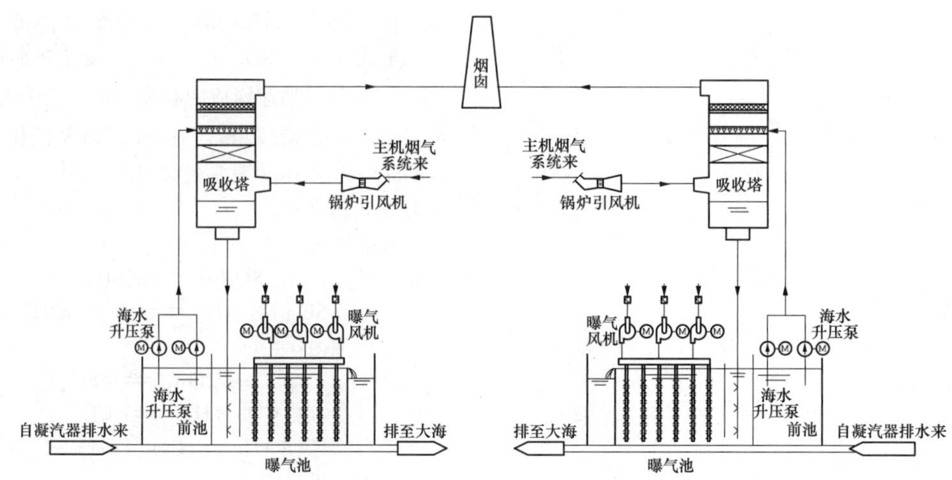

图 4-71　海水脱硫工艺典型的系统流程

（四）主要特点

海水法烟气脱硫工艺是一种湿式抛弃法脱硫工艺，一般适用于靠海边、扩散条件较好、用海水作为机组冷却水、燃用中低硫煤的电厂。

（1）工艺简单，无需脱硫吸收剂的制备，系统可靠，可用率高。

（2）系统脱硫效率高，一般可达 90%以上。

（3）不需要添加脱硫剂，无废水废料处理，与其他湿法脱硫工艺相比，投资省，运行费用低。

（4）脱硫后循环水的温升不超过 2℃，循环水的 pH 值和溶解氧有少量降低。国外对海水烟气脱硫工艺对海水生态环境影响的研究表明，其排放的重金属和多环芳烃的浓度均未超过规定的排放标准。

海水脱硫工艺系统主要特点，见表 4-33。

（五）适应超低排放的系统设置

海水脱硫适用于中低硫分的燃煤海滨电厂，在一定的海水水质条件下，海水脱硫装置的脱硫效率最高可达 98%以上。

为实现烟气 SO_2 超低排放［≤35mg/m^3（标准状态）］，海水脱硫工艺最高脱硫效率可按 98%考虑，脱硫系统入口烟气 SO_2 浓度不宜大于 1750 mg/m^3（标准状态），并且海水水质 pH 值不宜小于 8，碱度不宜小于 2.0mmol/L（按 HCO_3^- 离子计）。脱硫吸收塔还应进行优化设计，如选择适宜的液气比，加装海水均布装置、优化塔内烟气流场分布等。

二、系统设计

（一）设计要求

1. 总的部分

（1）烟气脱硫装置应能在锅炉的任何负荷工况下持续安全运行。烟气脱硫装置的负荷变化速度应与锅炉负荷变化率相适应。

（2）脱硫装置宜利用主体工程的电源、水源、气源和汽源。

表 4-33　　海水脱硫工艺系统主要特点

项目	海水脱硫工艺	项目	海水脱硫工艺
脱硫效率	脱硫效率较高，最高可达 98%	SO_3 的脱除率	几乎无法脱除
技术成熟程度	成熟	出口烟气温度	约 50℃
适用煤种	一般适用于中、低硫煤	除尘器配置	脱硫前可采用静电除尘器、电袋除尘器或布袋除尘器；为适应超低排放，脱硫后可采用高效除尘除雾装置或湿式电除尘器
适用机组	不受机组规模、类型限制		
占地情况	系统简单，但占地面积大		
吸收剂种类	天然海水	腐蚀方面	腐蚀较严重，需考虑防腐措施
吸收剂品质要求	海水 pH 值宜不小于 7.5，并具有一定的碱度	对烟囱要求	烟囱内部需进行防腐处理
耗电量	相对较低	废水处理	脱硫后海水经水质恢复系统处理后排入大海，无单独的废水处理系统
耗水量	几乎没有淡水消耗	副产物	无

（3）脱硫装置的可用率应与主体机组相同。

（4）脱硫装置的烟气排放相关指标、海水排放相关指标应满足当地环保标准。

（5）脱硫装置的设计应符合 GB/T 19229.3《燃煤烟气脱硫设备　第 3 部分：燃煤烟气海水脱硫设备》的相关内容。

2. 烟气系统

海水脱硫烟气系统的设计要求同石灰石-石膏湿法脱硫，详见本章第二节相关内容。

3. 二氧化硫吸收系统

（1）每台炉宜设置 1 套二氧化硫吸收系统。

（2）入口设计 SO_2 的设计值应根据燃煤煤种可能出现的变化情况和硫分变化趋势确定。

（3）新建项目：设计处理烟气量宜按锅炉最大连续蒸发量工况下设计煤种或校核煤种的烟气条件，取大值，可不另加裕量；设计烟气温度宜采用设计煤种锅炉最大连续蒸发量工况下，从主机烟道进入脱硫装置接口处的运行烟气温度加 15℃，短期运行温度可加 50℃。

（4）改造项目：宜根据实测烟气参数确定设计和校核烟气条件。

（5）根据海水脱硫技术流派不同，吸收塔可选用填料塔或喷淋塔。填料塔可采用混凝土结构，喷淋塔可采用钢结构。吸收塔内部结构应考虑烟气流动要求和湿烟气及海水防腐技术要求。

（6）吸收塔采用填料塔时，填料层至少设置一层；采用喷淋空塔时，喷淋层不宜少于两层。最终填料层数或喷淋层数根据烟气量、SO_2 浓度、脱硫效率、海水温度、海水水质、季节变化及技术特点配置。

4. 海水供应系统

（1）300MW 级及以上机组宜按每台机组设置独立的供水系统。

（2）海水升压泵的数量宜按吸收塔数量或喷淋层数确定，不宜设备用。

（3）海水升压泵房宜设置取水前池。

（4）取水前池的流道设计应满足 GB 50265《泵站设计规范》相关要求。

（5）海水升压泵过流部件材质应能满足海水腐蚀环境运行要求，可参照主机组循环水泵材质选用。

（6）吸收塔供水管道可采用玻璃钢管，当需要通过道路等设施敷设时可采用直埋方式，在可能承压的直埋管道上方应采取保护措施，并符合 DL/T 5339《火力发电厂水工设计规范》的有关规定。

（7）海水供水管道上应设置流量、压力监测点。

（8）海水升压泵可选择卧式离心泵或立式混流泵，其中，卧式离心泵又可分为单级单吸卧式离心泵和单级双吸卧式离心泵，具体形式应根据工程具体参数通过技术经济比较确定。

（9）海水升压泵为立式混流泵时，泵进口采用喇叭形进水流道，当排出口公称直径大于 1200mm 时，可采用其他进水流道。

5. 海水水质恢复系统（曝气系统）

（1）海水水质恢复系统一般采用纯塔外曝气，也可采用塔内辅助曝气加塔外曝气和塔内一体式曝气等方式。

（2）300MW 级及以上机组曝气池宜采用一炉配一池的方式。

（3）曝气池内有效曝气区域的大小应根据脱硫装置入口烟气参数、脱硫效率、海水水质条件、海水排水水质要求和环境温度等因素确定，应有良好的运行经济性。

（4）海水潮位变化不应影响曝气池的正常运行，曝气池应和虹吸井具有同等的防止高潮位海水外溢的措施。

（5）海水水质恢复系统可不设曝气池外旁路。

（6）曝气池溢流堰的标高应根据循环水排水虹吸井标高、吸收塔内海水液位和循环水排水沟出口处设计高潮位，以及海水排水沟阻力等因素确定，保证排水自流至排水口。

（7）曝气池出口应设有 pH 和溶解氧的在线监测仪表，COD_{Mn} 测量可设置手动取样点人工分析。

（8）曝气风机选型应按照曝气池设计液位进行选型计算，可不设置备用，数量不宜少于 2 台。

（9）对仅接触海水的水道，应使用耐海水腐蚀的混凝土；对接触脱硫后的海水水道、曝气池体内壁，应采取耐酸腐蚀防腐设计。

（10）曝气风机的风量选型应满足夏季和冬季海水水质恢复系统的设计要求。

（11）曝气风机一般采用离心风机，可采用单级离心风机或多级离心风机，具体形式应根据工程具体参数通过技术经济比较确定。

（12）曝气风机流量应考虑 10%裕量，压头考虑 20%裕量。

（13）海水水质恢复系统的工艺设计及设备选型应同时满足对排放海水中 pH 值、COD_{Mn} 及溶解氧的要求。

（二）典型系统图

1. 烟气系统

烟气系统主要由脱硫增压风机、烟气-烟气换热器、烟气挡板门、烟道等组成，根据工程情况的不同存在不同的配置方案，图 4-72～图 4-74 为典型的三个烟气系统设计方案。

典型方案一：烟气系统不设置脱硫增压风机、烟气-烟气换热器及烟气旁路，具有系统简单，烟气阻力小、运行维护工作量少，经济性好等特点，是目前国内工程主流设计方案。

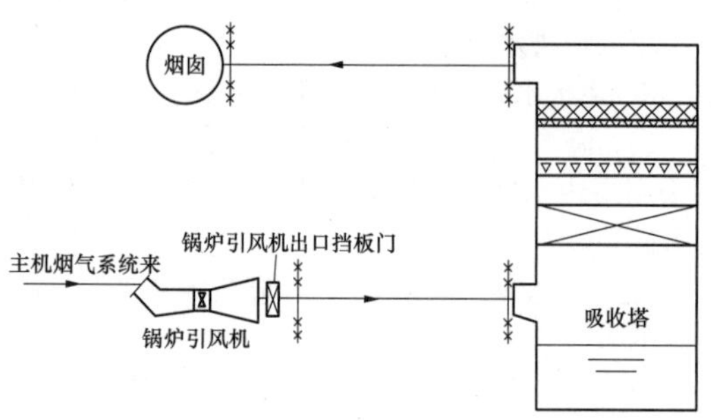

图 4-72　典型烟气系统（方案一）

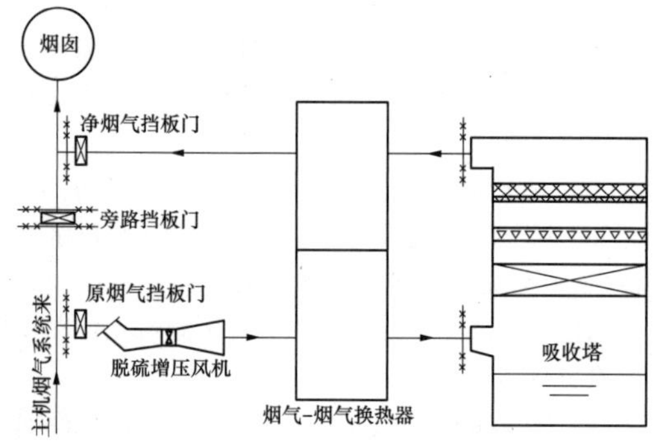

图 4-73　典型烟气系统（方案二）

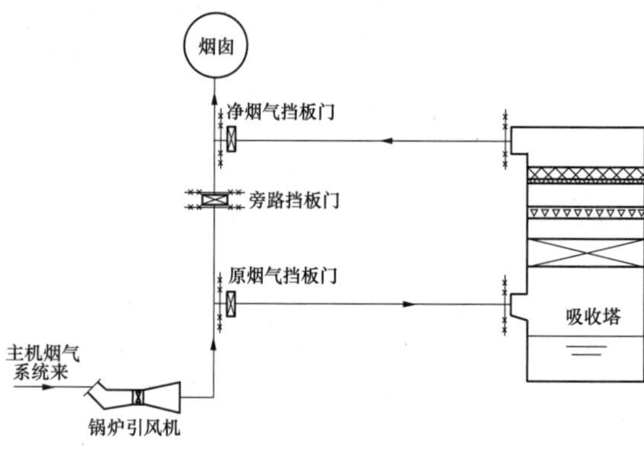

图 4-74　典型烟气系统（方案三）

典型方案二：烟气系统设置脱硫增压风机、烟气-烟气换热器、烟气旁路。

典型方案三：烟气系统仅设置烟气旁路，不设置脱硫增压风机、烟气-烟气换热器。

方案二和方案三目前一般在国外工程中采用，通常为满足工程招标要求而设置有旁路烟道，此两种方案的系统较为复杂，相应运行、维护工作较大，但可保证脱硫装置在任何情况下不影响发电机组的安全运行。

2. 二氧化硫吸收系统

当吸收塔为填料塔时，300MW 级及 600MW 级机组按一炉一塔配置；1000MW 机组按一炉两塔配置，典型系统见图 4-75 和图 4-76。

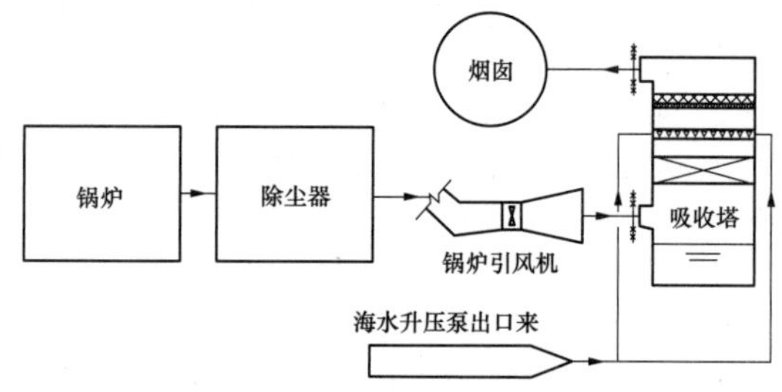

图 4-75　二氧化硫吸收系统（填料塔，一炉一塔）

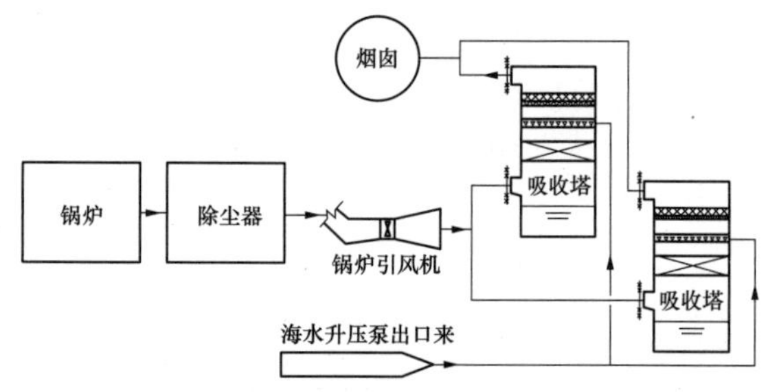

图 4-76　二氧化硫吸收系统（填料塔，一炉二塔）

当吸收塔为喷淋塔时，300MW 级及以上机组可按一炉一塔配置，典型系统见图 4-77。

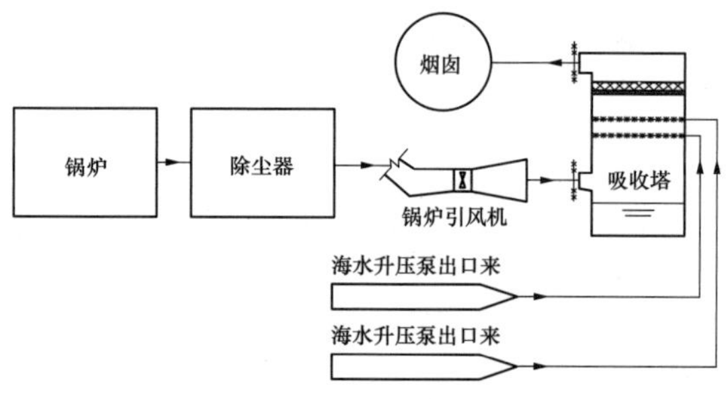

图 4-77　二氧化硫吸收系统（喷淋塔，一炉一塔）

3. 海水供应系统

海水供应系统主要由海水升压泵及其管道等组成，根据工程情况的不同，存在不同的配置方案。

目前国内 300MW 级及以上机组一般每台机组设置独立的供水系统。当吸收塔为填料塔时，每座吸收塔宜按 2×50%配置海水升压泵，参见图 4-78；当吸收塔为喷淋塔时，海水升压泵的数量宜按喷淋层数确定，一般不宜少于两台，参见图 4-79。

在已实施项目中，也有两台炉设一套海水供应系统的案例，吸收塔为填料塔，两座吸收塔按 3×50%配置海水升压泵，参见图 4-80。

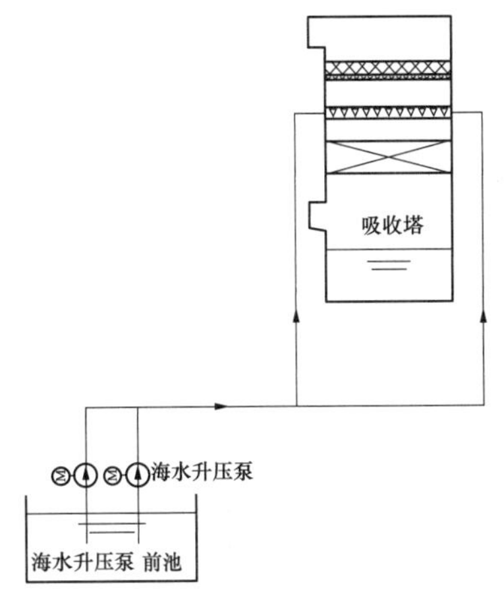

图 4-78　海水供应系统（填料塔，单元制）

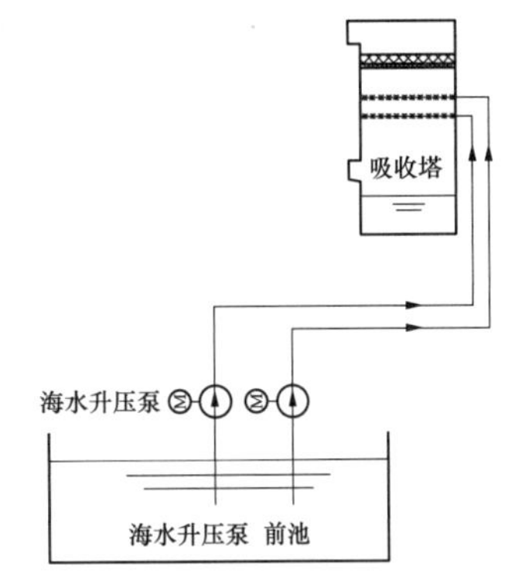

图 4-79　海水供应系统（喷淋塔，单元制）

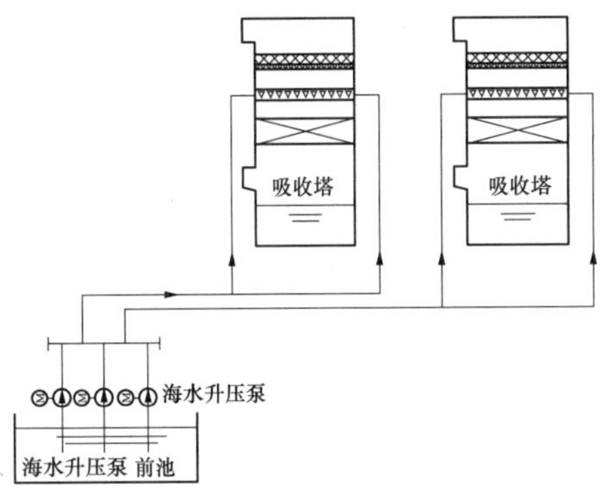

图 4-80　海水供应系统（填料塔，公用制）

4. 海水水质恢复系统（曝气系统）

海水水质恢复系统主要由曝气风机及其管道、曝气池等组成，根据工程情况存在不同的配置方案。目前，国内 300MW 级及以上机组海水水质恢复系统一般采用单元制，即一炉配一池的方式，参见图 4-81。

在国外项目中，也有两炉公用一套曝气系统的案例，即两台炉公用一个曝气池，参见图 4-82。

三、设计计算

（一）设计输入数据

（1）锅炉 BMCR 工况时的燃煤量和煤质。

（2）烟气量和烟气温度。

（3）脱硫系统入口海水量和海水水质。

（4）脱硫系统出口 SO_2 浓度排放标准。

（5）曝气池出口海水排放标准。

（二）脱硫前二氧化硫含量

脱硫前二氧化硫含量的计算见式（4-1）。

（三）主要设备选型计算

1. 吸收塔

吸收塔的所有设备参数应由脱硫装置供货商提供，以下计算仅供参考。

（1）吸收塔截面积见式（4-12）。

$$S = \frac{Q_g}{v_g} \tag{4-12}$$

式中　S——吸收塔截面积，m^2；

Q_g——吸收塔内实际饱和湿烟气量，m^3/s；

v_g——吸收塔内烟气流速，m/s；填料塔宜为 2～3m/s，喷淋塔宜为 3～4m/s。

（2）吸收区域高度见式（4-13）。

$$H = v_g \times t_{in} \tag{4-13}$$

式中　H——吸收区域高度（烟气入口与海水供应管之间区域），m；

t_{in}——烟气在吸收塔内与海水的接触时间，一般为 2～3s。

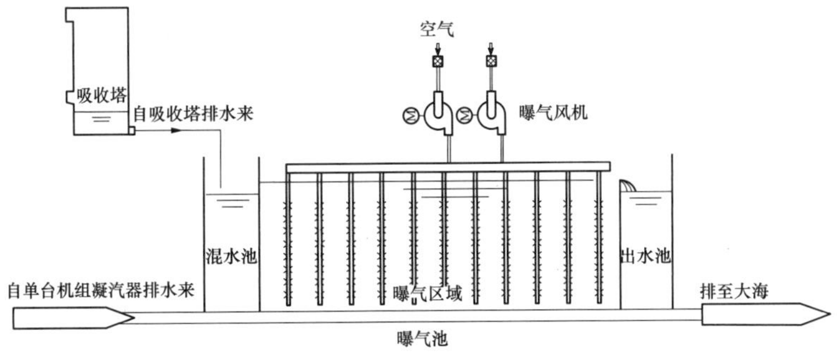

图 4-81　海水水质恢复系统（单元制）

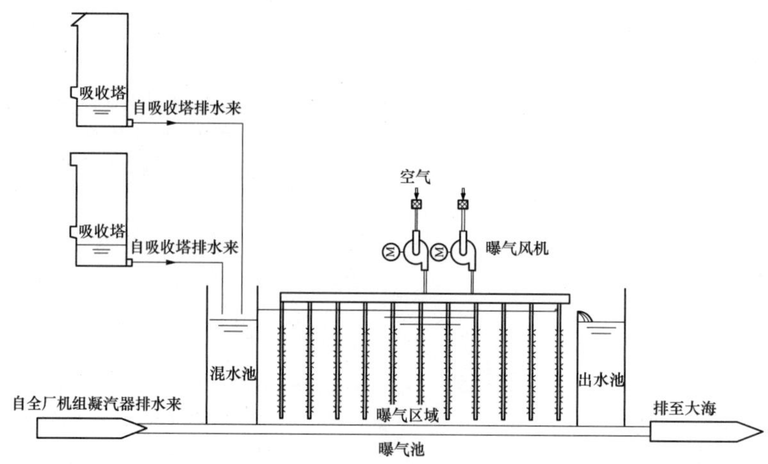

图 4-82　海水水质恢复系统（公用制）

2. 海水升压泵

海水升压泵的选型参数最终应由脱硫装置供货商提供，在项目前期设计时可按以下方法进行估算。

（1）进入吸收塔海水量，计算见式（4-14）。根据对应的升压泵运行台数，可得出水泵选型流量。

$$Q_{sw} = K \times M_{SO_2} \times \eta_{SO_2}^2 \times \frac{10^9}{64} \times \frac{1}{A} \tag{4-14}$$

式中　Q_{sw}——进入吸收塔的海水量，m^3/h；

K——系数，由吸收塔厂家提供，一般为 5×10^{-4}～8×10^{-4}；

M_{SO_2}——进入吸收塔的烟气中 SO_2 含量，t/h；

η_{SO_2}——脱硫效率，%；

A——进入吸收塔的海水总碱度，mmol/L。

（2）升压泵管系阻力，计算见式（4-15）。考虑 5%～10%的选型裕量，可得出水泵的扬程。

$$\Delta p_{swbp} = p_{swbp1} + p_{swbp2} + p_{swbp3} + p_{swbp4} \tag{4-15}$$

式中　Δp_{swbp}——升压泵管系总阻力，Pa；

p_{swbp1}——泵进口管道阻力，Pa；

p_{swbp2}——泵出口管道阻力，Pa；

p_{swbp3}——吸收塔最高海水供应管道与泵吸水前池最低工作液位间的静压，Pa；

p_{swbp4}——吸收塔海水供应管道进口处所要求的压力，Pa。

3. 曝气风机

曝气风机的选型参数最终应由脱硫装置供货商提供，以下计算仅供参考。

（1）曝气风量，计算见式（4-16）～式（4-21）。根据对应的曝气风机运行台数，考虑 10%的选型裕量，可得出风机选型流量。

海水水质恢复采用鼓风曝气的方式。曝气风量根据 SO_2 脱除量，海水水质排放标准中的溶解氧和 COD_{Mn} 等指标确定。根据 CECS 97：97《鼓风曝气系统设计规程》，曝气风量可按以下公式估算。

$$Q_a = \frac{N_0}{0.28E_A} \tag{4-16}$$

$$N_0 = \frac{NC_s}{\alpha(\beta C_{sm} - C_0)\times 1.024^{t-20}} \tag{4-17}$$

$$N = \frac{16}{10^5} \times m_{SO_2} \times \eta_{SO_3^{2-}} \tag{4-18}$$

$$C_{sm} = C_s\left(\frac{O_t}{42} + \frac{10p_b}{2.068}\right) \tag{4-19}$$

$$p_b = 0.101325 + \frac{\rho_{sw} g h_1}{10^6} \tag{4-20}$$

$$O_t = \frac{21(1-E_A)}{79+21(1-E_A)} \times 100 \tag{4-21}$$

式中　Q_a——曝气风量（标准状态），m^3/h；

N_0——标准供氧速度，kg/h；

E_A——曝气器氧利用率，%，根据曝气器类型选取，海水脱硫中通常选用中气泡型曝气器，氧利用率一般为 3%～6%；

N——理论供氧速度，根据 SO_2 脱除量及 SO_3^{2-} 转化率确定，kg/h；

C_s——标准条件（20℃，1atm）下新鲜海水中的溶解氧，文献资料 C_s=7.3866mg/L；

α——混合海水与新鲜海水的氧总转移系数（K_{La}）值之比，一般为 0.8～0.85；

β——混合海水与新鲜海水的饱和溶解氧值之比，一般为 0.9～0.97；

C_{sm}——曝气管在水下深度处至池表面的平均溶解氧值，mg/L；

C_0——混合海水剩余溶解氧值，mg/L；

t——混合海水温度，℃；

m_{SO_2}——脱除的 SO_2 量，mol/h；

$\eta_{SO_3^{2-}}$——SO_3^{2-}转化为SO_4^{2-}的转化率，%；

O_t——曝气池逸出气体中的含氧量，%；

p_b——曝气管处的绝对压力，MPa；

ρ_{sw}——海水密度，kg/m^3；

g——重力加速度，m/s^2；

h_1——曝气头处最高海水深度，m。

（2）曝气管系阻力，计算见式（4-22）。考虑20%的选型裕量，可得出风机的压头。

$$\Delta p_{af} = p_{af1} + p_{af2} + p_{af3} + p_{af4} \tag{4-22}$$

式中　Δp_{af}——曝气管系总阻力，Pa；

p_{af1}——风机进口管道阻力，Pa；

p_{af2}——风机出口管道阻力，Pa；

p_{af3}——曝气头处最高海水深度产生的静压，Pa；

p_{af4}——曝气装置阻力，Pa。

4. 曝气区域

曝气区域的所有设计参数最终应由脱硫装置供货商提供，以下计算仅供参考。

（1）曝气区域容积，计算见式（4-23）。

$$V_{ab} = \frac{Q_{sw} \times t_{ab}}{60} \tag{4-23}$$

式中　V_{ab}——曝气池曝气区域容积，m^3；

Q_{sw}——进入曝气区域的海水量，m^3/h；

t_{ab}——曝气池内海水停留时间，min（一般取2～3min）。

（2）曝气区域面积，计算见式（4-24）。

$$S_{ab} = \frac{V_{ab}}{H_{ab}} \tag{4-24}$$

式中　S_{ab}——曝气区域面积，m^2；

H_{ab}——曝气池深度，m（一般取2.5～4m）。

（3）曝气区域长度，计算见式（4-25）。

$$L_{ab} = 60 \times v_{sw} \times t_{ab} \tag{4-25}$$

式中　L_{ab}——曝气区域长度，m；

v_{sw}——曝气池内海水流速，m/s（一般取0.3～0.6m/s）。

四、主要设备

（一）烟气系统

烟气系统主要设备有脱硫增压风机和烟气-烟气换热器（GGH）。

1. 脱硫增压风机

脱硫增压风机用于提供压头，克服烟道、烟气挡板、GGH、吸收塔、烟囱和其他设备的阻力。其类型、特点见本章第二节相关内容。

2. 烟气-烟气换热器（GGH）

烟气-烟气换热器（GGH）用原烟气加热热媒水或用蒸汽加热烟气，或者用原烟气加热传热元件，通过热传递将吸收塔出口净烟气在流入电厂烟囱前被加热至规定的温度，通常净烟气温度被加热升高35～45℃，利于烟气排放扩散。其类型、特点见本章第二节相关内容。

在海水脱硫工艺中，烟气-烟气换热器可选用管式或回转式换热器，净烟气出口温度可根据实际需要适当调整，一般应不小于70℃（基本要求）。

（二）二氧化硫吸收系统

二氧化硫吸收系统的主要设备为吸收塔。

1. 功能

吸收塔为海水法烟气脱硫工艺中的核心设备，烟气在塔内经海水洗涤后脱除烟气SO_2。

2. 类型

根据吸收塔结构形式可分为喷淋塔和填料塔。

3. 特点

（1）喷淋塔。喷淋塔是湿法烟气脱硫工艺中应用最广的洗涤器。塔体的横断面可以是圆形或矩形。通常烟气从塔的下部进入吸收塔，然后向上流，在塔内的较高处布置了数层喷淋管网，泵将海水经喷淋管上的喷嘴喷射出雾状液滴，形成吸收烟气SO_2的液体表面。每层喷淋管布置了足够数量的喷嘴，相邻喷嘴喷出的水雾相互搭接覆盖，不留空隙，使喷出的液滴完全覆盖吸收塔的整个断面。虽然对各层喷淋管可采用母管制，但最通常的做法是一台泵对应一个喷淋层。这样可根据机组负荷、燃煤含硫量及不同工况下所要求的洗涤效率来调整喷淋泵的投运台数，从而达到节能效果。

通常将塔体与反应罐设计成一个整体，反应罐既是塔体的基础，也是收集下落海水的容器。由喷嘴喷出的粒径较小的液滴易被烟气向上带出吸收区，当这种饱含液滴的烟气进入除雾器后，液滴被截留下来。

喷淋塔的优点是压损小，海水雾化效果好，塔内结构简单，不易结垢和堵塞，检修工作量少。不足之处是脱硫效率受气流分布不均匀的影响较大，喷淋泵能耗较高，除雾较困难，对喷嘴制作精度、耐磨和耐蚀性要求较高。其结构示意见图4-83。

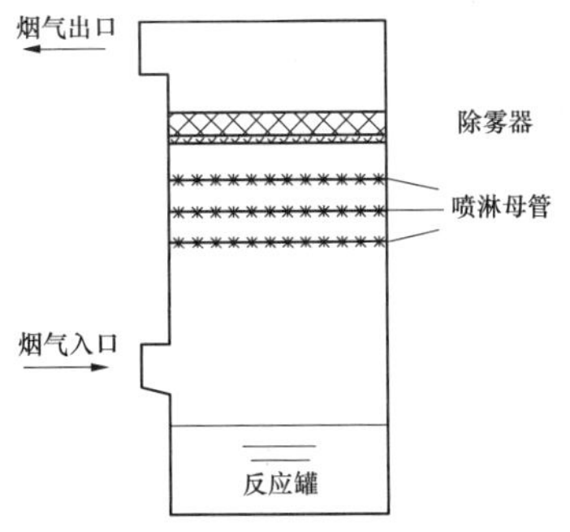

图4-83　喷淋塔结构示意

（2）填料塔。填料塔与喷淋塔相比最大的区别在于塔内设置有填料层。塔内一般设置 2～3 层填料层，单层高度 2～3m，层间间隙不小于 1.5m，填料一般采用结构空隙较大的填料，材质多选用 PP 材料。

由于填料塔是依靠湿化填料表面来获得吸收 SO_2 的液体表面积的，因此可采用母管制供给海水，塔内顶部的分支喷管和喷嘴的数量比喷淋塔少得多，喷嘴的结构简单，但要求喷出的海水均匀，有一定的重叠度，确保能覆盖整个填料层。海水的均匀性直接影响脱硫效率。其结构示意见图 4-84。

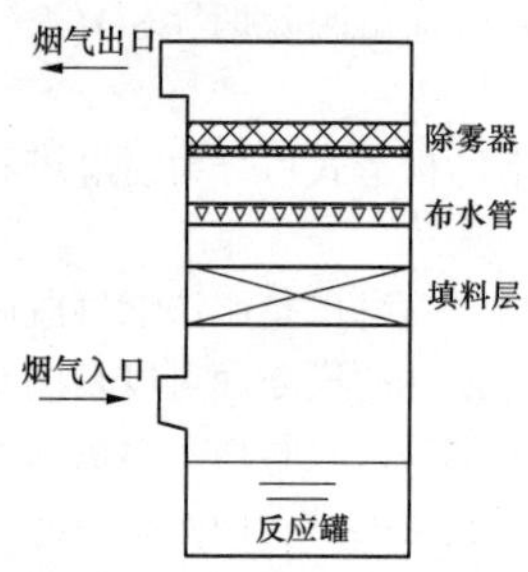

图 4-84　填料塔结构示意

4. 主要设备配置与选择

（1）数量及形式：当吸收塔为填料塔时，300MW 级及 600MW 级机组按一炉一塔配置；1000MW 机组按一炉两塔配置。当吸收塔为喷淋塔时，300MW 级及以上机组可按一炉一塔配置。

（2）大小、高度：由本节“三、设计计算”中相关条款确定。

（3）阻力：填料塔一般为 1000～1500Pa；喷淋塔一般取 1000～1500Pa（三层喷淋层）。

（三）海水供应系统

海水供应系统主要设备为海水升压泵。

1. 功能

海水升压泵用于将洗涤烟气的海水输送至吸收塔。

2. 类型

根据海水升压泵结构形式可分为卧式离心泵和立式混流泵。

3. 特点

（1）卧式离心泵。卧式离心泵根据结构形式又可分为单级单吸卧式离心泵和单级双吸卧式离心泵。

1）单级单吸卧式离心泵。单级单吸卧式离心泵为 IS 型泵，广泛应用于石灰石-石膏湿法脱硫工艺中，其中流量最大的是吸收塔浆液循环泵，目前该泵最大流量已达 14000m^3/h。该类泵的相关技术特点详见本章第二节相关内容，若在海水脱硫工艺中应用，泵的材质应适用于海水。

2）单级双吸卧式离心泵。单级双吸离心泵为 S 型泵，又称为水平中开式离心泵，设备外形见图 4-85。泵体的进出口均在水泵轴心线下方，与轴线垂直呈水平方向，泵壳中开，检修时无需拆卸进水、出水管道及电动机。从联轴器向泵的方向看，水泵为顺时针方向旋转，根据需要也可生产逆时针旋转的泵。

单级双吸卧式离心泵的主要零件有泵体、泵盖、叶轮、轴、双吸密封环、轴套、轴承等。泵材质可根据用户实际需要选择，如铜、铸铁、球铁、316 不锈钢、双向钢、哈氏合金、蒙耐合金、钛合金及 20 号合金等。

该泵具有以下技术特点。

a. 泵两端支承间距短，泵运行稳定，振动噪声小，并可适当升速运行，使水泵适应范围更广。

b. 进出水口在同一直线上，使管线布置简单方便、美观。

c. 同一转子可反向运行，降低了水锤引起水泵损坏的风险。

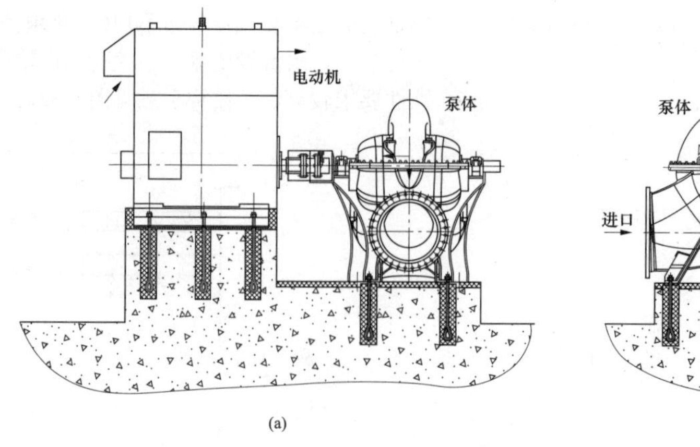

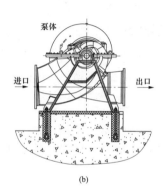

图 4-85　单级双吸卧式离心泵外形

（a）主视图；（b）侧视图

d. 独特的高温型设计，水泵采用中间支撑、加厚泵体、密封冷却、轴承稀油润滑等，使水泵可应用于高达 200℃的运行场合，特别适用于供热管网使用要求。

e. 密封可采用机械密封或填料密封。

f. 水泵外形应用工业化设计，线条清晰，符合现代审美观。

据了解，单级双吸卧式离心泵流量可达 25000m^3/h，表 4-34 中列举了典型单级双吸卧式离心泵参数（参考）。

（2）立式混流泵。立式混流泵属于叶片式泵，这种泵具有大流量、低扬程、高比转数、高效率、占地面积小、性能参数可变性，以及适合低水位条件等特点，为火力发电厂循环水系统中常用泵。

立式混流泵主要零部件包括吸入锥管、导流壳、连接管、出水弯管、叶轮、主轴、推力轴承、导轴承、底板、电机架等，见图 4-86。

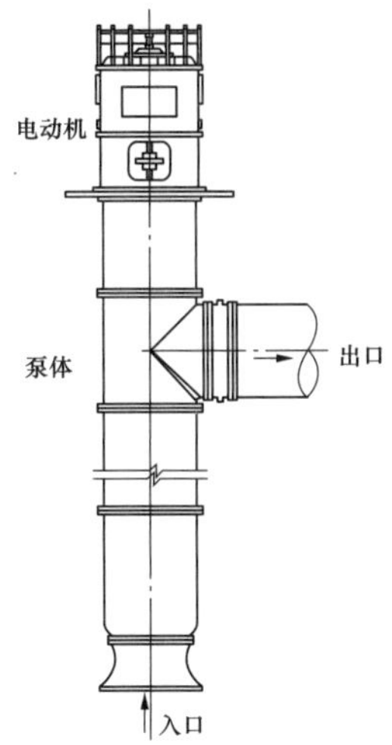

图 4-86　立式混流泵外形

由吸入水池流过来的水，通过吸入喇叭管，由于叶轮室内叶轮的叶片强迫水旋转，使水进入导叶体，进行能量转换产生扬程，流经泵筒体从排水弯管排出。泵形式按检拆方式可分为可抽出式和不可抽出式；按压水室形式可分为导叶式和蜗壳式；按叶片调节形式可分为固定式、半调节式和全调节式。

该立式混流泵具有以下特点。

1）运行操作简单。立式泵的叶轮通常沉没在水中，可以直接启动；而卧式泵，因为叶轮都在水面以上，在泵启动之前，需向泵内注水。

2）安装面积小。包括驱动机在内，立式泵只要卧式泵的一半空间就足够了。特别是在泵大型化的今天，这个优点更加突出。

3）有利于防止汽蚀。立式泵的叶轮通常沉没在水中，可利用的 NPSH 能够取的大一些。因此，泵运行在比设计点大的流量下也不会发生汽蚀。

4）安装检修空间要求高。泵的纵向较长，拆卸、组装时吊车的吊装高度较高，泵的上方要有足够的空间。

5）进水流道设计要求严格。立式混流泵（特别是大型泵）对进水流道的形式和尺寸要求非常严格，它直接影响泵的性能（如泵效率、汽蚀性能等）。

表 4-35 中列举了典型立式混流泵参数（参考）。

（四）海水水质恢复系统（海水曝气系统）

海水水质恢复系统的主要设备为曝气风机。

1. 功能

曝气风机向曝气池中海水鼓入大量的空气，使亚硫酸根离子（SO_3^{2-}）氧化成更稳定的硫酸根离子（SO_4^{2-}），并且加速释放中和反应所生成的 CO_2 气体，恢复海水中的 pH 值和含氧量，同时降低 COD，使海水恢复后排入大海。

2. 类型

曝气风机一般采用离心式鼓风机。

3. 特点

离心式鼓风机是依靠输入的机械能，提高气体压力并排送气体的机械，它是一种从动的流体机械，在海水水质恢复系统中曝气风机输送介质为空气。

离心式鼓风机是恒压型风机，较容积式风机具有供气连续、运行平衡、效率高、结构简单、噪声低、外形尺寸小及质量轻、易损件少等优点。离心式鼓风机又可分为单级离心式鼓风机和多级离心式鼓风机。

（1）单级离心式鼓风机。单级离心式鼓风机利用高转速来达到所需风压和风量，较多级风机流道短，减少了多级间的流道损失，转速高，风量大但风压相对较小，设备外形见图 4-87。

据了解，目前单级离心式鼓风机的流量可达 1.8×10^5m^3/h（标准状态）以上，图 4-88 表示了典型单级离心式鼓风机性能曲线。

表 4-34　典型单级双吸卧式离心泵参数（参考）

序号	流量（m^3/h）	扬程（m）	转速（r/min）	轴功率（kW）	电动机功率（kW）	效率（%）	必需汽蚀余量（NPSH）（m）	叶轮直径（mm）
1	1620	24.5	970	140.4	185	72	6	460
2	2628	22	970	187.4	240	84	7.5	—

续表

序号	流量（m³/h）	扬程（m）	转速（r/min）	轴功率（kW）	电动机功率（kW）	效率（%）	必需汽蚀余量（NPSH）（m）	叶轮直径（mm）
3	3240	24	970	236	280	85	7.5	500
4	4320	25	730	358.7	450	82	7	—
5	5500	22	730	370.2	450	89	7	—
6	6480	19	730	389.9	450	86	7	—
7	9900	37	500	997	1250	80	6	670
8	10800	33	500	1155	1600	84	5.5	670
9	11664	42	600	1597	2000	84	7.5	760
10	12960	26	600	1073	1400	85.5	7.5	620
11	16000	18	370	891	1040	91	3.8	1170

表 4-35　　典型立式混流泵参数（参考）

序号	流量（m³/h）	扬程（m）	转速（r/min）	效率（%）
1	2908	16	980	54.3
2	2052	24	980	84.3
3	4426	12	730	84.3
4	3744	24	730	85.2
5	8010	16	590	85.6
6	5688	24	590	85.8
7	12492	16.6	485	86.2
8	9072	24	485	86.7
9	21348	16.5	365	87.8
10	14328	23.5	365	87
11	27828	16.5	322	87.1
12	18396	23.5	322	87.3
13	32400	16.8	300	87.2
14	22968	24	300	87.5
15	34790	16.8	273	87.3
16	26640	24	273	87.7
17	33048	24	250	87.9

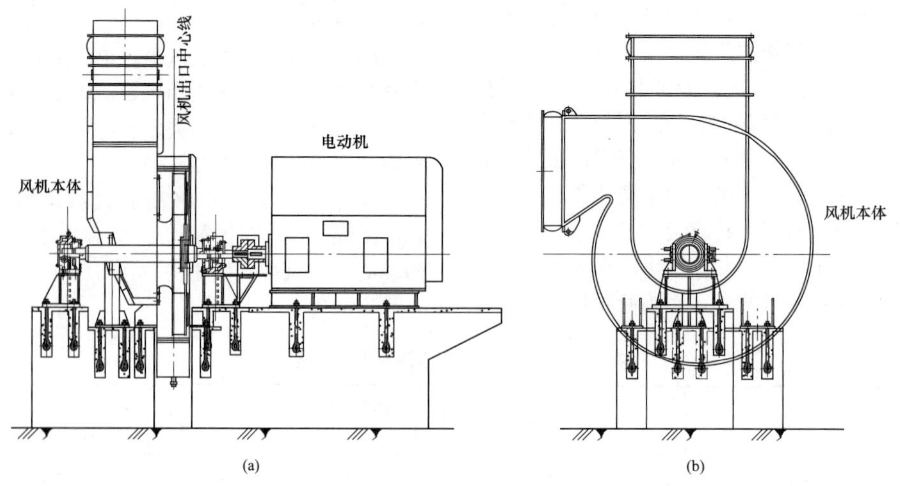

图 4-87　单级离心式鼓风机外形

（a）主视图；（b）侧视图

（2）多级离心式鼓风机。多级离心式鼓风机利用逐级加压的方式，提高风压，特点是风压大但风量相对小，该类鼓风机的典型外形见图 4-89。

据了解，目前多级离心式鼓风机最大流量可达 4.5 万 m^3/h（标准状态），表 4-36 中列举了典型多级离心式鼓风机参数（参考）。

单级离心式鼓风机与多级离心式鼓风机技术特点对比，见表 4-37。

五、设备布置

（一）烟气及二氧化硫吸收系统

烟气及二氧化硫吸收系统的布置应满足工艺流程合理、方便运行操作和检修维护的要求。烟气及二氧化硫吸收系统通常布置于炉后烟囱区域，目前国内常见的布置方式，见图 4-90。

若烟气系统中考虑设置脱硫增压风机、烟气-烟气换热器（GGH），那么可将脱硫增压风机布置于靠近主体水平烟道处，以减短烟道长度；烟气-烟气换热器（GGH）可与吸收塔联合布置，考虑高位布置，使烟气系统布置更为紧凑。该方案适用于国外排放要求不高的项目，见图 4-91 和图 4-92。

（二）海水供应系统

海水升压泵应根据吸收塔及全厂海水循环管布置综合考虑，宜靠近吸收塔。泵站的布置，见图 4-93～图 4-96。

海水升压泵及电动机应考虑检修起吊设施。

根据当地气象条件及设备状况等因素确定室内或室外布置。

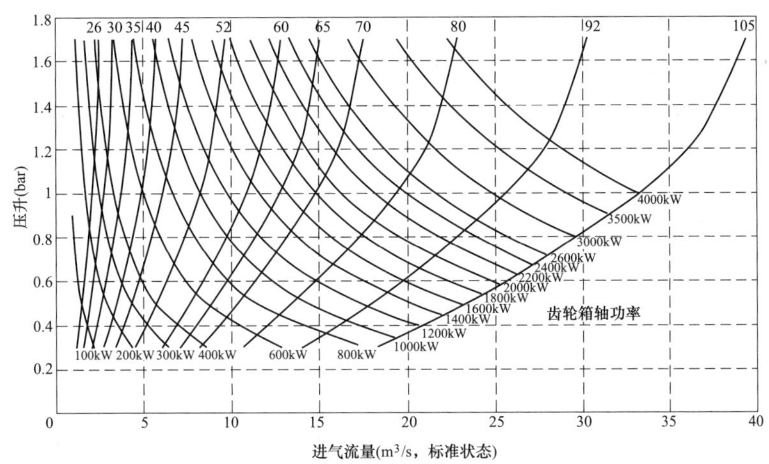

图 4-88　典型单级离心式鼓风机性能曲线

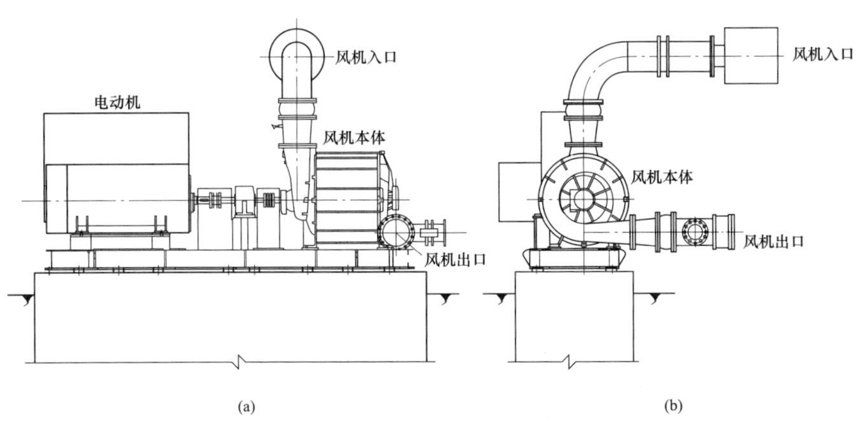

图 4-89　典型多级离心式鼓风机外形

（a）主视图；（b）侧视图

表 4-36　典型多级离心式鼓风机参数（参考）

序号	进口工况（介质：空气）				出口工况		主轴转速（r/min）	所需功率（kW）
	流量（m^3/h）	压力（kPa）	温度（℃）	介质比重（kg/m^3）	绝对压力（kPa）	升压（mmH_2O）		
1	6000	98	37	1.1	137.2	4000	2980	77
2	7200	98	37	1.1	151.9	5500	2980	122
3	8400	98	37	1.1	147	5000	2980	131
4	9000	98	37	1.1	137.2	4000	2980	115
5	10800	98	37	1.1	147	5000	2980	169
6	12000	98	37	1.1	156.8	6000	2980	220
7	15000	98	37	1.1	147	5000	2980	244
8	18000	98	37	1.1	147	5000	2980	293
9	24000	98	37	1.1	156.8	6000	2980	459
10	30000	98	37	1.1	147	5000	2980	489
11	36000	98	37	1.1	147	5000	2980	587
12	36000	98	37	1.1	166.6	7000	2980	788

表 4-37　单级离心式鼓风机与多级离心式鼓风机技术特点对比

编号	项目	单级离心式鼓风机	多级离心式鼓风机
1	效率	大流量、高风压时效率高于多级离心式鼓风机	低流量、低风压时效率高于单级离心式鼓风机
2	转速	高	低
3	噪声	较高	相对较低
4	流量调节	可通过进口导叶或出口导叶调节	通过入口调节蝶阀调节或变频调节流量
5	润滑方式	采用强制润滑系统，系统复杂	采用飞溅式润滑方式，系统简单
6	维护工作量	大	小

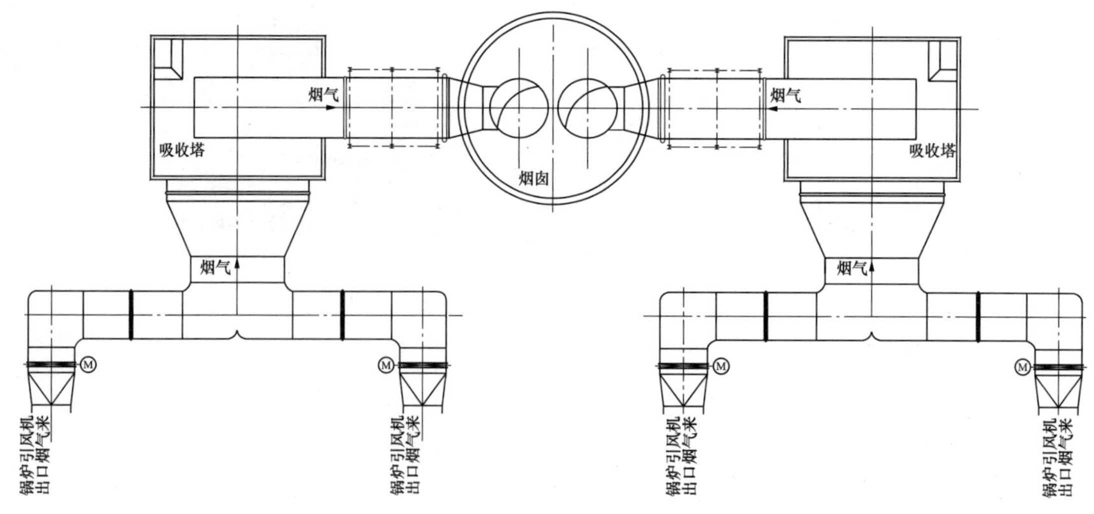

图 4-90　典型烟气及二氧化硫吸收系统平面布置方式（不设置脱硫增压风机、GGH 及旁路烟道）

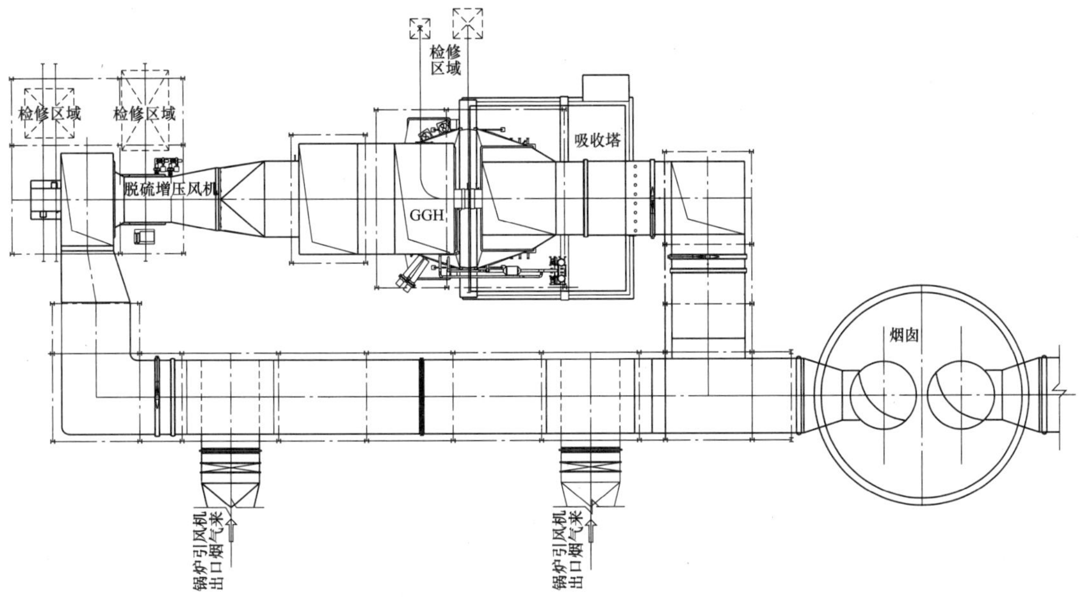

图 4-91　典型烟气及二氧化硫吸收系统平面布置方式（设置脱硫增压风机、GGH 及旁路烟道）

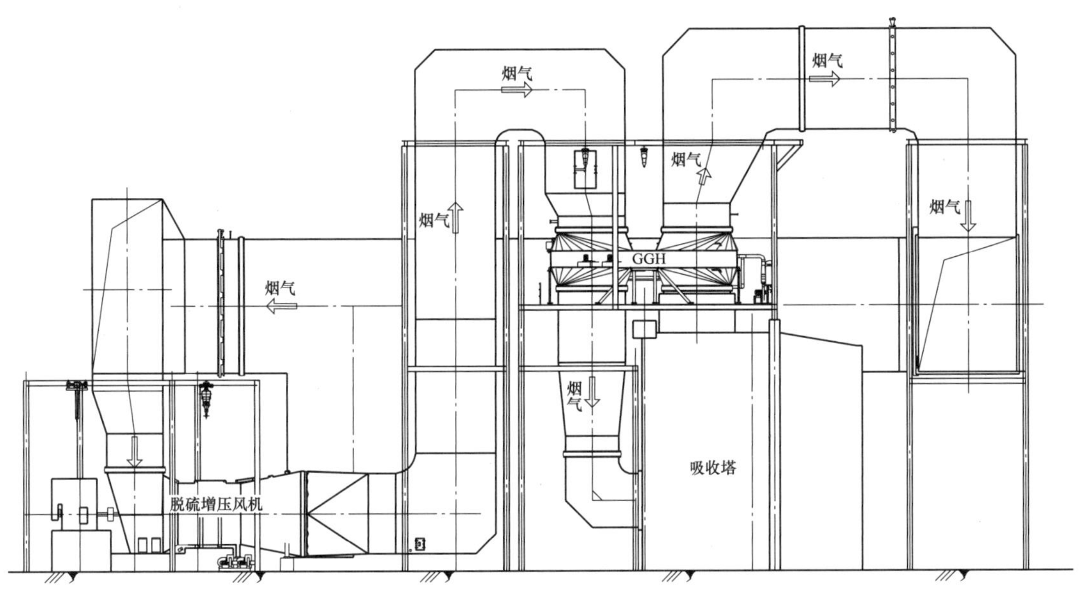

图 4-92　典型烟气及二氧化硫吸收系统断面布置方式（设置脱硫增压风机、GGH 及旁路烟道）

（三）海水水质恢复系统（海水曝气系统）

曝气风机宜靠近曝气池布置见图 4-97 和图 4-98。

曝气风机及电动机应考虑检修起吊设施。

根据当地气象条件及设备状况等因素确定室内或室外布置。曝气风机应加装隔音罩以满足噪声要求。

在曝气池排水口设置海水取样装置。

六、工程案例

（一）工程概述

某电厂一期 2×1000MW 级机组，同步建设烟气海水脱硫装置。1 号机组于 2009 年 6 月底正式投产，2 号机组于 2009 年 9 月底正式投产，采用烟气海水脱硫技术。为响应国家政策，满足不断升级的环保政策，在项目建成投运后，脱硫装置先后进行了一系列综合节能、环保改造，如“引增合一”、取消旁路烟道等。2016～2017 年又对 1、2 号机组脱硫装置进行烟气超低排放升级改造，最终实现 SO_2 排放浓度不大于 35mg/m^3（标准状态）。

（二）设计输入

1．燃料

项目新建阶段电厂设计、校核煤种煤质资料，见

表 4-38。

在项目建成投运后，实际燃用的煤种以进口煤为主，主要有印尼煤、澳洲煤、俄罗斯煤和南非煤，也混烧一部分国内北方煤。实际燃用的煤种与原设计煤种及校核煤种均偏离较大，并且估计未来较长一段时期仍以进口煤为主。在进行烟气超低排放改造时，结合煤源情况，拟定了超低排放改造设计煤种，见表 4-39。

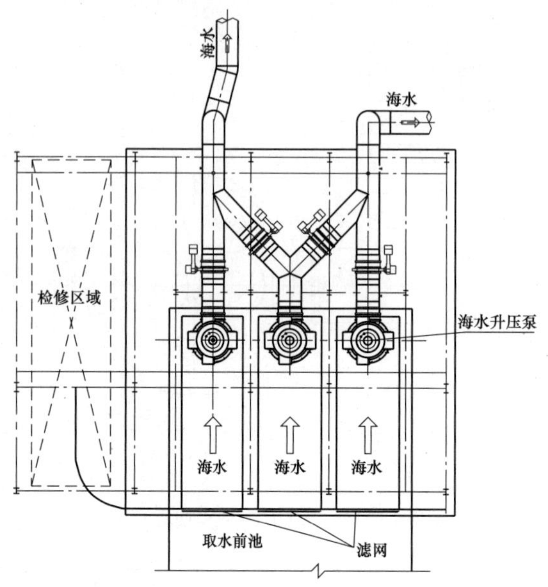

图 4-93　海水升压泵（立式泵）泵站平面布置示意

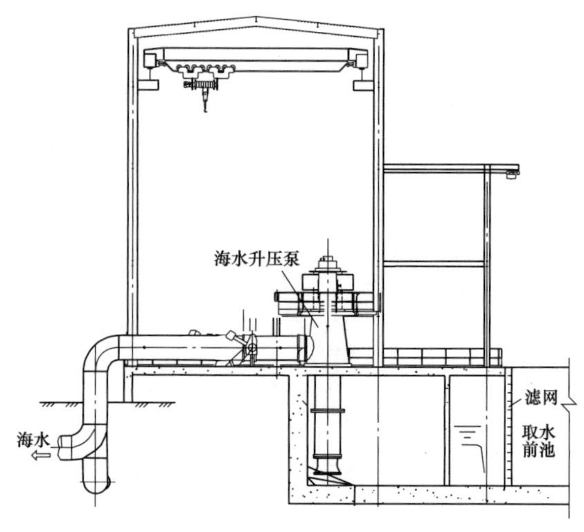

图 4-94　海水升压泵（立式泵）泵站断面布置示意

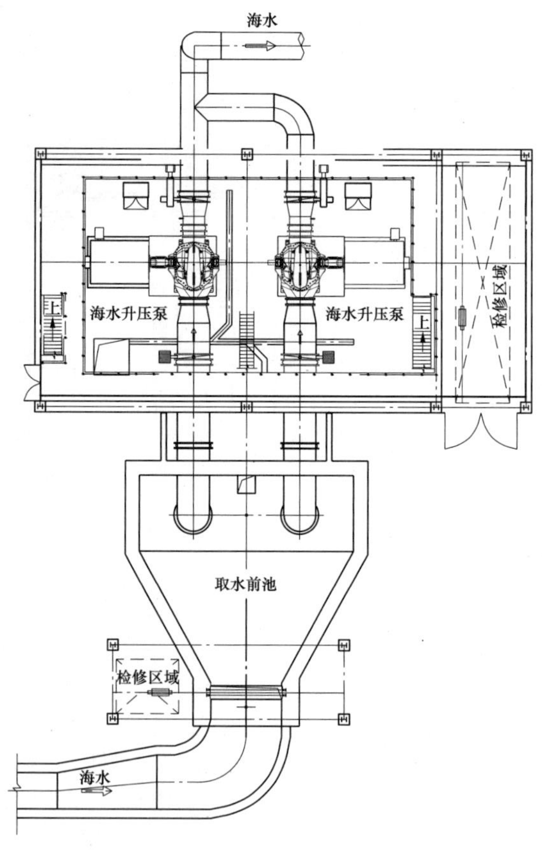

图 4-95　海水升压泵（卧式泵）泵站平面布置示意

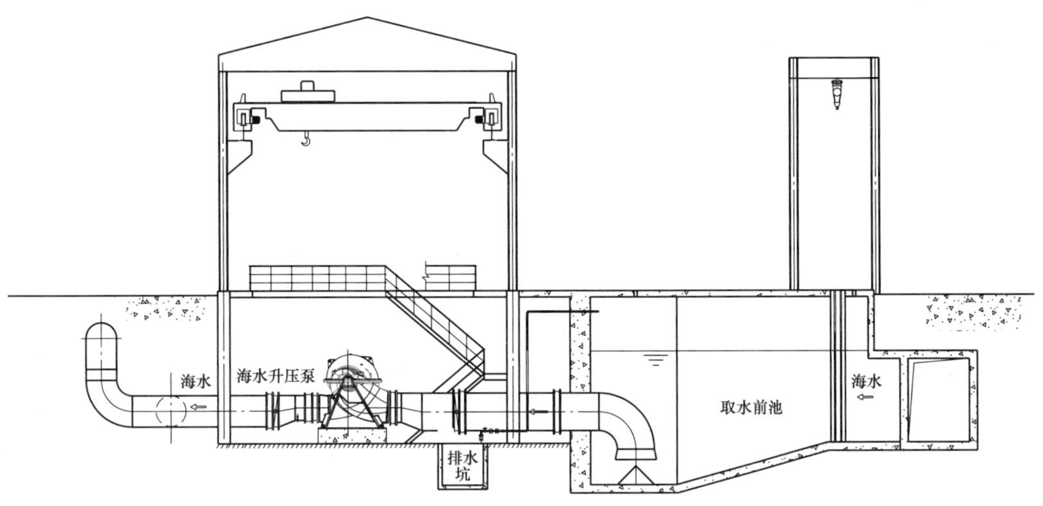

图 4-96 海水升压泵（卧式泵）泵站断面布置示意

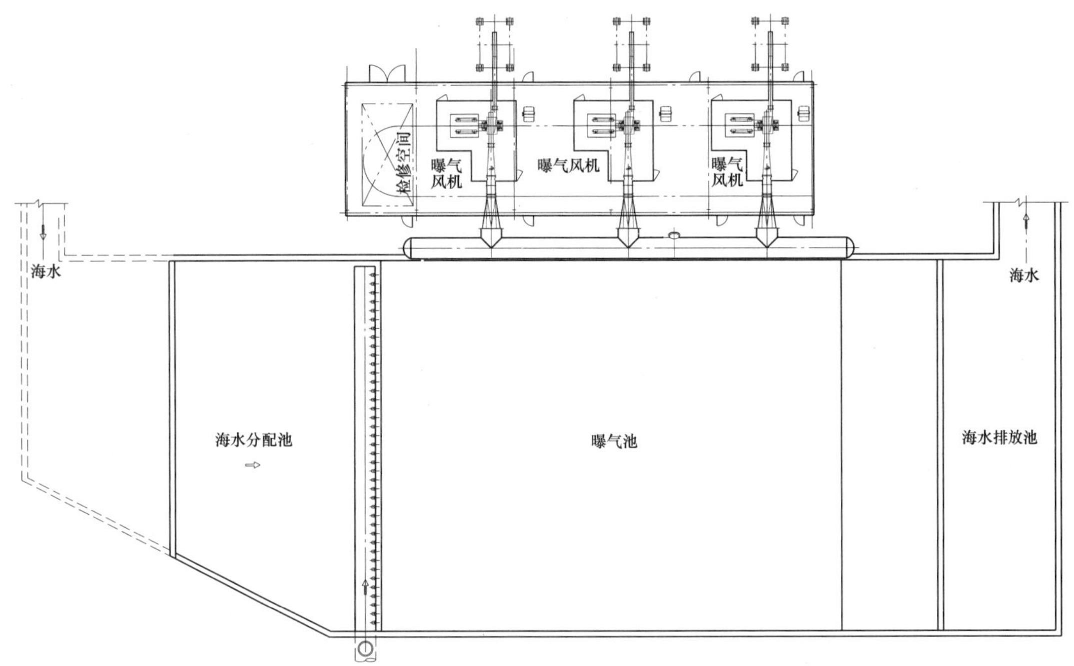

图 4-97 曝气池区域平面布置示意

表 4-38 **项目新建阶段电厂设计、校核煤种煤质资料**

名称及符号		单位	设计煤种	校核煤种 1	校核煤种 2
工业分析	收到基全水分 M_{ar}	%	14.00	9.3	9.61
	空气干燥基水分 M_{ad}	%	8.49	8.24	
	收到基灰分 A_{ar}	%	11.00	11.79	19.77
	收到基挥发分 V_{ar}	%	27.33		22.82
	收到基固定碳 FC_{ar}	%	47.67		47.8
	干燥无灰基挥发分 V_{daf}	%	36.44	50.63	32.31

续表

名称及符号		单位	设计煤种	校核煤种 1	校核煤种 2
收到基低位发热量 $Q_{net,ar}$		MJ/kg	22.76	24.61	22.44
哈氏可磨性指数　HGI			56	35	54.81
元素分析	收到基碳　C_{ar}	%	60.33	62.76	58.60
	收到基氢　H_{ar}	%	3.62	4.65	3.36
	收到基氧　O_{ar}	%	9.95	10.23	7.28
	收到基氮　N_{ar}	%	0.69	0.82	0.79
	收到基全硫　$S_{t,ar}$	%	0.41	0.45	0.63
灰熔融性	变形温度　DT	℃	1130	1420	1110
	软化温度　ST	℃	1160	1440	1190
	流动温度　FT	℃	1210	>1500	1270
灰分分析	二氧化硅　SiO_2	%	36.71	59.42	50.41
	三氧化二铝　Al_2O_3	%	13.99	28.28	15.73
	三氧化二铁　Fe_2O_3	%	13.85	3.75	23.46
	氧化钙　CaO	%	22.92	2.77	3.93
	氧化镁　MgO	%	1.28	0.81	1.27
	三氧化硫　SO_3	%	9.3	1.67	1.23
	氧化钠　Na_2O	%	1.23	0.32	1.1
	氧化钾　K_2O	%	0.72	0.83	

表 4-39　　烟气超低排放改造煤质分析数据

项目	符号	单位	设计煤种	校核煤种
收到基碳	C_{ar}	%	51.58	60.33
收到基氢	H_{ar}	%	3.77	3.62
收到基氧	O_{ar}	%	13.36	9.95
收到基氮	N_{ar}	%	0.69	0.69
收到基硫	S_{ar}	%	0.60	0.41
全水分	M_{ar}	%	22.00	14.00
空气干燥基水分	M_{ad}	%	13.10	8.49
收到基灰分	A_{ar}	%	8.00	11.00
干燥无灰基挥发分	V_{daf}	%	47	36.44
哈氏可磨性指数	HGI		55	56
冲刷磨损指数	K_e		—	0.77
低位发热值	$Q_{net,ar}$	MJ/kg	19.3	22.76

2. 脱硫装置设计输入

项目新建阶段，脱硫装置的设计输入数据（两台机组）见表 4-40。

表 4-40　　项目新建阶段，脱硫装置的设计输入数据（两台机组）

项目	单位	设计煤种	校核煤种	备注
含硫量	%	0.9	1.0	
小时耗煤量	t/h	2×368	2×373	
脱硫效率	%	≥92		
FGD 入口烟气参数				
烟气量（标准状态，湿基，实际含氧量）	m^3/h	2×3299106	2×3240327	BMCR
烟气量（标准状态，干基，实际含氧量）	m^3/h	2×3039004	2×3008888	BMCR
烟气温度	℃	113	112	BMCR
	℃	≥180		旁路运行
引风机出口烟气压力	Pa	0		BMCR
FGD 入口烟气中污染物成分（标准状态，干基，6%O_2）BMCR				
SO_2	mg/m^3	1960	2226	
粉尘浓度	mg/m^3	≥100		
吸收剂——海水主要水质资料				
pH 值	—	8.13		
总碱度	mmol/L	2.12		
溶解氧（DO）	mg/L	7.71		
生化需氧量（BOD）	mg/L	0.87		
进入吸收塔的海水量（单台炉）	m^3/h	23040		
FGD 出口烟气中污染物成分（标准状态，干基，6%O_2）BMCR				
SO_2	mg/m^3	≤156		
粉尘浓度	mg/m^3	≤50		
烟气温度	℃	≥69		
FGD/吸收塔出口烟气温度	℃	约 69/40		

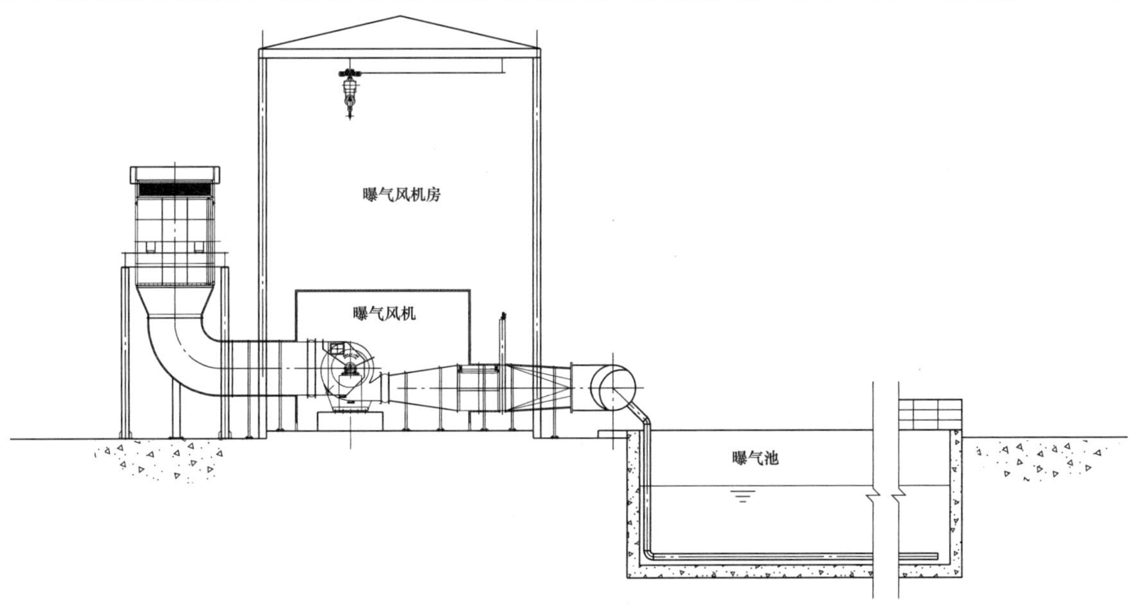

图 4-98　曝气池区域断面布置示意

在 2016～2017 年烟气超低排放改造阶段，根据改造煤种资料，修正了脱硫装置的设计输入数据（两台机组），详见表 4-41。

（三）主要设计原则

（1）脱硫装置采用海水脱硫工艺。脱硫装置可用率大于或等于 98%。

表 4-41 超低排放改造脱硫设计输入数据（两台机组）

项目	单位	设计煤种	备注
脱硫效率	%	98	
FGD 入口烟气参数			
烟气量（标准状态，湿基，实际含氧量）	m^3/h	2×3299106	BMCR
烟气量（标准状态，干基，实际含氧量）	m^3/h	2×3039004	BMCR
烟气温度	℃	113	BMCR
FGD 入口烟气中污染物成分（标准状态，干基，6%O_2）BMCR			
SO_2	mg/m^3	1704	
粉尘浓度	mg/m^3	≤20	
FGD 出口烟气中污染物成分（标准状态，干基，6%O_2）BMCR			
SO_2	mg/m^3	≤35	

（2）新建工程脱硫装置的设计/校核含硫量按0.9%/1.0%选取，脱硫率大于或等于 92%，设计工况采用锅炉 BMCR 工况下燃用设计煤种时的烟气条件。

在烟气超低排放改造中，根据煤源情况，脱硫装置入口设计 SO_2 浓度按 1704mg/m^3（标准状态），脱硫率大于或等于 98%，脱硫装置出口 SO_2 浓度小于或等于 35mg/m^3（标准状态）。

（3）每台炉设置 1 套吸收塔（2 座塔并联）、1 套海水输送及恢复系统。

（4）新建工程烟气系统设置 2×50%容量的脱硫增压风机、设置 100%容量的旁路烟道、设置回转式 GGH。

在综合节能、环保改造中，取消脱硫增压风机，实施“引增合一”、取消旁路烟道。为保证脱硫系统的脱硫效率，将回转式 GGH 更换为管式 GGH。

（5）脱硫后的海水由吸收塔底排出，自流至曝气池，经充分曝气氧化，使海水内的 SO_3^{2-} 氧化率大于85%、pH≥6.8、COD_{Mn} 排放值小于 4mg/L、溶解氧大于 4mg/L，使排放海水水质不低于 GB 3097—1997《海水水质标准》所规定的三类海水水质要求。

（四）脱硫工艺系统

1. 烟气系统

改造前新建工程脱硫烟气从烟囱前的水平烟道引接，由脱硫入口挡板门进入脱硫装置，经增压风机增压后送入回转式烟气换热器（GGH）降温，进入吸收塔内洗涤脱硫后的烟气经除雾器除去雾滴和回转式烟气换热器加热至 70℃，再通过烟囱排放。

每台炉设置 2 台静叶可调轴流式增压风机，增压风机设在 GGH 进口原烟气侧。

每台炉设置 1 台回转式 GGH，漏风率小于 1%。

每套烟气系统设置 100%容量的旁路烟道及旁路挡板门，锅炉启动过程中或脱硫系统解列时，脱硫入口挡板门和出口挡板门关闭，旁路挡板门打开，来自锅炉引风机的烟气由旁路烟道直接进入烟囱排放。

随着环保政策的升级，脱硫烟气系统后续进行了一系列综合节能环保改造，如“引增合一”、取消旁路烟道。为保证脱硫装置的脱硫效率，将回转式 GGH 更换为管式 GGH，同时优化锅炉引风机出口至烟囱入口烟道布置等。通过上述改造，使脱硫烟气系统更简单，更节能，烟气流道更顺畅，运行维护工作量更小。

2. 二氧化硫吸收系统

二氧化硫吸收系统是脱硫装置的核心系统，每台机组设置一套吸收系统。原烟气进入吸收塔与喷淋的海水逆流接触，去除烟气中的 SO_2，整个吸收过程在吸收塔内完成。

改造前吸收塔采用填料式逆流吸收塔。新鲜海水自吸收塔上部进入，烟气自塔底向上流经填料层，与海水充分接触，烟气中的 SO_2 迅速被海水吸收。脱硫后的干净烟气经除雾器除去携带的水雾后自塔顶排出，然后进入 GGH 加热。洗涤烟气后的酸性海水从吸收塔底排出塔外，经排水管流入海水水质恢复系统。

每台机组设置一套（2 座）带有玻璃鳞片树脂涂层的钢筋混凝土脱硫吸收塔塔体。吸收塔的下部设置海水池；吸收塔内上部设置除雾器和海水喷淋系统。海水喷淋母管及支管采用 FRP 材料；除雾器采用一级平板式除雾器，材质为 PP，并设置除雾器冲洗水系统。

在烟气超低排放改造中，吸收塔脱硫效率要求不低于 98%，需对吸收塔设备内部件进行升级改造，如将原微孔式海水分布器升级为喷嘴式海水分布器，填料层高度调整，平板式除雾器改造为高效除雾器等。

3. 海水供应系统

每台机组设置单独的海水供应系统。

脱硫系统的海水来自机组循环水系统的全部温排水，由虹吸井后引出，分为两路。一路由海水升压泵送至脱硫吸收塔上部，与烟气接触，洗涤烟气并吸收 SO_2，反应后的海水自流排至海水水质恢复系统；一路从虹吸井引出经管道直接送至海水水质恢复系统，与脱硫海水在海水水质恢复系统中混合、曝气。脱硫排水达标后由电厂的循环水排水口排入大海。

每台机组设置 2 台 50%容量的海水升压泵，未设备用泵。海水升压泵采用立式混流泵。

在烟气超低排放改造中，经技术方核实，现有海水供应系统容量可满足吸收塔脱硫效率 98%的需求。

4. 海水水质恢复系统

海水水质恢复系统按每台机组设置一套海水水质恢复系统设计。

海水水质恢复系统包括曝气池，曝气风机，空气分配管道，进、排水设施等。

来自机组循环水系统虹吸井后的大量新鲜海水进入曝气池的配水区进行水量分配，其中，大部分海水进入曝气区的前端，和直接进入这里的脱硫后的海水混合，小部分新鲜海水经旁路流道直接进入排放区。

混合后的海水在曝气区内向前流动过程中进行曝气，通过曝气风机向曝气池内鼓入大量的空气，以产生大量细碎的气泡使曝气池内海水中的溶解氧达到饱和，并将容易分解的亚硫酸盐氧化成稳定的硫酸盐，通过曝气还可使海水中的碳酸根 CO_3^{2-} 和碳酸氢根 HCO_3^- 与吸收塔排出的 H^+ 加速反应，释放出 CO_2，使海水满足排放标准的要求。

曝气池分为配水区、曝气区、排放区和旁路区，采用钢筋混凝土结构，曝气池内壁接触酸性海水处采用玻璃鳞片涂层防腐。

每台机组设置 3 台曝气风机，其总流量满足设计工况下曝气池所需风量的 100%。

在烟气超低排放改造中，经技术方核实，现有海水水质恢复系统容量可满足吸收塔脱硫效率 98%的需求。

5. 工艺水系统

脱硫装置的工艺水水源由电厂工艺水提供，最大用水量约为 $55m^3/h$，主要用于 GGH、吸收塔除雾器及管道系统的冲洗。在脱硫岛内设置一个工艺水水箱，配备一台工艺水泵，升压后分别供两套 FGD 装置用水，对 GGH、除雾器和相关的管道进行冲洗。

6. 工业水系统

脱硫系统的设备冷却水接自主体工程的辅机冷却水系统，主要用于增压风机、GGH、曝气风机等大型设备的轴承冷却，每台机组用水量约为 20t/h，系统采用单元制，每台机组设置一个水箱，两台水泵。

7. 压缩空气

脱硫岛内仪用压缩空气主要用于旁路挡板门的控制、烟气在线监测仪 CEMS 系统的吹扫，消耗量约为 $1m^3/h$（标准状态），压力 0.7MPa，间断使用。在岛内设置仪用压缩空气储气罐，维持整个脱硫控制设备连续工作不小于 15min 的耗气量。

脱硫岛杂用压缩空气为检修用气源。在岛内设置杂用压缩空气储气罐。

8. 脱硫系统主要设备

新建工程脱硫系统主要设备（两台机组），见表 4-42。

表 4-42　新建工程脱硫系统主要设备（两台机组）

序号	名称	型号规格	数量	备注
1	烟气系统			
	脱硫增压风机	形式：静叶可调轴流式； 流量：$2632034m^3/h$（TB 点）； 压力：3600Pa（TB 点）； 电动机功率：3400kW	4 台	1 炉 2 台，在后续改造中取消，实施“引增合一”
	烟气-烟气换热器（GGH）	回转式，漏风率小于 1%。包括低泄漏风机、高压冲洗水泵、吹灰器等。 原烟气进口温度：约 113℃。 进入烟囱前净烟气温度：≥69℃	2 套	1 炉 1 套，在后续改造中更换为管式 GGH

续表

序号	名称	型号规格	数量	备注
2	二氧化硫吸收系统			
	吸收塔	16.25m×16.05m×15m（长×宽×高）； 逆流填料塔（包括除雾器、喷嘴、填料层等）	4 座	1 炉 2 座
3	海水供应系统			
	海水升压泵	流量：$11520m^3/h$； 扬程：17m； 电动机功率：800kW	4 台	1 炉 2 台
4	海水水质恢复系统			
	曝气池	85m×41m×6m（长×宽×深）	2 座	1 炉 1 座
	曝气风机	形式：离心式鼓风机； 流量：$31.84/51.26/51.26m^3/s$； 压力：32kPa； 电动机功率：1400/2240/2240 kW	6 台	1 炉 3 台

（五）脱硫装置布置

新建工程脱硫装置布置在主厂房的南侧，即每台机组烟囱与排水明渠之间，2 台机组的脱硫装置以烟囱中心线对称布置。每台机组的脱硫场地东西向宽约 100m，南北向长约 130m，占地面积约 $26000m^2$。脱硫区域分为吸收塔区和海水曝气区两个区域。脱硫装置采用室内与露天布置相结合的方式，曝气风机采用室内布置，其他设备均为露天布置。

改造前，吸收塔区场地上自烟囱中心线向两侧分别布置有吸收塔、GGH、增压风机及连接烟道、海水升压泵站。考虑减少占地面积、缩短烟道长度、减少烟道系统阻力、节约能源，将 GGH 布置在吸收塔顶部；海水升压泵露天布置在虹吸井旁，升压泵入口布置阀门井。脱硫电子设备间、配电间、工艺水箱、工艺水泵等公用设施布置在两台机组中间的输煤栈桥下面。脱硫增压风机布置在 FGD 上游进口原烟道上，位于 GGH 之前，使风机运行在烟气露点温度以上。

每座吸收塔配置一个低位集水池和一台排水泵，布置在吸收塔附近。

海水曝气区场地上布置曝气池及曝气风机房。将曝气风机房布置在吸收塔区道路侧。曝气风机房离道路及吸收塔区较近，操作、维护、检修方便。具体布置情况，见图 4-99～图 4-104。

在综合节能、环保改造中，仅脱硫烟气系统有变化，如“引增合一”、取消旁路烟道、回转式 GGH 更换为管式 GGH、优化锅炉引风机出口至烟囱入口烟道布置等，改造后脱硫装置烟气系统布置情况，见图 4-105～图 4-107。

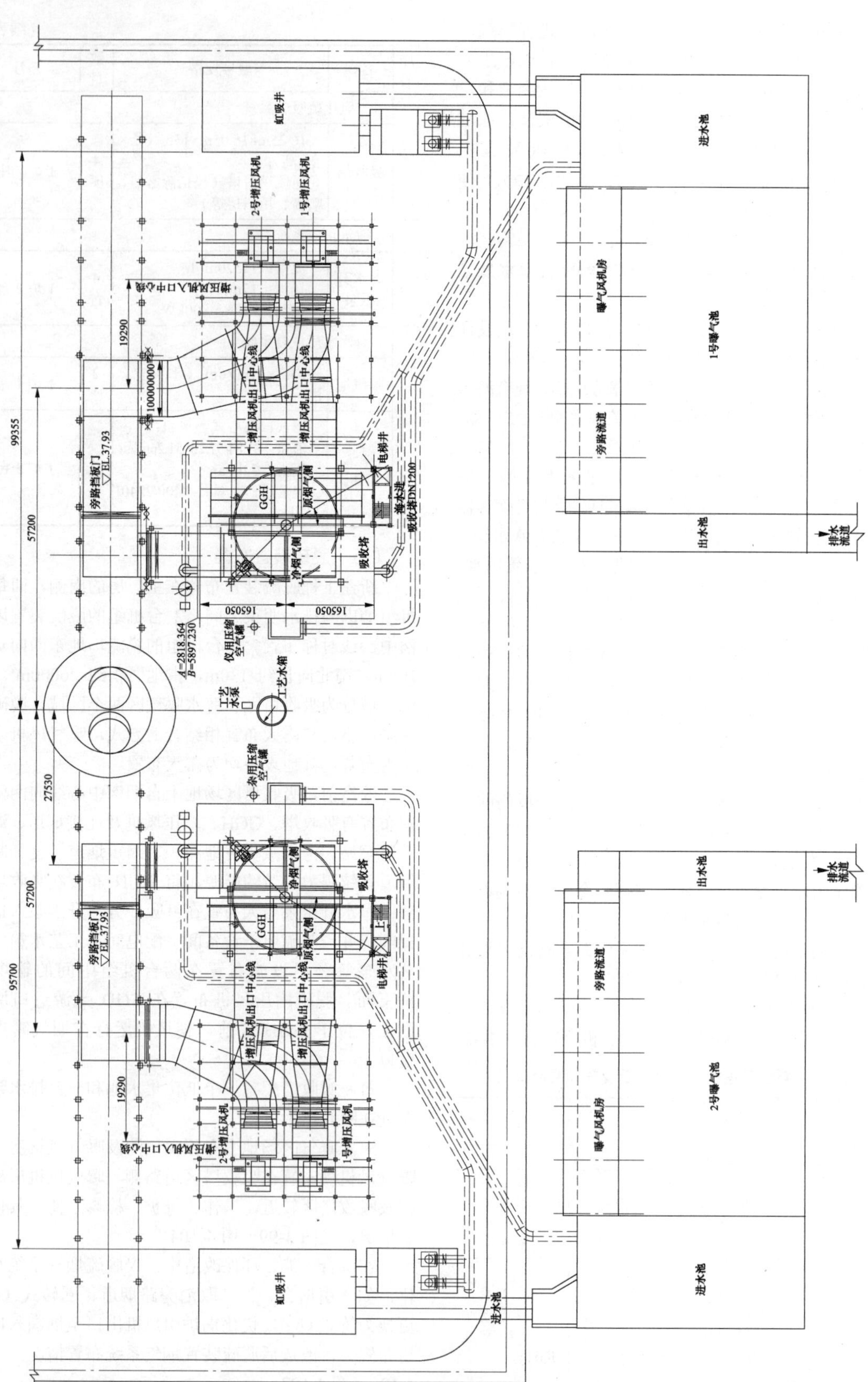

图 4-99　海水脱硫装置总平面布置

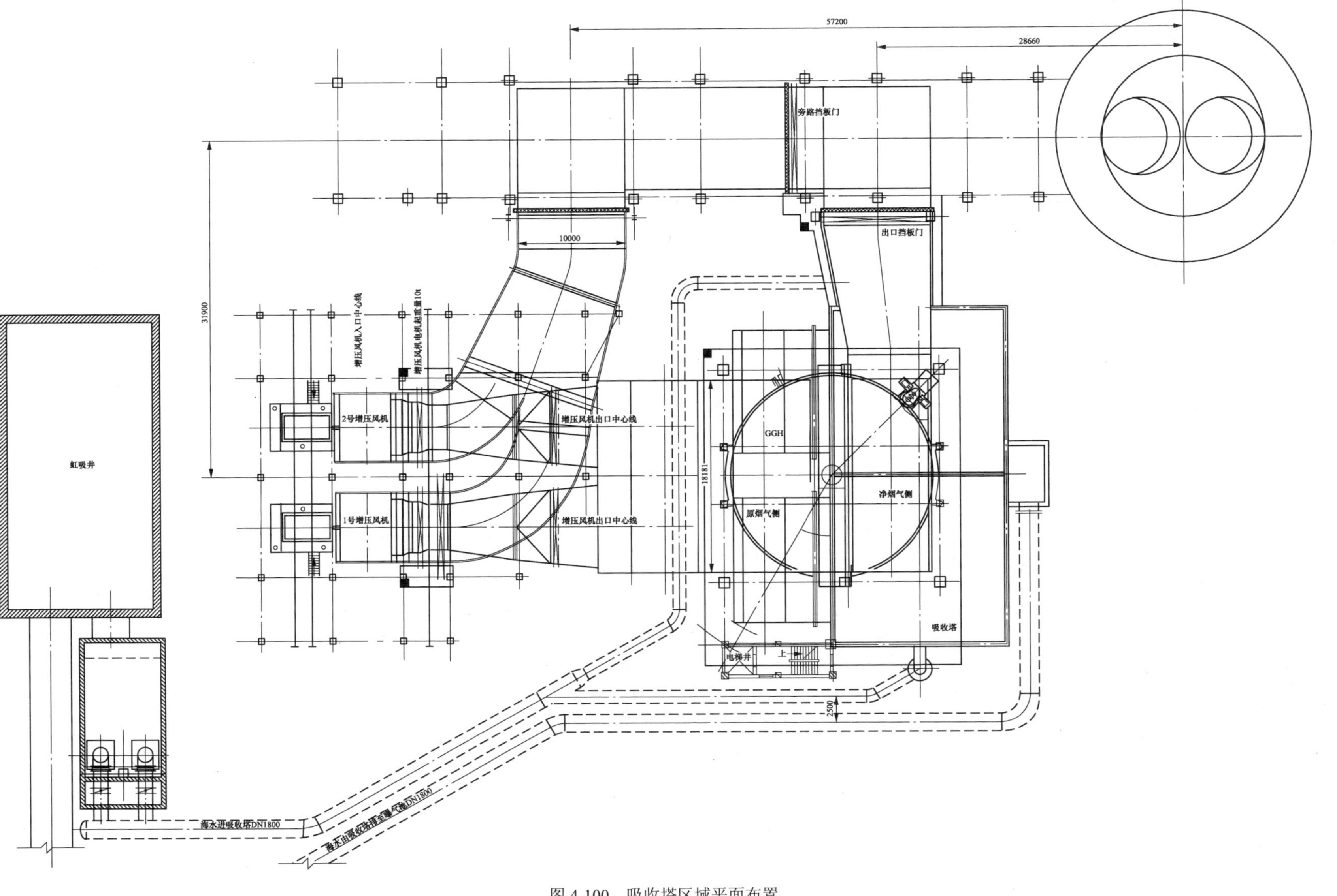

图 4-100　吸收塔区域平面布置

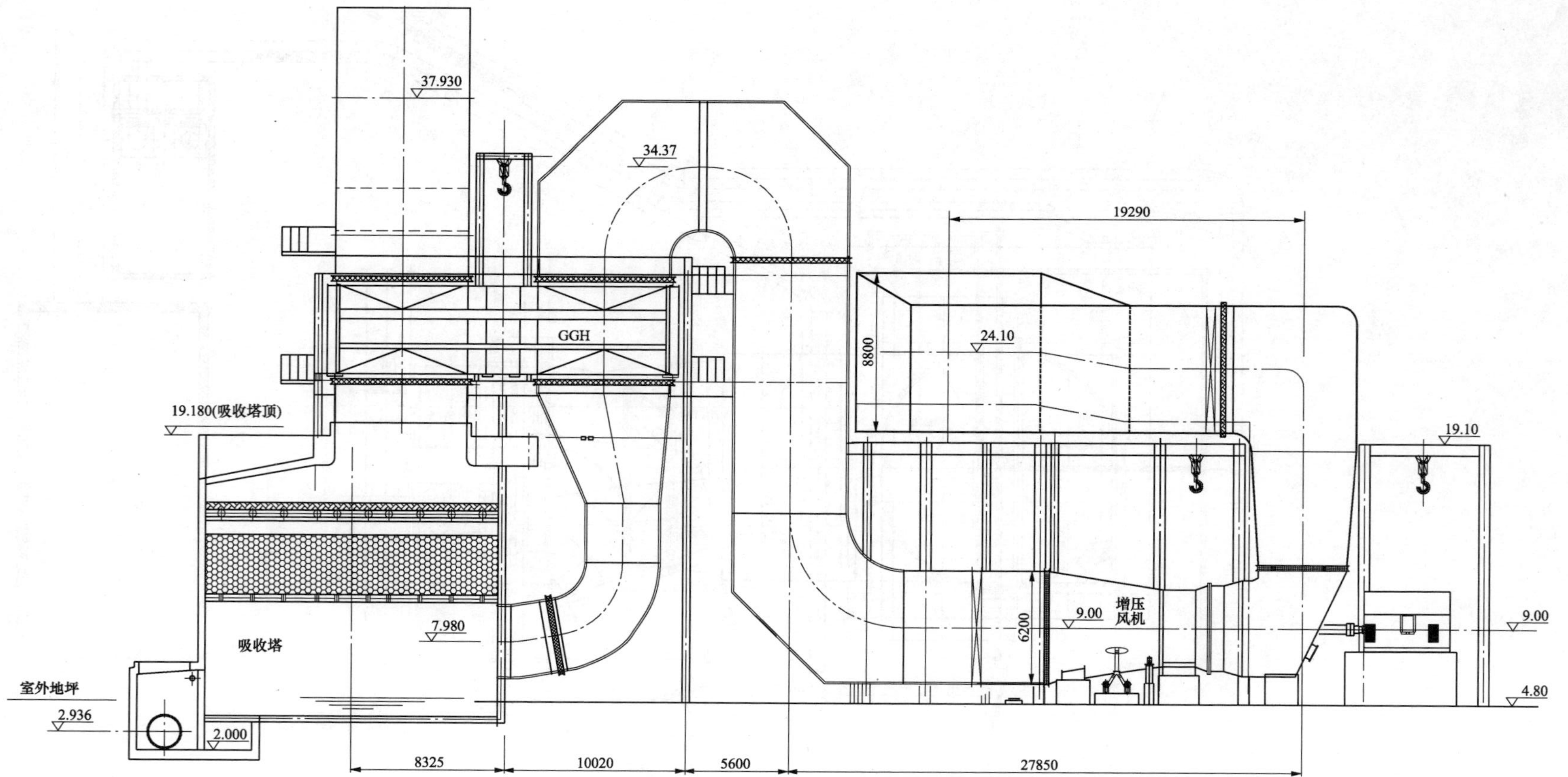

图 4-101 海水脱硫装置断面布置

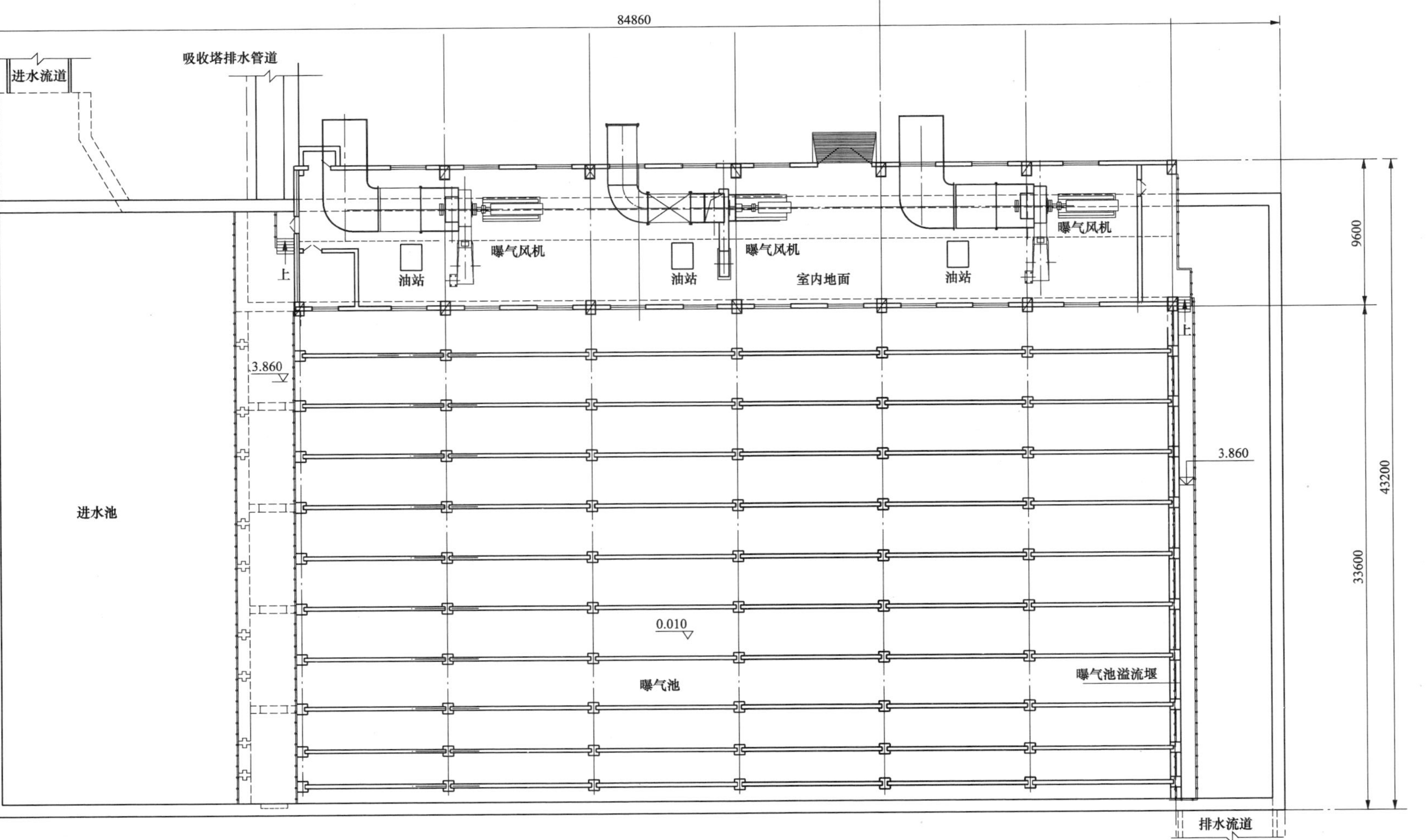

图 4-102　曝气池平面布置

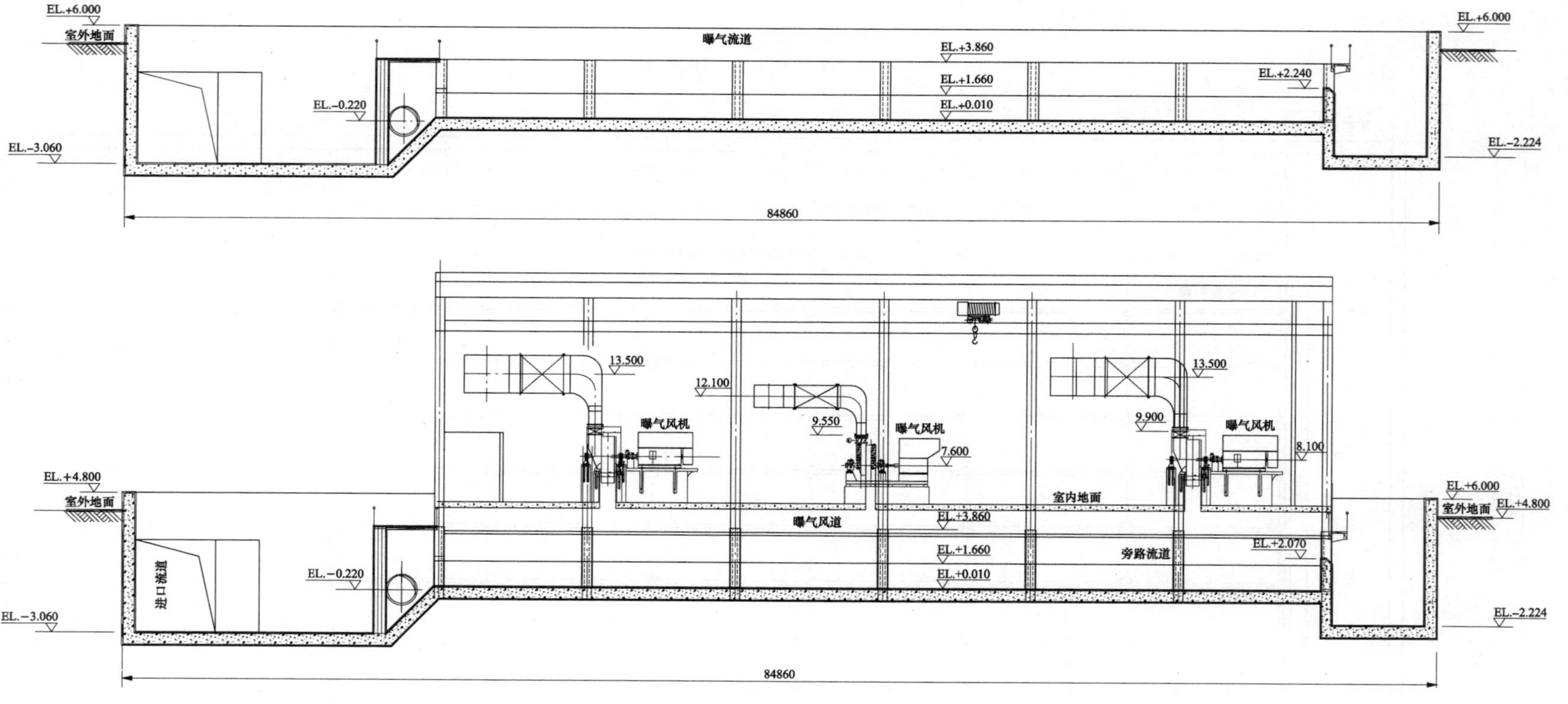

图 4-103 曝气池断面布置

图 4-104 海水升压泵站断面布置

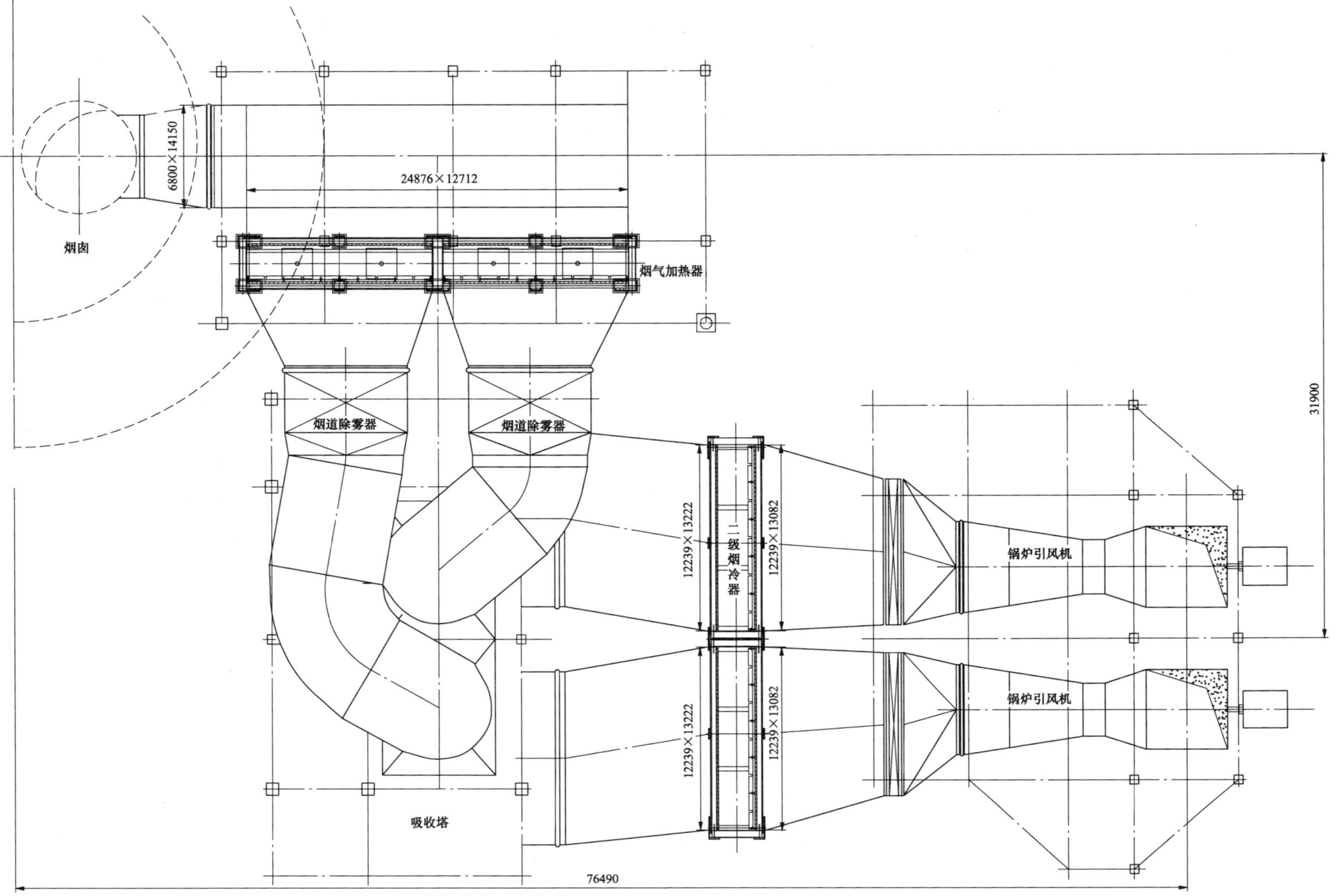

图 4-105 海水脱硫装置烟气系统平面布置（改造后）

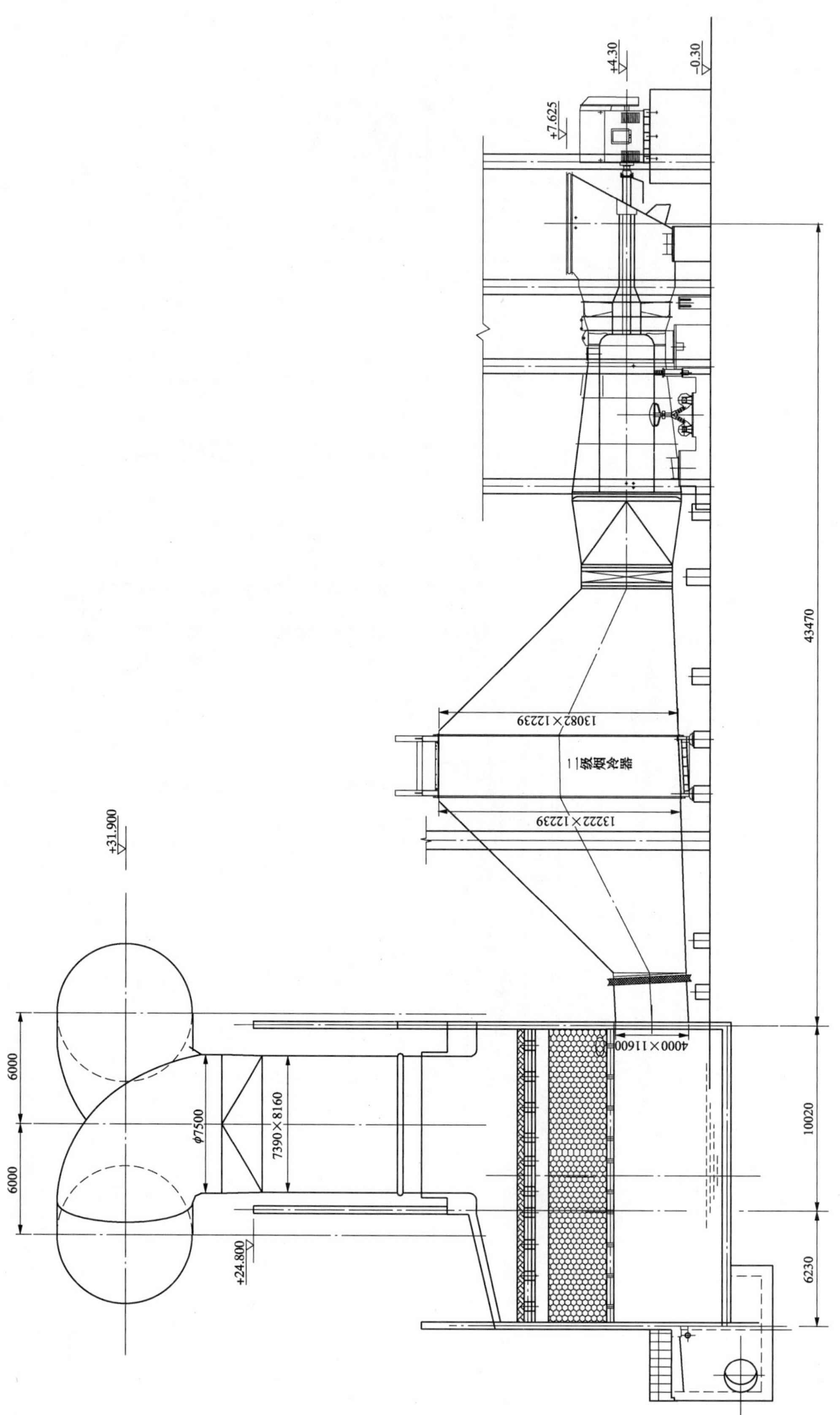

图 4-106　海水脱硫装置烟气系统断面布置（改造后）（一）

（六）实施效果

该电厂一期工程2台机组从2009年9月底投产发电后，脱硫装置运行稳定，且各项指标均能满足设计要求。为满足不断升级的环保政策，脱硫装置先后进行了一系列综合节能、环保改造，如“引增合一”、取消旁路烟道，回转式GGH更换为管式GGH，烟气超低排放升级改造等，最终实现了脱硫效率≥98%，烟气SO_2排放浓度不大于35mg/m^3（标准状态）。

七、国内外部分海水脱硫装置设计数据

海水脱硫工艺因其工艺特点原因，目前应用范围较石灰石-石膏湿法工艺小，工程案例也相应较少。国内外部分工程海水脱硫装置相关设计数据见表4-43，供参考。

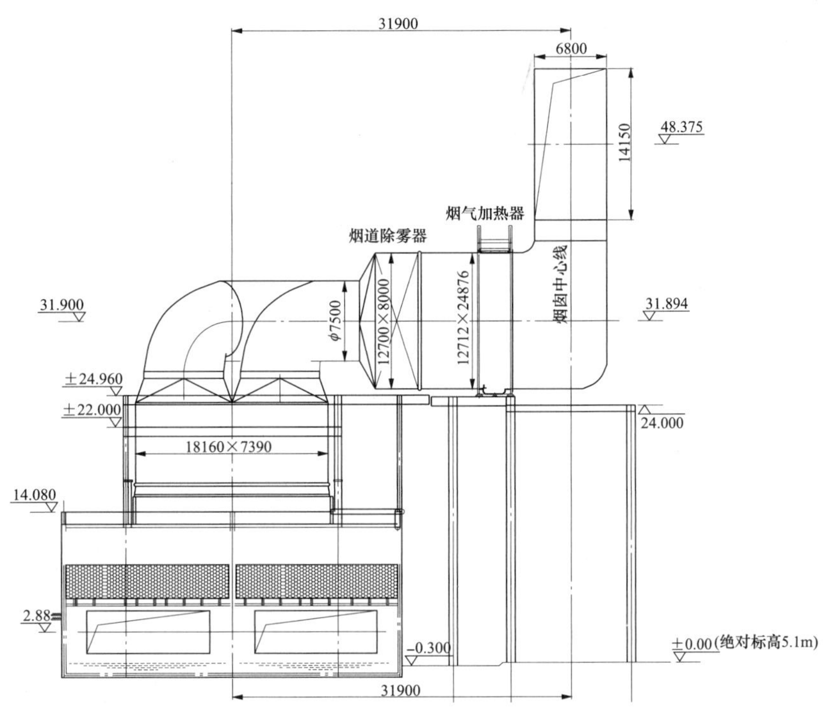

图4-107 海水脱硫装置烟气系统断面布置（改造后）（二）

表4-43 国内外部分工程海水脱硫装置相关设计数据

项目 \ 工程	A厂	B厂	C厂	D厂	E厂	F厂	G厂	H厂	I厂	J厂
一	SO_2吸收系统									
吸收塔入口烟气量（标准状态，m^3/h）	120×10^4	113.3×10^4	232.6×10^4	125×10^4	133.8×10^4	240×10^4	266.3×10^4	330×10^4	191.6×10^4	113.5×10^4
吸收塔入口SO_2浓度（标准状态，mg/m^3）	约1400	约2488	约1244	约2285	约1788	约1950	约2513	约2226	约2343	约1539
脱硫效率（%）	≥90	≥90	≥95	≥95	≥90	≥85*	≥71*	≥92	≥90	≥95
吸收塔配置	1炉1塔	1炉1塔	1炉1塔	1炉1塔	1炉1塔	1炉1塔	1炉1塔	1炉2塔	1炉2塔	1炉1塔
吸收塔类型	填料塔	填料塔	填料塔	填料塔	填料塔	填料塔	填料塔	填料塔	喷淋塔	喷淋塔
吸收塔尺寸（长×宽×高/直径×高，m×m×m）	14.3×14.3×18.4	14.3×14.3×18.4	φ16.55×19.45	16×16（方形）	14.2×14.2×16.43	17.85×15.85×16.9	19.85×15.85×18.5	16.25×16.05×15	φ12×38	φ12×30.5

续表

项目＼工程	A厂	B厂	C厂	D厂	E厂	F厂	G厂	H厂	I厂	J厂
吸收塔内烟气流速（m/s）	约2.3	2～3	约3	约1.9	2～3	2～3	约3	2～3	约2.8	约3
吸收塔内烟气停留时间（s）		约8	约8	约2	2～3	2～3	约2.5	2～3		6～8
液气比（标准状态，L/m^3）	约6.65	约8.83	约11.88	约14.4		约8.4	约7.2	约7	约20.4	
吸收塔阻力（Pa）	约1140	约1200	约950	约1000			约1400		约2200	
进入吸收塔的海水量（m^3/h）	约7360	约10000	约13300	6000～9000		约20000	约16000	约23040	约19500	
二	海水供应系统									
海水升压泵（台数）	1炉2台，1运1备	两台炉公用，2运1备	1炉2台，不设备用	1炉3台，2运1备		两台炉公用，2运1备	1炉2台，1运1备	1炉2台，不设备用	1炉2台，1运1备	
泵形式	离心泵	离心泵	离心泵	离心泵		离心泵	离心泵	离心泵	离心泵	
流量（m^3/h）	约7360	约10000	约6650	3000～4500		约20000	约16000	约11520	约19500	
扬程（mH_2O）	约25	约17.5	约30	约31.2		约18	约18	约17	约47.1	
三	海水恢复系统									
系统配置	每炉设一套	每炉设一套	每炉设一套	每炉设一套	每炉设一套	两炉设一套	每炉设一套	每炉设一套	每炉设一套	每炉设一套
曝气池尺寸（长×宽，m×m）	42.35×19.8				59.4×59.86	167×30	76.6×32	85×41	106×26	88.7×5.3
混合池（长×宽×高，m×m×m）	19.8×4.8×4.9					11×30×7.35	21.1×32×7.2	39.4×20.06×7.86		17.1×8×5.9
海水停留时间（min）	约1	1～6	7～10		约6.7	约2.7	约2	约2.4	约13	5.4～5.6
曝气风机（台数）	1炉2台，不设备用	1炉4台，不设备用	1炉2台，不设备用	1炉2台，不设备用		2炉6台，4运2备	1炉3台，2运1备	1炉3台，2大1小，不设备用	1炉3台，2运1备	1炉3台，2运1备
风机类型	离心风机	离心风机	离心风机	离心风机		离心风机	离心风机	离心风机	罗茨风机	离心风机
流量（标准状态，m^3/s）	约16.01	42.67～166.67（总风量）	约26.39	8.33～3.89		22.23	22.23	51.26/31.84	约3.17	约11
扬程（kPa）	约24.5	7～30	约32	约37		约30	约32	约32	约93.35	约34.3
四	海水排放水质									
pH值	6.5～6.9	≥6.8	≥6.8	≥6.8	≥6.8	≥6.5	≥6	≥6.8	≥6.5	≥6.8
COD（mg/L）	0.86	≤5	≤5	≤5	≤3	≤6	≤6	≤4	≤2.5	≤0.5
DO（mg/L）	≥5	≥3	≥3	≥4	≥3	≥3		≥4	≥5	≥5

* 该电厂当地环保要求较低。

第四节　氨法烟气脱硫工艺

氨法烟气脱硫是指采用氨基物质作为吸收剂，反应后生成硫酸铵化肥的湿法脱硫工艺，是化工行业自备电厂应用较为广泛的一种脱硫工艺。其主要优势是技术成熟可靠、脱硫效率高、投资适中、运行经济性好，能适应不同容量机组和各种燃煤种类等。

本节主要介绍氨法烟气脱硫工艺的脱硫原理、系统说明、设计要求、系统流程和典型系统图、系统及设备选型计算、主要设备、典型布置和工程案例等。

一、系统说明

（一）系统简介

氨法烟气脱硫工艺的反应机理是氨与 SO_2、水反应生成脱硫副产物。该工艺采用碱性的氨基物质作为脱硫吸收剂，从烟气中脱除 SO_2，脱硫反应产生亚硫酸氢铵，经强制氧化生成硫酸铵，经过脱水及干燥处理后的硫酸铵具有综合利用价值，可作为农用肥料。该工艺具有技术较为成熟、煤种适用范围广、脱硫效率高、吸收剂较易获得、副产物可综合利用等特点，脱硫效率可达 99%以上。目前，通过采用超声波脱硫除尘一体化等超低排放技术，应用多项吸收提效技术，氨法脱硫效率可达到 99.8%以上，可实现超低排放。

氨法烟气脱硫装置全景，见图 4-108。

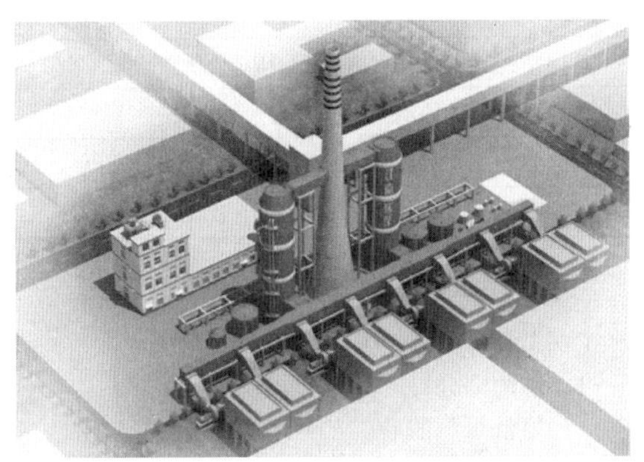

图 4-108　氨法烟气脱硫装置全景

（二）脱硫原理

氨法烟气脱硫工艺主要由吸收过程和结晶过程组成。在吸收塔中，烟气中的 SO_2 与含氨的吸收剂溶液逆向接触，SO_2 被氨水吸收，生成亚硫酸氢铵；在吸收塔底部浆液槽中，亚硫酸氢铵被充入的氧化空气强制氧化成硫酸铵。

主要化学反应方程式如下：

$SO_2+H_2O \longrightarrow H_2SO_3$（$SO_2$ 吸收溶解过程）

$NH_3+H_2O \longrightarrow NH_3 \cdot H_2O$（氨气吸收溶解过程）

$NH_3 \cdot H_2O+H_2SO_3 \longrightarrow NH_4HSO_3+H_2O$（中和反应过程）

$NH_4HSO_3+1/2O_2+NH_3 \cdot H_2O \longrightarrow (NH_4)_2SO_4+H_2O$

（强制氧化过程）

（三）系统流程

氨法烟气脱硫工艺流程按副产物的结晶方式可分为吸收塔内饱和结晶和吸收塔外蒸发结晶，吸收塔内饱和结晶是指在吸收塔内，利用进口烟气的热量，使副产物溶液达到饱和并析出晶体的过程；吸收塔外蒸发结晶是指在吸收塔外，利用蒸汽等热源，将副产物溶液进行蒸发并析出晶体的过程，一般采用二效蒸发。吸收塔内饱和结晶较为常用。

氨法烟气脱硫工艺系统主要由烟气系统、二氧化硫吸收系统、吸收剂储存及供应系统、副产物处置系统、脱硫装置用水系统、浆液排放与回收系统等组成，典型系统流程，见图 4-109。

1. 烟气系统

锅炉除尘器出口烟气经引风机送入脱硫吸收塔，净化后的烟气经吸收塔顶部的除雾器除去雾滴后排至烟囱。

2. 二氧化硫吸收系统

吸收塔是该系统的核心，其内部分为三段：上段为吸收及除雾区，中段为吸收及浓缩区，下段为氧化区。烟气从吸收塔中段进入，经降温后烟气中的 SO_2 在吸收塔中段及上段吸收区与喷淋液中的氨发生化学反应生成亚硫酸氢铵（浓度约为 5%），亚硫酸氢铵溶液进入吸收塔下段的循环浆池内与鼓入的空气进行强制氧化反应，生产硫酸铵。小部分硫酸铵溶液经二级循环泵打入吸收塔中部对烟气进行降温浓缩后自流入循环箱；大部分硫酸铵溶液经一级循环泵打入吸收塔上部的喷淋层，混有吸收剂的喷淋液对烟气中的 SO_2 进行脱除。循环箱内未达到结晶要求的溶液经二级循环泵循环至吸收塔，而达到结晶要求的浆液（含固量 10%～15%）经结晶泵送至副产物处理系统。

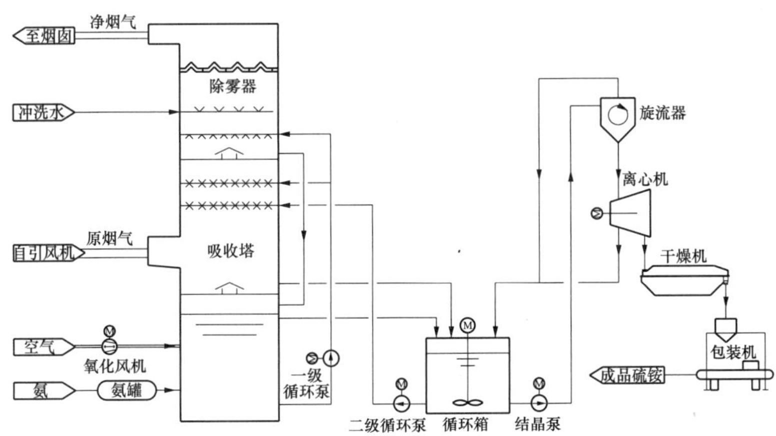

图 4-109　氨法烟气脱硫工艺典型系统流程（塔内饱和结晶）

3. 吸收剂储存及供应系统

液氨、氨水等氨基吸收剂运至脱硫岛内送入槽罐储存，经泵送入或自流进入吸收塔进行脱硫反应。进入吸收塔的液氨量根据脱硫装置进口 SO_2 浓度及吸收塔浆液的 pH 值进行调节。

4. 副产物处置系统

从吸收塔排出的硫酸铵浆液(含固量为 10%～15%)直接进入旋流器，经旋流器浓缩后的底流液（含固量为 30%～40%）自流至离心机，经离心机分离后得到含水率 2%～3%的固体硫铵，再送入干燥机干燥后得到含水率小于 1%的硫铵产品，经打包机打包后运至硫铵仓库储存待运。干燥机的流化空气经旋风除尘器、引风机返回至吸收塔。旋流器分离出来的溢流液进入溢流箱，通过溢流泵送至吸收塔循环使用。

5. 脱硫装置用水系统

脱硫装置用水主要有工艺用水和机械设备的冷却、密封水，均由主体工程提供。

脱硫工艺用水由工艺水泵及除雾器冲洗水泵送至脱硫系统各用水点。用水点主要包括脱硫塔补给水，所有浆液输送设备、输送管路的冲洗水或密封水，液氨罐冷却用水，氨区的事故喷淋水，脱硫塔循环槽补给水，除雾器冲洗水等。

6. 浆液排放与回收系统

设置事故检修槽，脱硫装置故障或检修工况下用于储存吸收塔内的浆液；吸收塔重新启动前，通过返回泵将事故检修箱内的溶液送回吸收塔。

脱硫装置的浆液箱、浆液管道和浆液泵等，在停运时需要进行冲洗，其冲洗水就近收集在各个区域的集水坑内，然后用泵送至吸收塔或事故检修槽。

（四）主要特点

氨法脱硫工艺系统主要特点，见表 4-44。

表 4-44　氨法脱硫工艺系统主要特点

项目	氨法脱硫工艺
脱硫效率	脱硫效率高，最高可达 99%以上
技术成熟程度	比较成熟
适用煤种	不受煤种限制，高、中、低硫煤均可应用，对于高硫煤项目，经济效益更佳
适用机组	一般适用于中小机组
占地情况	系统较复杂，占地面积较大
吸收剂种类	一般采用液氨和氨水，也可采用碳酸（氢）铵、尿素等氨基物质或化工等行业的副产氨
吸收剂品质要求	液氨宜符合 GB/T 536《液体无水氨》的合格品标准，氨含量 99.6%。氨水宜符合 HJ 2001《氨法烟气脱硫工程通用技术规范》中副产氨水标准，可稀释
氨硫比	2.02～2.06
耗电量	相对较低
耗水量	较高，采用烟气余热利用装置后可适当降低水耗
SO_3 的脱除率	可部分脱除
出口烟气温度	约 50℃
除尘器配置	脱硫前可采用静电除尘器、电袋除尘器或布袋除尘器；为适应超低排放，脱硫后可采用超声波高效除尘除雾装置
腐蚀方面	腐蚀严重，需考虑防腐措施
对烟囱要求	烟囱内部需进行防腐处理
废水处理	不产生废水
副产物成分	硫酸铵，具有综合利用价值
副产物利用	可作为化肥销售，综合利用效益较好

二、系统设计

（一）设计要求

1. 总的部分

(1)氨法烟气脱硫工艺的选择应根据燃煤含硫量、吸收剂供应条件、副产物综合利用条件、安全环境等因素进行技术经济比较后确定。

(2) 氨法烟气脱硫工艺技术方案应根据企业的规划及实际情况，选择与其生产条件相适应的工艺及设备，应选择安全、环保、节能的工艺和设备。

(3) 氨法烟气脱硫工艺系统设计应符合下列规定：

1) 脱硫工艺系统设计/校核工况应为锅炉 BMCR 工况下燃用设计/校核煤种时的烟气条件且吸收塔设计效率满足二氧化硫排放指标的要求。

2) 对于改造项目，脱硫系统设计工况和校核工况宜根据运行实测烟气参数确定，并考虑煤源变化趋势。

3) 烟气脱硫装置应能与机组同步进行调试、试运行、安全启停运行，其负荷变化速度应与锅炉负荷变化率相适应，并应能在锅炉任何负荷工况下连续安全运行。

(4) 进入脱硫系统的烟气中烟尘等杂质含量应不影响副产物质量及装置正常运行，其他有机物、还原性物质、可溶物等杂质应谨慎进入。

(5) 脱硫装置应设置有效的安全、消防、卫生设施，控制有害物质产生与扩散。

(6) 脱硫效率应满足项目环评审查批复意见的要求。氨逃逸浓度应低于 2mg/m^3，氨回收率应不小于 98%。

(7) 脱硫装置所需水、电、气、蒸汽等公用工程宜尽量利用电厂主体工程设施。

（8）脱硫工程应设置事故排水的应急措施，工艺废水应汇集回收，脱硫工程应无生产性废水排放。

（9）脱硫系统的设计、建筑应采取有效的隔声、消声、绿化等降低噪声的措施，噪声和振动控制的设计应符合 GB/T 50087《工业企业噪声控制设计规范》和 GBZ 1《工业企业设计卫生标准》的相关规定。

（10）厂区及厂界环境中 NH_3、SO_2、H_2S、粉尘等污染物浓度应符合 GBZ 2.1《工作场所有害因素职业接触限值 第 1 部分：化学有害因素》和 GB 14554《恶臭污染物排放标准》等规定的限值。

（11）脱硫系统设备和材料的防腐设计要求应满足 HJ 2001《氨法烟气脱硫工程通用技术规范》的规定。

2. 烟气系统

氨法脱硫烟气系统的设计要求同石灰石-石膏湿法脱硫，详见本章第二节相关内容。

3. 二氧化硫吸收系统

（1）二氧化硫吸收系统应能满足技术性能要求，宜选用占地少、流程短、节能低耗的工艺及设备。应根据主体工程生产要求进行主体工程与吸收塔的备用关系配置。主体工程生产要求更高时（系统可用率超过 98%），宜设置备用吸收塔。

（2）吸收系统应设置事故槽（池）。当全厂采用相同的脱硫工艺系统时，宜合用一座事故槽（池）。事故槽（池）的容量宜不小于容积最大的吸收塔最低运行液位时的总容量。

（3）吸收液系统应减少烟尘、油及其他杂质的进入，必要时宜配置相应的除杂质设施。

（4）吸收塔的液气比应达到脱硫性能的要求，喷淋层不应少于 4 层，若需满足更高的二氧化硫排放要求（脱硫效率超过 99%），建议喷淋层不应少于 5 层，其中主吸收段不应少于 3 层。

（5）宜采用低压力降的吸收塔形式。当进口 SO_2 浓度小于 2000mg/m^3 时，吸收塔压力降宜低于 1500Pa；当进口 SO_2 浓度大于 2000mg/m^3 时，吸收塔压力降宜低于 1700Pa；若需满足更高的二氧化硫排放要求（脱硫效率超过 99%），吸收塔压力降不宜超过 2000Pa。硫磺回收等尾气压力较高的情况下，吸收塔的压力应满足上游装置工艺要求。

（6）吸收塔应选择适宜的除雾技术和设备脱除净烟气中的液滴，既要保证二氧化硫达标排放，也要保证出口雾滴含量及总颗粒物达标。除雾器可设置在吸收塔的顶部或出口烟道上，应根据除雾效率和安装条件选择除雾器形式。

（7）吸收塔内部结构、液气比及喷淋层的设置应保证吸收液和烟气的充分接触，在保证脱硫效率的同时控制氨逃逸率。

（8）吸收液循环泵宜根据工艺特点设置，每个喷淋层至少设置一台独立的泵。吸收液循环泵及其他主要流程泵应保证可靠性，各功能段应在线备用 1 台泵。

（9）吸收塔氧化风机宜根据工艺要求的风量及风压进行选型，至少设一台备用。

4. 吸收剂储存及供应系统

（1）吸收剂应根据来源情况及当地条件进行安全、经济、环保等综合评价后选择，并采取安全防护措施。

（2）吸收剂可用液氨、氨水、碳酸（氢）铵、尿素等氨基物质。液氨宜符合 GB/T 536《液体无水氨》的合格品标准，氨含量 99.6%。氨水宜符合 HJ 2001《氨法烟气脱硫工程通用技术规范》中副产氨水标准，可在脱硫系统水平衡允许范围内降低氨水浓度要求。吸收剂中主要杂质含量还应满足表 4-45 的要求。

表 4-45 吸收剂中主要杂质含量要求

序号	项目	指标
1	S^{2-}	≤5 mg/L
2	Cl^-	≤20 mg/L
3	油脂	≤5 mg/L
4	酚类	≤10 mg/L
5	醇类	≤10 mg/L
6	悬浮物	≤20 mg/L
7	金属离子总量	≤15 mg/L
8	阴离子总量	≤35 mg/L
9	有机物总量	≤20 mg/L

注 其他杂质（如重金属等）应以不影响副产物品质为宜。
数据来源于 HJ 2001《氨法烟气脱硫工程通用技术规范》。

（3）可采用焦化、煤化工、石化、化工等行业副产氨进行脱硫，宜针对这些副产氨的杂质采取净化措施，保证副产物质量及系统正常运行。

（4）吸收剂储量宜满足 3～7d 用量，可根据输送距离远近及供应能力增减储量。

（5）液氨通常用常温卧式罐或球罐储存，储量大时也可考虑低温常压储存。液氨储罐应符合 GB 150《压力容器》、TSG 21《固定式压力容器安全技术监察规程》等的规定。液氨储槽应按有关规定设置遮阳、喷淋水和排水等设施。

（6）液氨的储存、使用应按 GB 50351《储罐区防火堤设计规范》、GB 18218《危险化学品重大危险源辨识》《危险化学品安全管理条例》《危险化学品生产储存建设项目安全审查办法》《燃煤发电厂液氨罐区安全管理规定》（国能安全〔2014〕328 号），以及相应行业的相关规定执行。

（7）液氨可由专用槽车、管道运输。液氨槽车运输应符合 JT 617《汽车运输危险货物规则》等的相关规定。

（8）氨水为常压密封储存，常压容器的设计应符合 NB/T 47003.1《钢制焊接常压容器》等规定。

（9）氨水采用槽车或管道运输。浓度达到危险化学品范围的氨水用槽车运输时应符合 JT 617《汽车运输危险货物规则》等的相关规定。

（10）碳铵和尿素通常为固体，宜散料或袋装储运。使用固体吸收剂脱硫时宜设置溶解设施将其配制成水溶液使用。

5. 副产物处理系统

（1）副产物品种及质量等级应根据技术要求及市场条件进行选择，不得影响脱硫系统的主要技术性能。

（2）副产物品质宜达到国家或行业标准要求，并定期评估杂质对副产物产品品质的影响，可根据用途确定检测指标及检测方法。

（3）农用硫酸铵的氧化率不应小于 98.5%，重金属含量应满足 GB/T 23349《肥料中砷、镉、铅、铬、汞生态指标》、NY 1110《水溶肥料汞、砷、镉、铅、铬的限量要求》的指标要求，其他指标宜达到 GB/T 535《硫酸铵》一等品要求，应满足 GB/T 535《硫酸铵》农用合格品标准。

（4）系统应考虑进入脱硫装置的杂质对副产物品质的影响，必要时应设置除油灰设施并考虑滤渣堆放和运输。

（5）副产物处理系统产能及设备选型需适应脱硫工程负荷变化，产能应达到脱硫工程满负荷运行时的 150%。

（6）副产物结晶方案应通过经济技术比较确定，宜选用塔内结晶、多效蒸发结晶、蒸汽喷射泵等节能工艺和设备。塔外结晶工艺根据热源条件选择，优先采用节能性工艺。

（7）固液分离流程宜包括分级分离、过滤脱水等工序。

（8）固液分离设备的容量应满足晶体含量波动的要求，宜备用一台（套）设备或主件。

（9）固液分离系统后的硫酸铵水分含量宜小于或等于 5%（质量比）。

（10）干燥设备形式应根据物料产量、含水率、杂质含量等选择，并综合考虑能耗和占地面积等。干燥设备厂房面积和高度应满足工艺布置和通风除尘的要求。

（11）干燥设备的热源可采用热风或蒸汽等，热风作热源时，应考虑其腐蚀性及其对产品品质的影响。

（12）干燥后的管路、料仓宜密闭。干燥设备与脱硫吸收塔距离较近时，干燥尾气宜回脱硫吸收塔。干燥尾气单独排放时应符合 GB 16297《大气污染物综合排放标准》的规定，其中，含尘量应不大于脱硫后净烟气中含尘量。

（13）副产物硫酸铵应按 GB/T 535《硫酸铵》的规定及用户要求进行包装和储存。其他副产物应参照相关国家或行业标准执行。

（14）包装设备应选用扬尘少的称重及包装方式，并配置通风、收尘系统。

6. 工艺水系统

（1）工艺用水一般包括吸收塔工艺水、设备管道冲洗水、辅助设备的冷却用水等。脱硫工程工艺用水的水质宜满足表 4-46 的要求。

表 4-46　脱硫工程工艺用水的水质要求

序号	项目	符号	单位	指标
1	全固体	QG	mg/L	<250
2	溶解固体	RG	mg/L	<200
3	悬浮固体	XG	mg/L	<20
4	灼烧减少固体	SC	mg/L	<70
5	电导率	DD	μS/cm	<300
6	pH 值	pH		7～9
7	二氧化硅	SiO_2	mg/L	<5
8	钙	Ca	mg/L	<50
9	镁	Mg	mg/L	1.22
10	硬度	YD	mmol/L	<2
11	氯化物	Cl	mg/L	<20
12	铝	Al	μg/L	<10
13	碱度	JD	mmol/L	<2.5
14	硫酸盐	SO_4	mg/L	<200
15	磷酸盐	PO_4	mg/L	<20
16	铜	Cu	μg/L	<5
17	铁	Fe	μg/L	<500
18	钠	Na	mg/L	<5
19	有机物	TOC_i	mg/L	<2

注　数据来源于 HJ 2001《氨法烟气脱硫工程通用技术规范》。

（2）工艺水系统包括工艺水箱、工艺水泵、连接管道阀门等。

（3）工艺水箱容量宜按不小于设计工况下吸收塔 1h 的耗水量设计。

（4）工艺水泵配置数量应根据吸收塔配置情况确定，应备用 1 台。工艺水泵扬程应能满足最高层除雾器冲洗要求。

7. 浆液排放与回收系统

当全厂采用系统的氨法脱硫工艺时，宜合用一座事故槽（池）。事故槽（池）的容量宜不小于容积最大的吸收塔最低运行液位时的总容量。浆液排放与回收系统的其他设计要求同石灰石-石膏湿法脱硫，详见本章第二节相关内容。

（二）典型系统图

1. 烟气系统

常见的烟气系统流程与石灰石-石膏湿法脱硫相同，参见本章的图 4-12～图 4-15。

2. 二氧化硫吸收系统

以常见的塔内饱和结晶吸收塔技术为例，典型二氧化硫吸收系统（单塔），见图 4-110。

3. 吸收剂储存及供应系统

氨法脱硫以液氨作为吸收剂最为常见，典型的吸收剂储存及供应系统，见图4-111。

4. 副产物处置系统

以两座吸收塔设置一套公用的副产物处置系统为例，其典型系统见图 4-112。

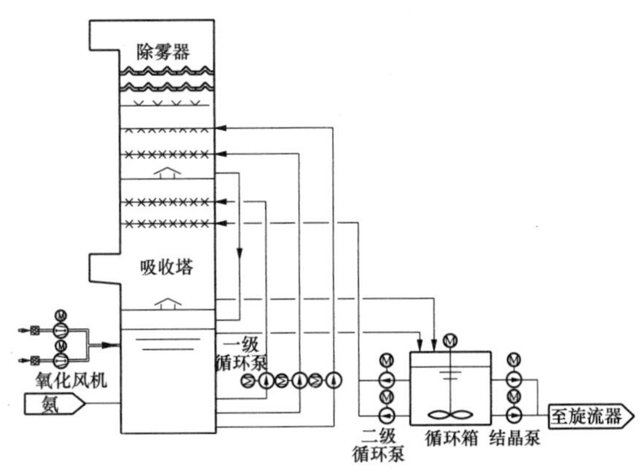

图 4-110　典型二氧化硫吸收系统（单塔）

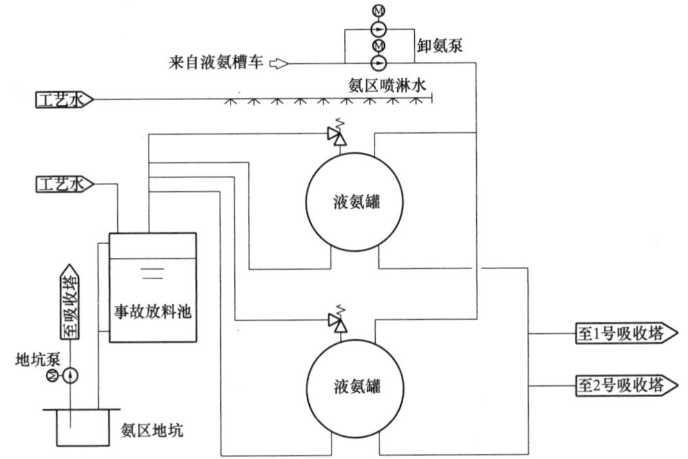

图 4-111　典型的吸收剂储存及供应系统

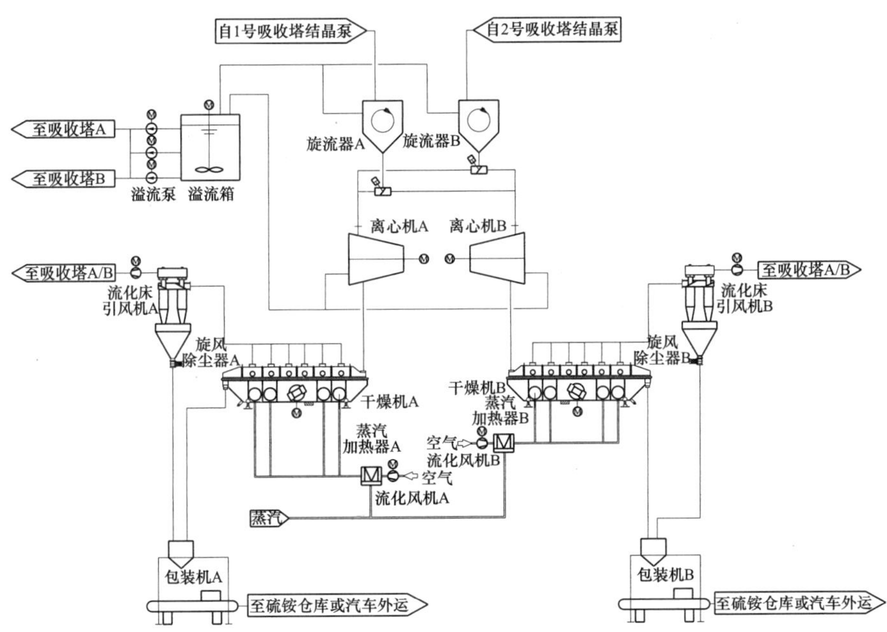

图 4-112　典型副产物处置系统

5. 脱硫装置用水系统

按两座吸收塔设置一套公用的用水系统，其典型的系统见图 4-113。

6. 浆液排放与回收系统

按全厂两座吸收塔设置一套公用的浆液排放与回收系统，其典型的系统见图 4-114。

三、设计计算

（一）脱硫前二氧化硫含量

脱硫系统入口二氧化硫含量按式（4-1）进行计算。

（二）氨硫比

氨硫比是指加入吸收塔的吸收剂中 NH_3 的摩尔数与吸收塔脱除的 SO_2 摩尔数之比，通常为 2.02～2.06。氨硫摩尔比可按式（4-26）计算：

$$NH_3/S = 2/\eta_o \tag{4-26}$$

式中 η_o——氨利用率，一般取 97%～99%。

（三）氨耗量

氨耗量应根据工艺物料平衡计算，脱硫供应方未确定时，氨耗量可按式（4-27）计算：

$$\begin{aligned} G_{ab} = &(B_g \times S_{ar} \times K \times \eta_{SO_2} / M_S) \\ &\times (NH_3/S) \times M_{NH_3} / c_{NH_3} \end{aligned} \tag{4-27}$$

式中 G_{ab}——吸收剂消耗量，kg/h；

B_g——锅炉 BMCR 工况时的耗煤量，kg/h；

S_{ar}——燃煤的收到基硫分，%；

K——燃煤中含硫燃烧后生成二氧化硫的转化率，%；

η_{SO_2}——脱硫效率，%；

M_S——硫的摩尔质量，g/mol，取 32；

M_{NH_3}——氨的摩尔质量，g/mol，取 17；

c_{NH_3}——吸收剂中的氨质量浓度，%。

（四）硫酸铵产量

硫酸铵产量应根据物料平衡计算，脱硫供应方未确定时，硫酸铵产量可按式（4-28）计算：

$$G_{as} = B_g \times S_{ar} \times K \times \eta_{SO_2} / M_S \times M_{as} \tag{4-28}$$

式中 G_{as}——硫酸铵产量，kg/h；

K——燃煤中含硫燃烧后生成二氧化硫的转化率，%；

M_{as}——硫酸铵的摩尔质量，g/mol，取 132。

（五）浆液循环泵选型计算

1. 一级浆液循环泵

一级浆液循环泵用于吸收循环，其选型流量可按式（4-7）计算，其中 N 一般为 3～4 台；扬程可按式（4-8）计算。

2. 二级浆液循环泵

二级浆液循环泵一般为 1～2 台；单台流量为单台一级浆液循环泵流量的 100%～130%。

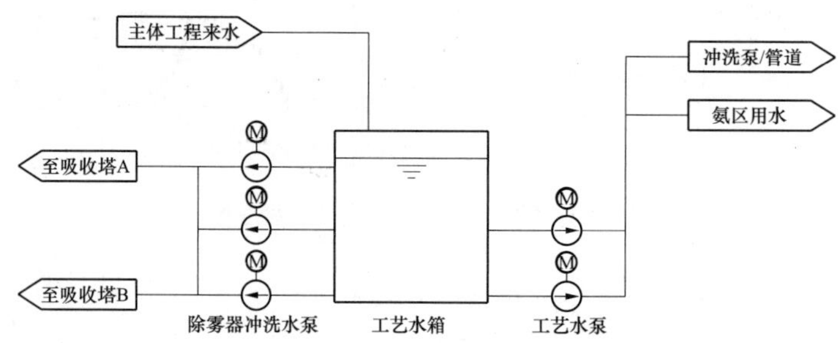

图 4-113 典型脱硫装置用水系统

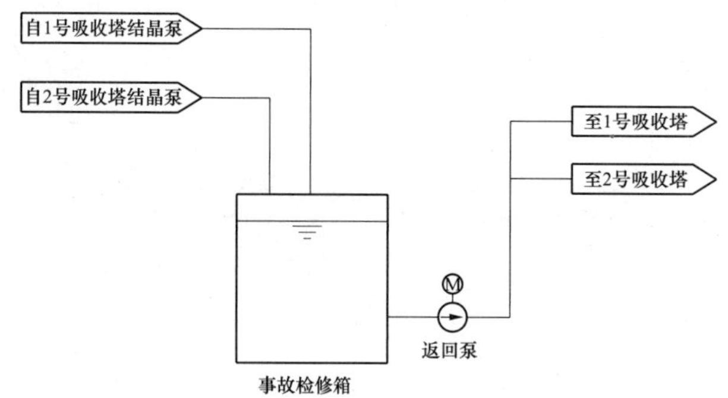

图 4-114 典型浆液排放与回收系统

二级浆液循环泵的扬程可按式（4-8）计算，其中$\Delta p_{h,rp}$为循环箱最低运行液位至二级浆液循环泵对应喷淋层之间的静压差，kPa。

（六）氧化风机选型计算

氧化风机选型流量可按式（4-9）计算，其中氧化空气过量系数 K 一般取 2.5～3.5；压头可按式（4-10）计算。

四、主要设备

（一）烟气系统

增压风机、烟气换热器等主要设备的功能、结构和特点等与石灰石-石膏湿法脱硫相同，详见本章第二节相关内容。

（二）二氧化硫吸收系统

1. 吸收塔

脱硫吸收塔为逆流式喷淋塔，圆形筒体结构。塔体分为三段：上段为吸收及除雾区，中段为吸收及浓缩区，下段为氧化区，吸收塔外设置循环槽。烟气从吸收塔中段进入，吸收液有两路入塔，冲洗除雾器的冲洗水从脱硫塔的塔顶加入。吸收塔结构示意，见图4-115。

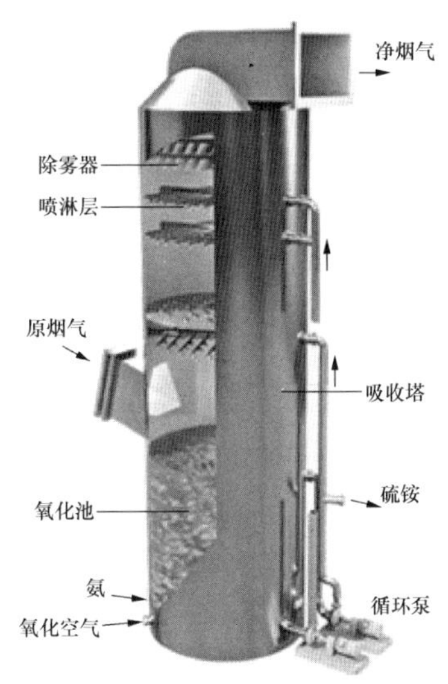

图 4-115　吸收塔结构示意

吸收塔的直径和高度依据塔型、烟气量与烟气在吸收塔内流速、烟气在塔内停留时间计算确定。

吸收塔内部结构、液气比及喷淋层的设置应保证吸收液及烟气的充分接触，在保证脱硫效率的同时控制氨逃逸。

对于超低排放要求项目，可采用超声波脱硫除尘一体化技术。该技术综合应用高效喷淋、高效气液分布、高效氧化技术对吸收系统进行提效，降低 SO_2 含量及显著减少气溶胶和游离氨的产生，同时采用洗涤凝聚、声波凝并两种细微颗粒物粒径增大技术，对载尘烟气进行细微颗粒物粒径增大预处理，提升细微颗粒物的去除效果，最后经多级专有的高效除雾器，提升二氧化硫及尘的去除效果，实现总尘超低排放的要求。

吸收塔的设计应符合 NB/T 47041《塔式容器》和 HG 20652《塔器设计技术规定》的有关规定，吸收塔宜根据烟气条件、可靠性要求等选择合适的材质，一般采用碳钢防腐。吸收塔内部结构应根据烟气流动和防磨、防腐技术要求进行设计，一般宜采用非金属耐腐耐磨材料、不锈钢或高镍合金材料。

除雾器可设置在吸收塔的顶部或出口烟道上，应根据除雾效率和安装条件选择除雾器类型。在正常运行工况下，除雾器出口烟气中的雾滴浓度应不大于 75mg/m³。若需满足更高的二氧化硫排放要求，建议除雾器出口烟气中的雾滴浓度不大于 20mg/m³。

氨法脱硫塔主要工艺参数，见表 4-47。

表 4-47　氨法脱硫塔主要工艺参数

项目	单位	设计参数	备注
入口烟气温度	℃	≤140	
塔运行温度	℃	50～60	
塔内烟气流速	m/s	3～3.5	
喷淋层数	—	3～6	
浆液 pH 值	—	4.5～6.5	
出口氨逃逸（标准状态）	mg/m³	<2	
烟气阻力	Pa	<1600	
硫酸铵纯度	%	>95	
脱硫效率	%	95～99.7	
入口烟气 SO_2 浓度（标准状态）	mg/m³	3500～12000	出口 SO_2 浓度达标排放或超低排放，超低排放时入口浓度不宜超过 10000
入口烟气粉尘浓度（标准状态）	mg/m³	≤30	出口颗粒物浓度达标排放或超低排放
除雾器类型	—	屋脊式、水洗段加多级除雾器等	

2. 循环泵

一级循环泵和二级循环泵为离心泵，泵的壳体采用衬胶或全金属。其结构和特点等与石灰石-石膏湿法脱硫的循环泵相同，详见本章第二节相关内容。

3. 氧化风机

氧化风机可采用罗茨风机、离心风机等。罗茨风机和离心风机的结构和特点与石灰石-石膏湿法脱硫的氧化风机相同，详见本章第二节相关内容。

（三）吸收剂储存及供应系统

氨法脱硫常用的吸收剂为液氨，储存设备为液氨罐，通常采用常温卧式罐或球罐储存，由专用槽车、管道运输。容积200m^3以下的液氨储罐宜采用卧式罐；容积200m^3及以上的液氨储罐宜采用球形罐。液氨卧式罐和球形罐的优选容积，见表4-48。

表4-48 液氨卧式罐和球形罐的优选容积

储罐形式	优选容积（m^3）					
卧式	32	40	50	63	80	100/200
球形	200	400	650	1000	1500	2000

液氨罐应按压力容器设计和制造。液氨罐上安装有紧急关断阀和安全阀，为液氨罐液氨泄漏保护所用。储罐还装有温度计、压力表、液位计、高液位报警仪和相应的变送器信号送到脱硫控制系统，当液氨罐内温度或压力超过设定值时报警。另外，液氨罐四周安装有工业水喷淋管线及喷嘴。当液氨罐罐体温度超过设定值时自动淋水装置启动，对罐体自动喷淋减温；当有微量氨气泄漏时也可启动自动淋水装置，对氨气进行吸收，控制氨气污染。

液氨罐处还设有氨气泄漏检测器和氮气吹扫系统。

（四）副产物处置系统

1. 浆液旋流器

浆液旋流器选用聚氨酯或耐磨防护涂层，其结构和特点等与石灰石-石膏湿法脱硫的浆液旋流器相同。

2. 脱水机

脱水机选用双级活塞推料离心机，脱水后硫铵固体含水率小于或等于3%。

双级活塞推料离心机是一种自动操作、连续运行、脉冲卸料的过滤式离心机，在全速下完成进料、分离、滤饼洗涤、甩干和卸料等工序。

双级活塞推料离心机的工作原理为转鼓全速运转后，悬浮液通过进料管进入装在推料盘上的圆锥形布料斗中，在离心力的作用下，悬浮液经布料斗均匀地进入转鼓中，滤液经筛网网隙和转鼓壁上的过滤孔甩出转鼓外，固相被截留在筛网上，形成圆筒状滤饼层。推料盘借助于液压系统控制做往复运动，当推料盘向前移动时，滤饼层被向前推移一段距离，推料盘向后移动后，空出的筛网上又形成一层新的滤饼层，因推料盘不停的往复运动，滤饼层被不断地沿转鼓壁轴向向前推移，最后被推出转鼓，经机壳的出渣口排出。而液相则被收集在机壳内，通过机壳底部或侧面的排液口排出。

双级活塞推料离心机的结构包括油泵组合、主电动机、推料机构、油冷却器、轴承组合、转鼓、机壳、机座等。其外形见图4-116。

3. 干燥机系统

干燥机采用振动流化床干燥机，振动流化床干燥机的结构包括热风机、冷风机、蒸汽换热器、干燥机本体（包括振动电机、观察窗、测温孔）、旋风除尘器等。

振动流化床机体两侧装有振动电机，物料自进料口进入振动流化床，分布在带孔的分布板上，在振动力的作用下，物料沿水平面流化床抛掷，并向前连续运动，热风向上穿过孔板后同湿物料进行热质交换，干燥后的物料经冷却由振动输送到出料口，冷、热风从壳体上部的排风口经旋风除尘及尾气洗涤后排入大气。

干燥机本体外形，见图4-117。

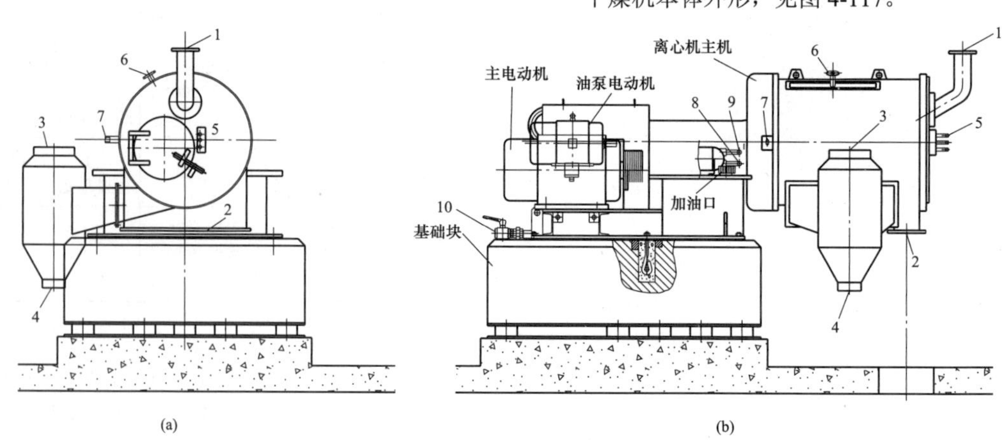

图4-116 双级活塞推料离心机外形

（a）主视图；（b）侧视图

1—悬浮液入口；2—滤饼排出口；3—汽相排出口；4—滤液排出口；5—滤饼洗涤水入口；6—转鼓外侧清洗水入口；7—转鼓底外侧清洗水入口；8—冷却水入口；9—冷却水出口；10—放油口

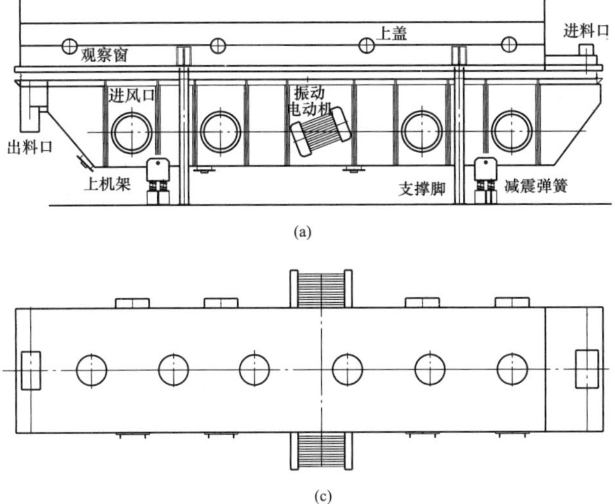

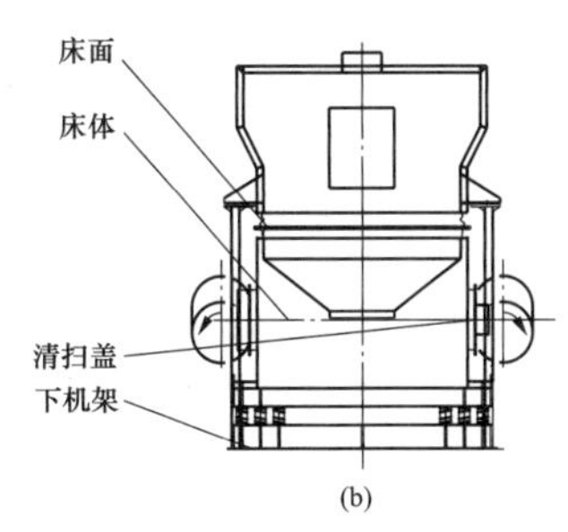

图 4-117　干燥机本体外形

（a）主视图；（b）侧视图；（c）平面图

振动流化床干燥机的主要技术特点如下：

（1）物体受热均匀，热交换充分，干燥强度高。

（2）可控制停留时间，适应面宽。

（3）对物料表面损伤小，可用于易碎物料的干燥，物料颗粒不规则时也不影响工作效果。

（4）采用全封闭式的结构，有效防止了物料与外界空气的交叉感染，作业环境清洁。

（5）所用设备结构简单、造价低廉、运转稳定、操作维修方便。

五、设备布置

（一）烟气系统及二氧化硫吸收系统

1. 布置要求

（1）烟道在满足工艺流程的前提下布置应尽量短捷。

（2）吸收塔宜布置在锅炉引风机后区域且靠近烟囱布置。

（3）循环泵、循环槽和结晶泵应紧邻吸收塔布置。

（4）氧化风机宜紧邻吸收塔布置，且应室内布置。

2. 典型布置

300MW 等级机组典型的烟气系统及二氧化硫吸收系统布置见图 4-118。

（二）吸收剂储存及供应系统

1. 布置要求

（1）当吸收剂为液氨时可采用槽罐车或管道输送，系统布置应符合 GB 50160《石油化工企业设计防火规范》、GB 50351《储罐区防火堤设计规范》等的相关规定。

（2）吸收剂储存及供应系统应独立布置在交通顺畅的道路边。

2. 典型布置

以液氨作为吸收剂为例，设置 2 个液氨球罐的吸收剂储存及供应系统典型布置见图 4-119。

（三）副产物处理系统

1. 布置要求

（1）副产物处理系统应结合工艺流程和场地条件因地制宜布置，一般可布置在与吸收循环系统相对独立的、交通运输通畅的道路边，便于自然通风。

（2）副产物车间应根据产品性质、加工用途进行设计和设备布置。

2. 典型布置

设置 2 台出力 32t/h 的干燥机的副产物处理系统典型布置见图 4-120。

六、工程案例

1. 工程概述

某电厂 2×135MW 机组（1、2 号机组）配套氨法烟气脱硫装置，设计脱硫效率大于或等于 95%。

2. 设计输入

（1）燃料。设计煤种为褐煤，煤质资料见表 4-49。

（2）脱硫装置设计输入。脱硫设计输入数据（两台机组）见表 4-50。

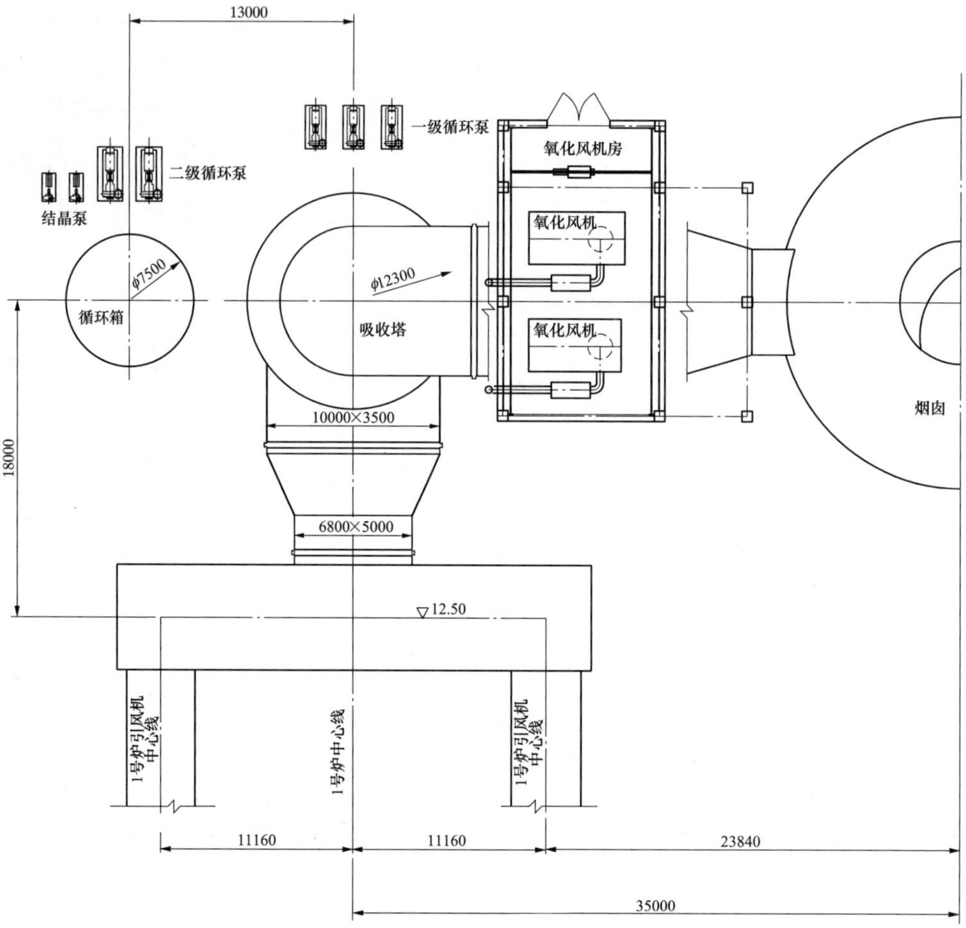

13000
一级循环泵
二级循环泵
结晶泵
氧化风机房
氧化风机
氧化风机
φ7500
循环箱
φ12300
吸收塔
烟囱
10000×3500
18000
6800×5000
▽12.50
1号炉引风机中心线
1号炉中心线
1号炉引风机中心线
11160
11160
23840
35000

图 4-118　300MW 等级机组典型的烟气系统及二氧化硫吸收系统布置

鹤管
10000
鹤管
10000
鹤管
10000
鹤管
10000
鹤管
6000
6000
卸氨泵
卸氨泵
卸氨泵
自吸泵
管架
13400
地坑
事故吸收罐
上
液氨球罐
φ14200
液氨球罐
φ14200
5700
▽14.90
▽7.60
▽14.90
7900
7900
28400
22800
51200
2900

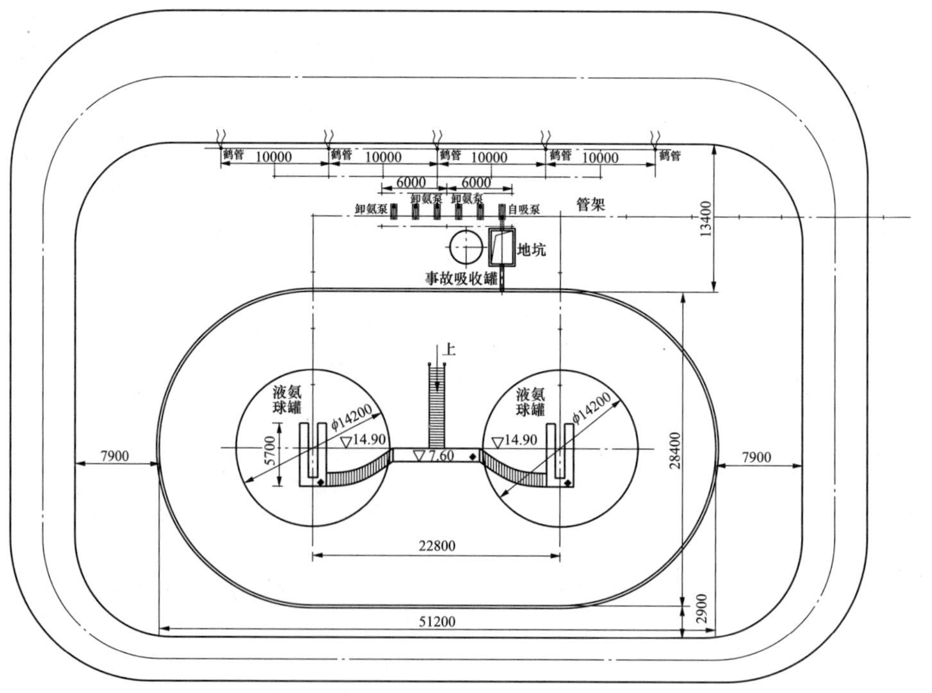

图 4-119　吸收剂储存及供应系统典型布置

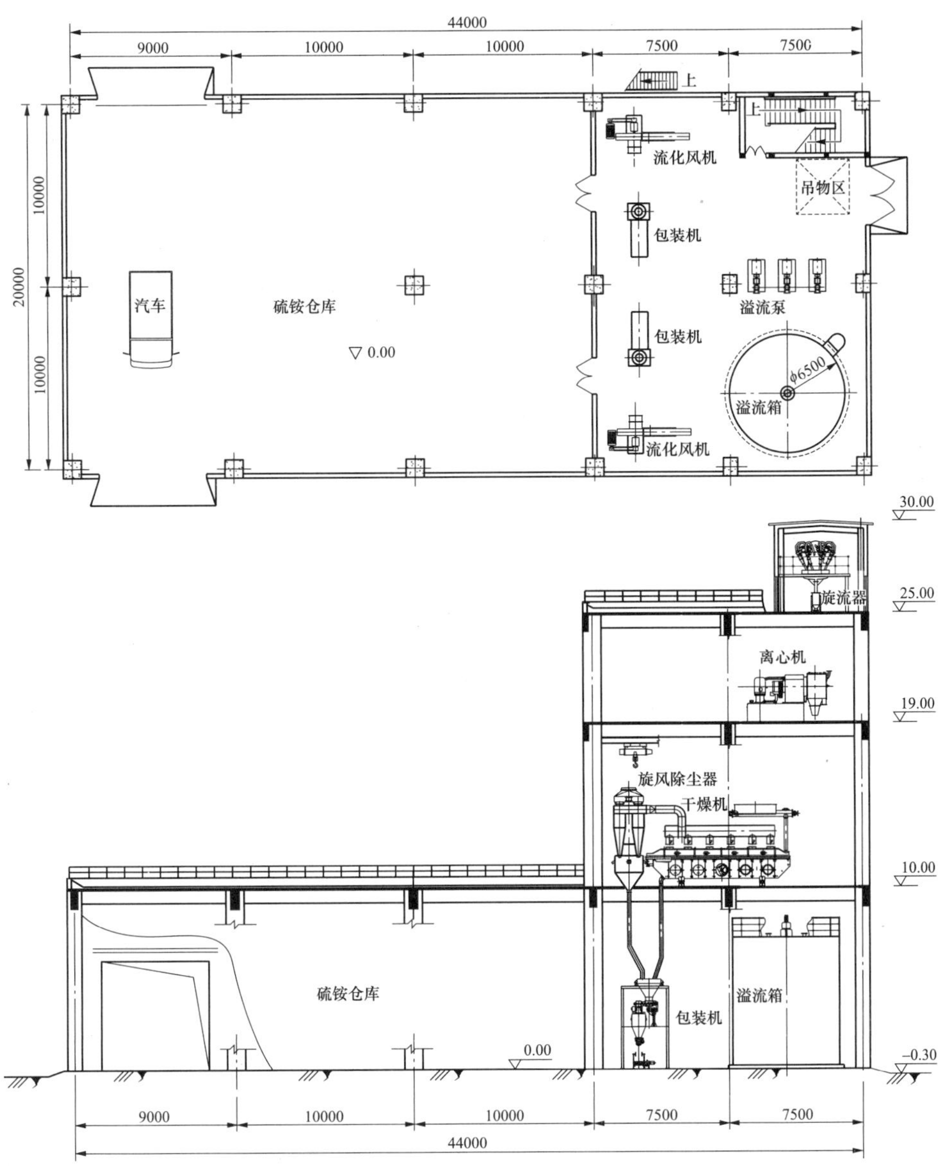

图 4-120　副产物处理系统典型布置

表 4-49　　　　**煤　质　资　料**

项目	符号	单位	设计煤种	项目	符号	单位	设计煤种
1．元素分析				收到基水分	M_{ar}	%	18.2
收到基碳	C_{ar}	%	33.42	合计		%	100
收到基氢	H_{ar}	%	2.72	空气干燥基水分	M_{ad}	%	13.96
收到基氧	O_{ar}	%	10.86				
收到基氮	N_{ar}	%	0.68	干燥无灰基挥发分	V_{daf}	%	51.41
收到基硫	$S_{t,ar}$	%	2.0				
2．工业分析				3．收到基低位发热量	$Q_{net.,ar}$	kJ/kg	12680
收到基灰分	A_{ar}	%	32.12				

表 4-50　脱硫设计输入数据（两台机组）

项目	单位	数据	备注
FGD 入口烟气成分			
CO_2	%（干基，体积百分比）	12.58	
O_2	%（干基，体积百分比）	6.91	
N_2	%（干基，体积百分比）	80.23	
SO_2	%（干基，体积百分比）	0.28	
H_2O	%（湿基，体积百分比）	11.19	
FGD 入口烟气量			
烟气量	m^3/h	2×546182	标准状态，湿基，6%O_2
	m^3/h	2×550957	标准状态，湿基，实际含氧量
	m^3/h	2×484530	标准状态，干基，6%O_2
FGD 入口烟气温度			
烟气温度	℃	141	
FGD 入口烟气污染物浓度			
SO_2	mg/m^3	7684	标准状态，干基，6%O_2
烟尘	mg/m^3	130	标准状态，干基，6%O_2

（3）液氨分析资料。本套脱硫装置吸收剂采用液氨，液氨分析资料见表 4-51。

表 4-51　液氨分析资料

指标名称	合格品
氨含量（%）	99.6
残留物含量（%）	0.4
水分（%）	—
油含量（mg/kg）	—
铁含量（mg/kg）	—

（4）脱硫装置用水、蒸汽和压缩空气。脱硫工艺水和设备冷却用水均取自主体工程工业水。

副产物处置系统用加热蒸汽取自主体工程的启动锅炉房蒸汽总管，蒸汽参数：0.6～1.25MPa，250～300℃。

脱硫系统所需仪用和杂用压缩空气由主体工程提供，分别从电厂现有仪用压缩空气和杂用压缩空气母管引接，压力为 0.6～0.8MPa。

3. 主要设计原则

（1）脱硫装置采用氨法烟气脱硫工艺。脱硫装置的烟气处理能力为两台锅炉 BMCR 工况燃用设计煤种时的全部烟气量，脱硫系统脱硫效率大于或等于 95%。

（2）脱硫装置负荷适应范围从单台锅炉 50%BMCR 工况到两台炉 100%BMCR 工况。

（3）脱硫系统设置 100%容量的旁路烟道，脱硫后净烟气从脱硫塔顶部的永久性烟囱排放，不单独设置脱硫增压风机。

（4）2 台炉设置 1 座吸收塔，吸收塔采用国内某环保公司自主知识产权的逆流喷淋塔技术。

（5）脱硫吸收剂采用合格品等级的液氨（氨含量大于或等于 99.6%），液氨由槽车送至脱硫岛，经卸氨泵送入液氨罐储存。

（6）脱硫副产物硫铵经水力旋流器浓缩、分离后，进入离心机进一步脱水，经干燥后生成商业硫铵，硫铵含水率小于 1%。

（7）脱硫装置可用率大于或等于 95%。

4. 脱硫工艺系统

（1）烟气系统。来自 1 号和 2 号炉引风机的两路烟气汇合后进入脱硫塔进行脱硫化学反应，脱除 SO_2 后的净烟气经除雾器去除水雾后，经脱硫塔顶设计的永久性烟囱排放。

脱硫系统设置 100%容量的烟气旁路烟道，旁路烟道挡板采用单轴双挡板门。在锅炉启动阶段和 FGD 停止运行时，FGD 原烟气挡板门关闭，旁路挡板门打开，使锅炉烟气通过旁路挡板门直接进入烟囱排放。旁路挡板门具有快开功能。

设置一套密封风系统，包括两台密封风机（1 运 1 备）。

（2）二氧化硫吸收系统。烟气从吸收塔中部的吸收及浓缩区进入，经洗涤、降温后进入上部的吸收及除雾区，在吸收区含氨的循环喷淋液吸收烟气中的 SO_2，反应生成亚硫酸氢铵；含亚硫酸氢铵的液体再进入塔底部浆池的氧化区，被强制鼓入的氧化空气进一步氧化成硫酸铵溶液并溢流至循环槽，通过二级循环泵送入脱硫塔的浓缩段，被 141℃的烟气加热，通过蒸发、浓缩、结晶后自流进入循环槽，得到含固量 10%～15%的结晶浆液，由结晶泵送入副产物处理系统。脱硫后的清洁烟气进入除雾器段，除雾后使烟气中含水量小于 75mg/m^3（标准状态），然后经过脱硫塔顶设立的永久性烟囱排放。

2 台炉设置 1 座吸收塔，采用某环保公司专利技术的逆流喷淋塔。吸收塔配置 3 台一级循环泵（2 运 1 备）和 3 台氧化风机（2 运 1 备）。吸收塔配置 1 座二级循环槽，二级循环槽配套设置 2 台二级循环泵（1 运 1 备）和 2 台结晶泵（1 运 1 备）。

（3）吸收剂储存及供应系统。液氨由槽车运至脱硫岛，经卸氨泵装入液氨罐。液氨罐中液氨自流进入脱硫塔补充与 SO_2 反应。

吸收剂储存及供应系统需保持系统的严密性，防止氨气的泄漏和氨气与空气的混合造成爆炸事故。卸氨泵、液氨罐均备有氮气吹扫管线。在液氨卸料之前，使用氮气吹扫管线对以上设备分别进行严格的系统严密性检查和氮气吹扫，防止氨气泄漏和系统中残余的空气混合造成爆炸危险。

设置3座液氨罐，液氨罐容量按两台炉BMCR工况燃用设计煤种时3天的液氨耗量设计。液氨罐四周安装有工业水喷淋管线及喷嘴，当液氨罐罐体温度超过设定值时自动淋水装置启动，对罐体自动喷淋减温；当有微量氨气泄漏时也可启动自动淋水装置，对氨气进行吸收，控制氨气污染。

设置2台卸氨泵（1运1备），单台卸氨泵容量满足液氨槽车卸料要求。

（4）副产物处置系统。循环槽的硫铵结晶浆液含固量约为10%～15%，通过结晶泵送入旋流器浓缩至浓度约为40%，依靠重力自流到缓冲槽后，进入离心机，浆液经离心机分离后得到含水率小于3%的固体硫铵，经螺旋输给机送入干燥机干燥后含水率小于1%，干燥后的硫铵经包装后即可得到商品硫铵。离心分离母液进入料液槽，经料液泵返回循环槽。

设置1座旋流器，与吸收塔相对应，旋流器容量按两台炉BMCR工况燃用设计煤种时的硫铵结晶浆液排出量设计。

设置1座料液槽，配套设置2台料液泵（1运1备）及1台搅拌器。

设置2台离心式脱水机，每台脱水机出力按两台炉BMCR工况燃用设计煤种时的100%硫铵产量设计，脱水后硫铵固体含水率小于或等于3%。

设置1套干燥系统，生产能力按两台炉BMCR工况燃用设计煤种时的100%硫铵产量设计，该系统包括蒸汽加热器、给料机、打散器、气流干燥器及旋风分离器、引风机等。

设置1套包装系统，生产能力按两台炉BMCR工况燃用设计煤种时的100%硫铵产量设计，该系统包括硫铵料仓和包装机等；设置1座硫铵库，容积按两台炉BMCR工况燃用设计煤种时6天的硫铵产量设计。硫铵库内的硫酸经叉车装车，汽车外运。

（5）脱硫装置用水系统。脱硫装置用水系统满足脱硫装置正常运行和事故工况下脱硫工艺系统的用水。

设置1座工艺水箱，容积按整套脱硫装置正常运行1h的工艺水耗量设计。

设置2台工艺水泵（1运1备）。

（6）浆液排放与回收系统。吸收塔浆池检修需要排空时，吸收塔内的硫铵液输送至事故检修槽可作为下次脱硫装置启动时使用。事故储浆系统能在12h内将脱硫塔放空，也能在12h内浆液再送回到脱硫塔。

吸收塔和液氨储存区各设置1个地坑及1台地坑泵，收集到的含氨废水送回吸收塔循环使用。

设置1个事故检修槽，检修槽的容量能够满足脱硫塔检修排空时和其他浆液排空的要求。检修槽设置1台返回泵。

（7）脱硫系统主要技术数据（两台机组）见表4-52。

表4-52 脱硫系统主要技术数据（两台机组）

项目	单位	数据	备注
FGD出口烟气量			
烟气量	m^3/h	2×546182	标准状态，湿基，6%O_2
	m^3/h	2×550957	标准状态，湿基，实际含氧量
	m^3/h	2×484530	标准状态，干基，6%O_2
FGD出口烟气温度			
烟气温度	℃	约54	
FGD出口烟气污染物浓度			
SO_2	mg/m^3	384	标准状态，干基，6%O_2
烟尘	mg/m^3	≤90	标准状态，干基，6%O_2
脱硫主要设计技术数据			
脱硫效率	%	≥95	
NH_3/S	mol/mol	2.08	
脱硫系统烟气阻力	Pa	1500	
液氨耗量	t/h	3.86	
硫铵产量	t/h	15.08	
蒸汽耗量	t/h	1.53	
脱硫电耗	kW	2090	
工艺水耗量	t/h	54	

（8）脱硫系统主要设备（两台机组）见表4-53。

表 4-53 脱硫装置主要设备（两台机组）

序号	名称	型号规格	数量	备注
1	二氧化硫吸收系统			
	吸收塔	逆流喷淋塔（包括除雾器、喷嘴、喷淋层等）； 塔体：ϕ14m×42m（高）； 塔顶烟囱：ϕ5m×53m（高）	1 座	
	循环槽	FRP 箱罐； ϕ5.8m×5.8m（高）	1 座	带顶进式搅拌器
	一级循环泵	离心泵； 流量：600m^3/h； 扬程：56mH_2O	3 台	2 运 1 备
	二级循环泵	离心泵； 流量：800m^3/h； 扬程：48mH_2O	2 台	1 运 1 备
	结晶泵	离心泵； 流量：150m^3/h； 扬程：45mH_2O	2 台	1 运 1 备
	氧化风机	活塞式空气压缩机； 风量：150m^3/min； 压头：0.15MPa	3 台	2 运 1 备
2	吸收剂储存及供应系统			
	卸氨泵	离心泵； 流量：20m^3/h； 扬程：30mH_2O	2 台	1 运 1 备
	液氨罐	圆柱形压力容器，材质 16MnR； ϕ3.6m×16.5m（高）	3 座	
3	副产物处置系统			
	旋流器	处理量：150m^3/h	1 台	
	料液槽	FRP 箱罐； ϕ3.6m×4m（高）	1 座	带顶进式搅拌器
	料液泵	离心泵； 流量：150m^3/h； 扬程：20mH_2O	2 台	1 运 1 备
	离心机	处理量：16～18t/h； 出口固体含湿量：≤3%	2 台	1 运 1 备
	干燥机	处理量：16～18t/h； 出口固体含湿量：≤1%	1 台	
	包装机	处理量：16～18t/h	1 台	

续表

序号	名称	型号规格	数量	备注
4	脱硫装置用水系统			
	工艺水箱	碳钢箱罐； ϕ4m×4.4m（高）	1 座	
	工艺水泵	离心泵； 流量：60m^3/h； 扬程：65mH_2O	2 台	1 运 1 备
5	浆液排放与回收系统			
	事故检修箱	碳钢（内衬玻璃鳞片）箱罐； ϕ13.2m×13.2m（高）； 容积 1800m^3	1 座	带顶进式搅拌器
	返回泵	离心泵； 流量：200m^3/h； 扬程：20mH_2O	2 台	1 运 1 备

5. 脱硫装置布置

脱硫装置布置在主厂房的西侧，吸收塔布置在烟囱左侧并与烟囱对齐，其他脱硫辅助设施布置在吸收塔周围，工艺流程顺畅。脱硫装置总布置见图 4-121。

6. 实施效果

某电厂 2×135MW 机组氨法脱硫装置［两炉一塔，单塔处理烟气量 110 万 m^3/h（标准状态），相当于 300MW 级燃煤机组烟气量］为目前国内电厂已投运的单塔容量最大的氨法脱硫装置，该脱硫装置于 2009 年 8 月通过 168h 试运行，且装置运行良好，各项指标满足设计要求。其主要运行指标和参数见表 4-54。

表 4-54 某电厂 2×135MW 机组氨法脱硫装置运行指标和参数

序号	项目	单位	运行参数	设计参数
1	脱硫效率	%	96.2	≥95
2	出口 SO_2 排放浓度（标准状态）	mg/m^3	≤300	≤384
3	脱硫岛压力降	Pa	770	≤1000
4	氨逃逸（标准状态）	mg/m^3	≤8	≤10
5	氨利用率	%	98	97
6	系统电耗	kW·h/h	1548	1682
7	硫酸铵纯度（氮含量）	%（质量百分比）	21	20.69

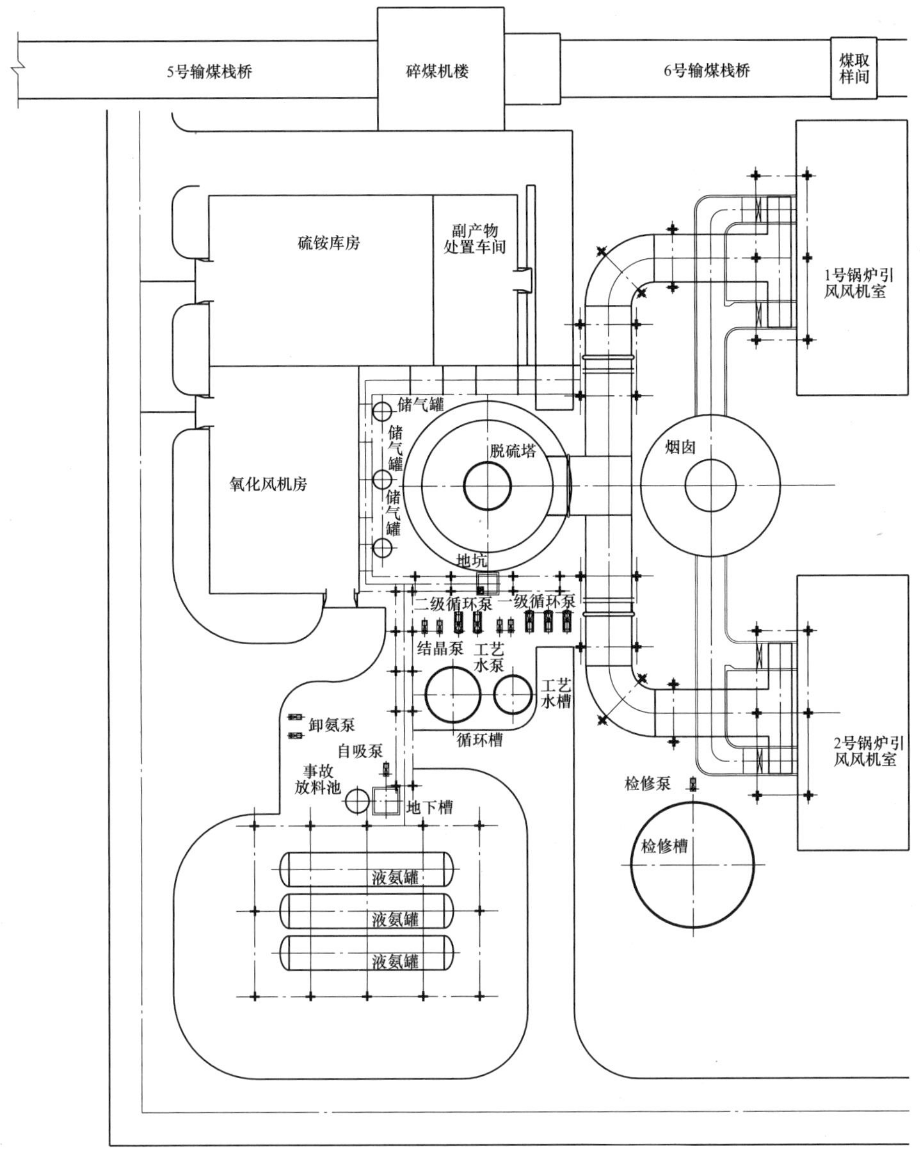

图 4-121　脱硫装置总布置

第五节　烟气循环流化床半干法脱硫工艺

烟气循环流化床半干法脱硫（CFB-FGD）工艺由德国鲁奇（Lurgi）公司于 20 世纪 70 年代研究开发，最早应用于炼铝行业，用于脱除 HF。之后开始应用于垃圾焚烧的脱酸除尘治理，以及工业锅炉或中小机组。21 世纪初，该工艺由我国环保公司引进、消化、创新、推广，现已广泛应用于工业脱硫，是目前应用最为广泛的半干法脱硫技术。

一、系统说明

（一）系统简介

烟气循环流化床半干法脱硫工艺指在流态化的物料循环反应装置中加入含 CaO 或 $Ca(OH)_2$ 的碱性物质及工艺水，与通过文丘里管加速进入的烟气中的 SO_2 等酸性气体进行化学反应，生成亚硫酸盐及硫酸盐等的烟气脱硫工艺。

图 4-122 为某电厂循环烟气流化床半干法脱硫工艺现场实景。

图 4-122　某电厂循环烟气流化床半干法脱硫工艺现场实景

（二）系统流程

烟气循环流化床半干法脱硫工艺流程见图 4-123。

从锅炉空气预热器排出的原烟气在进入烟气循环流化床半干法脱硫系统前，是否设置预除尘器，应结合锅炉的燃烧方式、灰渣综合利用条件、脱硫灰输送及储存等因素进行综合技术经济比较后确定，预除尘器宜采用电除尘器。

来自锅炉空气预热器出口或预除尘器出口的原烟气，经烟道从底部进入脱硫塔，在脱硫塔的进口段与加入的吸收剂、循环脱硫灰充分预混合，进行初步的脱硫反应，在这一区域主要完成吸收剂与 HCl、HF 的反应。然后烟气通过脱硫塔下部的文丘里管加速后，进入循环流化床床体，经喷入脱硫塔内的工艺水降温后进行脱硫反应。净化后的含尘烟气从脱硫塔顶部排出，进入除尘器进行气固分离。经除尘器净化后的净烟气经引风机排入烟囱，然后排入大气。在引风机出口及脱硫塔入口设有净烟气再循环管路，以保证锅炉低负荷时脱硫塔内烟气流速稳定。

吸收剂通常采用生石灰粉，由自卸式密封罐车运送入厂，经罐车自带的卸料装置输送至生石灰仓内储存。生石灰仓出口设有称重计量装置及干式消化器，在消化器内通过加入消化水将生石灰消化成消石灰，然后由气力输送系统送至消石灰仓储存。消石灰仓出口设有流量阀及称重流化槽，然后经空气斜槽将消石灰送入脱硫塔进行脱硫反应。

从脱硫塔排出的烟气中含有较多未反应的吸收剂，通过除尘器进行气固分离。除尘器灰斗出口设有物料分配器，将大部分脱硫灰分配至空气斜槽，送回脱硫塔入口段循环使用，另一小部分脱硫灰通过气力输送系统外排至灰库储存。

（三）脱硫原理

在脱硫塔内，气固两相由于气流的作用，产生激烈的湍动与混合，充分接触。吸收剂、循环脱硫灰等物料在上升的过程中，不断形成絮状物向下返回，而絮状物在激烈湍动中又不断解体重新被气流提升，使气固间的滑落速度高达单颗粒滑落速度的数十倍。脱硫塔顶部结构进一步强化了絮状物的返回，提高了塔内颗粒的床层密度，使床内的 Ca/S 高达 50 以上，SO_2 被充分反应。

在文丘里管出口的扩管段设有喷水装置，喷入的雾化水用以降低脱硫反应器内的烟温，使烟温降至 70～75℃左右（高于烟气露点 15℃左右），从而使 SO_2 与 $Ca(OH)_2$ 的反应转化为可以瞬间完成的离子型反应。吸收剂、循环脱硫灰在文丘里管段以上的脱硫塔内进行第二步的充分反应，生成副产物 $CaSO_3 \cdot 1/2H_2O$，此外还与 SO_3、HF 和 HCl 反应生成相应的副产物 $CaSO_4 \cdot 1/2H_2O$、CaF_2、$CaCl_2 \cdot Ca(OH)_2 \cdot 2H_2O$ 等。

烟气循环流化床半干法脱硫工艺的主要化学反应方程式如下：

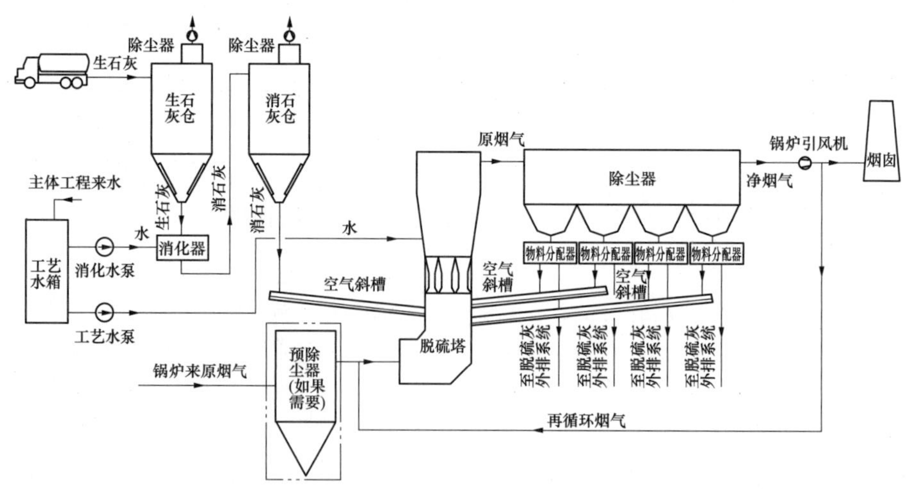

图 4-123　烟气循环流化床半干法脱硫工艺流程

$$CaO+H_2O=Ca(OH)_2$$
$$Ca(OH)_2+SO_2=CaSO_3 \cdot 1/2H_2O+1/2H_2O$$
$$Ca(OH)_2+SO_3=CaSO_4 \cdot 1/2H_2O+1/2H_2O$$
$$CaSO_3 \cdot 1/2H_2O+1/2O_2=CaSO_4 \cdot 1/2H_2O$$
$$Ca(OH)_2+CO_2=CaCO_3+H_2O$$
$$Ca(OH)_2+2HF=CaF_2+2H_2O$$
$$2Ca(OH)_2+2HCl=CaCl_2 \cdot Ca(OH)_2 \cdot 2H_2O(>120℃)$$

（四）工艺特点

烟气循环流化床半干法脱硫工艺特点，见表4-55。

表4-55　烟气循环流化床半干法脱硫工艺特点

项目	特　　点
技术成熟程度	基本成熟
占地情况	系统简单，占地面积小
脱硫效率	90%以上
耗电量	相对湿法脱硫较低
耗水量	相对湿法脱硫较小
SO_3的脱除率	可有效脱除SO_3
出口烟气温度	约75℃
除尘器配置	大多采用布袋除尘器，可设置预除尘器
腐蚀方面	整个系统为干态，无须防腐措施
对烟囱要求	没有特殊要求
废水处理	无废水排放，不需处理
副产物成分	干态混合物，主要成分为反应生成物$CaSO_4 \cdot 1/2H_2O$、$CaSO_3 \cdot 1/2H_2O$、少量未反应的吸收剂$Ca(OH)_2$及杂质等
副产物利用	用途受限，综合利用相对困难

二、系统设计

（一）系统设计要求

（1）烟气循环流化床半干法脱硫工艺的吸收剂可采用外购生石灰消化制备或直接外购消石灰，应综合吸收剂来源、投资、运行成本及运输条件等因素进行技术经济比较后选择确定。

（2）吸收剂品质应符合下列规定：

1）生石灰品质。

a．粒径宜不大于2mm。

b．纯度（CaO含量）宜不小于80%。

c．活性t_{60}不大于4min（即生石灰加水后升温至60℃所需时间不大于4min）。

2）消石灰品质。

a．含水率不大于1%。

b．平均粒径约10μm。

c．比表面积不小于20m^2/g。

d．未消解的生石灰含量不大于0.5%。

（3）消石灰宜采用空气斜槽或气力输送方式送入脱硫塔，送入量可根据脱硫塔入口SO_2含量及出口排放浓度由计量装置进行调节。

（4）烟气循环流化床半干法脱硫工艺包括生石灰储存及消化系统、消石灰储存及输送系统、脱硫塔系统、除尘及物料再循环系统、工艺水系统、压缩空气系统及仪表控制系统等。

（5）生石灰仓、消石灰仓及所有物料管道应采取保温措施，避免物料受潮。寒冷地区，吸收剂制备系统的设备及物料再循环设施应室内布置。

（6）生石灰仓及消石灰仓下游的落粉管宜垂直布置，受条件限制时，与水平面的倾角不宜小于60°。

（7）脱硫塔的数量应根据机组容量确定。600MW等级机组宜1炉配2塔，300MW等级及以下机组宜1炉配1塔。

（8）钙硫摩尔比（Ca/S）宜在1.25～1.4。

（二）生石灰储存及消化系统

1．系统描述

吸收剂制备系统包括从生石灰仓入口管道至消石灰仓顶部进灰管道之间所有系统，包括生石灰仓系统、生石灰给料系统、干式消化器系统、消石灰输送系统、消化器排汽风系统。每台CFB炉配1套独立的吸收剂制备系统。具体工艺流程为生石灰粉用密封罐车运输到厂区，通过罐车自带的输送泵送入脱硫岛内的生石灰仓内储存。生石灰在脱硫岛旁现场消化，消化好的消石灰通过气力输送，送到消石灰储仓内。

生石灰仓采用密封结构，顶部设布袋除尘器，并配有排气风机，生石灰仓采用负压工作方式，仓顶布袋除尘器粉尘排放需小于20mg/m^3（标准状态）。生石灰仓的底部锥体、内表面均布置流化板，可对仓底部进行流化，下料系统堵塞时可开启流化风流化。流化风引自消石灰仓流化风机。

每台消化器入口前设置一套生石灰计量系统，包括螺旋给料器、皮带秤、旋转给料器，通过该系统将生石灰给入消化器内。

生石灰消化系统采用卧式双轴三级搅拌式消化器。消化器设有排汽风机，保证消化时产生的大量水汽及时排出。

生石灰的消化水泵每套吸收剂制备系统配1台全容量水泵。水泵出口设置1台流量计，以便消化水泵进行变频控制。

从消化器后进入消石灰仓的物料输送方式采用气力输送，气力输送风机采用1台全容量风机。消石灰输送系统包括消石灰旋转给料器、消石灰喷射器、消石灰气力输送风机等。

典型生石灰储存及消化系统，见图4-124。

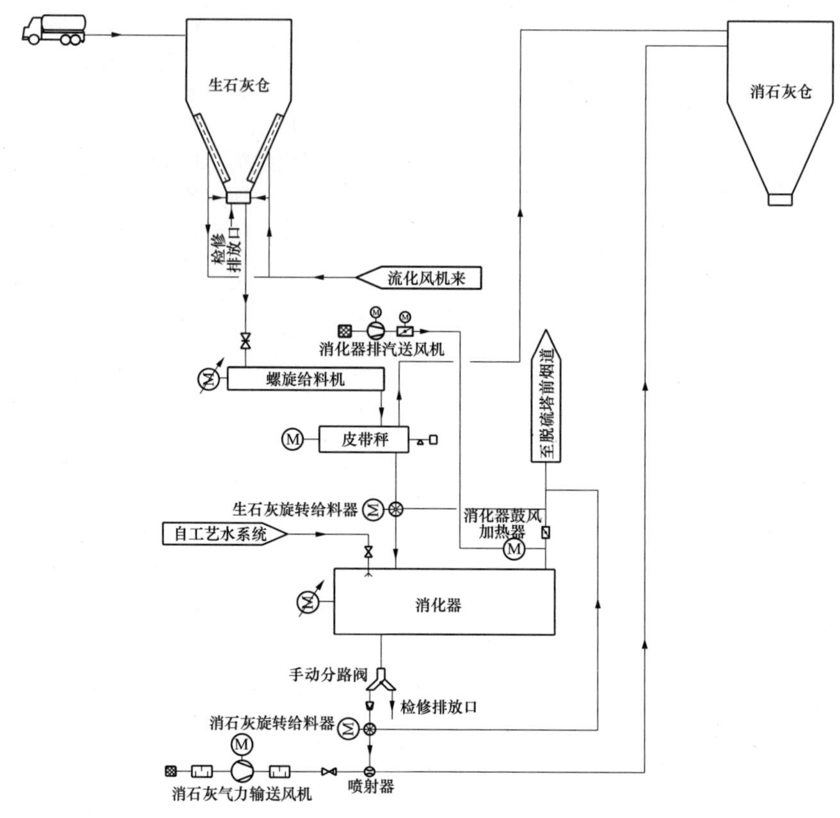

图 4-124　典型生石灰储存及消化系统

2. 主要设计原则

（1）吸收剂采用生石灰现场进行消化时，每座脱硫塔宜设置 1 座生石灰仓，其有效容积宜满足锅炉 BMCR 工况燃用设计煤种 2～4d 的脱硫生石灰消耗量，但不应小于锅炉 BMCR 工况燃用最不利煤种 2d 的脱硫生石灰消耗量。

（2）生石灰仓宜采用锥底形式，并应设置流化风供应系统，仓顶应设有排气布袋收尘器及真空压力释放阀等，仓底应设置检修排放口。

（3）生石灰仓锥斗内壁应设置气化板。第一排设 2 块气化板，对称布置，并应靠近锥斗排料出口处。第二排设 4 块气化板，在四个对称面对称布置。每块气化板的面积宜为 150mm×300mm，其用气量可为 $0.17m^3/min$（标准状态）。气化板生石灰侧空气压力可按 50kPa 选取。

（4）流化风机可与消石灰仓共用 2 台，1 运 1 备。

（5）每座生石灰仓设置 1 台螺旋给料机。电动机应配置变频调速装置，出力宜按消化器出力的 110% 确定。

（6）每座生石灰仓设置 1 台皮带秤。宜采用全密闭电子式，出力宜按消化器出力的 10%～110%确定，计量精度宜为±0.25%～±0.5%。

（7）每座生石灰仓设置 1 台生石灰电动旋转给料器，出力宜按消化器出力的 110%确定，并应满足消化器密封要求。

（8）每座生石灰仓设置 1 台消化器，出力宜按锅炉 BMCR 工况燃用脱硫最不利煤种时消石灰耗量的 150%～200%设计。每台消化器配套 1 台排气送风机及 1 台送风加热器。排气送风机可采用罗茨式，送风加热器宜采用电加热形式。

（三）消石灰储存及输送系统

1. 系统描述

消石灰仓出料的消石灰由调频旋转给料器根据 SO_2 排放浓度信号控制，调整下料量，最后通过进料空气斜槽送入吸收塔。

消石灰仓采用半锥体仓，在锥体段及底部设有流化板及流化风系统，使消石灰保持良好的流动性，消石灰仓的流化风是由罗茨风机供给的。

消石灰仓出口设流量阀和称重流化槽，为保证塔内进料的稳定，流化槽出口设两路下料至进料空气斜槽，在其中一路故障情况下，可开另一路备用。下料管设气动插板阀及调频旋转给料器，可进行自由切换，并根据出口 SO_2 浓度定量给料，再通过斜槽进入脱硫塔使用。

消石灰稀相输送、消石灰仓流化风、流量阀及流化槽流化风主要通过仓顶布袋除尘器及仓顶排气风机外排，使含尘烟气排放满足排放标准。仓顶排气风机的设置目的是为了保证消石灰仓内稳定的负压状态，避免消石灰粉外排至周围环境中，对周围环境及人员健康造成影响。仓顶排气布袋除尘器的清灰周期可通过就地控制箱调整。一旦排气布袋除尘器堵塞或排气风机出现故障，消石灰仓内的含尘气体将通过仓顶安全释放阀进行调整，保证仓内稳定的压力。

典型消石灰储存及输送系统，见图 4-125。

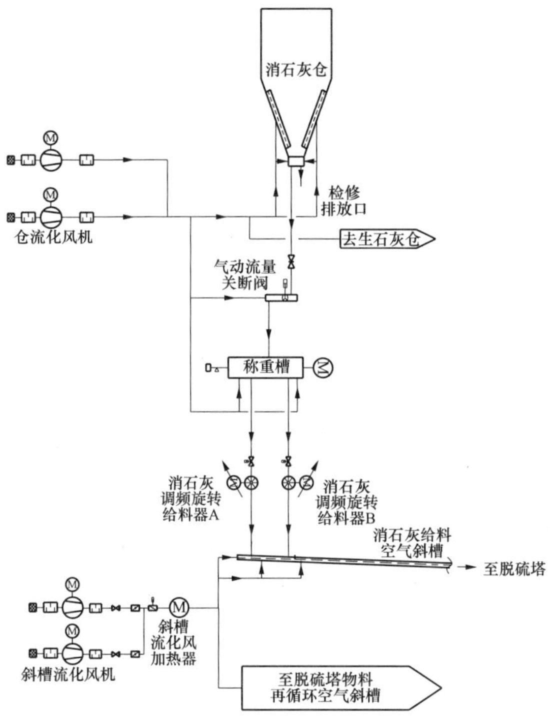

图 4-125　典型消石灰储存及输送系统

2. 主要设计原则

(1)每台消化器设置 1 台消石灰电动旋转给料器，出力宜按消化器出力的 110%确定。

(2) 每台消化器设置 1 套气力输送系统，输送设备宜采用气力喷射泵，出力应满足消化器出力要求。每套气力输送系统设置 1 台输送风机，形式可采用罗茨式。

(3) 每座脱硫塔宜设置 1 座消石灰仓，现场进行生石灰消化时，消石灰仓的有效容积宜满足锅炉 BMCR 工况燃用设计煤种 1～2d 的脱硫消石灰消耗量，但不应小于锅炉 BMCR 工况燃用最不利煤种 1d 的脱硫消石灰消耗量。直接外购消石灰粉时，消石灰仓的有效容积宜满足锅炉 BMCR 工况燃用设计煤种 3～5d 的脱硫消石灰消耗量，但不应小于锅炉 BMCR 工况燃用最不利煤种 3d 的脱硫消石灰消耗量。

(4) 消石灰仓宜采用锥底形式，并应设置流化风供应系统，仓顶应设有排气布袋除尘器及真空压力释放阀等，仓底应设置检修排放口。

(5) 消石灰仓锥斗内壁应设置气化板。第一排设 2 块气化板，对称布置，并应靠近锥斗排料出口处。第二排设 4 块气化板，在四个对称面对称布置。每块气化板的面积宜为 150mm×300mm，其用气量可为 $0.17m^3/min$（标准状态）。气化板生石灰侧空气压力可按 50kPa 选取。

(6) 流化风机可与生石灰仓共用 2 台，1 运 1 备。

(7) 每座消石灰仓设置 1 台气动流量关断阀及 1 台称重槽。称重槽宜采用流态化式，出力应满足锅炉 BMCR 工况燃用脱硫最不利煤种时消石灰耗量的 150%，并应满足在线流量及累计总量计量的要求。

(8) 每座脱硫塔设置 2 台消石灰旋转给料器，1 运 1 备。电动机应配置变频调速装置，出力宜按锅炉 BMCR 工况燃用脱硫最不利煤种时消石灰耗量的 10%～110%设计。

(9) 每座脱硫塔设置 1 条消石灰给料空气斜槽，出力宜按锅炉 BMCR 工况燃用脱硫最不利煤种时消石灰耗量的 110%设计。空气斜槽的斜度不宜小于 6%。在空气斜槽的起点应设置 1 个进风点，每隔 30m 处及转向处，宜各设 1 个进风点和气室隔板。单位耗气量可按 $1.5\sim2.5m^3/(min\cdot m^2)$（透气层，标准状态）选取，总风压可由计算取得，一般在 3～5kPa。

(10) 每座脱硫塔设置 2 台空气斜槽流化风机，1 运 1 备，可同时为消石灰给料空气斜槽及脱硫塔物料再循环空气斜槽提供气源。气源温度宜不小于 80℃，可采用蒸汽加热或电加热器，每座脱硫塔设置 1 台。

（四）脱硫塔系统

1. 系统描述

烟气由脱硫塔下部进入，由下而上依次通过进口段、下部方圆节、给料段、文丘里段、锥形段、直管段、上部方圆节、顶部方形段和出口段，进入后续的除尘设备。

脱硫塔进口烟道设有均流装置，出口处设有温度、压力检测装置，以便控制吸收塔的喷水量和物料循环量。塔底设紧急排灰装置，并设有吹扫装置防堵。

脱硫除尘岛低负荷运行时，烟气量和 SO_2 量减少，所需的脱硫剂及物料循环量也相应减少，为保证塔内的正常流化及稳定的脱硫效率，采取三个措施：一是维持操作气流速度的稳定，采用清洁烟气再循环保证在各负荷时文丘里管及文丘里管后流速在 CFB 运行流速范围内，从而保证流化床正常流化；二是通过调节流量控制阀的排灰口截面，控制反应塔内的压降，以保证低负荷时脱硫效率所需的固体颗粒浓度；三是通过对吸收塔出口温度及 SO_2 量的监控，调节喷水量及吸收剂加入量，保证所要求的脱硫效率。

当脱硫不运行时，吸收塔就作为钢烟道将烟气引到布袋除尘器中进行除尘。

为保证脱硫塔在锅炉低负荷工况稳定运行，设置再循环烟道。在锅炉低负荷运行时，将引风机出口的一部分净烟气送至脱硫塔入口，维持脱硫塔内流化所需烟气量。

典型脱硫塔系统，见图 4-126。

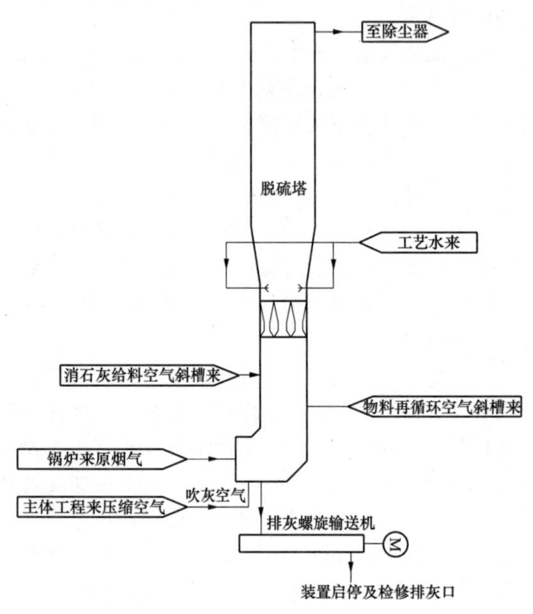

图 4-126　典型脱硫塔系统

2. 主要设计原则

（1）脱硫塔设计处理烟气量宜按锅炉 BMCR 工况下设计煤种或校核煤种的烟气条件，取大值，可不另加裕量；烟气温度加 15℃，短期运行温度加 50℃。

（2）脱硫塔的防爆设计压力应不低于炉膛内爆时的设计瞬态负压值，应符合 DL/T 5240《火力发电厂燃烧系统设计计算技术规程》的有关规定。

（3）脱硫塔宜采用水平流线型进气方式，吸收剂及再循环物料应从文丘里下部烟气高温段注入，脱硫工艺水应在文丘里上部物料浓度及湍动能最大区域注入。

（4）烟气在脱硫塔内的停留时间不低于 6s，脱硫塔内反应段的烟气流速不高于 6m/s。

（5）脱硫塔出口烟温宜高于露点温度 15℃以上。

（6）脱硫塔内壁不需防腐，内部不宜设内撑杆件。

（7）脱硫塔底部应设置 1 台螺旋输灰机，出力一般为 10t/h，以便在检修时排空脱硫塔。

（8）循环流化床锅炉脱硫塔进口烟道宜考虑防磨措施，烟道迎风面材料可采用 Q345（16Mn），壁厚可加厚 1～3mm。

（五）除尘及物料再循环系统

1. 系统描述

大量未反应完全的吸收剂及原烟气粉尘随烟气从脱硫塔出口进入布袋除尘器，固体颗粒被隔离在滤袋外侧，洁净烟气从滤袋外侧进入内部，从滤袋顶部开口排出，汇集后排出布袋除尘器，完成除尘净化过程。吸附滤袋外部的粉尘经喷吹落入下部灰斗，再通过灰斗下部的输送装置送回脱硫塔循环使用或外排。

由于干法脱硫后烟气含尘浓度较高，含湿量较大，故要求脱硫除尘器的效率高。针对脱硫后粉尘物理及化学特性的变化，脱硫除尘器一般采用低压旋转脉冲喷吹布袋除尘器，能适应脱硫运行时的烟气与粉尘条件，且保证烟尘达标排放。

烟气循环流化床脱硫工艺的“循环”是指脱硫副产物的再循环利用，即把布袋除尘器收集的脱硫灰返回到吸收塔循环利用，其目的是使副产物中未反应的吸收剂能继续不断参加脱硫反应，通过延长吸收剂颗粒在塔内的停留时间，以达到提高吸收剂利用率、降低运行费用的目的，同时也是为了满足塔内流化床建立足够的床层密度的需要，只有在塔内建立了足够的床层密度，才能保证喷入的冷却水能得到充分的蒸发，不会造成局部物料过湿，从而导致物料结块，黏附在脱硫塔壁和后续的布袋除尘器布袋上，造成脱硫系统工作不正常。

从吸收塔出来的含有较多未被反应吸收剂的脱硫灰，被气流夹带从吸收塔顶部侧向出口排出，经脱硫布袋除尘器进行气固分离，从布袋除尘器的灰斗排出的脱硫灰大部分通过物料循环调节阀调节后进入空气斜槽，排放至吸收塔文丘里段前变径段，循环流量调节阀主要是根据吸收塔的床层压降信号进行开度调节的。灰斗底部设有流化槽，保证灰斗内脱硫灰良好的流动性。灰斗流化风主要是由灰斗流化风机供给的，并进行加热。

经布袋气固分离的脱硫灰一小部分根据灰斗料位，通过气力输送系统外排。当灰斗料位到达高料位时，气力输送系统打开进行脱硫灰输送。当灰斗料位到达低料位时，气力输送系统立即停止送料。

物料再循环系统主要由灰斗流化槽、灰斗出口插板阀、灰斗下部流量调节阀、循环斜槽、灰斗流化风及加热设备，斜槽流化风及加热设备组成。

流化后的脱硫灰通过手动插板阀及气动流量调节阀进入循环斜槽。灰斗及斜槽均专设流化风机进行流化。灰斗流化风机采用罗茨风机，斜槽流化风机采用离心风机。流化风机的风压及风量均是经过详细计算所得，保证脱硫灰的良好流动性。为保证脱硫系统的可靠性，流化风机均考虑备用。另外，本系统灰斗、灰斗流化风及斜槽流化风均有设置蒸汽加热装置，将流化风及灰斗加热至80～120℃，保证脱硫灰的良好流动性。

典型除尘及物料再循环系统，见图4-127。

2. 主要设计原则

（1）每座脱硫塔宜设置1套除尘器。

（2）除尘器可采用布袋除尘器、电除尘器或电袋除尘器，选型应符合相关规定，也可参考本手册第三章烟尘处理工艺的相关内容。

（3）除尘器入口烟尘浓度一般按 800～1000g/m^3（标准状态）进行设计。

（4）滤袋滤料应能耐腐蚀、耐磨损、抗氧化、过滤效率高，应能在工作温度内长期安全运行，并能在短时最高工作温度（180℃）下安全运行。滤料材质性能不低于进口 PPS，面密度不小于 550g/m^2，厚度不小于1.8m，滤袋正常适用寿命不低于4年。

（5）除尘器灰斗的有效容积应不小于脱硫灰（锅炉最大排灰量与脱硫副产物的总和）8h 的最大排灰量，且不小于脱硫塔床料的总和。

（6）除尘器灰斗应设有加热、流化、振打、放灰等装置，并有良好的保温措施，以保持灰斗壁温高于烟气露点15℃，且不小于80℃。流化风机可采用罗茨风机，每台除尘器设1台备用。流化风应经电加热器加热至80～120℃后供给灰斗。

（7）每个除尘器灰斗出口设置1台物料分配器，能够根据 SO_2 脱除要求自动调节脱硫塔再循环物料量与系统外排脱硫灰量的分配，满足脱硫塔流化床的床层密度要求。

（8）至脱硫塔再循环物料宜采用空气斜槽输送方式，输送气源采用热空气，可与消石灰给料的空气斜槽气源统一设置。

（9）在严寒地区，物料再循环设施应室内布置，空气斜槽及管道应具有良好的保温措施，避免局部结露产生堵塞。

（六）工艺水系统

1. 系统描述

工艺水系统主要用于吸收塔烟气降温用，是相对独立的一个分系统。脱硫塔内烟气降温的目的是为脱硫反应创造一个良好的化学反应条件，降温水量是通过吸收塔出口温度进行控制的。降温水通过2台高压水泵（1用1备）以4.0MPa的压力通过回流式喷嘴注入吸收塔内，系统共设2根回流水喷枪（1用1备）。回流式喷嘴根据吸收塔出口温度，直接调节回流调节阀的开度，以调节回流水量，从而控制吸收塔的喷水量，使吸收塔出口温度稳定控制在70℃左右。回流式喷嘴安装于吸收塔锥形扩散段，可在线进行调整、更换及检修。

当脱硫系统突然停止运行（如引风机突然断电）时，吸收塔内压降低到设定值，根据连锁关系，工艺水系统通过完全打开回流调节阀及关停水泵，自动停止向吸收塔喷水，确保脱硫塔内的物料不会出现过湿现象。

工艺水系统设有一个水箱，布置在布袋除尘器底部的空地上。水箱进口设有过滤阀及气动关断阀，控制水箱的进水质量。水箱设有连续液位，用于监控高压水泵的进水料位。高压水泵设有2台，回流式喷嘴的流量保证在将吸收塔入口温度从140℃降至70℃，并留有裕量。

典型工艺水系统，见图4-128。

2. 主要设计原则

（1）每台炉设置1套工艺水系统，工艺水箱的有效容积应按单台炉脱硫塔正常运行 1h 最大工艺水耗量设计。

（2）每台炉设置2台100%容量或3台50%容量的工艺水泵，容量应满足脱硫塔工艺反应所需水量的要求，并满足机组事故状态下对高温烟气的降温要求，扬程应满足脱硫塔喷枪的压力要求。

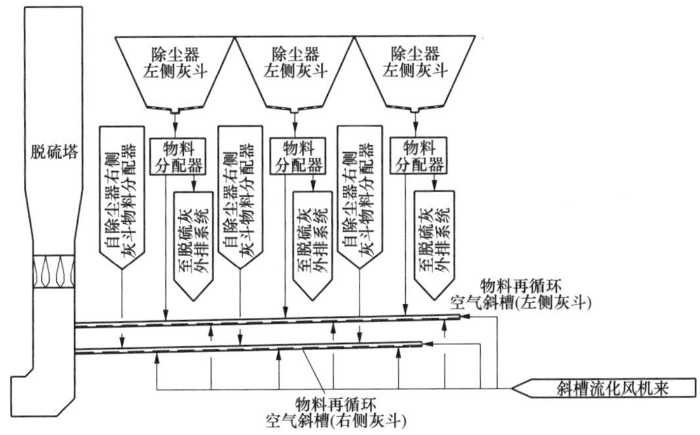

图4-127　典型除尘及物料再循环系统

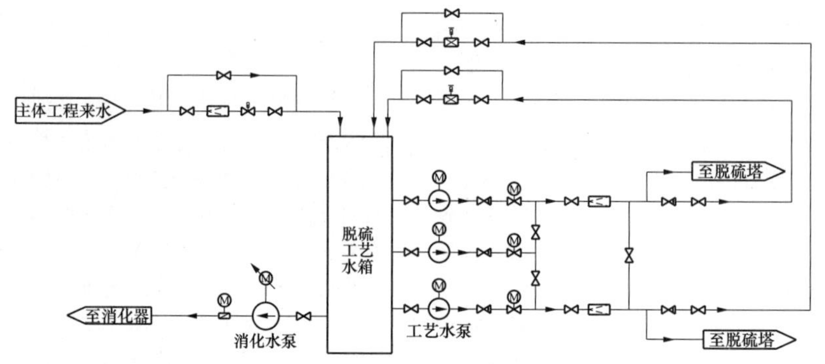

图 4-128　典型工艺水系统

（3）每台消化器设置 1 台 100%容量的消化水泵，容量按消化器满负荷时消化水量的 150%～200%选用，并配置变频调速装置，以根据需要调节消化水的供给量。

（4）工艺水可采用循环水排污水、酸碱废水、反渗透浓排水等水质较差的水源，但悬浮物浓度应满足喷嘴要求，水中颗粒物粒径不大于 30μm。

（5）工艺水系统宜靠近脱硫塔布置，寒冷地区应室内布置。

三、设计计算

（一）脱硫前烟气中 SO_2 含量

脱硫前烟气中 SO_2 含量的计算参见式（4-1）。

（二）生石灰（CaO）耗量

$$G_{CaO}=M_{SO_2}\times\eta_{SO_2}\times\left(\frac{Ca}{S}\right)\times\frac{56}{64}\times\frac{1}{K_{cao}} \tag{4-29}$$

式中　G_{CaO}——生石灰耗量，t/h；

M_{SO_2}——脱硫前烟气中 SO_2 含量，t/h；

η_{SO_2}——脱硫效率，%；

$\frac{Ca}{S}$——钙硫摩尔比，90%脱硫效率时对应的 $\frac{Ca}{S}$ 一般为 1.25；

K_{cao}——生石灰中 CaO 纯度，%。

（三）消石灰[$Ca(OH)_2$]耗量

$$G_{Ca(OH)_2}=M_{SO_2}\times\eta_{SO_2}\times\left(\frac{Ca}{S}\right)\times\frac{74}{64}\times\frac{1}{K_{Ca(OH)_2}} \tag{4-30}$$

式中　$G_{Ca(OH)_2}$——消石灰耗量，t/h；

M_{SO_2}——脱硫前烟气中 SO_2 含量，t/h；

η_{SO_2}——脱硫效率，%；

$K_{Ca(OH)_2}$——消石灰中 $Ca(OH)_2$ 纯度，%。

（四）脱硫副产物生成量

烟气循环流化床半干法脱硫系统排放的灰量，因增加了脱硫剂反应产物及杂质，灰量会大大增加，且副产物成分复杂，主要为 $CaSO_3\cdot1/2H_2O$、$CaSO_4\cdot1/2H_2O$、$CaCO_3$、$Ca(OH)_2$ 等的混合物。由于国内外各公司对副产物生成量的计算差别较大，在工程实施阶段副产物生成量应由脱硫工艺供应商提供。在工程前期阶段，副产物产量估算（不包括飞灰）可参照下列计算公式：

生成 $CaSO_3\cdot1/2H_2O$ 的产量：

$$M_1=2.02\times M_L\times\phi_1 \tag{4-31}$$

生成 $CaSO_4\cdot1/2H_2O$ 的产量：

$$M_2=2.27\times M_L\times\phi_2 \tag{4-32}$$

生成 $CaCO_3$ 的产量：

$$M_3=1.56\times M_L\times\phi_3 \tag{4-33}$$

副产物产量：

$$M=(M_1+M_2+M_3)/\phi \tag{4-34}$$

脱除 SO_2 量：

$$M_L=M_{SO_2}\times\eta_{SO_2} \tag{4-35}$$

式中　M_1——每台炉 $CaSO_3\cdot1/2H_2O$ 的产量，t/h；

M_L——每台炉脱除 SO_2 量，t/h，该数据为环保专业提供，脱硫专业宜进行核算；

ϕ_1——反应生成物中 $CaSO_3\cdot1/2H_2O$ 的份额，可取 60%～65%；

M_2——每台炉 $CaSO_4\cdot1/2H_2O$ 的产量，t/h；

ϕ_2——反应生成物中 $CaSO_4\cdot1/2H_2O$ 的份额，可取 15%～20%；

M_3——每台炉 $CaCO_3$ 的产量，t/h；

ϕ_3——反应生成物中 $CaCO_3$ 的份额，可取 15%～20%；

M——每台炉副产物产量，t/h；

ϕ——副产物中反应生成物的份额，可取 50%～55%；

M_{SO_2}——脱硫前烟气中 SO_2 含量，t/h；

η_{SO_2}——脱硫效率，%。

（五）工艺水耗量

1．烟气喷水量

$$Q_s=\frac{1000(H_{y1}-H_{y2})}{(t_{y2}-t_s)\times4.1868+i} \tag{4-36}$$

式中 Q_s——喷水量，t/h；

H_{y1}——喷水前烟气总焓值，为喷水前烟气温度下，烟气中原有水蒸气、SO_2、CO_2、N_2、O_2、灰等各成分焓值之和，kJ/h；

H_{y2}——喷水后不计喷水量烟气总焓值，为喷水后烟气温度下，烟气中原有水蒸气、SO_2、CO_2、N_2、O_2、灰等各成分焓值之和，kJ/h；

t_{y2}——喷水后烟温，℃；

t_s——喷水水温，℃；

i——喷水后烟气温度下水的汽化潜热，kJ/kg。

由上述关系可估算出烟气喷水量（此时忽略了压力的影响）。

2．生石灰消化水耗量

理论上，消化水耗量可由反应方程式 $CaO+H_2O=Ca(OH)_2$ 通过分子量关系估算出消化水量，即

$$Q_{xs}=Q_{ss}\times 18/56 \tag{4-37}$$

式中 Q_{xs}——消化水量，t/h；

Q_{ss}——生石灰量，t/h。

四、主要设备

（一）脱硫塔

脱硫塔主要由进口段、下部方圆节、给料段、文丘里段、锥形段、直管段、上部方圆节、顶部方形段和出口段组成。塔内完全没有任何运动部件和支撑杆件，也无需设防腐内衬。吸收塔全部采用普通钢板焊接而成，采用钢支架进行支撑，并在下部设置两层平台。脱硫塔典型示意，见图 4-129。

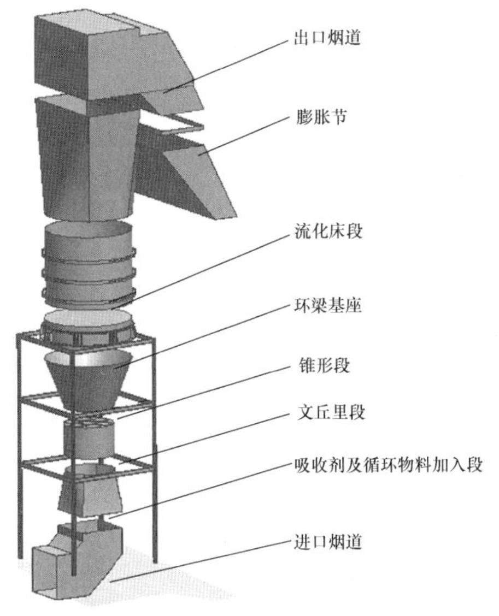

图 4-129 脱硫塔典型示意

（二）除尘器

相关内容见第三章。

（三）消化器

电厂采用消化器自行消化石灰，大大降低了直接外购消石灰所带来的高昂的运行成本，同时消化器的可靠性将直接影响脱硫运行成本及脱硫系统的安全运行。双轴搅拌干式消化器是目前应用最为广泛、运行最为可靠、运行成本最低的一种消化器。图 4-130 为三级搅拌干式消化器外形，图 4-131 为双轴搅拌消化器内部结构实例。

图 4-130 三级搅拌干式消化器外形

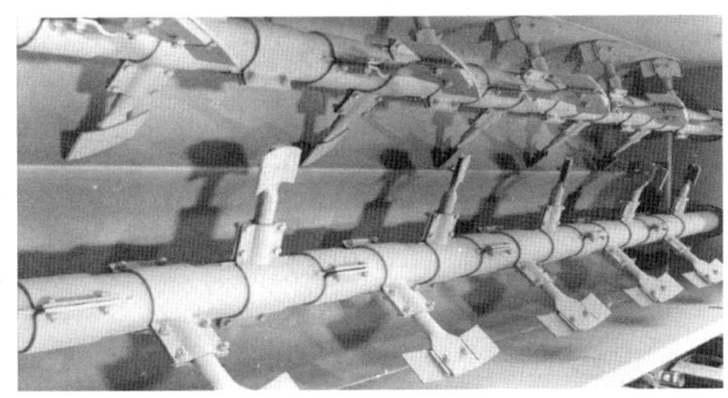

图 4-131 双轴搅拌消化器内部结构实例

石灰干式消化系统采用卧式双轴搅拌干式消化器，它的工作原理为在加入生石灰粉的同时，经计量水泵加入消化水，通过特制的双轴桨叶搅拌使石灰粉与消化水均匀混合，消化温度保持在 100℃以上，使表面游离水得到有效蒸发，通过控制消化机的出口尾堰高度和注水量，来调节消化石灰的品质。消化后消石灰粉的含水可控制在 1%范围内，其平均粒径 10μm 左右，比表面积可达 20m^2/g 以上。

消化水根据加入的生石灰量及消化器内不同部位的温度进行调节，使消化温度始终保持在 100℃以上，消化中过量水分得到充分蒸发，保证消石灰的含水率控制在合理的范围。

为使石灰消化产生的水蒸气顺畅排出，在排汽管近根部处通入热空气，在排汽管内形成热气幕，防止

水蒸气携带的消石灰粉黏结在管壁上。

消化器出口设有可调高度的溢流堰，用以控制消化槽的出粉粒度及消化时间。

没有过多的空气参加消化反应，避免产生 $CaCO_3$，从而确保消石灰的反应活性。

与其他方式的干式消化器相比，具有投资较低、运行费用低、维护检修方便等优点。

五、设备布置

以 2×300MW 机组采用一炉一塔配置为例，两台炉对称布置，脱硫系统布置在锅炉空气预热器与烟囱之间。烟气循环流化床工艺装置的主要构筑物有生石灰仓、消石灰仓、预除尘器、吸收塔、布袋除尘器和脱硫控制楼等。各主要工艺生产装置和辅助设施围绕吸收塔，按工艺要求集中布置，脱硫控制楼可根据电厂实际建在脱硫除尘岛的周围。

每套脱硫系统的吸收塔、脱硫除尘器与引风机呈一字排列。生石灰仓和消石灰仓布置于脱硫塔旁边，这种布置便于生石灰粉的卸车；同时生石灰仓与消石灰仓的距离较近，便于消化出来的消石灰输送至消石灰仓内储存。消石灰仓靠近吸收塔布置便于消石灰输送进入吸收塔内。工艺水箱、水泵、流化风机等布置在脱硫布袋除尘器下的零米层地面上。

2×300MW 机组 1 炉配 1 塔平、断面布置，见图 4-132 和图 4-133。

六、工程案例

（一）工程概况

某 2×300MW 循环流化床机组燃用无烟煤，原烟气治理采用炉内脱硫+电袋复合除尘器技术路线，炉内脱硫效率为 80%，SO_2 及烟尘排放满足当时的国家环保标准。为实现 $SO_2 \leqslant 35mg/m^3$（标准状态）、烟尘小于或等于 $10mg/m^3$（标准状态）的超低排放目标，对环保设施进行了升级改造，在炉后增设了循环流化床半干法脱硫系统。具体改造措施为对原有电袋复合除尘器袋区掏空，原有锅炉引风机进行拆除，增加脱硫除尘装置和引风机，锅炉和脱硫除尘装置共用引风机。

（二）燃料成分分析资料

本工程燃料成分分析资料，见表 4-56。

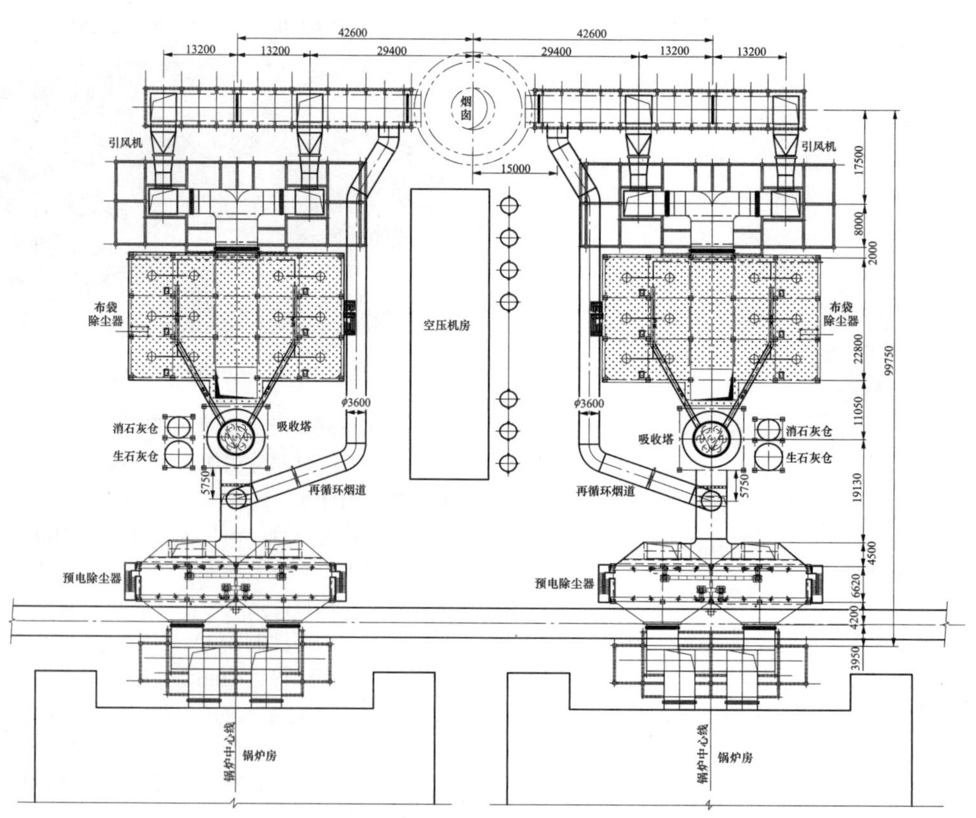

图 4-132　平面布置

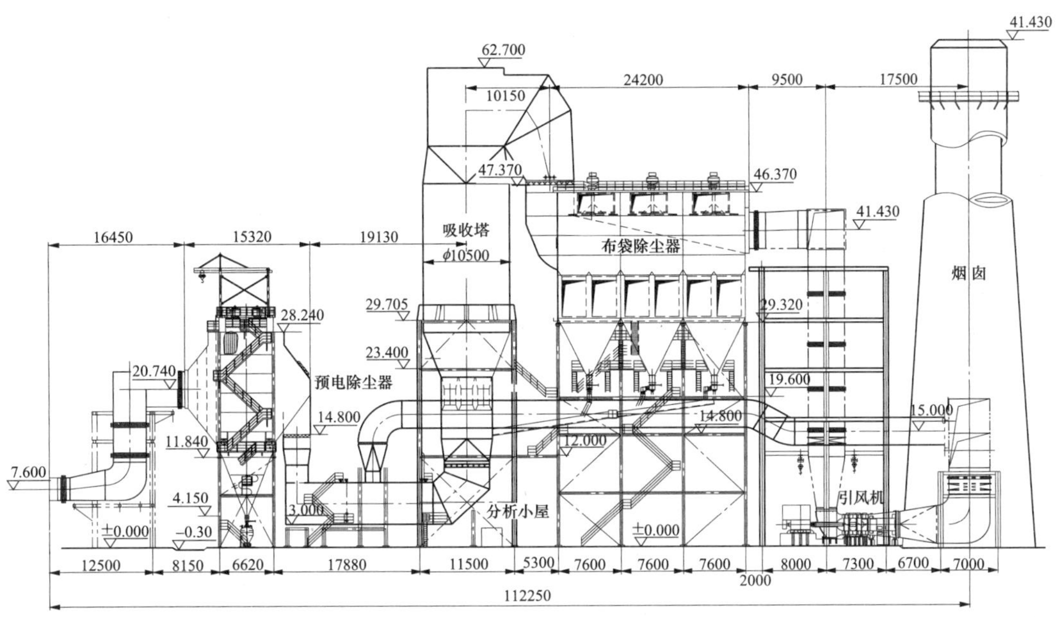

图 4-133　断面布置

表 4-56　　　　**燃料成分分析资料**

序号	名称	符号	单位	设计煤种	校核煤种
1	元素分析				
	收到基碳	C_{ar}	%	57.28	52.3
	收到基氢	H_{ar}	%	1.16	1.04
	收到基氧	O_{ar}	%	1.02	0.83
	收到基氮	N_{ar}	%	0.56	0.71
	收到基硫	$S_{t,ar}$	%	0.98	1.12
2	工业分析				
	全水分	M_t	%	9	12
	收到基灰分	A_{ar}	%	30	32
	空气干燥基水分	M_{ad}	%	1.56	1.61
	干燥无灰基挥发分	V_{daf}	%	3.8	3.2
3	收到基低位发热量	$Q_{net,ar}$	MJ/kg	20.68	19.07
4	哈氏可磨性指数	HGI		67	53
5	冲刷磨损指数	K_e		6.85	6.15
6	灰熔融性				
	变形温度	DT	℃	1150	1050
	软化温度	ST	℃	1250	1180
	半球温度	HT	℃	1300	1250
	流动温度	FT	℃	1350	1300
7	灰成分				
	二氧化硅	SiO_2	%	59.54	51.04
	三氧化二铝	Al_2O_3	%	19.22	26.52
	三氧化二铁	Fe_2O_3	%	10.61	8.03
	氧化钙	CaO	%	1.26	2.93
	氧化镁	MGO	%	1.75	2.18
	氧化钠	Na_2O	%	3.26	0.39
	氧化钾	K_2O	%	0.57	2.84
	二氧化钛	TiO_2	%	1.05	0.65
	三氧化硫	SO_3	%	0.67	1.66
	二氧化锰	MnO_2	%	0.097	0.136
8	灰比电阻				
	测试电压 500V，温度 14.5℃		Ω·cm	2.52×10^{10}	2.85×10^{10}
	测试电压 500V，温度 80℃		Ω·cm	2.00×10^{11}	3.15×10^{10}
	测试电压 500V，温度 100℃		Ω·cm	2.32×10^{11}	5.25×10^{11}
	测试电压 500V，温度 120℃		Ω·cm	3.00×10^{11}	9.85×10^{11}
	测试电压 500V，温度 150℃		Ω·cm	5.20×10^{11}	2.25×10^{12}
	测试电压 500V，温度 180℃		Ω·cm	3.15×10^{11}	9.15×10^{11}
9	煤中游离 $SiO_2(F)_{ar}$ 含量				
	煤中游离 $SiO_2(F)_{ar}$	$SiO_2(F)_{ar}$	%	7.46	

（三）烟气参数

2×300MW 机组 CFB 锅炉循环流化床半干法脱硫系统设计烟气参数，见表 4-57。

表 4-57　2×300MW 机组 CFB 锅炉循环流化床半干法脱硫系统设计烟气参数

项目	单位	参数	备注
烟气量	m^3/h	1674300	实际工况
	m^3/h	1037200	标准状态、干基、6%O_2
	m^3/h	1113700	标准状态、湿基、实际 O_2
	m^3/h	1034300	标准状态、干基、实际 O_2
设计烟温	℃	120	
SO_2 浓度	mg/m^3	800	标准状态、干基、6%O_2
烟尘浓度	g/m^3	25	标准状态、干基、6%O_2

（四）系统描述

1．除尘器改造

原每台锅炉配有 2 台双室两电场加布袋复合式除尘器，设计除尘效率大于或等于 99.88%，烟尘排放浓度小于或等于 30mg/m^3。保留原除尘器电场，作为脱硫岛前烟气预除尘，拆除袋区内所有布袋，并对该区域烟气通道进行改造，保留袋区底部灰斗、仓泵、管道等。

2．脱硫系统设计原则

（1）每台机组采用一套独立的脱硫系统，配备一座吸收塔、一套吸收剂制备（消化）系统、一套布袋除尘器及引风机系统。

（2）脱硫后除尘器采用低压旋转脉冲布袋除尘器，保证布袋除尘器出口粉尘浓度小于 10mg/m^3（标准状态）。布袋清灰用气由布袋清灰风机（罗茨风机）提供，每台机组清灰风机设置 4 台，三用一备，布袋除尘器为 6 室 12 单元。

（3）吸收塔为七孔文丘里空塔结构，材料为普通碳钢，无需进行防腐，吸收剂及脱硫灰的循环加入点为吸收塔入口高温段。

（4）脱硫除尘系统的阻力损失由新增的动叶可调轴流式引风机进行克服，每套脱硫装置增设 2 台引风机。

（5）生石灰仓及消石灰仓就近吸收塔布置，其他工艺设备根据工艺要求布置在除尘器底部或附近，并满足国家相关规范的要求，且充分考虑设备检修维护的需要。

（6）吸收剂为生石灰粉，岛内设有生石灰供应及干式消化系统。生石灰粉由厂外自卸密封罐车输送至生石灰仓中，再经生石灰计量装置、均匀给料设备进入干式消化器。消化后的消石灰粉含水率低，其平均粒径小、比表面积大、活性好。消化后的消石灰直接通过气力输送系统送至消石灰仓，然后经输送设备进入进料空气斜槽，送入吸收塔。每台炉设置一套卧式双轴搅拌干式石灰消化器，消化能力为 10t/h。

（7）生石灰仓、消石灰仓顶部配有仓顶布袋除尘器和安全压力平衡阀，外排尘浓度低于 60mg/m^3（标准状态）。

（8）布袋除尘器收集下来的脱硫灰大部分通过空气斜槽输送返回吸收塔进一步反应，提高吸收剂利用率，少部分脱硫灰则通过正压密相气力输送系统输送至灰库后外排。布袋除尘器共 6 个灰斗，设置 6 套正压密相气力输送设备。

（9）灰斗及空气斜槽专设流化风机进行流化，且流化风机有备用，灰斗及流化风采用蒸汽加热。

（10）提供两台 60m^3/min（标准状态）空气压缩机及其附属系统并与原主管联网，供两台炉脱硫除尘岛压缩空气用，每个岛内各配有两个储气罐。

（11）工艺水采用工业水，主要用于吸收塔烟气冷却和石灰消化。烟气降温水通过高压水泵以一定压力通过回流式喷嘴注入吸收塔，通过回流调节阀控制喷水量，从而控制吸收塔出口温度。高压水泵设置 2 台，1 用 1 备。消化器用水采用消化水泵通过喷嘴注入消化器进行石灰消化。

（五）物料量

本工程循环流化床半干法脱硫工艺物料量，见表 4-58。

表 4-58　物料量（1×300MW 机组，BMCR 工况）

序号	物料名称	单位	数值	备注
1	生石灰耗量	t/h	1.5	钙硫摩尔比按 1.4 计
2	消化水量	t/h	1.0	
3	降温水量	t/h	32	脱硫后温度按 70℃计
4	预除尘器排灰量	t/h	24	
5	循环灰量	t/h	1030	
6	布袋除尘器外排灰量	t/h	6	

（六）主要设备规范

本工程循环流化床半干法脱硫工艺主要设备规范，见表 4-59。

表 4-59　主要设备规范（1×300MW）

序号	设备名称	设备规范	数量	备注
1	预除尘器	双室、两电场，除尘效率 90%	1 台	

续表

序号	设备名称	设备规范	数量	备注
2	吸收塔	直径 9.8m，高度约 60m	1 座	塔设计总压降 2000Pa
3	生石灰仓	直径：6m，容积：300m^3	1 座	
4	消石灰仓	直径：6m，容积：250m^3	1 座	
5	消化器	三级、干式，出力 8t/h	1 台	
6	布袋除尘器	形式：低压旋转脉冲布袋除尘器。 入口设计粉尘浓度：1000g/m^3（标准状态）。 过滤风速：0.7m/min。 过滤面积：43000m^2。 滤袋材质：PPS+PTFE 浸渍。 克重：580g/m^2。 出口粉尘浓度：10mg/m^3（标准状态）	1 台	
7	生（消）石灰仓流化风机	流量：11 m^3/min、升压：50～60kPa、电动机功率：22kW	2 台	1 运 1 备
8	消化水泵	流量：6.5 m^3/h、扬程：0.6 MPa、电动机功率：5.5kW	1 台	

续表

序号	设备名称	设备规范	数量	备注
9	消石灰气力输送风机	流量：27m^3/min、升压：50～60kPa、电动机功率：45kW	2 台	1 运 1 备
10	布袋除尘器清灰风机	流量：29 m^3/min、升压：90～100kPa、电动机功率：90kW	4 台	3 运 1 备
11	灰斗流化风机	流量：38m^3/min、升压：50～60kPa、电动机功率：75kW	3 台	2 运 1 备
12	空气斜槽流化风机	流量：6000m^3/h、升压：10 kPa、电动机功率：37kW	2 台	1 运 1 备
13	工艺水箱	直径：2.6m、容积：25m^3	1 座	
14	高压水泵	流量：75 t/h、扬程：400m、电动机功率：160kW	2 台	1 运 1 备

（七）实施效果

该电厂循环流化床半干法脱硫系统投运后，各项指标达到设计要求，实现了 $SO_2 \leq 35mg/m^3$（标准状态）、烟尘小于或等于 10mg/m^3（标准状态）的超低排放目标。

第五章　烟气多污染物协同控制技术

烟气多污染物协同控制技术是指在同一治理设施内实现两种及以上烟气污染物的同时脱除，或为下一流程治理设施脱除烟气污染物创造有利条件，以及某种烟气污染物在多个治理设施间高效联合脱除。烟气多污染物协同控制技术的最大优势在于强调设备间的协同效应，充分提高设备对多种污染物的脱除能力，在满足烟气污染物排放浓度的同时，实现经济、优化及稳定运行。

本章主要介绍煤粉锅炉多污染物协同控制技术、循环流化床锅炉多污染物协同控制技术，对于电力行业目前应用较少的活性焦协同脱硫脱硝技术、臭氧联合湿法烟气脱硫协同脱硫脱硝脱汞等控制技术不做介绍。

第一节　煤粉锅炉多污染物协同控制技术

本节主要介绍煤粉锅炉多污染物协同控制技术，该技术是在现有煤粉锅炉烟气治理工艺流程的基础上（SCR 脱硝+除尘+湿法脱硫），通过提升现有设备的性能，实现多污染物的协同脱除。

一、技术原理

燃煤电厂现有烟气污染物治理设备之间存在一定的协同治理关系，即各烟气污染物脱除设备在进行目标污染物脱除的同时，具有协助脱除其他烟气污染物的能力，例如，除尘器在除尘的同时也可脱除部分 SO_3 和汞，湿法烟气脱硫装置在脱除硫氧化物的同时也能除尘，脱硝催化剂虽然不能直接脱除汞，但其对元素态汞的氧化有催化促进作用，相应提高了汞在后续烟气治理单元的脱除效率。

通过对整个烟气污染物治理系统进行综合考虑，在提高各设备对目标污染物脱除性能的基础上，充分挖掘其脱除其他烟气污染物的潜力，强调各设备间的协同效应，实现烟气污染物治理系统的整体经济优化运行。

二、工艺流程

煤粉锅炉烟气多污染物协同控制技术包括以低低温电除尘器为核心的烟气多污染物协同治理技术、以湿式电除尘器为核心的烟气多污染物协同治理技术、以电袋复合或袋式除尘器为核心的烟气多污染物协同治理技术，三种协同控制技术可根据工程具体情况选用。

1. 以低低温电除尘器为核心的烟气多污染物协同治理技术工艺流程

以低低温电除尘器为核心的烟气多污染物协同治理技术工艺流程为“烟气脱硝装置（SCR 工艺，其中高效汞氧化脱硝催化剂可选择安装）+空气预热器+烟气冷却器+低低温电除尘器+湿法烟气脱硫装置+湿式电除尘器（可选择安装）+烟气再热器（可选择安装）+烟囱”，详见图 5-1。

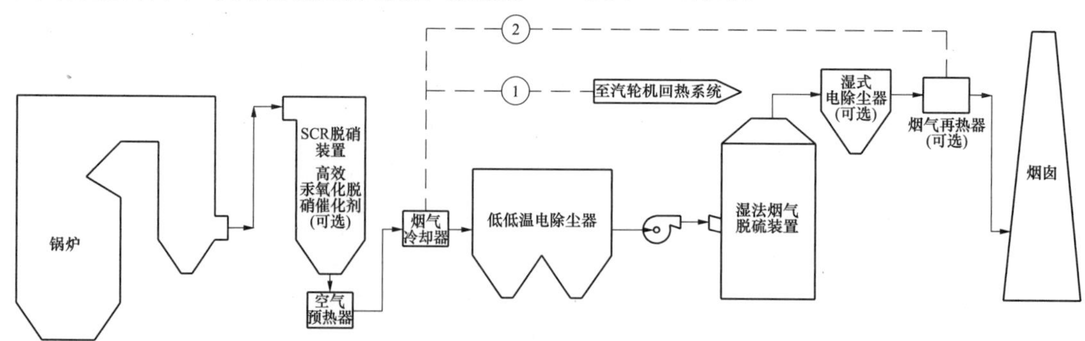

图 5-1　以低低温电除尘器为核心的烟气多污染物协同治理典型系统流程

注：（1）当不设置烟气再热器时，烟气冷却器处的换热量按①回收至汽轮机回热系统；
（2）当设置烟气再热器时，烟气冷却器处的换热量按②至烟气再热器。

2. 以湿式电除尘器为核心的烟气多污染物协同治理技术工艺流程

以湿式电除尘器为核心的烟气多污染物协同治理技术工艺流程为“烟气脱硝装置（SCR 工艺，其中高效汞氧化脱硝催化剂可选择安装）+空气预热器+电除尘器+烟气冷却器（可选择安装）+湿法烟气脱硫装置+湿式电除尘器+烟气再热器（可选择安装）+烟囱”，详见图 5-2。

3. 以电袋复合或袋式除尘器为核心的烟气多污染物协同治理技术工艺流程

以电袋复合或袋式除尘器为核心的烟气多污染物协同治理技术工艺流程为“烟气脱硝装置（SCR 工艺，其中高效汞氧化脱硝催化剂可选择安装）+空气预热器+电袋复合或袋式除尘器+烟气冷却器（可选择安装）+湿法烟气脱硫装置+湿式电除尘器（可选择安装）+烟气再热器（可选择安装）+烟囱”，详见图 5-3。

三、采用低低温电除尘器工艺流程的主要特点

煤粉锅炉烟气多污染物协同控制技术是在充分考虑燃煤电厂现有烟气污染物脱除设备性能（或进行适当的改造）的基础上，引入“协同控制”的理念建立的，具体表现为综合考虑脱硝系统、除尘系统和脱硫系统之间的协同关系，在每个装置脱除其主要目标污染物的同时能脱除其他污染物。

烟气污染物协同控制技术各个主要设备的主要技术特点如下：

1. 选择性催化还原脱硝装置

选择性催化还原脱硝装置的主要功能是实现 NO_x 的高效脱除，同时实现较高的汞氧化率和较低的 SO_3 生成率，具体工程可根据煤质情况及烟囱出口汞

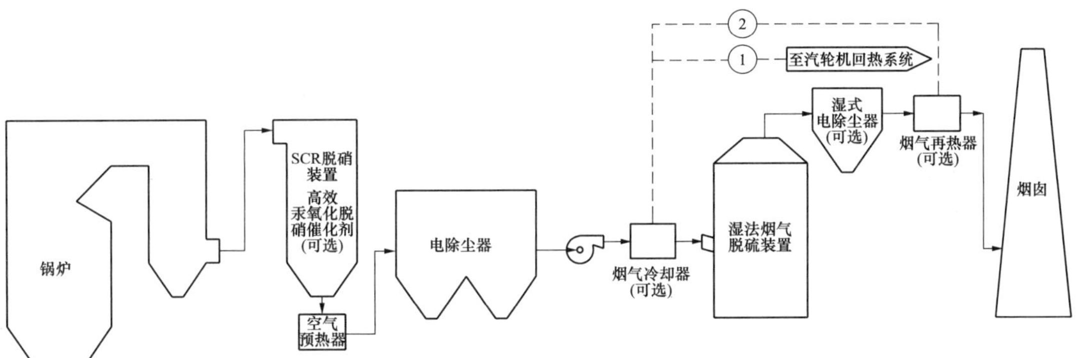

图 5-2　以湿式电除尘器为核心的烟气多污染物协同治理典型系统流程

注：（1）当不设置烟气再热器时，烟气冷却器处的换热量按①回收至汽轮机回热系统；

（2）当设置烟气再热器时，烟气冷却器处的换热量按②至烟气再热器。

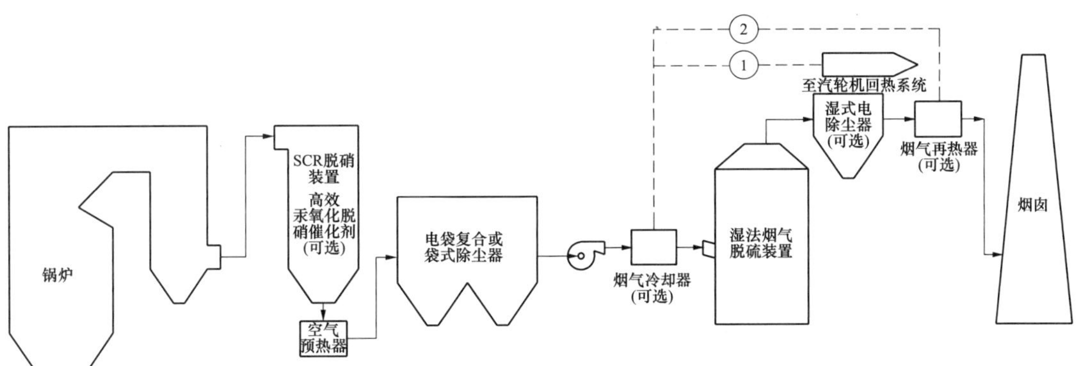

图 5-3　以电袋复合或袋式除尘器为核心的烟气多污染物协同治理典型系统流程

注：（1）当不设置烟气再热器时，烟气冷却器处的换热量按①回收至汽轮机回热系统；

（2）当设置烟气再热器时，烟气冷却器处的换热量按②至烟气再热器。

的排放浓度要求选择性安装常规催化剂或高效汞氧化催化剂。目前对国内大部分的烟煤，在不采用汞氧化催化剂的情况下均可达到 GB 13223—2011《火电厂大气污染物排放标准》中汞及其化合物排放小于 0.03mg/m^3 的要求，但对汞含量高且卤素（主要指氯、溴）含量低的煤质，以及面对未来更严苛的汞排放标准时，可通过在脱硝系统中加装高效汞氧化催化剂，提高元素态汞的氧化效率，有利于在下游的除尘设备和脱硫设备中对汞进行脱除；同时抑制 SO_2 向 SO_3 的转化，减少 SO_3 的生成。

2. 烟气冷却器

烟气冷却器布置在电除尘器的入口时，其出口烟气温度低于烟气酸露点温度，并工作在高灰区域，烟气冷却器的主要功能是使大部分 SO_3 在烟气降温过程中凝结，并被烟尘充分吸附和中和，而且烟气冷却器出口的烟尘平均粒径会增大、烟尘比电阻降低，有利于烟尘在低低温电除尘器和脱硫塔中被脱除，同时实现烟气余热利用或用于加热湿法烟气脱硫后的净烟气及节约脱硫岛的水耗。

烟气冷却器布置在脱硫塔入口时，其主要功能是实现烟气余热利用或用于加热湿法烟气脱硫后的净烟气及节约脱硫岛的水耗。

3. 低低温电除尘器

低低温电除尘器的定义为通过烟气冷却器降低电除尘器入口烟气温度至酸露点以下（最低温度应满足湿法烟气脱硫系统工艺温度要求），以提效节能，并能去除烟气中大部分 SO_3 的电除尘器。烟气流经烟气冷却器后，烟气温度降低，烟尘比电阻随之降低，从而有效提高除尘效率，同时还可脱除吸附在烟尘中的 SO_3 和汞。

4. 湿法烟气脱硫装置

湿法烟气脱硫工艺技术的广义定义包括石灰石-石膏烟气脱硫、海水脱硫、氨法脱硫等，湿法烟气脱硫工艺的主要功能是实现 SO_2 的高效脱除，同时实现烟尘、SO_3、汞的协同脱除。在保证脱除 SO_2 效果的同时，通过脱硫塔的流场优化、喷淋层和除雾器的配置优化，脱硫塔的除尘效率可大幅度提高，并协同脱除烟气中剩余的 SO_3 和 Hg^{2+}。

由于石灰石-石膏烟气脱硫工艺在我国应用最广、单机应用容量最大，如无特别指明，本节所述的湿法烟气脱硫工艺均指石灰石-石膏烟气脱硫工艺。目前，采用海水脱硫、氨法脱硫工艺的燃煤电厂，通过采用高效除雾器、增加湿式电除尘器等措施，也实现了烟气污染物的超低排放。

5. 湿式电除尘器

湿式电除尘器的主要功能是实现烟尘的超低排放及二价汞（Hg^{2+}）、SO_3 气溶胶等多污染物的高效脱除，具体工程可根据烟囱出口污染物排放浓度的要求和煤质情况选择性安装。

6. 烟气再热器

烟气再热器的主要功能是将湿烟气加热至较高温度的干烟气，改善烟囱运行条件，同时还可避免石膏雨和烟囱冒白烟的现象。日本规定烟囱出口的烟气必须以干烟气排放，中国的燃煤电厂通常根据环境评估报告或经济技术比较后选择性安装。

煤粉锅炉采用低低温电除尘器时，烟气多污染物协同控制技术的各个流程处理的污染物协同脱除要素，见表 5-1 和图 5-4。

表 5-1　各污染物协同脱除要素

序号	设备名称	污染物				
		烟尘	NO_x	SO_2	汞	SO_3
1	SCR 脱硝装置	—	结合炉内低氮燃烧技术对 NO_x 进行脱除	少量 SO_2 被催化氧化为 SO_3	低卤素、高汞煤可采用高效汞氧化催化剂，将零价元素汞（Hg）氧化为二价汞（Hg^{2+}）	高效汞氧化催化剂同时具有降低 SO_2 向 SO_3 的转化率的特点
2	烟气冷却器	降低烟气温度，烟尘的比电阻降低，除尘器的击穿电压上升，烟尘的粒径增大，有利于在除尘器和脱硫塔中被脱除	—	—	在较低烟气温度下会增加颗粒汞被烟尘捕获的机会	大部分 SO_3 凝结后被烟尘吸附
3	低低温电除尘器	由于烟尘的比电阻降低，烟尘粒径增大，除尘效率提高	—	—	颗粒态汞（Hg^P）、二价汞（Hg^{2+}）被灰颗粒吸附，并去除	80%以上的 SO_3 在高烟尘浓度区被吸附在烟尘表面，从而被除尘器去除
4	湿法烟气脱硫装置	（1）降低吸收塔出口液滴携带量，提高湿法烟气脱硫装置的除尘效率； （2）优化的流场、除雾器和喷淋层设计可达到较高的除尘效率	可对 NO_2 进行少量脱除	对 SO_2 进行脱除	（1）颗粒态汞（Hg^P）和二价汞（Hg^{2+}）在湿法烟气脱硫装置中被吸收； （2）部分 Hg^{2+} 被 SO_2 还原为零价汞（Hg）	湿法烟气脱硫装置可进一步对 SO_3 进行脱除，但脱除效率不高（一般小于或等于 30%）

续表

序号	设备名称	污染物				
		烟尘	NO_x	SO_2	汞	SO_3
5	湿式电除尘器	可对烟尘及$PM_{2.5}$进行脱除，脱除效率可达 70%～90%	对NO_2有少量脱除作用	对SO_2有少量脱除作用	可对二价汞（Hg^{2+}）进行脱除	对SO_3进行脱除（脱除效率可达 60%）

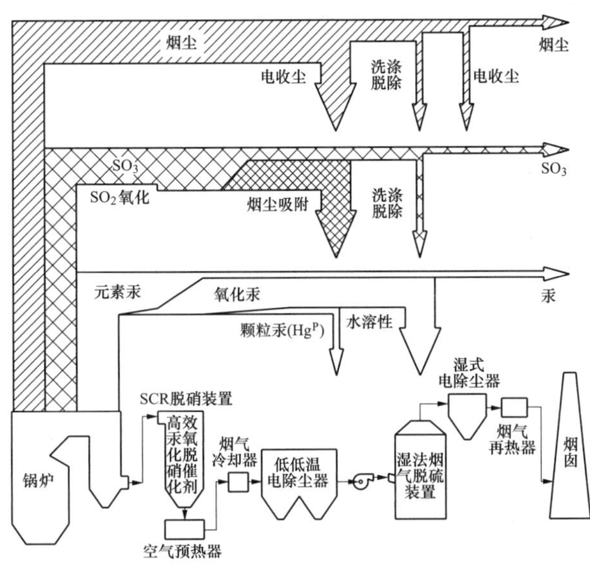

图 5-4 烟气多污染物协同治理技术原理

烟气多污染物协同治理技术与常规技术相比，其最重要的一个特点为回收烟气余热降低供电标准煤耗率，且不增加厂用电消耗，以 660MW 煤粉锅炉为例，两者的厂用电消耗对比见表 5-2。采用以低低温电除尘器为核心的烟气多污染物协同治理技术工艺流程时，引风机入口烟气流量的减少及烟气密度的增加总体降低了风机的功率，系统增设烟气冷却器及不设置湿式电除尘器时总体上增加了风机的功率，烟气流量的降低大于系统阻力增加对风机功率的影响，因此引风机的功率是下降的；常规技术设置湿式电除尘器时，除导致引风机功耗增加外，湿式电除尘器的电源也增加了厂用电消耗。此外，烟气温度降至酸露点以下使粉尘特性发生很大变化，实际运行中低低温电除尘器的二次电压与原来相比变化不大，而二次电流值成倍增加，国内某文献统计的四个电厂的低低温电除尘器相对常规同类型电除尘器的实际运行电耗增幅分别为 44%、100%、100%、93%，在节能控制模式下其中一个电厂的低低温电除尘器的电耗相对常规同类型电除尘器的增幅为 4%，其余三个电厂的降幅分别为 4%、15%、10%，因此，通过优化低低温电除尘器的电源配置、优化控制器及其控制方式、优化振打时序和振打制度，对实现低低温电除尘器的节能运行具有重要意义。

表 5-2 燃烟煤机组协同控制技术与常规技术电耗对比

序号	项目	单位	单台 660MW 机组/BMCR 工况	
			常规技术	协同控制技术
			空气预热器+2台双室五电场电除尘器+湿法烟气脱硫装置+湿式电除尘器+烟囱	空气预热器+烟气冷却器+2台双室五电场低低温电除尘器+高效除尘湿法烟气脱硫装置+烟囱
1	引风机功耗	kW	基准	−600
2	电除尘器功耗	kW	基准	节能控制模式下，节能效果不明显
3	湿式电除尘器功耗	kW	基准	−360
4	合计功耗	kW	基准	−960
5	厂用电率	%	基准	−0.15

注 表中能耗的比较基于常规的烟煤锅炉，主要燃煤特性为C_{ar}=55.4%，H_{ar}=3.6%，O_{ar}=6.41%，N_{ar}=0.98%，S_{ar}=0.45%，M_t=6.2%，M_{ad}=1.63%，A_{ar}=26.96%，V_{daf}=30.50%，$Q_{net,ar}$=21.61MJ/kg。

四、系统设计

（一）总体要求

（1）当环评要求干烟囱排烟时，应在湿法烟气脱硫装置的出口设置烟气再热器。

（2）空气预热器出口烟气的灰硫比大于 100 时，可选用低低温电除尘器；灰硫比过大或飞灰中碱性氧化物（主要为 Na_2O）含量较高时，烟尘性质改善幅度减小，对低低温电除尘器提效幅度有一定影响，建议在技术经济比较后进行评估选用。

（3）在烟尘浓度过高或烟尘特性特殊的情况下，且采用电除尘器及低低温电除尘器难以满足排放要求时，可采用电袋复合或袋式除尘器。

（4）当需要进一步提高烟气处理系统的脱汞效率，满足汞的环保排放要求时，可在 SCR 脱硝装置中采用汞氧化催化剂或其他措施，以提高烟气中元素态汞的氧化率。

（5）应优先考虑提升空气预热器出口的电除尘器及湿法烟气脱硫装置的除尘性能，当改造条件受限且费用较高时，可增设湿式电除尘器。

（二）烟囱出口烟尘排放浓度值小于 10mg/m³ 的技术方案

低低温电除尘器方案见图 5-5。电袋复合或袋式除尘器方案见图 5-6。

（1）烟囱出口烟尘浓度应小于 10mg/m³。

（2）低低温电除尘器出口烟尘浓度限值宜按 30mg/m³ 进行控制，石灰石-石膏湿法烟气脱硫装置的综合除尘效率应保证不低于 70%（含所有固形物在内）。

（3）电袋复合或袋式除尘器出口烟尘浓度宜按 20mg/m³ 进行控制，石灰石-石膏湿法烟气脱硫装置的综合除尘效率应保证不低于 50%（含所有固形物在内）。

（4）低低温电除尘器入口烟气温度宜低于烟气酸露点温度，一般为 90℃±5℃。

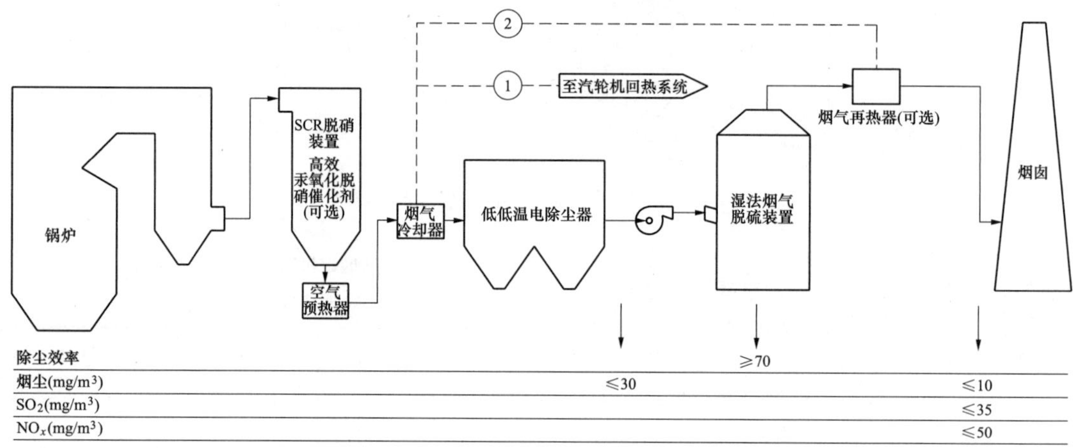

图 5-5 烟囱出口烟尘浓度值小于 10mg/m³ 技术方案（低低温电除尘器方案）

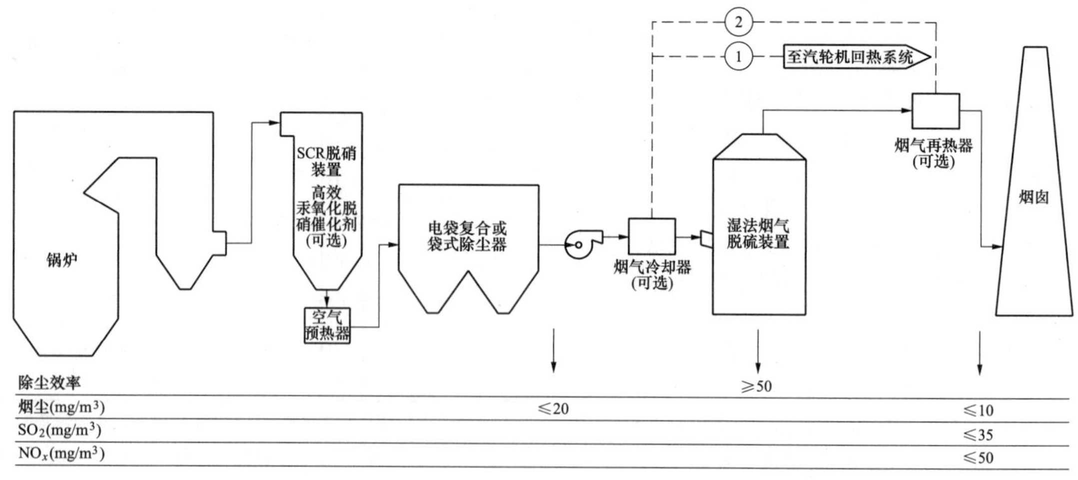

图 5-6 烟囱出口烟尘浓度值小于 10mg/m³ 技术方案（电袋复合或袋式除尘器方案）

（5）采用低低温电除尘器时，SO_3 在低低温电除尘器中的脱除率应大于 80%。

（6）当未装设高效汞氧化催化剂时，燃用烟煤时整套烟气处理系统对汞的脱除率一般不低于 70%。对于特殊煤质（如汞含量高且卤素含量低的煤质）不能满足汞排放要求时，可装设高效汞氧化催化剂，其设置层数应根据煤质情况和汞的环保排放要求确定。

（7）脱硫塔后设置烟气再热器时，烟气再热器与烟气冷却器宜以水作为传热介质，烟气再热器出口烟气温度应不低于 80℃，并满足当地环保要求。

（8）烟囱的设计应符合下列规定：

1）烟囱结构形式及材料的选择应符合 GB 50051—2013《烟囱设计规范》中第 11 节"烟囱的防腐蚀部分"的要求和规定。

2）对于不同内衬的湿烟囱排烟筒内的推荐烟气流速（BRL 工况）应满足表 5-3 的要求，烟囱出口流速应满足环保要求，为保证同时在排烟筒体内和出口处均有合理的烟气流速，必要时可在烟囱出口设置收缩过渡段。

表 5-3 对于不同内衬的湿烟囱排烟筒内的推荐烟气流速（BRL 工况）

湿烟囱排烟筒内衬材料	烟气流速（m/s）
玻璃砖（径向偏差小于或等于 3mm）	13.7
合金钢、钛或不锈钢（径向偏差小于或等于 3mm）	16.8
玻璃钢	16.8
涂料	16.8

3）对于湿烟囱，烟囱应设有酸液排出系统，在烟囱内筒筒壁、烟囱底部和烟囱接口的水平烟道处均应采取液滴回收措施。

（9）上述技术方案和技术要求适用于新建机组，改造机组可参照执行，但应充分结合现场的场地条件和原有污染物处理的设备配置状况确定改造方案。

（三）烟囱出口烟尘排放浓度值小于 5mg/m³ 的技术方案

低低温电除尘器方案见图 5-7。低低温电除尘器+湿式电除尘器方案见图 5-8。电袋复合或袋式除尘器方案见图 5-9。

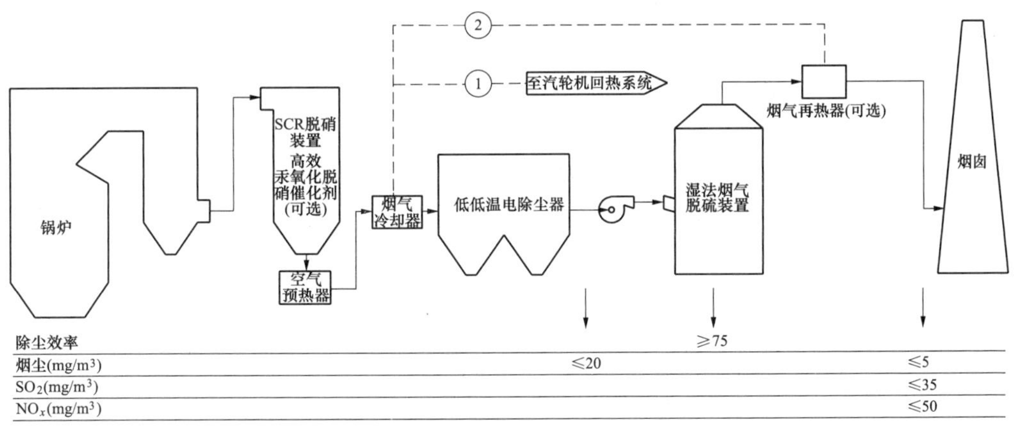

图 5-7 烟囱出口烟尘浓度值小于 5mg/m³ 技术方案（低低温电除尘器方案）

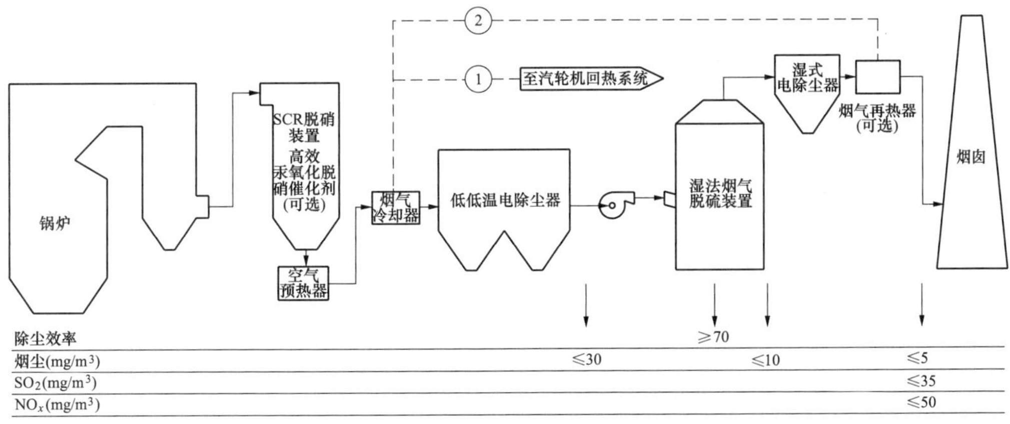

图 5-8 烟囱出口烟尘浓度值小于 5mg/m³ 技术方案（低低温电除尘器+湿式电除尘器方案）

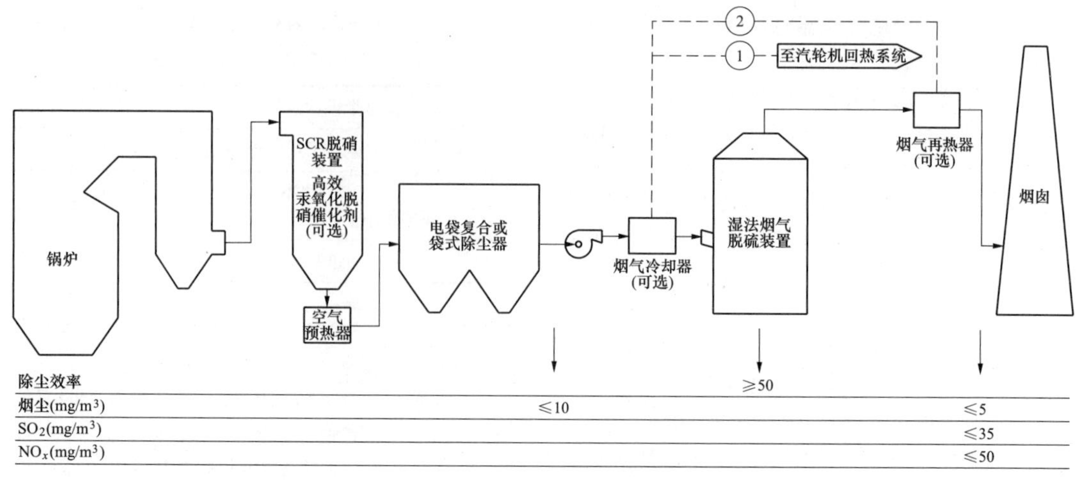

图 5-9　烟囱出口烟尘浓度值小于 5mg/m³ 技术方案（电袋复合或袋式除尘器方案）

（1）烟囱出口烟尘浓度应小于 5mg/m³。

（2）新建机组宜在不设置湿式电除尘器的情况下达到烟囱出口烟尘排放浓度小于 5mg/m³ 的要求。

（3）对于改造机组，应优先考虑提升空气预热器出口的电除尘器及湿法烟气脱硫装置的除尘性能；当改造条件受限且费用较高时，可增设湿式电除尘器。

（4）当未设置湿式电除尘器时，低低温电除尘器出口烟尘浓度限值宜按 20mg/m³ 进行控制，石灰石-石膏湿法烟气脱硫装置的综合除尘效率应保证不低于 75%（含所有固形物在内）。

（5）当设置有湿式电除尘器时，低低温电除尘器出口烟尘浓度限值宜按 30mg/m³ 进行控制，石灰石-石膏湿法烟气脱硫装置的综合除尘效率应保证不低于 70%（含所有固形物在内）。

（6）电袋复合或袋式除尘器出口烟尘浓度限值宜按 10mg/m³ 进行控制，石灰石-石膏湿法烟气脱硫装置的综合除尘效率应保证不低于 50%（含所有固形物在内）。

（7）其他要求与烟囱出口烟尘排放浓度值小于 10mg/m³ 技术方案相同。

（四）烟气协同脱汞技术

燃煤电厂的汞污染防治技术包括燃烧前控制、燃烧中控制和燃烧后控制，燃烧前控制主要包括洗煤技术和煤低温热解技术，燃烧中控制是通过改变优化燃烧和在炉膛中增加添加剂等技术，燃烧后控制主要包括协同控制技术、单项脱汞技术等。

协同脱汞技术是指燃煤电厂利用现有的脱硝装置、除尘器和脱硫装置等烟气处理设施对烟气中的汞具有一定的去除作用，实现烟气中汞的达标排放技术。单项脱汞技术是基于现有设施改进的单项汞脱除技术，如改性 SCR 催化剂汞氧化技术、除尘器前喷射吸附剂（如活性炭、改性飞灰、其他多孔材料等）、脱硫塔内添加稳定剂、脱硫废水中添加络合剂等技术，实现更高的脱汞控制效果。

国内外众多工程的测试表明，煤粉锅炉残留在底渣中的汞含量测试值为 0.1%～1.0%、最高不超过 2%。在煤粉锅炉的炉膛温度范围内，气态元素汞（Hg）是汞的热力稳定形式，大部分汞的化合物在炉内高温下处于热不稳定状态并分解成元素汞，也就是说炉内高温下几乎所有煤中的汞（有机汞和无机汞）均转化为元素汞，并以气态形式停留于烟气中，炉膛出口烟气中的汞主要以气态元素汞（Hg）、固态颗粒汞（Hg^P）、气态二价氧化汞（Hg^{2+}）三种形态存在，且以气态元素汞（Hg）为主。在火力发电厂的烟气流程中，不同的测试点三种形态汞的比例也不相同，颗粒汞（Hg^P）绝大部分可被除尘器、湿法烟气脱硫等烟气治理设备捕集去除，气态二价氧化汞（Hg^{2+}）可溶于水、易被颗粒物所吸附、易于捕集和控制，气态元素汞（Hg）不溶于水且极易挥发、难于控制、传输距离远、对环境影响大，但 Hg 可被催化氧化为 Hg^{2+}，如果排入大气，Hg^{2+}和 Hg^P 在大气中停留时间只有几天，Hg 则可停留 1 年以上。

对于不同燃煤电厂而言，炉膛出口烟气中汞的三种形态之间的比例并不相同，甚至差别很大；影响燃煤电厂烟气中汞形态分布的因素非常复杂，包括煤种及其成分、燃烧方式及燃烧器类型、锅炉运行状态（如锅炉负荷、燃烧温度、过量空气系数等）、烟气污染物控制设备的配置、烟气冷却速率和停留时间等。研究表明，煤中的氯（Cl）和溴（Br）对汞具有较强的氧化效果，且溴的作用更加明显；此外，煤灰及 SCR 脱硝催化剂中的一些碱金属氧化物对汞的氧化过程有催化反应的作用。

北京某 200MW 电厂 3 号锅炉的烟气治理系统配置为固态排渣煤粉锅炉+SCR 脱硝装置（汞氧化催化

剂）+电袋复合除尘器（两电两袋）+石灰石-石膏烟气脱硫装置，设计燃用山西大同煤、校核煤为山西混煤，实际来煤比较复杂；该锅炉的汞平衡测试结果表明，底渣中汞的质量占总汞的比例为 0.11%，第一及第二电场捕集飞灰中汞的质量占总汞的比例为 32.47%，石膏浆液中汞的质量占总汞的比例为 59.68%，脱硫后烟气中汞的质量占总汞的比例为 12.39%，总计为 104.65%，总汞质量平衡较好（通常汞质量平衡率为 70%～130%），按照汞的输出量计算可得协同脱汞率为 88.2%。此外，通过测试该锅炉 SCR 进出口气态元素汞（Hg）的浓度，计算的催化剂对汞的氧化率为 82.5%。

河北某 300MW 机组汞平衡测试结果（固态排渣煤粉锅炉+SCR 脱硝装置+电除尘器+石灰石-石膏烟气脱硫装置）表明，燃煤输入的汞质量占比 98.5%、脱硫工艺水输入 1.2%、石灰石输入 0.3%，脱硫石膏、除尘器底灰、烟气中的汞质量占比分别为 36.7%、25%、17.6%，锅炉底渣、脱硫废水中的汞质量占比分别为 0.1%、0.2%，合计为 79.6%，已达到很好的平衡效果（通常汞质量平衡率为 70%～130%），按照汞的输出量计算可得协同脱汞效率为 77.9%。

中国一些高校对国内 23 个电厂的电除尘器和袋式除尘器的脱汞效果，测试结果见表 5-4，表中括号中的数据为实际测量的变化范围值。

表 5-4　中国 23 个电厂的电除尘器和袋式除尘器的脱汞效果

颗粒物控制设备	平均脱汞率（%）		
	烟煤	无烟煤	褐煤
电除尘器	28（6～43）	15（13～18）	14（4～24）
袋式除尘器	76（9～86）	无测试数据	无测试数据

国内的测试表明，大部分燃用烟煤的电厂利用现有的 SCR 脱硝装置、除尘器和脱硫装置等烟气处理设施对汞的脱除率可达到 70%及以上，并实现汞的达标排放。结合国内外燃煤电厂对脱汞技术的研究，对火力发电厂煤粉锅炉的脱汞技术提出如下建议（可采用以下一种或多种技术联合使用）：

（1）采用高效汞氧化催化剂，提高气态元素汞的氧化率，最终实现氧化汞在后续烟气治理设备中的脱除。

（2）可通过在给煤系统或炉膛内添加氧化剂（主要是 $CaBr_2$）的工艺来提高协同脱汞的效率。

（3）对于仍达不到环保要求的火电机组，可采用烟道活性炭喷射技术（activated carbon injection，ACI）。

五、设计计算

（一）烟气污染物综合脱除效率的计算

以烟尘在烟气治理系统中的脱除为例，其综合脱除效率可按照式（5-1）计算。

$$\eta=\eta_1+(100-\eta_1)\times\frac{\eta_2}{100}+\left(100-\eta_1-\eta_2+\frac{\eta_1\times\eta_2}{100}\right)\times\frac{\eta_3}{100} \tag{5-1}$$

式中 η——综合除尘效率，%；

η_1——干式除尘器的除尘效率，%；

η_2——湿法烟气脱硫的除尘效率，%；

η_3——湿式电除尘器的除尘效率，%。

（二）烟气中烟尘浓度的计算

除尘器入口烟气的烟尘浓度可按照式（5-2）计算，其中，烟气量以标准状态、干烟气的体积流量为计算基准，根据需要可用不同的烟气量基准（干/湿烟气、标准/实际状态、实际的过量空气系数/过量空气系数为 1.4）计算烟尘浓度。

$$c_{fh}=\frac{1000\times\alpha_{fh}\times B_g\times\left(\frac{A_{ar}}{100}+\frac{Q_{net,ar}\times q_4}{33870\times100}\right)}{B_j\times[V_{gy}^0+(\alpha-1)\times V_k^0]} \tag{5-2}$$

式中 c_{fh}——烟尘浓度，g/m^3（标准状态）；

α_{fh}——除尘器入口飞灰系数，煤粉锅炉一般取值为 0.85～0.9，省煤器出口灰斗及脱硝入口灰斗连续排灰时取下限值，间断排灰或检修排灰时取上限值；

B_g——锅炉实际耗煤量，t/h；

A_{ar}——燃煤收到基灰分，%；

$Q_{net,ar}$——燃煤收到基低位热值，kJ/kg；

q_4——锅炉机械不完全燃烧损失，%；

B_j——锅炉计算耗煤量，t/h；

V_{gy}^0——每千克燃煤燃烧生成的理论干烟气量，m^3/kg（标准状态）；

α——过量空气系数，计算实际烟气量时取用烟气中实际的过量空气系数，用于烟气污染物环保基准下的排放浓度计算时取值 1.4；

V_k^0——每千克燃煤燃烧所需的理论干空气量，m^3/kg（标准状态）。

（三）烟气中三氧化硫浓度的计算

根据硫在燃烧过程中是否可燃，可分为可燃硫（硫化物硫、有机硫、元素硫）及不可燃硫（硫酸盐硫），可燃硫在燃烧后将分解出 SO_2，其中，部分 SO_2 在高温状态下将进一步氧化为 SO_3，部分 SO_2 与煤灰中的碱性金属氧化物反应生成硫酸盐，将降低烟气中的 SO_2 含量，硫酸盐硫由于在“煤粉炉”内的停留时间较短来不及分解，因此不可燃硫将直接固化在灰渣中。大量的煤样化验资料表明，含硫量低于0.5%的低硫煤中硫以有机硫为主，黄铁矿硫较少，硫酸盐硫的含量甚微；而含硫量大于2.0%的高硫煤中，主要为黄铁矿硫，少部分为有机硫，硫酸盐硫一般不超过0.2%，即煤中的可燃硫占收到基全硫的90%以上。工程中，烟气中SO_2及SO_3含量的计算可近似以收到基全硫$S_{t,ar}$为基准进行计算。

空气预热器出口的烟气中三氧化硫的浓度可按照式（5-3）计算，其中，烟气量以标准状态、干烟气的体积流量为计算基准，根据需要可用不同的烟气量基准计算三氧化硫浓度。

$$c_{SO_3}=\frac{10^6\times B_g\times\frac{80}{32}\times\frac{S_{t,ar}}{100}\times k_{SO_2}\times k_{SO_3}}{B_j\times[V_{gy}^0+(\alpha-1)\times V_k^0]} \tag{5-3}$$

$$k_{SO_2}=0.63+0.345\times(0.99)A_b \tag{5-4}$$

$$A_b=0.239\times\alpha_{fh}\times A_{sp}\times(7\times CaO+3.5\times MgO+Fe_2O_3) \tag{5-5}$$

$$A_{sp}=4.182\frac{A_{ar}}{Q_{net,ar}} \tag{5-6}$$

式中　c_{SO_3}——烟气中三氧化硫的浓度，mg/m^3（标准状态）；

$S_{t,ar}$——燃煤中收到基全硫的含量，%；

k_{SO_2}——SO_2释放系数，表征收到基全硫中燃烧后转化为SO_2的硫的份额（燃烧过程中有一部分可燃硫与灰中碱金属氧化物结合而固化于灰中转化为不可燃硫，使烟气中实际SO_2的排放量低于燃烧计算的SO_2排放量）；详细计算时按照式（5-4）计算，简单计算时煤粉锅炉的k_{SO_2}可取值为0.9；

k_{SO_3}——燃烧过程及SCR催化剂将SO_2转化为SO_3的总比例，%，煤粉锅炉可取1.5%～3.0%，煤的含硫量高时取下限、含硫量低时取上限，大部分煤种可取值为1.8%～2.2%；

A_b——煤灰的碱度；

A_{sp}——折算灰分，%；

CaO、MgO、Fe_2O_3——煤灰中氧化钙、氧化镁和三氧化二铁的质量份额，%；

α_{fh}、A_{ar}、$Q_{net,ar}$、B_g、B_j、V_{gy}^0、V_k^0、α符号的物理意义及单位与式（5-2）相同。

（四）烟气中汞浓度的计算

锅炉排烟中含有气态元素汞（Hg）、固态颗粒汞（Hg^P）、气态二价氧化汞（Hg^{2+}），炉膛出口的汞以气态元素汞为主，经过SCR脱硝装置后，部分元素汞被氧化为二价汞，在不特别说明的情况下氧化汞特指氯化汞（$HgCl_2$），元素汞的氧化反应公式如下：

$$2Hg+4HCl+O_2\longrightarrow 2HgCl_2+2H_2O$$

元素态汞熔点低，平衡蒸气压高，不易溶于水，很难从烟气中除去；颗粒汞容易被烟尘吸附，并在除尘器中脱除；二价汞相对比较稳定，在水中的溶解度高，易于被除尘器飞灰吸附进行脱除，并在湿法烟气脱硫装置中去除。

国内外众多工程的测试表明，大部分煤粉锅炉残留在底渣中的汞含量测试值为0.1%～1.0%，最高不超过2%。不同煤种、不同燃烧方式、不同燃烧器类型、不同的锅炉运行方式均将对锅炉底渣份额产生影响，并表现为锅炉底渣中的汞占总汞的质量份额不同，例如，CFB锅炉和煤粉锅炉由于底渣份额不同将显著影响底渣中汞占总汞的质量份额，不同的锅炉运行状态也会对锅炉底渣的份额产生影响进而影响底渣中汞占总汞的质量份额。

炉膛出口烟气中总汞的浓度可按照式（5-7）估算（假定燃煤中的所有汞释放到烟气中），其中，烟气量以标准状态、干烟气的体积流量为计算基准，根据需要可用不同的烟气量基准计算汞的浓度。

$$c_{Hg}=\frac{1000\times B_g\times Hg_{ar}}{B_j\times[V_{gy}^0+(\alpha-1)\times V_k^0]} \tag{5-7}$$

式中　c_{Hg}——烟气中汞的浓度，$\mu g/m^3$（标准状态）；

Hg_{ar}——煤中的汞含量，$\mu g/g$；

B_g、B_j、V_{gy}^0、V_k^0、α符号的物理意义及单位与式（5-2）相同。

（五）汞氧化率的计算

汞在SCR脱硝装置中的氧化率，可按式（5-8）和式（5-9）进行计算。

$$k_{Hg1}'=\frac{c_{Hg_{in}^0}-c_{Hg_{out}^0}}{c_{Hg_{in}^0}}\times 100 \tag{5-8}$$

$$k_{Hg2}=\frac{c_{Hg_{out}^{2+}}+c_{Hg_{out}^P}}{c_{Hg_{out}^0}+c_{Hg_{out}^{2+}}+c_{Hg_{out}^P}}\times 100 \tag{5-9}$$

式中　k_{Hg1}——通过元素汞的减少率来计算汞氧化率，%；

$c_{Hg_{in}^0}$——脱硝反应器入口金属汞的浓度，$\mu g/m^3$（标准状态）；

$c_{Hg_{out}^0}$——脱硝反应器出口金属汞的浓度，$\mu g/m^3$（标准状态）；

k_{Hg2}——通过脱硝反应器出口氧化态汞和颗粒

态汞的比例计算汞的氧化率，%；

$c_{Hg^{2+}_{out}}$ ——脱硝反应器出口氧化态汞的浓度，μg/m^3（标准状态）；

$c_{Hg^{p}_{out}}$ ——脱硝反应器出口颗粒态汞的浓度，μg/m^3（标准状态）。

六、主要设备

烟气多污染物协同控制系统中的汞氧化催化剂、低低温电除尘器、电袋复合除尘器、石灰石-石膏烟气脱硫装置、湿式电除尘器的技术要求详见本书第二～四章中的相关内容，本节主要介绍烟气冷却器、烟气再热器的使用条件、主要性能指标及技术要求。

（一）烟气冷却器

1．使用条件

烟气冷却器入口的烟气灰硫比宜大于 100，当灰硫比不大于 100 时应对酸露点腐蚀的风险进行评估。

2．主要性能指标

（1）烟气冷却器出口烟温的设计值宜为（90±5）℃。

（2）烟气冷却器内烟尘对三氧化硫吸附率应大于 80%。

（3）在烟气冷却器的性能保证期内漏风率应不大于 0.2%。

（4）烟气冷却器本体的烟气侧阻力宜不大于 450Pa，设计工况下烟气冷却器本体的烟气侧压力降波动范围应不超过设计值的 5%。

（5）烟气冷却器的工质侧压力降宜不大于 0.2MPa。

3．主要技术要求

（1）额定工况下，烟气冷却器的烟气与工质的冷端、热端的端部温差宜不小于 20℃。烟气冷却器的进口工质温度应高于烟气水露点温度 25℃，且不宜低于 70℃。烟气冷却器应采取工质水侧的再循环或高、低温凝结水混合等系统设计措施，保证在机组启停及低负荷运行时，其进口或出口水温不低于设计要求。

（2）烟气冷却器内的烟气流速宜小于 10m/s 且大于 8m/s。

（3）烟气冷却器的工质平均流速宜大于 0.5m/s 且小于 1.5m/s。

（4）烟气冷却器传热元件的设计使用寿命应不小于 20 年，一年内无泄漏不间断连续运行的时间应大于 8000h。

（5）烟气冷却器宜优先选取烟气向下流动的垂直布置方式；当采用水平布置方式时，应适当提高烟气流速或在管束前设置烟气流及飞灰均匀装置。

（6）烟气冷却器传热元件的材料宜选取碳钢或 ND 钢（09CrCuSb），传热元件的基管和翅片宜选取同种材料或相近材料；烟气冷却器内的支撑板等固定件的材料宜选取碳钢；烟气冷却器的壳体、渐扩段和渐缩段的壳体材料宜选取碳钢。

（7）工业中常见的翅片管包括 H 形翅片管、螺旋翅片管和针形翅片管，烟气冷却器的传热元件宜选取 H 形翅片管或螺旋翅片管，翅片厚度不宜小于 2mm，特殊条件下也可选取针形翅片管。

（8）烟气冷却器传热元件的基管宜选取圆形截面管，有特殊要求时，可选用其他形状截面的管型。

（9）当烟气冷却器本体沿烟气流动方向的尺寸超过 1.5m 时，其本体的管束宜分段布置；烟气冷却器宜采用防积灰设计，在线吹灰作为备用措施（在锅炉低负荷时投入使用），烟气冷却器的吹灰方式宜选择蒸汽吹灰。

（10）烟气冷却器的进、出口烟气流场应通过数值模拟等方法优化，烟气冷却器的烟道渐扩段和渐缩段的流场设计应符合 DL/T 5121《火力发电厂烟风煤粉管道设计技术规程》的规定。

（11）沿烟气流向，烟气冷却器的渐扩段之前 3m 长的烟道内，若存在弯头，则宜在弯头处设置导向叶片或导流板，导向叶片或导流板的布置应满足 DL/T 5121《火力发电厂烟风煤粉管道设计技术规程》的要求。

（12）当烟气冷却器渐扩段内布置导向板时，导向板尾部与管束的距离应大于 1m。

（13）各种工况下烟气冷却器不应发生因磨损导致的工质泄漏和积灰导致的堵塞，烟气冷却器宜设置泄漏在线监测装置。

（14）工质进、出口集箱的连接方式应最大程度减小流量偏差，各种工况下烟气冷却器内不应发生工质的汽化、停滞和倒流。

（二）烟气再热器

1．使用条件

当环保要求干烟气排放时，宜在烟囱入口设置水媒式烟气再热器，烟气再热器进口的烟气携带液滴浓度宜小于 20 mg/m^3。

2．主要性能指标

（1）烟气再热器出口烟温的设置值宜为 80℃，并满足当地环保要求，锅炉最低稳燃负荷至 100%BMCR 工况下，烟气再热器的出口烟温与设计值的偏差应不大于 3℃。

（2）在烟气再热器的性能保证期内漏风率应不大于 0.2%。

（3）金属管式烟气再热器本体的烟气侧阻力宜不大于 550Pa；氟塑料及其他耐腐蚀材料或复合材料烟气再热器本体的烟气侧阻力宜不大于 800Pa；设计工况下，烟气再热器本体的烟气侧压力降波动范围应不超过设计值的5%。

（4）烟气再热器的工质侧压力降宜不大于0.2MPa。

3．主要技术要求

（1）烟气再热器宜与烟气冷却器联合使用，也可使用其他热源加热烟气；烟气再热器应采取循环水再循环或辅助加热等系统设计措施，保证在机组启停及低负荷运行时，其进口或出口水温不低于设计要求。

（2）根据烟气流动方向，烟气再热器可采用烟气水平流动、烟气垂直向上流动、烟气垂直向下流动的结构布置方式。金属管式烟气再热器本体的管束宜按烟气温度范围分段布置，沿烟气流向可分为低温段、中温段和高温段，每段管束沿烟气流动方向的尺寸不宜超过1.5m。

（3）额定工况下，烟气再热器的烟气与工质的冷端、热端的端部温差宜大于20℃。金属管式烟气再热器低温段宜提高烟气温度 5～10℃，中温段出口烟气温度宜高于65℃，高温段出口烟气温度宜为80℃，并满足当地环保要求。

（4）金属管式烟气再热器内的烟气流速宜小于12m/s 且大于 8m/s；氟塑料及其他耐腐蚀材料或复合材料烟气再热器内的烟气流速宜小于 10m/s 且大于6m/s。

（5）烟气再热器的工质流速宜大于 0.5m/s 且小于1.5m/s。

（6）烟气再热器设备的年可用率、年可利用小时数、性能保证期、大修年限应根据工程要求确定。金属管式烟气再热器高温段传热元件的设计使用寿命应不小于20年，低温段和中温段传热元件的设计使用寿命应不小于40000h；氟塑料及其他耐腐蚀材料或复合材料烟气再热器传热元件的设计寿命应不小于20年。

（7）金属管式烟气再热器的低温段传热元件的材料宜选取2205或2507不锈钢，中温段传热元件的材料宜选取316L不锈钢，高温段传热元件的材料宜选取 09CrCuSb 钢；若中温段和高温段的传热元件为翅片管，其基管和翅片宜选取同种材料或相近材料。

（8）烟气再热器传热元件的材料可选取氟塑料及其他耐腐蚀材料或复合材料，氟塑料换热管与集箱宜采用胀管连接。烟气再热器选用的氟塑料宜为聚四氟乙烯（PTFE）或聚全氟烷氧基（PFA）树脂原生料。氟塑料换热管在外载为10N、加载15min条件下，摩擦系数应小于0.09。200 ℃条件下，氟塑料换热管的断裂强度不应小于 22MPa，屈服强度不应小于5MPa。

（9）烟气再热器的壳体、渐扩段和渐缩段的壳体材料宜选取碳钢板和内衬厚度不小于2 mm的2205不锈钢板复合而成。

（10）金属管式烟气再热器低温段和中温段内与烟气接触的支撑板等固定件的材料宜选取 316L 不锈钢，也可选取其他耐腐蚀材料；高温段内与烟气接触的支撑板等固定件的材料宜选取 09CrCuSb 钢或CORTEN钢。

（11）工业中常见的翅片管包括 H 形翅片管、螺旋翅片管和针形翅片管，金属管式烟气再热器低温段的传热元件应选取非焊接型元件，中温段及高温段的传热元件宜选取螺旋翅片管或H形翅片管，翅片厚度不宜小于 2 mm。烟气再热器传热元件的基管宜选取圆形截面管，有特殊要求时，可选用其他形状截面的管型。

（12）氟塑料及其他耐腐蚀材料或复合材料烟气再热器的传热元件宜选取光管，换热管壁厚不宜小于1mm。

（13）金属管式烟气再热器的吹灰方式宜选取蒸汽吹灰，并保证蒸汽在换热管束区域保持过热状态；氟塑料及其他耐腐蚀材料或复合材料烟气再热器可采用水冲洗的方式清灰。

（14）烟气再热器的进、出口烟气流场应通过数值模拟等方法优化，烟气再热器的渐扩段和渐缩段的流场设计应符合 DL/T 5121《火力发电厂烟风煤粉管道设计技术规程》的规定。

（15）沿烟气流向，烟气再热器的渐扩段之前3m长的烟道内，若存在弯头，则宜在弯头处设置导向叶片或导流板，导向叶片或导流板的布置应满足 DL/T 5121《火力发电厂烟风煤粉管道设计技术规程》的要求。

（16）各种工况下烟气再热器不应发生积灰及结垢导致的堵塞，烟气再热器宜设置泄漏在线监测装置。

（17）工质进、出口集箱的连接方式应最大程度减小流量偏差，各种工况下烟气再热器内不应发生工质的汽化、停滞和倒流。

七、工程案例

（一）工程案例一（1000MW燃煤机组）

1．工程概述

某电厂三期工程 2×1000MW 超超临界燃煤发电机组（5号和6号机组），两台机组分期建设，6号机组于2016年8月18日投产。本案例主要介绍该电厂的6号机组，6号机组同步建设脱硫、脱硝、除尘装置，并采用了烟气多污染物协同控制技术。

2．设计输入

6号锅炉的煤质资料分析及灰分组成详见表5-5。

表 5-5 煤质分析数据及灰分组成（案例一）

序号	项目	符号	单位	设计煤种	校核煤种 1	校核煤种 2	校核煤种 3
				平顶山烟煤 50%+榆神烟煤 25%+陕西贫煤 25%	郑州贫煤	平顶山烟煤 25%+榆神烟煤 25%+陕西贫煤 25%+郑州贫煤 25%	陕北烟煤 50%+蒙西烟煤 50%
1	工业分析						
	收到基全水分	M_{ar}	%	8.90	8.00	8.80	17.16
	空气干燥基水分	M_{ad}	%	1.12	0.99	1.08	10.94
	收到基灰分	A_{ar}	%	29.67	34.00	25.00	15.22
	干燥无灰基挥发分	V_{daf}	%	29.30	18.00	24.92	39.04
2	收到基低位发热量	$Q_{net,ar}$	kJ/kg	19850	19530	21220	20420
3	元素分析						
	收到基碳	C_{ar}	%	52.17	50.04	53.12	55.46
	收到基氢	H_{ar}	%	2.61	2.97	3.74	3.18
	收到基氧	O_{ar}	%	4.41	3.34	6.08	6.91
	收到基氮	N_{ar}	%	0.64	1.05	1.06	0.58
	收到基全硫	$S_{t,ar}$	%	1.60	0.60	2.20	1.49
4	哈氏可磨性指数	HGI	—	60	65	55	64
5	冲刷磨损指数	K_e	—	3.7	—	—	3.7
6	煤灰熔融特征温度						
	变形温度	DT	℃	1330	1350	1400	1170
	软化温度	ST	℃	1390	1400	1470	1220
	半球温度	HT	℃	1440	1440	>1500	1240
	流动温度	FT	℃	1490	1480	>1500	1260
7	煤灰成分						
	二氧化硅	SiO_2	%	55.93	55.78	59.05	45.14
	三氧化二铝	Al_2O_3	%	28.17	25.94	29.01	16.35
	三氧化二铁	Fe_2O_3	%	4.74	4.72	3.52	16.64
	氧化钙	CaO	%	4.56	6.27	2.97	7.08
	氧化镁	MgO	%	0.79	0.94	0.98	2.30
	氧化钠	Na_2O	%	0.40	0.52	0.54	0.64
	氧化钾	K_2O	%	1.32	1.51	1.18	1.18
	氧化钛	TiO_2	%	1.43	1.20	1.04	1.22
	三氧化硫	SO_3	%	2.09	2.59	0.99	7.74
8	煤灰比电阻						
	10℃	ρ_{10}	Ω·cm	—	—	6.60×10^{9}	—
	25℃	ρ_{25}	Ω·cm	6.50×10^{9}	2.10×10^{10}	—	1.82×10^{10}
	80℃	ρ_{80}	Ω·cm	1.85×10^{10}	9.60×10^{10}	1.72×10^{11}	1.83×10^{12}
	100℃	ρ_{100}	Ω·cm	2.34×10^{11}	2.20×10^{11}	2.34×10^{11}	3.08×10^{12}
	120℃	ρ_{120}	Ω·cm	8.20×10^{11}	9.80×10^{11}	5.86×10^{11}	4.56×10^{12}
	150℃	ρ_{150}	Ω·cm	9.80×10^{11}	1.05×10^{12}	9.20×10^{11}	4.88×10^{12}
	180℃	ρ_{180}	Ω·cm	9.00×10^{11}	1.50×10^{11}	7.50×10^{11}	3.44×10^{12}

3．主要设计原则

6号机组采用SCR脱硝装置、烟气冷却器、低低温电除尘器、石灰石-石膏烟气脱硫装置、湿式电除尘器，脱硫后烟气经过湿烟囱排放，本部分内容涉及的烟气污染物排放浓度数据均为“标准状态，干基，6%含氧量”，且NO_x“以NO_2计”。

6号机组烟气多污染物协同控制技术的主要设计原则如下：

（1）烟气脱硝。

1）采用选择性催化还原（SCR）工艺技术，脱硝反应器采用高温高含尘布置，布置在锅炉省煤器及空气预热器之间，不设置SCR旁路和省煤器烟气旁路装置。

2）脱硝还原剂为液氨，氨制备系统主要设备与5号机组公用。

3）四个煤种在100%BMCR工况，锅炉出口的NO_x含量分别为≤300mg/m^3、≤350mg/m^3、≤350mg/m^3、≤180mg/m^3，设计煤种及校核煤种1、校核煤种2的脱硝装置入口NO_x含量按照350mg/m^{3}设计，校核煤种3的脱硝装置入口NO_x含量按照230mg/m^{3}设计，催化剂使用寿命期内的脱硝效率大于等于86%，烟囱出口NO_x排放浓度小于50mg/m^3。

4）采用蜂窝式催化剂，按照2+1层布置，催化剂按照以上四个煤种所需的最大催化剂体积设计供货，未采用汞氧化催化剂。

5）30%BMCR工况至100%BMCR工况，SCR脱硝装置入口烟气温度为302～378℃（未采用省煤器分段布置等提高SCR装置入口烟温的措施），在此负荷变化范围内实现全负荷脱硝。

6）全负荷脱硝工况范围内，NO_x排放浓度小于50mg/m^3，且SO_2/SO_3转化率小于等于1%，氨逃逸率小于等于3μL/L。

7）考虑附加催化剂层投运后，脱硝系统烟气最大阻力小于等于1000Pa。

（2）烟气除尘。

1）6号机组采用两台三室五电场低低温电除尘器，除尘器第一和第二电场采用高频电源。

2）烟气冷却器投运时，低低温电除尘器出口烟尘排放浓度小于28mg/m^3，保证除尘效率大于等于99.94%；烟气冷却器不投运时，电除尘器出口烟尘排放浓度小于50mg/m^3，保证除尘效率大于等于99.9%。

3）脱硫塔入口烟尘浓度为30～50mg/m^{3}时，脱硫塔出口烟尘浓度小于30mg/m^3。

4）环评要求设置湿式电除尘器，采用2台湿式电除尘器，除尘效率大于等于85%且烟囱出口烟尘浓度小于5mg/m^3。

（3）烟气脱硫。

1）采用石灰石-石膏烟气脱硫工艺，烟气系统采用单元制，每炉1塔、不设置烟气旁路、不设置烟气再热器、引风机与增压风机合并设置。

2）采用单塔双循环脱硫工艺，脱硫效率大于等于99.33%设计，烟囱出口SO_2浓度小于35mg/m^3。

（4）烟气脱除三氧化硫。采用协同脱除SO_3技术，订货要求烟气经过烟气冷却器降温后烟尘对SO_3的吸附率大于80%并被电除尘器脱除，湿式电除尘器对SO_3的脱除率大于等于75%。

（5）烟气脱汞。不采用烟道内活性剂喷射吸附技术、脱硫塔内添加稳定剂、脱硫废水中添加络合剂等单项脱汞技术，利用常规催化剂对汞氧化的催化效果（相对于汞氧化催化剂，其氧化率较低，但也有一定的效果）、烟气冷却器对烟气的降温有利于颗粒汞的吸附、低低温电除尘器对颗粒汞及二价汞的脱除作用、湿法烟气脱硫装置对颗粒汞及二价汞的脱除作用、湿式电除尘器对二价汞的脱除作用，采用协同脱除汞及其污染物的技术，整套烟气处理系统对汞的脱除率按照70%计算，可保证汞及其化合物的排放浓度小于0.03mg/m^3。

4．主要设备技术要求

（1）烟气冷却器。

1）采用一级烟气冷却器，布置在低低温电除尘器入口，每台机组配置6台。

2）性能保证值按设计煤种保证，但校核煤种和适应煤种的各项指标需保证在30%BMCR～100%BMCR工况内烟气冷却器能够正常安全使用。

3）锅炉BMCR工况，在空气预热器出口烟气量增加10%、空气预热器出口烟气温度升高15℃的情况下，烟气冷却器的换热能力可保证除尘器入口烟温为90℃。

4）单个通道的烟气冷却器的烟气侧阻力投运一年内小于等于350Pa、一年后小于等于400Pa，运行两年后烟气侧漏风率小于等于0.2%，SO_3的吸附率大于80%。

5）烟气冷却器的水侧压力降小于等于0.2MPa。

6）在锅炉100%BMCR、75%BMCR、50%BMCR三种负荷工况下，负荷变化过程中，烟气冷却器六个通道模块出口之间的最大温差小于5℃；负荷工况稳定时，烟气冷却器六个通道模块出口烟温平均值保证在（90±5）℃，单通道模块出口之间的温差小于3℃。

7）冷却水采用全流量串联凝结水系统，全负荷工况下其出口水温大于或等于（100±5）℃，进口最低水温66℃、管子最低壁温68℃。

8）采用H形翅片管，管子及翅片、管子支撑材料、壳体采用ND钢（09CrCuSb）制造，烟气冷却器空壳流速 5.8m/s，管间最大烟气流速 9.4m/s，每台锅炉配置 12 台声波吹灰器。

（2）低低温电除尘器。

1）每台机组配置 2 台三室五电场低低温电除尘器，共 30 台整流变压器，其中，第一、二电场设置高频电源。

2）烟气冷却器投运且烟气温度为 105℃（即烟气冷却器出口烟温 90℃增加 15℃），当烟气量增加 10%及同时停用一个供电分区时，低低温电除尘器出口烟尘排放浓度小于 $28mg/m^3$，保证除尘效率大于等于 99.94%；烟气冷却器不投运，且烟气温度增加 15℃及烟气量增加 10%，同时停用一个供电分区时，低低温电除尘器出口烟尘排放浓度小于 $50mg/m^3$，保证除尘效率大于等于 99.9%。

3）烟气侧阻力小于等于 200Pa，烟气侧漏风率小于等于 2%，入口断面烟气分布均匀性 $\sigma \leqslant 0.2$。

4）订货要求除尘器功耗（单台炉）小于等于 800kW。

5）烟气冷却器投运且烟气温度为 90℃时，电场内烟气流速为 0.66m/s，烟气停留时间为 33.1s，比集尘面积和一个供电区不工作时的比集尘面积分别为 143.9、139.1 $m^2/(m^3 \cdot s^{-1})$。

6）同极间距 405mm，沿气流方向阴极线间距 204mm；阳极板材质为 SPCC，阴极线形式及材质为针刺线、螺旋线/不锈钢针尖。

7）进口烟箱应配备多孔板（多孔板不少于 3 层，采用 Q345 耐磨材质），出口烟箱采用迷宫式槽型板。

8）绝缘子必须设有自动恒温加热装置，加热器采用不锈钢加热器，并能在控制室内直接显示数值。

9）人孔门采用双层结构，与烟气接触的内门应采用 ND 钢（09CrCuSb），人孔门周围约 1m 范围内的壳体钢板采用 ND 钢（09CrCuSb）。

10）每台炉电除尘器灰斗数量为 60 个，灰斗的储存量按最大含尘量满足 10h 满负荷运行。

11）灰斗壁厚为 6mm，材质为 ND 钢（09CrCuSb）；为避免烟气短路灰斗内装有阻流板，阻流板下部距排灰口至少 2m；灰斗斜壁与水平面的夹角不应小于 60°，相邻壁交角内侧的圆角半径大于 200mm，以保证灰尘自由流动；灰斗的蒸汽加热器应使灰斗壁温保持不低于 120℃，且要高于烟气露点温度 5～10℃。

（3）石灰石-石膏烟气脱硫装置。

1）采用石灰石-石膏烟气脱硫工艺，脱硫还原剂采用外购石灰石块在厂内进行湿磨制浆，每炉 1 塔、不设置烟气旁路、不设置烟气再热器、引风机与增压风机合并设置。

2）采用单塔双循环脱硫工艺，脱硫效率大于等于 99.33%设计，烟囱出口 SO_2 浓度小于 $35mg/m^3$。

3）脱硫塔入口烟尘浓度为 $30mg/m^3$～$50mg/m^3$ 时，吸收塔出口烟尘浓度小于 $30mg/m^3$，除雾器出口烟气中液滴含量小于 $50mg/m^3$（标准状态，干基）。

4）三氧化硫的脱除率大于等于 30%，HCl 的脱除率大于等于 90%，HF 的脱除率大于等于 90%。

5）脱硫塔一级循环配有 3 台循环泵、3 层喷淋系统，辅助脱硫塔循环配有 3 台循环泵、3 层喷淋系统，脱硫塔设置 2 台氧化风机、1 运 1 备，辅助脱硫塔设置 2 台氧化风机、1 运 1 备。

6）脱硫塔顶部配置一层管式除雾器及两级屋脊式除雾器。

7）设计的钙硫摩尔比 1.02，液气比 $14.28L/m^3$（标准状态），石灰石耗量 27.8t/h，石膏产量 50.1t/h，脱硫装置电耗 10631kW（含公用部分电耗的 50%），工艺水量 134t/h，工业水量 75t/h，废水量 15.6t/h，压缩空气耗量（标准状态）$2.5m^3/min$。

8）工艺水系统、浆液制备系统、石膏脱水系统、浆液排放与回收系统、脱硫废水处理系统均为两台机组的公用系统，先期 5 号机组已建设完成。

（4）湿式电除尘器。

1）每台机组配置 2 台卧式、导电玻璃钢板式、两电场三室湿式电除尘器，每台机组的除尘器共 12 个电场数（12 个供电分区）、2 个进口烟箱、2 个出口烟箱。

2）湿式电除尘器入口含尘浓度小于等于 $30mg/m^3$，且入口烟气量增加 10%，同时停用一个供电分区时，除尘效率大于等于 85%且除尘器出口烟尘浓度小于等于 $5mg/m^3$。

3）$PM_{2.5}$ 去除率大于等于 85%，SO_3 去除率大于等于 75%，雾滴去除率大于等于 75%。

4）湿式电除尘器本体烟气阻力小于等于 200Pa，设计供货界限内烟气系统全部阻力小于等于 400Pa。

5）湿式电除尘器漏风率为 0，气流均布系数小于 0.2。

6）湿式电除尘器耗水量（单台炉）小于等于 8t/h，除尘器废水量（单台炉）小于等于 10t/h。

7）湿式电除尘器的高压电源采用三相高频高压整流电源，除尘器及附属设施的功耗（单台炉，供货范围内所有设备）小于等于 773kW，其中，除尘器本体高频电源系统运行功耗（单台炉）396kW。

8）在 100%BMCR 工况下，湿式电除尘器内烟气流速不高于 3m/s，烟气在电场内停留时间不低于 2s。

9）绝缘子室应设有绝缘子密封风机系统及绝缘子加热装置。

10）同极间距 300mm，阳极板采用玻璃钢材质（平板导电玻璃钢+2205 不锈钢），阴极线采用 2205 合金材质，型式为双角钢锯齿芒刺线。

11）湿式电除尘器壳体及检查孔材质为 Q235，并进行玻璃鳞片防腐，其进、出口烟道的钢板厚度不小于 6mm，内衬功能性玻璃钢厚度不小于 3mm；定位梁、气流分布板、导流板、内部隔墙采用 2205 合金钢材质；气流分布排管采用钢衬塑，除雾器采用玻璃钢；水系统内部配管及喷嘴材质分别为 FRP、PP。

5. 主要设备布置

本工程采用带除氧间的侧煤仓布置方案，侧煤仓布置在两炉之间，汽机房、除氧间、锅炉房（含脱硝及一次风机、送风机）、低低温电除尘器、引风机、烟囱顺序布置，烟囱、脱硫塔、湿式电除尘器同轴布置，输煤栈桥由 6 号锅炉右侧的炉后上煤，布置在低低温电除尘器入口烟道上方。

本工程 6 号锅炉配置 2 台四分仓回转式空气预热器、2 台 50%容量的一次风机及送风机、2 台三室五电场低低温电除尘器及 6 台烟气冷却器、2 台 50%容量的引风机，配置 1 套单塔双循环脱硫塔、2 台湿式电除尘器，2 台锅炉合用 1 座钢筋混凝土外筒、钛钢复合板双套筒烟囱。

脱硫塔的 3 台浆液循环泵及 2 台氧化风机（1 运 1 备）、辅助脱硫塔的 2 台氧化风机（1 运 1 备）布置在湿式电除尘器支架的零米层（室内布置），辅助脱硫塔的 3 台浆液循环泵单独布置在辅助脱硫塔靠除尘器的一侧（室内布置）。

6 号机组的布置详见图 5-10 和图 5-11。

6. 案例小结

根据第三方 2016 年 8 月 29 日编制的 6 号机组 168h 试运行期间的“环境检测报告”，脱硝效率为 90.4%，大于 86%的设计效率要求，低低温电除尘器的除尘效率为 99.94%（烟气冷却器投运），达到了设计效率 99.94%的要求（烟气冷却器投运），脱硫塔的脱硫效率为 99.7%，大于 99.33%的设计效率要求。

试验期间，化验取样的两组煤质资料数据如下：收到基水分 M_{ar}=9.9%/9.0%、空气干燥基水分 M_{ad}=2.46%/1.75%、空气干燥基灰分 A_{ad}=23.78%/25.03%、空气干燥基挥发分 V_{ad}=28.85%/28.91%、干燥无灰基挥发分 V_{daf}=39.11%/39.49%、收到基全硫 $S_{t,ar}$=1.52%/1.62%，收到基低位热值 20.83/20.67MJ/kg。

试验期间，SO_2 的最大排放浓度为 9.7mg/m^3、烟尘的最大排放浓度为 2.8 mg/m^3，氮氧化物的最大排放浓度为 31mg/m^3，汞及其化合物的最大排放浓度为 2.33×10^{-4}mg/m^3，完全满足本项目的“环境评估报告”及其批复意见、GB 13223—2011《火电厂大气污染物排放标准》及《全面实施燃煤电厂超低排放和节能改造工作方案》（环发〔2015〕164 号）的排放要求。

（二）工程案例二（660MW 燃煤机组）

1. 工程概述

某电厂一期工程 2×660MW 超临界燃煤发电机组，1 号机组于 2011 年 12 月 15 日投产，2 号机组于 2012 年 1 月 21 日投产，两台机组同步建设脱硫、脱硝、除尘设施。

2015～2016 年，该电厂分别对两台机组进行了环保改造，超低排放改造采用了烟气多污染物协同控制技术，NO_x、SO_2 及烟尘排放浓度的改造目标值分别不高于 45、30mg/m^3 及 3mg/m^3，汞及其化合物的排放浓度改造目标值不高于 4μg/m^3。

2. 设计输入

锅炉的煤质资料分析及灰分特性详见表 5-6。电厂投产后，根据电厂逐月的燃煤统计数据，实际燃煤的煤质资料更接近于校核煤种 1，因此环保技改的煤种以校核煤种 1 为基准，并将收到基全硫调整为 2.4%、收到基碳调整为 48.1%、收到基水分调整为 7.2%（即表 5-6 括号中的数据）。

3. 主要设计原则

本工程基建期间同步建设了 SCR 脱硝装置、电除尘器、石灰石-石膏烟气脱硫装置、脱硫后烟气经过湿烟囱排放，超低排放技改内容包括燃烧器低氮改造、SCR 脱硝装置改造、增加烟气冷却器、除尘器技改为低低温电除尘器及高频电源改造、湿法烟气脱硫装置增容改造。

烟气多污染物协同控制技术的主要设计原则如下：

（1）烟气脱硝。

1）采用选择性催化还原工艺技术，脱硝反应器采用高温高含尘布置，布置在锅炉省煤器及空气预热器之间，不设置 SCR 旁路和省煤器烟气旁路装置；脱硝还原剂原设计为液氨，超低改造排放之前技改为尿素水解制氨。

2）锅炉技术协议保证的锅炉出口 NO_x 含量小于等于 550mg/m^3，电厂实际运行中随负荷变化脱硝装置入口 NO_x 浓度为 600～750mg/m^3，燃烧系统低氮改造的设计目标为锅炉出口 NO_x 含量小于等于 450mg/m^3，且锅炉效率不低于技改前的保证效率。

3）超低排放技改前采用常规蜂窝式催化剂、2+1 层布置，要求脱硝效率按照大于等于 80%设计，催化剂按照 60%的脱硝效率进行供货，2014 年增加了备用层催化剂，达到了 80%的脱硝效率；超低排放技改要求脱硝装置入口浓度小于等于 550mg/m^3 时，催化剂的化学使用寿命期内的脱硝效率大于等于 91.8%、脱硝装置出口的 NO_x 排放浓度小于等于 45mg/m^3，催化剂运行 4400h 内的第一次性能测试的脱硝效率大于等于 92.5%、NO_x 排放浓度小于等于 42mg/m^3，技改方案为更换初装的 2 层催化剂，上层催化剂采用常规蜂窝式催化剂，中层采用蜂窝式汞氧化催化剂，保留已经填装的下层（备用层）常规蜂窝式催化剂。

图 5-10　炉后断面布置（案例一）

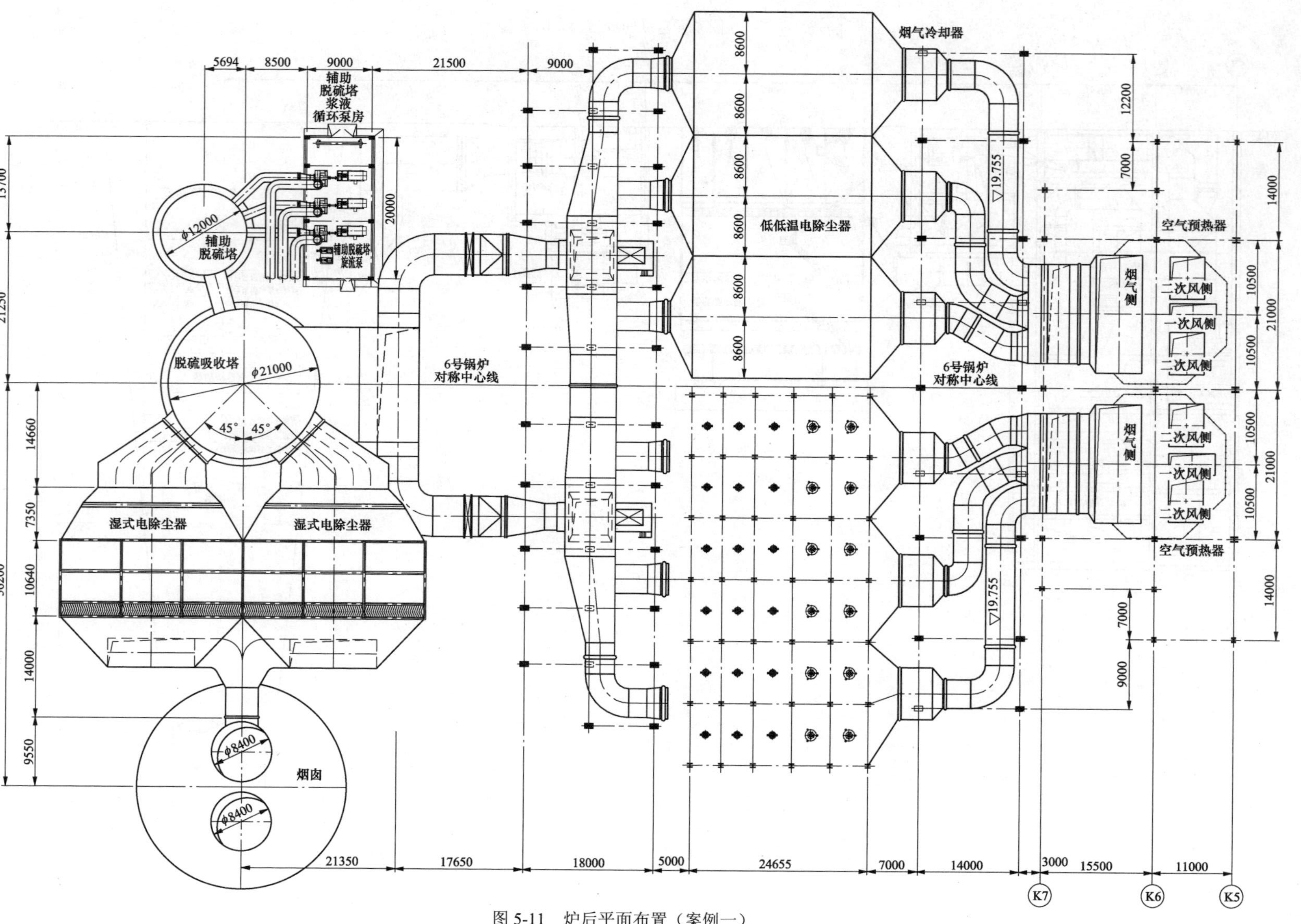

图 5-11　炉后平面布置（案例一）

表 5-6　　煤质资料分析及灰分特性（案例二）

序号	项目	符号	单位	设计煤种	校核煤种 1（技改煤种）	校核煤种 2
1	工业分析					
	收到基全水分	M_{ar}	%	6.1	6.8（7.2）	5.6
	空气干燥基水分	M_{ad}	%	1.6	2.1	1.40
	收到基灰分	A_{ar}	%	28.15	35.80	25.2
	干燥无灰基挥发分	V_{daf}	%	13.5	12.5	18.0
2	收到基低位发热量	$Q_{net,ar}$	kJ/kg	22309	19602	23745
3	元素分析					
	收到基碳	C_{ar}	%	56.8	48.6（48.1）	60.1
	收到基氢	H_{ar}	%	2.90	2.70	3.10
	收到基氧	O_{ar}	%	3.10	2.60	3.20
	收到基氮	N_{ar}	%	1.15	1.20	1.10
	收到基全硫	$S_{t,ar}$	%	1.80	2.30（2.40）	1.70
4	哈氏可磨性指数	HGI	—	71	68	73
5	冲刷磨损指数	K_e	—	2.6	2.9	2.2
6	煤灰熔融特征温度					
	变形温度	DT	℃	1400	1400	1410
	软化温度	ST	℃	1500	1500	1500
	半球温度	HT	℃	1500	1500	1500
	流动温度	FT	℃	1500	1500	1500
7	煤灰成分					
	二氧化硅	SiO_2	%	45.36	47.6	50.4
	三氧化二铝	Al_2O_3	%	35.82	36.9	36.24
	三氧化二铁	Fe_2O_3	%	8.95	4.7	5.85
	氧化钙	CaO	%	2.65	4.3	3.21
	氧化镁	MgO	%	0.88	0.5	0.55
	氧化钠	Na_2O	%	0.43	0.4	0.14
	氧化钾	K_2O	%	0.27	1.1	0.17
	氧化钛	TiO_2	%	1.23	1.4	1.61
	三氧化硫	SO_3	%	3.81	2.7	1.5
	二氧化锰	MnO_2	%	0.010	0.040	0.051
8	煤灰比电阻					
	29℃	ρ_{25}	Ω·cm	1.65×10^{11}	2.6×10^{11}	3.6×10^{10}
	80℃	ρ_{80}	Ω·cm	1.45×10^{12}	2.9×10^{12}	2.00×10^{11}
	100℃	ρ_{100}	Ω·cm	4.00×10^{12}	1.75×10^{12}	2.50×10^{12}
	120℃	ρ_{120}	Ω·cm	4.5×10^{12}	4.6×10^{12}	4.00×10^{12}
	150℃	ρ_{150}	Ω·cm	8.5×10^{11}	8.8×10^{11}	9.5×10^{11}
	180℃	ρ_{180}	Ω·cm	1.5×10^{11}	2.1×10^{11}	1.9×10^{11}

4）50%THA 工况至 100%BMCR 工况，SCR 脱硝装置入口烟气温度为 300～378℃（未采用省煤器分段布置等提高 SCR 装置入口烟温的措施），在此负荷变化范围内实现全负荷脱硝。

5）全负荷脱硝工况范围内，NO_x 排放浓度小于等于 45mg/m^3，且 SO_2/SO_3 转化率小于等于 1%，氨逃逸率小于等于 3μL/L。

6）全部 3 层催化剂层投运后，脱硝系统烟气最大阻力小于等于 1000Pa。

（2）烟气除尘。

1）原设计每台锅炉采用两台双室五电场电除尘器，除尘器保证除尘效率大于等于 99.8%，除尘器出口烟尘浓度小于等于 100mg/m^3；超低排放技改时，将原有除尘器技改为低低温电除尘器，烟气冷却器投运时，要求低低温电除尘器出口烟尘排放浓度小于等于 20mg/m^3，保证除尘效率大于等于 99.96%。

2）原脱硫塔入口烟尘浓度为 100mg/m^3 时，要求脱硫塔出口烟尘浓度小于等于 30 mg/m^3；超低排放技改要求脱硫塔入口烟尘浓度为 20mg/m^3 时，脱硫塔出口烟尘浓度小于等于 3mg/m^3。

3）技改前后均不设置湿式电除尘器。

（3）烟气脱硫。

1）采用石灰石-石膏烟气脱硫工艺，烟气系统采用单元制，每炉 1 塔、不设置烟气旁路、不设置烟气再热器、引风机与增压风机合并设置。

2）超低排放改造将原来的喷淋塔技改为“带薄膜持液层的单托盘喷淋塔”，脱硫效率大于等于 99.45% 设计，烟囱出口 SO_2 浓度小于等于 30mg/m^3。

（4）烟气脱除三氧化硫。采用协同脱除 SO_3 技术，要求烟气经过烟气冷却器降温后烟尘对 SO_3 的吸附率大于 80%，并被低低温电除尘器脱除。

（5）烟气脱汞。超低排放技改前 SCR 脱硝装置入口总汞测试值为 26～30μg/m^3，超低排放改造 SCR 脱硝装置的中间层催化剂采用高效汞氧化催化剂，烟囱出口汞及其化合物的排放浓度要求不高于 4μg/m^3。

4．主要设备技术要求

（1）烟气冷却器。

1）超低排放技改增设一级烟气冷却器，布置在低低温电除尘器入口，每台机组配置 4 台。

2）40%BMCR～100%BMCR 工况内应保证烟气冷却器的各项性能指标，且能够长期正常安全运行。

3）锅炉 BMCR 工况，在空气预热器出口烟气量增加 10%、空气预热器出口烟气温度为 140℃的情况下，可保证低低温电除尘器入口烟温达到 85℃。

4）单个通道的烟气冷却器的烟气侧阻力小于等于 400Pa，烟气侧漏风率小于等于 0.5%，SO_3 的吸附率大于 80%。

5）烟气冷却器的水侧压力降小于等于 0.2MPa。

6）冷却水采用全流量串联凝结水系统，全负荷工况下，其出口水温 98.4℃，进口最低水温 70℃。

7）采用 H 形翅片管，烟气高温段管子及翅片采用 20G/GB/T 5310 制造，烟气低温段管子及翅片采用 ND 钢（09CrCuSb）制造，管子支撑材料、壳体采用 ND 钢（09CrCuSb）制造，烟气冷却器空壳流速 4.8m/s，管间最大烟气流速 9.56m/s，烟气冷却器同时配置了蒸汽吹灰器及声波吹灰器。

（2）低低温电除尘器。

1）每台机组原有的 2 台双室五电场电除尘器技改为低低温电除尘器，低低温电除尘器第一和第二电场技改采用高频电源且第一电场采用小分区供电（每个电场 2 个供电分区），每台锅炉技改 12 台高频电源，每台锅炉共计 24 台整流变压器。

2）烟气冷却器投运且烟气温度为 100℃（即烟气冷却器出口烟温 85℃增加 15℃），当烟气量增加 10% 及同时停用一个供电分区时，低低温电除尘器出口烟尘排放浓度小于等于 20mg/m^3，保证除尘效率大于等于 99.96%；烟气冷却器不投运时，电除尘器出口烟尘排放浓度小于等于 70mg/m^3，保证除尘效率大于等于 99.85%。

3）技改后低低温电除尘器的烟气侧阻力小于等于 200Pa，4 年内烟气侧阻力小于等于 250Pa，烟气侧漏风率小于等于 2%，入口断面烟气分布均匀性 $\sigma \leqslant 0.2$。

4）技改前要求除尘器的功耗小于等于 1415kW/炉，技改后要求除尘器的功耗小于等于 1650kW/炉。

5）烟气冷却器投运时，电场内烟气流速 0.76m/s，烟气停留时间 26.3s，比集尘面积和一个供电区不工作时的比集尘面积分别为 134.87、121.4m^2/（m^3·s^{-1}）。

6）技改更换或修复变形较严重的阳极板，更换损坏或脱落的阴极线；同极间距 390mm，沿气流方向第一至第四电场阴极线间距为 500mm、第五电场为 250mm；阳极板为 C480 型冷轧钢板，一、二、三、四电场的阴极线采用 RSB 芒刺线/冷轧板，五电场的阴极线采用螺旋线/不锈钢。

7）技改时更换或修复进口烟箱内的 3 层多孔板（材质为 Q345）及出口烟箱内的迷宫式槽型板。

8）技改时更换绝缘子室电加热热风吹扫系统，温度达到 110～120℃，保证瓷套不积灰、结露。

9）人孔门采用双层结构，技改时对除尘器本体所有人孔门的密封性进行检查、完善，保证壳体漏风在技术要求之内。

10）每台炉电除尘器灰斗数量为 40 个，灰斗的储存量按最大含尘量满足 8h 满负荷运行。

11）灰斗壁厚为 6mm，材质为碳钢，技改时灰斗利旧，对原有的灰斗进行检查及修复，确保不漏灰、漏风；技改时更换或修复原有灰斗内的阻流板；灰斗斜壁与水平面的夹角不应小于 60°，相邻壁交角内侧的圆角半径大于 200mm，以保证灰尘自由流动；灰斗的加热方式由电加热器技改为蒸汽加热器，保证灰斗壁温保持不低于 120℃，且要高于烟气露点温度 5～10℃。

（3）石灰石-石膏烟气脱硫装置。

1）采用石灰石-石膏烟气脱硫工艺，脱硫还原剂采用外购石灰石块在厂内进行湿磨制浆，每炉一塔、不设置烟气旁路、不设置烟气再热器、引风机与增压风机合并设置。

2）原脱硫塔脱硫效率大于等于 95%、烟囱出口 SO_2 浓度小于等于 260.6mg/m^3；超低排放技改目标为脱硫效率大于等于 99.45%、烟囱出口 SO_2 浓度小于等于 30mg/m^3（标准状态，干烟气，6%O_2）。

3）原脱硫塔入口烟尘浓度为 100mg/m^3 时，要求脱硫塔出口烟尘浓度小于等于 30mg/m^3；超低排放技改要求脱硫塔入口烟尘浓度为 20mg/m^3 时，脱硫协同除尘效率为 85%，脱硫塔出口烟尘浓度小于等于 3mg/m^3；原脱硫塔的除雾器出口烟气携带液滴含量小于等于 75mg/m^3，技改目标为除雾器出口烟气中液滴含量小于 20mg/m^3。

4）超低排放技改要求三氧化硫的脱除率大于 30%、HCl 的脱除率大于 90%、HF 的脱除率大于 90%。

5）超低排放技改设计的钙硫摩尔比 1.03，液气比 18.04L/m^3（吸收塔出口标准状态湿烟气），单台机组脱硫装置电耗 9305kW（含公用部分电耗），单台机组的石灰石耗量 21t/h、工艺水量 96t/h、烟道除雾器冲洗水量 1022L/min（间断运行）、废水量 7.5t/h。

6）超低排放技改时尽量利用原有设施，废水系统、事故浆液箱系统不做改造，技改新增 1 套石灰石粉仓及石灰石浆液箱系统，石膏脱水系统、工艺水系统、其他公用系统进行适应性改造。

7）超低排放技改的吸收塔（1 层托盘+4 层喷淋层+1 层薄膜持液层）及烟气系统改造方案如下：

a．原有吸收塔基础满足要求，吸收塔入口的烟道利旧修复，吸收塔出口部分进行技改；原有的引风机进行扩容改造，满足技改后烟气系统阻力的要求。

b．吸收塔浆池技改采取分区氧化，塔内设置浆液分区装置，上部氧化区的浆液 pH 值为 4.5～5.0，有利于石膏的氧化结晶，下部浆液循环供给区的 pH 值为 5.6～5.8，有利于获得较高的脱硫效率；拆除原有 2 台氧化风机，更换为 2 台大流量低扬程的单级离心氧化风机，氧化风管道布置由喷枪式改为管网式；石膏排出泵、吸收塔搅拌器利用原有设备，不做改造。

c．吸收塔烟气入口与最下层喷淋层之间技改设置一层托盘，托盘采用异形开孔。

d．拆除原有 4 台浆液循环泵，更换为 4 台大流量的浆液循环泵，更换 4 层喷淋层，并采用高效单向双头喷嘴。

e．技改增设一层薄膜持液层，持液层采用新鲜石灰石浆液，浆液 pH 值为 6.0～6.5，薄膜持液层入口设置一级管式除雾器。

f．技改重新设计吸收塔出口净烟道，拆除原吸收塔除雾器，并在吸收塔出口净烟道上设置三级水平烟道除雾器。

8）薄膜持液层的脱硫除尘原理。经四层喷淋层洗涤后的烟气向上运动进入薄膜持液层装置，新鲜的石灰石浆液经上部喷管连续喷出落到薄膜持液层装置上形成一定高度的持液层，烟气通过改良设计的通道横（烟气导流罩侧壁底部开孔）进入、穿过持液层，并激起大量的小液泡。一方面液泡形成的液膜能有效地增大烟气与浆液的传质比表面积，提高烟气的停留时间，石灰石浆液得到了最大程度的利用，可以实现较少的浆液供给达到较高的二氧化硫去除效率；另一方面，烟尘在惯性、扩散作用的同时又不断地受到液泡的扰动，使烟尘不断改变方向，增加了烟尘与液体的接触机会，极大地提高了粉尘的捕集效率。与此同时，由于薄膜持液槽的特殊设计，烟气侧向冲击浆液，使浆液朝集液槽运动，实现了自清洁从而防止局部结垢。最后，净化后的烟气夹带少量的液滴从吸收塔排出。薄膜持液层的工作原理详见图 5-12。

薄膜持液层系统包括给料系统、再循环系统、冲洗水系统，其中，再循环系统包括 1 个再循环箱（含搅拌装置）和 2 台薄膜持液层再循环泵（变频调节），脱硫装置稳定运行时，薄膜持液层再循环系统内的循环浆液量保持恒定，运行时可调节再循环系统石灰石浆液循环倍率（浆液循环量与石灰石供浆量的比值）；连续加入的新鲜石灰石浆液经过薄膜持液层与烟气中的 SO_2 反应后，从再循环泵出口回流至再循环箱；回流管道上设 pH 测量装置，用以监测薄膜持液层再循环系统内浆液 pH 值；通过调节薄膜持液层石灰石供浆量调节薄膜持液层的运行压力，使薄膜持液层的脱硫效率做到在一定范围内可调。脱硫塔浆液循环原则性系统详见图 5-13。

5．主要设备布置

本工程采用侧煤仓布置方案，双进双出钢球磨煤机侧煤仓布置在两炉之间，汽机房、锅炉房（含脱硝及一次风机、送风机）、低低温电除尘器、引风机、烟囱顺序布置，烟囱、脱硫塔同轴布置，输煤栈桥穿过烟囱由炉后上煤、进入侧煤仓靠炉后一端的转运站，其中，锅炉运转层及以下（含一次风机及送风机）、电除尘器灰斗区域、引风机采用紧身封闭布置。

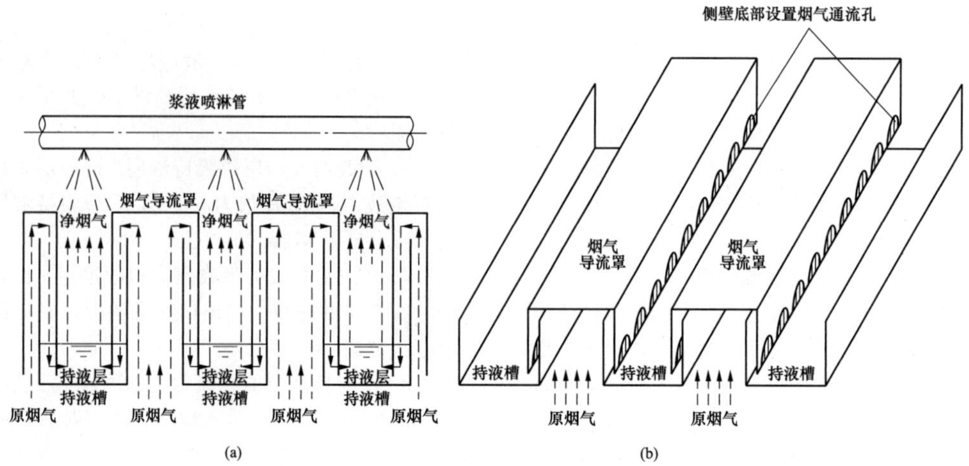

图 5-12　薄膜持液层的工作原理

（a）薄膜持液层剖面示意；（b）薄膜持液层立体示意

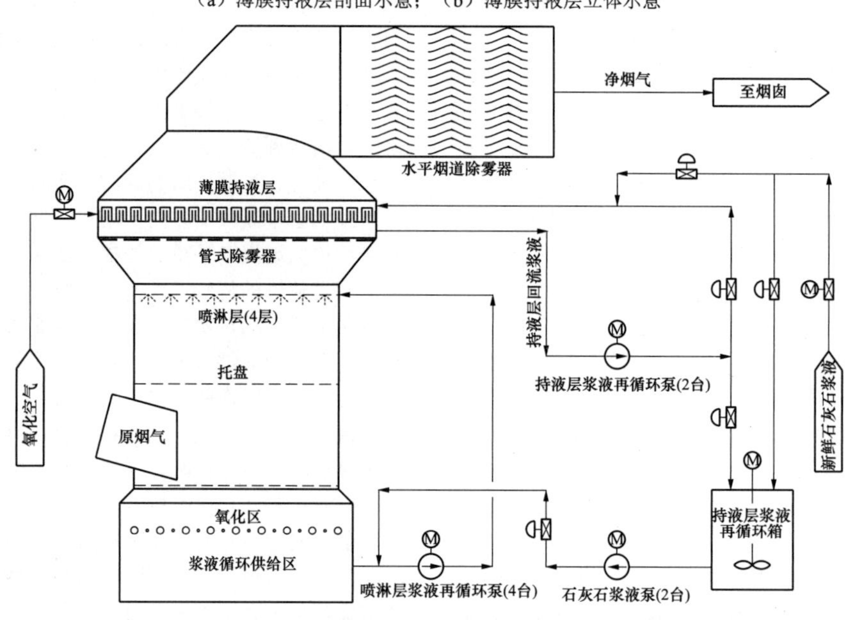

图 5-13　脱硫塔浆液循环原则性系统

本工程每台锅炉配置 2 台三分仓回转式空气预热器、2 台 50%容量的一次风机及送风机、2 台双室五电场低低温电除尘器及 4 台烟气冷却器、2 台 50%容量的引风机、1 台“带薄膜持液层的单托盘喷淋塔”，两台锅炉合用一座钢筋混凝土外筒、钛钢复合板双套筒烟囱。

1 号机组脱硫塔的 4 台浆液循环泵、2 台氧化风机（1 运 1 备）、2 台石膏浆液排出泵（1 运 1 备，利旧）就近室内布置在浆液泵房及氧化风机房内，1 号机组新增的 2 台除雾器冲洗水泵（1 运 1 备）、2 台持液层冲洗水泵（1 运 1 备）就近室内布置在冲洗水泵房内，1 号机组新增的 2 台石灰石浆液泵（1 运 1 备）、2 台持液层浆液再循环泵（1 运 1 备）、2 台冲洗水回用水泵（1 运 1 备）就近室内布置在再循环泵房内，1 号机组新增的 1 台冲洗水箱、1 台持液层浆液再循环箱、1 台冲洗水回用水箱就近室外布置在脱硫塔附近。

1 号机组的布置详见图 5-14 和图 5-15。

6．案例小结

2016 年 1 月 15 日～2016 年 1 月 23 日，第三方对电厂的 2 号机组超低排放技改进行了性能试验，根据锅炉、脱硝、除尘、脱硫的“性能试验报告”，在煤质资料比较接近技改煤种、机组出力接近 100%额定负荷的情况下，各设备的性能验收数据基本达到或优于合同规定值及技改目标，性能试验结果如下：

（1）锅炉效率为 93.47%（低位热值），大于技改前技术协议的保证值 93.0%；省煤器出口 NO_x 排放浓度小于等于 450mg/m^3，满足合同规定的要求值。

（2）脱硝效率为 92.5%、NO_x 排放浓度为 27.6mg/m^3、氨逃逸率为 1.08μL/L、SO_2/SO_3 转化率为 0.62%。

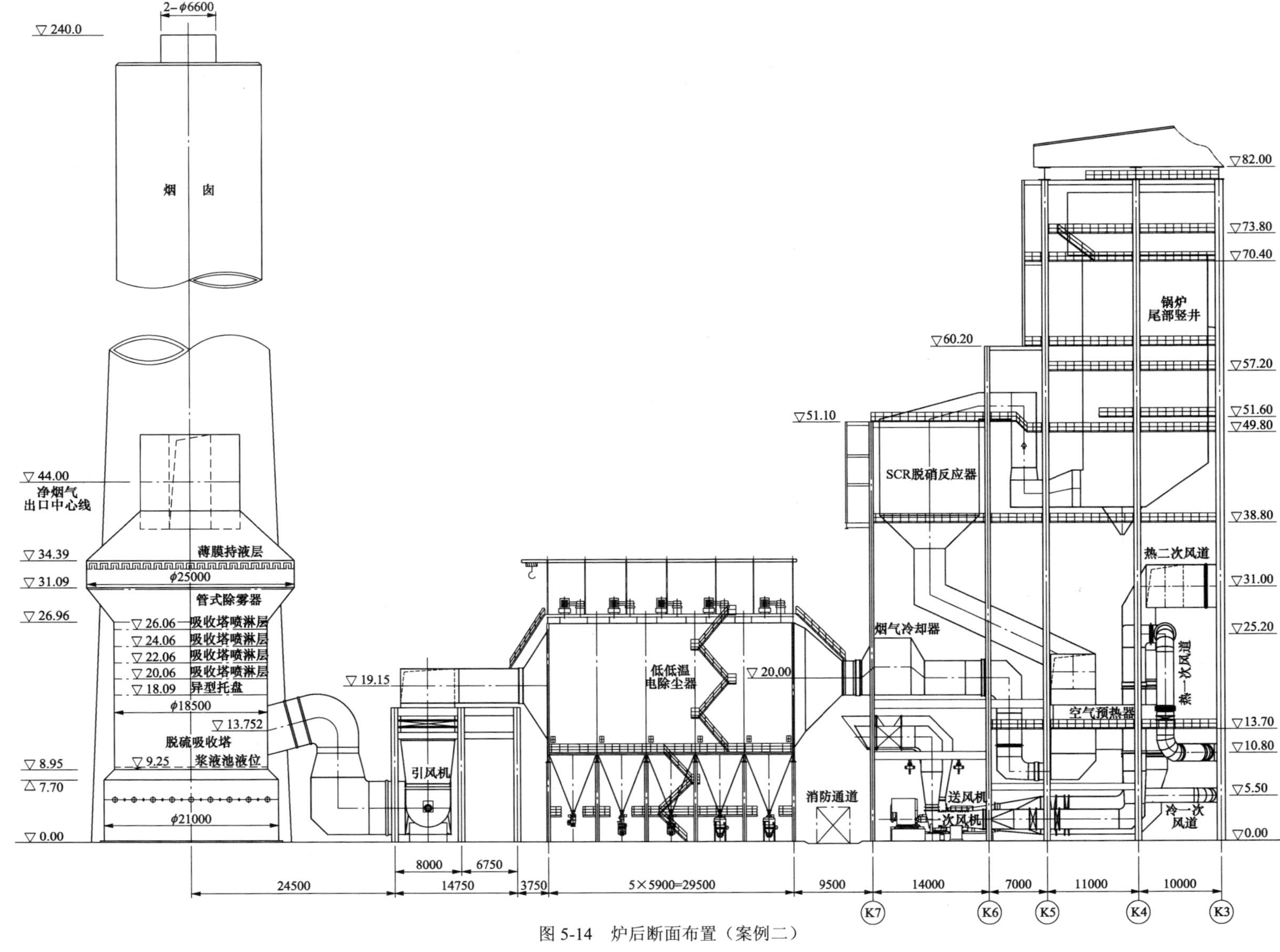

图 5-14　炉后断面布置（案例二）

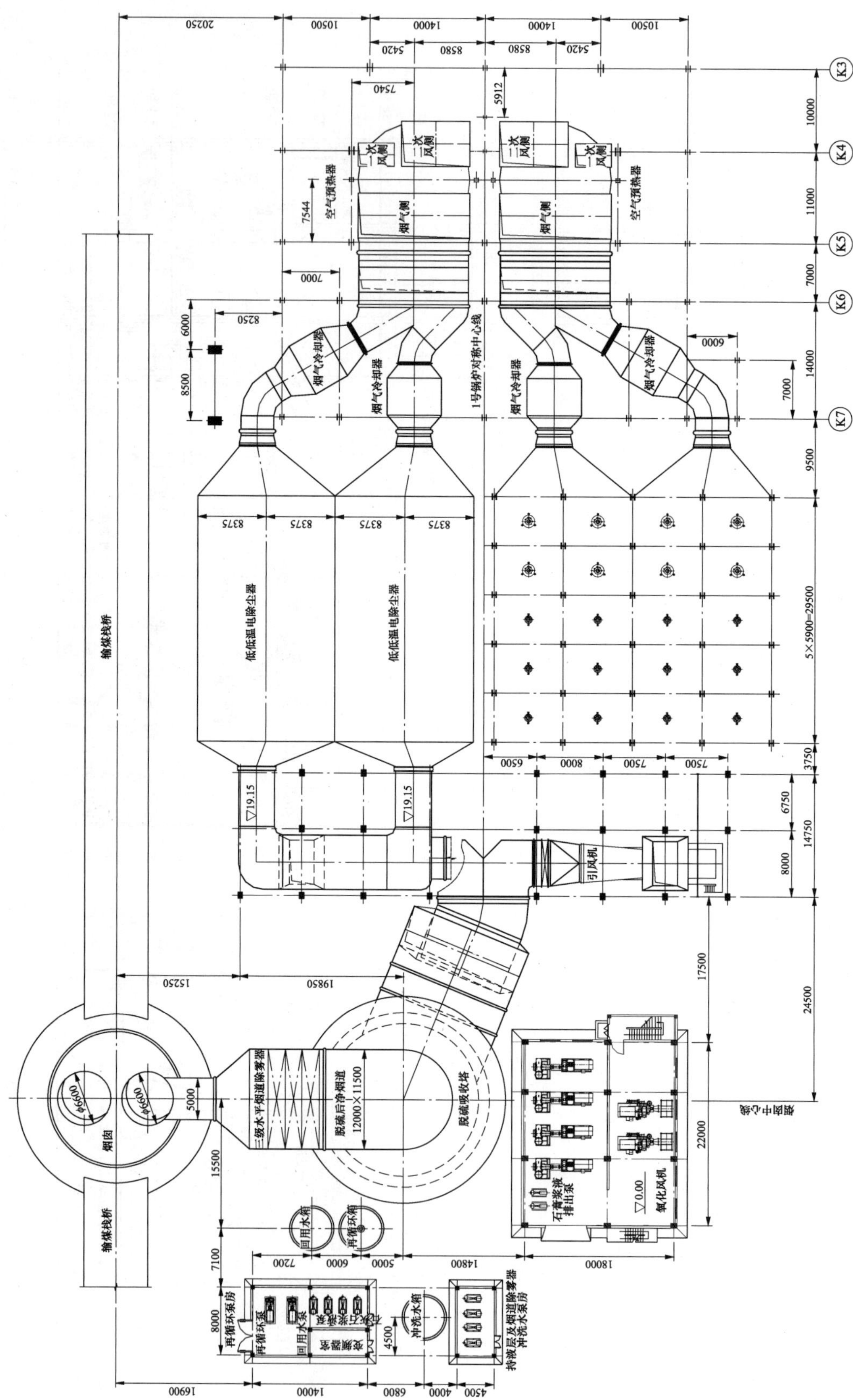

图 5-15 炉后平面布置（案例二）

（3）低低温电除尘器的除尘效率为 99.96%（烟气冷却器投运且除尘器入口平均烟温为 91.65℃），除尘器出口烟尘浓度为 $12.2mg/m^3$；

（4）脱硫岛的脱硫效率为 99.66%、SO_2 排放浓度为 $15.1mg/m^3$、烟尘排放浓度为 $2.7mg/m^3$、液滴排放浓度为 $13.3mg/m^3$，HF 排放浓度为 $5.6mg/m^3$（平均脱除率为 65.7%）、HCl 排放浓度为 $8.5mg/m^3$（平均脱除率为 69.8%）、SO_3 的排放浓度为 $8.7mg/m^3$（平均脱除率为 68.3%），脱硫烟气系统阻力为 2005Pa，厂用电消耗为 7329kW（含公用部分）。

另据调研情况，超低排放技改后，低低温电除尘器实际运行的平均厂用电率由技改前的 0.3%下降为 0.25%，但气力除灰系统的管线存在堵塞情况。调研时电厂表示，燃煤中的含硫量即使达到 3.0%，“带薄膜持液层的单托盘喷淋塔”也能实现污染物的超低排放指标，证明该技术（高效渐变分级复合脱硫技术）在本工程的应用基本是成功的，是一项大有发展前景的技术。

电厂两台机组超低排放技改后，完全满足 GB 13223—2011《火电厂大气污染物排放标准》及《全面实施燃煤电厂超低排放和节能改造工作方案》（环发〔2015〕164 号）的排放要求。

（三）工程案例三（350MW 燃煤机组）

1. 工程概述

某电厂二期工程两台机组分期建设，3 号机组为亚临界 300MW 燃煤发电机组，于 2010 年 10 月投产发电，4 号机组为 350MW 超临界燃煤发电机组，于 2014 年 6 月 25 日投产发电。

本案例介绍 4 号机组，该机组同步建设海水脱硫装置、SCR 脱硝装置、干式及湿式电除尘器，并采用了烟气多污染物协同控制技术。

2. 设计输入

4 号锅炉的煤质分析数据及灰分特性详见表 5-7。

表 5-7 煤质分析数据及灰分特性（案例三）

序号	项目	符号	单位	设计煤种	校核煤种
				活鸡兔混烟煤	乌兰木伦混烟煤
1	工业分析				
	收到基全水分	M_{ar}	%	14.33	12.62
	空气干燥基水分	M_{ad}	%	7.09	6.88
	收到基灰分	A_{ar}	%	12.80	19.41
	干燥无灰基挥发分	V_{daf}	%	35.96	35.33
2	收到基低位发热量	$Q_{net,ar}$	kJ/kg	22000	20070
3	元素分析				
	收到基碳	C_{ar}	%	59.12	54.06
	收到基氢	H_{ar}	%	3.56	3.25
	收到基氧	O_{ar}	%	9.14	9.37
	收到基氮	N_{ar}	%	0.64	0.71
	收到基全硫	$S_{t,ar}$	%	0.41	0.58
4	哈氏可磨性指数	HGI	—	57	64
5	冲刷磨损指数	K_e	—	3.28	1.92
6	煤灰熔融特征温度				
	变形温度	DT	℃	1110	1250
	软化温度	ST	℃	1120	1260
	半球温度	HT	℃	1130	1270
	流动温度	FT	℃	1140	1280
7	煤灰成分				
	二氧化硅	SiO_2	%	55.52	49.31
	三氧化二铝	Al_2O_3	%	17.77	30.94
	三氧化二铁	Fe_2O_3	%	8.86	7.26
	氧化钙	CaO	%	7.77	4.84
	氧化镁	MgO	%	1.15	0.59
	氧化钠	Na_2O	%	1.30	0.93
	氧化钾	K_2O	%	2.31	1.32
	氧化钛	TiO_2	%	1.02	1.3
	三氧化硫	SO_3	%	3.73	2.88
	二氧化锰	MnO_2	%	0.060	0.030
8	煤灰比电阻				
	20℃	ρ_{20}	Ω·cm	4.30×10^9（19℃）	4.90×10^{10}
	80℃	ρ_{80}	Ω·cm	3.20×10^{10}	9.60×10^{11}
	100℃	ρ_{100}	Ω·cm	1.60×10^{11}	3.30×10^{12}
	120℃	ρ_{120}	Ω·cm	7.90×10^{11}	5.10×10^{12}
	150℃	ρ_{150}	Ω·cm	4.90×10^{11}	4.70×10^{11}
	180℃	ρ_{180}	Ω·cm	4.40×10^{10}	5.60×10^{10}
9	煤中微量元素				
	煤中铬	Cr_{ar}	μg/g	15.25	34.5
	煤中镉	Cd_{ar}	μg/g	<1	6

续表

序号	项目	符号	单位	设计煤种	校核煤种
				活鸡兔混烟煤	乌兰木伦混烟煤
9	煤中铅	Pb_{ar}	μg/g	11	50
	煤中砷	As_{ar}	μg/g	1.00	2.00
	煤中汞	Hg_{ar}	μg/g	0.14	0.15
	煤中氟	F_{ar}	μg/g	74.5	74.8
	煤中氯	Cl_{ar}	%	0.03	0.01
	煤中铜	Cu_{ad}	μg/g	3.75	<1
	煤中镍	Ni_{ad}	μg/g	4	2.1
	煤中锌	Zn_{ad}	μg/g	9	6

3．主要设计原则

4 号机组采用 SCR 脱硝装置、电除尘器、海水脱硫装置、湿式电除尘器，不设烟气冷却器、烟气再热器，脱硫后烟气经过湿烟囱排放。

4 号机组烟气多污染物协同控制技术的主要设计原则如下：

（1）烟气脱硝。

1）采用选择性催化还原（SCR）工艺技术，脱硝反应器采用高温高含尘布置，布置在锅炉省煤器及空气预热器之间，不设置 SCR 旁路和省煤器烟气旁路，脱硝还原剂采用液氨。

2）采用炉内低氮燃烧技术，100%BMCR 工况锅炉出口 NO_x 含量为 200mg/m^3，75%BMCR～100%BMCR 负荷时为 160mg/m^3。

3）采用板式催化剂，化学寿命期内脱硝效率大于等于 80%，按照 2+1 层布置，未采用汞氧化催化剂。

4）100%负荷时脱硝装置入口烟气温度为 366℃，设置 0 号高压加热器以提高机组低负荷时的给水温度，SCR 脱硝装置入口烟气温度大于或等于 291℃时全负荷脱硝（不小于 50%THA 工况负荷）。

5）全负荷脱硝工况范围内，NO_x 排放浓度小于 50mg/m^3，且 SO_2/SO_3 转化率小于等于 1%，氨逃逸率小于等于 3μL/L。

6）装设两层催化剂时，在化学寿命期内的脱硝系统烟气阻力小于等于 800Pa，考虑附加催化剂层（最下层）投运后，脱硝系统烟气最大阻力小于等于 1000Pa。

（2）烟气除尘。

1）4 号机组采用两台双室五电场电除尘器，末级电场采用移动板式电除尘器，五个电场均采用高频电源，电除尘器出口烟尘排放浓度小于等于 30mg/m^3，保证除尘效率大于等于 99.89%。

2）海水脱硫塔入口烟尘浓度小于等于 30mg/m^3 时，脱硫除尘效率按 45%计算，脱硫塔出口烟尘浓度小于等于 16.5mg/m^3。

3）采用一台单室双电场湿式电除尘器，并配置 2 台高频电源，除尘效率大于等于 70%且烟囱出口烟尘浓度小于等于 5mg/m^3。

（3）烟气脱硫。

1）采用海水脱硫工艺，烟气系统采用单元制，每炉一塔、一座曝气池，烟气系统不设置烟气旁路、烟气再热器，引风机与增压风机合并设置。

2）采用填料脱硫塔技术，保证脱硫效率大于等于 98%，烟囱出口 SO_2 浓度小于等于 35mg/m^3（标准状态，干烟气，6%O_2）。

（4）烟气脱除三氧化硫。采用协同脱除 SO_3 技术，湿式电除尘器入口 SO_3 浓度小于等于 25mg/m^3，湿式电除尘器对 SO_3 的脱除率大于等于 60%，烟囱出口 SO_3 排放浓度小于等于 10mg/m^3。

（5）烟气脱汞。采用协同脱汞技术，利用常规催化剂对汞氧化的催化效果及电除尘器、海水脱硫装置、湿式电除尘器对颗粒汞及二价汞的脱除作用，整套烟气处理系统对汞的脱除率按照 70%计算，可保证汞及其化合物的排放浓度小于 0.03mg/m^3。

4．主要设备技术要求

（1）电除尘器。

1）每台机组配置 2 台双室五电场电除尘器，末级电场采用旋转电极，五个电场均采用高频电源（每台炉 20 个高频电源）。

2）当烟气量增加 10%、烟气温度增加 15℃及同时停用一个供电分区时，电除尘器出口烟尘排放浓度小于等于 30mg/m^3，保证除尘效率大于等于 99.89%。

3）烟气侧阻力小于或等于 200Pa，烟气侧漏风率小于等于 1.5%，入口断面烟气分布均匀性 $\sigma \leqslant 0.2$。

4）订货要求除尘器功耗（单台炉）小于等于 855kW。

5）100%BMCR 工况，烟气停留时间 22.04s，烟气流速 0.93m/s，比集尘面积和一个供电区不工作时的比集尘面积分别为 131.2、120 m^2/（m^3 · s^{-1}）。

6）第一电场至第四电场的同极间距 400mm，第五电场的同极间距 430mm，沿气流方向阴极线间距 500mm；前四个电场的阳极板形式为 C480 型冷轧板、阴极线为 RSB 芒刺线/冷轧板材质，第五电场的阳极板形式为平板/冷轧板、阴极线为 RS 芒刺线/冷轧板。

7）除尘器进口烟箱配备三道多孔板加导流板的均流装置（采用耐磨材质），出口烟箱设有槽型气流均布板。

8）绝缘子必须设有自动恒温加热装置，并能在控制室内直接显示数值。

9）每台炉电除尘器灰斗数量为 20 个，灰斗的储存量按最大含尘量满足 8～10h 满负荷运行。

10）灰斗内装有阻流板，阻流板下部距排灰口至少 2m；灰斗斜壁与水平面的夹角不应小于 60°，相邻壁交角内侧的圆角半径大于 200mm，以保证灰尘自由流动；灰斗的电加热器应使灰斗壁温保持不低于 120℃，且要高于烟气露点温度 5～10℃。

（2）海水脱硫装置。

1）采用海水脱硫工艺（混凝土填料塔），烟气系统采用单元制，每炉一塔、一座曝气池，烟气系统不设置烟气旁路、烟气再热器，引风机与增压风机合并设置。

2）保证脱硫效率大于等于 98%，烟囱出口 SO_2 浓度小于等于 35mg/m^3。

3）燃用校核煤种 100%BMCR 工况、脱硫塔入口烟尘浓度小于等于 30mg/m^3 时，脱硫塔出口烟气的烟尘浓度小于等于 16.5mg/m^3、液滴浓度小于等于 75mg/m^3、SO_3 浓度小于等于 25mg/m^3、液滴中氯离子浓度小于等于 14000mg/L。

4）脱硫后的海水经曝气氧化，使海水 pH≥6.8、化学需氧量的排放值小于等于 5mg/L、溶解氧大于 3mg/L、SO_3^{2-}氧化率大于等于 90%，达到 GB 3097—1997《海水水质标准》规定的四类海水排放标准。

5）吸收塔顶部配置两级屋脊式除雾器，脱硫系统设置 3×50%容量海水升压泵、3 台曝气风机。

6）脱硫装置烟气侧阻力小于等于 1700Pa，脱硫后净烟气温度大于等于 17.5～37.5℃（吸收塔入口海水温度为 16.5～36.5℃时）。机组 100%负荷、燃用校核煤种、海水水质满足设计要求时，脱硫装置海水消耗量小于等于 41000m^3/h，机组 100%负荷、燃用校核煤种时，设备最大电耗小于等于 2520kW，设备冷却水量小于等于 20t/h，压缩空气耗量小于等于 0.1m^3/min。

7）脱硫塔采用混凝土加防腐内衬，吸收塔海水分配器采用 FRP 材质，除雾器及脱硫塔填料层采用 PP 材质。

（3）湿式电除尘器。

1）4 号机组配置 1 台卧式、金属板式、单室双电场湿式电除尘器，4 号机组的湿式电除尘器共 2 个电场（共 2 个高频电源）、1 个进口烟箱、1 个出口烟箱。

2）湿式电除尘器入口含尘浓度小于等于 16.5mg/m^3，且入口烟气量增加 10%、除尘器入口烟气温度为 16～45℃时，除尘效率大于等于 70%且除尘器出口烟尘浓度小于等于 5mg/m^3。

3）湿式电除尘器入口烟气雾滴中氯离子浓度小于等于 14000mg/L，入口液滴浓度小于等于 75mg/m^3，入口 SO_3 浓度小于等于 25mg/m^3，$PM_{2.5}$ 去除率大于等于 70%，SO_3 去除率大于等于 60%，液滴去除率大于等于 70%。

4）湿式电除尘器本体烟气阻力小于等于 200Pa。

5）湿式电除尘器漏风率为 0；除尘器气流均布系数小于 0.13。

6）湿式电除尘器耗水量（单台炉）小于等于 8t/h，除尘器废水量（单台炉）小于等于 8t/h，NaOH 溶液消耗量（32%浓度）小于等于 0.065t/h。

7）湿式电除尘器的高压电源采用高频电源，湿式电除尘器的功耗（单台炉）小于等于 235kW。

8）湿式电除尘器内烟气流速为 3.11m/s，烟气在电场内停留时间不低于 2s。

9）湿式电除尘器绝缘子室采用密封结构设计，安装有绝缘子电加热装置。

10）同极间距 300mm，沿气流方向阴极线间距 150mm，阳极板、阴极线及阴极框架的材质均采用 SUS316L 不锈钢。

11）湿式电除尘器本体（包括壳体、灰斗等）材质为 Q235 加玻璃鳞片防腐，进出口烟道采用 Q235 加玻璃鳞片、局部采用 SUS316L 不锈钢，气流分布板均采用 SUS316L 不锈钢，定位梁采用 Q235 加玻璃钢防腐、局部采用 SUS316L 不锈钢；水系统内部配管及喷嘴采用 SUS316L 不锈钢，水系统外部配管采用 SUS316L 及 SUS304L 不锈钢，排水水箱及循环水箱采用 Q235 加玻璃钢防腐、局部采用 SUS316L 不锈钢，碱储罐采用 Q235 衬胶、局部采用 SUS316L 不锈钢。

5．主要设备布置

本工程采用前煤仓布置方案，汽机房、除氧间、煤仓间、锅炉房（含脱硝及一次风机、送风机）、电除尘器、引风机、烟囱顺序布置，海水脱硫塔、湿式电除尘器布置在烟囱后部，输煤栈桥从 3 号机组锅炉右侧的固定端上煤。

本工程 4 号锅炉配置 2 台三分仓回转式空气预热器、2 台 50%容量的动叶可调轴流式一次风机及送风机、2 台双室五电场电除尘器、2 台 50%容量的动叶可调轴流式引风机、1 台海水脱硫填料塔、1 座曝气池、1 台湿式电除尘器，4 号锅炉与 3 号锅炉合用一座钢筋混凝土外筒、钛钢复合板单管套筒式烟囱。

4 号机组的布置详见图 5-16 和图 5-17。

6．案例小结

根据省环境监测中心在 4 号机组 168h 试运行期间的“监测报告”，烟囱出口的烟尘浓度为 2.46mg/m^3、SO_2 排放浓度为 2.76 mg/m^3（含硫量 0.4%）、NO_x 排放浓度为 19.8 mg/m^3。

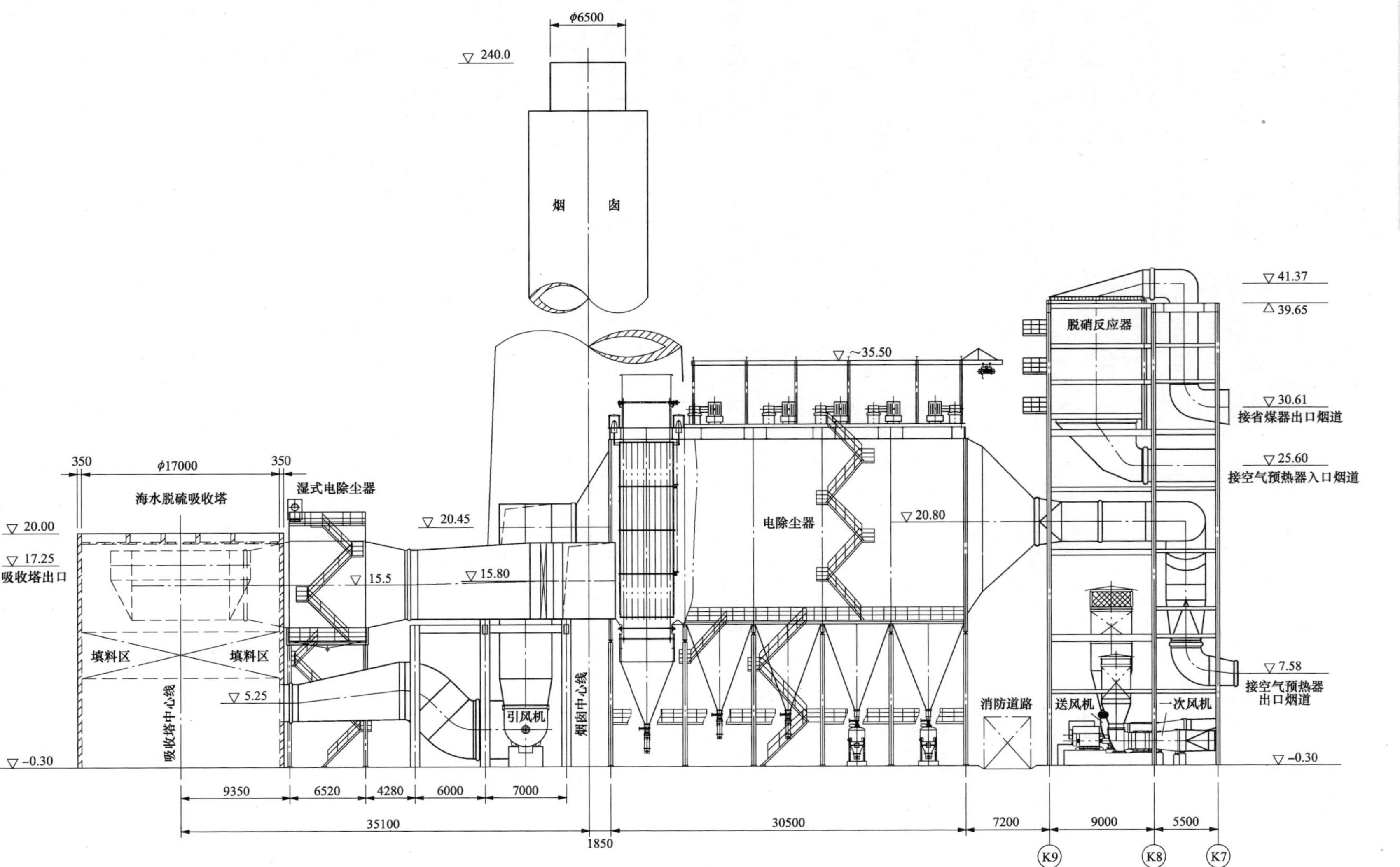

图 5-16 炉后断面布置（案例三）

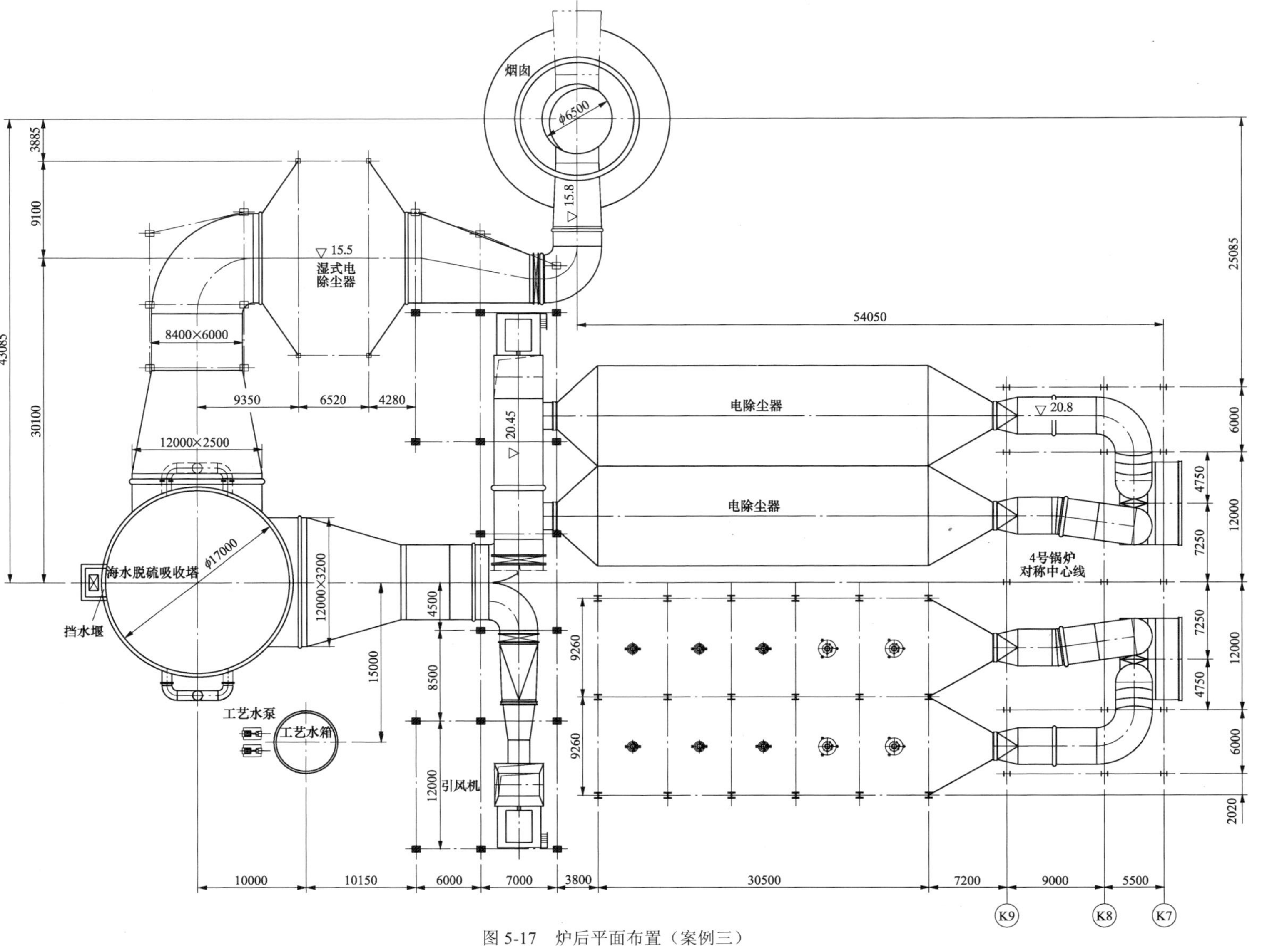

图 5-17　炉后平面布置（案例三）

作为华东地区首台采用海水脱硫工艺实现超低排放的机组，其烟气污染物指标完全满足 GB 13223—2011《火电厂大气污染物排放标准》及《全面实施燃煤电厂超低排放和节能改造工作方案》（环发〔2015〕164 号）的排放要求。

第二节　循环流化床锅炉多污染物协同控制技术

循环流化床发电技术利用炉内掺烧石灰石脱硫，有效降低了锅炉排烟中 SO_2 浓度，低温燃烧可以有效控制 NO_x 排放。随着环保要求的不断提高，循环流化床电厂仅依靠炉内脱硫和低温燃烧的特点，已经很难满足燃煤电厂烟气污染物排放标准，需要进一步采取控制措施，并最大限度地实现烟气多污染物的协同控制。

一、NO_x 协同控制技术

1. 循环流化床锅炉燃烧特性减少氮氧化物排放

循环流化床锅炉由于采用低氮燃烧技术，燃烧温度较低，二次风分级给入，炉膛下部缺氧燃烧，炉膛中心存在缺氧区域，使热力型 NO_x 的生成量很低，主要以燃料型 NO_x 为主，与燃烧相同煤种的煤粉炉相比，其 NO_x 排放量大大减少。

2. SNCR 脱硝技术

SNCR 的脱硝效率主要由反应温度和反应时间控制。合适的反应温度区间和足够长的反应时间能提高 SNCR 的脱硝效率，而反应温度及反应时间与还原剂的喷射位置密切相关。循环流化床锅炉运行中炉膛、旋风分离器及其出口烟道等部位的温度均在 850～920℃，正好处于 SNCR 的最佳反应温度区间。还原剂通常是在旋风分离器入口烟道喷入，使氨的喷射距离大幅降低，烟气与还原剂在旋风分离器内高速旋转、充分混合，停留时间较长，约为 1.5～3s，保证 SNCR 达到很高的脱硝效率。通常，在循环流化床锅炉中 SNCR 脱硝效率可高达 80%。循环流化床锅炉 SNCR 还原剂的最佳喷射位置，见图 2-22。

3. SCR 脱硝技术

由于 SCR 催化剂工作的条件较为苛刻，循环流化床锅炉运行条件对 SCR 的危害主要包括以下几个方面：

（1）循环流化床锅炉掺烧的石灰石在炉膛内煅烧会产生 CaO，CaO 细颗粒随烟气进入 SCR 装置，与烟气中的 SO_3 反应形成 $CaSO_4$，会附着在催化剂表面，引起催化剂失效，降低脱硝效率。

（2）相对于煤粉炉，循环流化床锅炉通常燃用高灰分的劣质煤。催化剂布置在高灰分的烟气环境中，易发生催化剂堵塞的现象，从而降低脱硝效率和连续运行的稳定性。另外，高灰分还会带来磨损问题，导致催化剂的使用年限大幅度降低。

（3）从锅炉总体布置上考虑，由于循环流化床锅炉的布置与煤粉炉不同，锅炉尾部省煤器下部空间不足以布置 SCR 反应器。若采用 SCR 技术，需将锅炉本体抬高，导致制造成本的大幅度增加。

为解决上述问题，可通过对 SCR 的布置方式进行调整，将 SCR 反应器布置在除尘器以后，避免受到 CaO 和飞灰的影响。但是，除尘器后烟气的温度较低，不适合脱硝反应的进行。因此，需要将烟气重新加热到 320~420℃，不仅损失大量的热能，同时对后续脱硫系统也产生不利的影响，导致电厂整体经济性下降，所以对于循环流化床锅炉应尽可能提高 SNCR 脱硝效率，尽量避免采用 SCR 脱硝。

4. 循环流化床锅炉脱硝技术选择原则

由于采用 SNCR 脱硝剂在循环流化床锅炉中反应温度合适、与烟气混合充分、反应时间长，因此脱硝效率比在煤粉炉中更高。而 SCR 催化剂工作的条件较为苛刻，炉内脱硫和高灰分的特点容易导致 SCR 催化剂失效和堵塞，从而降低 SCR 的脱硝效率和经济性。所以 SNCR 脱硝技术更适合循环流化床电厂。因此，循环流化床锅炉脱硝技术选择原则如下：

（1）一般情况下，通过燃烧调整，确保氮氧化物生成浓度小于 200mg/m^3。

（2）通过加装 SNCR 脱硝装置，实现氮氧化物达标排放甚至超低排放。

（3）如加装 SNCR 脱硝装置仍不能满足达标排放要求，可在炉后增加 SCR 装置，采用一层催化剂，实现氮氧化物达标排放甚至超低排放。

二、SO_x 协同控制技术

（一）循环流化床锅炉炉内脱硫技术

循环流化床锅炉通过向炉内喷入脱硫剂（石灰石）实现炉内脱硫，喷入炉膛的 $CaCO_3$ 高温煅烧分解成 CaO，与烟气中的 SO_2 发生反应生成 $CaSO_4$，从而达到脱硫的目的。

由厂外密封罐车运送来的成品石灰石粉（粒径小于等于 1mm），通过气力输送管道进入石灰石粉仓内储存，粉仓下设有 2 套石灰石粉输送器（1 运 1 备）。由粉仓排出的石灰石粉经过石灰石粉给料机，落入石灰石粉输送器，利用石灰石粉输送风机，将石灰石粉输送至回料阀的进料管后进入炉膛。石灰石粉输送器出力连续可调。石灰石粉仓顶部设有布袋除尘器、压力真空释放阀及料位计等，底部设有气化装置。典型循环流化床锅炉炉内脱硫系统，见图 5-18。

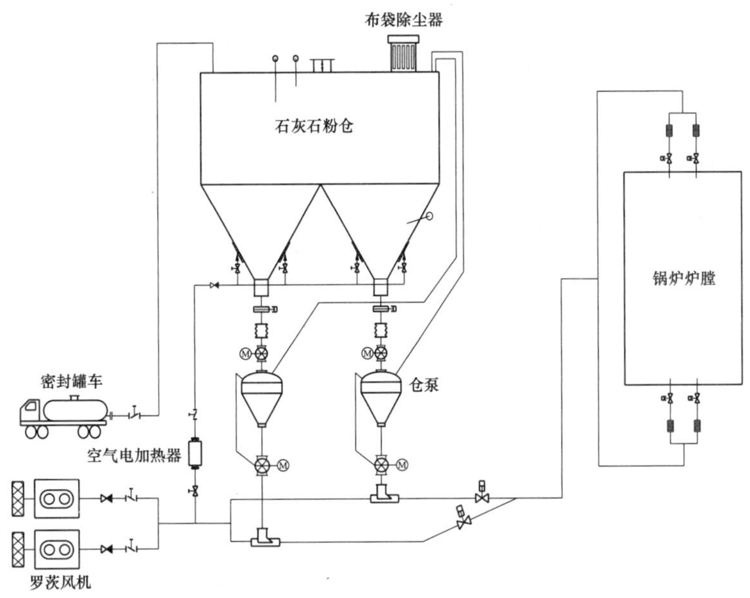

图 5-18　典型循环流化床锅炉炉内脱硫系统

循环流化床锅炉掺烧石灰石的脱硫效果明显，根据国内部分循环流化床电站的运行情况看，炉内脱硫效率可达 85%，甚至更高。当煤中的含硫量特别低或环保要求较为宽松时，仅采用炉内脱硫即可。

（二）循环流化床锅炉炉后脱硫技术

当煤种的含硫量较高或环保要求较为严格时，仅依靠炉内脱硫将不能满足 SO_2 排放要求，需要采用炉外脱硫系统，即烟气脱硫工艺。目前，较为可行的烟气脱硫工艺是循环流化床半干法烟气脱硫工艺和石灰石-石膏湿法烟气脱硫工艺。

1. 循环流化床半干法烟气脱硫工艺

循环流化床半干法烟气脱硫工艺为脱硫除尘一体化的工艺，采用生石灰作为脱硫吸收剂。所以，在循环流化床锅炉后采用此烟气脱硫工艺，可充分利用炉内煅烧出来而未发生反应的过量 CaO（循环流化床锅炉炉内脱硫 Ca/S 通常大于 2），继续作为脱硫吸收剂，再添加一定的生石灰，满足脱除 SO_2 的要求，提高了吸收剂的使用率。而且循环流化床半干法烟气脱硫工艺的副产物与循环流化床锅炉燃烧产物相同，均是各种钙基化合物，与燃烧飞灰混合成脱硫灰由除尘器收集，共同综合利用。

该脱硫工艺系统简单，占地少，无脱硫废水排放，脱硫反应塔及下游烟道、烟囱防腐要求低，较为适合燃用中、低硫燃煤的电厂，尤其是循环流化床电站。但是该脱硫工艺应用业绩相对较少，单塔处理烟气能力有限，目前最大应用于 300MW 级机组，600MW 机组可采用一炉配两塔的方案。另一方面，由于脱硫灰中含硫量较高，脱硫灰综合利用途径受到一定限制。

2. 石灰石-石膏湿法烟气脱硫工艺

石灰石-石膏湿法烟气脱硫工艺技术成熟可靠、脱硫效率高、煤种适应范围广、工程应用业绩非常多，单塔处理烟气能力可达 1000MW 机组。该工艺采用石灰石作为脱硫吸收剂，来源易落实，价格便宜，运行成本低，与循环流化床锅炉炉内脱硫的吸收剂品种相同。脱硫副产物——石膏综合利用途径广泛。但是该脱硫工艺系统复杂，无法利用炉内过量 CaO，耗水量较大，系统设备材质防腐要求高，且排放少量废水，需设置废水处理系统。

（三）循环流化床锅炉炉内和炉后脱硫效率最佳匹配

当需要采用炉内和炉外两级脱硫系统才能满足脱硫要求时，如何分配炉内和炉外脱硫效率成为硫氧化物协同控制的关键。当煤中的含硫量很高时，脱硫的压力也很大，炉内、炉外都需要保证非常高的脱硫效率。而当含硫量适中时，对炉内、炉外脱硫效率的要求并不是很高，既可选择在炉内采用较高的脱硫效率，也可将脱硫的主要任务放在炉外。此时，需要确定炉内和炉后脱硫效率如何最佳匹配。

循环流化床锅炉内掺烧石灰石，在脱硫的同时，对锅炉效率会有一定的影响。其影响主要包括以下六个方面。

（1）石灰石煅烧导致的热量损失。

（2）硫酸盐生成导致的热量增益。

（3）石灰石反应产物进入灰渣，导致排渣损失增加。

（4）石灰石反应产物进入飞灰，导致飞灰热损失增加。

（5）石灰石煅烧产生的 CO_2 增加了排烟损失。

（6）掺烧石灰石导致烟气中 SO_2 含量降低，从而可以调低排烟温度，减少排烟损失。

掺烧石灰石对锅炉效率存在着正反两方面的作用，在不同的石灰石掺烧量下，锅炉效率会发生变化，存在着一个锅炉效率的最高点。因此，通常两级脱硫系统的设计思路是取锅炉效率最高时的炉内脱硫效率，再根据相应的炉外脱硫效率，选择合适的脱硫工艺及工艺参数。因此，寻找合适的石灰石掺烧量下锅炉效率的最高点是进行炉内、炉外效率分配的关键点。随着炉内脱硫效率的增加，排烟损失热量和煅烧石灰石吸热量从正反两个方面影响锅炉效率，因而锅炉效率呈现先上升后下降的趋势。根据锅炉效率的最高点，可选择相应的炉内脱硫效率，并推测炉外所需的最低脱硫效率，即给出两级脱硫系统的最优设计方案。不同煤种的锅炉效率随炉内脱硫效率的变化趋势各不相同，因而需借助循环流化床锅炉效率计算模型，具体案例具体分析。

（四）循环流化床锅炉脱硫技术选择原则

1. 燃低硫煤单独采用炉内脱硫工艺

个别情况下，当循环流化床锅炉燃用的煤种硫分很低时，单独采用炉内添加石灰石脱硫即可满足 SO_2 排放标准的情况下，充分发挥循环流化床锅炉优势，采用一级炉内脱硫，炉后无需设置脱硫装置，投资最低，系统运行维护简单，运行费用低。但存在随着环保标准提高而进行大规模改造的可能性。

2. 燃中低硫煤采用炉内+炉后循环流化床半干法脱硫工艺

多数情况下，当循环流化床锅炉燃用中、低硫分煤种时，需要设置炉内+炉后两级深度脱硫才能满足 SO_2 排放标准。此时由于烟气循环流化床半干法脱硫可充分利用炉内煅烧出来而未得到利用的过量 CaO、系统简单、下游设备无需防腐、投资和运行费用低等特点，在缺水地区，吸收剂质量有保证的情况下，应优先采用炉内+炉后循环流化床半干法脱硫工艺，并遵循炉内和炉外脱硫最佳匹配原则，合理确定两级脱硫效率。此脱硫工艺路线存在着粉煤灰综合利用困难的问题，如果电厂有较高粉煤灰利用要求时，可在炉后二级脱硫前设置预除尘器或采用石灰石-石膏湿法脱硫工艺。

采用烟气循环流化床半干法脱硫技术，对于吸收塔入口烟气中 SO_2 浓度在 3000mg/m^3 以下的中低硫煤，SO_2 排放浓度可满足 100mg/m^3 的要求，入口 SO_2 浓度低于 1500mg/m^3 时可实现超低排放，适于 300MW 级以下燃煤锅炉的 SO_2 污染治理。

3. 燃高硫煤采用炉内+炉后石灰石-石膏湿法脱硫工艺

当循环流化床锅炉燃用高硫分煤种时，在采用炉内+炉后循环流化床半干法脱硫工艺不能满足 SO_2 排放标准或粉煤灰有较高综合利用要求时，炉后需采用脱硫效率更高的石灰石-石膏湿法脱硫工艺。此时两级脱硫系统较为复杂，炉内过量 CaO 得不到利用，湿法脱硫装置及其后设施需采取可靠的防腐措施，投资和运行费较高。此脱硫工艺路线的优点是两级脱硫吸收剂品种相同，脱硫效率高且稳定，技术成熟可靠，工程应用业绩多，对未来更严格的环保标准适应性好。

4. 燃高硫煤采用一级炉后石灰石-石膏湿法脱硫工艺

由于石灰石-石膏湿法脱硫工艺脱硫效率可达98%以上，故即使循环流化床锅炉燃用高硫煤种时，仍存在炉内不脱硫也能满足 SO_2 排放标准的可能性。此脱硫工艺路线有利于简化脱硫系统，降低脱硫系统的投资和运行费用，提高采用静电除尘器时的除尘效率，尤其有利于粉煤灰的综合利用。但无法发挥循环流化床锅炉炉内加钙脱硫清洁燃烧的优势。

三、烟尘协同控制技术

（一）炉内脱硫对除尘器选型的影响

向循环流化床锅炉内投入的石灰石粉经煅烧后生成 CaO，除与烟气中的 SO_2、SO_3 等发生反应生成 $CaSO_4$ 等产物外，其余部分过量 CaO 随烟气排出。循环流化床锅炉的这一特点对其后的除尘器性能产生不利影响。一方面，由于煤中 S_{ar} 对电除尘器性能影响较大，硫含量较高的煤，烟气中含较多的 SO_2，在一定条件下，SO_2 以一定的比率转化为 SO_3。烟气中的 SO_3 易吸附在尘粒表面，改善粉尘的表面导电性，降低粉尘比电阻，提高电除尘器性能。而循环流化床锅炉由于在炉内脱硫而使烟气中的 SO_2、SO_3 含量降低，使粉尘比电阻增大，对电除尘器性能产生不利影响。另一方面，反应生成 $CaSO_4$ 等产物导致飞灰粒度减小，黏附性增强，影响清灰效果，易引起粉尘二次飞扬，降低除尘效率。

与燃用相同煤种的煤粉炉相比，循环流化床锅炉对炉后除尘器有利的方面是飞灰份额少。常规煤粉炉飞灰占总灰渣量的 80%～90%，而循环流化床锅炉飞灰仅占 40%～60%，烟气中粉尘浓度相对较低，对于达到相同的除尘器出口浓度情况下，要求的除尘器效率低于常规煤粉炉。

（二）炉后脱硫工艺对除尘器选型的影响

1. 循环流化床半干法烟气脱硫工艺

当炉后采用循环流化床半干法脱硫工艺时，由于飞灰的循环输送，脱硫后烟气粉尘浓度高达 600～1000g/m^3（标准状态），远远高于常规煤粉炉出口每标准立方米几十克的烟尘浓度，为达到烟囱出口烟尘浓度不高于 30mg/m^3（标准状态）的排放目标，除尘器效率需达到 99.995%以上，此时若采用电除尘器，则会由于电除尘器入口烟气粉尘浓度过高及灰的导电性能不佳而难以达到这么高的除尘效率。因此，通常选择使用布袋除尘器，其除尘效率不受煤质、锅炉负荷、粉尘比电阻、入口粉尘浓度和灰尘粒度等因素的影响，除尘器出口烟尘浓度可以达到 $30mg/m^3$（标准状态）以下，甚至可达 $10mg/m^3$（标准状态）。

由于循环流化床锅炉烟气中携带大量过剩的优质 CaO，可被炉外循环流化床半干法脱硫工艺继续利用而减少吸收剂的耗量，故在脱硫前不宜设置预除尘器。当电厂需单独处理或综合利用烟气中的飞灰时，可在脱硫塔上游烟道设置预除尘器，预除尘器宜采用静电除尘器。

2. 石灰石-石膏湿法脱硫工艺

当炉后采用石灰石-石膏湿法脱硫工艺时，循环流化床锅炉出口烟气先经过除尘器除去粉尘颗粒，然后进入脱硫系统脱除 SO_2。此时除尘器与脱硫系统相对独立，在满足除尘器出口粉尘浓度要求的情况下，采用静电除尘器、布袋除尘器或电袋除尘器均是可行的，需根据燃煤及煤灰性质、机组容量、环保要求、投资及运行费等综合分析比较确定。由于静电除尘器具有运行阻力小、运行维护费用低等优点，虽然循环流化床锅炉烟尘性质对静电除尘器不利，但由于入口烟尘浓度不高、效率相对较低，且不利影响有限，故在煤种适宜、煤源稳定、保证排放浓度的情况下，可优先选用。

（三）烟尘协同控制技术路线

循环流化床锅炉烟尘控制技术路线与炉后脱硫方式密切相关。

当炉后采用循环流化床半干法烟气脱硫工艺时，除尘器设在脱硫系统后，为脱硫除尘一体化工艺，此时宜选用布袋除尘器。需要时，可在脱硫前设置预除尘器，预除尘器宜选用静电除尘器。

当炉后采用石灰石-石膏湿法烟气脱硫工艺时，除尘器设在脱硫系统前，与脱硫系统相对独立，采用电除尘器、布袋除尘器或电袋复合除尘器均可行，宜优先选用电除尘器。此外，石灰石-石膏湿法烟气脱硫工艺具有协同除尘功能，可在除尘器高效除尘的基础上，进一步降低粉尘浓度，直至达到超低排放的要求。石灰石-石膏湿法脱硫工艺协同除尘功能参见本章第一节相关内容。

四、汞及其化合物协同控制技术

燃煤电厂控制汞的排放是一项协同、综合技术，其核心是在燃烧的各个阶段尽可能将燃烧产生的零价汞（Hg）更大程度地转化为氧化汞（Hg^{2+}）及颗粒汞（Hg^P），然后通过除尘、脱硫等烟气净化设备协同脱除。循环流化床锅炉、SNCR 或 SCR、脱硫系统、除尘器等均具有协同脱汞的作用，可以有效控制汞及其化合物的排放。当环保要求更高时，可通过喷射吸附剂等技术措施进一步提高脱汞效率。

（一）循环流化床锅炉协同脱汞

循环流化床燃烧方式在降低 NO_x 排放的同时，可以降低烟气中汞及其他重金属元素的排放，其原因有以下几个方面：

（1）较长的炉内停留时间，使颗粒吸附汞的机会增加，有利于气态汞的沉降。

（2）流化床燃烧的操作温度较低，有利于烟气中氧化汞的生成，同时可抑止氧化汞重新转化成元素汞。

（3）氯元素的存在能极大地促进汞的氧化。

循环流化床锅炉还可增加飞灰颗粒的停留时间和增强小颗粒的凝聚作用，从而提升了对汞的物理吸附能力，同时减少了小颗粒的排放。另外，将含碘活性炭喷入流化床中，可进一步提高汞的捕捉效率。

（二）脱硝系统协同脱汞

有研究者指出，低氮燃烧技术因为操作温度较低，也利于汞向氧化态转化，并提高脱除效果。

利用 SCR 脱硝装置的催化剂提高单质汞向氧化汞的转化率，从而达到协同脱汞的目的。

有关脱硝系统协同脱汞可参见本章第一节相关内容。

（三）脱硫系统协同脱汞

1. 石灰石-石膏湿法脱硫工艺协同脱汞

参见本章第一节相关内容。

2. 循环流化床半干法脱硫工艺协同脱汞

循环流化床半干法脱硫工艺借助于反应塔底部循环流化床中高密度、大比表面积、激烈湍动的钙基吸收剂颗粒床层，实现对气态单质汞(Hg)及气态离子汞(Hg^{2+})的高效吸附，形成附着在 $Ca(OH)_2$ 和飞灰细颗粒表面上形成的颗粒汞，利用脱硫系统配套的布袋除尘器进行捕集、脱除。

循环流化床反应器循环物料中的 $Ca(OH)_2$ 与单质汞(Hg)的相互作用发生在两个方面。一方面，SO_2 的存在促进了 $Ca(OH)_2$ 对单质汞(Hg)的化学吸附，可参与如下反应：

$$Ca(OH)_2+SO_2+O_2 = CaSO_4+H_2O+O$$

$$2Hg+O = Hg_2O$$

$$Hg_2O+O = 2HgO$$

SO_2 与 $Ca(OH)_2$ 发生反应时，在其空隙结构表面产生了吸附活性区域。单质汞（Hg）扩散到吸附活性区域表面时被催化氧化，形成 Hg^+化合物，此种价态的汞化合物很不稳定，会进一步被氧化成 Hg^{2+}化合物，附着于脱硫灰颗粒表面，被除尘器脱除。另一方面，燃煤烟气中含有一定量的 HCl，

HCl可通过与$Ca(OH)_2$发生反应提供活性位或将单质汞(Hg)氧化成气态离子汞(Hg^{2+})，促进汞的吸附与脱除。

另外，在循环流化床烟气脱硫工艺系统中，在喷入反应器雾化水的作用下，钙盐表面形成外壳，在反应器内激烈湍动的高密度颗粒床层作用下，颗粒间剧烈摩擦，被钙盐外壳覆盖的未反应部分吸收剂重新暴露出来继续参加反应，大大加强了$Ca(OH)_2$颗粒对烟气中单质汞及气态离子汞的吸附作用。

（四）除尘器协同脱汞

除尘器能在脱除颗粒物的同时，脱除吸附在颗粒物上的汞。现有静电除尘器和布袋除尘器除尘效果均能达到99%以上，这样，烟气中的颗粒汞可同时得到脱除。但一般认为，不做任何处理的情况下，以颗粒形式存在的汞占烟气中汞排放总量的比例小于5%，且这部分汞大多存在于亚微米颗粒中，而一般电除尘器对这部分粒径范围的颗粒脱除效率很低，所以静电除尘器的脱汞能力有限。与电除尘器相比，由于在布袋除尘器内，烟气与滤料表面形成的滤饼层充分接触，滤饼层如同一个固定床反应器，可促进汞的异相氧化和吸附，所以布袋除尘器可以更有效地捕集汞。

循环流化床烟气脱硫工艺配套超低压旋转喷吹布袋除尘器，由于滤料表面粉饼层的存在，对于烟气中细微颗粒的捕集优势明显，但单纯的布袋除尘器对粒径小于PM_1的细微颗粒的捕集作用有限，而这些小于PM_1的细微颗粒比面积大，附着了更多的单质汞(Hg)，因此如何有效减少PM_1的细微颗粒，对汞的脱除意义重大。循环流化床烟气脱硫工艺借助于流化床塔内剧烈湍动的高密度颗粒床层的作用，将烟气中大部分PM_1的亚微米超细颗粒逐渐凝并吸附在大颗粒上，通过布袋除尘器有效脱除。同时，布袋除尘器采用超低压旋转喷吹技术，可有效避免喷吹造成已凝并的细微颗粒重新分解、逃逸，提高布袋除尘器协同脱汞效率。

五、循环流化床锅炉多污染物协同控制技术路线

1. 低硫分煤种

个别情况下，当循环流化床锅炉燃用的煤种含硫量较低时，单独采用炉内添加石灰石脱硫即可满足SO_2排放标准的情况下，可采用炉内一级脱硫+SNCR+布袋除尘器这一最为简单的技术路线，可充分发挥循环流化床锅炉优势（投资最低、系统运行维护简单、运行费用低），实现协同脱硫、脱硝、除尘、脱汞等环保目标。但存在随着环保标准提高而进行大规模改造的可能性。

2. 中等硫分煤种

多数情况下，当循环流化床锅炉燃用中等硫分煤种时，需要设置炉内+炉后两级深度脱硫才能满足SO_2排放标准，此时由于烟气循环流化床半干法脱硫可充分利用炉内煅烧出来而未得到利用的过量CaO、系统简单、下游设备无需防腐、投资和运行费用低等特点，宜优先采用炉内+炉后循环流化床半干法脱硫工艺，可采用炉内一级脱硫+SNCR+循环流化床半干法脱硫工艺+布袋除尘器这一技术路线，并遵循炉内和炉外脱硫最佳匹配原则，合理确定两级脱硫效率。此脱硫工艺路线存在着粉煤灰综合利用困难的问题，如果电厂有较高粉煤灰利用要求时，可在炉后二级脱硫前设置预除尘器。

3. 高硫分煤种

当循环流化床锅炉燃用高硫分煤种，在采用炉内+炉后循环流化床半干法脱硫工艺不能满足SO_2排放标准或粉煤灰有较高综合利用要求时，炉后需采用脱硫效率更高的石灰石-石膏湿法脱硫工艺。可采用炉内一级脱硫+SNCR+电除尘器+石灰石-石膏湿法脱硫工艺这一技术路线，并遵循炉内和炉外脱硫最佳匹配原则，合理确定两级脱硫效率。此时两级脱硫系统较为复杂，炉内过量CaO得不到利用，湿法脱硫装置及其后设施需采取可靠的防腐措施，投资和运行费较高。此脱硫工艺路线的优点是两级脱硫吸收剂品种相同，脱硫效率高且稳定，技术成熟可靠，工程应用业绩多，对未来更严格的环保标准适应性好。

由于石灰石-石膏湿法脱硫工艺脱硫效率可达98%以上，故即使循环流化床锅炉燃用高硫煤种时，仍存在炉内不脱硫也能满足SO_2排放标准的可能性，可采用炉内不脱硫+SNCR+电除尘器+石灰石-石膏湿法脱硫工艺这一技术路线，此时有利于简化脱硫系统，降低脱硫系统的投资和运行费用，提高采用电除尘器时的除尘效率，尤其有利于粉煤灰的综合利用。但无法发挥循环流化床锅炉炉内加钙脱硫清洁燃烧的优势。

六、工程案例

（一）工程概况

某2×300MW循环流化床机组于2012年投产，燃用无烟煤，原始浓度较低，烟气治理采用炉内脱硫+电袋复合除尘器技术路线，炉内脱硫效率为80%，电袋除尘器除尘效率为99.88%，实现$NO_x \leqslant 200\ mg/m^3$（标准状态）、$SO_2 \leqslant 350\ mg/m^3$（标准状态），以及烟尘小于等于 $30mg/m^3$（标准状态）的环保目标，满足GB 13223—2011《火电厂大气污染物排放标准》的要求。

（二）燃料成分分析资料

本工程燃料成分分析资料，见表5-8。

表 5-8　　燃料成分分析资料

名称	符号	单位	设计煤种	校核煤种
1.元素分析				
收到基碳	C_{ar}	%	57.28	52.3
收到基氢	H_{ar}	%	1.16	1.04
收到基氧	O_{ar}	%	1.02	0.83
收到基氮	N_{ar}	%	0.56	0.71
收到基硫	$S_{t.ar}$	%	0.98	1.12
2.工业分析				
全水分	M_t	%	9	12
收到基灰分	A_{ar}	%	30	32
空气干燥基水分	M_{ad}	%	1.56	1.61
干燥无灰基挥发分	V_{daf}	%	3.8	3.2
3.收到基低位发热量	$Q_{net.ar}$	MJ/kg	20.68	19.07
4.哈氏可磨性指数	HGI		67	53
5.冲刷磨损指数	K_e		6.85	6.15
6.灰熔融性				
变形温度	DT	℃	1150	1050
软化温度	ST	℃	1250	1180
半球温度	HT	℃	1300	1250
流动温度	FT	℃	1350	1300
7.灰成分				
二氧化硅	SiO_2	%	59.54	51.04
三氧化二铝	Al_2O_3	%	19.22	26.52
三氧化二铁	Fe_2O_3	%	10.61	8.03
氧化钙	CaO	%	1.26	2.93
氧化镁	MgO	%	1.75	2.18
氧化钠	Na_2O	%	3.26	0.39
氧化钾	K_2O	%	0.57	2.84
二氧化钛	TiO_2	%	1.05	0.65
三氧化硫	SO_3	%	0.67	1.66
二氧化锰	MnO_2	%	0.097	0.136
8.灰比电阻				
测试电压 500V，温度 14.5℃		Ω·cm	2.52×10^{10}	2.85×10^{10}
测试电压 500V，温度 80℃		Ω·cm	2.00×10^{11}	3.15×10^{10}
测试电压 500V，温度 100℃		Ω·cm	2.32×10^{11}	5.25×10^{11}
测试电压 500V，温度 120℃		Ω·cm	3.00×10^{11}	9.85×10^{11}
测试电压 500V，温度 150℃		Ω·cm	5.20×10^{11}	2.25×10^{12}
测试电压 500V，温度 180℃		Ω·cm	3.15×10^{11}	9.15×10^{11}
9.煤中游离 $SiO_2(F)_{ar}$ 含量				
煤中游离 $SiO_2(F)_{ar}$	$SiO_2(F)_{ar}$	%	7.46	

（三）石灰石成分分析

入炉石灰石粉设计粒度 d_{max}=1.5mm，d_{50}=450μm，石灰石成分分析，见表 5-9。

表 5-9　　石灰石成分分析

名称	符号	单位	数据
灼烧减量	L.O.I	%	41.52
二氧化硅	SiO_2	%	2.78
三氧化二铝	Al_2O_3	%	0.1
三氧化二铁	Fe_2O_3	%	0.43
氧化钙	CaO	%	52.35
氧化镁	MgO	%	1.86

（四）锅炉相关资料

锅炉为亚临界参数变压运行、流化床燃烧、自然循环炉、单炉膛、一次再热、平衡通风、全钢构架。锅炉相关参数（BMCR 工况、设计煤种）见表 5-10。

表 5-10　锅炉相关参数（BMCR 工况、设计煤种）

项目	单位	数值
最大连续蒸发量	t/h	1025
燃料消耗量	t/h	139.6
石灰石耗量	t/h	9.69
排烟温度	℃	127
未完全燃烧热损失	%	3.6
空气预热器出口含尘量	g/m^3（标准状态）	34.06
脱硫效率	%	86.5
Ca/S	%	2.16
SO_2 排放浓度	mg/m^3（标准状态）	≤350
NO_x 排放浓度	mg/m^3（标准状态）	≤200
烟气量	m^3/h	1674300
	m^3/h（标准状态）	1037256
	m^3/h（标准状态）	1113792
	m^3/h（标准状态）	1034327
设计烟温	℃	120
烟尘浓度	g/m^3（标准状态）	25

（五）超低排放协同控制技术路线

2014 年 8 月，为实现 NO_x≤50mg/m^3（标准状态）、SO_2≤35mg/m^3（标准状态）、烟尘小于等于 10mg/m^3（标准状态）超低排放目标，两台机组对环保设施进行了升级改造，改造措施如下：对原电袋复合除尘器袋区掏空，对原锅炉引风机进行拆除，炉内增设 SNCR，炉后增设循环流化床半干法脱硫装置和引风机。

采用循环流化床锅炉，通过燃烧调整，确保 NO_x 生成浓度小于 200mg/m^3（标准状态）。超低排放改造加装了 SNCR 脱硝装置，每台机组分别在锅炉三个旋风分离器入口上、中、下三层共设置 27 只还原剂喷枪，保证 SNCR 脱硝装置效率不低于 75%，从而控制 NO_x 排放浓度不高于 50mg/m^3（标准状态）。

根据煤质及锅炉相关参数计算的燃烧产生的 SO_2 浓度为 2550mg/m^3（标准状态，干基，6%O_2）。炉内脱硫效率为 86.5%，保证炉膛出口 SO_2 浓度不高于 350mg/m^3（标准状态）。超低排放改造增设了循环流化床半干法脱硫装置，保证脱硫效率不低于 90%，从而控制 SO_2 排放浓度不高于 35mg/m^3（标准状态）。同时，通过低风速、高效率的低压旋转脉冲布袋除尘器保证烟囱出口烟尘浓度不高于 10mg/m^3（标准状态）。

综上，本案例采用炉内脱硫+SNCR 脱硝+循环流化床半干法脱硫装置（吸收塔和布袋除尘器）的超低排放协同控制技术路线，实现了 NO_x≤50 mg/m^3（标准状态）、SO_2≤35mg/m^3（标准状态）、烟尘小于等于 10mg/m^3（标准状态）的超低排放目标。

第六章

其他烟气处理技术

其他烟气处理技术主要指烟气脱汞技术和烟气二氧化碳捕集技术。烟气脱汞技术目前在美国已有一批电厂得到工程应用。烟气二氧化碳捕集技术在国内燃煤电厂有工程示范，但该技术并不十分成熟，有待进一步研究与工程实践。

第一节 烟气脱汞技术

汞是一种痕量重金属污染物，易积累于生物体内，破坏中枢神经系统，并在大气、海洋中进行全球性迁移，受到世界各国的普遍关注。

MT/T 963—2005《煤中汞含量分级》于 2005 年 9 月 23 日发布，并于 2006 年 2 月 1 日正式实施。根据此标准，中国煤中汞含量按表 6-1 分级。

表 6-1 中国煤中汞含量分级

序号	级别名称	代号	汞含量范围（Hg_d）(mg/kg)
1	特低汞煤	SLHg	<0.150
2	低汞煤	LHg	0.150～0.250
3	中汞煤	MHg	0.251～0.400
4	高汞煤	HHg	>0.400

中国高度重视汞污染防治工作。2009 年 11 月，环保部牵头下发了《关于深入开展重金属污染企业专项检查的通知》（环发〔2009〕112 号）；2009 年 12 月下发的《国务院办公厅转发环境保护部等部门关于加强重金属污染防治工作指导意见的通知》（国办发〔2009〕61 号）中将汞污染防治列为工作重点；2010 年 5 月又发布《国务院办公厅转发环境保护部等部门关于推进大气污染联防联控工作改善区域空气质量指导意见的通知》（国办发〔2010〕33 号），进一步提出建设火电机组烟气脱硫、脱硝、除尘和除汞等多污染物协同控制示范工程；GB 13223—2011《火电厂大气污染物排放标准》中首次明确规定了汞的排放限值为 0.03 mg/m^3。开展燃煤电厂汞排放影响因素分析及掌握火电机组汞污染控制技术，是我国实现汞减排目标的前提条件和重要保证，也为国家制定相关控制法规提供重要的技术参考。另一方面，脱汞工艺的应用将具有广阔的市场前景和潜力。

现有的烟气脱汞工艺主要有烟气处理装置协同烟气脱汞工艺、添加卤族元素烟气脱汞工艺和活性炭喷射烟气脱汞工艺。

一、烟气脱汞主要工艺

（一）烟气处理装置协同烟气脱汞工艺

见本手册第五章相关内容介绍。

（二）添加卤族元素烟气脱汞工艺

对于某些低氯煤种（氯含量低于 300mg/kg），可向煤中添加少量氧化剂，来促进汞在锅炉和烟道中的氧化，从而提高 FGD 的脱汞效率，促进活性炭对汞的吸附和脱除。

（三）活性炭喷射烟气脱汞工艺

活性炭喷射烟气脱汞工艺（activated carbon injection，ACI）是目前最为成熟可行的烟气脱汞工艺。美国已有 300 多台机组的活性炭烟气脱汞装置投入运行。有些电厂使用的是未处理的活性炭；有些电厂为了减少活性炭用量，提高脱汞效率，使用的是特殊处理的活性炭。目前，特殊处理的活性炭对汞的吸附能力不断提高，且脱汞活性炭用量进一步降低。

1. 工艺原理

活性炭喷射烟气脱汞工艺原理示意见图 6-1。活性炭在除尘器之前的烟道中喷入，并伴随流动过程中不断吸附烟气中的汞，将气态汞转化为固定在吸附剂上的颗粒汞，然后利用电除尘器或袋式除尘器等颗粒物捕集装置将其脱除。对使用袋式除尘器的电厂来说，布袋上含活性炭的灰层更有利于汞的吸附和脱除。

活性炭的喷射位置，部分电厂选在空气预热器之后，部分电厂选在空气预热器之前；这与所使用的吸附剂有很大的关系，近几年推荐的是在空气预热器之前喷射，在空气预热器之前喷活性炭可以明显提高汞的脱除效率，减少活性炭用量。

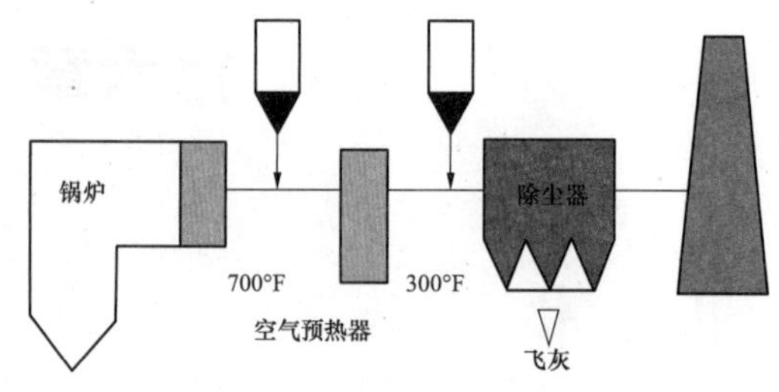

图 6-1　活性炭喷射技术的原理示意

所喷入活性炭的量受烟气中汞含量、汞允许排放限值和活性炭的吸附性能等多方面的影响。为保证活性炭较高的吸附活性和利用率，活性炭的喷入点应考虑烟气温度，并保证与烟气充分混合。对于活性炭的粒径，尽管粒径越小，比表面积越大，吸附汞的效果也越好；不过，若粒径过小，则会导致电除尘器难以捕获，且活性炭成本增加，因此需要综合分析经济成本和效率，来选择最佳的粒径。

2. 使用的吸附剂

活性炭喷射脱汞工艺使用的吸附剂分为三类。

（1）未处理的吸附剂，如活性炭。

（2）特殊处理的吸附剂，如应用较多溴化活性炭。

（3）原位（自）产生的吸附剂，如未燃尽碳和飞灰。

未经处理的活性炭的汞脱除能力有限，特别是在燃用次烟煤和褐煤的电厂中，由于氯含量较低，往往需要大量喷入活性炭才能达到较好的汞脱除效果。为了增强活性炭吸附剂的脱除效率，研究人员研制处理一些改性活性炭吸附剂，能够以较小的喷入量达到较好的控制效果。改性活性炭主要包括热力活性炭和化学活性炭。热力活性炭是指表面经过热力活化处理的炭，化学活性炭是指表面经过卤素（主要是碘、氯、溴）特殊处理的活性炭。两种改性活性炭在较低温度下都有较好的脱汞效果，但随着温度升高，热力活性炭的脱除效率显著下降，而化学活性炭的效果变化不大。

3. 工程应用存在的问题分析

尽管活性炭吸附剂在实际电厂应用中获得了很好的脱汞效果，不过仍然存在一些问题。

（1）燃煤电厂烟气量大，除尘器前活性炭颗粒的停留时间较短，以及活性炭会与烟气中其他成分发生反应等因素，会使活性炭的消耗量增加。

（2）活性炭价格比较昂贵，即使使用喷入量较小的改性活性炭吸附剂依然具有较高的运行成本。

（3）向烟气中喷入活性炭会增加飞灰中的碳含量，当飞灰中总含碳量（包括未燃尽碳含量和喷入的活性炭含量）超过 1%时，会影响飞灰的利用（作为混凝土中水泥的替代物）。

（4）在燃用褐煤或烟气中 SO_3 浓度较高的电厂，活性炭喷射技术的脱汞效果并不理想。

为使喷射活性炭后的飞灰仍可用于水泥工业，目前采取以下几种措施：

（1）通过改变过程变量，在喷射前先用加工设备研磨吸附剂，减小吸附剂的粒径和减少喷射时的聚集现象，促进吸附剂传质，实现使用较低的活性炭喷射率就能达到较高的脱除率。

（2）提供特殊处理的活性炭，使飞灰吸附剂的混合物也能满足使用要求。

（3）将活性炭的喷射点改在电除尘器/袋式除尘器之后，另外再安装 1 个袋式除尘器脱除活性炭；或将喷射点设置在电除尘器的末端电场。见图 6-2 和图 6-3，这种方法的设备投资成本较高。

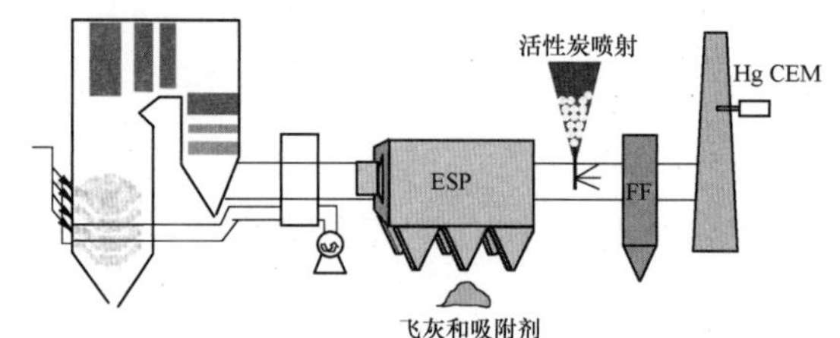

图 6-2　除尘器后活性炭喷射烟气脱汞工艺原理示意

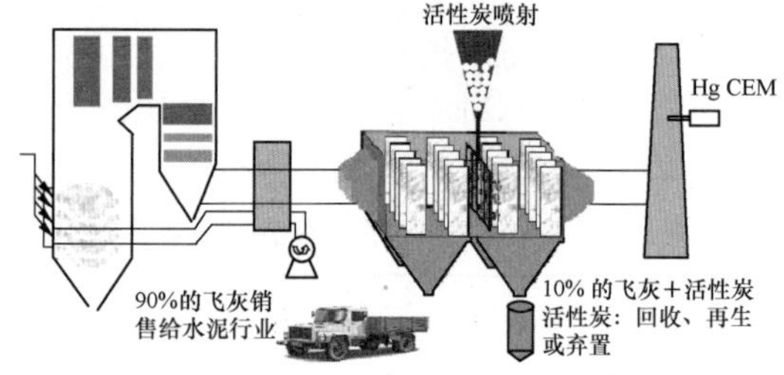

图 6-3　除尘器末端活性炭喷射烟气脱汞工艺原理示意

4. 流程、设备及布置情况

活性炭通过罐装车运到现场后，利用罐装车内的泵将活性炭输送到活性炭储仓内；活性炭储仓中的活性炭再经过给料机，利用气力输送管道输送到烟道上安装的喷射管喷射。图 6-4 和图 6-5 分别为活性炭喷射技术的工艺流程和美国电厂活性炭喷射装置现场。

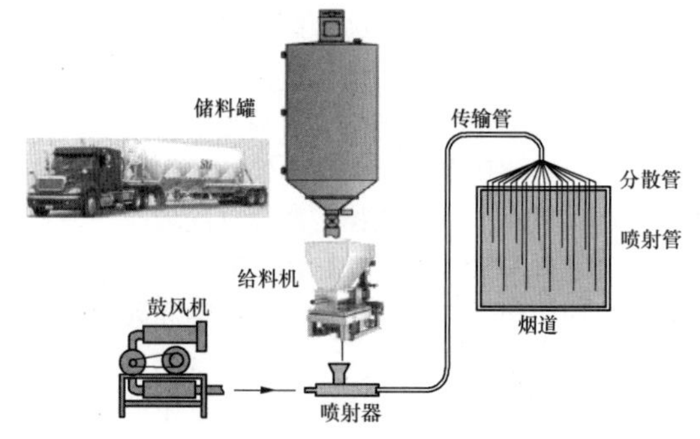

图 6-4　活性炭喷射技术的工艺流程

图 6-5　美国电厂活性炭喷射装置现场

活性炭储仓的容积和高度，与活性炭的喷射量有关；美国电厂的活性炭储仓，容积一般为 120t，高度约为 30m。图 6-6 和图 6-7 为现场详图。

图 6-6　活性炭喷射系统现场（一）

图 6-8 显示了喷射的情况，在喷嘴处可调整喷射量。喷射量一般是通过经验值和现场试验确定，有时也利用计算机进行流体力学的辅助分析和计算。

二、美国燃煤电厂烟气脱汞工艺介绍

（一）目前美国各州燃煤电厂汞排放控制标准

1990 年，美国颁布了清洁空气法案（clean air act amendment，CAAA），将汞列入 189 种危险的空气污染物之一，并提出对其特别关注。1997 年，EPA 向美国国会提交了汞的研究报告，从生态、环境、排放源和排放量估计等各方面对美国的汞污染进行了评估。1998 年，EPA 再次向国会提交了电力行业燃煤锅炉汞排放污染的报告，建议对全美的煤中汞的含量和汞的排放进行更为详细的调查。1999 年，EPA 提出了一个包括三个部分的研究计划，第一部分收集全美燃煤锅炉的容量和结构信息，包括相应的污染物控制设备；第二部分收集全美 25MW 以上燃煤锅炉燃用煤的产地、数量和输运情况，并包括每个月至少三次的汞、氯含量，灰分、硫、发热量等煤质分析指标；第三部分在全美根据锅炉型式和燃用煤种将电力行业机组分为典型的 36 种，并随机抽取 84 个发电机组进行现场测试，研究烟囱上游最终污染物控制设备前后汞的排放形态和浓度。根据这一基础性调查工作，美国电力研究院（EPRI）和 EPA 估测全美每年燃煤工业锅炉的煤中有 75t 汞，其中大约 45t 排放到大气中，是美国最大的人为排放源。这些研究推动美国成为世界上首个对汞排放进行立法控制的国家。

(a)

(b)

(c)

图 6-7　活性炭喷射系统现场（二）

（a）活性炭储仓；（b）给料机；（c）喷射管

图 6-8　活性炭喷射技术的喷嘴

从2000年12月EPA宣布开始控制燃煤电厂锅炉烟气中汞的排放以来，EPA针对减排量和是否允许配额交易曾多次对控制标准进行修改。克林顿时期的EPA认为火力发电厂控制汞排放是“正确和必需的”，计划在2007年达到90%的汞控制率。

而布什政府时期的EPA废除了这个计划，并在2005年颁布了清洁空气汞的法规（clean air mercury rule，CAMR），要求在2018年前实现工业锅炉汞排放量由2003年的每年48t减少至每年15t（减排70%）。由于CAMR允许汞排放配额交易，且减排量也明显比之前的法规宽松，因而遭到超过20个州的反对。

2008年2月，美国上诉法庭判决布什政府败诉，并认为针对电厂汞排放控制标准的制定必须采用“最佳可行控制技术”（maximum achievable control technology，MACT）。MACT技术是根据汞排放最少的12%的电厂的总平均为基础来制定的。

在美国EPA重新颁布更严格的排放标准之前，美国多个州针对各自情况推进了汞污染控制的措施和方法，制定了相应的政策，见表6-2。一些州规定了减排份额（以煤中汞计），有的州规定了排放限制（基于输入/输出标准），另外一些州制定了具有灵活性的联合标准，可按照上述两种规定中较易达到的执行。这些州颁布法令的一个共同主题是不允许电厂为达到规定而进行汞排放配额贸易，这点与CAMR是明显不同的。各个州法令的正式实施日期在2007～2014年间，少数州定在2018年。

2011年12月，美国公布了联邦范围内新的燃煤电厂汞排放控制标准，要求采用MACT技术，并将汞减排量确定为91%（汞排放到大气的量较煤中汞量减少91%）。

表6-2　美国各州对电厂中汞排放的控制

州名	生效日期（年.月.日）	减排份额（%）	排放限制[g/（GW•h）]
阿利桑那	2013.12.31	90	3.9
科罗拉多	2018.1.1	90	3.9
康涅狄格	2008.7.1	90	0.93
特拉华	2013.1.1	90	0.93
伊利诺斯	2009.7.1	90	3.6
马里兰	2013.1.1	90	无
马萨诸塞	2012.10.1	95	1.1
明尼苏达	2010.12.31	90	无
蒙大拿	2010.1.1	无	1.39
新罕布什尔	2013.7.1	80	无
新泽西	2007.12.15	90	3
纽约	2010.1.1	无	0.93
俄勒冈	2012.7.1	90	0.93
犹他	2012.12.31	90	1
威斯康星	2015.1.1	90	3.6

（二）美国燃煤电厂烟气脱汞采取的工艺

1. 美国燃煤电厂添加卤族元素烟气脱汞工艺应用及运行情况

通过加入卤族元素添加剂来促进烟气中汞氧化，再利用烟气脱硫装置脱除汞元素的工艺也在许多电厂进行了测试，表6-3中列出了部分电厂的测试内容和电厂情况。除某些专利的添加剂外，$CaBr_2$和HBr添加剂表现出了明显的促进氧化和脱除的效果。有些电厂的测试中，添加氧化剂可实现90%～95%的汞脱除率。图6-9为氧化剂添加装置现场。

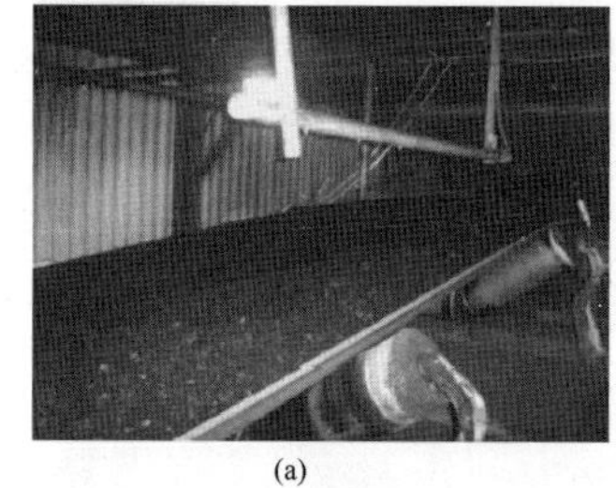
(a)

(b)

图6-9　氧化剂添加装置现场

（a）输煤皮带上添加；（b）给煤机处添加

表6-3　美国电厂对添加剂促进汞氧化后脱除的最新测试

电厂名称	容量（MW）	煤种	APCDs	添加剂
A厂	475	北达科他褐煤	ESP-WFGD	ESP前添加 $CaCl_2$，$MgCl_2$
B厂	593	褐煤/次烟煤	ESP-WFGD	ESP前添加 $CaCl_2$，$CaBr_2$
C厂	593	褐煤/次烟煤	ESP-WFGD	WFGD添加剂
D厂	470	高硫烟煤	ESP-WFGD	WFGD添加剂
E厂	565	PRB次烟煤	SCR-SD-FF	$CaCl_2$
F厂	545	高硫烟煤	SCR-ESP-WFGD	$CaCl_2$
G厂	600	PRB次烟煤	SCR-ESP-WFGD	$CaBr_2$

注　1. APCDs：Air pollution control devices，指烟气污染物处理设备。
2. SD：Spray dryer，指喷雾干燥器。

案例 1：美国 L 电厂添加卤族元素烟气脱汞

美国 L 电厂燃用煤种为德克萨斯褐煤。经过长期测试发现，喷射 $CaCl_2$ 没有效果，而喷射 $CaBr_2$ 可明显提高汞的脱除率，测试结果如下（脱除率指 FGD 出口汞量/煤中汞含量）：

（1）不加 Br 时，汞脱除率 10%～40%。

（2）向煤中添加 55mg/kg 的 Br，汞脱除率 65%。

（3）向煤中添加 113mg/kg 的 Br，汞脱除率 86%。

（4）向煤中添加 330mg/kg 的 Br，脱除率达到 92%。

案例 2：美国 P 电厂烟气脱汞装置

美国 P 电厂燃用煤种为 PRB 次烟煤，安装有 SCR、ESP 和 WFGD，使用 $CaBr_2$ 脱汞。结果显示，向煤中添加 25mg/kg 的 Br 后，汞脱除率能持续维持在 92%～97%。

2. 活性炭喷射（ACI）烟气脱汞工艺的应用及运行情况

表 6-4 中列出了部分已经安装了 ACI 设备的电厂情况，它们分布在美国不同的州，使用的煤种也存在区别。对这些电厂进行的测试显示，除褐煤烟气及含 SO_3 过高的烟气需要采用特别处理的活性炭外，大部分电厂的汞脱除率都在 90%以上。

表 6-4　美国部分使用 ACI 设备的电厂情况

电厂名称	容量（MW）	煤种	颗粒物控制	SO_2 控制	NO_x 控制
伊利诺伊州某 A 电厂	635	PRB 次烟煤	ESP+FF	无	无
北达科他州某 A 电厂	605	北达科他州褐煤	ESP	WFGD	无
俄亥俄州某 A 电厂	444	东部高硫烟煤	ESP	WFGD	SCR
伊利诺伊某 B 电厂	239	PRB 次烟煤	ESP	无	无
密西西比州某 A 电厂	500	次烟煤/低硫烟煤	ESP	无	SNCR
怀俄明州某 A 电厂	230	PRB 次烟煤	ESP+FF	WFGD	无
明尼苏达州某 A 电厂	75	PRB 次烟煤	ESP	无	无
阿肯色州某 A 电厂	850	PRB 次烟煤	ESP	无	无
密苏里某 A 电厂	574	PRB 次烟煤	ESP	无	无
北卡罗来纳某 A 电厂	75	东部中硫烟煤	ESP	无	无
北卡罗来纳某 B 电厂	253	东部低硫烟煤	ESP	无	无
北达科他某 B 电厂	570	北达科他州褐煤	ESP	无	无
德克萨斯某 A 电厂	813	德克萨斯褐煤	ESP	WFGD	无
密苏里某 B 电厂	138	PRB 次烟煤	ESP	无	无
新罕布什尔州某 A 电厂	346	东部中硫烟煤	ESP	无	SCR
俄亥俄某 B 电厂	163	东部高硫烟煤	ESP	无	SNCR
北达科他某 C 电厂	477	北达科他州褐煤	ESP	WFGD	无
密歇根某 A 电厂	817	次烟煤/中硫烟煤	ESP	无	SCR
威斯康星某 A 电厂	617	PRB 次烟煤	ESP	WFGD	SCR
宾夕法尼亚某 A 电厂	172	东部高硫烟煤	ESP	无	无
宾夕法尼亚某 B 电厂	188	东部高硫烟煤	ESP	无	SNCR
密歇根某 B 电厂	169	次烟煤/高硫烟煤	ESP	无	无
乔治亚某 A 电厂	123	东部中硫烟煤	ESP	WFGD	无

案例 1：美国底特律 A 电厂

美国底特律 A 电厂燃用煤种为次烟煤，只安装了电除尘器。以 48mg/m^3 的速率喷射某种活性炭后，其 30 天的平均脱汞效率达到了 94%。

案例 2：美国新泽西 B 电厂

美国新泽西 B 电厂设计煤种为中硫烟煤，装有静电除尘器。对活性炭喷射装置的脱汞性能进行测试，结果见表 6-5。从整年的运行结果来看，取得了较好的汞控制效果。

表 6-5　新泽西电厂测试结果

2008 年各季度	1	2	3	4
煤种	烟煤	烟煤	烟煤	烟煤/PRB 次烟煤
活性炭喷射量（mg/ m^3）	156.8	144.0	144.0	132.8
总脱汞率	96.8%	96.7%	91.3%	97.8%

图 6-10 为美国新泽西 B 电厂的活性炭喷射装置。

3. 氧化剂添加+微量 ACI 烟气脱汞工艺工程应用及运行情况

煤里溴化物添加与微量活性炭尾部烟道喷射相结合的烟气脱汞工艺，不仅能保证高汞脱除率，也能减少活性炭的用量，降低成本。其工艺流程是上述两种工艺的结合，不再赘述。

图 6-10　美国新泽西 B 电厂的活性炭喷射装置

表 6-6 表示的是燃用次烟煤电厂使用溴化物添加工艺和活性炭喷射工艺的脱汞效率。可以发现，两种工艺同时使用，比仅采用溴添加工艺的汞脱除率更高。

表 6-6　燃用次烟煤电厂使用溴化物添加工艺和活性炭喷射工艺的脱汞效率

APCDs	基础条件汞脱除率	汞控制技术	总脱汞率	SO_3 体积分数（mg/kg）
FF	30%～50%	溴添加工艺	50%～70%	<5
		溴添加工艺/活性炭喷射工艺	70%～90%	<5
SD/FF	30%～50%	溴添加工艺	50%～70%	<5
		溴添加工艺/活性炭喷射工艺	70%～90%	<5
ESP/WFGD	15%	溴添加工艺	50%～60%	<5
		溴添加工艺/活性炭喷射工艺	70%～90%	<5
SCR/ESP/WFGD	20%～30%	溴添加工艺	60%～80%	<5
		溴添加工艺/活性炭喷射工艺	90%	<5
ESP/WFGD	20%～30%	溴添加工艺	30%～50%	<5
SCR/SD/FF	50%～70%	溴添加工艺	70%～90%	<5
		溴添加工艺/活性炭喷射工艺	90%	<5

美国威斯康星某电厂机组容量为 580MW，安装有 SCR、干法烟气脱硫和袋式除尘器，通过采用溴化钙添加工艺结合微量活性炭脱汞，对烟气脱汞效率进行测试，测试结果见表 6-7。从表中可看出，该工艺能获得 92%的汞脱除率，且只需要消耗很少量的 $CaBr_2$ 和活性炭。

表 6-7　$CaBr_2$+微 ACI 工艺测试结果

测试条件	活性炭（mg/m^3）	$CaBr_2$（L/h）	汞脱除率
基础条件	0	0	40%
ACI	25.6	0	90%
$CaBr_2$+微 ACI	3.2	3.79	92%
$CaBr_2$	0	9.1	87%

第二节　烟气二氧化碳捕集技术

燃煤发电机组每生产 1kW・h 的电，要产生约 0.85kg 的 CO_2。中国能源结构以煤为主，当前 CO_2 的排放主要来自于能源部门，而火电行业是总排放量的主体。因此，面对低碳经济的发展模式，电力行业势必成为 CO_2 减排的主力军。中国有选择低碳经济发展模式的必要性和迫切性，实现电力行业的低碳化发展是我国电力行业面临的重要课题。在美国采用 MEA 脱碳技术的 Warrior Run 电站和 Shady Point 电站已经运行多年。目前国内的 A 电厂建成了年产 3000t 的 CO_2 捕集装置、B 电厂和 C 电厂分别建成了年产 1 万 t 和年产 12 万 t 的 CO_2 捕集装置，为国内 CO_2 减排做出了有益的探索和示范。

CO_2 的捕集与封存（carbon capture and storage，CCS）被认为是近期内减缓 CO_2 排放可行的方案与技术。CCS 是将 CO_2 从化石燃料燃烧产生的烟气中分离、捕集出来，并将其压缩至一定压力，通过管道或运输工具运至存储地，以超临界的状态有效地储存于地质结构层中，其主要由 CO_2 捕集、运输与封存三个环节组成。

CO_2 捕集主要有燃烧前捕集和燃烧后捕集，以及富氧燃烧的技术路线。

一、燃烧前捕集技术

燃烧前 CO_2 捕集主要应用在以气化炉为基础的发电厂，化石燃料和氧或空气发生反应、制成 H_2 和 CO_2，然后进行分离，从而达到 CO_2 捕集的目的。

IGCC 是典型的可以进行燃烧前捕集 CO_2 的系统，其流程见图 6-11。和传统 IGCC 不同的是捕集 CO_2 的 IGCC 系统需要进行水煤气转化、H_2 与 CO_2 分离，因此进入燃气轮机的是氢气而不是一般的合成气。

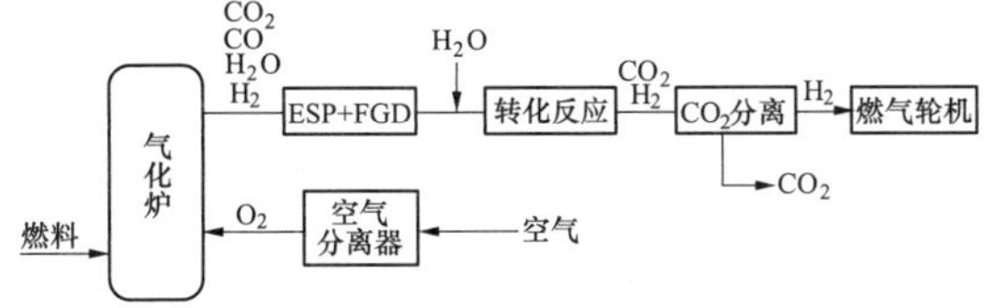

图 6-11　燃烧前捕集系统流程

典型的燃烧前 CO_2 捕集流程分三步实施。

（1）合成气的制取。将煤炭、石油焦等碳基燃料与水蒸气反应，或者与氧气进行气化反应，生成合成气，即 CO 和 H_2。

（2）水煤气变换。将合成气中的 CO 进一步同水蒸气反应，生成 CO_2 和 H_2。水煤气变换反应是一个放热反应，反应热为 41kJ/mol。为维持所需的反应温度，必须采取冷却措施将反应过程中生成的热量带走。

（3）H_2 与 CO_2 分离。将不含能量的 CO_2 同能量载体 H_2 分离，为后续的能量利用和 CO_2 封存做准备。

燃烧前 CO_2 捕集系统通常具有压力高、杂质少的优点。进入分离装置的混合气中 CO_2 的浓度为 15%～60%（干基），总压一般为 2～7MPa，CO_2 的分压为 0.3～4.2MPa。由于在合成气变换之前一般都需要进行严格的净化措施，因此进入分离装置的合成气粉尘、硫化物的含量都很低。燃烧前捕集 CO_2 的这些优点，使捕集系统可采用的分离工艺比较广泛，分离设备尺寸可以较小，分离过程的能耗较少。

分离 CO_2 的典型物理吸收法是聚乙二醇二甲醚法（Selexol 法）和低温甲醇法（Rectisol 法）。这两种方法都属于低温吸收过程，Selexol 法的吸收温度一般在 −10～15℃，低温甲醇法的吸收温度一般在−75～0℃。另外，这两种技术能够同时脱除 CO_2 和 H_2S，且净化度较高，可在系统中省去脱硫单元，但相应需要采用耐硫变换技术。

低温甲醇法在化工行业已得到了多年应用，其主要缺点是工艺流程庞大，而且吸收过程中甲醇蒸汽压较高，致使其溶剂损失较大。目前，大多数基于 IGCC 进行 CCS 的研究计划都选择 Selexol 法进行物理吸收。

另外，膜分离技术被公认在能耗降低和设备紧凑方面具有非常大潜力的技术。膜分离过程是以气体在膜两侧的压差为驱动力，不同气体通过膜的渗透速率不同，渗透速率快的气体在膜的另一侧富集从而实现气体组分的分离。根据对气体分离机理的不同，膜分离法可分为微孔分离膜和吸收膜两类。吸收膜是在薄膜的另一侧有化学吸收液，并依靠吸收液来对 CO_2 进行选择吸收，而微孔分离膜只起到隔离气体与吸收液的作用。图 6-12 所示为两种膜的分离原理示意。

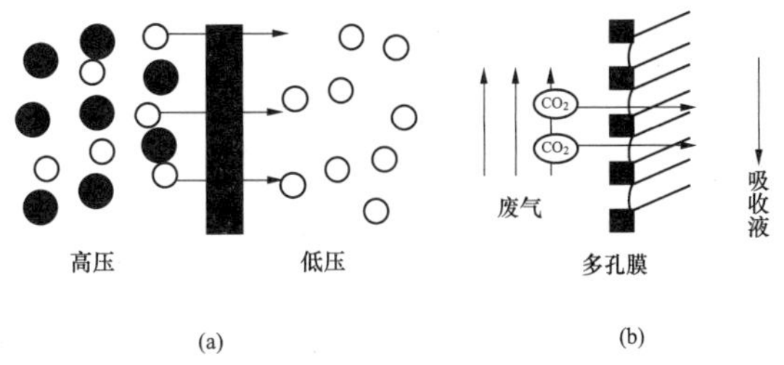

图 6-12　两种膜的分离原理示意

（a）微孔分离膜技术；（b）吸收膜技术

按照膜材料的不同，主要有高分子膜、无机膜及正在发展的混合膜和其他过滤膜。膜分离技术是一种能耗低、无污染、操作简单、易保养的清洁生产技术。目前，利用膜分离技术分离出来的 CO_2 纯度不高，需采用多级提纯。目前，各种用于气体分离的无机膜正在被开发，其中以钯基膜产品的开发得到最迅速的发展。

二、燃烧后捕集技术

（一）燃烧后捕集系统工艺流程

燃烧后 CO_2 捕集系统流程见图 6-13，这种系统是在燃烧系统（如电厂的锅炉或燃气轮机）的烟气通道上安装 CO_2 分离系统，对烟气中的 CO_2 进行捕集。其基本过程是从锅炉中出来的烟气首先经过脱硝、除尘、脱硫等净化措施，并调整烟气的温度、压力等参数，以满足 CO_2 分离设备的要求。净化后的烟气进入 CO_2 吸收装置，烟气中的 CO_2 被脱除，不含（或含有少量）CO_2 的烟气（主要成分为氮气、水蒸气）通过烟囱排放。富含 CO_2 的吸收剂（或者吸附物质等）经过解吸后，释放出高纯度的 CO_2，并实现吸收剂的再生。高纯度的 CO_2 捕集后，加压液化进行运输，以及进行封存或利用。

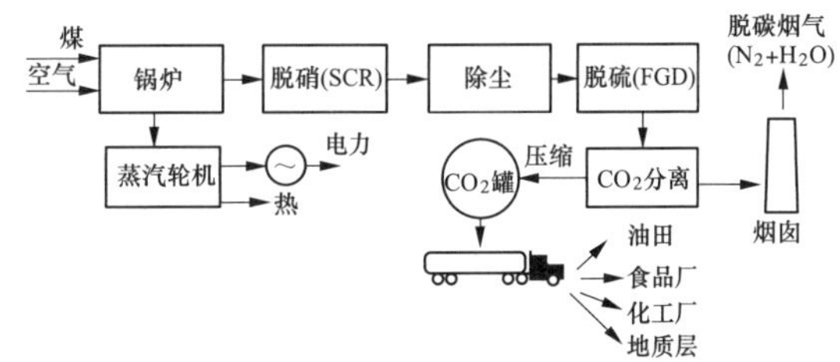

图 6-13　燃烧后 CO_2 捕集系统流程

燃烧后 CO_2 捕集技术可直接应用于传统电厂，它对传统电厂烟气中的 CO_2 进行捕集，投入相对较少，但环境影响相对燃烧前捕集技术要高。事实上，由于传统电厂排放的 CO_2 浓度低、压力小，无论采用何种燃烧后捕集技术，能耗和成本都难以降低。

目前对已有的燃烧后 CO_2 捕集有吸收分离、吸附分离、膜分离和固体吸附等技术。评估表明，基于化学吸收剂的吸收分离过程是当前燃烧后捕获CO_2最优的选择。比起其他燃烧后捕集技术，化学吸收法具有更高的捕集效率和选择性，更低的能耗和投资成本。

（二）化学吸收法分离CO_2技术

化学吸收法是利用CO_2为酸性气体的性质，以弱碱性物质进行吸收，然后加热使其解吸，从而达到脱除CO_2的目的。其主要优点是吸收速度快、净化度高、CO_2回收率高，吸收压力对吸收能力影响不大。目前，典型的化学吸收剂为乙醇胺、热钾碱溶液、氨水喷淋法等。

1. MEA（乙醇胺）法

MEA具有较强的碱性，与CO_2反应速率较快，具有吸收速度快、吸收能力强的特点。MEA法存在的主要问题是氧化降解问题，可通过优化吸收/再生工艺的结构及使用抗氧化添加剂等措施以降低操作成本。与常规醇胺法相比，优化后的新工艺约可降低捕集成本的50%以上。MEA法适合在CO_2分压力较低的情况下应用，吸收率受操作压力影响不大，既可在高压下操作，也可在常压下操作，操作温度与烟气温度相当，同时，MEA在醇胺类吸收剂中碱性最强、反应速度快、稳定性好，且易回收。因此，MEA法比较适用于电厂烟气中CO_2回收。目前，世界上大部分电厂烟气CO_2分离工艺都采用MEA溶剂为基础的化学吸收法。

在美国，采用MEA脱碳技术的电站有Warrior Run电站和Shady Point电站。美国Warrior Run电站为180MW CFB锅炉，燃用美国马里兰州煤，年耗煤65万t。该电站采用胺洗涤工艺分离CO_2，2000年投运，每天可生产150t食品级CO_2。

2. 热钾碱法

热钾碱法最大的优点是吸收和再生可在等温条件下进行，因此力求在高温下吸收，不过入塔溶液温度高，会影响出塔气体中CO_2含量和溶液吸收CO_2的能力。实验证明，进口CO_2浓度为18%，吸收压力为2.1MPa时，加入活化剂的30%K_2CO_3溶液每立方米的吸收能力为28m^3 CO_2（标准状态），但当CO_2分压（绝对压力）低于0.15MPa，吸收压力为常压时，每立方米热钾碱溶液的吸收能力低于10m^3 CO_2（标准状态），此时再生所消耗的蒸汽量将大大增加。更何况电厂烟气若要达到0.15MPa CO_2分压（绝对压力），烟气需压缩到1.1MPa以上，此时将需消耗大量的压缩功，因此采用热钾碱法脱除电厂烟气中的CO_2不经济。

3. 氨水喷淋法

氨水喷淋法是化学吸收法的一种。与MEA法相比，每千克氨水吸收容量高达1.2kg CO_2，理论分析认为常压热再生可比MEA法节能60%以上，缺点是再生后吸收剂吸收能力下降严重、普通碳铵挥发损失大，吸收的碳易分解而重返大气，削弱了CO_2的吸收效率。此外吸收反应需要在较低温度下进行，低于10℃，烟气降温耗能较大。

（三）典型的MEA分离CO_2技术

1. MEA特性

MEA特性见表6-8。

表6-8　　MEA特性

名称	单位	乙醇胺
分子式		$H_2NCH_2CH_2OH$
相对分子量		61.09
密度	g/cm^3，20℃	1.0179
沸点	℃，1.013×10^5Pa	171
凝固点	℃	10.5
蒸汽压	Pa，20℃	48.0
水中溶解度	%（质量百分比），20℃	96.4
蒸发热	kJ/kg，1.013×10^5Pa	669.8

2. MEA吸收原理

根据理论分析，MEA与二氧化碳反应生成比较稳定的氨基甲酸盐，在再生过程中需要较多的能量才能分解，导致再生能耗较大。同时氨基甲酸盐对设备的腐蚀性较强，又易形成水垢。MEA与二氧化碳的反应式为

$$CO_2+HOCH_2CH_2NH_2 = HOCH_2CH_2HNCOO^-+H^+ \quad (6\text{-}1)$$

$$HOCH_2CH_2HNCOO^-+H_2O = HOCH_2CH_2NH_2+HCO_3^- \quad (6\text{-}2)$$

$$H^+ + HOCH\cdot CH_2NH_2 = HOCH_2CH_2NH_3^+ \quad (6\text{-}3)$$

因为MEA与二氧化碳反应生成比较稳定的氨基甲酸盐，反应式（6-2）比反应式（6-1）要快得多，所以总反应式可写为

$$CO_2 + 2HOCH_2CH_2NH_2 + H_2O = HOCH_2CH_2HNCOO^- + HOCH_2CH_2NH_3^+ + OH^- \quad (6\text{-}4)$$

由总反应式可知，每摩尔MEA吸收二氧化碳的最大容量为0.5 mol CO_2。溶液的再生与CO_2的生成为反应式（6-4）的逆反应，在再生塔中进行。

活性胺为以MEA为主体的复合胺吸收溶剂。该活性胺和二氧化碳的反应机理与MEA不同，胺与二氧化碳反应不形成稳定的氨基甲酸盐，每摩尔胺最大吸收容量为1mol CO_2。总反应方程式可写为

$$CO_2 + R_1R_2NH + H_2O = R_1R_2NH_2^+ + HCO_3^-$$

因此使用活性胺，在同摩尔浓度下与 MEA 法相比，吸收能力提高、再生能耗下降。

3. 主要系统说明

烟气 CO_2 捕集的基本工艺流程主要由三部分组成：以吸收塔为中心，辅以旋风分离、气水分离及增压设备；以再生塔和再沸器为中心，辅以再生气冷却气及分离器和回流系统；介于以上两者之间的部分，主要有富 CO_2 气吸收液与再生吸收液换热，以及过滤系统。

从脱硫后引来的烟气温度约为 48℃，正好处于 MEA 理想吸收温度。在一般情况下，经过除尘、脱硫处理的烟气通过鼓风机加压后直接进入吸收塔进行 CO_2 的吸收。为避免由于湿法脱硫将带来大量的游离态水分及饱和水，使 CO_2 回收装置系统内难以达到水平衡，造成更多的溶液排放及伴随的胺损失。为此需要在进 CO_2 回收装置前对烟气进行预处理，通过旋风分离并气水分离的方式减少烟气的水分。此外，使用鼓风机增压来克服气体通过分离器、吸收塔时产生的压降。在吸收塔中，烟气自下向上流动，与从上部入塔的吸收液形成逆流接触，使 CO_2 得到脱除。净化后的烟气从塔顶排出。由于 MEA 具有较高的蒸汽压，为减少 MEA 蒸汽随烟气带出而造成吸收液损失，通常在吸收塔上段水洗，降低烟气中的 MEA 蒸汽含量。洗涤水循环利用，当系统需要补水时，首先将洗涤水作系统补水，损失的洗涤水由除盐水补充。图 6-14 所示为烟气系统吸收流程。

吸收 CO_2 后的富液由塔底经泵送入富液预热器、贫富液换热器，回收热量后送入再生塔。解吸出的 CO_2 连同水蒸气经冷却后，分离除去水分后得到纯度 99.5%（干基）以上的产品 CO_2 气，送入后序工段使用。再生气中被冷凝分离出来的冷凝水，用泵送至再生塔。富液从再生塔上部进入，通过汽提解吸部分 CO_2。经汽提解吸后的半贫液进入煮沸器，使其中的 CO_2 进一步解吸。解吸 CO_2 后的贫液由再生塔底流出，经贫富液换热器、贫液冷却器冷却，冷却后的贫液进入吸收塔循环吸收。溶剂往返循环构成连续吸收和解吸 CO_2 的工艺过程。为维持溶液清洁，约 10%～15%的贫液经过活性炭过滤器过滤；为处理系统的降解产物，设置胺回收加热器，需要时，将部分贫液送入胺回收加热器中，加入碳酸钠溶液，通过蒸汽加热再生回收。从捕集区带出的再生气进入精处理区进行进一步提纯处理。桶装形式溶液入厂后泵入胺液罐储存，系统需补溶液时通过管道从胺液罐进行补充。贫液系统流程见图 6-15。富液系统流程见图 6-16。

（四）化学吸收有关计算

1. 吸附过程物料平衡计算

$$V\times(y_1-y_2)=L\times(x_1-x_2) \tag{6-5}$$

式中　V——气体流量，kg/h；

y_1，y_2——气体进、出口处溶质含量；

L——液体流量，kg/h；

x_1，x_2——液体进、出口处溶质含量。

2. 吸附过程最小液气比

当降低液气比，使塔底液相浓度与入塔气相浓度平衡，吸收推动力为零时，液气比最小，其计算式为

$$(L/V)_{\min}=(y_1-y_2)/(x_1-x_2) \tag{6-6}$$

实际吸收操作的液气比一般取最小液气比的 1.1～2.0 倍。

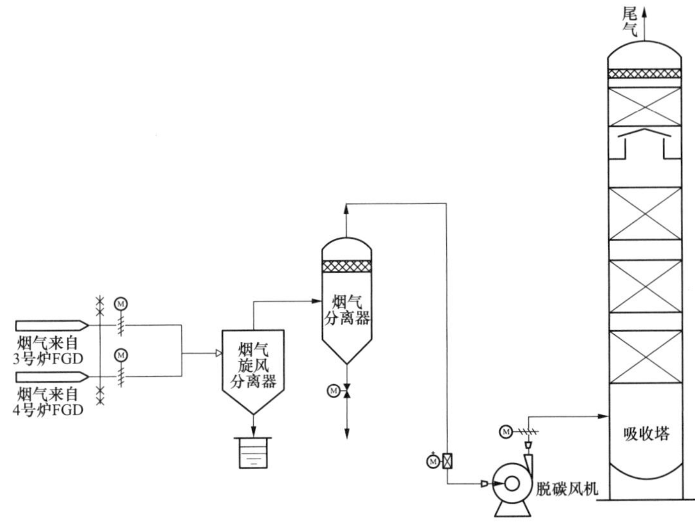

图 6-14　烟气系统吸收流程

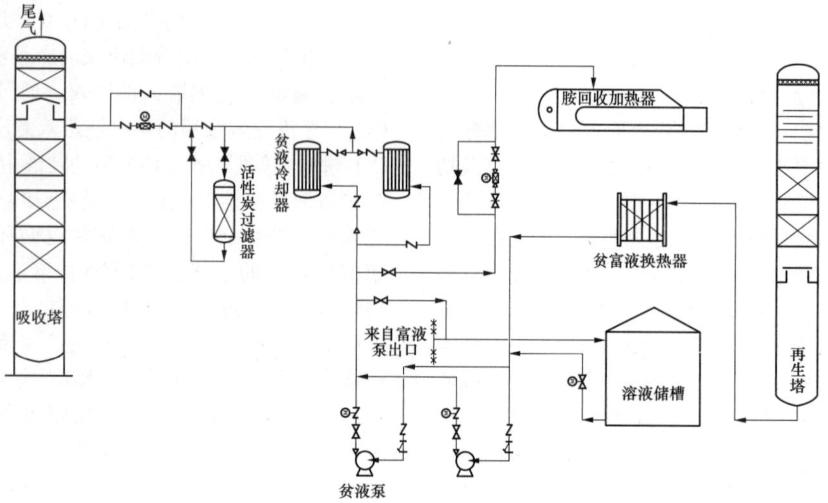

图 6-15　贫液系统流程

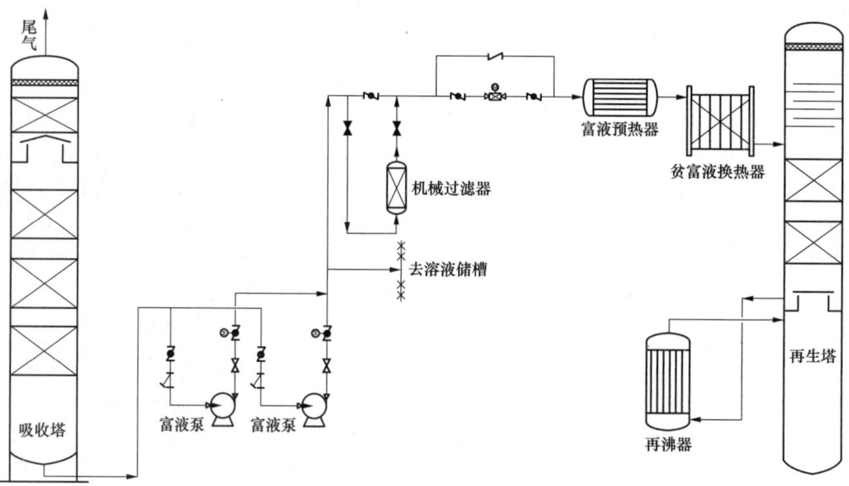

图 6-16　富液系统流程

三、MEA 碳捕集工程案例

C 脱碳项目于 2009 年 12 月建成投运，是国内容量最大的电厂脱碳捕集示范项目，该系统均采用国产设备。年捕集二氧化碳 1.2×10^5t。脱碳区实景，见图 6-17。

图 6-17　脱碳区实景

（一）主要设计技术原则

（1）采用低分压胺法 CO_2 回收技术。脱碳规模按年正常处理烟气量 79000m^3/h（标准状态），回收 CO_2 15t/h 考虑。

（2）处理烟气从电厂 2 台机组的脱硫吸收塔出口约 48℃的净烟气烟道上分别取气合并后供脱碳岛，每台机组抽取烟气量均按 100%脱碳容量考虑，互为备用。脱碳吸收塔前的烟道防腐方案与脱硫岛净烟气烟道相同。

（3）工程用循环冷却水从电厂 2 台机组的循环水管上分别取水合并后供脱碳岛，每台机组循环水管取水量均按 100%脱碳容量考虑，互为备用。DN600 管道采用重防腐涂料，DN450 及以下管道采用不锈钢 316L 材质。

（4）工程用加热蒸汽将采用电厂辅助蒸汽，从 2 台机组的辅助蒸汽管道上分别取汽合并后供脱碳岛，凝结回水返回到化水系统回用。

（5）本工程用除盐水量为 13t/h，其中包括 5t/h 的减温水量，从化水专业接来。

（6）本工程装置年运行小时数按 8000h 考虑。

（7）烟气脱碳控制点设在工程脱硫控制室内，脱碳场地上设置电子设备间及调试用控制室。

（8）脱碳系统电源自工程 6kV 公用段引接。

（二）原料规格及消耗

1．烟道气温度及组成

烟道气温度及组成见表 6-9。

表 6-9　　烟道气温度及组成

（烟道气温度：48.39℃）

烟气成分	含量
CO_2	12.18%（体积百分比）
N_2	71.50%（体积百分比）
O_2	5.34%（体积百分比）
SO_2	92.5～145.5mg/m^3
NO_x	<160mg/m^3
H_2O	10.98%（体积百分比）

2．溶液组成

回收烟道气中二氧化碳的复合胺溶液主要由复合胺、抗氧化剂和缓蚀剂复配而成。具体组成及性质如下：

（1）总胺：18%～22%（质量百分比）。

（2）抗氧化剂：0.15%～0.25%（质量百分比）。

（3）缓蚀剂：0.08%～0.15%（质量百分比）。

（4）水：78%～82%（质量百分比）。

3．原料性质

（1）胺：≥98%，无色或淡黄色液体，强碱。

（2）抗氧化剂：≥98%，白色固体。

（3）缓蚀剂：≥98%，淡黄色固体/液体。

（三）公用物料规格

1．循环冷却水

（1）冷却水进水压力：0.1～0.2MPa（表压）。

（2）冷却水回水压力：>0.06MPa（表压）。

（3）上水温度：32℃。

（4）回水温升：10℃。

（5）pH（25℃）：7～8.5。

（6）流量：2000t/h。

2．加热蒸汽（来自锅炉辅助蒸汽母管）

（1）温度：330～380℃。

（2）压力：0.8～1.3MPa。

（3）流量：28t/h。

3．除盐水

（1）压力：0.4MPa。

（2）温度：常温。

（3）悬浮物：≤5mg/L。

（4）总硬度：≤0.05mg/L。

（5）pH（25℃）：7～8.5。

（6）流量：13t/h。

4．电气

（1）电压：6000V/380V/220V。

（2）频率：50Hz。

（3）相数：3 相 4 线，中性点接地。

（四）性能指标

在保证原料气数量及质量的前提下，装置连续年操作时间为 8000h。

再生气体产量：8023m^3/h（标准状态，湿基），其摩尔组成约为 CO_2：95.58%，N_2：0.03%，H_2O：4.39%。

捕集单元主要技术指标，见表 6-10。

表 6-10　　捕集单元主要技术指标

序号	名称及规格		单位	数量（保证值）	数量（期望值）
1	产品气（即再生气）CO_2≥99.5%（干基）		t/h	15	
2	每吨 CO_2 的消耗定额	循环冷却水	t	约 135	约 120
		蒸汽	t	≤2.0	≤1.9
		胺溶剂	kg	≤2.6	≤2.0
		抗氧化剂	kg	≤0.03	≤0.025
		缓蚀剂	kg	≤0.03	≤0.025
		电	kW·h	≤85	≤75
		脱盐水	kg	约 15	
		氢氧化钠	kg	约 0.23	

（五）主要操作条件

捕集单元主要技术指标见表 6-11。

表 6-11　　捕集单元主要技术指标

名称	数值	备注
入吸收塔烟气量（标准状态，湿基）	约 79000m^3/h	CO_2 含量：约 12.18%
出捕集区气量（标准状态，湿基）	约 8023m^3/h	CO_2 含量：≥95.58%
入吸收塔贫液量	约 396m^3/h	
入吸收塔贫液温度	约 42℃	
再生塔底温度	约 110℃	
入吸收塔烟道气温度	约 48℃	
出再生塔再生气温度	约 98℃	
再生气冷却后温度	约 40℃	

（六）捕集区设备明细

捕集区设备明细见表 6-12。

（七）脱碳捕集装置布置

脱碳区位于厂区中部。脱碳区分为两大区域，朝北侧为 CO_2 捕集设备区域，朝南侧为 CO_2 精制设备区域，配电装置及控制室布置在两大区域之间。脱碳区烟道自主体工程烟囱的两侧引出后向西接入脱碳区，接至脱碳区综合管架处的烟道长度约 150m。脱碳区综合管架布置在脱碳区与主体工程扩建端侧环形通道的两侧，向北接入主体工程脱硝储氨区和化水车间南侧的厂区综合管架，其上有至化水车间的废水管和来自化水车间的除盐水管及碱液管，向南接入主体工程电除尘器与锅炉房之间的厂区综合管架，其上有来自汽机房的蒸汽管及至凝汽器的加热蒸汽疏水回收管。

主体设备均采用平铺的原则，泵类统一布置在区域东北一侧的脱碳综合泵房内。泵房 0m 设有冷却水升压泵，贫、富液泵，尾气洗涤泵。地下槽等小型储槽也布置在该泵房内，方便人员操作。泵房二层（5m）设有贫液冷却器、洗涤液冷却器、过滤器、洗涤液储槽等设备。泵房一侧的电厂公用道路可供卸载化学药剂等。吸收塔、再生塔、再生气冷却器、再生气分离器、废水收集池、脱碳引风机等设备布置在泵房外。捕集系统靠泵房布置，电控楼布置在精处理和捕集区之间。

脱碳生产的火灾危险性均为丙 1 类，建筑的耐火等级为二级，厂房之间间距不小于 10m；塔类、溶液储罐等构筑物满足最小间距（0.4 倍设备直径，且 2m）即可。通过合理布置，CO_2 捕集区布置在约 30m×45m 区域内，捕集区设备以平铺为主，考虑到工艺要求，将部分换热器等布置在泵房的二层上。脱碳捕集区平面布置见图 6-18。脱碳捕集区泵房 6.0m 平面布置见图 6-19。脱碳捕集区立面布置见图 6-20。

表 6-12　　　　捕集区设备明细

序号	名称及规格	材料	数量	序号	名称及规格	材料	数量
1	脱碳风机 进口物料：脱硫后烟道气 升压：11kPa，Q=90490m^3/h（标准状态）	316L	1	19	补给泵 Q=3.2m^3/h，H=32m	304	1
2	CO_2 吸收塔 ϕ4200，H=38000mm NC-125Y 型孔板波纹填料	16MnR	1	20	分离液排放泵 Q=6.3m^3/h，H=32m	304	1
3	CO_2 再生塔 ϕ3200，H=35000mm，NC-125Y 型孔板波纹填料	304	1	21	废水排放自吸泵 Q=50m^3/h，H=30m	304	1
4	洗涤液冷却器 列管式：面积为 258 m^2	壳程 304；管程钛管	1	22	循环水泵 Q=1200m^3/h，H=50m	叶轮和轴 316L，壳体碳钢阴极保护	2
5	贫液冷却器 列管式：面积为 900m^2	壳程 304；管程钛管	2	23	地下槽搅拌器	304	1
6	贫富液换热器 板式：面积为 800m^2	304	1	24	洗涤液储槽 ϕ1600×2500，V=5m^3	Q235B	1
7	富液预热器 列管式：面积为 700m^2	304	1	25	活性炭过滤器 ϕ1500×3500，V=5m^3 活性炭：3m^3	304	1
8	再生气冷却器 列管式：面积为 375 m^2	壳程 304；管程钛管	1	26	机械过滤器 ϕ1200×2000	304	1
9	再沸器 列管式：面积为 1185 m^2	304	1	27	碱槽 ϕ1400×2500，V=5m^3	Q235B	1
10	胺回收加热器 （U 形釜式换热器） 列管式：面积为 120 m^2	304	1	28	地下槽 ϕ2500×2500，V=12m^3	Q235B	1
11	尾气洗涤泵 流量：Q=200m^3/h，H=50m	304	2	29	溶液储槽 ϕ6000×8000，V=98m^3	Q235B	1
12	富液泵 流量：约 480m^3/h， 扬程：约 68m	304	2	30	再生气分离器 ϕ1600×4500，V=9m^3	304	1
13	贫液泵 流量：约 480m^3/h， 扬程：约 53m	304	2	31	旋风分离器 ϕ3000×4500，V=9m^3	碳钢，内涂玻璃鳞片	1
14	碱泵 Q=5m^3/h，H=50m	304	1	32	烟气分离器 ϕ2600×5100，V=27m^3	碳钢，内涂玻璃鳞片；除沫器：塑料规整料	1
15	回流补液泵 Q=12m^3/h，H=65m	304	2	33	分离液收集箱 ϕ2600×2000，V=10.6 m^3	碳钢，内涂玻璃鳞片	1
16	除盐水升压泵 Q=5m^3/h，H=100m	304	1	34	冷凝液收集箱 ϕ3000×3000，V=21.2m^3	碳钢	1
17	凝结水升压泵 Q=40m^3/h，H=70m	304	1	35	胺液罐 ϕ2500×3378，V=16m^3	304	1
18	地下槽自吸泵 Q=25m^3/h，H=50m	304	1	36	减温减压器	碳钢	2

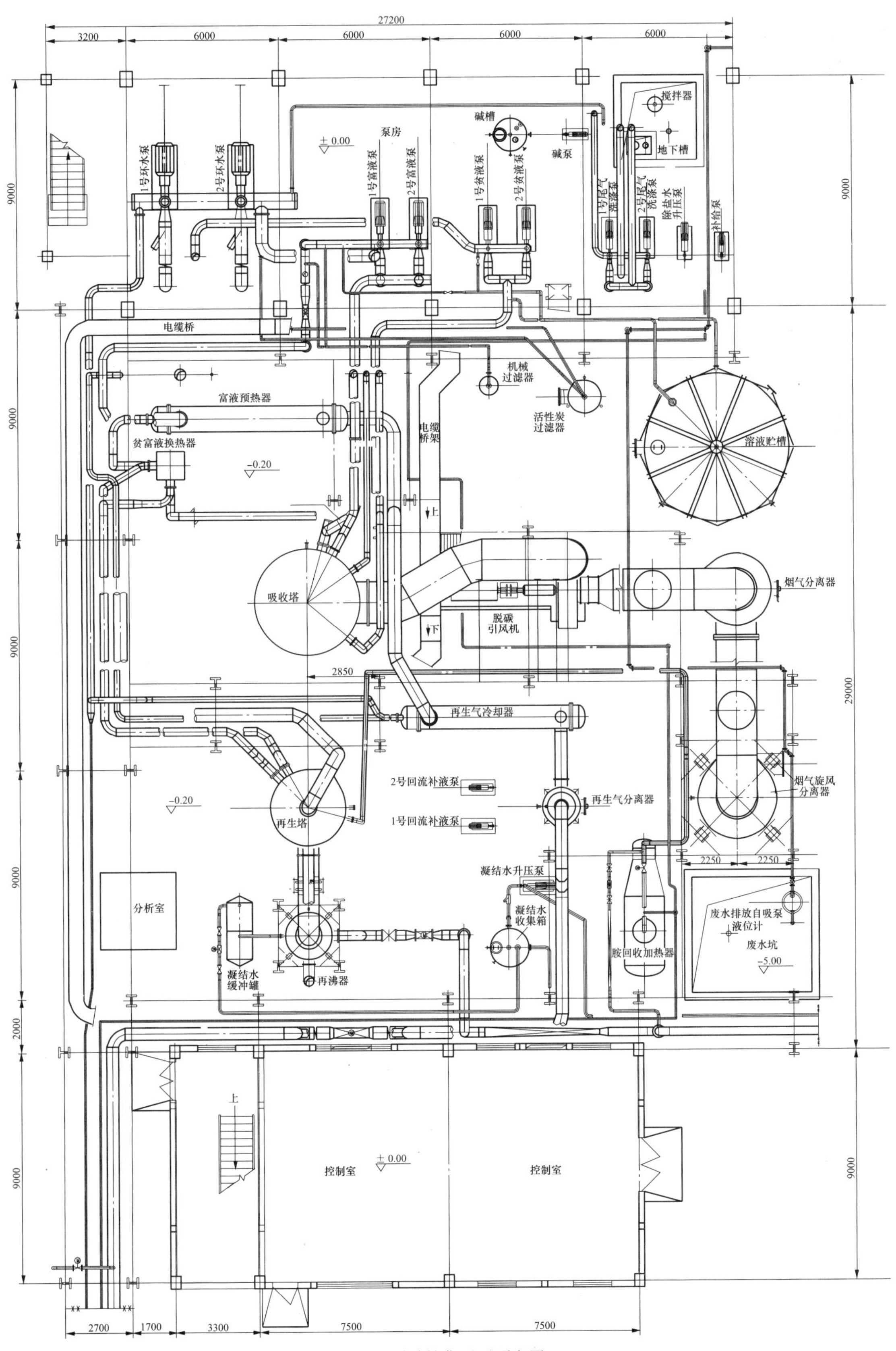

图 6-18　脱碳捕集区平面布置

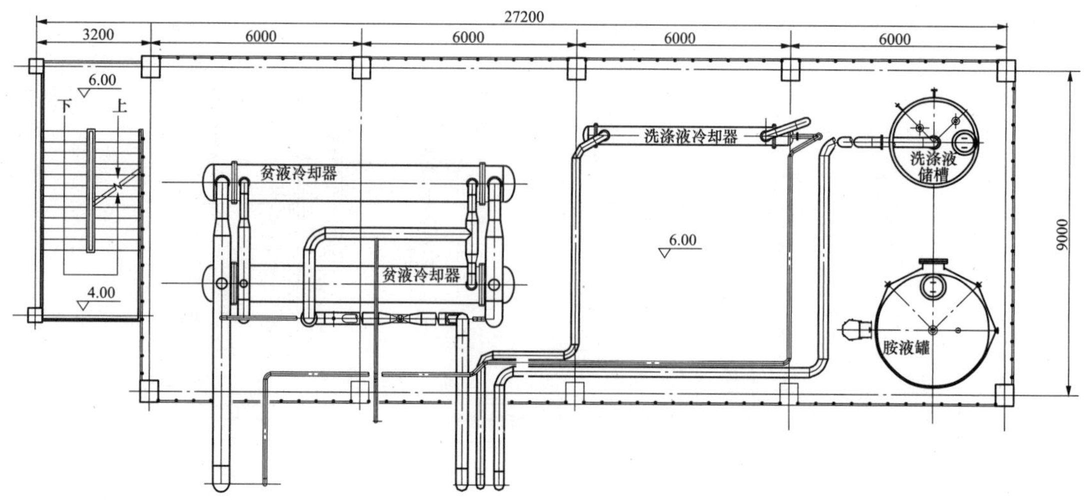

图 6-19　脱碳捕集区泵房 6.0m 平面布置

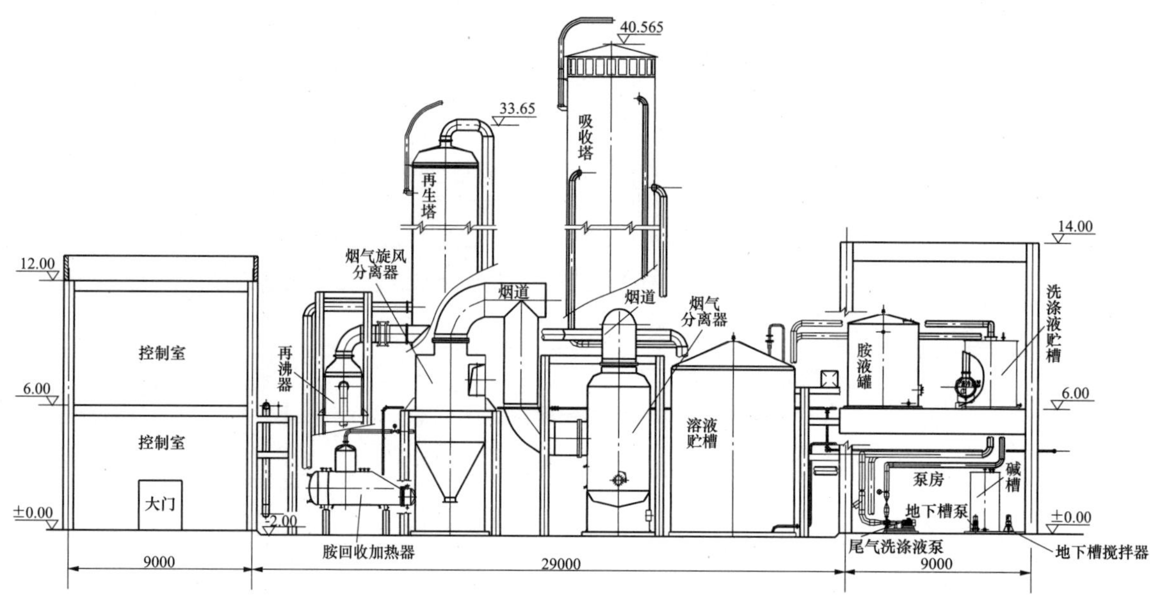

图 6-20　脱碳捕集区立面布置

四、富氧燃烧技术

通常把含氧量大于 21%的空气叫作富氧气体。富氧燃烧技术是以富氧气体作为助燃气体的一种燃烧技术，这种燃烧方式可使烟气中 CO_2 的浓度达到 95%，无需进行分离就可直接液化回收，从而达到了降低回收 CO_2 成本的目的。此外，富氧燃烧技术还可有效减少 NO_x 和 SO_2 等污染物的排放，是一项具有发展前途的清洁煤发电技术。

（一）富氧燃烧技术原理和系统

富氧燃烧技术原理见图 6-21，锅炉尾部排烟的一部分烟气循环至炉前，与空气分离装置制取的氧气按一定比例混合后进入炉膛，在炉内进行与常规空气燃烧方式类似的燃烧过程。

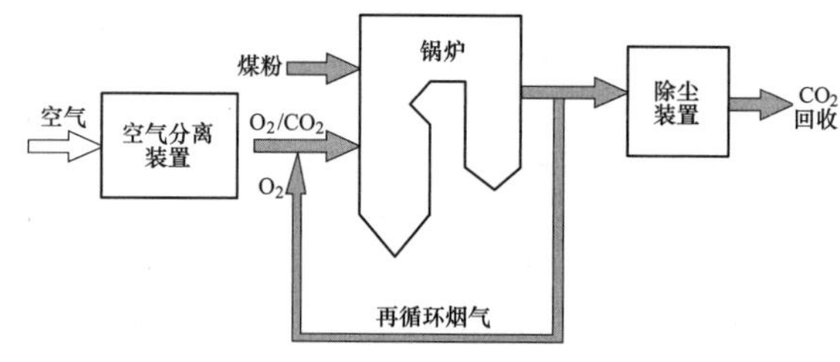

图 6-21　富氧燃烧技术原理

与常规空气燃烧系统相比，富氧燃烧技术增加了空气分离制氧装置、烟气再循环系统和排烟处理系统。空气分离制取的氧气与再循环烟气及携带的煤粉被送入炉膛组织燃烧，燃烧产物依次经过锅炉的各个受热面完成换热。燃用低硫煤时不设脱硫装置。省煤器出口的烟气经过高温烟气除尘器除去大部分粉尘后分为两部分：一部分直接用作调节炉内火焰温度的再循环烟气，不脱除水分直接送入炉膛；另一部分经过冷凝器冷却并脱除大部分水分，并经气-气换热器加热升温后作为制粉系统的干燥介质。再循环烟气外的烟气经压缩冷却后送入烟气回收处理系统。

（二）富氧燃烧技术的试验和应用

富氧燃烧技术从 20 世纪 80 年代提出时，主要运用在冶金、玻璃制备等工业锅炉上，随着氧气制备技术日趋成熟，富氧燃烧技术也随之迅速发展。

五、二氧化碳的封存和利用

捕集后液化的 CO_2 如何处理是一个有待深入研究的重大课题，主要分为被动封存和积极利用两方面。

（一）二氧化碳封存

捕集后液化的 CO_2 地质封存已有许多年的研究，综合起来有矿化封存和物理封存两种思路。

1．矿化封存

地层中存在大量的橄榄石矿和蛇纹石矿，它们具有一定的化学活性，可与 CO_2 发生反应使 CO_2 重新被矿化。

这两种矿石的化学反应为

$$Mg_2SiO_4+2CO_2+2H_2O \longrightarrow 2MgCO_3+Si(OH)_4$$

$$Mg_3[Si_2O_5](OH)_4+3CO_2+2H_2O \longrightarrow 3MgCO_3+2Si(OH)_4$$

该研究尚处于探索阶段，这一过程的大量热力学、动力学、工艺学、工程学的问题有待研究。

2．物理封存

CO_2 物理封存是将 CO_2 以超临界状态（CO_2 的临界点为 7.37MPa、30.98℃）注入并储存于地质结构层中，如地下岩洞或深海的海底等。但是，一旦在地球的自然环境中大量、长期储存 CO_2，其对环境和地球生态的长远影响还难下定论，也是目前科学家们在深入探索的课题。美国、欧盟、日本、澳大利亚、加拿大等都制订了相应的研究规划，开展 CO_2 封存技术的理论、试验、示范及应用研究。

CO_2 物理封存的优点是可以在未来的某一天重新把 CO_2 开采利用，但也存在一个长期封存的安全性问题。安全物理封存是要寻找一块地下 1000m 以下的岩体，使在这里的压力可长期保持 CO_2 成为超临界流体，岩体要有足够多的孔隙、裂缝容纳 CO_2 而不泄漏。CO_2 物理封存的主要方式见图 6-22。

3．物理封存的主要方式

（1）开采中的油气田（EOR）。

（2）废弃的深层煤层（ECBM）。

（3）废弃油田和气田。

（4）含盐蓄水层。

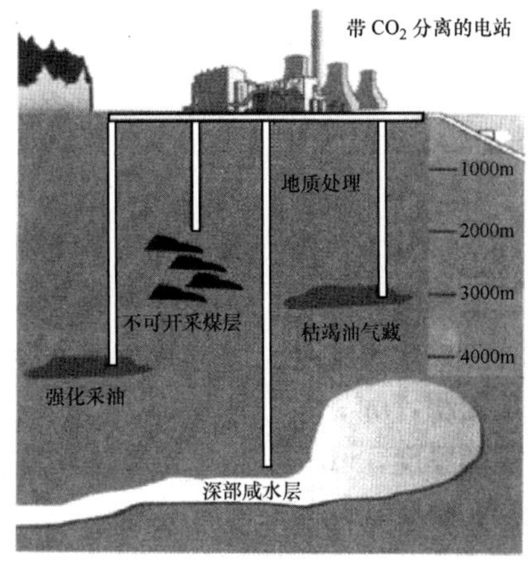

图 6-22　CO_2 物理封存的主要方式

CO_2 封存现状见表 6-13。

表 6-13　CO_2 封存现状

国家	项目现状	CO_2 捕集和处置情况
美国	250MW，1996 年投运，2014 年 4 月进行了第一次碳捕集测试	约 30%的净合成气用于 CO_2 捕集试验，CO_2 地下盐水层埋存
挪威	70 万 t/年	注入海底以下 2800m 的地层
阿尔及利亚	120 万 t/年	枯竭天然气田
中国	10 万 t/年，2013 年投运	形成完整的深部盐水层封存 CO_2 工程实施

（二）二氧化碳的利用

捕集到的高浓度 CO_2 可以进行直接利用。目前为止，最有可能大规模的 CO_2 直接利用为油田注入（EOR），可以在提高油采收率的同时完成 CO_2 的地质埋存。CO_2 的利用情况见表 6-14。

表 6-14　CO_2 的利用情况

国家	项目现状	CO_2 捕集和处置情况
荷兰	1200MW，预计 2020 年投运	北海油气田封存
美国	405MW，2015 年建设，2019 年投运	90%的 CO_2 捕集（300 万 t/年）用于 EOR
	总出力 400MW，净出力 245MW，计划 2019 年建设启动	90% 二氧化碳捕集（200 万～300 万 t/年）用于 EOR
	IGCC 电站 2015 年 5 月建成点火，二氧化碳捕获尚在建设中	65%的 CO_2 捕集（350 万 t/年）用于 EOR
挪威	2700t/d	自 1996 年以来已累积利用了 2000×10^4 t CO_2

续表

国家	项目现状	CO_2捕集和处置情况
加拿大	煤气化工产生的CO_2	用于EOR
中国	每年4万t CO_2	捕集电厂烟道气中CO_2用于EOR
	CO_2驱油年产量达到50万t	循环注气用于EOR
	每年7万t CO_2	循环注气用于EOR

预测CO_2直接利用量的分配可能是40%用于生产化学品，35%用于三次采油，10%用于制冷，10%用于保护焊接、养殖等，剩下5%用于碳酸饮料制造。

CO_2作为化学品合成的主要途径如下。

（1）无机化学品：如尿素、二氧化硅、一氧化碳。

（2）有机化学品：包括碳酸乙烯酯，用于纺织、印染、锂电池等；碳酸二甲酯，用于代替光气、酸二甲醋、氯甲烷等致癌物进行甲基化、甲酯化及酯交换反应，制备医药、农药、染料、润滑油添加剂，电子化学品等；水杨酸，用于阿司匹林等药剂中间体，防腐剂、染料等；双氰酸，用于酒石酸、柠檬酸、固色剂、促进剂、黏合剂等。

另外，CO_2还可用于生产碳酸饮料，用作超临界萃取剂、溶剂、发泡剂、制冷剂、膨化剂、焊接保护气体、消防灭火剂、储存保鲜剂，也可用于温室栽培含油脂的藻类养殖等方面。

附　　录

附录A　我国火力发电厂燃用煤的煤质情况

国内燃用煤含硫量、飞灰样主要成分含量分布见表 A-1。国内典型煤种灰分、硫分、飞灰主要成分及除尘器进口含尘浓度（DW）见表 A-2。

表 A-1　　国内燃用煤含硫量、飞灰样主要成分含量分布

成分		变化范围（参考值）	平均值（参考值）	成分		变化范围（参考值）	平均值（参考值）
煤的含硫量	S_{ar}	0.11%～3.47%	0.82%	飞灰成分	MgO	0.17%～12%	1.37%
飞灰成分	Na_2O	0.02%～3.72%	0.75%		Al_2O_3	9.76%～52.63%	26.72%
	Fe_2O_3	1.14%～23.64%	7.40%		SiO_2	13.6%～70.3%	50.52%
	K_2O	0.12%～4.98%	1.23%		CaO	0.48%～28.47%	5.98%

注　以上数据为 200 种煤种的统计值，但国内煤种数量超过该数量，因此以上各成分的含量变化范围及平均值将有所变化。

表 A-2　　国内典型煤种灰分、硫分、飞灰主要成分及除尘器进口含尘浓度（DW）

序号	煤种	煤的成分		灰的成分								DW（g/m^3）
		A_{ar}	S_{ar}	Na_2O	Fe_2O_3	K_2O	SO_3	MgO	Al_2O_3	SiO_2	CaO	
1	筠连无烟煤	32.25	2.80	1.40	12.18	1.40	4.57	1.54	18.33	51.77	7.69	39.30
2	重庆松藻矿贫煤	25.35	3.47	0.76	16.51	0.85	2.38	0.63	24.36	44.61	5.22	24.00
3	神府东胜煤	11.00	0.41	1.23	13.85	0.72	9.30	1.28	13.99	36.71	22.92	13.32
4	神华煤	8.50	0.45	1.23	11.36	0.73	9.30	1.28	13.99	36.71	24.69	25.00
5	神木烟煤	6.40	0.39	1.50	7.00	0.70	11.00	1.20	13.00	35.00	26.00	—
6	锡林浩特胜利煤田褐煤	20.22	1.00	2.53	7.74	1.59	4.50	2.13	20.16	52.86	4.89	23.96
7	陕西黄陵煤	18.61	0.98	0.44	5.08	1.33	6.28	1.67	17.12	53.64	6.63	34.62
8	陕西烟煤	28.83	0.90	0.91	5.72	0.78	4.68	0.91	26.66	51.70	4.17	34.62
9	龙堌矿烟煤	23.80	0.78	0.72	11.53	1.43	2.26	1.66	21.83	50.64	10.76	24.80
10	珲春褐煤	32.18	0.24	1.62	5.26	1.46	2.20	1.83	23.73	58.70	2.22	—
11	平庄褐煤	20.41	0.89	1.19	7.99	3.00	0.38	1.34	21.99	60.14	3.36	—
12	晋北煤	19.77	0.63	0.78	23.64	1.55	1.28	1.27	15.73	50.41	3.93	22.00
13	纳雍无烟煤	21.38	2.90	3.63	7.85	1.39	1.10	1.96	25.19	54.40	2.88	—
14	水城烟煤	30.86	2.15	1.32	10.41	0.81	0.54	0.92	28.75	50.25	3.56	—
15	铁法矿煤	30.58	0.39	1.78	7.53	2.43	0.74	1.62	19.87	59.91	1.58	—
16	永城煤种	21.59	0.42	0.68	3.56	2.43	2.12	1.04	9.76	54.87	4.48	25.47
17	江西丰城煤	30.00	1.62	1.10	7.09	1.29	0.02	0.46	32.12	54.90	0.64	34.62
18	俄霍布拉克煤	13.63	0.62	2.29	8.65	4.98	1.67	2.41	19.06	54.08	5.24	21.00

续表

序号	煤种	煤的成分		灰的成分								DW (g/m³)
		A_{ar}	S_{ar}	Na_2O	Fe_2O_3	K_2O	SO_3	MgO	Al_2O_3	SiO_2	CaO	
19	大同地区煤	22.44	1.11	0.53	8.95	1.15	1.28	1.30	31.76	50.50	2.89	29.05
20	乌兰木伦煤	13.07	0.58	0.82	6.11	1.20	6.69	1.18	14.99	45.01	18.21	14.40
21	古叙煤田的无烟煤	16.18	1.11	0.62	11.38	0.89	3.65	0.79	26.00	50.77	3.12	14.10
22	山西平朔2号煤	18.30	1.00	0.71	4.14	0.80	1.32	0.44	42.16	42.76	3.50	25.00
23	活鸡兔煤	7.04	0.50	0.43	20.66	0.70	16.20	1.08	12.66	26.31	18.09	7.10
24	陕西彬长矿区烟煤	18.88	0.73	0.30	5.42	0.87	4.15	1.59	22.46	49.59	11.66	19.90
25	山西平朔煤	21.47	1.13	0.68	2.63	0.43	2.20	0.33	40.02	47.96	4.15	24.76
26	宝日希勒煤	7.22	0.24	0.52	12.04	0.74	5.42	2.31	18.80	42.86	12.65	10.80
27	金竹山无烟煤	32.87	0.80	1.00	4.18	1.86	1.86	1.35	32.00	53.97	2.72	—
28	水城贫瘦煤	23.78	0.43	0.42	7.81	0.81	0.73	0.67	27.06	55.98	4.23	—
29	滇东烟煤	32.45	0.85	0.57	8.97	0.16	0.75	1.04	22.43	58.94	3.25	—
30	山西无烟煤	20.84	0.39	0.52	3.97	1.34	2.95	1.03	30.39	52.05	4.55	—
31	龙岩无烟煤	30.00	0.98	0.14	7.79	2.27	5.31	2.88	28.61	40.86	9.27	—
32	鸡西烟煤	34.15	0.22	0.90	3.35	2.08	0.18	0.96	22.34	64.38	0.48	—
33	新集烟煤	26.33	0.63	0.62	4.76	0.95	1.76	0.61	32.61	53.64	1.08	33.30
34	淮南煤	26.65	0.35	0.70	3.20	1.00	1.20	1.20	33.00	54.00	2.00	33.90
35	平朔安太堡煤	21.30	0.87	0.49	3.60	0.67	1.67	0.81	33.50	52.31	4.65	23.30
36	神华侏罗纪煤	7.55	0.47	0.37	15.00	0.70	11.00	1.20	13.00	30.00	28.00	8.77
37	山西贫瘦煤	20.00	0.37	0.62	4.55	0.85	0.62	1.23	31.15	52.88	5.67	21.73
38	鹤岗矿煤	34.93	0.19	0.70	4.53	2.46	0.70	0.79	20.79	66.71	1.56	47.39
39	山西汾西煤	26.86	0.55	0.61	2.82	1.48	0.45	0.70	30.90	59.65	1.36	30.40
40	霍林河露天矿褐煤	19.01	0.34	0.69	2.82	1.11	1.7	0.94	22.6	64.25	4.01	34.58
41	淮北烟煤	29.80	0.70	0.28	4.50	1.78	1.59	1.16	32.81	55.18	2.40	41.50
42	大同塔山煤	11.76	0.45	0.34	5.17	0.85	2.29	0.44	35.47	48.69	3.21	13.30
43	同忻煤	24.52	0.80	0.17	5.76	0.34	1.19	0.41	38.97	47.24	2.13	29.60
44	伊泰4号煤	16.77	0.63	0.20	6.36	0.78	1.51	0.62	34.70	49.90	2.27	20.00
45	兖州煤	21.39	0.55	0.32	3.99	1.54	2.08	1.44	27.45	55.93	4.17	24.82
46	山西晋城赵庄矿贫煤	20.97	0.33	0.43	2.64	0.85	1.45	1.40	30.55	57.03	3.53	24.80
47	郑州贫煤（告成矿）	28.11	0.17	0.40	4.93	1.40	1.06	0.94	29.00	54.24	6.04	—
48	来宾国煤	39.25	0.31	0.10	11.86	0.78	1.50	0.97	25.31	51.13	3.01	—
49	平顶山烟煤	37.80	0.44	0.13	4.05	0.30	0.41	0.40	27.93	64.57	0.60	53.70
50	准格尔煤	21.36	0.62	0.02	2.56	0.22	0.49	0.47	46.50	42.75	4.18	19.8

主要量的符号及其计量单位

量的名称	符号	计量单位	量的名称	符号	计量单位
长度	L（l）	m	功率	P	W，kW
高度	H（h）	m	摩尔质量	M	g/mol
半径	R（r）	m	重力加速度	g	m/s^2
直径	D（d）	m	焓	H	J
公称直径	DN	mm	收到基低位发热量	$Q_{net,ar}$	kJ/kg
厚度（壁厚）	δ	m	收到基灰分	A_{ar}	%
面积	A	m^2	收到基硫分	S_{ar}	%
体积、容积	V	m^3	煤中的汞含量	Hg_{ar}	μg/g
质量	m	t	热损失	q	%
速度	v	m/s	效率	η	%
密度	ρ	kg/m^3	烟尘量	G	kg/h
体积流量	Q	m^3/h	过量空气系数	α	
质量流量	M	t/h	飞灰系数	α_{fh}	
出力（耗量、产量）	G	t/h	系数 （转化率、氧化率）	k	
压力	p	Pa	摩尔比	r	mol/mol
扬程，压头	H	mH_2O	汽化潜热	i	kJ/kg
压力降，阻力	Δp	Pa	碱度	A	mmol/L
热力学温度	T	K	液气比	L/G	L/m^3
摄氏温度	t	℃	电场有效流通面积	F	m^2
温升（温差）	Δt	℃	驱进速度	ω	cm/s
时间	t	s，min	比集尘面积	f	$m^2/(m^3 \cdot s^{-1})$
耗煤量	B	t/h			

参 考 文 献

[1] 朱法华. 燃煤电厂烟气污染物超低排放技术路线的选择 [J]. 中国电力，2017，50 (3)：11-16.

[2] 龙辉，周宇翔，黄晶晶. 燃劣质煤火电机组“超低排放”技术路线选择 [J]. 中国环保产业，2017 (1)：31-34.

[3] 郦建国，郦祝海，李卫东，等. 燃煤电厂烟气协同治理技术路线研究 [J]. 中国环保产业，2015 (5)：52-56.

[4] 陈牧，胡玉清，桂本. 利用协同治理技术实现燃煤电厂烟尘超低排放 [J]. 中国电力，2015，48 (9)：146-151.

[5] 桂本，王辉，王为，等. 燃煤电站烟气污染物协同治理技术 [J]. 中国电业 (技术版)，2014 (10).

[6] 李卫东，仇晓龙. 燃煤电厂烟气高效协同治理技术路线及工程实践 [C] // 发电厂“超净排放”烟气治理技术及脱硫、脱硝、除尘技术改造经验交流研讨会论文集. 2015.

[7] 马英. 典型燃煤电厂烟气汞协同控制研究 [J]. 热力发电，2013，42 (3).

[8] 钟剑锋. 低低温电除尘器电耗论述 [J]. 山东化工，2016，45 (9)：53-54.

[9] 陶叶. 燃煤电厂烟气中汞的存在形式、转化过程和影响因素 [C] // 二氧化硫氮氧化物、汞、细颗粒物污染控制技术研讨会论文集. 2012.

[10] T. Yagyu, Y. Tsuchiya, S. Onishi. Recent Electrostatic Precipitation Technology [J]. Mitsubishi Heavy Industries technical review，1996，33 (1)：69-73.

[11] 中国环境保护产业协会电除尘委员会. 电除尘器选型设计指导书 [M]. 北京：中国电力出版社，2013.

[12] 大唐国际发电股份有限公司. 火力发电厂辅控运行 [M]. 北京：中国电力出版社，2009.

[13] 中国环境保护产业协会电除尘委员会. 燃煤电厂烟气超低排放技术 [M]. 北京：中国电力出版社，2015.

[14] 全国环保产品标准化技术委员会环境保护机械分技术委员会. 环保装备技术丛书袋式除尘器 [M]. 北京：中国电力出版社，2017.

[15] 韩洪军. 污水处理构筑物设计与计算 [M]. 哈尔滨：哈尔滨工业大学出版社，2002.

[16] 北京建筑工程学会. 鼓风曝气系统设计规程：CECS 97：97 [S]. 北京：中国工程建设标准化协会，1997.

[17] 孙献斌. 清洁煤发电技术 [M]. 北京：中国电力出版社，2013.